U0263490

Joseph Needham

SCIENCE AND CIVILISATION IN CHINA

Volume 4

PHYSICS AND PHYSICAL TECHNOLOGY

Part 1

PHYSICS

Cambridge University Press, 1965

国家自然科学基金委员会资助出版

李 约 瑟

中国科学技术史

第四卷　物理学及相关技术

第一分册　物理学

李约瑟　著

王　铃　协助

肯尼思·格德伍德·鲁宾逊　特别协助

科　学　出　版　社
上海古籍出版社
北　京

图字：01-2000-0023

内 容 简 介

著名英籍科学史家李约瑟花费近 50 年心血撰著的多卷本《中国科学技术史》，通过丰富的史料、深入的分析和大量的东西方比较研究，全面、系统地论述了中国古代科学技术的辉煌成就及其对世界文明的伟大贡献，内容涉及哲学、历史、科学思想、数、理、化、天、地、生、农、医及工程技术等诸多领域。本书是这部巨著的第四卷第一分册，主要论述中国古代物理学的产生和发展，包括力学、热学、光学、声学、磁学和电学方面的成就。

图书在版编目（CIP）数据

李约瑟中国科学技术史 . 第四卷，物理学及相关技术 . 第一分册 . 物理学/（英）李约瑟著；陆学善等译 .—北京：科学出版社，2003
 ISBN 978-7-03-011232-3

Ⅰ. 李… Ⅱ.①李… ②陆… Ⅲ.①自然科学史-中国②物理学史-中国
Ⅳ. N092

中国版本图书馆 CIP 数据核字（2003）第 015350 号

责任编辑：姚平录　孔国平/责任校对：柏连海
责任印制：赵　博/封面设计：张　放
编辑部电话：010-64035853
E-mail：houjunlin@mail. sciencep. com

科学出版社
上海古籍出版社 出版
北京东黄城根北街 16 号
邮政编码：100717
http://www. sciencep. com
涿州市殷润文化传播有限公司印刷
科学出版社发行　各地新华书店经销
*
2003 年 10 月第　一　版　　开本：787×1092 1/16
2024 年 8 月第八次印刷　　印张：29 1/2
字数：673 000

定价：288.00 元
（如有印装质量问题，我社负责调换）

中國科學技術史

李約瑟 著

莫朝鼎

第四卷　物理学及相关技术

第一分册　物理学

翻　　译　陆学善　吴　天　王　冰
校　　订　何成钧　马大猷　曾泽培　李国栋
复　　校　王　冰

志　　谢　王晓峰　王焕生　杨灏成　莫菲特（John Moffett）

谨 以 本 卷 献 给
二 位 友 人

北京大学物理学教授
前中央研究院总干事

叶企孙

黑暗时期最诚挚的朋友
1942 年，昆明和重庆

中国科学院物理研究所所长

钱三强

必要时刻的读者和支持者
1952 年，北京和沈阳

极变者，所以应物也。慕选而不乱，极变而不烦。执一之君子，执一而不失，能君万物。日月之与同光，天地之与同理。圣人裁物，不为物使。

——《管子》（公元前 4 世纪）

今夫权衡规矩，一定而不易。不为秦楚变节，不为胡越改容。常一而不邪，方行而不流。一日刑之，万世传之。

——《淮南子》（公元前 2 世纪）

凡　例

1. 本书悉按原著迻译，一般不加译注。第一卷卷首有本书翻译出版委员会主任卢嘉锡博士所作中译本序言、李约瑟博士为新中译本所作序言和鲁桂珍博士的一篇短文。

2. 本书各页边白处的数字系原著页码，页码以下为该页译文。正文中在援引（或参见）本书其他地方的内容时，使用的都是原著页码。由于中文版的篇幅与原文不一致，中文版中图表的安排不可能与原书一一对应，因此，在少数地方出现图表的边码与正文的边码颠倒的现象，请读者查阅时注意。

3. 为准确反映作者本意，原著中的中国古籍引文，除简短词语外，一律按作者引用原貌译成语体文，另附古籍原文，以备参阅。所附古籍原文，一般选自通行本，如中华书局出版的校点本二十四史、影印本《十三经注疏》等。原著标明的古籍卷次与通行本不同之处，如出于算法不同，本书一般不加改动；如系讹误，则直接予以更正。作者所使用的中文古籍版本情况，依原著附于本书第四卷第三分册。

4. 外国人名，一般依原著取舍按通行译法译出，并在第一次出现时括注原文或拉丁字母对音。日本、朝鲜和越南等国人名，复原为汉字原文；个别取译音者，则在文中注明。有汉名的西方人，一般取其汉名。

5. 外国的地名、民族名称、机构名称，外文书刊名称，名词术语等专名，一般按标准译法或通行译法译出，必要时括注原文。根据内容或行文需要，有些专名采用惯称和音译两种译法，如"Tokharestan"译作"吐火罗"或"托克哈里斯坦"，"Bactria"译作"大夏"或"巴克特里亚"。

6. 原著各卷册所附参考文献分 A（一般为公元 1800 年以前的中文书籍），B（一般为公元 1800 年以后的中文和日文书籍和论文），C（西文书籍和论文）三部分。对于参考文献 A 和 B，本书分别按书名和作者姓名的汉语拼音字母顺序重排，其中收录的文献均附有原著列出的英文译名，以供参考。参考文献 C 则按原著排印。文献作者姓名后面圆括号内的数字，是该作者论著的序号，在参考文献 B 中为斜体阿拉伯数码，在参考文献 C 中为正体阿拉伯数码。

7. 本书索引系据原著索引译出，按汉语拼音字母顺序重排。条目所列数字为原著页码。如该条目见于脚注，则以页码加 * 号表示。

8. 在本书个别部分中（如某些中国人姓名、中文文献的英文译名和缩略语表等），有些汉字的拉丁拼音，属于原著采用的汉语拼音系统。关于其具体拼写方法，请参阅本书第一卷第二章和附于第五卷第一分册的拉丁拼音对照表。

9. p. 或 pp. 之后的数字，表示原著或外文文献页码；如再加有 ff.，则表示所指原著或外文文献中可供参考部分的起始页码。

目　录

插 图 目 录

列 表 目 录

缩 略 语 表

以下为本书正文中使用的缩略语。对期刊和类似的出版物所用的缩略语见参考文献部分。

B	Bretschneider, E., *Botanicon Sinicum* （贝勒，《中国植物学》）
BCFA	Britain-China Friendship Association （英中友好协会）
B&M	Brunet, P. & Mieli, A., *Histoire des Sciences*（*Antiquité*） （布吕内和米里，《科学史（古代）》）
CLPT	唐慎微等编，《证类本草》（1249 年）。
CPCRA	中国人民对外文化交流协会。
CSHK	严可均辑，《全上古三代秦汉三国六朝文》（1836 年）。
G	Giles, H. A., *Chinese Biographical Dictionary* （翟理斯，《古今姓氏族谱》）
HY	哈佛-燕京 （学社及出版物）。
K	Karlgren, B., *Grammata Serica* （高本汉，《中日汉字形声论》）
KCCY	陈元龙辑，《格致镜原》（1735 年）。
KCKW	王仁俊撰，《格致古微》（1896 年）。
MCPT	沈括撰，《梦溪笔谈》（1086 年）。
N	Nanjio, B., *A Catalogue of the Chinese Translations of the Buddhist Tripitaka* （南条文雄，《英译大明三藏圣教目录》；及 Ross （3） 的索引）
P	伯希和关于敦煌千佛洞的编号。
PTKM	李时珍著，《本草纲目》（1596 年）。
PWYF	张玉书编，《佩文韵府》（1711 年）。
R	Read, Bernard E. （1-7） 李时珍《本草纲目》某些章节的索引、译文和摘要。如查考植物，参看 Read （1）；查考哺乳动物，参看 Read （2）；查考鸟类，参看 Read （3）；查考爬行动物，参看 Read （4）；查考软体动物，参看 Read （5）；查考鱼类，参看 Read （6）；查考昆虫，参看 Read （7）。
RP	Read & Pak （1） 《本草纲目》中矿物章节的索引、译文和摘要。
S	Schlegel, G., *Uranographie Chinoise* （施古德，《中国天文图》）
SCTS	《钦定书经图说》（1905 年）。
T	敦煌考古研究所的千佛洞编号。本书尽可能采用谢稚柳的《敦煌艺术叙录》（上海，1955 年）中的编号，但也给出其他编号。
TCKM	朱熹等编，《通鉴纲目》（1189 年）。

TH	Wieger, L. (1), *Textes Historiques*　（戴遂良，《历史文献》）
TKKW	宋应星著，《天工开物》(1637 年)。
TPYL	李昉编，《太平御览》(983 年)。
TSCC	《图书集成》(1726 年)，索引见 Giles, L. (2)。
TT	Wieger, L. (6)，《道藏目录》。
TW	Takakusu, J. & Watanabe, K., *Tables du Taishō Issaikyō*（*nouvelle édition*（*Japonaise*）*du Canon bouddhique chinoise*）　（高楠顺次郎和渡边海旭，《大正一切经目录》）
WCTY/CC	曾公亮主编，《武经总要》(1044 年)。
YCLH	张英等辑，《渊鉴类函》(1710 年)。
YHSF	马国翰辑，《玉函山房辑佚书》(1853 年)。

志 谢

承蒙热心审阅本书部分原稿的学者姓名录

这份表仅适用于本册，其中包括第一卷 pp.15 ff、第二卷 p.xxiii 和第三卷 pp.xxxix ff 的姓名录所列与本册有关的学者。

艾德勒（S. Adler）先生（剑桥） 磁学（象棋）

贝尔希（J. C. Belshé）博士（剑桥） 磁学

德克·卜德（Derk Bodde）教授（费城） 声学（宇宙潮）

克莱格（J. A. Clegg）博士（伦敦） 磁学

多布斯（J. P. B. Dobbs）先生（伦敦） 声学

多布森（W. A. C. H. Dobson）教授（多伦多） 声学

叶利塞耶夫（V. Elisséeff）教授（巴黎） 本章各节

约翰·埃利森（John Ellison）先生（阿默舍姆） 本章各节

弗雷泽（R. Fraser）博士（海牙） 磁学

哈里·加纳（Harry Garner）爵士（贝肯纳姆） 光学（玻璃技术）

牛顿·哈维（Newton Harvey）教授（新泽西州普林斯顿） 发光

鲁桂珍博士（剑桥） 本章各节

米尔斯（J. V. Mills）先生（沃州拉图尔德佩） 磁学

多萝西·尼达姆（Dorothy M. Needham）博士（英国皇家学会会员，剑桥） 本章各节

欧文（G. Owen）教授（俄亥俄州安蒂奥克） 波动和粒子

卢恰诺·佩泰克（Luciano Petech）教授（罗马） 本章各节

劳伦斯·皮肯（Laurence Picken）博士（剑桥） 声学

珀西瓦尔·普赖斯（Percival Price）教授（密歇根州安阿伯） 声学

威克托·珀塞尔（Victor Purcell）博士（剑桥） 磁学

朱丽叶·罗布森（Juliette Robson）夫人（伦敦） 声学

基思·朗科恩（Keith Runcorn）教授（纽卡斯尔） 磁学

爱德华·谢弗（Edward H. Schafer）教授（加利福尼亚州伯克利） 本章各节

夏尔（E. S. Shire）先生（剑桥）　　　　　　　　　磁学

多萝西娅·辛格（Dorothea Singer）博士（帕）　　　本章各节

斯图尔特（G. C. Steward）教授（赫尔）　　　　　光学

泰勒（E. G. R. Taylor）教授（布拉克内尔）　　　磁学

托兰斯基（S. Tolansky）教授（英国皇家学会会员，

　　里士满）　　　　　　　　　　　　　　　　　光学（魔镜）

特兰切尔（P. Tranchell）先生（剑桥）　　　　　　声学

温特（H. J. J. Winter）博士（埃克塞特）　　　　光学

已故颜慈（W. P. Yetts）教授（切舍姆）　　　　　磁学

作者的话

我们正在探索的中国科学史几乎是无穷尽的大洞穴，其中许许多多的情况从未被世界上其他国家的人们了解和认识。我们现在已接近物理学和物理技术这两条闪闪发光的矿脉。这个主题作为一个整体，构成本书的第四卷。该卷分为三个分册，首先是关于物理科学本身（第四卷第一分册），其次是物理科学在机械工程的各个分支中的应用（第四卷第二分册），以及在土木工程、水力工程和航海技术方面的各种应用（第四卷第三分册）。

由于力学和动力学是近代科学最先取得成就的领域，所以在开卷的一章就成为我们研究的焦点。力学之所以成为出发点，是因为人们从自己所处的环境中得到的直接经验主要是力学性质的，也因为将数学应用于力学量比较简单的缘故。但是上古和中古时代的中国却属于这样一个世界——在这个世界里，假说的数学化未能导致近代科学的诞生；而且在欧洲文艺复兴之前的年代，中国具有科学才智的人们所忽视的东西，可能与那些激起他们兴趣和研究的东西，几乎同样有启迪性。物理学的三个分支在中国曾经很发达，这就是光学 [第二十六章 (g)]、声学 [第二十六章 (h)] 和磁学 [第二十六章 (i)]。力学的研究和系统阐述比较薄弱，而动力学则几乎不存在。我们一直试图对此情况提出某种解释，但并没有多少说服力。这种发展的不均衡还有待于进一步的研究，才能更好地理解。无论如何，它与存在另一种片面性的欧洲形成极为鲜明的对照，因为在拜占庭和中世纪后期的欧洲，力学和动力学方面比较进步，而对磁现象则几乎一无所知。

在光学方面，中世纪的中国人就经验而论，和阿拉伯人可以说是不相上下，但因缺乏希腊的演绎几何学，致使在理论方面受到极大阻碍，而阿拉伯人却是这种几何学的继承者。另外，中国人从未接受过希腊文化所特有的离奇的看法，根据这种看法，视觉是由于从眼睛射出光线而不是射入光线引起的。在声学方面，由于古代音乐的独一无二的特性，中国人沿着自己的路线前进，他们提出了极其有趣但却不易与其他文明的古代音乐特性相比较的一整套理论。中国人是钟以及西方所不知道的多种多样打击乐器的发明者，他们在理论上和实践上都特别关注音色，发展了不是八音音阶而是十二音音阶体系的独特的作曲理论。在 16 世纪末，中国的数理声学成功地解决了平均律的问题，比西方要早数十年 [第二十六章 (h) (10)]。最后，中国人对磁现象的研究及其实际应用，构成了一首真正的史诗。在西方人知道磁针的指向性之前，中国人已在讨论磁偏角的起因并把磁针应用于航海了。

时间紧迫的读者们，无疑欢迎这里再提一些建议。人们从本卷的各章节中，有可能理解中国物理思想和实践的某些显著传统。正如中国的数学持久地具有代数性质而不是几何性质那样，中国的物理学则与原始的波动说密切相关而长期与原子说无缘，始终重视一种近乎斯多葛学派的连续性。这些可见于第二十六章 (b)，以及后面关于张力和断裂 [(c) (3)]、关于声振动 [(h) (9)] 的各节。中国人的另一种经久不变的倾向，是忠实地发展"气"（= *pneuma*，*prāṇa*）的古代概念的含义，用气体的名词术语进行思考。自然，这在声学领域表现得最突出 ［第二十六章（h）（3）（7）等］，但也和技术领域的一些辉煌成就，例如往复活塞风箱和簸扬风扇 ［第二十七章（b）（8）］，以及水排 ［第二十七章（h）（3）（4），这是蒸汽机本身的直接祖先］的发明有关。它也关系到航空史前期的某些非凡见识和预言 ［第二十七章（m）（4）］。在纯技术领域，可以看到与欧洲同样强烈的但完全相反的传统。无论何时只要可能，中国人总是水平地而不是垂直地架设轮子和各种类型的机械，如后面第二十七章 ［（h），（k），（l），（m）］各节所述。

除此之外，由于各人所关注的不同方面太多，进一步引导读者则很不切实际。假如读者对陆路运输史感兴趣，那么可参阅关于车辆和鞍具的讨论 ［第二十七章（e），（f）］；假如他像利维坦（Leviathan）那样喜好深水，那么整个第二十九章都是叙述中国船舶及其建造者的。航海者则会注意从罗盘本身 ［第二十六章（i）（5）］到它在寻找港口技术方面的比较详细的应用情况 ［第二十九章（f）］；至于被那些胜过"埃及金字塔"的宏大水道设施所吸引的土木工程师们，将在第二十八章（f）中找到这方面的全面论述。研究民间传说和人种史的学者将会正确评价历史的那个"黑暗面"，这就是，我们推测，用于近代科学的所有那些指针读数仪器之中最古老的罗盘针，始于投到占卜盘上的一枚"棋子"［第二十六章（i）（8）］。社会学家也会很感兴趣，因为在讨论封建官僚社会中工匠和工程师的地位 ［第二十七章（a）（1）（2）（3）］之外，我们还大胆提出有关节省劳力的发明、人力、奴隶状况等一些问题，特别是关于牲口的鞍具 ［（f）（2）］、巨大的石砌建筑 ［第二十八章（d）（1）］、橹桨的推进 ［第二十九章（g）（2）］及水力磨粉和纺织机械 ［第二十七章（h）］等问题。

本卷和已出版的前面三卷关联之处很多。我们将任凭读者以慧眼去追索思考：中国的永恒哲学（*philosophia perennis*）是如何在这里所述的发现和发明中显示出来。然而我们可以指出，数学、度量衡学和天文学方面有着大量的体现：米制的起源 ［第二十六章（c）（6）］、透镜的发展 ［（g）（5）］、律管音量的估计 ［（h）（8）］——或天文钟的出现 ［第二十七章（j）］、透视画法的种种概念 ［第二十八章（d）（5）］，以及水力工程的设计 ［（f）（8）］等。同样，本卷很多地方也涉及后面各卷中的章节。金属在中古时代中国工程中的所有应用，都暗示了我们将要论述的冶金学成就；这方面，同时还可参阅专著《中国钢铁技术的发展》（*The Development of Iron and Steel Technology in China*），这是作者于 1958 年发表的在纽科门学会演讲的讲稿[①]。关于述及的采矿和制盐工业，不言而喻，这些主题将在较后阶段详细讨论。而排灌的所有技术，都使我们想到农业的基本目标——提高作物的产量。

至于在人类事业上留下永久标志的发现和发明，即便在此仅概述中国人的贡献，也是不可能的。或许最新的和最令人惊奇的发现（甚至出乎我们自己的意料之外，以致不得不撤消第一卷中与此有关的一段陈述），是在 14 世纪欧洲时钟发明之前已默默无闻地存在了六个世纪之久的中国机械钟装置。第二十七章（j）是关于这个主题的清新简洁的论述，其中收入了人们仍然认为相当新奇的一些资料，而我们和友人、现在耶鲁大学的德里克·索拉·普赖斯（Derek J. de Solla Price）教授于 1957 年合写专著《天文时钟机

---

① Needham（32），参阅（31）。

构》（*Heavenly Clockwork*）时，还未获得这些资料①。至今看来仍然令人惊奇的是，擒纵器这一重要发明竟然出现在一个工业化以前的农耕文明中，而且发明者居然是被 19世纪忙碌的西方人普遍认为没有时间观念的中国人。然而，中国对世界还有许多其他同等重要的贡献，如磁罗盘的发展 ［第二十六章 (i) (4) (6)］、最初的控制机械的发明 ［第二十七章 (e) (5)］、两种形式的有效马具 ［第二十七章 (f) (1)］、运河的闸门 ［第二十八章 (f) (8) (iv)］ 和铁索吊桥 ［第二十八章 (e) (4)］。还有第一个真正的曲柄 ［第二十七章 (b) (4)］，船尾舵 ［第二十九章 (h)］，带人起飞的风筝 ［第二十七章 (m)］ ——我们在此无法一一列举了。

　　在这样的情况下，似乎令人难以置信的是，技术著作的一些作者至今还在到处寻找为什么中国对于纯粹科学和应用科学毫无贡献的理由。在近来流行的一部关于技术史的《选集》（*florilegium*）中，可以发现，开头就引用了 8 世纪道家著作《关尹子》的文字，目的是作为一个例子来说明 "对现世和世俗活动的东方式的厌弃"。这选自一篇论宗教和进步观念的有趣的文章，它在 30 年代颇为人知、而且至今仍有影响。但文章的作者被戴遂良 (Fr Wieger) 的旧译文引入了歧途，写道："显然，这种信念不能为社会活动提供基础，也不能对物质进步给予激励。"当然，这位作者所关心的，是把基督教对物质世界的承认与被认为道家参与其中的 "东方式的" 超尘脱俗思想进行对照。然而我们这里所描述的几乎每一种发明和发现，却都与道家和墨家有着密切关系 ［参阅例如第二十六章 (c)，(g)，(h)，(i)；第二十八章 (e) 等］。碰巧，我们自己也曾研究过《关尹子》的同一章节，并且在本书前面给出过部分译文②。根据这种情况，可以看出，戴遂良的译文③ 不过是一种严重曲解了的意译。《关尹子》决不是否认自然法则的存在（这是原作者完全没有听到过的一种概念）④、混淆现实与梦想的蒙昧主义者的著作；它是一首诗，赞美存在于宇宙万物之内的 "道"、空间和时间由之而进行的自然秩序及物质依此而以各种常新的形式消散和聚集的永恒模式；它充满了道家的相对性思想，神秘但决不反科学或反技术；正相反，它预示了对大自然的近乎魔术又近乎合理的支配，而这种对大自然的支配，只有确实知道和理解 "道" 的人才能达到。因此，仔细考察之后就会发现，意欲证明 "东方思想" 在哲学上无力的这一论据，只是西方想像中的虚构而已。

　　另外一种方式是，承认中国做出过某些贡献，但却总要找出一种令人满意的理由对它只字不提。比如近来在巴黎出版的一部简明科学史认为：古代和中古时代的中国和印度的科学，是如此紧密地与其特有的文化联系在一起，以致离开它们的文化就无法了解它们的科学；而古代希腊世界的科学则是名副其实的科学，完全摆脱了对其文化母体的从属关系，而且发展了反映人类抽象思维的努力过程的各学科。如果这样说也许就诚实得多：希腊科学技术的社会背景，之所以能被认为理所当然，是因为我们从学生时代起就熟悉它了；而对于中国和印度科学的社会背景，我们至今却知之不多，应努力加以了

　　①　Needham, Wang & Price (1)，参阅 Needham (38)。
　　②　本书第二卷 p.449 和 p.444。
　　③　原译见于 Wieger (4)，p.548。
　　④　参阅本书第二卷第十八章。

解。当然，事实上，古代和中古时代的科学和技术没有不带种族烙印的[①]，虽然文艺复兴以后的科学和技术确实是世界性的，但从历史的观点来看，如果不知道产生科学和技术的环境，就不能更好地了解它。

终于，很多人希望察看一下文化之间的相互接触、交流和影响的问题。这里，我们只能提及一些至今依然令人困惑的事例。有些发明几乎同时出现在旧世界的两端，如转磨［第二十七章 (d) (2)］和水磨［ (h) (2)］。在中国和古代亚历山大里亚之间经常发生类似的情况［如第二十七章 (b)］，而中国的技术对文艺复兴前的欧洲的强大影响则一再出现［第二十六章 (c)，(h)，(i)；第二十七章 (b)，(d)，(e)，(f)，(g)，(j)，(m)；第二十八章 (e)，(f)；第二十九章 (j)］。在科学思想领域，影响照例不那么明显。但是，中国那种含蓄的波动概念是否没有对文艺复兴时期的欧洲发生某种影响，或许还很可疑。

威利·哈特纳（Willy Hartner）教授在 1959 年巴塞罗那第九届国际科学史会议上的一篇精彩的报告里（ponencia），提出过一个难题，即任何人对于其他人能领先到什么程度？先驱或前辈究竟是什么意思？对文化交流感兴趣的人来说，这是一个关键问题。在欧洲历史上，自从迪昂（Duhem）学派称誉尼古拉·奥雷姆（Nicolas d'Oresme）和其他中世纪学者是哥白尼（Copernicus）、布鲁诺（Bruno）、弗兰西斯·培根（Francis Bacon）、伽利略（Galileo）、费马（Fermat）和黑格尔（Hegel）的先驱者以来，这个问题就变得尖锐了。这里的困难在于，每个有才智的人必然是他那个时代的整个知识环境中的一分子，那些看起来极相像的主题，在被这些身处不同时代的人们考虑的时候，决不可能具有相同的意义。发现和发明，无疑都与产生它们的环境有机地联系在一起，相似之处或许纯属偶然。然而肯定伽利略和他同时代的人的真正创见，不一定就是否认先驱的存在，只要不把先驱者理解为绝对的居先或领先。同样地，有许多中国人是先驱或前辈，他们曾经为后来承认的科学原理勾画出了轮廓——说到这一点，人们立即就会想到赫顿（Hutton）学派的地质学（第三卷 p.604），彗尾的规律（p.432）或者磁针的偏角［第二十六章 (i)］。对于多少是纯粹的科学，就说这么多；至于在应用科学方面，我们就不必有所犹豫了。例如，靠水的流动和落差来转动水轮获得动力，其最初的成功实现只能有一次。此后在一段时间内，这种发明可能在别处又独立地发生过一两次，但这样一种事物并不是反复被发现。一切后来的成功，必定导源于这些事件之中的一个或另一个事件。在所有这些情况下，不论纯粹科学或应用科学，留给历史学家的任务是阐明（如果可能的话）先驱者与后来的伟大人物之间究竟有多少渊源关系。后人是否知道某些确实的文字记载？他们是否仅根据传闻做出发明？他们是否先独自有某种创见然后才得到意外的证实？正如哈特纳所说，答案的范围可以从完全肯定直到完全否定[②]。跟随传闻而出现的往往是一种新的不同的解决办法［参阅第二十七章 (j) (1)］。在我们这部著作中，读者将会看到，我们常常不能确定渊源关系［例如，在丁缓与热罗姆·卡

---

① 参阅本书第三卷 p.448。

② 仍然有许多多使我们吃惊的事情。1924 年塔塔维（Al-Ṭaṭāwī）发现伊本·纳菲斯（Ibn al-Nafīs，1210—1288）已经清楚地描述了肺循环（参阅 Meyerhof, 1, 2；Haddad & Khairallah, 1）之后，长期以来一直认为，此事流传到文艺复兴时期同一现象的发现者米格尔·塞尔维特（Miguel Servetus）（参阅 Temkin, 2）是极不可能的。但是现在奥马利［O'Malley (1)］发现了 1547 年出版的伊本·纳菲斯某一著作的拉丁文译本。

丹（Jerome Cardan）的常平架之间，见第二十七章（d）（4）；或者在马钧与利奥纳多·达·芬奇（Leonardo da Vinci）的抛石机之间，见第二十七章（a）（2）和第三十章（h）（4）]，但是大体上我们倾向于持下述考虑，即当时间跨度很大而结果极类似时，举证责任必须取决于那些想要保持思想或发明的独立性的人们的情况。另一方面，渊源关系有时能以极大的可能性而予以确定[例如，关于平均律，见第二十六章（h）（10）；加帆手推车，见第二十七章（e）（3）；以及风筝、降落伞和竹蜻蜓，见第二十七章（m）]。至于其他则多所存疑，如水轮擒纵式时钟[第二十七章（j）（6）]。

虽然我们力图将有关领域中的最新研究成果包括进来，但遗憾的是，1960 年 3 月以后的著作一般未能论及。

我们至今没有印出从第一卷开始的全部计划的目录，现在感到需以内容介绍的形式加以改订①。目前对以后的各卷已经做了许多准备工作，因此有可能列出比七年前要准确得多的大纲细目。更重要的也许是卷册的划分。为了相互参照的需要，我们考虑不变更原来各章的编号。原计划第四卷包括物理学、工程的各个分支、军事技术、纺织术，以及造纸术和印刷术。可以看到，现在的标题是，第四卷"物理学和物理技术"，第五卷"化学和化学技术"，第六卷"生物学和生物技术"。这是一种合乎逻辑的划分。第四卷十分合理地以航海（第二十九章）结束，因为在古代和中古时代，航行技术几乎完全以物理学为内容。与此类似，第五卷以军事技术开始（第三十章），因为当时在这个领域情况恰恰相反，化学是根本的要素。我们发现，不仅必须包括钢铁冶金术在内（因此对标题作了不大但很重要的变动），而且必须论述火药的史诗般的意义、已知最早的炸药的重大发现以及早于西方的五个世纪的发展，否则中国的军事技术的历史就无从写起。在纺织（第三十一章）和其他技术（第三十二章）方面，同样的论点也是适用的，因为许多过程（浸沤、漂洗、染色、制墨）都是与化学而不是与物理学有关。当然，我们也不能总是坚持这个原则。例如，没有关于玻璃技术的一些知识，就无法讨论透镜，因而在本卷的前面部分就必须有所介绍[第二十六章（g）（5）（ii）]。至于其他，很自然，采矿（第三十六章）、采盐（第三十七章）和陶瓷技术（第三十五章），都列入第五卷。惟一不对称的是，在第四卷和第六卷中，基础科学都放在第一部分的开始进行讨论；而在第五卷中，化学这门基础科学及其前身炼丹术则放在第二部分讨论。这或许并不要紧，因为根据批评家们的反应，认为第三卷这册过于笨重，不适于作舒适沉思的夜晚阅读，因而剑桥大学出版社已决定将本卷分为三个分册，每册本身照例仍是独立而完整的。还有一点要说明，在第一卷 pp.18ff. 我们介绍过本书工作计划的细节（凡例、书目、索引等）——对此我们一直严格执行，并曾允诺在最后一卷将列出所用的中文书籍的版本。现在看来等候那么长久是不恰当的，因此为了便利通晓中文的读者，我们打算在本卷的最后一分册附加一个起过渡作用的迄至那时已用书籍的版本表。

对欧洲人来说，中国像月亮似的总是显露同样的一面——无数的农民，零散的艺术家和隐士，城市中为数不多的学者、官吏和商人。这就是各种文明之间相互获得的"印象"。现在，乘上语言资源的空间飞船和技术理解的火箭（用阿拉伯人的比喻），我们就要去看看这一轮明月的另一面了，去会见中国三千年古老文化中的物理学家和工程师、

① 与本卷有关的目录摘要，见本册 pp.432—434 。

造船工匠和冶金学家。

在第三卷卷首"作者的话"中，我们曾就便谈到对古老的科学著作以及其中专门名词的释译原则①。因为从本卷起主要讨论应用科学，所以我们想在此谈谈有关技术史目前地位的一些思考。由于知晓者和写作者之间，亦即实践者和记录者之间存在着极大的分歧，在这一方面，技术史也许比科学史本身受到更多的影响。受过科学训练的人，尽管有他们的局限，但如果说他们对科学史和医学史的贡献要远比职业史学家为大的话（事实也确乎如此），那么技术专家就整体而言则在史学工具和技巧、语言、资料鉴定及文献运用方面逊色于历史学家。然而，如果史学家对于他所论述的工艺和技术并无真正的了解，那么他将彻底徒劳无功。对于任何文人学者来说，都难以对事物和材料有那样亲切的体会、对可能性和或然率有那样敏锐的感受、对大自然的现象有那样清晰的了解。事实上，只有在实验桌前或工厂车间内用自己的双手操作的每个人，才能（在或多或少的程度上）得到这种体会、感受和了解。我总是记得，一次研读有关"透光鉴"的中古时代的中文典籍——透光鉴也就是具有从光亮的表面反射出背面浮雕图案的性能的青铜镜，一位不懂科学的朋友真的相信宋代工匠发现了使金属透光的方法，但我知道必定有某种别的解释，后来当然是找到了正确的解释［参阅第二十六章（g）（3）］。过去一些伟大的人文学者对本身在这些方面的局限都很有自知之明，总是尽可能地想要熟悉我的朋友和老师古斯塔夫·哈隆（Gustav Haloun）以半深思半讽刺的口吻所说的"实际事物"（realia）。在我们已经引用过的一段文字（第一卷p.7）中，另一位著名的汉学家弗里德里希·夏德（Friedrich Hirth）竭力主张，翻译中国古籍的西方人不仅要翻译，还必须鉴定；不仅要懂得那种语文，而且还必须是那种语文所谈到的物品的收藏家。这种信念是正确的，但如果说收集和研究瓷器或景泰蓝还是比较容易的话（无论如何在当时是这样），那么一个从未操纵过车床、装配过齿轮或进行过蒸馏的人，要对机械、制革或烟火制造有所了解，就困难得多了。

适用于西方现今人文学者的见解，也同样适用于中国古代的学者，但后者的著作却常常是我们研究古代技术的惟一凭借。工匠和技工们很了解自己所从事的工作，但他们往往目不识丁，或者至少词不达意［参阅我们翻译的长篇而有启发的文字，见第二十七章（a）（2）］。另一方面，官僚学者们虽然文笔流畅，但往往过分鄙视粗笨的技工，而出于这种或那种原因，技工们的活动却又不时成为学者们的写作题材。这样，即使现在看来是很珍贵的著作，作者们也总是更为关注自己的文件，而不是关注所述及的机械和过程的细节。这种高人一等的态度，在艺术家、官府衙门的幕僚专家（像数学家）之中也并非陌生，其结果常常是，他们对绘制一幅美丽的图画较之要求他们勾画一幅机械详图更感兴趣。我们现在有时只能把一幅图与另一幅图进行比较，才能确定技术的内容。但是，中国历史上曾经有许多身为官员的伟大的学者，从汉代的张衡到宋代的沈括和清代的戴震，他们既精通古典文献，又完全掌握当时的科学及其在工艺实践中的应用。

由于这一切的原因，我们在技术发展方面的知识仍然处于可悲的落后状态，尽管它对经济史这块广阔而繁荣的思索园地来说至关重要。在这个领域和其他人一样做了许多

① 参阅 Needham（34）。

工作的林恩·怀特（Lynn White）教授，在最近的一封信中写了一句令人难忘的话，对此我们完全同意。他说："整个技术史如此粗略，大家所能做的惟有刻苦工作、闻过则喜。"容易出现的错误确实俯拾皆是。在一部新近出版的最权威且值得称赞的论文集中，我们最好的技术史家之一就在同一页上，起初推测希罗（Heron）的玩具风车是经过了阿拉伯人的改动的，虽然《气体力学》（Pneumatica）这本书从来也没有通过阿拉伯文流传给我们；稍后又断言中国的旅行家于公元400年在中亚细亚见到过风动祈祷轮，而这一说法却是根据距今仅125年前的误译。同一篇权威论文又说，公元前1世纪时克尔特人的运货马车已有装了滚柱轴承的轮毂。我们自己最初也接受了这种见解。然而我们及时获悉：对于保存在哥本哈根的真实遗物的检查表明，这是非常不确实的；用丹麦文写的原始论文也证实了这种情况——发掘时从轮毂部位露出的木片是平条而根本不是滚柱。我们只是由于侥幸才免于犯许多这样的错误。我们之所以提请大家注意这些错误，目的并不是批评，而是为了说明工作中的困难。

人们总能试图得到一些防范措施。没有什么可以代替亲自实地考察世界上的各大博物馆和考古遗址；也没有什么可以代替与有实践经验的技术专家的个人交往。诚然，任何特定工作的学术标准必定取决于所涉及的范围。只有应用深入细致的方法的专家——像阐明眼球晶状体中缠结根的罗森（Rosen），或探究罗马榨油机的德拉克曼（Drachmann）——才有决心花费时间深入事物本质（au fond）而把真理从深井中完全发掘出来。我们只在很少几个领域进行了这样的尝试，如弄清中古时代中国的钟表装置，因为我们的目标根本上说是广泛而有开创性的。很多事情只能相信其真实性，这是不可避免的。如果说我们缺乏关于西方考古发掘的知识，那是因为我们以就地（in situ）研究中国文化区的事物为首要的职责。如果我们曾有机会参观收藏代比约（Dejbjerg）运货马车的哥本哈根博物馆，我们就可能在接受有关它们的流行报道时更为谨慎些，但是——人生短暂而技艺长久（ό βίος βραχνς, ή δέ τέχνη μακρή）。另一方面，我们深切感谢中国科学院院长和学部所给予我们的许多便利，使得我和鲁桂珍博士于1958年能在中国访问或重访了许多大博物馆和考古遗址。

但我们不应只同考古学家打交道，应该仿效凯厄斯学院的小哈维（Harvey）博士。17世纪时约翰·奥布里（John Aubrey）说，他曾同一位阉猪的人谈话，这是个乡下人，没有学问，但很有实际经验和智慧。这个人对奥布里说，他曾见过威廉·哈维（William Harvey）博士，哈维与他交谈过大约两三个小时。这个人的评论是："如果哈维像某些古板而拘谨的医生一样固执，那么他知道的就不会比他们多。"甘肃的一位马车夫不仅向我们清楚地说明了现代的鞁具，也间接说明了汉代和唐代的鞁具。四川的铁匠很好地帮助我们了解545年綦毋怀文是怎样炼制灌钢的。北京的一位风筝制作者能用简单的材料揭示出翘曲翼和螺旋桨的秘密，而这是近代航空科学的核心问题。我们也不可忽视自己文明中所产生的技术专家，因为萨里的一位传统制轮匠可以解释两千多年前齐国的工匠是怎样把车轮"做成盘形的"。一位从事锌工业的朋友告诉我们，现在世界各地都能看到的为人熟知的旅馆餐具，主要是用中古时代的中国合金"白铜"制成的。格林威治的一位航海家说明了中国在纵帆航行中领先的意义，而只有专职水利工程师才能正确评价汉代测量河水淤积的方法的真正价值。正如孔子所说的，"三人行，必有我师"[①]。

科学和技术具有可论证的连续性与普遍性，促使我们提出最后的一点看法。前些时候，对本书前面几卷并非完全不友好的一位批评家实际上写过这样的话：这部书由于以下的理由基本上是不健全的。作者们相信：（1）人类社会的进化使得人类关于自然界的知识和对外界的控制逐渐增加；（2）科学是一种终极价值，今天科学和它的应用形成一个整体，在这个整体中不同文明（不是作为互相不可共存和互相不能理解的有机体而孤立存在）的类似的贡献，过去和现在都像河流那样流入大海；（3）随着这种前进的过程，人类社会向着更加统一、复杂和有组织的形式发展。我们承认，这些不健全的论点确是我们自己的，假如我们有一扇像古时维腾贝格（Wittenberg）那样的门，我们会毫不踌躇地把它们钉在上面。没有一个批评家曾对我们的信念作过比这更加尖锐的分析，然而也没有比这更能使我们想起利玛窦（Matteo Ricci）在 1595 年写回国的信，信中描述了中国人所特有的关于宇宙问题的各种荒谬观念[②]。他说，（一条）中国人不相信固体水晶球的天球理论；（另一条）他们认为天上空虚无物；（再一条）他们以五行学说代替了普遍认为与真理和理性相一致的四元素说；等等。但是我们证明了自己的论点。

1957 年初，当王铃（王静宁）博士离开剑桥前往澳大利亚国立大学（现在他在那里任中国语言和文学副教授）时，一段十年之久的富有成果的合作宣告结束。我们谁都不会忘记这个计划开始的年代，那时我们的组织刚开始行动，我们前进时不得不解决无数的问题（当时设备比现在差得多）。在这一册中，王铃博士主要承担了（c），（g），(i) 各节的工作。在他离去之际，1956 年末又来了一位老朋友鲁桂珍博士，因而与中国学者日常合作研究所必需的连续性，很幸运地保持了下来。除其他职务外，鲁博士曾任上海亨利·莱斯特医学研究所（Henry Lester Medical Institute）副研究员，南京金陵女子文理学院营养学教授，后来主持在巴黎的联合国教科文组织（UNESCO）总部自然科学部实地协作处（Field Cooperation Offices Service in the Department of Natural Sciences）的工作。她以营养生物化学和临床研究方面的广博经验，现在从事我们计划中的生物学和医学部分（第六卷）的开拓工作。在我们的计划中，很可能没有一个单项主题要比中国医学史更加困难的了。文献的浩瀚，概念（与西方的概念差异极大）的系统化，将普通词汇和哲学词汇用于特殊的意义，以便构成微妙而准确的专门术语，以及治疗方法的某些重要分科的奇异性——一切都需要极大的努力，才能得到至今还没有得到的关于中国医学的真实景象。很幸运的是，时间允许我们从基岩开始向上发掘。与此同时，鲁博士参加了本卷付印前的校订工作。

一年之后（1958 年初），新加坡马来亚大学的物理学高级讲师何丙郁博士参加了我们的工作。他本来是学天体物理学的，也是《晋书·天文志》的译者。他很愿意从事炼丹术和早期化学的研究，以拓宽他在科学史方面的经验，因此协助我们奠定了本书有关的一卷（第五卷）的基础。我们的另一位朋友曹天钦博士早几年已开始了这项工作，当时他是凯厄斯学院的研究员，这是他回到在上海的中国科学院生物化学研究所之前所做

---

① 《论语·述而第七》第二十一章。

② 参阅本书第三卷 p.438。

的工作。曹博士是我的战时朋友之一，他在剑桥期间曾对《道藏》中论及炼丹术的书籍进行过极有价值的研究[①]。何丙郁博士在许多方面很成功地扩展了这项工作。虽然现在何博士已回新加坡任职，但我殷切希望他能再度在剑桥同我们合作，最终完成本书的化学和化学技术那一卷。

值得一提的是，第五卷和第六卷两卷中的一些重要章节已经写成。有些已经以草稿形式发表，以便得到各个领域的专家们的批评和帮助。

最后，与我们一起出现在本卷第一分册扉页名单上的是一位西方合作者肯尼思·鲁宾逊（Kenneth Robinson）先生，他把汉学知识和音乐知识非常出色地结合起来。从职业来说，鲁宾逊是一位教育家，曾在马来亚受过师资训练。他现在是沙捞越的教育长，时常出入于达雅克人（Dayaks）和其他民族的村庄和长屋，这些民族的非凡的管弦乐似乎使他联想到周代和汉代的音乐。我们深感幸运的是，他愿意承担那深奥但却迷人的物理声学一章的写作。这部分是不可或缺的，因为它是中国中古时代具有科学才智的人们的主要兴趣之一。因此鲁宾逊先生是迄今我们合作者之中贡献有本人著作和研究的惟一的一位。

我们引以为愉快的，是再次向在许多方面给予我们帮助的人们公开致谢。首先，对我们所不熟悉的语言和文化领域的顾问，特别是在阿拉伯文方面，邓洛普（D. M. Dunlop）先生；在梵文方面，沙克尔顿·贝利（Shackleton Bailey）博士；在日文方面，查尔斯·谢尔登（Charles Sheldon）博士；在朝鲜文方面，莱迪亚德（G. Ledyard）先生，表示感谢。其次，对给予我们特别帮助和意见的人们，在中世纪光学方面，温特（H. J. J. Winter）先生；在声学方面，劳伦斯·皮肯（Laurence Picken）博士；在机械工程方面，斯特兰（E. G. Sterland）先生；在水利工程方面，赫伯特·查特利（Herbert Chatley）博士；在航海方面，乔治·奈什（George Naish）先生，深表谢意。第三，热心审阅部分原稿或校样的各位，其姓名列在卷首"志谢"中。但是只有多萝西·尼达姆（Dorothy Needham，皇家学会会员）博士对本书各卷都逐字推敲过，我们对她表示无比谢忱。

我们再一次感谢帝国勋章获得者德里克·布赖恩（Derek Bryan）先生和玛格丽特·安德森（Margaret Anderson）夫人对印刷工作的必不可少的细致帮助。感谢查尔斯·柯温（Charles Curwen）先生，在关于科学技术史和考古学的当今中文文献大量出现的情况下，作为我们的总代理人所起的作用。穆里尔·莫伊尔（Muriel Moyle）女士继续编制了非常详细的索引，其质量之优为许多书评者所赞赏。在本书继续编著过程中，打字和秘书工作的繁重出乎意料之外，这使我们多次体会到，一位优秀的抄写员就像《圣经》中所说的配偶那样，比红宝石还可贵。因此我们衷心感谢贝蒂·梅（Betty May）夫人、玛格丽特·韦布（Margaret Webb）女士、珍妮·普兰特（Jennie Plant）女士、琼·刘易斯（June Lewis）女士、弗兰克·布兰德（Frank Brand）先生、米切尔（W. M. Mitchell）夫人、弗朗西丝·鲍顿（Frances Boughton）女士、吉利安·里凯森（Gillian Rickaysen）夫人和安妮·斯科特·麦肯齐（Anne Scott McKenzie）夫人的帮助。

出版者和印刷者在这样一部著作中所起的作用，无论是从财力方面考虑还是从技能

[①] 参阅本书第一卷p.12。

方面考虑，其重要性并不亚于研究、组织和写作本身。我们对剑桥大学出版社的管理委员会和全体工作人员的感激之情，是无与伦比的。我们以前的一位朋友弗兰克·肯登（Frank Kendon），曾任出版社助理秘书多年，他在本书的前一卷出版之后不幸与世长辞。他是一位在各界知名且有很高成就的诗人和文学家，他善于察觉一些将出版的书籍中的潜在的诗情画意，并且把他的理解通过极大的努力表现出来，达到最适合于内容的外观装饰。我将永远记得，在《中国科学技术史》（*Science and Civilisation in China*）以这种方式定形的时候，他"寄寓"不同式样和色彩装帧的样本之中达数星期之久，最后才做出了令作者及其合作者都感到最满意的决定——也许更为重要的是，全世界成千上万的读者也同样感到满意。

对于报喜堂（Hall of the Annunciation）亦即通常称为冈维尔和凯厄斯学院（Gonville and Caius College）的院长和成员，他们是我最亲近的同事，我只能献上一些难以言表的感谢的话。我们的安静的工作室地处大学和各图书馆的中心，位于校长的苹果树和荣誉门（Porta Honoris）之间，我不知道何处还能觅得对于编著本书来说条件如此完美的工作场所了。皇家学会的每一位成员日常的赞赏和鼓励，帮助我们克服了工作中的一切困难。我也不能忘记感谢生物化学系主任及该系全体人员，他们对于一个调任到似乎是在另一世界工作的同事给予宽容和谅解。

为我们这项计划的研究工作筹措资金一直是困难的，现在仍然存在着严重问题。然而我们深深感谢韦尔科姆财团（Wellcome Trust），它的异乎寻常的慷慨支持使我们消除了对于生物学和医学那一卷的一切忧虑。为此，我们不能不向该财团主席、有功勋章获得者、皇家学会会员亨利·戴尔（Henry Dale）爵士表示最深切的谢意。博林根基金会（Bollingen Foundation）的充分捐助——对此我们在别处另有志谢，保证了连续问世的各卷都有足够的图解说明。新加坡的李光前（Lee Kong-Chian）捐助了化学卷的研究经费，使得何丙郁博士有可能利用休假离开马来亚大学来参加这方面工作。这里我们愿对伟大的医生和祖国的忠仆伍连德表示悼念之情。他毕业于伊曼纽尔学院（Emmanuel College），早在清王朝覆灭之前已经担任中国陆军军医部队的少校，是早年东三省防疫事务总管理处的创建者、中国公共卫生事业的先驱组织者。在他去世的那年，伍博士竭力为我们的工作筹集资金，我们将永远不忘他的这种热心仁爱。一些对我们的工作表示良好祝愿的人，现在他们自己在一起组成一个"写作计划之友"（"Friend of the Project"）委员会，其目的是为了筹集进一步必要的财政支持，而我们的老朋友圣迈克尔和圣乔治勋位者维克托·珀塞尔（Victor Purcell，C．M．G．）博士还慨允担任这个委员会的名誉秘书，我们谨对这一切表示最衷心的感谢。在我们编写各卷的各个时期，我们还接受了来自大学中国委员会（Universities' China Committee），以及来自霍尔特（Holt）家族成员遗赠资金的托管者——海洋轮船公司（Ocean Steamship Company）的经理们的财政援助，对此我们谨致以最崇高的谢忱。

第二十六章 物　理　学

（a）引　　言

　　物理学虽然往往被看作基础科学，但是作为自然知识的一个分支，它在中国传统文化领域中却未曾强大过。这件事本身就是一个值得注意的事实。我们在对东亚社会中阻碍近代科学土生土长的诸因素进行一般性的讨论时，就会发觉这个问题特别重要①。然而，对于本章来说资料并不缺乏。我们在关于中国科学的基本观念一章中②，已经看到了中国古典物理思想的某些方面，本册将首先继续阐述公元前 4 世纪和 3 世纪墨家所作的研究。然后将会看到，在中国人的思想中原子的概念从来不是很重要的。正如中国的数学是代数的而非几何的、中国的哲学是有机的而非机械的那样，我们将发现，中国的物理思想（很难说是一门发达的物理科学）是由波动概念而非粒子概念所支配。

　　本章最重要的内容当然是关于磁性知识的发展，特别是磁石指向性的发现和利用。在这方面，中国远比西方世界先进，以致我们几乎可以大胆推测：倘若当时的社会条件有利于近代科学的发展，中国人有可能在磁学和电学的研究方面捷足先登，直接进入场物理学而无需经过"台球"物理学阶段。假如文艺复兴发生在中国而不是在欧洲的话，那么科学发现的整个序列或许会完全不同。在中国，对光学③ 的兴趣仅次于磁学，光学研究也始于墨家；也有一些静力学和流体静力学研究；然而如同在欧洲一样，热学研究却极少。中西文化之间的另一显著差异似乎是，中国没有可与中世纪西方相匹敌的研究运动的学者。中国文献中好像也没有关于抛射体轨道或物体自由下落的讨论④，至少我们没有看到有关这方面的任何痕迹。中国没有一个相当于所谓"伽利略的先驱者"的人物，例如菲洛波努斯（Philoponus）和布里丹（Buridan），布雷德沃丁（Bradwardine）和尼古拉·奥雷姆等，因此它就没有动力学或运动学。至于为何如此，我们发觉或许可以妄加猜测。然而，必须注意，这种理论上的空白丝毫未曾妨碍工程技术在中国的发展⑤。在 1500 年以前，中国的工程技术往往要比欧洲所能显示的一切先进得多。

---

　　① 在文艺复兴时期的欧洲，尤其在 17 世纪初期，近代物理学及其数学化假说的兴起的意义，已在"数学"一章的末尾作过初步讨论，参阅本书第三卷 pp.154ff.。
　　② 本书第二卷 pp.171ff.，185ff.，232ff.，273ff.，371ff.。
　　③ 据说阿拉伯人在光学方面有卓越成就的一个原因，或许与亚热带气候条件下眼病的流行有关。这可能也适用于中国。参阅本书第四十四章"眼科学"。
　　④ 考虑到墨家对军事技术的兴趣，这是奇怪的。
　　⑤ 正如赫尔曼［Hermann（1）］指出的那样。

　　文献给予我们的帮助甚少。汉学家没有做过这方面的研究[①]。中国学者也没有写过关于这方面的或详或略的著作[②]。西方物理学史家主要注重文艺复兴以后的物理学[③]，研究中世纪物理学的人较少[④]，研究古代物理学的人也许就更少了[⑤]。他们之中没有人考虑过中国的任何贡献[⑥]。

　　这里我们讨论《墨经》[⑦]中关于物理性质的若干一般命题，其他命题将在关于原子概念、质量和力学的部分再作讨论。《墨经》的成书年代不会早于公元前 300 年太久。在经文中，我们看到[⑧]：

《经上》39/252/81·37。"期间"

　　《经》：期间（"久"）包括所有不同的时候。

　　《经说》：过去和现在、早晨和黄昏，合在一起形成期间。（作者）

　　〈经：久，弥异时也。

　　经说：久，合古今旦莫。〉

《经上》65/—/32·58。"容积"

　　《经》：包容（"盈"）某一物，意思是该物的每一部分都被包围。

　　《经说》：如果什么都不能包围，那么就没有容积可言了。（作者）

　　〈经：盈，莫不有也。

　　经说：盈，无盈无厚。〉

　　（参阅《经上》55，见本书关于几何学的一节，第三卷 p.94.）

《经上》67/—/36·60。"接触与重合"

　　《经》：接触（"撄"）是指两个物体相互碰到。

　　《经说》：相互接触放置的线不（一定）重合（因为一线可能比另一线或长或短）。相互接触放置的点一定重合（因为点无大小）。如果线与点接触放置，它们可能重合，也可能不重合（"尽"）；（若置点于线的末端，则重合，因为二者都无厚度；若置点于线的中央，则二者不重合，因为线有长度而点无长度）。若把一坚而白的物体与另一坚而白的物体接触放置，则坚和白彼此重合（"相尽"）；（因为坚和白是遍布这两个物体的性质，它们可以被认为是充满着由两个较小物体的接触而形成的较大的新物体）。但是接触（"撄"）放置的两个（物）体（"体"），（因为物体具有相互不可入性）彼此不能重合。（作者）

　　〈经：撄，相得也。

---

　　①　这样的文章，例如艾约瑟［Edkins (11)］的，实际上仅对五行和阴阳作了一般性的介绍。

　　②　但吴南薰（1）除外，他的这本使人感兴趣的小书是武汉大学的内部刊物，我们直到本章写成之后才得见此书。承蒙老友高尚荫博士惠赠一册，在此谨致谢意。

　　③　Hoppe (1)；Buckley (1)；Gerland (1)；Gerland & Traumüller；Cajori (5)。

　　④　Maier (1-7)；Dugas (1)。

　　⑤　A. Heller (1)；Seeger (1)。

　　⑥　作为研究中国物理学的一部必备的参考书，泰勒的著作［L.W.Taylor (1)］值得一提。

　　⑦　参阅本书第二卷 pp.171ff. 近代中国学者对于墨家仍然极感兴趣。自从吴毓江（1）在第二次世界大战期间编集《墨子校注》以来，已有很多书问世，有些主要集中在哲学和逻辑学方面，如詹剑峰（1），但也有一些是论及科学命题的，如栾调甫（1）。吴南薰（1）讨论了与物理学有关的大部分命题。关系到本节所述内容，尤应参阅 pp.16ff.。

　　⑧　关于鉴定原文节段和古代注释的说明，见本书第二卷 p.172。

经说：攖，尺与尺，俱不尽。端与端，俱尽。尺与端，或尽，或不尽。坚白之攖，相尽。体攖，不相尽。〉

《经上》64/—/30·57。"密合"

　　《经》：一不连续的线（"缕"）包括有空虚的空间。

　　《经说》："空虚"的意义就像两块并列的木头之间的空间，在那些空间不存在木头。（也就是说，物体的表面不可能绝对光滑，因而也不可能完全密合。）（作者）

　　〈经：缕，间虚也。

　　经说：缕，虚也者，两木之间，谓其无木者也。〉

这些陈述中，有些近于物理学和几何学的边缘；它们清楚地表明了墨家思想的倾向。

（b）波动与粒子

作为今后讨论的准备，现在还必须明了，中国物理思想是怎样为波动概念而不是原子概念完全支配的。这只是在人类思想史的各个阶段中，连续论者和不连续论者之间一直进行着的大争论的一个方面而已。原子论是我们最为熟悉的欧洲人和印度人建立理论的一个特征。虽然在各个时期某些中国思想家也曾浇灌过原子论的种子，但原子论的观念却从未在中国人中间生根。这大概是因为这种观念与作为中国思想基础的某些有机的先设不相协调的缘故。首先，让我们看看原子观念在中国历代数次短暂出现的情况。如同前面已经提到过的[①]，原子的基本概念有可能在各个文明中独立地产生。既然世界各地的人们都曾从事过截断木头的工作，那么问题就不可避免地出现了：假如把木头连续分割直至不能再分，会发生什么情况呢？

就此意义而言，逻辑推理最严谨的是墨家，他们以几何学上的点[②]作为原子的定义。《墨经》中用"端"字来表示几何学的点。而且墨家似乎还以原子的观念考虑了时间的瞬间。例如：

《经上》43/—/88·41。"时间的瞬间"

　　《经》："开始"（"始"）意思是时间（的一瞬间）。

　　《经说》：时间有时有期间（"久"），有时无期间，因为时间的"始"点是没有期间的。（作者）

　　〈经：始，当时也。

　　经说：始，时或有久，或无久。始当无久。〉

这就使人清楚地看到，原子论的瞬时概念几乎不大可能是随同佛教传入中国的；如若认为墨家曾受到印度思想的影响，则更加难以设想。这条引文，正如《庄子》中讨论到"始"的许多段落一样，有着宇宙生成论的背景。这里所说的开始的瞬间，被视为如同线的端点。

印度的"时间原子"一流行于中国，就被称为"刹那"（梵文 *kṣaṇa*）。这一用法可　　4

---

① 本书第一卷 p.155；第三卷 p.92。

② 已在本书第三卷 p.91 给出。

在徐岳所著的《数术记遗》中见到，该书大约写于后汉。这个概念源于印度较之源于希腊的可能性要大得多，然后向西方传播，而且奇妙的是，"原子"（atom）一词在《新约全书》中只出现过一次，其意义即瞬间[1]。按照甘兹［Gandz（5）］的说法，与徐岳同时代的人、巴比伦尼哈迪亚（Nehardea）的希伯来大学者马尔·萨缪尔（Mar Samuel，165—257）曾计算出一小时之中有 56848 个原子，而一个原子（rega'）相当于两次眨眼的时间（heref 'ayyin）。晚期罗马的大地测量家（agrimensores）也用原子（athomi）表示很短的时间[2]，此后这一概念一直沿用到欧坦的霍诺里乌斯（Honorius of Autun，11 世纪）和巴托洛迈俄斯·安格利库斯（Bartholomaeus Anglicus，13 世纪）。

墨家所用的"始"字，来源于一个象形文字（K976e'，f'），表示孩子的出生[3]；用来表示"点"的"端"字，则来源于另一个象形文字（K168b，d），表示植物刚长出可以见到的芽[4]。

K976f'   K168b   K584b   K547b

此外，还有三个字需要考虑：首先是"微"，其次是"块"，最后是"幾"。其中第一个字来源于象形文字（K584b），表示双手捧着某个小的东西；第二个字则纯粹是形声字；第三个字（K547b）曾一度表示双手拿着两个小胚胎或其他有生命的小东西。

"微"字曾被汉学家译作"原子"。这种译法如果用于文学翻译尚可接受的话，那么对于科学目的来说则几乎不能认为是正确的。韦利（Waley）[5]翻译宋玉[6]的一篇赋*时，把"微物"译作"在不可分割的东西的内心深处所潜育着的原子"——诗人们为了一个封邑竞相描写"微物"，因为国王曾允诺，谁能描述世界上最小的东西就给谁一个封邑。勒·加尔（Le Gall）[7]也是这样，他把《朱子全书》的一段文字[8]译作"一切都由动力达到行动，由（看不见的）原子状态达到显著的外观"（"tout passe de la puissance a l'acte, de l'etat atomique imperceptible a l'apparence distincte"），而原文为：

      但是仅有一个伟大的来源，以它的不显现差异的能量，产生出一切特定的活动，它们从微小的（开始）直至达到明显的表现。[9]

      〈但统是一个大原，由体而达用，从微而至著。〉

---

① 《哥林多前书》第十五章第 52 节。

② 47 athomi = 1 untia，12 untiae = 1 momentum，10 momenta = 1 punctum，而 5 puncta = 1 小时。因此，athomus 相当于现行计时的 0.1 秒这样的数量级。

③ 可以看到一个女人、一只帮忙的手、胎儿和新生的口。这个字与"胎"字非常相近，后者至今仍意指子宫或（不严格地意指）胎儿。

④ 土地以剖面表示出，因此可以看到根。

⑤ Waley（11），p.27.

⑥ 据说是屈原的侄子**，生活年代约为公元前 320—前 260 年；G 1841。

⑦ Le Gall（1），p.102.

⑧ 《朱子全书》卷四十九，第十页。

⑨ 由作者译成英文。

* 指宋玉的《小言赋》，内有"无内之中，微物潜生"句。——译校者

** 宋玉是屈原的弟子而不是侄子。——译校者

朱熹当然必定熟悉佛家对"微"这个字的用法,我们即将在下文述及,可是该字从来未有过科学的定义或应用。

另一字是"块",有人认为其中包含原子的概念。这个字我们曾在《列子》的一段文字中遇到过,它描写长卢子嘲笑一个怕天塌下来被压着的人①。我们可能还记得,该书说到,天只是"积气",地是"积块"②。关于气体和固体物质的微粒概念的暗示,究竟能被强调到什么程度,是不太清楚的。在以后的时代里,该字不常或简直不以这种意义出现。

然而,我们已经注意到一种与此有关的表述,即宋代理学家用物质的离心研磨而成为一种淀积状态的过程,来说明世界的形成③。我们曾称这种理论为"离心的宇宙生成论"。原文中最接近于粒子的说法只是"渣滓"这个词。这里再度使人感到,不能设想朱熹及其信徒们的思想中有真正与原子相似的任何概念。

"幾"字具有更多的生物学意义。如前所述④,它见于《易经·系辞传》(《大传》),意思是指事物的能产生善与恶的细微而不可察觉的开端。但在比此书成书的大致时期(也许公元前2世纪)更早,庄周于公元前290年左右就用过这个字了,这是涉及生物的变化(甚至进化)的一段著名的文字⑤。他说,"一切物种都含有'胚芽'。"("种有幾。")"万物来自'胚芽',又回到'胚芽'。"("万物皆出于機,皆入于機。")可是如果认为这段文字具有严格的原子的意义,那就未免太夸大其词了。

唐代中国的佛经翻译家把梵文的 *sūkṣms* 或 *aṇu* 译作"微"或"微聚";*paramāṇu* 译作"极微"。前者是"分子"之意,比后者"原子"大七倍⑥。较早的翻译家曾用"邻虚"一词表示几近于无,相当于梵文的 *upākāśa*⑦。《数术记遗》用"积微"表示粒子。但似乎没有理由设想,这些原始的哲学思辨曾对中国的科学思想有过很大影响。现代中国人则已经采用了诸如"分子"、"原子"和"电子"这些全新的词了。

人们有时认为,尤其在汉代的医学文献中,重量的最小单位,例如"毫"和"厘"有近乎原子的意义。如《黄帝内经素问》中有如下一段文字⑧:

> 了解至高无上的道,使人窘迫地(困难)。交流它,也令人惊恐地(困难)。谁能知道它的主要特点是什么呢?既然为描述的确切而烦忧,谁又能断定哪种描述可以说是最好的呢?历数这些小得几乎不能清楚地见到的(事物),从(最小的单位)毫和厘开始——这些是由量度产生的(概念)。但是把它们千千万万地聚集在一起,它们就变得越来越大,直至形状⑨出现。

---

① Wieger (7), p.79; L.Giles (4), p.29; 参阅本书第二卷 p.41。

② 《列子》第一篇,第十六页。

③ 本书第二卷 p.372ff.。

④ 本书第二卷 p.80。

⑤ 《庄子》第十八篇。参阅《列子》第四篇,第十二页 [L.Giles (4), p.79]。见本书第二卷 p.78。

⑥ 这些都是胜论(Vaiśeṣika)学派的术语,这一学派至少可追溯到公元1世纪或者更早一些时候 [参阅 Renou & Filliozat (1), vol.2, p.73, 以及本书第一卷 p.154]。一个 *aṇu* 等于在太阳光线中看得见的一粒尘埃的六分之一。

⑦ 我应感谢韦利博士,他核对了这些术语。参阅 Fêng Yu-Lan(冯友兰)(1), vol.2, p.386。

⑧ 《黄帝内经素问集注》卷八,第三十三页,由作者译成英文。

⑨ 因为是在讨论疾病,所以从上下文看,这个词也带有"症候群"的意思。

〈至道在微，变化无穷。孰知其原，窈乎哉。消者瞿瞿，孰知其要。闵闵之当，执者为良。恍惚之数，生于毫厘。毫厘之数，起于度量。千之万之，可以益大。推之大之，其形乃制。〉

法伊特（Veith）在翻译这段引文[①]时使用了"原子"一词，如果这个词不带进一些比原文所具有的更为确定的意思，那么这种译法看来几乎是恰当的。

与原子论思想的这些罕见例子相对照，我们发现，古籍一致地表达关于相互消长的阴和阳两种力的波状行进[②]。整个自然界存在着这两种基本势力的潮流。对于熟悉中国古籍的任何人，阴阳的波状特性在此毋庸多言[③]，然而还须举出几个例子。最早的例子见于《鬼谷子》[④]，该书的某些部分可追溯到公元前 4 世纪，虽然下面的引文大概不会早于驺衍的时代太久。

阳周期性地回复到它的初始状态；阴达到最盛后便让位于阳。[⑤]

〈阳还终始，阴极反阳。〉

公元前 2 世纪，《淮南子》写道[⑥]：

阳生于十二支的子（即正北，在那里暗而冷的阴达到最盛）。阴生于十二支的午（即正南，在那里明而暖的阳达到最盛）。[⑦]

〈阳生于子，阴生于午。〉

与刘安同时代的董仲舒在他的《春秋繁露》中对此问题叙述颇多。该书第五十一篇（"天道无二"）写道：

不变的天道是：具有相反性质的事物不允许在同一时间开始。其结果，道是单一的，亦即是一个而不是两个，这就是在运行中的天的过程。阴和阳有相反的性质。因此当一个出现时，另一个必隐没；若一个在右边，则另一个必在左边。……若阴昌盛，则阳必衰败；若阳昌盛，则阴必衰败。[⑧]

〈天之常道，相反之物也，不得两起，故谓之一。一而不二者，天之行也。阴与阳，相反之物也，故或出或入，或左或右。……有一出一入，一休一伏，其度一也。〉

7 换言之，当阳波处于波峰之颠时，阴波处于波谷之渊；反之亦然。它们"以可分类的（可预言的）方式前进或后退"[⑨]（"可以类进退"）。王充（公元 80 年左右）说道[⑩]：

达到最盛的阳退而让位于阴；达到最盛的阴退而让位于阳。[⑪]

〈阳极反阴，阴极反阳。〉

---

① Veith（1），p.134，然而译文似乎没有把这段引文的普遍意义表达出来。
② 参阅本书第十三章"中国科学的基本观念"，见第二卷 p.273ff.。
③ 丁韪良〔Martin（5）〕在将近一个世纪之前（1867 年）就已注意及此。关于阳，他写道："看到把光与运动联系在一起，是令人感到奇妙的。难道中国人预想到光的波动说和近代热力学理论了吗？"
④ 《鬼谷子》卷一（捭阖），第六页。
⑤ 译文见 Forke（13），p.486。
⑥ 《淮南子》第三篇，第八页。
⑦ 由作者译成英文。注意此处思想中的辩证性；一切事物其内部都包含着它自身衰败的种子。
⑧ 译文见冯友兰（2），第 120 页，以及作者译成英文。
⑨ 《春秋繁露》第五十七篇；参阅本书第二卷 p.282。
⑩ 《论衡》第四十六篇。
⑪ 译文见 Forke（4），vol.2，p.344。

非常明白的陈述见于 550 年左右刘昼的《刘子》，他说道[1]：

> 当阳达到最高点时，阴开始上升；而当阴达到最高点时，阳开始上升。正如太阳上升到最大高度时开始下落，月亮丰盈到满月时开始缺亏一样。这就是不变的天道。当力达到它的顶点时就开始减弱（"势积则损"），而自然物（natural things）达到充分积聚时就开始消散（"财聚必散"）[2]。盛年之后必继之以衰退，极乐之后必继之以悲哀。这（也）就是人之常态。

〈故阳极而阴生，阴极而阳生。日中则昃，月盈则亏。此天之常道也。势积则损，财聚必散。年盛返衰，乐极还悲。此人之恒也。〉

波动概念在中国人思想中占据这样的支配地位，以至于有时似乎对科学知识的进步起着一种抑制作用。中国传统的自然哲学认为，整个宇宙像是经历着由根本对立而又互为需要的基本力所造成的缓慢脉动。由于各个事物辐射出来的相互影响也是脉动的，因此想像在自然物体之中具有固定的节律，是与中国哲学思想的本质完全一致的。因为正如已经说过的那样，"一切存在物的和谐合作，并不是出自它们自身之外的一个上级权威的命令，而是出自这样一个事实，即它们都是构成一个宇宙模式的整体阶梯中的各个部分，它们所服从的乃是其本性的内在的诚命。"[3] 但是这种有机性甚强的世界观却并非完全有利于科学研究，至少在物理学方面是如此，因为原因的链永远归至各个物体，而这些物体的固有节律却往往是不可理解的。

因此，人们一点也不奇怪，迟至宋代即 1140 年左右，还有一位著作家（陈长方）否认月亮反射太阳的光，理由是，阴力的周期性兴衰对于月相的变化来说是一种好得多的解释[4]。在这方面，他只是追随了一种在汉代即已确立的传统而已。正如我们已经看到的[5]，公元 1 世纪时王充曾激烈反对关于日月食的正确的理论，而更赞成日月都有其本身固有的亮度变化节律这样的见解。公元 274 年左右，天文学家刘智对日月食的正确理论也不满。在《论天》一书中，他主张日食不是由于太阳的光线被月亮所遮掩，因为，月亮必须奉行为臣之道，而不敢遮盖为君的太阳的面容。同样，月食也不是由于太阳的光线被地球所遮掩，因为地球的阴影不够大。但是这种倒退的论证并没有使刘智失去我们对他的同情，因为他接下去就说明了他自己的世界观，以"史前的"形式论证了一系列其他正确的科学观念——如波动、超距作用、固有节律等。

> 于是有人问："依照你自己的论证，必定有一个很大的阴影，但是既然月亮在太阳的对面，它怎么可能有光呢？"我回答说，阴（总是）包含一些阳，因而能明亮[6]。它并不需要等待阳照到它上面。阴和阳相互呼应（"应"）[7]；纯净的东西接受光，冷的东西接受热——这种交流无需有什么媒介（"无门而通"）。尽管阴和阳被巨大的空间分隔开，但它们仍能相互呼应（"虽远相应"）。把一块石子丢在水里，

---

① 《刘子》卷二，第十页，译文见 Forke（12），p.258；经修改，由作者译成英文。
② 所用的词语当然也可以译成"human influence"（人的权势）、"wealth"（财富）或"riches"（钱财）。因而至少有道德教训的含义。
③ 本书第二卷 p.582；参阅 p.287。
④ 《步里客谈》卷下，第五页。
⑤ 这一段的全文见本书第三卷 pp.411ff.。
⑥ 参阅本书第二卷 p.276。
⑦ 参阅本书第二卷 p.304。

（涟漪）一个接着一个地扩展开来——这就是水气的传播①。相互反响意味着相互感受。（事物的相互影响）没有任何约束能够阻止，也没有任何障碍能够隔开②。

（正是以这种方式）最纯净的物质（即月亮）接受着阳（即太阳）的光。由于天是圆的，于是月亮占据着各种不同的位置，有时面向着太阳，有时转而背着太阳，有时则倾斜着。这就是月光的定则（"理"）。（当）阴和阳相互感受，一方兴盛，另一方必定衰退③。因此，太阳和月亮彼此争夺着光明。太阳微弱时，月亮也在白天出现。如果（太阳和月亮之间）只有光的反射，而没有相互辐射和感受的气，那么，当阳兴盛时，阴的光亮也应该兴盛；当阳衰退时，阴也应该衰退。这样就不能解释（我们所观察到的）日光和月光之间的差异了。④

〈又问曰："若如所论，必有大荫，日在月冲，何由有明？"刘智曰："夫阴含阳而明，不待阳光明照之也。阴阳相应，清者受光，寒者受温。无门而通，虽远相应。是故触石而次出者，水气之通也。相响而相及，无远不至，无隔能塞者。至清之质，承阳之光。以天之圆，面向相背，侧立不同，光魄之理也。阴阳相承，彼隆此衰。是故日月有争明，日微则昼月见。若但以形光相照，无相引受之气，则当阳隆乃阴明隆，阳衰则阴明衰。二者之异，无由生矣。〉

因此可以归结出，古代和中古时代中国人的物理世界是一个完全连续的整体。在任何重要的意义上说，凝结在可触知的物质中的"气"都不是粒子，但是各个物体与世界上所有其他物体发生着作用和反作用。这种相互影响能够超越极大的距离而产生效应，并且以波状即振动的方式发生作用，而这种波动方式最终取决于阴和阳这两种基本力以各种程度进行的节律交替。因此，各个物体都具有其固有的节律。如同管弦乐队中各种乐器的声音那样，这些节律自然而然地汇集成世界和谐的普遍模式。

通过绘出两条节律相反的正弦曲线，如图 277 的右边部分所示，我们可以用现今的词语表述这一原型波动理论。当阳通过它的最高点时，阴开始上升，然后有一瞬间的均等平衡，此后阴升至它的最高点，而又让位于上升的阳。这样，我们就能理解古代中国的波动观念与周期性之间的密切关系了，后者也是中国自然哲学的一个深刻特征。在汉代的纬书中，有许多关于阴阳和五行的推测，人们可以看到如下这类文字⑤：

对于事物的数的推测（万物皆处于这一系统之中，它们都）从十二支的亥（北30°西）开始。这是固定天和地的位置的点。阴和阳循环不已，但总是回复到它们的出发点；万物都会死亡或消逝，但总是（以新的形式）复生或再现。这就是大循环（"大统"）⑥开始（和终结）的方式。

〈凡推其数，皆从亥之仲起。此天地所定位。阴阳周而复始，万物死而复苏。大统之始。〉

现在我们把波和周期的形式用非常简单的数学方法联系在一起了。如同在初等三角学的任何一本书中可以看到的，又像每一座科学史教学馆中某部分陈列的那样，正弦曲

---

① 有很确切的词句，"触石而次出者，水气之通也。"参阅 Vitruvius, *De Archit.* v, 3, vi ff., 又见本册 p.203。

② 又有："相响而相及，无远不至，无隔能塞者。"

③ 这是最值得注意的陈述，很接近于系统阐述能量守恒定律——当然用的是那个时代的术语。

④ 《全上古三代秦汉三国六朝文·全晋文》，卷三十九，第五页起；由作者译成英文。部分曾引用，见本书第三卷 p.415。

⑤ 《诗纬汜历枢》，见《玉函山房辑佚书》，卷五十四，第三页，由作者译成英文。

⑥ "统"是谐调周期之一，其值为 1539 年。见本书第三卷 p.406ff.。

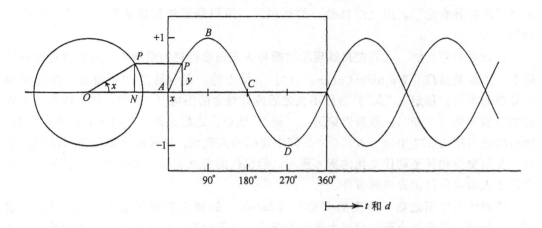

图 277　周期与波动概念的关系示意图

线是由一点环绕圆周的巡回导生出来的，作图表示出这点的偏移与相对于矢径和直径所成的角，即得到正弦曲线。因此，图 277 左边的曲线就表示函数 $y = \sin x$，纵坐标是 P 点的偏移（PN 或 y），横坐标是以度数表示的角 x 的大小。但是当我们从数学世界转移到物理现象的世界时，连续参量就变成了时间或距离，用横坐标表示这些量时，就可以看出包含在周期性之中的波动性。图中静止的圆周变为真实的时间周期和循环，偏移和圆周上的度数则分别变为经验上的振幅和相角。当点 N 以线性简谐运动沿直径往复时，就产生谐变曲线。在自然界中，当变动着的物体受到使其回到中间位置的力、力的大小与物体相对于中间位置的位移成比例时，都可以发现这类曲线，当然还可能在振动主曲线上附加有一些较小的拍或脉冲。虽然中国古代的自然主义者从未用这样的术语来阐述这一问题，但是他们一直在以自己的方式清楚地想像自然界中的周期现象。这些周期现象起因于某些阻力，它们作用于变化状态中的物体、其结果阻碍这种变化并最终使之逆转，换言之，即产生于我们现在归因于波动的众多效应。近代物理学的一半是建立在这个基础之上的。人们不能不承认，类似的概念存在于诸如公元 80 年左右《白虎通德论》的著者所用的言语之中。他说[1]：

当阳道达到其顶点（"极"）时，阴道即接任之；当阴道达到顶点时，阳道又转而接任之。因此很明显，作为一个连续过程，二阴或二阳相继是绝对不可能的（"明二阴二阳不能相继也"）。

〈阳之道极，则阴道受；阴之道极，则阳道受。明二阴二阳不能相继也。〉

中国的自然哲学家倾向于用循环复现的概念进行思考，这种说法是无须论证的。这一事实已为许多观察者所记述[2]。它的最朴素和最古老的形式，莫过于季节的更替和个人生涯的荣衰，但是在公元前 4 世纪庄周以诗一般的激情把它与他的冷静接受自然之道的道家哲学结合为一体。我们曾在前面与此有关的地方充分讨论过[3] 这种循环变化学

---

① 《白虎通德论》第二十七篇，第八页，由作者译成英文，借助于 Tsêng Chu-Sên (1), vol.2, p.553。

② 例如，Chatley (26)；Wu Shih-Chhang（吴世昌）(1)；Huard & Huang Kuang-Ming (1)。

③ 本书第二卷 pp.75ff.。

说（"循环异变论"）。用《道德经》的话说，"回归是道的特征运动"（"反者道之动"）[1]。

在较后的年代里，人们把自然现象的循环表现描绘得更加精细了，或者说更加符号化了。正如吴世昌［Wu Shih-Chhang（1）］所指出的，在《易经》[2]中就有一组包括四个分期的系列：稳定（"久"）导致不久之后或许对立的困境（"穷"），然后接着各种效应的明确变化（"变"），最后以穿透（"通"）结束。之后又是一个由久到通的新周期。这些阶段可用图277中 A，B，C，D 四个连续的点表示。这种循环虽然很可能起因于对人类历史变化甚至朝代变化的深入思考，但汉代的自然主义者无疑也毫不犹豫地把它应用于人类以外的世界中的事件。

11

佛教传入中国之后，印度的"劫"（kalpas）的知识在唐代已广为人知[3]。所谓"劫"，是指以周期性出现的世界大灾难为标志，具有创建、毁灭和重建诸相交替的非常长的时间周期。四个相为停滞（"往"）、毁灭（"坏"）、混沌或空虚（"空"），以及最后的再分化（"成"）。我们可以用同样的方法把这些相插入正弦曲线上。宋代理学家也采用了这种学说，特别强调事件在其依次演化的各相中的历程[4]，并且使用了一套相对应的术语，就是"元"（春季之始）、"亨"（夏季之始）、"利"（秋季之始）、"贞"（冬季之始）。查特利（Chatley）认为，这些术语构成了一个系列，即"开始、高潮、平衡、低潮"。他把四个中间的期间依次称作正增大、正减小、负增大、负减小，他心目中想到正弦曲线是无可怀疑的。确实，在人们的想像力被坐标几何学开阔以前很久，必定试图定性地设想这四个相，所以在许多世纪之中，阴和阳被分为四种形式，即少阴和太阴、少阳和太阳。像《白虎通德论》讨论[5]了"阴阳的兴盛与衰退"（"阴阳盛衰"），这样的著作按照象征的相互联系[6]体系，可能只给出了每一种形式的性质的枯燥的说明，但是这一组中四种形式的存在与正弦曲线的四个部分却是完全一致的。

当然，循环学说从一开始就被作为某些科学的重要题材，例如在天文学中制定历法、以干支纪日纪年[7]：又如在气象学中对于水的循环的认识[8]。但是循环的观念，在生理学和医学中也很重要，认为"气"和脉动的血液每日都在体内循环流动[9]。

在前面我们曾有机会指出，中国的古典有机哲学与古代地中海地区的斯多葛学派的哲学之间，有着奇妙的相似之处[10]。"斯多葛和中国人相似之处正如两个鸡蛋的对比"（"Ovum ovo non erit similius, quam Stoica sunt Sinensibus"）。因此发现这一点是特别有

---

① 《道德经》第四十章。
② 见本书第二卷 pp.304ff.。
③ 见本书第二卷 p.420；第三卷 p.602。
④ 见本书第二卷 p.486。
⑤ 《白虎通德论》第九篇，第十一页；英文译文见 Tsêng Chu-Sên（1），vol.2，p.433。
⑥ 见本书第二卷 pp.253ff.。
⑦ 见本书第一卷 p.79；第三卷 p.396。
⑧ 参阅本书第三卷 p.467。
⑨ 经典的陈述见于被认为应是汉代著作的《黄帝内经·灵枢》卷十五。这些循环的性质，以及它们所预示的关于血液循环的近代知识的程度，将在本书第四十三章"生理学"详细讨论。
⑩ 参阅本书第二卷 p.476。

意思的，即在古代西方只有在斯多葛主义者中才能找到波动说的影子①。在相当于秦、汉的时代，正是他们以水波和涟漪作比拟，强调了在二维或三维连续体中的传播情况②。他们还发现，这种连续体必定会受到张力的作用，与王充同时代的天文学家克莱奥梅德斯（Cleomedes）说，"如果不存在张力的束缚，也不存在渗透一切的元气（pneuma），那么我们就既不能看见也不能听到，因为知觉被中间的虚空空间所阻隔"③。正如萨姆布尔斯基（Sambursky）所恰当指出的，这种说法与弹性介质受到应力作用的假说相当。对于张力作用产生的运动或振动，很可能实际观察到的是在有界限水面上的"驻波"的形状，斯多葛学派使用了一个特别的术语 tonikē kinēsis（τονικὴ κίνησις）。这些概念，被应用于性质差别很大的领域，从盖伦（Galen）的生理学直到菲洛（Philo）的神学，它们显然和起源于中国的思想形式是相似的。在这些思想形式之中，特别有趣和重要的是它们与斯多葛学派的有机论相关联的一些内容：普遍存在的（无隙的）元气，一些事物对相距很远的其他事物的影响（"和应"）④，以及在有机体系统内的物理"力场"⑤。斯多葛主义者和中国人都发现了潮汐的真正原因⑥，这确实不是巧合。至于在古代中国人的思想中，究竟是怎样想像连续体的，稍后即将讨论⑦。

当然，中古时代中国人思想中的波动概念从未被明确地和系统地用于解释物理现象⑧。可是希腊人和拉丁人也都没有作过这样的尝试。首先必须对实验方法的含义有充分的理解，而直到17世纪欧洲的胡克（Hooke）和惠更斯（Huygens）的时代，人们才做到了这一点。胡克把波动说应用于光、热和声的现象，对小振幅的"激烈振动"作了许多论述⑨。后来，惠更斯根据波动说建立了光学的完整的结构⑩。18世纪光的波动说和微粒说之间的争论，是众所周知的故事。乍看起来，似乎很不可能的情况是，认为欧洲与中国当时已有近二百年的接触，这种接触曾产生过某些激励作用。毫无疑问，波动观念的发展主要是对振动本身，比如弹簧的振动进行研究的结果。但是我们不应忽视，胡克本人在伦敦曾与中国的访问者结识⑪，其中可能有人向他提起过，在中国人们对阴阳的长期振动给予了极大的重视。

这里不是讨论原子论历史的场所——这方面已有很好的著述，如帕廷顿［Partington（2）］的论文或格雷戈里［J.C.Gregory（1）］的书⑫。原子论是希腊最伟大的思潮

---

① 尤应参阅 Sambursky（1），pp.138ff.；更完全的讨论见 Sambursky（2）。
② 埃提乌斯（Aetius，2世纪），Ⅳ，19（在 von Arnim 中）所报告的。
③ De Motu Circ.Doctrina，1，1，4（公元前1世纪）。
④ 我们将在第三十三章再回到这个问题上来。同时可参阅 Zeller（1）；von Lippmann（1），p.146。
⑤ 参阅本书第二卷 p.293。
⑥ 见本书第三卷 pp.493ff.。
⑦ 本册 pp.28ff.。
⑧ 本册 pp.202ff.。"声学"的一节中的某些概念或许是例外。
⑨ 参阅 Andrade（1）。
⑩ Pledge（1），pp.68ff.；Ronchi（1），pp.196ff.。
⑪ 见 Gunther（1），vols.6，7，pp.681，694；vol.10，pp.258，263。日记中的日期是1693年7月。胡克自己写的关于中国语言的文章，发表在1686年的 Phil.Trans.。向胡克提供资料的主要人物可能是沈福宗，沈于1683年到达欧洲，后来在牛津与托马斯·海德（Thomas Hyde）一起工作过［见 Duyvendak（13）］。
⑫ 该书文笔清晰，但没有文献引证。

之一，于公元前 5 世纪由留基伯（Leucippus）和德谟克利特（Democritus）①创建，曾受到逍遥学派和其他各学派的攻击，后来得到伊壁鸠鲁（Epicurus）学派的重新肯定，由于公元前 1 世纪卢克莱修（Lucretius）的诗篇而流传于后世，但在基督教早期的整个时代里终于被人遗忘了。原子论在 17 世纪由伽桑狄（Gassendi）、笛卡儿（Descartes）和波义耳（Boyle）复兴的故事，已成为常识的一部分，也成为近代科学成长的基本特征之一。但是印度人的和阿拉伯人的原子论，也须予以考虑，虽然它与欧洲的原子论之间的关系仍相当不清楚。关于前者，我们已经谈到过一些②；它出现在婆罗门教的系统如胜论派（Vaiśesika）和正理派（Nyāya）哲学，以及异端的耆那教派（Jain）和生活派（Ājīvika）之中③。它们的某些根源可能与希腊人的原子论的起源一样古老。阿拉伯原子论的盛行则要晚得多，大概是在 9 世纪和 10 世纪由艾什尔里（al-Ash'arī）和拉齐（al-Rāzī）提出的④。正如拉斯维茨［Lasswitz（1）］和皮内斯［Pines（1）］所指出的，它几乎完全来源于印度而不是希腊。这确实是说明印度对阿拉伯科学思想影响的一个显著实例；同时也提供了亚洲的科学成就未能传播到欧洲的另一实例，这是由于把阿拉伯文译成拉丁文的那些译者的选择的缘故⑤。

　　一个惊人的或许也是很值得注意的事实是，发展了原子论的各种文明，其语言文字都是拼音字母⑥。正如几乎无限多的单词可由较少数目的字母的不同组合而形成一样，那么有如下想法也是十分自然的，即具有不同性质的大量物体可能是由很少数基本粒子以不同的方式结合而构成⑦。格雷戈里曾说，字谜游戏是原子论的说明力的一部分。卢克莱修继德谟克利特之后，说过下面的话⑧：

　　　　　　不，在我们这些诗句中，
　　　　　　你看见许多的原素为许多字所共有，
　　　　　　但是依然必须承认
　　　　　　字和字、句和句都彼此各不相同，
　　　　　　都是由不同的原素所组成。

14　　　与此相反，中国文字是一个有机的整体，是一种"形态"。习惯于表意文字的中国

---

①　几乎与墨翟恰为同时代人。
②　本书第一卷 p.154；第二卷 p.408。
③　在帕廷顿的著作［Partington（2）］中有简要的说明并附有很好的参考书目，此外还有格拉塞纳普的近著［Glasenapp（1）］。
④　Mieli（1），pp.54, 97, 139.
⑤　参阅本书第一卷 pp.220ff.。
⑥　考虑到腓尼基字母的极为古老性，希腊传统所说腓尼基人莫斯克斯（Moschus）为留基伯之前原子论的首创者，是有些可疑的。
⑦　这种想法肯定很多人有过。斯德哥尔摩的埃伦斯瓦尔德（Ehrensvaard）博士曾向我提到过，他并不知道我们已经想到了。
⑧　*De Rer. Nat.* Ⅱ, 688.

　　　　　quin etiam passim nostris in versibus ipsis
　　　　　multa elementa vides multis communia verbis,
　　　　　cum tamen inter se versus ac verba necesse est
　　　　　confiteare alia ex aliis constare elementis.（Leonard 译成英文）

耶路撒冷的萨姆布尔斯基博士曾提醒我，同样的议论也见于亚里士多德（Aristotle）的《形而上学》［*Metaphysics*, 1, 4 (985b)］。

人，也许难以接受物质的原子构造的观念。但是这种论点却被下述事实削弱了，即中国的辞书编纂者把他们所考虑的汉字的基本要素最终归纳为 214 个部首，这些部首本质上是原子的[1]，而大量的不同的字（"分子"）都是由它们组成的。此外，象征的相互联系的五种成分的组合[2]，从很早的时候起就被理解为产生一切自然现象的基础。例如，我们在大约成书于公元前 345 年的《孙子兵法》第五篇中读到：

> 乐音不多于五种，但这五种乐音的组合所产生的旋律，则比我们任何时候能听到的还要多。原色不多于五种，但这五种原色的组合所产生的色彩，则比我们任何时候能看到的还要多。基本味道不多于五种，但这五种基本味道的组合所产生的风味，则比我们任何时候能尝到的还要多。在战争中，进攻的方法不多于两种，即直接的（"正"）和间接的（"奇"）方法，但这两种方法的组合所产生的策略，则是无穷无尽的。[3]

> 〈声不过五，五声之变，不可胜听也。色不过五，五色之变，不可胜观也。味不过五，五味之变，不可胜尝也。战势不过奇正，奇正之变，不可胜穷也。〉

又如，《易经》中的"卦"是由阴爻和阳爻的排列与组合而形成的，人们认为这些排列与组合能给出穷尽自然界中一切可能状态或情况的全部符号。因此，我们可以说，认为拼音文字与原子论有联系的说法，尽管似乎有一些道理，但也不能过分强调。

在上述这种关于连续性与不连续性的大争论中，中国的有机哲学必然是在连续性的一边[4]。这一点即使在数学领域里也可以看到[5]。希腊人如此缺乏连续观念，以致他们完全无法想像如 $\sqrt{2}$ 这样的"无理"数是真实的数。但是，如同我们已经看到的[6]，中国人即便意识到了无理数的特殊性质，他们却对之既无困惑也无兴趣。他们的宇宙是万物在其中发生相互作用的连续介质或基质，而这些相互作用的产生并不是由于原子的碰撞，而是由于辐射的影响。这是一个波动的世界，而不是一个粒子的世界。因此，近代"经典"物理学的两半之中的一半是属于中国人和斯多葛学派的。

（c）质量、度量法、静力学和流体静力学 15

一般汉学家常常以为，在古代和中古时代的中国著作中不会有关于这些问题的任何重要资料。但是这种印象实在过于悲观。本节将首先讨论在中国文化中的有关杠杆性质的基本知识和天平的历史，然后讨论材料的强度以及由这些问题引起的哲学观念。在此之后，将说明古代中国有关液体的物理性质——流体静力学、比重、浮力、密度等等的理论和实践。我们将以对度量法本身的讨论作为本节的开端和终结，先引证《墨经》中与计量学有关的三个命题，最后简单地研究一下在采用米制之前的两个值得注意的事件。

---

① 参阅本书第一卷 pp.31ff.。
② 参阅本书第二卷 pp.261ff.。
③ 译文见 L.Giles（11），p.36。
④ 参见本书第二卷 p.281，以及有关讨论。
⑤ 正如弗莱克斯纳（W.W.Flexner）博士向我指出的。
⑥ 本书第三卷 p.90。

　　然而作为本节的序幕，《淮南子》中关于定量测量的一段著名的文字值得一读[①]。这段文字抒情地说明了度量与规则，尽管在大自然的运行中所见到的情况并不亚于在人类活动中所见到的情况。而且更引人注目的是，它属于既没有产生希腊的演绎几何学也没有产生伽利略世界的成就的那一种文明。其文如下：

　　　　为了调节和测定阴和阳，作为大的规则（"制"）共有六种量器（"度"）。天相当于铅垂线（"绳"），地相当于水平面（"准"），春相当于圆规（"规"），夏相当于提秤（"衡"），秋相当于木工的矩尺（"矩"），冬相当于天平（"权"）[②]。铅垂线用以绳直万物，水平面用以平准万物，圆规用以浑圆万物，提秤用以均等万物，矩尺用以方正万物，天平用以权衡万物[③]。

　　　　作为量器的铅垂线，垂直而不歪斜。它可以随心所欲地引长而没有末端，可以永久地使用而不破损，可以尽可能远地放置而不消失。它的德行与天一致，光辉与神灵一致[④]。它能得到所希望的东西，毁灭所不喜欢的东西。从古到今，它的直线性一直保持不变。它的德行浩瀚而深邃、广博而宽大，因而它能包容（万物）。这就是为什么古代的统治者（"上帝"）把它作为万物首要标准的原因[⑤]。

16　　　　作为量器的水平面，平而不倾，平坦而不倾斜。它辽阔博大，因而能包括（万物），它宽广博怀，因而能使（万物）谐和。它柔软而不坚刚，钝拙而不锐利[⑥]，流动而不停滞，推移而不阻塞。它遵照（特别的）原则（"纪"）处处流行与渗透。它普遍深远而不消散，平准均衡而无差错。因此，万物得以保持平衡，人们不搞危

---

　　① 成书时代略早于公元前 120 年。这段文字见于第五篇第十八页以下。题为"时则训"的这一篇，大部分文句与更加古老的著作《月令》完全相同。关于《月令》，可参见本书第三卷 p.195。但是"时则训"附加了包括本段在内的一些其他资料。由作者译成英文，借助于 Bodde (18)。

　　② 虽然这些量器有六种而不是五种，但我们或许还是应该以本书第二卷 pp.261ff. 已讨论过的象征的相互联系的精神实质来理解其含义。实际上，该段文字的语法结构是这方面的一个典型。

　　③ 自此以下原文是押韵的。

　　④ 仿效《易经》的说法；见 Wilhelm (2)，Baynes 的英译本，vol.2, p.15。在我们看来，这段话大概是以隐语的形式谈到制定历法时必不可缺的圭表 [参阅本书第二十章 (g)]。

　　⑤ 正是这几句话引起了卜德（Bodde）对这段文字的特殊兴趣。他将"上帝"（Rulers of Old）一词按其古代意义译作"上天的统治者"（Ruler Above）；这样就导致了将整段文字解释为描述一个人格化的神圣的工程师（如果不严格地，亦即一个神圣的创造者）的活动。可见，这段文字与本书第十八章（第二卷）所讨论的问题有关联，这就是，在中国文化中，自然法则这个概念是否曾自发地产生过。但是，我们相信，到了汉代，原始的一元的天神概念（假使这个概念确实曾经存在过）早已被忘却，而我们在此所采用的意义是当时最普通的（显著的例子见于《黄帝内经素问》卷九第六页、卷十三第四页）。像《月令》那样，在《淮南子》的这同一篇中，确实前面（第八页、第十五页）曾两次提到对"皇天上帝"（这个词是单数还是复数，从未清楚）的祭祀；但是，假若"上天的统治者"极可能（参看本书第二卷 pp.580ff.）是对"古代的统治者"（即创建国家的列祖列宗）的美化称谓的话，那么两者之间的界限就变得很模糊了。我们又一次看到，用西方一神论的观点来看待中国人的思想，会造成怎样的误解。事实上，基督教传教士之所以采用了"上帝"一词，只是因为想不出其他更好的名称。这一整段文字对自然界和人类两者的度量活动作了富有诗意的描述；世俗的社会意义正隐藏在其表面之下。不过，这两种不同的解释仍各有各自的理由，关于这方面的争论详见 Bodde (18)。比较两种译本，可以清楚地看出，像这样一段文字，由于翻译者的基本假设不同，其译文的微妙之处可能有很大的差异 [参看 Forster (1)]。

　　⑥ 这显然是仿效《道德经》第四章和第五十六章中的说法，它为卜德的翻译提供了根据。

险的阴谋，而憎恶或怨恨永远不会发生①。这就是为什么古代的统治者把它作为万物的均衡器的原因②。

作为量器的圆规，不受阻碍地旋转，画出无终结的圆周，随和而不放纵。它博大雄伟，因而能包容（万物）。在作用和反作用中，它遵循一定的模式（"理"）；在出现和贯通（宇宙）的时候，它遵循（特殊的）规则（"纪"）。它是这样的圆通、这样地宽容，以致成百的怨恨都消失于无形。它毫无差误地量度着曲线，使"气"遍布于（生命）的各种模式（"理"）之中③。

作为量器的提秤慎重而不太缓慢地运动。它均等万物而毫不引起怨恨，给（正当行为）以利益而不（炫耀）美德，对（错误行为）表示悲伤而不（夸示）谴责。它小心地均等着人民的财富，因而延长了（否则会遭受）穷困（的那些人的生命）。它是光荣而庄重的，操作之中从不缺乏道德。它滋养万物，使之生长、变化和发展，万物因之而繁荣昌盛，于是五谷丰收，封疆充实。它的管理从无错误，以致天和地因此而光明灿烂④。

作为量器的木工的矩尺，严肃而不违反常情，坚定而不执拗。它征收而不引起怨恨，搜集而无所伤害。虽则令人敬畏，但并不使人恐怖，然而它说的话无论怎样都不能拒绝。它的攻击致命而有效，使得任何敌对势力屈服。它正确无误地度量方正，致使注定灭亡的一切都顺从地听命⑤。

作为量器的天平，行动迅速而不过分快捷，扼杀而不折磨人。它（统摄着）完全、真实和坚固之物，广泛深刻而不分散。它破坏事物而并不减少（在世界上的总量），它将罪犯处死而无赦免（的可能）。它的真诚和可靠带来必然，它的坚定和诚实带来可以信赖。当它席卷隐藏的邪恶时，必然果断行事。这样，当冬令将行时，它必须削弱那些要变得强大的事物，柔软那些要变得坚硬的事物⑥。它准确无误地权衡，使得万物回归大地的宝藏之中⑦。

明堂⑧的制度是把水平面作为静止的标准，把铅垂线作为活动的标准。政府在春天遵从圆规，在秋天遵从矩尺，在冬天遵从天平，在夏天遵从提秤。因此，干湿和冷热都在适当的时机到达，甘霖和膏露也都在适当的季节降临⑨。

---

① 这段文字所包含的社会学的色彩，在此开始明显，并且随着叙述的进展越来越清楚。度量衡的真正至上的地位，正被人们从封建主或封建官僚的观点所了解。他们的职责是以租税向人民勒索最多的产品而不激起人民的愤怒和反抗。与此很有关系的是我们在第十章（第二卷 pp.124ff.）对中国古代封建经济中的度量衡制、器具及发明所作的讨论。看来这句话的意思还涉及灌溉工程的重要性［参看本书第二十八章（f）］，因为水准器是不可或缺的测量仪器。

② 见上页注⑤。

③ 意指在春季成长中的万物的发芽和生长。

④ 意指夏季的光辉和大自然对动植物生长和发育的限制。

⑤ 意指在秋季植物和一切生命枯萎。然而关于主仆之间对收获物的分配问题清楚可见。

⑥ 仿效《道德经》第三十六章中的说法，但这是一种典型的道家观念。

⑦ 处于冬眠状态，在种子中、矿物中等。

⑧ 皇帝祭天的庙宇；参看第二卷 p.287；第三卷 p.189。

⑨ 以我们的解释，这是现象论的说明（参看第二卷 pp.378ff.），亦即汉代普遍持有的关于大自然和人类的道德行为关系密切（en rapport），以及根据其正确或错误而产生影响的学说。然而，卜德宁可将"制"作动词而非名词解，把这些仪器或其原理看做是这世界的一个神的政府按四季来治理的实际方法。但是，正如阿拉伯人所说，真主知道得最清楚。

〈制度阴阳，大制有六度：天为绳，地为准，春为规，夏为衡，秋为矩，冬为权。绳者所以绳万物也，准者所以准万物也，规者所以员万物也，衡者所以平万物也，矩者所以方万物也，权者所以权万物也。绳之为度也，直而不争，修而不穷，久而不弊，远而不忘。与天合德，与神合明。所欲则得，所恶则亡。自古及今，不可移匡。厥德孔密，广大以容。是故上帝，以为物宗。准之为度也，平而不险，均而不阿。广大以容，宽裕以和。柔而不刚，锐而不挫。流而不滞，易而不秽。发通而有纪，周密而不泄，准平而不失。万物皆平，民无险谋，怨恶不生。是故上帝以为物平。规之为度也，转而不复，员而不垸，优而不纵，广大以宽。感动有理，发通有纪。优优简简，百怨不起。规度不失，生气乃理。衡之为度也，缓而不后，平而不怨，施而不德，弔而不责。常平民禄，以继不足，教教阳阳，惟德是行，养长化育，万物蕃昌。以成五谷，以实封疆。其政不失，天地乃明。矩之为度也，肃而不悖，刚而不愦。取而无怨，内而无害。威厉而不慑，令行而不废，杀伐既得，仇敌乃克。矩正不失，百诛乃服。权之为度也，急而不赢，杀而不割。充满以实，周密而不泄。败物而弗取，罪杀而不赦。诚信以必，坚悫以固，粪除苛愿，不可以曲。故冬正将行，必弱以强，必柔以刚，权正而不失，万物乃藏。明堂之制，静而法准，动而法绳。春治以规，秋治以矩，冬治以权，夏治以衡。是故燥湿寒暑以节至，甘雨膏露以时降。〉

这是确认了的信念——世界是有秩序的、精确的、明晰的、数量的、不变和周而复始的，而不是模糊的和混沌的，不是充满过剩和缺陷的。假如不存在像人间法律那样的自然界法则，也不存在混乱，那么世界就是以可认识和可量度的一个模式之上又一个模式，从小团的"气"到星辰一层之外又一层的形态存在。世界的量度和度量的原理是不变的，甚至在"古代的统治者"之前也是如此。以刘安为代表的学派中的另一位著者曾说过一段话，我们不得不再次引述如下[1]：

现在，天平和提秤、矩尺和圆规，都以一贯的和不变的方式确定了。无论秦或楚（的人民）都不（能）变更它们的特性——无论北方的胡人或南方的越人都不（能）改变它们的外貌。这些东西永远保持相同而不背离正道，它们沿直路前进而不迂回曲折。它们形成于一日，流传于万世。而形成它们的作用是无作用。

〈今夫权衡规矩，一定而不易。不为秦楚变节，不为胡越改容。常一而不邪，方行而不流。一日刑之，万世传之。而以无为为之。〉

（1）墨家与计量学

作为背景，让我们重提关于这个问题的以前的论述。本书的"数学"一章曾指出，采用十的幂次作为计量单位在中国历史上能追溯到多么久远的时代[2]；"天文学"一章也指出，中国人在很早的时代就试图研制出类似于现代铂制米原器的量具[3]。本册的"声学"一节将介绍一种确定容积的"统计"方法[4]。这里是公元前4世纪晚期墨家的几个命题，这些命题与计量学中的标准化有关[5]。

18

---

① 《淮南子》第九篇，第五页；译文见 Escarra & Germain（1），p.23；由作者译成英文，经修改。
② 参阅本书第三卷 pp.82ff.。
③ 参阅本书第三卷 pp.286ff.。
④ 见本册 pp.199ff.。
⑤ 由于众所周知的文句多讹误且不易理解，这里给出的解释须作极大的保留。关于所用的鉴定符号的说明，见本书第十一章（第二卷 p.172）。

《经下》80/—/78·72。"长度测量的标准化"

　　《经》：一物可以"很"或"不很"（"甚不甚"）。道理在于"遵从一个标准"（"题"）。

　　《经说》：（不同地方的人）使用很长或很短的标准，但"很长"与"很短"不应比长与短的标准更长或更短。一种"标准"的标准化可以是正确的，也可以是错误的。一切（个别的）标准应符合（公认的）标准。（作者）

　　〈经：物甚不甚。说在若是（题）。

　　经说：物，甚长，甚短。莫长于是，莫短于是。是之是也，非是也者，莫甚于是。〉

　　关于"很长"和"很短"，我们可能会回想起周代和汉代的天文学家为叙述弧的一度的若干分之几而采用的专门名词体系（本书第三卷 p.268）。墨家作者无疑想到了在这个国家的不同地区所用的标准的混乱情况，每一诸侯国至少有一套它自己的量器。

《经下》81/—/80·73。"适当小的单位的选择"

　　《经》：从较下之处开始，寻求较上之处。道理在于"谷"（"泽"）。

　　《经说》：假如人们必须在较高与较低之间选择一标准，这不是一个"山与谷"的问题。居住在较低的地方比在较高的地方更好。较低的地方确实有可能转变成较高的地方。（作者）

　　〈经：取下以求上也。说在译。

　　经说：取高下以善不善为度。不若山泽。处下善于处上。下所请，上也。〉

　　这里明显仿效《道德经》第六章（本书第二卷 p.58）、第六十六章等的说法。作者要说的似乎是，在选择度量单位时，技师们不应被儒家的博大幻想误导而把单位制定得太大，也不应受道家的谦逊的影响而制定得太小。不过作者是倾向于道家一边的，因为较小的单位很可能更方便一些。

《经下》82/—/8·174。"标准的任意性"

　　《经》："非标准"可以变得与"标准"等同。道理在于"无差异"。

　　《经说》：假如一个标准已经被标准化了，那么它必定是正确的标准。但是现在被认为正确的标准实际上却并非如此；所以人们就称非标准为标准。他们的标准是（错误的）标准，与正确的标准不符，尽管人们使用它们。因此今日的标准与过去常认为的非标准是等同的。（作者）

　　〈经：不是与是同。说在不州。

　　经说：不，是是，则是且是焉。今是，是于是而不是于是，故是不是。是不是，则是而不是焉。今是，不是于是而是于是，故是与是不是同说也。〉

（2）墨家，杠杆和天平

19

　　从《墨经》中摘录的一些语句，能使我们了解相当于亚里士多德时代（公元前 4 世纪末）的墨家所持有的关于力和重量的一些见解。必须再次强调，可供我们研究的只是些残存的片断和多少已被窜改了的原文，以致若不多加推测就很难判断战国时代的物理学的情况。

《经上》21/—/41·21。"力和重量"

《经》：力（"力"）是使有形之物（"形"）（即固体）移动（"奋"）的东西[1]。

《经说》：重量（重）（"重"）是一种力。一个物体的下落或（其他物体的）上举，就是由于重所引起的运动。（作者）

〈经：力，形之所以奋也。

经说：力，重之谓。下、举，重奋也。〉

《经下》26/—/48·20。"力的平衡；对滑轮和天平的考察"

《经》：悬吊的力与（向下）拉的力以相反的方向作用。道理在于"反对方向的打击"（"薄"）。

《经说》：悬吊（"挈"）需要力，但自由下落（"引"）则无需（我们）用力。悬吊的力未必限定在所施力的实际的一点（像梁或桥的情形）。（注意如何）在钻孔时使用绳索[2]。（考虑一根横梁悬吊在一绳索上。）距离悬点（支点）较长、且/或较重的一边，就会下降；而距离悬点较短、且/或较轻的一边，就会上升。结果，向上的一边所得愈多，向下的一边所失愈多。当绳索与横梁成直角时，（两边的）重量相等，达到相互平衡。

（考虑两个重物由一条绳索跨过一滑轮而悬吊。）（由于减少悬挂物重的量，）"向上"的一边所失愈多（"丧"），"向下"的一边所得愈多。假如"向上"一边的重物完全被取走，则"向下"一边就完全坠落了。（作者）

〈经：挈与收板。说在薄。

经说：挈，有力也；引，无力也。不必所挈之止于施也；绳制之也，若以锥刺之。挈，长重者下，短轻者上。上者愈得，下者愈亡。绳下直，权重相若则正矣。收，上者愈丧，下者愈得。上者权重尽则遂。〉

在最后的一个例子中，假定的是，在实验开始时，将被变动的重物其悬挂位置高于另一边的恒定重物。

这是研究力、加速度和质量之间关系的阿特伍德（Atwood）机（1780 年）的始祖。参看吴南薰（1），第 92 页以下。

《经下》11/—/20·11。"力的合成"

《经》：由几个力合成（"合"）的一个力，能对抗一个力。有时有反作用（"复"），有时则无。道理在于"平行"（"矩"）。（作者）

20

《经说》（佚失）

〈经：合与一，或复否。说在拒。〉

这条命题的简短和注释的佚失，使得确定其含义无疑很困难。假如"矩"字无误，那么墨家曾试图研究过矢量力的分解法、力的平行四边形法等。是否会有"反作用"，要看所考虑的结构是否平衡而定。然而，无法说明是否墨家事先已有计算力的分布的方法，而且即使有的话，也无法说明这些方法究竟是什么。参看三上义

---

① 这里"奋"字特别重要，因为它有突进或加速运动的含义，而其原意是一只鸟飞离田野而飞行。假如墨家作者的心中没有关于加速度的模糊概念的话，他就会用诸如"行"、"移"或"动"之类容易明了的字。近代中文物理术语中，"奋力"意即冲量。参看吴南薰（1），第 84 页。

② 这是指弓钻或泵钻。见本书第二十七章。

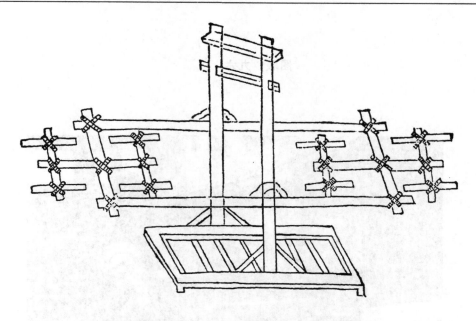

图 278　负载的分配：《三才图会》（1609 年）中的附图

夫对文艺复兴后东亚科学中的力的平行四边形法的论述 [Mikami (13)]。

　　谭戒甫以为"拒"（"推"）是原意想用的字，他认为这一命题说的是由于碰撞而产生的能量的传递，由一个悬球经过一系列不动的中间悬球而把能量传递给另一个悬球。但这种解释似乎比前一种解释更不足为信。

　　在古代和中古时代中国的实用工程中，必定有许多机会获得关于力的合成的经验知识，虽然缺乏关于这方面的理论解决。的确，对此欧洲也直到 17 世纪才完全明了了。正如陈文涛 (1) 所指出的，中国表现在风筝上的早期空气动力学的发明，就是对这个原理的应用 [参阅本书第二十七章 (m)]。有关力的分配的一个显著例子，是在中国所用的运送重载的古老方法——"车毂"或车轭原理，即，将重物放置在一个橇上，橇的四个把柄与一套铺开的扁担相连，这样每个搬运者肩上所承担的重量就不至于过大。这种情况常被记述（参看图 279），例如，可见于埃斯特雷尔 [Esterer (1)，p.143]、斯当东 [G.L.Staunton (1)，vol.2，p.113] 的著作，和《三才图会》（"仪制"卷七，第九页）（图 278）。我经常目睹人们仍用这种方法来搬运诸如发电机或变压器之类的重物。现今在飞机试验设备中还可以看到与此相类似的分支连杆系统，那就是根据对众多连结点的单个测量，记录下受到种种应变的机翼的性质。至于被中国的工人和农民普遍使用的扁担，则可追溯到非常古老的时代 [例如，在埃及，参看 Wilkinson (1)，vol.2，p.108]。在奥尔维耶托（Orvieto）保存着公元前 3 世纪埃特鲁斯坎人的一个骨灰盒，盒上描绘有一个裸体的祭司，肩上用一根杆担着两个篮子，极像中国的挑夫。

21

《经下》27/一/? ·19。"活动云梯的力学"

　　《经》：悬……（以下佚失）

　　《经说》："辎车"（活动的云梯）（立在一框架上），有两轮，比另外的两轮高

图版　九六

图 279　许多挑夫间负载的分配，中国的这一古老方法仍在普遍使用
[戈登·桑德斯（Gordon Sanders）摄影，重庆附近，1943 年]

（即直径较大）（可能是为了便于行驶）。前端支承有用绳索（照字义，弓弦）
（"弦"）连接的（平衡）重锤。（准备好之后）绳索引向前方、跨过（顶部的）滑轮
（"轱"），将（平衡）重锤悬吊在车前。拉下或推上（平衡重锤），梯子就能动。不
从上面拉或不从下面推重锤，梯子就不动。如果平衡重锤（由于允许偏离一直线）
不受横向干扰，那么它就垂直地悬吊。如果它（相对于整个器械而）倾斜，那是由
于某种原因（地面不平坦）所致。那些不会熟练操作云梯的人，不懂得怎样使重锤
垂直地悬挂。假如它不往下运动，（那是因为它）失去了侧面的支持。在滑轮架前
系有牵绳（以拖曳整个器械向前），就像在船头的绞盘横杆上系有船纤一样。（作
者）

　　　　　　22

　　〈经：挈……（以下佚失）
　　经说：两轮高，两轮为辇车。梯也，重其前，弦其前。载弦其前，载弦其轱，而悬重
　　于其前。是梯，挈且挈则行。凡重，上弗挈，下弗收，旁弗劫，则下直。挃，或害之也。
　　沃梯者不得沃直也。重不下，无蹐也。若夫绳之引轱也，是犹自舟中引横也。〉

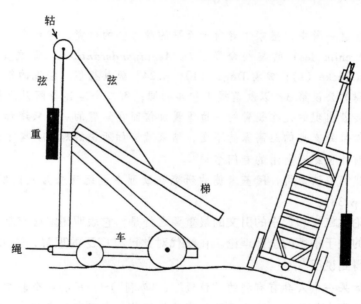

图 280　带有平衡重锤的云梯图，说明《墨经·经下》第 27 条

　　这里是前面已经提到的滑轮和平衡重物的一种实际应用。这种器械的构造由图 280
很容易理解。参看沃纳的著作 ［Werner（3）］。当然，这种机械通常称"云梯"。以上讨
论以实例清楚地表明了墨家对于军事技术的兴趣。欧洲类似的发展，可见于乌切利的著
作 ［Uccelli（1），p.218］。值得注意的是，像拉梅利（Ramelli）这样的工程师在 1588
年仍然有兴趣于本质上相同的装置。

　　栾调甫 ［（1），第 89 页］重建了这一段经文。
《经下》25/—/23? ·—。"杠杆和天平"
　　《经》：天平（"衡"）能够失去其平衡（"正"）。道理在于"获得"（"得"）。
　　《经说》：如果在天平的一边加重物，那么这一边就下降。

至于提秤（"权"）（两臂不等长的天平），使一定量的物体和秤锤平衡（"重相若也"），那么支点与悬挂物体的点之间的距离（"本"）小于（"短"）支点与悬挂秤锤的点之间的距离（"标"）。后者就是较长的一边（"长"）。如果这时在两边加上同样重的物体，则秤锤必定下降（"标必下"）（因为支点与悬挂秤锤的点之间的距离大于支点与悬挂物体的点之间的距离）。（作者）

〈经：衡而不正。说在得。

经说：衡，加重于其一旁，必捶。权、重，相若也相衡，则本短标长。两加焉，重相若，则标必下。标得权也。〉

首先注释一下专门名词。"衡"（K748h，i）本义是指任一（等臂或不等臂）秤的杆，后来成为广义的秤。这个字来源于一个象形文字，描绘通过十字路口（原始市场的天然所在）的扁担或车辕。"權"（K158o）由偏旁木与表示苍鹭*的语音字组合而

K748i

成，其本义是秤锤，但偶尔也有秤本身的意思，后来一般作动词用，意为称重。

在这一段中，墨家作者对于天平的静力学的研究，与半个世纪之后阿基米德（Archimedes）的某些命题［De Aequiponderantibus，译文见 Peyrard（1）和 van Eecke（1）；参看 Dugas（1），p.24］极其相似。经说的第一个陈述与阿基米德的公设第3，以及前提1和4相同；第二个陈述与阿基米德的命题Ⅲ相同。接着出现的是在长臂的一边重量加倍而在短臂的一边只增加少量的特殊情形，如果到支点的距离保持不变，结果就应如所说的那样。整个这一条给出了公元前4世纪时所用的专门名词①。

我们应该记得，阿基米德的研究在欧洲中世纪还未为人们所利用［Dugas（1），p.38］。

关于这条论述杠杆和天平的引文的最重要之处是，它表明墨家必定基本上掌握了如阿基米德所述的关于平衡的全部理论。在汉代对此已有广泛的理解，这可由《淮南子》中的一段文字得到说明②：

因此如果一个人具有有利的"位置"（"势利"）③，那么一个非常小的把手就能支持一个非常大的物体。小而重要的事物能够控制宽而广的事物。所以，只有十围长的梁木能支持一千钧重的房子，只有五寸长的铰链能控制一扇大门的开闭。这并不在于材料是大还是小。重要的是它所在的确切位置（"所居要也"）。④

〈是故得势之利者，所持甚小，其存甚大。所守甚约，所制甚广。是故十围之木，持千钧之屋；五寸之键，制开阖之门。岂其材之巨小足哉，所居要也。〉

---

① 参看吴南薰（1），第91页以下。
② 《淮南子》第九篇，第十七页；由作者译成英文。
③ 注意法家对"君主的影响"所使用的专门名词。
④ 比较："用一根足够长的杠杆，一个人就能移动地球"。参看 Duhem（2）。《淮南子》的这一段话为《金楼子》（6 世纪）卷四第十九页所仿效。
＊ 应为鹳。——译校者

显然，在实际生活中有关杠杆原理还有许多其他的例子——人们会想到通常称为桔槔（在《礼记》[1]中称之为"桥衡"）的杠杆（$shad\bar{u}f$）[2]、想到船桨[3]。

自然，经典著作中也常提到天平。现引两处为例。孟子说（公元前 4 世纪）[4]：

> 通过称量，我们知道哪些物体轻、哪些物体重。通过度量，我们知道哪些物体长、哪些物体短。一切事物的关系有可能这样被决定。但最重要的是度量心（的运动）。我请求陛下度量它们。

> 〈权然后知轻重，度然后知长短。物皆然，心为甚。王请度之。〉

而在《慎子》（公元 2 世纪与 8 世纪之间）一书中，某位道家作者赞美定量的话如下[5]：

> 航海的人能乘船到越国，走陆路的人能坐车到秦国。秦和越虽然都离得那么远，但只要安坐着就可以到达。这一切都是由于有了木制的机械（"械"）才成为可能。至于（用这种机械）测量诸如钧和石的重量，那么甚至像大禹这样聪明的人也不能（单凭观察）就可区分如锱和铢这样小的重量。但是，把这些小东西放在天平（"权衡"）上时，那么甚至一厘或一发（"发"）（最小的重量）的差异也不可能被忽略。对此，并不需要大禹的智慧，普通人的知识就足以识别了。

> 〈行海者，坐而至越，有舟也。行陆者，立而至秦，有车也。秦越远途也，安坐而至者，械也。厝钧石，使禹察锱铢之重，则不识也。悬于权衡，则厘发之不可差。则不待禹之智，中人之知，莫不足以识之矣。〉

慎子大概会同意苏格拉底（Socrates）的见解，如柏拉图（Plato）所记述的[6]。

遗憾的是，关于天平发展的比较史尚未汇总问世[7]。由权威学者如迪克罗［Ducros (1)］和格兰维尔［Glanville (1)］的著作中，我们知道，古埃及至迟在公元前 30 世纪初，或许自前王朝时代起就使用天平了。流传至今的关于这些天平的几乎所有的描述都表明，等臂横梁中央由一支柱支承，支柱上系有一铅垂线[8]。希腊人大概从天平的最早起源阶段即已知道它，但有关天平的图画则极罕见。有些图表明，天平由其中心点悬挂起，而不是支承在一柱上；例如在巴黎珍藏的公元前 6 世纪中叶的著名的黑花盘，其上绘有早于昔兰尼的阿凯西劳斯（Arcesilaus of Cyrene）时代称量阿魏属的一种草本植物（silphium）的图案[9]。

---

① 《礼记》第一篇，第十四页［Legge (7), vol.1, p.73］。马扎埃里［Mazaheri (3)］认为提秤可能由此而来。

② 参阅本书第二十七章（g）。它在军事上的派生物是投石机。

③ 参阅本书第四卷第三分册第二十九章。

④ 《孟子·梁惠王章句上》第七章，十三；译文见 Legge (3), p.20。

⑤ 《慎子》第七页；由作者译成英文。

⑥ 《理想国》（*Republic*）第十章："直的东西浸没在水中，看起来像是弯曲的，但是被假象所混淆的理智，用量度、计数和权重的方法可以很好地得到恢复，它们使测量者、计算者和称重者对大小、多少、轻重不致有模糊的概念。依靠量度和计算，这确是思想方式中较好的部分。"

⑦ 只有五十年前伊贝尔［Ibel (1)］的论文，现在仍有价值。关于衡器支枢的进化，又见于 Machabey (1)；Skinner (1)；和 Sanders (1)。就我所知，刀口不是在中国发展起来的。穆迪和克拉杰特［Moody & Clagett (1)，Clagett (2)］近来发表了关于天平或杠杆，以及物体在斜面上移动所产生的力（*Scientia de Ponderibus*）的古代和中世纪欧洲一些著作的原文和译文。这些著作的范围，从带有欧几里得（Euclid）和阿基米德名字的古希腊文论著，直到约尔丹努斯·内莫拉里乌斯（Jordanus Nemorarius，约 1225 年）的书，以及帕尔马的布拉西乌斯（Blasius of Parma）于 1400 年左右写的书。

⑧ 例如，见 Klebs (3), fig.76, p.107 和 fig.116, p.182。

⑨ 参看 Neuburger (1), p.206；Testut (1), p.22。

　　一般认为[①]，悬挂式不等臂天平（提秤）[②]在古代西方出现要晚得多，它的发明或使用有时被断定为（虽然并不令人信服）约在公元前 200 年的坎帕尼亚（Campania）。对于不等臂天平，肯定需要比等臂天平更复杂的关于杠杆性质的知识。悬挂式不等臂天平在拉丁文中称为 statera，它常被称作"罗马式"天平，维持鲁威（Vitruvius）曾作过详细的描述[③]。当时的仪器的某些部件、甚至整件，至今仍有保存[④]。关于它们用途的同时代的艺术作品，也有藏存，如现存特里尔（Trier）的诺伊马根（Neumagen）出土的高卢—罗马式雕刻（图 281）。但是这种装置在欧洲从来没有成为主要的类型。奇怪的是，在中国出现了相反方向的发展[⑤]，虽然提秤（"称"、"秤"）[⑥]在中国的起源还不清楚[⑦]，但至少从汉代起，它就比简单的等臂天平远为流行。后者在中国称为"天平"，该词的出现较晚。因为"等"字在语义学上的意义是"相等"，所以我们可以从古代和中古代著作中的"等子"这一名称辨认出等臂天平。但"等子"有时也可指小型的提秤，如在珠宝店和药店中所使用的。

25　　使用最常见的提秤时，将标准的秤锤沿长臂移动并读出刻度所示的结果，就可称得未知的重量。明代王圻的《稗史汇编》中，引用了 1050 年左右阮逸的《皇祐新乐图记》所示的提秤（"铢秤"）图[⑧]。图 283 再现了《图书集成》中的插图[⑨]。秤杆（"幹"）被分为二十四分度（"铢"），每二十四分度相当于一两（"两"），每十分度用一饰钉（"星"）作更为明显的标记；在秤杆上移动标准的秤锤（"锤"），直至达到平衡。如同在西方那样，现存的秤锤的数目，远比使用这些秤锤的秤的数目要多得多。秦代的秤锤上都铸有环，为的是可挂在秤钩上[⑩]。显然，中国秦汉时代的人们肯定已经知道怎样校准提秤，并将秤杆本身的重量也考虑在内。在欧洲，中世纪和稍后一些时候的提秤又称为"比斯马"（bismar），该词起源于斯堪的那维亚。然而，罗马式提秤与斯堪的那维亚—斯拉夫式提秤不同，因为前者的分度是相等的，而后者的分度则构成一调和数列。按照本顿［Benton（1）］的说法，中国是在亚洲惟一有"罗马式"提秤的国家[⑪]。而我们

　　[①]　例如，见 Feldhaus（1，2）；Testut（1）。

　　[②]　提秤（steelyard）与钢（steel）并无关联。这一名称来源于"stalhof"一词，这是伦敦的一个场区，商人联盟的成员（Hanseatic merchants）在那里向将会成为顾客的人展示样品。在英语中最初使用该词，似乎迟至 1531 年。

　　[③]　Vitruvius，x，iii，4. 瓦罗（Varro）、西塞罗（Cicero）、普利尼（Pliny）和其他人也论述过。

　　[④]　参看 A.H.Smith（1），p.162；Daremberg & Saglio（1），vol.3，pp.1226ff.。

　　[⑤]　人们不禁惊讶，是否与中国从古到今如此普遍地使用扁担肩挑货物的习惯有关。但这种办法在古埃及也很普遍，参看 Wilkinson（1），vol.2，p.185。

　　[⑥]　这个字（K894g）由偏旁禾与原意为一只手提东西的象形文字（K894b）组合而成。
K894b

　　[⑦]　这个字的第一种写法见于约公元前 345 年的《孙子兵法》［Giles（11），p.31］，第二种写法见于诸葛亮（约公元 210 年）的著作中。

　　[⑧]　阮逸的记述，与萨比特·伊本·库拉（Thābit ibn Qurra，836—901）的一部阿拉伯文著作的拉丁文译本《论查拉斯顿》（Liber Charastonis）的记述相符。但不知 Charastonis 这个词是意指阿拉伯文中的提秤，还是指传说中的一位发明家查理斯顿（Charistion）。见 Dugas（1），p.37；Wiedemann（12）；Mazaheri（3）。

　　[⑨]　《图书集成》考工典卷十三，汇考二，叶十七。

　　[⑩]　参见例如吴承洛（2），第 148—153 页，新版第 70 页以下。

　　[⑪]　然而这种类型的秤也见于掸邦［Annandale，Meerwarth & Graves（1）］。

图版　九七

图 281　诺伊马根（Neumagen）的高卢—罗马式雕刻上描绘的提秤［特里尔
（Trier）兰德斯博物馆（Landesmuseum）摄影］

图版 九八

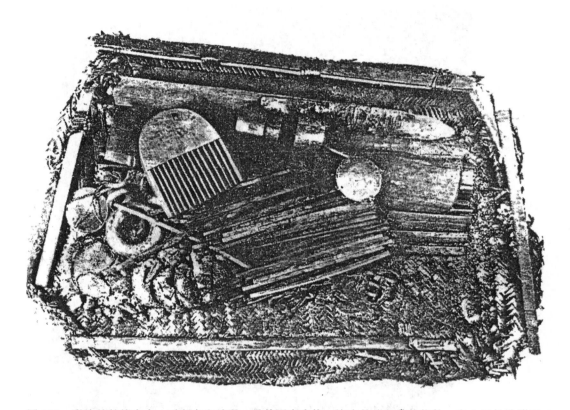

图 282 彩绘的竹筐内有一对秤盘和砝码，另外还有木梳、许多竹片及其他物件。出土于长沙附近
左家公山的一座楚国墓葬，时期为公元前 4 或 3 世纪。一个秤盘（左边）还带有丝线，这
是迄今所知的中国最早的衡器实物。一套砝码其形状为大小不同的一系列粗环。（中国人
民对外文化交流协会和英中友好协会摄影）

发现，在犍陀罗（Gandhara）的雕塑中[1]和孔雀王朝（Maurya）的钱币上[2]，也有这种类型的秤。关于这些重要器物在各个文明中的一部充实的历史，应该是很有启发性的[3]。

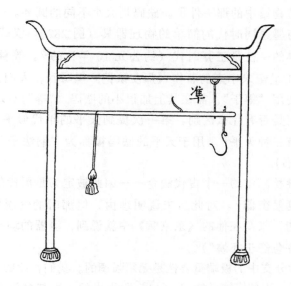

图 283　《图书集成》中的提秤图

26

使用不止一个支点的秤，显然有可能称出一系列不同量程的重量。中国的提秤确实是（而且经常是）备有不止一个的悬挂点。依此方向发展，可成为秤锤固定而支点移动的提秤。事实上这种形式曾在世界各地得到采用，成为第二种类型的不等臂天平，泽克兰德［Sökeland（1）］认为应称之为"迪斯马"（desemer）。它的秤锤常是秤杆的棒状膨大部分，而在古代地中海地区则被制成狮头或其他饰物的形状。这种秤曾在德国和俄罗斯西部应用得很多，也曾在阿萨姆和不丹得到应用，但最好的实物还是来自西藏，摆动良好而不会倾覆[4]。然而，这种秤即使在中国早已知道并得到使用，却肯定从未通行过。早期罗马的一些"迪斯马"具有桥状物，悬挂物可以沿桥状物滑动，因而使得重心

---

① Bruhl & Lévi（1），fig.26。

② Belaiev（5）。

③ 最近马扎埃里［Mazaheri（3）］曾致力于证明罗马时代欧洲的提秤是由中国的提秤发展而来的。不幸得很，他的论据是建立在两个不能成立的前提之上：（a）认为《周礼》是公元前 10 世纪而不是公元前 3 世纪的著作；（b）认为《周礼》中的"权"和"衡"两个字必定是指提秤的秤锤和秤杆，而不是泛指度和重量。虽然如同我们已经看到的，有文献为据说明中国在公元前 4 世纪已有不等臂秤，但一件罗马的实物却被定为早至公元前 3 世纪。与马扎埃里过分谦恭地抑西崇东的论调恰好相反的情形，见于山崎［Yamazaki（1）］的博学的研究报告中。后者认为中国的算盘起源于罗马，主要原因是他相信，在埃及算盘可追溯到公元前 40 世纪的时代。但我们知道，这种见解无论如何是毫无根据的（参阅本书第三卷 p.79）。对于古代事物的这两种估价，都太言过其实。实际上到目前为止，我们还完全不知道提秤和算盘究竟起源于何处。这真是一憾事，因为这两种器物在商业活动和往来的历史上都至为重要。

④ 对于掸邦市场的"迪斯马"的研究，也请参看 Annandale，Meerwarth & Graves（1）。在有些秤中，可来回移动的是秤盘而不是支点。

大大低于悬挂点。这有助于摆动而不致经常倾覆，但降低了灵敏度[1]。

在中国，就精确称量而言，等臂天平占有一定的地位，至少对于几种较小的类型是如此。中国最古老的衡器的实物，或许是最近从楚墓（公元前 4 世纪）中发掘出来、保存在北京中国历史博物馆中的那一件了。砝码是大小不同的圆环。令人惊讶的是，我们现在竟然还有一些与墨家同时代的简单的物理器具（图 282）。汉代以来的天平的实物久已为人所知，最早的一件是王莽时代（约公元 10 年）的[2]。等臂天平常见于敦煌石窟的壁画中[3]。在 11 世纪末李廌的著作《师友谈记》里写到，人们都认为[4]提秤不适合于金匠使用，他们使用"等子"，需在其上加很小的砝码（"等"）。现在还不太清楚，这种秤与"天平"之间是否有什么区别。第一次提到天平的年代似乎是在 1451 年，当时朝廷曾下令制造所有三种天平[5]。用于天平的砝码被称为"铜法子"（1506 年诏书）或"砝码"（1529 年诏书）。

保存在《吕氏春秋》中的一个古代法令——因此被定为是周代的，规定了在每年的秋分要校准所有的度量衡器[6]。对此虽未说明理由，但那时的气温既不太热又不太冷。确实，公元 2 世纪初，张衡在他的《东京赋》中就说到，测器的均等与由于冷热而产生的缩胀有关（"量齐急舒于寒燠"）[7]。

天平在一切科学分支中的极端重要性是无须强调的。我们在此所看到的公元前 4 世纪中国对于定量的认识，正如塔施［Tasch (1)］所指出的，可与希腊稍早一些的《希波克拉底全集》（Hippocratic Corpus）的作者们的认识相比拟。虽则直到 17 和 18 世纪，近代化学才由于雷伊（Rey）和拉瓦锡（Lavoisier）的称量工作而产生，但也不应低估（东方和西方）早期对于天平的应用。本书后面将提出证据，以表明宋代的一些炼丹术士和冶金学家在利用天平方面的谨慎[8]。我们也将追溯汉代以后在药物学中使用天平的情况[9]。

（3）张力、断裂和连续

我们从墨家的另外两个命题开始。

---

[1] 这些提秤中的一件在诺伊布格的著作［Neuburger (1)，p.205］中有说明，也见于泽克兰德（Sökeland）的论文。又见 Daremberg & Saglio (1)，vol.3，figs.4474，4475。

[2] 见吴承洛（2），第 165 页，新版第 78 页。

[3] 一般地，它从一根横杆上吊挂下来，横杆支承于两柱，形成一个像悬挂钟磬所用的架子。横杆上通常栖息着一只鸟，它就是等待尸毗（Śivi）——佛陀的前世的化身之一——施舍血肉吃的鸽子，而肉则正在称量之中。我在第 138 窟（后唐）、第 98 窟（五代，约 950 年），以及第 61 窟和第 146 窟（北宋，1000 年以前）中都曾注意到这一情形。也可参看单庆麟（1）所描述的第 11 世纪的经幢。

[4] 他提到了当时的专家如秦少游和刑和叔。

[5] 在中国"天平"这个词现在用以指衡器或盘秤一类的器具，即这些器具的秤盘置于横梁上方，且总是保持水平位置，不论载荷和砝码的位置怎样，都可给出准确的读数。所有这些器具依靠的都是连接起来的荷重杠杆的组合，来源于 1670 年德罗贝瓦尔（de Roberval）的著名的"静力之迷"（énigme statique），而其理论直到 1740 年才由德扎古利埃（Desaguliers）推导出来。因此任何这类装置，若早在 15 世纪就在中国或其他地方为人所知，是非常不可能的。参看 Testut (1)，p.72。

[6] 《吕氏春秋》第三十六篇，译文见 R.Wilhelm (3)，p.93。

[7] 我应感谢已故的修中诚（E.R.Hughes）博士提供的这方面的参考资料（《文选》卷三，第十七页）。

[8] 见本书第三十章（d）和第三十三章。

[9] 本书第四十五章。

《经下》24/—/—·—。"材料的强度"

　　《经》：（假设）（一横梁）支承（一重物）而不断裂。道理在于"承受"（"胜"）。

　　　　《经说》：一重物悬挂于水平放置的一木片下而木不折断，是因为木的中心（"极"）能承受（"胜"）此重物的缘故。但（在同样的情况下，）一根手搓的绳子若其中心不能承受此重物，就会断掉。（作者）[1]

　　　　〈经：负而不挠。说在胜。

　　　　经说：负，衡木。加重焉而不挠，极胜重也。右校交绳。无加焉而挠，极不胜重也。〉

《经下》52/—/23·44。"张力、破损和连续"

　　《经》：断或不断有赖于均匀或连续。道理在于"均匀或连续"（"均"）。

　　　　《经说》：一小重物悬挂在一根头发下。即便重物很轻，头发也会断。这是因为这根头发不是（真正）均匀或连续（"均"）。如果是的话，那就不会断了。（作者）

　　　　〈经：均之绝不。说在所均。

　　　　经说：均，发。均縣。轻而发。绝不均也。均，其绝也，莫绝。〉

　　这里的第一个命题是早期注意到应变和负荷、弯曲和断裂问题的一个例子。这些问题必定是古代所有的有经验的工程师、建筑师和应用物理学家们所关注的[2]。但从理论上解决这些问题，则还须等到文艺复兴时期的达·芬奇、伽利略、马里奥特（Mariotte）和胡克这些人[3]。

　　第二个命题具有更广泛的意义。在《列子》一书中有类似的一节，虽然原文引自《墨经》，但论证的目的却正相反。从经文来看，墨家似乎主张，纤维之所以在张力之下会断裂，是由于它是由强度不等或内聚力不等的基元所组成的，因此有些地方必然存在着断裂面[4]。这在本质上是一种原子的或微粒的观点，与墨家关于几何学上的点[5]，以及不可分割的瞬时的定义相符。与此相反，《列子》这一节的作者却支持连续说——鉴于我们在讨论波动和粒子时已见到的，人们可以预期他会如此[6]。他说[7]，连续性（"均"）是

　　　　天下最大的道理（"理"）。（世界上）所有的形和物的相连（"连"）都是由于连续性。一根头发（可以被认为有）连续性。但是"把一小重物悬挂在一根头发下。即便重物很轻，头发也会断。这是因为这根头发不是（真正）均匀或连续"。而如果具有真正的连续性，那么它就不会断裂或分离了。很多人不相信这一点，但我将用

---

①　栾调甫（1），第 88 页有不同的重建。参看吴南薰（1），第 88 页以下。

②　在本书后面关于中古时代的石梁桥建筑，将谈到材料强度试验的值得注意的事例 [第二十八章（e）]。

③　有关这一问题的后期发展的某些情况，可参看 Meyer（1）；Frémont（1）；Straub（1），pp.62，74，79，119；以及 Timoshenko（1）的书。

④　这或许也是上述第一个命题的要点，其中把木横梁与手搓的绳子相比较，后者较为"不均匀"。类似的讨论也可见于欧洲的经院哲学中，例如，西拉诺·德·贝尔热（Cyrano de Bergerac）就详述过这样的命题：一个绳子如果完全均匀，它就能承受无限的载荷，因为这时没有理由说明为什么它会在某处而不在别处断裂。当然也许上述第二个命题所说的是一根纤维的纵轴和横轴之间的抗张强度的差别，但这很不可能。

⑤　参阅本书第三卷 p.91。

⑥　《列子》原文的成书年代不能确定，但这一节很可能作于公元前 2 世纪。

⑦　《列子》第五篇，第十五页；由作者译成英文，借助于 Wieger（1），p.139。

例子来证明它。

〈均，天下之至理也。连于形物亦然。均发均县。轻重而发绝，发不均也。均也，其绝也莫绝。人以为不然，自有知其然者也。〉

29　由此可见，这位道家是恪守其道家的伟大传统的。虽然他没有能力用可能影响过亚里士多德的那些论据来证明他的观点，但他却以道家所惯用的方式，用一系列的比喻和传说，清楚地显示了他对物理世界的概念。记得詹何曾说，他能以独茧丝为纶，钓大鱼于百仞之渊，这是因为他心无杂虑，唯鱼是念[1]。他的老师、善弋射者蒲苴子[2]，能用弱弓纤缴射鹤于青云之际[3]。接下去又有一故事[4]，说名医扁鹊将两个人[5]的心脏对换，从而证明心脏是个人和家庭之间的连续性的器官。其他一些故事则说到音乐确保着人和人之间，以及人和大自然的其他部分之间的连续性。这是非常值得注意的，因为从上下文来看，此处所说的音乐即意指声学，而声学则意味着波在连续介质中的传播。这些传说具有"俄耳甫斯（Orpheus）特性"——瓠巴鼓琴[6]，鸟舞鱼跃；师文按照象征的相互联系[7]吹奏出适合特别季节的笛音*，天气、谷物、植物和动物魔术般地对应一年中的任何时令。他的老师师襄更为卓越，曾断言他与先师师旷[8]和驺衍相当。这是特别有意思的，正如我们在前面已经看到的[9]，驺衍是自然主义者学派（阴阳家）中最伟大的人物，实际上是大约公元前 3 世纪初期的这个学派的创始人。在《列子》原文中的"驺衍之吹律"句下，张湛作了如下注释：

在北方，有一处肥沃的谷地，但经常寒冷得五谷不生。驺衍吹着笛子而（持久地）使它的气候暖和，结果谷和黍都丰盛地滋长起来。[10]

〈北方有地美而寒，不生五谷。驺子吹律暖之，而禾黍滋也。〉

因为张湛的注释作于公元 4 世纪，所以这一传说必然不会非常古老。但使人感兴趣的是，它牵涉到阴阳学说的最伟大的系统化者，而且这里所隐含的都是波动的概念而不

30　是粒子的概念。《列子》的作者还把他的论题[11]扩展到民间传说中去，对此我们当然无

---

① 后来常被引用，例如《博物志》卷五，第八页。

② 在《列子》的同一篇中，后面还有其他善射者（甘蝇和飞卫）的故事，还有善御者（著名的造父和他的老师泰豆）的故事，但这些都属于"技巧"即专门技能的范围（见本书第二卷 pp.121ff.），因此不在我们目前讨论的范围内。

③ 这种技术还将见于本书第二十八章（e）。蒲苴子是一个半传奇式的军事技术家，《前汉书·艺文志》中所载的一部书（《蒲苴子弋法》——译校者注）的名义上的作者。这部书谈论用带着绳子的箭取回射中的猎物。

④ 参看本书第二卷 p.54；关于此人自身，参看本书第四十四章。

⑤ 鲁国的公扈和赵国的齐婴。

⑥ 因为"瓠"字作葫芦解释，所以瓠巴这个人也许原是具有共鸣箱的乐器的守护神。

⑦ 本书第二卷 pp.261ff. 已对该体系作过说明。

⑧ 师旷据说是公元前 6 世纪时的人；他吹奏笛子使得云涌、风起、雨至，晋平公因此而感到惊恐。

⑨ 本书第十三章（c），见第二卷 pp.232ff.。

⑩ 《列子》第五篇，第十八页；由作者译成英文。参看侯外庐、赵纪彬等（1），第一卷，第 646 页；Forke（13），p.504。

⑪ 这一类传说包括偃师制造自动装置的故事，自动装置曾使周穆王极为惊奇（见本书第二卷，p.53）。按照戴遂良［Wieger（7），p.145］的见解，此处包含了这样的暗示，即自动装置的建造者通过投射"意志力"或心力集中的办法来操纵它们，虽则书中并没有真的这样说。这种远距离控制的概念应该说是非常奇妙的近代的概念。想来令人奇怪的是，通过遵循最终同样的观念——在连续介质中辐射能的行进，这类效应正在我们自己的时代里实现着。

* 师文为古之善琴者，此处应为弹奏出琴音。——译校者

需讨论——如韩娥鬻歌，余音绕梁，三日不绝；伯牙鼓琴，他的朋友钟子期知音；等等。然而这一篇的重要教益在于把宇宙视为一连续体，其中一切现象，诸如水面的涟漪、声音的共鸣①、被赋予记忆和感情的人类有机体之间的无形的联系，或者月亮对潮汐的作用等等，都有其完美的天然的地位。

这一主题以强有力的形式再现于战国和秦汉时期的许多著作中。我在研究中国人的思想时很早就碰到过了，那是二十多年前与已故的古斯塔夫·哈隆（Gustav Haloun）一起读《管子》的时候。在这部卓越的著作中，时而是关于自然哲学的使人感悟的和富有预示性的段落，时而是关于饮食、卫生学、魔术和深思的方法的叙述。我们读到下面的一段话②：

> 你能够联合吗？你能够统一吗③？那么用不着龟甲和蓍草你就会预知运气的吉凶了。你能够中止吗④？你能够停息吗⑤？你能够不求助于他人，自己从自身得到它吗？所以古人说过，要对它深思、再深思；如果仍然不能得到它，那么神和鬼将会把它教给你。但这并不是由于他们要（以预兆的方式）显示他们的力量，而是因为（你）发出了你的精华（"精"）和灵气（"气"），达到（人力所可能的）极致的程度，（从而进入可以和他们交往的境界）。统一"气"而使它能变更（外界事物），这叫做精华；统一（人类）事务而使它们能经受变化，这叫做智慧。汇集和选择是对事情评级的方法；变化至极是对各种事物作出反应的手段⑥。一个人如果汇集和选择，就不会出现紊乱；如果变化至极，也就不会引起失望。只有坚持（宇宙）统一⑦（概念的）君子⑧才能做到这一点。坚持统一而不忽视它，他就能支配万物。（那么）他就能与日月同光，与天地同理（"理"）。圣人支配万物而不被万物所支配⑨。
>
> 〈能专乎？能一乎？能毋卜筮而知凶吉乎？能止乎？能已乎？能毋问于人而自得之于己乎？故曰：思之。思之不得，神鬼教之。非鬼神之力也，其精气之极也。一气能变曰精，一事能变曰智。慕选者，所以等事也。极变者，所以应物也。慕选而不乱，极变而不烦。执一之君子，执一而不失，能君万物。日月之与同光，天地之与同理。圣人裁物，不为物使。〉

圣人能够支配万物，是因为他知道而且能充分利用宇宙中万物之间基本的相互联系（"连"）和非孤立（"属"）。这段值得注意的话，概括了对自然科学的心智特征的许多基本看法。哈隆把这段话与《吕氏春秋》中的"精通"篇进行了比较。这一篇⑩确实涉及说明万物之间即使有相当的距离，也能通过连续体发射出的"交感"影响而发生相

31

---

① 关于这一点，参看本册 pp.130，185。
② 《管子》第三十七篇，第七页；译文见 Haloun (2)。
③ 在本书第二卷 p.46 曾赋予"'一'的观念"以原始科学的意义及神秘的宗教意义。现在我怀疑，它的科学方面的意义在那里是否充分强调了。"执一"的思想也就是坚持一个连续体的思想。
④ 能止于恰当的解释、可靠的假说或正确的行动，不借助于诡辩的论据而超出此之外。参看本书第二卷 p.566。
⑤ 参看本书第二卷 p.283。
⑥ 在其他部分我们引用过这一句，见本书第二卷 p.60。
⑦ 因此也坚持连续性，在此非常重要。
⑧ 见本书第二卷 p.6。
⑨ 可以找到许多类似的说法，例如在《尸子》、《韩非子》、《慎子》中。
⑩ 《吕氏春秋》第四十五篇；译文见 R.Wilhelm (3)，pp.114ff.。

互作用。严格地说，它显然较之《列子》和《管子》更为科学，但并不蔑视道家经常借助的民间传说和神话之类的形式。《吕氏春秋》这一篇的写作年代应确定为极接近于公元前 240 年，因而它比《管子》中的那一段大约晚了一个世纪。列出它的十一项论点是值得的：

(1) 菟丝子[①]（"菟丝"）好像没有根，但实际上有根，亦即称作茯苓或玉米面包[②]（"茯苓"）的真菌。这两种植物是完全不同的，彼此之间并没有联系，可是它们的关系却是植物和根的关系。（"人或谓菟丝无根，菟丝非无根也，其根不属也，茯苓是。"）

这是一种误解，因为事实上这两种寄生植物相互没有关系。

(2) 天然磁石将铁屑吸引至其自身[③]。（"慈石召铁，或引之也。"）

(3) "当圣人在他的宝座上面南而坐，除爱民和利民别无他念时，命令尚未从他的口中发出，人民就已经伸长脖子踮起脚站着准备服从了。他的基本精神已浸透在人民中。"（"圣人南面而立，以爱利民为心，号令未出，而天下皆延颈举踵矣，则精通乎民也。"）

(4) 与此相反。一场有计划的攻击的受害者会感到不安，仿佛神灵早已告诉了他们。（"今夫攻者砥砺五兵，侈衣美食，发且有日矣。所被攻者不乐，非或闻之也，神者先告也。"）

(5) 若一个人在秦（国），而他所爱的人（远离）在齐，那么如果一人死去，另一人的精神是否将不安宁呢？（"身在乎秦，所亲爱在于齐，死而志气不安，精或往来也。"）

(6) "统治者的德性是全体人民服从的东西，正像月亮是一切阴性事物的根本和源泉一样。因此在满月时，贝（"蚌蛤"[④]）是多肉的，一切阴性的事物都丰满起来了。当月亏时，贝是空的，阴性的事物变弱了。当月亮出现在天空时，一切阴性事物都受到影响，直至海的深渊。因此圣人让德性从他自身流散出去，以致四野都欢乐在他的仁爱之中。"（"德也者，万民之宰也。月也者，群阴之本也。月望则蚌蛤实，群阴盈。月晦则蚌蛤虚，群阴亏。夫月形乎天，而群阴化乎渊。圣人形德乎己，而四荒咸饬乎仁。"）

这是我们在前面已经见到过的著名的一段[⑤]。虽然对软体动物的情况还不太明了，但最古老的生物学观察之一，就是棘皮动物尤其海胆的生殖系统具有月的周期性。这种情况亚里士多德也明确地谈到过[⑥]，他从渔夫那里得知，某些种类的海胆在满月时肥而味美，而这已为近代生物学的研究充分证实了[⑦]。这里谈论海，也许部分地隐蔽了谈论月球对潮汐的作用。

---

① *Cuscuta sinensis*（R156），一种属于旋花科的寄生的显花植物，靠一种特殊的器官（吸器）吸取寄主（例如柳树）的汁液。《本草纲目》卷十八上，第三页以下。

② *Pachyma*，茯苓（*Polyporus cocos*）（R838）的菌核，在药物学中久已使用。参看 Burkill（1），vol.2，p.1618；《本草纲目》卷三十七，第三页以下。

③ 此处没有误解。参阅本书第二十六章（i）。

④ 这个名词在现代一般用于指瓣鳃纲软体动物的贻贝，但在公元前 3 世纪时它很可能是指或者包括棘皮动物。

⑤ 见本书第一卷 p.150。在本书第三十九章的适当地方，我们将对这一段和类似的原文进行详细的讨论。

⑥ *De Part. Anim.* iv，5（680a31）；*Hist. Anim.* 544a16。

⑦ 参看 H.M.Fox（1）。

（7）养由基夜间射他以为是一头野牛的东西，但箭射入了一块石头以至没及箭羽。这是因为他极度相信那是一个动物的缘故。（"养由基射虎，中石，矢乃饮羽，诚乎虎也。"）

（8）伯乐全神贯注于相马，以至他对其他任何东西都看不到了。（"伯乐学相马，所见无非马者，诚乎马也。"）

（9）屠夫丁庖人完全专注于牛的躯体，以至他的切割刀法几乎不可思议。（"宋之庖丁好解牛，所见无非死牛者，三年而不见生牛，用刀十九年，刃若新磨研，顺其理，诚乎牛也。"）在《庄子》中的关于这个故事的经典辞句，前面已经引用过[①]。

（10）钟子期不需任何言词，就能知道一位悲伤的击磬者的全部经历。（"钟子期夜闻击磬者而悲，使人召而问之。……钟子期叹嗟曰：悲夫！悲夫！心非臂也，臂非椎非石也。悲存于心，而木石应之。故君子诚乎此而论乎彼，感乎己而发乎人，岂必疆说乎哉？"）

（11）当申喜的母亲悲哀地唱着歌行乞到一家门前时，她不知道这就是她已失去的家，而申喜却听出这是他的母亲。（"周有申喜者，亡其母。闻乞人歌于门下而悲之，动于颜色。谓门者内乞人之歌者，自觉而问焉。曰：何故而乞？与之语，盖其母也。故父母之于子也，子之于父母也，一体而两分，同气而异息，若草莽之有华实也，若树木之有根心也。虽异处而相通，隐志而相及，痛疾相救，忧思相感，生则相欢，死则相哀，此之谓骨肉之亲。神出于忠，而应乎心，两精相得，岂待言哉？"）

这一篇接下去还谈到人与人之间的无形的关联和感应。

吕不韦的门人为了论证普遍的连续性，在这一篇里集合了三项自然科学方面的观察（其中两项是完全正确的）、三项人与人之间的关系的事例、三项精神专注的事例，以及两项取决于声学（音乐）观象的解释的事例[②]。

有人可能认为我们离物理学太远了。其实不然。在古代中国人关于物理世界的概念中，有时"精"几乎可译成"辐射能"；连续性、波动和循环，都是至为重要的；而不连续性和原子性质的粒子的概念，则毫无地位。这确实就是若干世纪以来中国固有的科学思想[③]。到近代物理学传入中国的时候，原子作为世界的解释者的独占地位早已不存在了。

我们可以作许多有用的研究，以表明古代和中古时代的中国自然主义者是如何设想世界的连续性的。就我所知，在古代中国人的思想中，从未明确地面对过下述对立，即在"气"这个连续介质中的波动与在严格意义下的跨越空虚空间的超距作用之间的对立[④]。但是对于中国人来说，整个宇宙是如此的一贯且相互关联，以致他们或许从未想要坚持一种物质介质的普遍性，即便在一些特殊场合有充分的理由怀疑这种普遍性的存

33

---

① 见本书第二卷 p.45。原文见《庄子》第三篇。

② 类似的叙述，可参看《淮南子》第六篇，第二页以下。

③ 收集从中古时代以来这种关于物理学的世界观的事例，并且看看哲学家们和工匠们如何受其影响，那应该是非常有趣的。但这需要深入的研究，非我们目前所能及。

④ 对"气"这个概念，除在本书前几卷中已多次提到之外，还应该提到两位日本人的研究，他们是平冈祯吉（1）和黑田源次（1）。关于超距作用，可参阅本卷和前几卷中的许多参考文献。又见丹皮尔－惠瑟姆［Dampier-Whetham（1）］的著作，以及赫西［Hesse（1，3）］的专门研究。

在。通常，人们总是设想存在这种普遍性①。丁韪良在六十多年前写的另一篇预言性的论文［Martin（6）］中，将宋代理学家所坚持的物质以某种形式的普遍存在，即使只是作为最稀薄的"气"的普遍存在，与近代"经典"物理学中的光的以太说②，作了比较。丁韪良从张载 1076 年的著作③《正蒙》中引证了一些说明问题的语句。例如④：

在浩瀚的空虚之中，气交替地凝聚和消散，正如冰形成于水又溶解在水中一样。当人们知道浩瀚的空虚充满了气的时候，人们就理解了虚无的存在即为不存在。……古代的哲学家们争辩存在和不存在之间的区别，这是何等的浅薄啊。他们距了解模式—原则（"理"）这一大学问还差得远呢。

〈气之聚散于太虚，犹冰凝释于水。知太虚即气，则无无。……诸子浅妄，有有无之分，非穷理之学也。〉

但是在近代自然科学在欧洲蓬勃兴起之时，人们对经院哲学的古老公理，即"物质不能作用于它不存在之处"，开始提出怀疑。这样在伊壁鸠鲁学派和斯多葛学派两种古老的物理模型之外，出现了三种物理模型⑤：关于碰撞作用的实验和数学研究，产生了包含在《原理》（Principia）一书中的牛顿定律；关于波动的类似的研究，产生了牛顿和伯努利家族（Bernoullis）的流体动力学；第三，真正的超距作用其本身就出现在落体、太阳系和电磁吸引等现象之中，而在牛顿的有心力（包括万有引力）学说中得到了数学公式化的阐述。所有这些彼此不能协调的模型，最终都被纳入了现代的相对论和数学物理学之中。这丝毫不能用"日常生活"中的类似来说明。到那时，在科学意义上的人与心意之间的区别早已消失——"既不是犹太人的，也不是希腊人的"，既不是中国人的，也不是欧洲人的，而只有人类的和普遍的概念了⑥。

然而或许我们可以看到后来仿效吕不韦和列御寇的一些说法。在 19 世纪中叶，某些日本学者曾参与了一场肯定会失败的战斗，反对近代科学在他们的国家兴起。大桥讷菴在 1854 年左右所著的《辟邪小言》中，坚持对理学的先验论的解释，并且强调与其研究大自然，不如修养自身。他说，在西方科学家及其朋友们所不理解的事物中，有一种是"活机"（kakki），即人类的一种活力或能量，它与非人类世界中的活力或能量相接续，而且有可能以惊人的结果发展和利用⑦。或许大桥在一定程度上反对原子的和机械的唯物论。但无论如何，他的话使我们回忆起了《管子》和《吕氏春秋》中善射者们和音乐家们的心理—物理的连续⑧。

---

① 参看长卢子故事中的天为积气（本书第二卷 p.41）。
② 关于这些的历史，见 Whittaker（1）。
③ 参看本书第二卷，pp.458，562。
④ 《正蒙》第一篇，见《张子全书》卷二，第三页，或《宋四子抄释》卷一，第四页；由作者译成英文。
⑤ 参看赫西［Hesse（2）］的有趣的讨论。
⑥ 参看李政道和杨振宁 1956 年关于核物理学中的宇称学说的出色著作。
⑦ 《明治文化全集》，第十五卷，第 111 页（第三章的下半章）。
⑧ 我们非常感激卡门·布莱克（Carmen Blacker）博士，他正在研究并让我们知道这位日本的思想家。日本学者很可能是非常保守的，像我们将要看到的僧人圆通的情况［本书第二十七章（i）］，他把太阳系仪钟与最古老的宇宙论配合起来。

（4）重心与"宥坐之器"

在中国似乎没有关于重心的理论论述，能与亚历山大里亚的希罗（Heron of Alexandria）的著作相对应。希罗曾讨论过不规则形状的悬挂物，其中包含了矩的概念[①]。但是，一些经验性的原理，特别是在磬的悬挂方面的原理，在中国必定是知道的。《周礼》中有关于磬的描述[②]，它们是 L 形的平石片，短边（"股"）与长边（"鼓"）之间的角为钝角[③]。清代数学家程瑶田和邹伯奇研究复原出了汉代技师们很可能用过的方法[④]。

应用重心知识的一个值得注意的例子，见于流体静力学的著名的"奇巧的"容器。这些容器依据容纳的水量的多少，而改变它们的位置。对我们来说，很容易想像其构造：一青铜的容器中有若干间隔，间隔设有相互溢流的通道，安置得可以产生多种效果（图 284）。然而，在古代中国，它被认为是一大奇物，而且显然可以追溯到很古的时候。关于这种器物的最早的描述，见于《荀子》，该书第二十八篇的篇名为"宥坐"，即"置于（御座）右侧用作劝戒（的倾覆器）"。因此，这种发明若不是始于孔子时代，那么也必定在公元前 3 世纪就已为人所知了。该篇中的一段话如下[⑤]：

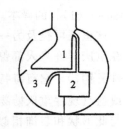

图 284　"宥坐之器"的
复原示意图

> 孔子参观鲁国桓公之庙，见到一种会倾侧的容器（"欹器"）。他问守庙的人这是什么，守庙的人回答说："这是放置在御座右首的劝戒之器。"孔子说："啊，我听说过这些'宥坐之器'。它们如果是空的，就倾侧到一边；如果半满，就直立站着；而如果全满，就完全跌倒了。"孔子要弟子们向一只容器中注水，弟子们照他的话做了，而容器的行为恰如他所说的那样。
>
> 〈孔子观于鲁桓公之庙，有欹器焉。孔子问于守庙者曰："此为何器？"守庙者曰："此盖为宥坐之器。"孔子曰："吾闻宥坐之器者，虚则欹，中则正，满则覆。"孔子顾谓弟子曰："注水焉！"弟子挹水而注之。中而正，满而覆，虚而欹。〉

然后他们讨论了万物的中庸之道，根据其原理，认为这些容器是帝王们永恒的警戒之器。

这些又称"欹器"的容器，作为宫廷的奇物存留了一千多年。周代的实物似乎一直流传到汉代末期，而在三国时代的战乱期间失传了。大约在 260 年，杜预制作了一套新器[⑥]。同一时期，数学家刘徽著《鲁史欹器图》。该书虽已不存，但却暗示了他和他的同时代人已经掌握了关于重心的一些理论原理。约两个世纪之后，祖冲之制作了数量

35

---

① Dugas（1），p.32。
② 《周礼》卷十二，第五页（第四十二章）。译文见 Biot（1），vol.2，p.531。
③ 参阅"声学"一节，本册 pp.144ff.。
④ 陈文涛（1），第 67 页以下。
⑤ 《荀子》第二十八篇，第一页。又逐字录入《孔子家语》卷二，第十五页。由作者译成英文。
⑥ 《晋书》卷三十四，第九页。

较多的欹器①。此后，天文学家和数学家常把它们献给皇帝。6世纪中叶（538年），薛憕制作了一些精致的欹器②，而信都芳著了另一部解说的书。7世纪初，耿询又制欹器（605年）③，而临孝恭则撰写了关于欹器的著作。唐代的一位王子李皋（曹王皋），我们在本书后面还要提到此人④，他对欹器很感兴趣，在790年左右制成了木质涂漆的欹器，并且很可能大量制作过。我们掌握的最晚近的文献之一，是辞典编纂家丁度于1052年对它们所作的描述⑤。

同时，这些器物引起了阿拉伯人的强烈兴趣。阿拉伯人发展它们的可能性极大，可见于由穆萨·伊本·沙基尔（Mūsā ibn Shākir, 803—873）的三个儿子巴努·穆萨（Banū Mūsā）⑥兄弟的《关于巧妙的发明物之书》（Kitāb fi' l-Ḥiyal）。关于该书，可用豪泽尔 [Hauser（1）] 的译本。

这里还可提及另一种奇巧的容器，不过与重心无关。第二次世界大战期间，注定要住在重庆的许多人都曾去过嘉陵江峡谷的北温泉公园。在那儿都会看到保存在古庙里的一件青铜器，它有奇特的性质，在受到摩擦时，就从四个方向将水花喷入空中⑦。这个盘或盆（现存重庆博物馆）的制作年代不明，但很可能是唐代或宋代的器物⑧。而另一些与此形状和装饰相似的盆，则确实是周代和汉代的器物（图285）。现已知道还有其他的实物⑨，这些器物的名称是"喷水铜盆"。见于四川的盆为略有锥度的圆筒形，盆口直径约一呎六吋，平底，并且很浅。盆内底上有围绕着中心图案的四条凸起的鱼，鱼的张口的末端是辐射状的凸脊，这些凸脊顺盆的侧面向上延伸，直到盆口的边缘⑩。当用湿的手掌缓慢而有节奏地摩擦盆边上的两个把手时，铜盆像钟一样振动，水花从容器侧面四处凸脊的末端向上喷溅，高至把手（约三吋）⑪。据说如果掌握了技巧，水花向空中喷溅可高达三呎⑫。在强烈喷溅的时候，水面呈现出非常复杂的驻波图案。最大扰动显然发生在相当于被敲击的钟的波节和波腹的地方。而酒杯受摩擦时所形成的驻波，可以出现类似的情况，不过程度却差得多⑬。但是，这种器物必定在器形和器壁方面有某些值得注意的特点，才能使水产生这样的激荡。也许器壁处于某种应变之下，就像我

36

---

① 在483—493年之间；《南史·祖冲之传》，卷七十二，第一页。

② 《周书》卷三十八，第十页。

③ 《隋书》卷十九，第二十七页；卷七十八，第七页以下。参见本书第三卷 pp.327，329。

④ 本书第二十七章（g）。

⑤ 当然还有许多晚期的文献提到它们，例如见杭世骏的《榕城诗话》（1732年），卷上，第十一页。

⑥ Mieli（1），p.71。

⑦ 我的朋友赫克斯利·托马斯（Huxley Thomas）博士在那些年间常向我提起这件事。我很幸运于十五年之后，即1958年，在重庆市博物馆能仔细地研究了它。特别感谢馆长邓绍清（音泽，Têng Shao-Chhin）博士及其助手潘碧静（音译，Phan Pi-Ching）小姐的帮助。

⑧ 这件青铜器色很黄，以致使人疑为黄铜合金。因此可知，该器年代不会太早。

⑨ 例如，据记载，1956年4月，英国法律学家的一个团体在杭州的湖畔的一所寺庙或房子里，就曾见到过一件 [Gower（1），p.114]。

⑩ 1944年，我们中的一位（王铃）摄得一帧照片。

⑪ 有一最佳水位——盆内的水不宜太多也不宜太少。这一事实使我们想起前面刚讨论过的欹器的劝戒目的。

⑫ 我在1958年访问的时候，只有博物馆的服务人员能成功地做到。但我发觉很容易使振动开始。

⑬ 参看本册 p.12 所述斯多葛学派对驻波的观察。

们不久将讨论的"魔镜"的情况[1]。无论如何，这种现象显然值得关心历史的中国物理学家们注意。

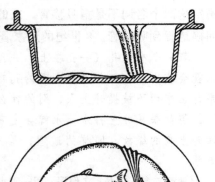

这种意想不到的古型的立式喷泉，似乎不为关于气体力学和流体静力学的亚历山大里亚学派的任何著作家所知晓，但对于注意波动的中国 – 斯多葛学派来说却很有关系。而它竟与不均匀电场的效应有着奇妙的相似［参看 Pohl (1)］。假如一个点电极为一圈状电极所围绕，并将其浸入盛着某种有机液体的碟子里，然后加上 10 000 伏特左右的电压，这时液体就受到剧烈的搅动而从碟中跳跃出来，一些液滴悬浮在空气中，或在导线周围形成螺旋状的轨迹。加大电压（虽然电流强度仍很小），则喷起的液体或粉末可高达四至六呎，喷射率每分钟可达一加仑，这样就形成了没有运动部件的一种简单的泵。人们从未以这样的方式考虑过中古时代中国的立式喷泉，这再一次说明了工

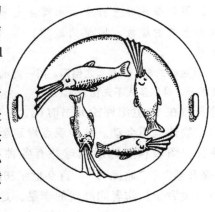

图 285　保存在重庆市博物馆的喷水铜盆的剖面和平面略图

业文明与前工业文明之间的差别。同样，像后面我们将要看到的（p.235），古代传说的"穆罕默德的棺材"（"Mahomet's coffin"）已在如今成为现实，因为重量在一磅以上的金属（例如，钛、锌、钒、钽、钼）试样，在强磁场作用下不仅能悬浮在空中，而且在大电流强度的高频感应电流作用下确实能就地熔化。

与这些问题有关的是关于空气压力的一些早期的实验。虹吸现象已在关于漏壶的部分作过讨论[2]，并将在工程学的第二十七章（b）中进一步涉及。如前所述[3]，"clepsydra"一词的最初含义是指一种用来吸取酒或油的吸移管。因为表现使用管子吸取液体的埃及古画一直流传至今[4]，所以这些管子在中国的整个历史上必定也是一种为人熟知的器具。确实，在中国西南地区部族人民中，普遍有礼仪性地使用长竹管饮酒的习俗，这一习俗把他们直接与新月沃地的古代人民联系起来[5]。但是直至人们认识到管子顶部的封闭可以保留其中的液体、并能将它从一处带到另一处时，吸管才能变成吸移管[6]。1200 年的《猗觉寮杂记》中，有关于汉代使用的古名词"鸥夷"和"滑稽"两者的意思的讨论[7]。前者似乎是指革制酒器，后者"腹大如壶"，是提取酒的吸移管。但是

---

① 参看本册 pp.94ff.。
② 本书第三卷 pp.320ff.。
③ 本书第三卷 p.314。
④ 例如，见 Neuburger (1)，p.226。
⑤ 在前面我们看到（本书第三卷 p.314），他们在两个竹节之间精心制作了一个浮阀，以防止吸得太快或太慢。
⑥ 恩培多克勒（Empedocles）对此进行过研究［Diels-Freemam (1)，p.62］，但似乎不了解真正的原因。
⑦ 卷下，第四十七页。

无法确定这两个名词不是指吸移管，或的确也不是指虹吸管[①]。然而，在一些唐代著作中已明确地提到吸移管。8 世纪的道家著作《关尹子》中讨论了吸移管的原理[②]：

取一个有两孔（一孔在上，一孔在下）的瓶子，注满水。如果把它颠倒过来，水就会流出来。但如果把上面的孔封闭，水就不会从下面的孔流出来。这是因为如果什么东西不被提升上来，别的什么东西就不会下降的缘故。一口井也许有八千尺深，但如果从井里打水，水就会上来。这又是因为如果什么东西不下降，就没有东西升上来的缘故。同样的道理，圣人并不认为自己高于万物，而总是谦恭地对待万物。

〈瓶有二窍，以水实之倒泻。闭一则水不下，盖不升则不降。井虽千仞，汲之水上，盖降则不升。是以圣人不先物。〉

陈显微在 13 世纪评论此书时说，"气"必须先上升，水才能下降，又说若无压力（"迫"），物体就不会动。这种观点肯定至少与欧洲同时代人所能提出的任何看法一样先进。唐代，酒吸移管体形似球并有各种不同的把手，一般被称为"注子"，后来又称"旁侧提升器"（"偏提"）[③]。自 9 世纪初起，这种器物似乎特别普遍[④]。

与《关尹子》作者同时代的李皋，是唐代的一位王子，他曾用碗和盘做实验，碗和盘密合得极好，以致没有空气能进入而置换其中所盛的液体[⑤]。《唐语林》写道[⑥]：

曹王皋非常机敏精巧，善于制作容器和其他有用的物件。当他任荆州节度使时，有两个士兵带着两个羯鼓式的碗来见他。当看到这两只碗时，（李）皋就说："何等贵重的物品啊！"并且指出碗的边沿极端平滑。但宾客们都不能理解他的热情。因此他说，要用实验说明所指的意思。他选了一只尽可能平滑的盘子，试着使盘子和碗口密合，并把油注入其中的一个碗里。然后（用盘盖在碗上，再把碗翻过来），结果没有东西流出来。这表明碗和盖子之间完全密合（"吻合无际"）。

〈嗣曹王皋有巧思，精于器用。为荆州节度使，有鞨旅士，持二羯鼓桊谒皋。皋见桊曰："此至宝也。"指钢勾之状，宾佐皆莫晓。皋曰："诸公未必信。"命取食桮，自选其极平者，遂量重二桊于桮心，油注桊中满，不浸漏。其吻合无际。〉

类似的故事讲到京兆牧李琬，他用边缘磨得很平滑的铁碗，又讲到 780 年左右的任使君[⑦]。正如我们将要看到的[⑧]，这些碗与声学中的调音及炼丹术中的密闭反应有关。这种生产边沿平滑的铁碗的能力，在工艺上的重要性不应被忽视——为得到所需要的音调，这些碗很可能经过研磨[⑨]。这个问题与医疗实践中的"拔火罐"也有明显的联系，虽然这种疗法并不是中国医学的特色，但我们偶尔可以从文献中读到用拔火罐的实验，

---

① 见本书第二十七章（b）。

② 《文始真经》卷下，第十一页。由作者译成英文。

③ 《事物纪原》（约 1085 年），卷四十一，第十四页，引自《续事始》（约 960 年）；又见《说郛》卷十，第五十二页。

④ 关于竹制小吸移管在同时代中国传统技术中的应用，霍梅尔［Hommel（1），p.10］曾描述过。

⑤ 参见本册图 286。

⑥ 《唐语林》卷六，第五页。由作者译成英文。

⑦ 《唐语林》卷五，第二十六页。

⑧ 见本书第二十六章（h），pp.192ff.，以及第三十三章。或者由于后一用途，它们才成为最早的火药炸弹；参看本书第三十章。

⑨ 参看关于研磨砂在矿石研磨中的应用，本书第三卷 p.667。

由于里面是部分真空而能粘附体上[①]。关于一般的紧密封闭，霍维茨［Horwitz (7)］曾述及一些有趣的事例，例如，在中国用涂漆的方法密封棺材的接缝，在日本保存盐的方法是用陶罐装满盐然后焙烘。

（5）比重、浮力和密度

39

比重的一般概念一定是从远古以来就有了。孟子（公元前 4 世纪）注意到[②]金比羽毛重，否则怎么能说一个金的钩比一车的羽毛重呢？但是（就我们所知）在中国并没有相当于阿基米德关于浮体的论述这样的理论[③]。当然，关于阿基米德原理的经验性的应用则是有的，如周代和汉代的技师们把矢[④]和车轮[⑤]浮在水中，以决定它们是否均衡、并相应地增减其材料。到了明代，已经常使用列举各种物质的比重的表格[⑥]。

所谓的阿基米德原理在中国的古老的表现，无疑应推三国时代称象的著名故事了[⑦]。但该故事只包含了对排水量和浮力的观察，类似阿基米德的命题Ⅴ，而与比重本身无关。原文[⑧]如下：

　　曹操的儿子曹冲，少年时代就很聪明，有敏锐的观察力。在他只有五六岁的时候，理解力已和成人一样了。一次孙权[⑨]得到一头象，曹操想知道它的重量，他问遍了所有的朝臣和官员，但没有一个人能想出称象的办法。然而，曹冲说："把象放在一只大船上，同时做出水位的标记；然后称量很多重的东西，也把它们放到船上（直到船沉到同样的水位）——比较这两者，你就可以知道象的重量了。"曹操听了非常高兴，吩咐立即照办。

　　〈邓哀王冲字仓舒。少聪察岐嶷，生五六岁，智意所及，有若成人之智。时孙权曾致巨象，太祖欲知其斤重，访之群下，咸莫能出其理。冲曰："置象大船之上，而刻其水痕所至，称物以载，则校可知矣。"太祖大悦，即施行焉。〉

这件事发生在 200 年之后不久。

但也有人认为，汉代的技师们已熟知那个测定希罗（Hieron）的皇冠中金银比例的著名故事所包含的原理。这有赖于对《周礼·考工记》中的重要一段[⑩]的解释。这段与度量衡器的制造者有关。它说：

---

①　《独醒杂志》（1176 年），卷五，第二页。在西方，拔火罐至少可以追溯到《希波克拉底全集》，在中世纪已被广泛了解和使用。

②　《孟子·告子章句下》第一章，六。

③　Dugas (1), p.24ff.；Thurot (1)；v.Lippmann (3b)。关于阿拉伯方面的发展，见 Wiedemann (11)。

④　《周礼》卷十二，第六页（第四十二章）；Biot (1), vol.2, p.534。

⑤　《周礼》卷十一，第十二页（第四十章）；Biot (1), vol.2, p.474。特别参看 Lu, Salaman & Needham (1)。原文为："水之以眂其平沈之均也"。

⑥　例如见《算法统宗》卷一，第四页（1592 年）。1590 年的《阿克巴则例》（Ā'īn-i Akbarī）给出了同一时代印度的类似情况［Blochmann (1), pp.41ff.］。关于《孙子算经》，又见本书第三卷，p.33。

⑦　对此，阿德希尔（Ardsheal）及其他学者都曾提请注意。

⑧　《三国志》卷二十，第二页。由作者译成英文。

⑨　后为吴大帝。在本书"地理学"一章（第三卷 p.538）已提及。

⑩　《周礼》卷十一，第二十五页（第四十一章）。

称做桌①的工人们制造量容积的标准器（"量"）。他们用逐次加热金属（大概是铜）和锡的样品的办法来（分别）进行提纯，直到重量不再损失为止。然后称量它们的重量。

〈桌氏为量，改煎金锡则不耗，不耗然后权之。〉

40　　毕瓯（Biot）是这样译的②。原文接下去是，"权之然后准之，准之然后量之"，毕瓯译为，"称过重量之后就进行均衡，均衡之后再进行测量"。这句话的意义很不明确。然而江永在 18 世纪末即已提出③，"准"字在汉代有"在水中称重"之意，而普遍的"权"字此处则意指在空气中称重。这样，"准"字的水的偏旁就是非常有意义的了，虽然该字一般是成均衡或成水平之意，但它的一个次要的意思确实是称重。因此，汉代技师们所使用的方法基本上就是阿基米德所使用的方法，也就是，用在水中称重和在空气中称重的方法确定合金的成分。这样的解释比毕瓯的解释要有道理得多了。

关于浮力的一般概念，在中国和在别处一样，从很早的时候起就在水手中间流传了。《慎子》说④：

尽管一样东西可能像燕鼎一样重，即有一千钧重，但如果把它放在吴船上，那么它还是可搬运的。这就是漂浮的原理（"浮道"）。

〈燕鼎之重乎千钧，乘于吴舟则可以济，所讬者浮道也。〉

这对中国运河运输系统的创建者来说，根本不是新的话题。但是，以后将会看到，中国航海技术应用防水隔舱比欧洲要早得多⑤。唐代僧人惠远制造过浮沉莲花漏⑥。

另一位僧人怀丙曾利用浮力自河底升起重物，他的方法类似于现代打捞作业中使用交替充满水和空气的浮筒的方法⑦。1192 年的《梁溪漫志》在叙述了曹冲称象的故事后，接着写道⑧：

另一个非常巧妙的例子如下。河中府有一浮桥，是用八只铁牛固定在岸上的，每只铁牛重几千斤。治平年间（1064—1067 年），桥被突如其来的洪水冲断，铁牛被冲走而沉入水下。于是发出了布告，征求能捞出铁牛的人。当时真定府的僧人怀丙提出了一种办法。他用两只大船装满了土，（由潜水者）用缆绳从两船牢牢地系至河床中的铁牛。还用了钩子和一个巨大的衡重杠杆。然后把船上的土逐渐抛去，结果船就向上浮，铁牛被提离河底（而在较浅的水中被拖上河岸）。

怀丙的成功被报告到皇帝那里。皇帝赏赐给他一件表示荣誉的紫袍。怀丙的确效法曹冲，遵循了同样的原理。

〈本朝河中府浮梁，用铁牛八维之，一牛且数万斤。治平中水暴涨绝梁，牵牛没于河。募能出之者。真定府僧怀丙以二大舟实土，夹牛维之，用大木为权衡状钩牛，徐去其土，舟浮牛出。转运使张焘以闻，赐以紫衣。此盖因曹冲之遗意也。〉

---

① "栗"字的古体。
② Biot（1），vol.2，p.503。
③ 《周礼疑义举要》卷六，第十七页。
④ 《慎子》第八页。由作者译成英文。
⑤ 见本书第二十九章（c）。
⑥ 见本书第三卷，p.315。
⑦ 参看 Masters（1）。
⑧ 《梁溪漫志》卷八，第十一页。由作者译成英文。

衡重杠杆的作用，大概是帮助潜水者固定缆绳的[1]。

非常巧的是，关于这些铁牛的由来，我们知道得很确切。它们的作用是，确保跨越黄河的最重要浮桥之一的缆索的安全。此地名蒲津，邻近蒲州，距潼关附近黄河大弯曲处之北不远。中书令张说（667—730 年）曾经写过一篇关于该桥建造（724 年）的文章。他的《张燕公集》中就收录[2]了它，题为《蒲津桥赞》。在许多叙述之后，我们读到，在这一年：

> 于是最有名的工匠都被召集在一起，他们都热切希望大显身手。如同古时晋国那样，政府征收了"一鼓铁"[3]的赋税[4]；工匠们则遵循周帝国使用的古典的冶金步骤（字义为六种合金的成分）[5]。风箱[6]的扇叶前后飞动，炉火熊熊地燃烧。一些人在熔炼（"铄"），另一些人则在精炼（"烹"）（铁为熟铁）；一些人在锉（"错"），而另一些人则用锤子锻（"锻"）和打。他们就这样把铁环连接起来形成一条巨链，把（铁）[7]铸（"镕"）成卧牛的形状。这些立在河流两岸的铁牛，在多沙的河滩之中连接着东（和西）。铁链保证了被水冲击的船的安全，而铁牛则固定着粗链，这样，桥就不会受到顺流而下的漂浮物的损坏。于是，船头画有美丽的飞鸟的许多船，就这样稳固地固定在一起（支持着上面行路的桥面）。
>
> 〈于是大匠蒇事，百工献艺。赋晋国之一鼓，法周官之六齐。飞廉煽炭，祝融理炉。是铄是烹，亦错亦锻。结而为连锁，镕而为伏牛。偶立于两岸，襟束于中潬。锁以持航，牛以系缆。亦将厌水物，奠浮梁。又疏其舟间，画其鹢首。必使奔湍不突，积凌不隘。〉

这些牛状的铁桩就是在将近 350 年之后怀丙从河底打捞上来的东西。

至于液体的比重或密度，这个问题尤其与检测盐水的浓度有关。因为至少汉代以降，盐是政府的专卖品即税源，所以在一些文学著作中都有关于检测步骤的记述。从很古的时代起，盐工就用鸡蛋的浮沉来检验盐水的密度，这在盖伦的著作中已有记述[8]。但在中国，最常用的试验物是莲子。12 世纪初姚宽写道[9]：

---

① 怀丙的方法，后来在西方由（"卡丹"悬环的）希耶罗尼穆斯·卡尔达努斯（Hieronymus Cardanus，1501—1576）提出或使用。他的《论事物之精妙》(*De Subtilitate*) 一书中，有一幅示意图，说明采取连续抛去驳船上装载的石块的方法，来打捞沉船。这幅图又被用于奥尔的著作中 [Ore (1)，p.16]。现在，怀丙的方法已成为标准的习惯做法了，人们可以从打捞意大利邮轮安德列亚·多利亚（*Andrea Doria*）号的过程中看到，该船沉没海中 225 呎，距楠塔基特（Nantucket）50 哩。1958 年初所宣布的计划是，首先打进压缩空气把船扶正，然后用缆绳将它与装矿石的船系住，连续排空这些矿石船所装载的水，沉船即上升。船被拖至浅水处之后，此程序可根据需要反复进行。

② 卷八，第一页以下。由作者译成英文。

③ 这是《左传》（昭公二十九年，即公元前 512 年）中的一段著名文字的一种解释。

④ 见本书第三十章 (d)。

⑤ 这里涉及《周礼·考工记》中关于青铜合金成分的一段经典文字，参看 Biot (1)，vol.2，p.491。关于这段文字，我们将在本书第三十六章中进行充分的讨论。它和现在所讨论的主题关系不大，因为此处所谈是关于冶铁技术，但张说行文至此，就想引以为喻。

⑥ 对此，尤应参看本书第二十七章 (b)、(f) 和第三十章 (d)。

⑦ 本书第三十章 (d) 将详细讨论铸铁技术。但这里可以指出，欧洲在此后的六个世纪中，还没有铸出过这样的铁铸件；参看 Needham (31)。值得注意的是，制作巨链的熟铁是由铸铁经精炼或搅炼产生的，而不是由土法吹炼产生的。

⑧ Feldhaus (1)，col.28；v.Lippmann (3c)。参看《齐民要术》第六十篇（第九十五页）。

⑨ 《西溪丛语》卷上，第四十四页。

当我任台州杜渎盐场监督时，我每天用莲子检测盐水。选择最重的（即最成熟的）莲子来用。如果盐水能浮起（一组中的）三四个这样的莲子，就可以认为是浓盐水；如果盐水浮起（一组中的）五个莲子，那就是最浓的盐水。人们更喜欢用那些能垂直地浮着的莲子。（莲子之中）如果只有两个垂直地浮着，或者一个垂直、一个水平地浮着，那么可以认为这种盐水稀薄而不好；如果都沉底，那么蒸发这样的溶液简直得不到什么盐。然而在闽（福建），人们用鸡蛋和桃仁来作这些检测。如果盐水浓，则鸡蛋和桃仁都将直立浮在表面；如果盐水和水各半，则两种东西都将沉下去。这种方法是相似的。[1]

〈予监台州杜渎盐场，日以莲子试卤。择莲子重者用之。卤浮三莲四莲味重，五莲尤重。莲子取其浮而直，若二莲直或一直一横，即味差薄；若卤更薄，即莲沉于底，而煎盐不成。闽中之法，以鸡子、桃仁试之。卤味重，则正浮在上；咸淡相半，则二物俱沉。与此相类。〉

大约同时期的另一位著者江邻几，在他的《嘉祐杂志》中证实了这种方法[2]，但所用的莲子数目不同。然而，在所有这些记述中，统计处理是很重要的。这种检验盐水的方法（"验盐法"）后来常被提及，不过有些变更，如在 12 世纪中叶吴曾的《能改斋漫录》[3]中所述[4]。这些方法一直继续使用直到现在。托勒密的辛尼修斯（Synesius of Ptolemais）在 400 年左右发明了有刻度的浮式"水分测定计"（hygroscopion），但看来中国古代没有任何类似之物。

（6）中国与米制

依照一般通行的说法和想法，米制主要是与币制和度量衡制的十进位法有关。虽然它已为许多国家所采用，但英国度量衡制的无序与它仍有很大的距离。应该说，十进法并不是米制的本质；米制的真正意义在于，它是用天文学或测地学的一种不变的常数来规定地球上计量单位的首次伟大尝试。事实上，"米"定义为地球海平面处圆周四分之一的一千万分之一[5]。科学辞典编纂家们说，米制的起源是由于科学思想的发展，因而需要不变的、同时又方便地相关的物理计量单位。他们还指出，这种需要直到 18 世纪的最后十年才得到满足。这种说法对于欧洲来说，也许确是如此。但我们即将看到，中国在 18 世纪的最初十年，就已经有了近似于这样一种不变的单位。而且，如同文艺复兴后许多科学发展的情形那样，这种天地之间的联系有一个较早的史前期。我们发现，中国在 8 世纪时为建立这种联系就曾进行过大规模的尝试。

虽然十进法在这里不是我们的主要问题，但值得再提的是，我们很早就发现古代中国人对十进位的度量衡制特别偏爱[6]。这可以一直追溯到周代，保存至今的公元前 6 世纪的尺就是证据。而在公元前 221 年秦始皇帝统一度量衡的时候，十进制便以更大的规

---

[1]　由作者译成英文。
[2]　《嘉祐杂志》第三十八页。
[3]　《能改斋漫录》卷十五，第二十二、二十三页。
[4]　吴仁杰（1197 年）的《离骚草木疏》中也说到莲子（卷一，第四页）。
[5]　重量的计量单位当然是导出单位，克是基于厘米和水的密度的一个次级标准。
[6]　本书第三卷 p.82ff.（第十九章）。参看图 287。

模被采用了①。如此早和如此一贯地进行度量衡的十进制，这在世界上其他地方是没有的②。这种情况是与测量仪器的极为先进的设计并行发展的，如下面我们将要谈到的汉代宫廷作坊中使用的游标卡尺，就是一个例子③。

但是度量衡学的真正进步，有赖于按照较为固定的自然参照标准确定方便的长度计量单位，这种标准不应受法律的高高在上的制定者的一时好恶所影响。不久我们将看到，古代中国的声学标准量器是如何根据一定数目的标准谷粒所占据的容积而定，那些偏离平均大小甚远的谷粒被弃之不用④。这是规定标准律管的长短大小的方法之一。

当中国出现了用天文单位来确定地球上的长度标准的想法时，度量衡学向前迈进了一大步。学者们之所以想到这一点是由于这样的事实，一个 8 尺长的表杆夏至日所投下的日影，在阳城（"中原的中心"）的纬度的地方是一个极适宜的长度——约 1.5 尺。在前一卷中，我们谈到过"表影样板"（"土圭"）⑤，它是用陶制、赤陶制或玉制的一种标准尺，长度与夏至日影相等，用于测定每年夏至的准确日期。人们没有听说，基于一切长度单位的中国任何的度量衡制是根据这一标准长度而定的，虽然标准长度可能很容易产生，而它与度量衡学的关系则来自别的方面。正如我们在"天文学"一章里所看到的⑥，曾经有一个历时很久的说法，即由"地中"的阳城往北每一千里，日影长度增加 1 寸；往南行，则以同样的比例减少⑦。汉末以后，远至南方的印度支那所进行的测量很快就证明了这种数值关系是错误的，但直到唐代才做出了系统的努力以测定大范围的纬度。这样做的目的在于，通过求出极高度（即地球纬度）1 度所相当的"里"数，建立起地球上和天上的长度单位的关系。实际上也就是根据地球的圆周精确地确定"里"的长度。这样建立的子午线，在历史上的位置，处于埃拉托色尼（Eratosthenes，约公元前 200 年）所定的子午线⑧与哈里发马蒙（al-Ma'mūn，约 827 年）时代天文学家们所定的子午线⑨之间。它是值得十分仔细地研究的⑩。

---

① 参看本书第二卷 p.210 所引用的参考文献。关于中国长度计量史的一般知识，见吴承洛（2）；罗福颐（1）和杨宽（4）。

② 关于一般背景，仍可参看吴承洛（2）和杨宽（4）的专著。又见马衡［Ma Hêng（1）］和徐中舒（6）的研究，后者的译文见 Sun & de Francis（1），pp.7ff.。关于比较方面，参看戴维森［Davidson（2）］和贝里曼［Berriman（1）］的论文，后者资料丰富而风格独特。史密斯［C.S.Smith（3）］报告说，1555 年前后魏森堡（Weissenberg）的化验师西里阿库斯·施赖特曼（Ciriacus Schreittmann）发展了斯蒂文（Stevin）之前的十进位衡制，在当时是很先进的，这在欧洲来说确实如此。

③ 见本书第四卷第二分册中的第二十七章（a）。

④ 参看本册 pp.200ff.。

⑤ 本书第三卷 pp.286ff.（第二十章）。

⑥ 本书第三卷 p.292。

⑦ 例如见 260 年前后王蕃的《浑天象说》，引用《晋书》卷十一，第六页。又见《续博物志》卷一，第五页，及其他多处。也许最早的记述在《尚书纬·考灵曜》中，以后见于 118 年张衡的《灵宪》，再后见于 2 世纪郑玄对《周礼》所作的注释，所有这些都引自《周髀算经》注卷上，第十页。

⑧ 亚历山大里亚至赛伊尼（Syene），约 795 千米。

⑨ 巴尔米拉（Palmyra）至拉卡（Rakka），187 千米；辛贾尔（Sinjar）平原，109 千米（1°）；巴格达（Baghdad）至库法（Kufa），146 千米。关于希腊和阿拉伯的一系列测定，见 K.Miller（3）。后者主要的原始资料是马苏第（al-Mas'ūdi）的《校勘与补遗书》（*Kitāb al-Tanbīh wa'l-Ishrāf*），译文见 Carra de Vaux（4）。此外参见 Sarton（1），vol.1，p.558；Wolf（3），vol.2，p.125；Mieli（1），pp.79ff.；Bychawski（1）。

⑩ 已作过简要说明（本书第三卷 pp.292ff.）。

隋朝重新统一中国后，对于圭表影长与纬度间关系的疑虑就出现了。604 年，著名数学家刘焯认识到，所谓日影差 1 寸相当于南北距离 1000 里的说法是错误的，因而上书皇帝说[①]：

> 我们请求陛下指派一些水工和数学家（"水工并解算术士"），在河南和河北选取能够进行数百里测量的一个平坦的区域，选择一条正确的南北子午线，使用漏壶测定时间，在平地上（设置圭表）用铅垂线（加以校正），按照四季、至点和分点，在同一天（在不同地点）测量日影。从这些影长的差别就可以知道"里"的长度。这样，"天"和"地"将不可能隐藏其形态，天体将不得不向我们显示其量度。我们将超越古代的圣贤，而解决（关于宇宙的）遗留下来的疑难。我们恳请陛下，不要相信昔时的陈腐理论，不要应用它们。

> 〈请一水工，并解算术士，取河南、北平地之所，可量数百里，南北使正。审时以漏，平地以绳，随气至分，同日度影。得其差率，里即可知。则天地无所匿其形，辰象无所逃其数，超前显圣，效象除疑。请勿以人废言。〉

但是第二年炀帝继承了文帝的皇位，可能由于这个原因，刘焯的建议并未付诸实行。

然而，723 年至 726 年间，在太史监南宫说与当时最卓越的数学家和天文学家之一、密宗僧人一行的指导下，组织了重要的考察工作[②]。根据十分丰富而仅细节略有差异的原始资料[③]，可知当时至少设置了十一个观测点（包括阳城），从极高度 17.4° 的林邑［占婆的因陀罗城（Indrapura），林邑国首府，距现今越南的顺化不远］到 40° 的蔚州（距现今灵丘不远的一古城，在山西北部长城附近，与北京几乎同一纬度）。这些观测点并非严格地但却近似地位于一条南北向的直线上，多数地处黄河南北的大平原，只有一处在中国本土的北疆、两处在遥远的南方（印度支那）。各观测点的位置，见表 42。沿着这条长 7973 里（即 2500 公里多一点）的子午线（为埃拉托色尼所测子午线长度的三倍多），使用 8 尺长的标准圭表同时测量了夏至和冬至的日影长度[④]。结果发现，影长之差为每千里将近 4 寸，即"先儒"所认为的值的四倍。仅以这项工作的规模而论，它确实应该被认为是中世纪早期世界上有组织的实地勘测的最惊人的事例。尽管它已为 18 世纪的一些西方学者所承认[⑤]，但知道的人仍然很少。看来对此工作负有责任的两位主要的观测者是大相和元太，从名字推测，他们大概是僧人，很可能是由一行亲自训练过的。这两个人还主持另一项特殊的考察，即在此时前往南海观测并绘制南天极 20° 以内的星座图[⑥]。

《旧唐书》对此事的记载很值得注意[⑦]：

---

① 《隋书》卷十九，第二十页。由作者、包括普利布兰克（E.Pulleyblank）译成英文。参见《畴人传》卷十二（第一百五十页以下）。

② 参看本书第三卷 p.202。

③ 例如在某些数值上。《旧唐书》卷三十五，第六页以下；而《通鉴纲目》卷四十三，第五十一页以下作了节略；参看 TH，p.1407。资料必定源于此次勘测之后仅仅大约三十年。又参看《新唐书》卷三十一，第五页以下；《唐会要》卷四十二（第七五五页）。

④ 史籍有意思地记载着，证实了 5 世纪时在交州（即东京湾的河内）所测的数值；影长落向南方 3.3 寸。

⑤ D'Anville（1，2），当然还有 Gaubil（2），pp.76ff.。

⑥ 见本书第三卷 p.274（第二十章）。

⑦ 《旧唐书》卷三十五，第六页。由作者、包括普利布兰克译成英文。

图版　九九

图 286　检查平玉片加工准确性的道教神仙。采自山西永乐
镇永乐宫的壁画，绘于 1325—1358 年间。据邓
白（1）；参看郑振铎（2），图版二十一、二十三。

图版 一〇〇

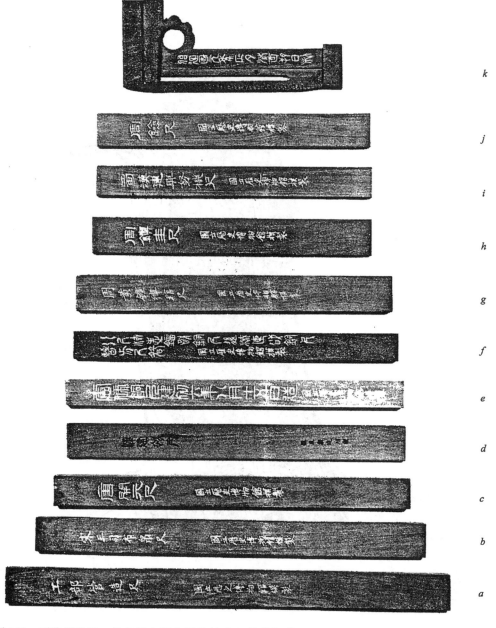

图 287   历代标准尺。北京国立历史博物馆为已故的颜慈（W. P. Yetts）教授制作的木质复制品，
原件系青铜或象牙制成。各尺的时代与上面铭刻的文字为（由下至上）：(a) 明；"工部营
造尺"。(b) 宋；"宋三司布帛尺"。(c) 唐；"唐开元（713—741 年）尺"，实际公布于
731 年。(d) 汉；"汉建初（76—83 年）尺"。(e) 汉；"虑傂铜尺建初六年（即公元 81
年）八月十五日造"。(f) 晋；"周尺汉志刘歆铜尺后汉建武（公元 25—55 年）铜尺晋前
尺并同"。(g) 周；"周黄钟律琯尺"。吴大澂复原。(h) 周；"周镇圭尺"。吴大澂复原。
(i) 三国时代蜀国；"蜀汉建兴（223—237 年）弩机尺"。吴大澂复原。(j) 周；"周剑尺"。
吴大澂复原，参看杨宽（4），第 46 页。(k) 新；"始建国元年（公元 9 年）正月癸酉朔日
制"。除了最后一种（我们将在本书第二十七章 (a) 作更详细的讨论）之外，这些标准尺
都各分为 10 寸。

开元十二年（724年），有诏书命太史在交州观测夏至的日影。结果发现，日影在表杆南0.33尺。这与元嘉年间（424—453年）的观测相符。若是这样，如果从阳城沿着一条像弓弦的直路南行，直到在太阳正下方的一点，那么距离不会超过5000里。测量日影的特使（"测影使"）大相和元太说，在交州如果观察北天极，它只高出地面20°有余。八月从海上向南仰望，老人星（Canopus）在天上非常高。在它之下，天空中群星灿烂。有许多巨大而明亮的星，还没有记载在星图上，而且还不知道它们的名字。……

开元十三年（725年），太史监南宫说选择了河南的一处平地，用水平面和铅垂线设立8尺长的圭表，他用这些圭表进行测量。……

〈开元十二年，诏太史交州测影，夏至影表南长三寸三分，与元嘉中所测大同。然则距阳城而南，使直路应弦，至于日下，盖不盈五千里也。测影使者大相、元太云："交州望极，才出地二十余度。以八月自海中南望老人星殊高。老人星下，环星灿然，其明大者甚众，图所不载，莫辨其名。……

开元十三年太史监南宫说择河南平地，以水准绳树八尺之表，以引度之。……〉

关于这次勘测，《唐会要》中有更详细的记载[1]：

开元十二年……颁发了一项命令，命太史监南宫说以及太史官大相和元太沿驿路行进，到安南、朗州、蔡州、蔚州等地测量日影的长度，于返回之日提出一份报告。他们观测了数年之久，回到京城后，就与一行商议比较观测的结果。……在朗州、襄州、蔡州、许州、河南府、滑州、太原等地，也都有测影使，全都带回了各种的结果。这样，一行在南北日影观测的基础上，用"直角三角形"法计算它们，进行了比较和估计。……

〈开元十二年四月二十三日，命太史监南宫说及太史官大相、元太等，驰传往安南、朗、蔡、蔚等州，测候日影，迥日奏闻。数年伺候，及还京，与一行师一时校之。……其朗、襄、蔡、许、河南府、滑、太原等州，各有使往，并差不同。一行以南北日影较量，用勾股法算之。……〉

实际上，观测工作至少早在723年就已开始了。因为正是在那年南宫说在阳城建立了8尺表杆的圭表。该表至今仍存（图288）[2]。它的南侧刻有"周公测景台"字样。圭表的设计是使那时夏至日的日影恰好到达金字塔形基础的顶端，北侧的斜面正好与日影的边缘相合。

一行与南宫说的开创性的大地勘测的结果，见表42和图289。它们形成了一套给人以深刻印象的数据，宋君荣（Gaubil）曾给予极好的评价[3]："即使僧一行仅只观测了北极的高度，以及根据纬度的值确定了'里'的长度，而没有做别的事情，人们也应当永远感谢他。"但是正如已经证明的，在这组数据中有比我们看见的更多的东西。经比尔（Beer）等人[4]透彻的分析之后，一系列相当意外的情况出现了。

第一，可以看出，距阳城较远的观测点之间的地面距离不是经过实测的，而是在距阳城较近的观测点（3、4、6和7）的短中心线结果的基础上用外推法估算的。第二，

① 《唐会要》卷四十二（第七五五页）。由作者、包括普利布兰克译成英文。
② 见董作宾等（1），第38、39、40、94页。
③ Gaubil（2），p.78。
④ Beer, Ho Ping-Yu, Lu Gwei-Djen, Needham, Pulleyblank & Thompson（1）。

看来所记录的全部冬至影长和大部分春秋分影长也不是实测值，而是由夏至的一系列影长计算得出的数值。第三，可以证明，甚至所记录的北极高度也不是观测值，而是由夏至的一系列影长的数据计算得出的数值。所有这些计算都准确到大约千分之一[①]。如果

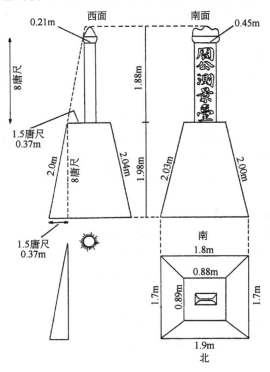

图 288 "周公测景台" 8 尺圭表比例图。此台仍存于阳城（今告成镇），为中国古代中央观象台。在 723 年由受命进行大地勘测的太史监南宫说建立。据董作宾等。

48 当时使用了作图求解法，那么就需要直径超过 100 尺的平板和一些用于延长的线，以及相当精密的读数装置。人们可能怀疑，那时是否已具有这种技术上的可能性。无论如何，在这些史籍或者有关的天文学文献中，都看不到任何可以作为参考的记载。当然，另一种方法是一行和他的同事们使用了三角函数表。他们大概需要正切表或与之相当的正弦表，而这些表必须精确到五百分之一、且其间隔为 5 分弧（一度的十分之一）的数量级。在这两种可能的方法之中，后一种的可能性更大。但在 8 世纪就存在这样的精确度却是出乎意外的结论，因此也就与这些数据乍看起来似乎所含有的意思十分不同了。

中国唐代就有了三角学，这本身不足为奇。我们已经详细地谈过[②]，在希腊天文学家依巴谷（Hipparchus）和托勒密（Ptolemy）制成了弦表，以及梅内劳斯（Menelaus）完成了在球面三角学方面的基本工作之后，印度人怎样把数学的这一分支发展成为现代的形式。正弦和正矢的概念第一次出现在400年后不久的《婆利萨历数书》（*Pauliśa*

---

① 有可能据此推导出黄赤交角。该值为 23°40′，几乎完全相当于中国古度 24 度。《旧唐书》（卷三十五，第五页）说，这个数字实际上在一行时代被认为是正确的，但在半个世纪之前它已由伟大的先驱者李淳风确定了（见本书第三卷 p.289）。

② 参看本书第三卷 pp.108ff.，202ff.。

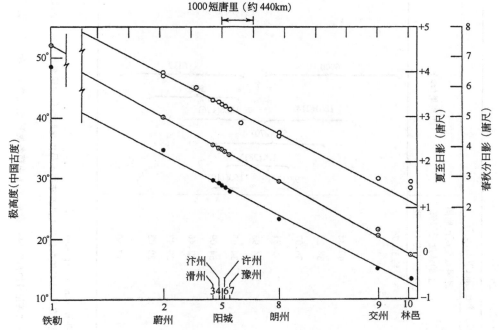

图 289　一行和南宫说组织的子午线弧观测（724—726 年）数据示意图。
⊙极高度；●夏至日影长度；○春秋分日影长度

Siddhānta）中。阿耶波多（Āryabhaṭa，约 510 年）是给予此函数以专门名称、并制订出每度的正弦表的第一个人。他的同时代人魏日（Varāha-Mihira）在《五大历数全书》（*Panca Siddhāntikā*，约 505 年）中提出了包含正弦和余弦（若用现代术语来说的话）两者的一些公式。此后，一方面印度人的工作被阿拉伯人继承并传播到欧洲，而另一方面，在中国皇家天文机构中任职的印度僧侣或凡俗数学家们则把新的发展传播到更远的东方[①]。关于印度天文学方法的书籍在 600 年之前就在中国人中流传了。后来这些人当中的一位，如迦叶（Kāśyapa）孝威，曾协助李淳风进行了 665 年的历法计算。他们之中最伟大的代表人物是天文学家和数学家瞿昙悉达（Gautama Siddhārtha），他的才能处于巅峰状态之时，恰好是一行和南宫说正忙于测量子午线弧的时候。瞿昙悉达在 729 年完成了《开元占经》的编纂，这部著作至今仍然是保存古代中国天文学的引文和片断最多的宝库。然而该书的某些部分早在 718 年就已完成，尤其第一○四卷，由 6 世纪魏日的九曜（*Navagraha*）历法体系的中文译本构成，名为"九执历"。这是首次在中文文献中出现零的符号[②]，但更有关系的是这一事实，即该卷还包含有正弦表[③]。它以 3°45′ 的间隔制表，是典型的印度方法，这个数值由连续二等分 60° 角得出，而 60° 角的余弦已知为 $\frac{1}{2}$。但是，因为这是在大规模的大地勘测之前六年的事，所以没有理由说明，为什么太史监的人员未从事间隔小得

50

---

① 参看本书第三卷 pp.202ff.。
② 参看本书第三卷 pp.10ff.。
③ 此为薮内清［Yabuuchi (1)］复原和研究。

表 42 一行和南宫说测量子午线弧的数据(724—726 年)

725 年的子午线。参看 Gaubil(2),p.76

序号	观测点 地点	8尺主表的夏至日影(尺)	春秋分日影(尺)	极高度(古度;十分为一度)	观测点在现代地图上的纬度近似值(古度;十分为一度)	距离里(步)
1	铁勒 [贝加尔湖边的突厥人游牧部落(Tölös)的地区]	+4.13	+9.87	52.0°	约 52.76°	
2	蔚州(横野军)(山西北部)	+2.29	+6.44	40.0	40.38	6900
2a	大原	—	+6.0	—	38.22	
3	滑州(白马县)	+1.57	+5.56	35.3	36.07	1861(214)
4	汴州[古台表(开封),近浚仪]	+1.53	+5.5	34.8	35.31	198(179)
5	阳城(中央观象台)	+1.48	+5.43	34.7	34.93	167(281)
6	许州(扶沟表)	+1.44	+5.37	34.3	34.65	526(270)
7	豫州(武津表,近上蔡)	+1.36	+5.28	33.8	34.09	160(110)
7a	襄州	—	+4.8	—	32.46	1826(196)
8	郎州(武陵)	+0.77	+4.37	29.5	29.42	5023
9	交州(护府)(安南的首府)	−0.33	+2.93	{21.6 / 20.4}	20.03	6112
10	林邑(林邑的首府,近顺化)	{−0.57 / −0.91}	+2.85	17.4	17.50	

说明:

(a) 对于在某些资料如来君叔[Gaubil(2)]著作中的异常数值,参看 Beer et al.(1)。关于林邑的数值,参看 Stein(1),pp.43ff.,76ff.。

(b) 曾经认为子午线长 13000 里(约 3800 公里),包括最北部的观测点(序号 1)在内。但史籍的记载似乎表明,该处的数据是由外推法而不是由此时所作的观测得到的。有理由认为观测点 1—5 的距离来自贞观年间(627—649 年)的单独的估算。

(c) 唐维尔[D'Anville(2)]认为,观测点 3 和 4 之间距离的数字,来君荣误为 168,但实际来君误为 168,此外,对于中部各观测点,完整的观测点,即豫州的极高度都明白无误地记录在其中。然而,来君荣表中还有一处错误,即豫州的极高度减小了。

多的表格的计算，以备处理测影使们后来获得的观测数据之用。

真实的观测肯定进行过不少。不过从表42中的数字大多是计算值而非直接测定值这一事实来看，也许会得出这样的结论，即，在勘测过程中实际观测进行得很少，而且在8世纪的中国理论远远优先于实践。但这样的判断可能是表面的和容易引起误解的。史籍清楚地表明，考察是真实而彻底的。723年，在阳城建立并使用了圭表。724年又任命和派遣测影使到交州（在今印度支那）和至少其他十一处观测点，北至长城，包括约达2500公里的整个弧长。725年，在河南平原上建立了各观测点的中心线，并汇集了观测结果。仅只二三年之后，测影使们返回首都，与一行讨论他们观测的各种结果[①]。

看来奇怪的是，一行和南宫说呈献给朝廷、因而流传至今的最终的一套数字，主要是由计算而不是观测得到的。无疑，这种作法所意味的就是，在那时呈献一套用最新的数学方法计算得到的"理想值"似乎更为优雅。出于对当时新颖、有趣而又准确的三角函数表的特别偏爱，这样做也就是很自然的了[②]。正弦和余弦显然可以进行用任何其他方法都不可能完成的计算。此外，今天我们的思想非常习惯于统计的观点，以致很难想像对此毫不了解的时代。很可能，一行认为把大量相当散乱的原始数据纳入最终的表册是很不合适的。因为他不能对原始数据作统计上的评价，他使用这些数据只是为了验证他的计算值来源于它们理应来源的地点——他或许确实相信计算值要比大多数观测值更可靠得多。例外的只有夏至测得的数字，无疑是因为日影长度短以及被认为有较高的测量准确性而受到重视[③]，因此它们在表中最为重要，实际上也是仅有的观测数据。根据夏至影长以及由所有各地得到的其他影长和纬度的许多结果，他"构筑了一条曲线以适应"。总之，当时使用圭表测定日影长度，而且极可能也使用浑天象限仪测定北极高度，所得到的大量实测数据曾保存在太史监的档案中，这是没有理由怀疑的。可惜我们只有一行的最后报告，而其他测量数据都未流传下来。

实地勘测的主要结果是，发现南北每1000里的影长之差约为4寸，以及估计对应于极高度1°的地面距离为351里80步。毫无疑问，这只是根据中部的四个观测点（3、4、6和7）的极高度得到的，而其连线的总距离不超过250公里，或许只有150公里。仅仅由于这个原因，此结果在当时就必然是很不准确的了。但是还有误差的其他来源。把所给出的数据与在现代地图上认定的各处相比较，发现平均相差 − 0.31°，因此几乎所有观测点似乎都在其真正位置以南平均约28公里。这些偏差均为负值这一事实，暗示了在观测方法上存在某种系统误差，也许是在确定影和半影的边缘时有不正确的习惯[④]。由于这些

---

①　他们工作的时期，止于727年一行逝世。

②　因此，在本书第三卷 p.203 所述的见解，即认为印度科学思想对中国天文学的影响极小，也许需要有所修正。但是，"二十八宿依然存在，圆周仍然分为365$\frac{1}{4}$度，印度的三角术未见采用，零符号又熟睡了四个世纪，至于希腊的黄道，则当然被埋葬在古怪的音译中。"这个论述仍大体上正确。

③　如果一行应用长的冬至日影，则百分误差会小得多。

④　平均偏差在影长方面相当于仅0.4寸。这些困难在五百年之后被充分认识到了，1279年郭守敬发展了一种特殊的针孔装置"景符"，用于将4丈高圭表的顶端横梁的像聚焦。这些观测是拉普拉斯（Laplace）认为关于至点日影所曾进行的最准确的观测。郭守敬在当时还进行了关于极高度的一系列观测，比一行所作的测量范围更广阔得多。他的观测数据记载在《元史》卷四十八，第十二页以下。对这些数据进行类似的研究该是很有意思的。关于郭守敬的日影观测，见本书第三卷 p.299。

52 不确定性[1]，测量的总弧可能扩展至 2.3°而不是 1.5°，这样得出的结果是每度 230 里。这个数值对于正常的短唐里是很正确的[2]，短唐里[3]（尽管还有些疑问）似乎还可以相信是一行打算使用的。721 年的敕令规定，在天文、医药和皇室用具方面用"小制"，其余内外官私皆用"大制"[4]。因此，当一行和南宫说的工作完全达到了以"天地之尺度"（一度的 1/351）确定人间的民用单位的目的时，其准确度的水平根本没有给人以难忘的印象。但是他们的工作在米制的史前期仍占有显著的地位，这不仅是由于计划和组织的广阔宏伟在整个中世纪任何地方都无与匹敌，而且也是因为在计算一套理想的数值时使用了先进的数学方法。

尽管"里"和"度"的关系还不准确，但此后的制图学家似乎使用了很长一段时间。检查 1137 年刻石的著名《禹迹图》[5]的坐标方格，可以看出，一行的数值被用于划分长的距离。另外，在宋代"里"和"度"的关系有了较好的近似值，例如 1001 年得到纬度 3°的弧相当于 1000 里，也就是纬度一度相当于 333 里[6]。将近宋代末年的 1221 年，一行的勘测工作被道教大师邱长春及其随行人员所扩展，他们在去撒马尔罕拜见成吉思汗的旅途中，在夏至日于蒙古北部克鲁伦河岸（约北纬 48°）进行了圭表日影测量[7]。

一行是否试图从他的测量求出球形大地的圆周的数值，这无法肯定[8]。虽然至今在史籍中没有迹象表明他曾有这样的意图，但中国的一些宇宙论学派自古以来就想像大地是球

53 形的[9]。这一点对于他来说必定十分清楚，尤其因为恰好同时瞿昙悉达正在从事编集古代和中古时代早期的天文学著作。而且，关于印度的天文学，甚至间接地关于希腊的天文学的知识，也可能使得一行很了解先前对地球圆周的估计[10]。因此，没有理由认为他会迟疑于应用他的数据去求地球圆周。的确，如果他没有关于大地曲面的起码的一点想法（arrière-pensée）的话，就很难理解他如何能给出"里"和"度"关系的常数值了。然而，在《旧唐书》中记述了一行的勘测之后，接着是有关宇宙论的讨论[11]，这段讨论试图调和勘测结果与地平假说。于是采用一行的数字，在一些古代宇宙观念的基础上，以相当古老

---

① 不计正负，平均偏差为 0.33°。

② 正确的数字应该是每度 250 里，相当于 208 长唐里。长唐制一里相当于 532 米，这样 1.88 里等于一千米，而 208 里相当于纬度一度。短唐制一里相当于 442 米，这样 2.26 里等于一千米，250 里相当于纬度一度。两者都是 300 双步（"步"）为一里，6 尺为一双步，因而尺的长度不同。这些数值与森鹿三（Mori Shikazo）根据现存的唐尺所得到的数值一致。对于一里小到相当于 193 米时的数值，似乎在唐代和更早的时代被佛教朝圣者使用过，与印度的逾缮那（yōjana）有些关系；参看 Vost（1），Fleet（1），Weller（1）及其他。一行的一里为 300 步（双步），这个关系已清楚地包含在史籍所载的距离的数字中了。

③ 见 Beer et al.（1）。

④ 见吴承洛（2），第一版第 387 页，第二版第 253 页。

⑤ 见本书第三卷 p.547。

⑥ Gaubil（2），p.97。提及的参考文献是《宋史》卷六十八，第二页。这一数值曾被采纳于三种历法之中：962 年王处讷的《应天历》，980 年史序的《仪天历》，981 年吴昭素的《乾元历》。由于数字的相似，唐维尔[d'Anville（2）]认为，351 里一定是宋君荣搞错了，应为 331 里。但事实并非如此——所有史籍均为 351 里。

⑦ 此事记载在李志常写的《长春真人西游记》卷一，第十页。译文见 Waley（10），p.66。

⑧ 这是若干年前我的朋友贝尔纳（J.D.Bernal）教授提出的问题。虽然这个问题很可能永无答案，但它导致了比尔等人的研究 [Beer et al.（1）]，因此才能写出现在的这一节。

⑨ 见本书第三卷 pp.216ff.，498ff.。参看王庸（2），第 73 页以下；卫聚贤（4）。

⑩ 关于这些见 K.Miller（3）；Fleet（2）。

⑪ 《旧唐书》卷三十五，第八页以下。

的方式计算宇宙的大小。最后作者只好写道："这样看来，王充和葛洪的琐细讨论对人类道德的教化又有什么价值呢？"[①]（"由是而观，则王仲任、葛稚川之徒，区区于异同之辨，何益人伦之化哉！"）

如果一行持有大地为球形的观念，他可能保持自知，或者只告诉最近旁的计算者和观测者。这种观念虽然违背"常识"，但对儒家几乎不占优势的那个时期的学者来说，并不是严重的异端。值得注意的是，由于新的测定结果致使对"昔时的学者"（"先儒"）的信念发生怀疑。这一事实在史籍中一点也不讳言，反而相当强调。实际上必须指出，隋唐学者显示出相当开明的观念，关于宇宙论的古老的信念应该在进步的科学观测之前认输。同时，我们也许还应注意一行和南宫说这两位重要人物之间的一些意见分歧[②]。在一行逝世（727 年）之后，瞿昙誤声称，一行的《大衍历》不过是抄袭十年前瞿昙悉达所译的《九执历》，南宫说支持了这一意见。虽然不能确认这种说法，但这件事表明在太史监和得到皇帝恩宠的僧侣业余天文学家之间的某种不一致。很可能，地平说仍为朝廷官员所接受而不容僧侣批评，不管这些僧侣如何才华卓著。

不论事情真相如何，这两位领导者由于组织了在中古时代任何文明中最杰出的实地调查工作而值得永享盛誉。或许这样的工作只有在那时的中华帝国及其邻邦才有可能进行。把民用的距离单位"里"与天和地的宇宙距离联系起来，并确实以此来定义，这是米制史前期的一个重要事项。参加第二届国际地球物理年的人们把一行和南宫说列入最真正的祖先名单之中。本书这部分内容写于此国际年将近结束之时。

整整一千年过去了，到了 17 世纪的最后十年。东西方之间的关系早已大为加强，文艺复兴时期的科学由于耶稣会士的活动而传入中国。许多传教士在推进数学、天文学和地理学等方面极有声誉[③]。这时他们之中的一位秉承康熙皇帝的旨意，早于法国大革命将近一个世纪就着手调整地球上距离的测量结果以符合天上的标准[④]。

安多（Antoine Thomas, 1644—1709）是比利时那慕尔（Namur）人。他在葡萄牙时曾写过供耶稣会士使用的一本物理学著作《数学概要》（*Synopsis Mathematica*），后来在东行途中又曾在暹罗的首都进行过天文观测。1685 年安多到达中国后，任钦天监监副，并一度代理监正。17 世纪末开始了清帝国地图的大规模的勘测计划[⑤]，于 1717 年完成。这项工作的必要条件之一是确定"里"的精确长度。因为相当于每度的里数，有小于 200 里至大于250 里种种不同的估计，这就使康熙和安多共同产生了这样的想法，即明确地

54

① 《旧唐书》卷三十五，第九页。关于 1 世纪和 4 世纪的这些争论，见本书第三卷 pp.218，221，226，及其他多处。

② 参看本书第三卷 p.203。

③ 参看本书第三卷 pp.437ff.。

④ 精确测定子午线的一度之长，对 17 世纪欧洲的科学团体来说是最迫切需要进行的宇宙研究的工作之一。法国科学院比英国皇家学会享有国家更多的支持，1670 年在皮卡尔（Picard）的领导下完成了测定工作［参看 Taylor (8)，p.236ff.］。人们经常强调的科学团体在科学发展中的作用，可能早在一千年前已有所预示，因为一行就是唐代宫廷集贤院的一员，这在本书后面还将谈到［第二十七章 (j)］。

⑤ 参看本书第三卷 p.585。雷孝思（J.B.Regis）在 1708 年的一封信中描述了耶稣会的地理学家们怎样每到一处都能以官方身份参阅"县志"（地方志，参看第三卷 p.517）的情况。他们使用了安多及其合作者们所制定的标准长度单位。1710 年，地理学家们根据雷孝思和杜德美（Jartoux）在满洲平原进行的观测，认识到地球的形状是椭球；参看 Bosmans (3)，p.157。这些是这类观测之中最早的一些，虽然皮卡尔在 1671 年早已表示过怀疑地球并不是完美的球形。

把"里"和地球的纬度、也就是和地球的圆周联系起来。这次有决定意义的会见是在 1698 年 12 月 8 日进行的。

子午线的测量于 1702 年 12 月开始，而皇帝的命令已在前一年的 4 月颁布。北京东南的宝坻附近的平原，被选择用于此目的。一切工作都开展得极为精确，如博斯曼斯的文章 [Bosmans (3)] 所描述的，他全文翻译了安多后来的报告。安多的主要合作者胤祉，是康熙皇帝的第三子。这位皇子成为（用安多的话）"一位熟练使用仪器的非常聪明的观测者，并且还是一位快捷准确的计算者"，这是皇帝亲自训练的结果。他对工作的成功有非常积极的贡献。通过将圭表竖立在子午线的两端，确定出地球纬度 1 度相当于当时使用的标准为 195 里 6 步[①]，而保存在皇宫中的一根 5 尺长的铁条代表了"几何学的步幅"（geometrical pace）。因为康熙皇帝希望把 1 度所相当的"里"取为整数，所以决定采用 200 里这个数，于是标准尺以因子 39/40 而缩小。因此，1 度为 72 000 标准步，1 分为 1200 步，1 秒为 20 步[②]。

由此可见，用天文学方法确定"里"早于"千米"约九十年。因为直到 1791 年法国科学院的委员会才提出了著名的报告，建议取海平面处四分之一地球圆周的一千万分之一为 1 米[③]。中国的社会状况再一次允许进行大规模的科学观测以及在此基础上的理性的公众活动，这是在欧洲准备这样做之前若干年。但是只有在欧洲才出现了科学的近代局面，它使得现在能够用氪 86 的波长来定义"米"。

（d）运动的研究（动力学）

如果说关于静力学和流体静力学还有不少可以叙述的，那么现在我们将看到，对于运动的研究（动力学和运动学），整个说来，在中国的物理思想中却似乎显著地缺乏。虽然如此，《墨经》中在这方面还有一些叙述，这些的确是值得注意的早期见解[④]。
《经下》63/—/45·56．"在空间中的运动（参照系）"

《经》：当一个物体在空间运动时，我们不能说（在绝对的意义上），它是在走近还是在远离。理由在"扩展"（"敷"）（即，要用步测建立坐标）。

《经说》：谈到空间，人们不能在心目中只想到某一特别的区域（"区"）。只有在一定的区域内人们才能说（一个步行者的）第一步是走近而后来的步子是走远。（空间的概念就像）期间（"久"）（的概念一样）。（你能在时间或空间中选定某一点作为始点，并且在一定的时期或区域内从这一点计算起，因此在这个意义上）它有界限，（但时间和空间一样）又没有界限。（作者）

---

① 可以看出，这里的"里"很接近于标准的长唐里（本册 p.52）。唐维尔在他的亚洲地图中采用一度相当于 194 里。

② 1 里为 0.555km，这个"里"很接近于我们现在所使用的"里"。

③ 例如，见 Lloyd Brown (1)，pp.286ff.。像通常那样，也出现传播的问题。耶稣会士的工作在法国当然是众所周知的，在那里他们的工作由于诸如唐维尔 [d'Anville (1, 2)] 等的著作而得以普及。但唐维尔和宋君荣两人都误解了安多的工作，他们以为康熙皇帝随意地想用 200 里这个数而并无制定天文学定义的意图。

④ 虽然我们将不再讨论它，但墨家和名家关于飞箭的悖论（参看本书第二卷 pp.191ff.），读者也许还牢记着。

〈经：宇进无近。说在敷。

经说：宇，俱不可偏举，宇也。进行者：先敷，近；后敷，远。久，有穷无穷。〉

　　3 世纪时司马彪注释《庄子·天下第三十三》说："燕和越之间的距离是有限的，但南北之间的距离是无穷的。从无限的观点来看有限，我们发觉燕和越并不是真正地分隔着的。空间是没有方向的，除非以你所在的地方为中心。同样，周而复始的时间（四季的更替）既无终也无始。你可以随心所欲地选任何特定的时间作为始点。"（"燕之去越有数，而南北之远无穷。由无穷观有数，则燕越之间未始有分也。天下无方，故所在为中；循环无端，故所行为始也。"）许多世纪之后，库萨的尼古拉（Nicholas of Cusa）和布鲁诺（Giordano Bruno）用几乎同样的言词说了同样的话［见 D. Singer (1)］。参看吴南薰（*1*），第 23 页。

56

《经下》64/271/45·57。"运动与期间"

　　《经》：在空间中的运动需要期间。理由在于早和晚（"先后"）。

　　《经说》：在运动时，运动必然先从近处而后至远处。近和远构成空间。先和后构成期间。在空间中运动的人需要期间。（冯/卜，经修改）

〈经：行修以久。说在先后。

经说：行者，行者必先近而后远。远近，修也。先后，久也。民行修必以久也。〉

《经上》49/—/100·46。"运动"

　　《经》：运动由于一种松弛（"或纵"）（即，没有反向力）而产生。

　　《经说》：（如果力被）准许作用于边缘，就有运动。正如门栓没有插上时，门枢可自由转动一样。（作者）

〈经：动，或从也。

经说：动，偏祭从。若户枢免瑟。〉

　　这一条可能是试图讨论圆周运动的残存文字。

《经上》50/—/2·47。"力和运动"

　　《经》：运动的停止（"止"）是由于"支柱"（"柱"）的（反向力）而引起的。

　　《经说》：如果没有"支柱"的（反向力），运动将永不停止。这如同牛非马一样正确。就像一支箭经两根柱子（"楹"）之间一样（若没有任何东西挡道，它就继续直线运动而不改变方向）。

　　如果有（某种）"支柱"（干扰运动的某种别的力），然而运动并不停止（也许仍可称作运动，但不是直线运动，因为将有偏转）。这如同说"是马而非马"的情形一样。就像人们走过一座桥（即，他们必须先登上拱顶而后再走下，虽则他们继续在运动）。（作者）[1]

〈经：止，以久也。

经说：止，无久之不止。当牛非马，若矢过楹。有久之不止。当马非马，若人过梁。〉

《经下》28/—/53·19。"斜面"

　　《经》：斜面（"倚"）不应水平放置。理由在于"比较容易"（"弟"）。

　　《经说》：活动如运送、推、拉、滑下（照字义，射），都需要倾斜的位置而不是

---

[1]　对这一命题和前一命题的不同的重建，见栾调甫（*1*），第 70 页。

直立（或水平）的位置。（作者）[①]

〈经：倚者不可正。说在剃。

经说：倚，倍、拒、𢷎、射。倚焉则不正。〉

《经下》62/—/43·55．"球体的不稳定平衡"

《经》：完美的球体不能抵抗力。理由在于"旋转"（"转"）。

《经说》：至于球体，不管它在何处运动，它总是保持其中心。运动的情形就像一个物体在绳的末端作回转运动一样。（作者）

〈经：正篦不可担。说在抟。

经说：正，丸。无所处而不中。縣抟也。〉

参看离心的宇宙论（本书第二卷 p.371）。并参看《周礼·考工记》[②]关于轮接近完美的圆形时摩擦最小的叙述。

为了正确评价墨家的这些陈述以及后来的中国人的思想，此刻有必要看一下欧洲研究物体运动的发展[③]。正如迪加（Dugas）所说，在这一领域内，人们不能说"希腊的奇迹"或"中世纪的黑夜"，因为希腊的力学有谬误，而中世纪的进步却颇为显著。亚里士多德的动力学十分不同于我们所知的中国的一切学说。亚里士多德先验地（a priori）拒绝考虑真空中的运动，只考虑在有阻力的介质中的真实运动。他认为，一切事物都有其"自然位置"，"局域的"（即地球上的）运动是以直线的方式向该物体的"自然位置"进行的。与此相反，天体运动"自然地"是圆周运动。因此，亚里士多德将运动分为：物体寻求其自然位置时的"自然"运动及物体受某种外力所迫而以某种其他方式运动时的"激烈"运动。这样，物体的速度[④]与动力成正比，而与介质的阻力成反比。但是，亚里士多德认为介质对于运动的持续是必需的，并且假设了一种"反推作用"（ἀντιπερίστασις），即，空气因"厌恶真空"（"horror vacui"）而冲到抛射体的后面并将它送得更远。众所周知，到了 15 世纪达·芬奇的时代，抛射体的路径被认为首先是在一直线上的激烈运动（modus violentus），随后因"没有一个激烈运动能永远存在"（"nullum violentum potest esse perpetuum"）而变为混合运动（modus mixtus），最后由于重力的作用而成为垂直的自由落体运动（modus naturalis）[⑤]。伽利略和炮手们关于抛物线轨道的发现，是近代科学早期阶段的重大进步之一。

现在大家也都知道，6 世纪以后，"反推作用"的理论受到了强烈的批判。首先，辛普利丘（Simplicius）[⑥]在 540 年前后批评亚里士多德时，赞成依巴谷提出的颇为古老的概念，即所谓原动力或惯性这样一种特殊的性质，从一开始就存在于运动的物体之中。拜占庭人乔安尼斯·菲洛波努斯（卒于约560年）[⑦]也认为，被扰动的介质不可能成为抛射体

---

①　这是依照谭戒甫的解释。但这一条谈的更可能是重心，而标题被简释为"倚"。

②　《周礼·考工记》第四十章。见 Biot (1)，vol.2，p.466，又 Lu, Salaman & Needham (1)。

③　这几段文字根据迪加 [Dugas (1, 2)] 和迈尔 [Maier (1—7)] 的著作、穆迪 [Moody (1)] 的有趣的评述、博耶 [Boyer (4)] 的明晰的介绍性文章，以及霍尔 [Hall (1)] 关于 17 世纪弹道学的研究。参看 Clagett (1) 及其资料集 Clagett (2)。

④　注意，不是加速度。

⑤　整个这一概念，或许来自一种简单的光学幻觉 [Ronchi (3)]。

⑥　Sarton (1)，vol.1，p.422。

⑦　Sarton (1)，vol.1，p.421。

飞行的原因，抛射体必定具有一种随之行进的运动能力。这些开端的工作引发了中世纪哲学家们关于动力学的整个思想运动。西班牙的一位穆斯林，伊本·巴哲（Ibn Bājjah，活跃于 1118—1138 年）①记述了菲洛波努斯的见解。约翰·布里丹（活跃于 1327 年前后，卒于1358 年）认为原动力是逐渐消退的某种东西，且物体愈重它能接受的原动力愈多。他又说，如果原动力不因介质的阻力而减小，它将永久持续下去。同一世纪，牛津学派的威廉·海特斯伯里（William Heytesbury，活跃于 1330—1371 年）、托马斯·布雷德沃丁（活跃于 1328 年）②和科林伍德（Wm. Collingwood）等人完善了加速度的概念。尼古拉·奥雷姆 **58**（活跃于 1348 年，卒于 1382 年）采用了原动力学说，并先于笛卡儿发明了坐标。他主张，一切事物都可以被看做是在连续变化的量。他以"长"（longitudo）和"高"（altitudo）或"厚"（intensio）为坐标。在图上，一条上升的直线（如我们所说）是"均差的"（uniformiter difformis），而曲线是"非均差的"（difformiter difformis）。把这些观念传给文艺复兴时期的物理学家的人们，如帕尔马的布拉西乌斯（Blasius of Parma，活跃于 1374 年，卒于 1416 年），把速度视为"纵向运动"（latitudo motus），加速度为"纵向递增运动"（latitudo intensionis motus），而匀加速运动为"均差纵向递增运动"（latitudo intensionis motus uniformiter difformis）。对减速运动也有同样的概念。但是他们之中没有人将这些概念应用于自由落体，这还有待于伽利略的研究③。

　　对于抛射体的轨道，伽利略假设，水平方向的运动始终是匀速的，除非由于摩擦或空气阻力的影响。他不理会"激烈"、"混合"及"自然"几个阶段。伽利略在指出垂直位移和水平位移成平方比的点位于抛物线上之后，得出结论说，抛射体的轨道必定遵循这样一条曲线，在路径开端，重力就开始发生作用。整个弹道学由此而发展起来。

　　牛顿并不是最早阐述"运动第一定律"的人。该定律即"一切物体都继续保持其静止或匀速直线运动的状态，除非施加的外力迫使它改变状态"。惠更斯和笛卡儿曾说过实际上同样的话④，而伽利略则应用过这一原理，虽则他并未把它运用到抛射体以外的情形。但也有人认为伊本·海赛姆（Ibn al-Haitham，965—1039）⑤也曾陈述过这一定律。如今我们在公元前 4 世纪或 3 世纪的《墨经》（经上第 49 条）中发现了至少极其相似的一些东西，在那里，运动被认为是由于不存在反向力。墨家的术语"柱"，只能理解为牛顿第一定律中那种改变运动状态的力，如果这力不存在，那么运动物体将保持永恒的运动状态（经上第 50 条）。这条的"经说"则明确地说明了，如果没有这种力，运动将永不停止。《墨经》的作者似乎也试图把非直线运动或偏转运动描述为"不是最完满意义上的运动"。这些简略的片断中遗留的内容是如此惊人，使得我们可以相信，如果墨家的物理学有较多的留存，那么我们就会在其中发现关于抛射体轨道、重力效应等等的讨论。虽然墨家没有相当于原动力的术语，但至少他们未曾遭受"自然位置"概念或"反推作用"这种不方便的概念的困扰。

---

　　①　拉丁文名 Avempace，见 Hitti（1），p.581；Mieli（1），p.188；Moody（1）；并参看 Pines（2）。
　　②　他的《比例论》（*Tractatus de Proportionibus*）已由克罗斯比［Crosby（1）］译成英文。
　　③　伽利略及其继承者受惠于 14 和 15 世纪的人们究竟到什么程度，仍是科学史中最有争议的问题之一。对于整个这一问题，读者可参阅柯瓦雷（Koyré）的著作。
　　④　L. W. Toylor（1），p.130。
　　⑤　Mieli（1），p.105；Winter（3）。

至于上文所述的墨家的其他命题，前两条简单地说明了该学派的相对的和辩证的性质。第五条（经下第 28 条）使我们想起，帕普斯（Pappus）[1]是论述斜面的仅有的西方著者（3 和 4 世纪），而且直到伽利略时代这方面才有进步。第六条（经下第 62 条）似乎表明了墨家向约尔丹努斯·内莫拉里乌斯（Jordanus Nemorarius，13 世纪）和达·芬奇的"重力第二位置"（"gravitas secundum situm"）的学说方向发展，他们两人都曾考虑过球体或圆在斜面上的运动。

在有了黑家的这些睿智而深刻的见解之后，看来几乎不能使人相信，在随后一千年的中国历史上再也没有讨论物体运动的记载，不论是关于物体被推动还是自由降落[2]。尽管我们十分明白否定性的证据的危险，我们还是不得不认为，如果有这样的讨论存在，我们是必定会发现的。但是除了一些零星的记载外，看来什么都没有。在《周礼·考工记》[3]中有（如我们刚刚提到的）关于车轮的叙述，强调了轮缘接触地面应至最小程度。斜面（渐降的斜坡，"陵夷"）虽有时附带地被提到（《韩诗外传》[4]、《荀子》[5]、《盐铁论》[6]、《说苑》[7]），但从未在理论上加以探讨。在贾谊的一篇赋中说[8]：

> 如果水被冲向前（"激"），则将变为猛烈的激流（"悍"）。如果箭被射向前，则将飞远。但一切事物都有反击的力（"万物回薄"），彼此相反地振荡（"振荡相转"）。……这就是大自然之"道"。[9]
>
> 〈水激则旱兮，矢激则远。万物回薄兮，振荡相转。……〉

这使人联想起牛顿第三定律。墨家和名家关于运动的悖论，后来偶尔也有人讨论，如梁代的刘孝标[10]。但此外则无更多的发现。

在寻求关于中国缺乏动力学研究的某些解释时，我们可能首先想起，原始技术阶段的实用技术似乎完全没有受到过抑制。就车辆、抛射体以及各类器械而论，中国的机械实践都领先于而非落后于欧洲。这种情形一直延续到 14 世纪经院哲学家们为伽利略开辟道路之时，以及甚至更迟一些时候[11]。如果说中国没有伽利略，这一点不需要解释的话，那么为什么中国没有相当于菲洛波努斯、布里丹或者奥雷姆这样的思想家呢？我不禁很怀疑，这是否并非由于（如前面已提到过的，见本册 pp.3ff.）中国人的思想对原

----

① Sarton（1），vol.1，p.337.

② 当然，关于墨家的物理学未能发展的原因，有很多话可以说。它的命题极其简练（给人以这样的印象，经说是随同论证经义而给一小群弟子们作的注释），很可能是由于作成书面材料的困难，如须刻于竹简上。这也可以和汉代数学家未能解释他们的技巧作一比较。但此处争论的要点是，为什么像动力学这样的科学这么受到抑制，而光学和磁学的研究却并非如此。

③ 《周礼》卷十一，第六页（第四十章）。

④ 《韩诗外传》卷三。

⑤ 《荀子》第二十八篇。

⑥ 《盐铁论》第五十八篇。

⑦ 《说苑》卷七。

⑧ 《史记》卷八十四，第六页。约公元前 170 年。

⑨ 由作者译成英文。

⑩ 见《世说新语》卷上之下，第十三页。又见冯友兰的论述 [Fêng Yu-Lan（1），vol.2，pp.176ff.]。

⑪ 例如，在 1400 年，虽然欧洲在以前若干个世纪内已经采用了东亚的许多技术，但这时仍有许多技术传来——河渠闸门、铁索吊桥、磨车、加帆手推车、簸扬机、龙骨水车和活字印刷术——这里仅举数例。不仅如此，我们在后面还将指出 [本书第三十章（h）]，至少在 5 世纪至 13 世纪之间，中国的重型抛射武器远胜于西方任何已知的武器。

子或微粒的概念抱有反感的缘故。亚里士多德的动力学也许有部分是反对原子论者的无 60
规运动的，但他和他们一样具有相同的欧洲传统，并且他准备根据运动中的物体的个别
部分所发生的情况来进行思考。机械论的观点——推动力、原动力、飞行粒子的偶然聚
集、"如同在一个狭隘的地方互相挤压"，以及物体的运动和下落，这些自从德谟克利特
时代以来始终支配着欧洲人的思想。但是，对一个倾向于波动说的文明而言，主要的问
题在于连续体内的状态的交互变化；至于运动中的个别物体，人们不会那样明确地把它
们想像为易处理的大粒子即"宏观原子"（"macro-atoms"），至少不会在思考过程中把
它们与周围物质世界的所有其他部分分开。在此我们特别感兴趣地注意到，以抽象的方
法思考物体的运动的正是墨家并且也只有墨家，他们具有明显的原子论的倾向（参阅关
于点与瞬间的定义，以及用不完全连续的概念作为纤维在张力之下为什么断裂的理由）。

但是，中国物理学缺乏明晰的动力学，还由于其他两方面的考虑而更加令人感到非
常奇怪。第一，如果中国人真的总是以连续而不是以微粒来思考问题的话[1]，那么超距
作用的概念对他们来说就决无困难。我们已经看到了这一点：他们早就了解潮汐的真正
成因，以及诸如声共鸣这类现象[2]。更为引人注目的是，中国人熟悉磁场中的超距作
用，因为他们知道磁石和磁铁的指向性和吸引性要比欧洲人早得多[3]。然而，未能想像
超距作用，则是西方人长期延误理解重力的真正性质的因素之一。在经院哲学家之中，
只有奥卡姆的威廉（William of Ockham）和托马斯·阿奎那（Thomas Aquinas）承认超
距作用的可能性；而其他所有的人都认为重力和磁引力大不相同，因为照他们的想法，
重力是不会在一定距离消失的。迪昂［Duhem（1）］在他所谓的"磁石的哲学"
（"philosophie aimantiste"）之中看出了为牛顿所作的必要的准备[4]。例如，1545 年左右
弗拉卡斯托罗（Fracastorius）曾想像过，当一个整体的两部分被分开时，每一部分都发
射出充满介乎二者之间空间的"种元"（"species"）[5]。接着在随后的一个世纪里，在诸
如弗兰西斯·培根（Francis Bacon）、沃尔特·查尔顿（Walter Charleton）和范·海尔蒙特
父子（the van Helmonts）等著作家之中，"磁素"（"effluvia"）学说为该世纪末关于重
力场问题的极大的广泛化铺平了道路。相反地，如果在中国有可能考虑个别物体的运动
的话，那么中国人关于连续性的古老得多的思想，应该是有利于发现运动定律和重力定
律的。但是很明显，中国人关于磁体的场物理学的知识，只有在欧洲才能产生巨大的革
命性影响。

第二方面的考虑是关于静止和运动的相对评价。惯性运动的概念，如柯瓦雷
［Koyré（3）］所说，对于我们不言自明，但对希腊人和中世纪的西方人来说却是不合 61
理的[6]。他指出，这是由于希腊人认为静止本质上比运动"优越"。他们未能把运动和

---

① 关于这方面，丁韪良的著作［Martin（5）］值得一读。

② 本书第一卷 p.233；第三卷 pp.584ff.；又本册 pp.130, 185ff.。

③ 参看本书"中国科学的基本观念"一章，第二卷 p.293；及本册 pp.332ff.。

④ 见 Butterfield（1），pp.56, 79, 126ff.；Hall & Hall（1）；Boas & Hall（1）。

⑤ *De Sympathia et Antipathia Rerum*。参看 Hesse（1, 3），以及何丙郁和李约瑟著作［Ho & Needham（2）］
中的一般讨论。

⑥ 甚至把古老的"原动力"认为是存在于运动物体中的一种内在的力。其必要性正是文艺复兴时期的物理学
家们所否定的。

静止两者看做是在本体论的同一层次上的两种状态。于是，实在、纯粹的存在、单纯的沉思、闲适如神（Deus Otiosus）的状态，自然都比运动优越。当然，这也许可以说是把人类社会各阶级提高到哲学原理上作出的一种评价。但无论如何，中国人却未曾参与这种评价。毫无疑问，在他们的文化中，也是统治者和士大夫们宁静地坐着，而奴隶和平民在劳作中走来走去——但是，一些更为有益于健康却又很难确切说明的因素①以这样一种方式影响着中国人的思想，从而使他们认为，如果有区别的话，运动比静止优越②。圣贤如天，永不静止。《易经》一开始就说③："天体的运动是强有力的，君子也是强健而永不停息的。"（"天行健，君子以自强不息。"）孔子像赫拉克利特（Heracleitus）一样，常常站在奔流的小河旁，说："它是怎样地向前奔流啊，日以继夜地永不停息。"④（"子在川上曰：逝者如斯夫，不舍昼夜。"）但儒家并不因此而得出悲观主义的哲学判断，他们只是教导说，这象征着圣贤以臻完善的不懈努力。同样，动力学适应的宇宙论原理的第一属性"诚"［讨论见本书第十六章（d）］，也就是不停息（"无息"）⑤。

在本书讨论道家的一章里，我们看到，在这一学派如庄周等大师们的许多引文中，他们坚信"道"，即大自然的秩序，就是无休止的运动、变化和回复这样一种原理。它和"无为"这个主要原理⑥并不抵触，因为，正确解释"无为"这一概念，并不是"无所作为"，而是"无违反大自然的行为"。诚然，王弼说过，"动不能制动"⑦，他的措辞使人联想起亚里士多德学派的用语"不动的动者"。但他也说到⑧："活动的停止虽然常常意味着静止，但这并不是和活动对抗的事情。"（"凡动息则静。静非对动者也。"）王弼认为"道"是活动的根源或基础，不是在形而上学的意义上，而是如同一种力场、包括产生各种运动的所有力场。这是一种静寂和至高的无。有时他称之为"天地之心"⑨。

对于这一切，我们或许还可以讲讲《晋书》⑩所载关于晋代大将陶侃（259—334 年）的著名的故事。在他的一处官署里，"他常常发觉自己没有什么事情可做，因此他每天早上把一百个大陶瓮从书房中搬出来，晚上又把它们搬进去。当人们问他为什么这样做时，他说，他受委派而负有守卫这个地区的责任，他害怕沉沦于闲散无事。这样做是他增强自己意志的一种方法。"（"侃在州无事，辄朝运百甓于斋外，暮运于斋内。人问其故，答曰：'吾方致力中原，过尔优逸，恐不堪事。'其励志勤力，皆此类也。"）

62

---

① 人们在此无法不把这种心理和中国人民显著的勤劳关联起来，确实，健康也和他们的农业的田园性质联系着。

② 阳总是等同于运动，阴则等同于静止。这种情况，如冯友兰［Fêng Yu-Lan (1), vol.2, p.96］所指出的，使得在阴和阳两个概念与华达哥拉斯学派的"有限"和"无限"两个概念之间进行任何类比都成为不可能。

③ 《易经》第一卦"乾"象（附录Ⅱ）［R.Wilhelm (2), vol.3, p.4］。

④ 《论语·子罕第九》第十六章。参看《孟子·离娄章句下》第十八章。如周毅卿所说："中国的一切智慧都有这种明显的倾向。不像西方的思想那样是存在的哲学，中国的智慧是行动的哲学。"［Chou I-Chhing (1), p.78］。

⑤ 《中庸》第二十六章。

⑥ 本书第二卷 pp.68ff.。

⑦ 关于这一问题的引文，见本书第二卷 p.322。

⑧ 《易经》注，第二十四卦"复"。

⑨ 在这一点上，应阅读冯友兰［Fêng Yu-Lan (1), vol.2, pp.180, 181］的讨论。但像往常一样（依我之见），他过于形而上学地解释王弼。

⑩ 《晋书》卷六十六，第七页。由作者译成英文。

这就是在一位心智纯朴的中国官员心目中的圣贤的"无息"。再者，如果其他的因素也都容许做出这些考虑的话，那么中国人思想中的这一要素，是否有助于形成运动中物质粒子的不费力而永无止息这样的概念呢？

（e）表 面 现 象

从运动的研究转到热的研究，应先进行摩擦的研究。但尽管实际技术有较高的水准，中国文献似乎缺乏关于这个问题的理论探讨。当然，摩擦木片而生成火是远古就已知道的[1]，并在《淮南子》等书中不时被提到，《周礼》中还有关于轮子摩擦的记述。但是如同在欧洲一样，固体摩擦的物理学不得不有待于文艺复兴以后时代的来临。

前面（本册 p.38）我们看到，唐代皇子李皋和其他人曾经注意到光滑表面之间的良好密合。我们还可举出关于液体表面研究的两个例子。在 13 世纪时周密记下了我们现在称为单分子膜的一些性质[2]：

"熊矾"（大概是熊脂和明矾的混合物）能驱散灰尘。可试之如下：一容器内盛有清水，在上面撒些灰尘。当投入一颗这样的熊矾时，积聚着的灰尘就散开（而变得清净）。这种制剂已证明对治疗眼的障翳有效。

〈熊胆善辟尘。试之之法，以净水一器，尘幂其上。投胆粟许，则凝尘豁然而开。以之治目障翳，极验。〉

在这里，油脂形成一薄膜，其作用如同现在称为活塞油的作用[3]。这是波克尔斯（Pockels，1891 年）的研究的预示，后者的研究是我们关于薄膜的大部分知识的根据。正是瑞利（Rayleigh）继续了她的研究并首先提出薄膜确实是单分子膜[4]。在宋代的另一部著作《游宦纪闻》中，张世南说[5]：

下面是检验漆的质量的方法：好的漆清澈得像一面镜子。它的悬丝看起来像一只鱼钩。摇动时，它的颜色看上去像琥珀。如果搅动，它就产生浮泡。检验漆或桐油的质量，可用细竹篾做成一个圈，把它浸入液体中。如果竹圈取出时圈上蒙着一层薄膜，那么漆或桐油是好的。如果它们掺杂，圈上就不会形成薄膜。

〈验漆之美恶，有概括为韵语者云："好漆清如镜，悬丝似钓钩，撼动琥珀色，打着有浮沤。"验真桐油之法，以细篾一头作圈子，入油蘸，若真者则如鼓面鞔圈子上，搀有伪，则不著圈上。〉

这种圈试法必然已定性地应用了若干个世纪了。在 1878 年，桑德豪斯（Sondhauss）将它用作一种定量的方法，通过求出击破表面所必需的力以测定表面张力。由此可见，杜努伊（du Nouy）仪器的祖先早在 1230 年左右就已经验地知道并应用了。

---

① 参看驺衍著作的片断中的记述（本书第二卷 p.236）。
② 《齐东野语》卷四，第十四页。由作者译成英文。
③ 在《淮南万毕术》中曾说到油脂可使针浮于水上（见本册 p.277），其时间很可能是在公元前 2 世纪。
④ 参看 N.K. Adam（1）。
⑤ 《游宦纪闻》卷二，第六页。由作者译成英文。

（f）热 和 燃 烧

在西方，对于热的了解，是我们现今物理学总体结构中最后的成就之一。在古代和中世纪，尽管在商业和工业方面积累了关于膨胀和收缩、物态变化、蒸发和凝固，以及许多类似这些过程的丰富的实践经验，但却完全缺乏必要的概念和定义，正如黑勒（Heller）所说的那样[1]。人们只要阅读有关温度计发明的详尽的故事[2]，或者思考持续到 19 世纪的关于热（"热质"流体说）的窘困[3]，就可以明白，以分子运动论为基础的热学[4]是近代物理学中相对最年轻的部分之一。在这种情况下，中国古代和中古代的著作中很少能够见到关于热本身的记载，也许就不足为奇了[5]。但和西方的情形一样[6]，这些著作中也有在技术方面对热现象观察和利用的许多有趣的事例。

中国古代关于热、干燥之类的理论争辩，颇具精通这些的亚里士多德学派或达·芬奇那样的技术专家的风格[7]。在汉代著作（约公元前 2 世纪）如《黄帝内经素问》[8]有关宇宙论的篇章中，我们可以读到：

黄帝说："地的浮起（'冯'）究竟是怎么回事呢？"

（注解[9]：据说在太虚之中，地体运动的障碍是不存在的；那么它又怎样会悬浮在那里呢？）

岐伯回答说："大'气'使它保持举高了的状态。干燥（"燥"）坚固它，暑热（"暑"）蒸（蒸发）它，风移动它，潮湿（"湿"）浸泡它，寒冷坚固它，火温暖它。因此，风和寒冷在下面，干燥和暑热在上面，湿气处于中部，火则徘徊运动于其间。因此有六种'项目'（"入"）[10]使得事物成为来自太虚而可见的东西，并且使它们经历变化。当干燥支配时，地就变得干硬；当暑热占优势时，它就变热；当风刮起时，它就移动；当潮湿涌现时，它就成为泥浆；当寒冷统治时，它就劈裂；当火控制一切时，它就紧固。"[11]

〈帝曰："冯乎？"

（注："言太虚无碍地体，何冯而止住？"）

---

① Heller (1)，vol.1，pp.153，393。参看 Gerland (1)；Gerland & Traumuller (1)，pp.312ff。

② Sherwood Taylor (1)；Gerland & Traumuller (1)，p.166。

③ Lilley (2)。

④ 参看 Dampier-Whetham (1)，pp.248ff。

⑤ 吴南薰（1）讨论过（第 153 页以下）4 世纪初伟大的炼丹家葛洪所持有的关于热的性质的概念。

⑥ 在这方面，中国的和西方的观念，比较在动力学方面更处于同等的地位。而在动力学方面，如我们已看到的，欧洲中世纪取得了巨大的进步。

⑦ 参看本书第三卷 p.160。

⑧ 最伟大的医学经典著作。参看本书第四十四章。

⑨ 唐代王冰（8 世纪）注。

⑩ 按照注者王冰的说法，或称六"气"。这一专门名词无疑来自这样的概念，即，世俗世界的可见的差异，是由于宇宙的"气"的不同形式的到来而造成的。假使这种观念与中世纪西方关于恒星和行星的影响的见解，有某种程度的类似，那么，它与地球接受来自太阳和宇宙空间的辐射能的当今概念，相距亦不太遥远。

⑪ 《补注黄帝内经素问》第六十七篇，第九页以下。由作者译成英文。

64

歧伯曰："大气举之也，燥以干之，暑以蒸之，风以动之，湿以润之，寒以坚之，火以温之。故风寒在下，燥热在上，湿气在中，火游行其间。寒暑六人，故令虚而生化也。故燥胜则地干，暑胜则地热，风胜则地动，湿胜则地泥，寒胜则地裂，火胜则地固矣。〉

这一切足以表示苏格拉底以前的思想了。然而直到欧洲文艺复兴时期，这些模糊的概念才最终被取代。因此，关于热现象的近代的（或比较近代的）概念，是 17 世纪早期耶稣会士带到中国的较有价值的礼物之一。我们已经见过那里第一个温度计的图[1]。

正好在此之前，关于火和火焰的传统看法被伟大的博物学家李时珍适当地概括在了《本草纲目》中[2]。到 1596 年左右，一般所持的见解可略述如下。火有"气"而无"质"。火与五行的其他要素不同，它们是单一的，而火有阴火和阳火两种[3]。它的分类是依据三"纲"，即天、地、人，和十二"目"，即天之火四、地之火五、人之火三。此外，还有李时珍未能归类的四种白炽光或发光[4]。他的分类系统的说明见表 43。

65

表 43 李时珍对各种火的分类

	火	
	阳	阴
天	(1) "太阳真火"（太阳的热） (2) "星精飞火"（恒星和流星的光）	(1) "龙火"（龙火） (2) "雷火"（闪电）
地	(1) "钻木之火"（钻木产生的火和热） (2) "击石之火"（打击石头产生的火花） (3) "戛金之火"（敲击金属产生的火花）	(1) "石油之火"（燃烧石油的火） (2) "水中之火"（鬼火；沼气的燃烧?）
人	(1) "丙丁君火"（一般的代谢热）[5]	(1) "命门相火"（内脏和生殖器官的热） (2) "三昧之火"［"三昧"（samādhi）或沉思热］
未归类	(1) "萧丘火"（ = "寒火"；冷热；天然气的火焰） (2) "泽中之阳焰"（像鬼火的现象；沼气的燃烧?） (3) "野外之鬼燐"（见本册 p.72 的讨论） (4) "金银之精气"（金、银和宝石的光辉）	

我们记得，甚至在 19 世纪初期的欧洲，一般根本不承认热是物质粒子运动的一种形式，而且确实还普遍地认为热是一种没有重量的自斥的特殊流体，即热质。因此，李时珍把不同形式的火焰和燃烧进行分类的这些努力，似乎就不像初看起来那样古老无用了。现在我们作一简要的评述。

先从生理学的观点看，可能李时珍的意思是要区分人体自发的生热以及与肌肉运动有关的生热，这预示了我们所说的基础代谢率和总发热的分类[6]。"三昧之火"很可能

---

① 见本书第三卷 p.466。
② 卷六。德维塞［de Visser (1)］对此特别有研究。
③ 时常使人联想到正电和负电（参看本书第二卷 p.278）。但关于火的这种特殊的理论与大多数较古老的观点不同。参看，例如本书第二卷 pp.263，463。
④ 他说它们都不是真正的"燃烧"。
⑤ 对于这些术语的讨论见本书第四十三章。
⑥ 参看 17 世纪对"自然的"和"偶发的"热的区分，如在圣克托里乌斯（Sanctorius）的著作中。

66 是来自瑜珈术的一种见解——这种修炼功夫已被证实——人在持续暴露于寒冷的情况下仍能维持高的体温[1]。李时珍所谓的"龙火",意思不大清楚,也许指的是能闪击和熔化而不烧毁或烤焦任何东西的闪电[2]。在他那个时代,区分由摩擦和碰撞所产生的热和光的不同形式没有什么意义。对热的基本研究尚留待后人来进行。然而很奇怪的是,他不知道把天然气的"寒"火归于哪一类[3]。这种热源,或许在各民族之中,中国人是最早以工业规模进行利用的。我们这里不必提前讨论与盐田和凿深井有关的这方面的问题[4],但极可能的是,有计划地利用天然气煮盐始自秦代和汉代初年。从 2 世纪以后,有关这方面的文献很多,资料丰富[5]。但是因为其他一些史料记述了公元前 4 世纪之后主要在四川的一些盐井和深井,又因为在那里发现天然气也不会太迟,所以可以认为在公元前 2 世纪即已利用天然气是一种稳妥的估计。最后,李时珍不理解为什么油飘浮时仍继续燃烧,"扑灭不掉"("得水愈炽")。因此他认为,这种火焰一定具有特殊的阴性[6],使它得以克服水的正常灭火作用。但他知道闪点现象,因为他说:"浓酒精或油加热后,它自身会起火燃烧。"("浓酒积油,得热气则火自生。")

物质在外界温度较低的情况下自燃的现象,在中国许多世纪以来就是人们注意的问题。3 世纪末,张华在他的《博物志》中说[7]:

> 如果一万担的油积存在仓库中,油将自发地燃着。在(晋)武帝[8]泰始年间(265—274 年)武器库发生的那场灾难性的火灾,就是由于贮藏的油引起的。
>
> 〈积油满万石,则自然生火。武帝泰始中,武库火,积油所致也。〉

这一解释就其原文所述,是不正确的。然而,13 世纪,知府桂万荣在他所著的《棠阴比事》中叙述了一则有趣的故事,使这个问题有了比较清楚的说明[9]。

67 > (礼部的)祠部长官强至任开封府仓曹参军的时候,皇宫内露天堆积着一些油幕[10]。一天夜里,油幕失火。依照法律,负责管理油幕的人都应受到死刑的惩处。但是在这个案件预审时,强至对火的起因发生了疑问,因此他把制造油幕的工匠召来询问。这些工匠说,制造油幕时(油内)须加入某种化学药品,如果油幕长久堆积而受了潮湿,它们就可能着火。当强至把这一情况报告仁宗皇帝[11]时,皇帝突然

---

① 参看本书第二卷 p.144。
② 参看沈括等人关于闪电效应的细致的描述,本书第三卷 p.482。
③ 参看葛洪的观察,本书第二卷 p.438。
④ 本书第三十七章。
⑤ 例如,初见于《博物记》(190 年)(《玉函山房辑佚书》卷七十三,第四页),为《后汉书》(450 年)卷三十三,第三页所引(《太平御览》卷八六九,第六页);又在《博物志》(290 年)卷二,第七页中两次提到(《太平御览》卷八六九,第六页);还有《华阳国志》(347 年)卷三,第七页;又见于 4 世纪的两部书《古今注》和《拾遗记》。
⑥ 如表 43 右方的其他各类。
⑦ 卷四,第三页。由作者译成英文,借助于 van Gulik (6)。引用《太平御览》卷八六九,第六页,因此参阅 Pfizmaier (98),p.17。
⑧ 265—290 年在位。
⑨ 见高罗佩 [van Gulik (6)] 的有详细注释的全译本。
⑩ 可能是帐篷。
⑪ 1023—1063 年在位。这一事件大约发生在 1050 年。

想到了一件事，说："最近真宗皇帝①陵墓发生的失火，是从油衣开始烧的。那就是原因了！"守卫者于是被处以较轻的惩罚。

张华曾认为从前（西）晋武器库失火，是由于贮藏在那里的油引起的。但事实上，它必定有着与这里所说的（油布的自燃）同样的原因。②

〈强至祠部为开封府仓曹参军时，禁中露积油幕。一夕，火。主守者皆应死。至预听谳，疑火所起，召幕工讯之。工言制幕须杂他药，相因既久，得湿则燔。府为上闻。仁宗悟曰："顷者真宗山陵火，起油衣中，其事正尔。"主守者遂比轻典。昔晋武库火，张华以为积油所致，是也。〉

强至相信燃烧是自然发生的，这一点非常正确；但工匠们所说的燃烧的原因，则可能对也可能不对。某些种类的油布被层层堆积时，即使没有任何外加化学制品的作用，也容易自燃。自氧化、减饱和，以及醛的形成等等过程，都可能释放出许多热，致使周围的油达到燃点。而后，纤维织物的纤维素又提供了充分的燃料，以供在各层之间可利用的空气中燃烧。这在18世纪时已为科学家们所研究，尤以杜阿梅尔［Duhamel（1）］的研究著名。例如，1757年（他的论文发表的那一年）发现，用油涂成赭色且在七月的阳光下曝晒速干的粗布船帆，收藏仅数小时后就在堆垛的中心燃烧起来了。在经历这样的大火灾之前，在罗什福尔（Rochefort）曾发生过数次堆积同样帆布的阁楼的失火事件。1725年，在脱脂和漂洗之前堆放着的成堆的哔叽和毛呢，也曾这样自己燃烧起来。杜阿梅尔的著作发表二十年之后，据汤姆森（Thomson）说③，俄国发生的两次意外的自燃火灾都被说成是谋反，但女皇叶卡捷琳娜二世（Catherine Ⅱ）怀疑失火的真正原因并进行了实验，结果完全证实了杜阿梅尔的论断。油布的这种性质，现在久已为技术界熟知，而不准把油布堆置起来的命令，则发布到陆海军的所有军需品管理员。

另一方面，工匠们所说的制幕时把某种化学药品加进油内，也可能是一个原因。如果真是这样，那么惟一可能加入的物质是氧化钙（生石灰），也许用作漂白剂，也许有时用以替代其他白粉。在此我们只需考虑以前认为是"希腊火"的一种成分。虽则像石油或石脑油之类的油在接触生石灰和水时产生热而发生燃烧，这种可能性常常被否定，然而从许多研究来看④，在适宜的条件下，那样的过程还是很可能发生的。但这并不符合关于"希腊火"的现存的描述，更为可能的情况，"希腊火"是由唧筒从喷火器中喷射出来的蒸馏石油的轻馏分构成的⑤。无论如何，在涂油的帐幕上有生石灰，对工匠们关于潮湿会引起自燃的说法，应该是一种相当有理的解释。在11世纪，也许除少数道家炼丹术士外，没有人会熟悉化学物质的作用，以致能够区分表面上如此相似的两种现象。至于3世纪武器库的火灾，桂万荣（或他的注释者）解释为很可能是由于油布所致，这很正确。但即使是干性油，假使贮藏得注意防火，也应不至于自燃。或许是，如现在的习语所说，晋武库中有人"用点着的蜡烛找煤气的漏隙"。

《博物志》中还有另一段关于油的有趣的记载，述及加热时所发生的现象。这段文

68

---

① 998—1022 年在位。
② 《棠阴比事》原编，第十二条。由高罗佩译成英文［van Gulik（6），p.84］。
③ Thomson（1），vol.1，p.293。
④ 例如，Richardson（1）。
⑤ 这是帕廷顿教授的结论，我们非常感谢他提供的包含在这一段和前一段中的许多资料。有关中国和西方的火器和火药其他先驱者的全部问题，将在本书第三十章详细讨论。

字包含在题为"物理"的一小节内[①]。

加热麻油，当水汽散尽而看不到烟时，它就不再沸腾了。（它似乎）回到冷的状态。确实，可用手指去搅动它。（但此后）如果加入水，油就突然燃烧起来，即使飞散开来也不能扑灭。这些情况是曾经过试验并证实了的。

〈煎麻油，水气尽，无烟，不复沸。则还冷。可以手搅之。得水，则焰起散，卒不灭。此亦试之有验。〉

这些观察无误。在最初的阶段，所有的水分都变成蒸汽被驱散了，而油的沸点则尚未达到。如果手指非常湿，就会被一层蒸汽保护着而不致与油接触。然后，当油接近其沸点时，加水就会发生剧烈的扰动并导致溅出的油滴燃烧。但是古代中国和日本对于沸腾现象的观察，很可能导致更精细得多的知识，也就是近代关于一切流体沸腾时的各个阶段的知识。

现在知道，沸腾有三个阶段[②]。首先是核沸腾阶段，在加热的金属表面上的一些活性点处，生成大的气泡。当温度差略高出某一临界值时，显著的变化就发生了，沸腾的声音显然变得更响，而热传递率则下降。此时灼热的表面被覆盖着一薄层蒸汽，它的作用就像一绝缘层，而在其中发生无数的小的爆发。这个阶段称为过渡沸腾。最后，蒸汽

69

层变得如此厚，以致抑制了所有这些爆发。这就达到了第三个阶段，即稳定的膜沸腾。此时的热传递和蒸汽的生成都降到了最低水平。一种连续的敲击声从液体中隆隆发出。如果一块红热的金属在液体中骤然冷却，那么这三个沸腾的阶段就会以相反的次序发生，金属先缓慢冷却，然后快速冷却，最后再慢慢冷下来。失热最迅速的阶段与核沸腾相当，而后最终的冷却是由于自然的对流。

这三个阶段的发现和阐释，始于1934年日本的拔山四郎（Nukiyama Shirō）的研究。正是他，发现了白金丝在水中加热时所出现的似非而是和促人深思的效应，即，在150℃以下和300℃以上的温度，将产生沸腾，而在这两个界限之间的温度，却不产生沸腾。德鲁兹［Drews (1)］指出，在日本出现这样的研究很可能不是由于偶然，因为一切东亚文化在许多世纪中都极注意泡茶用的水，而且没有比日本的茶道对此更为注意的了。关于这方面，布林克利［Brinkley (1)］说道：

应当用旺火。水烧热的最初迹象是发出断断续续的低沉的响声，并出现称为"鱼眼"的缓缓上升的大气泡。第二阶段的标志是出现像温泉翻滚那样的搅动，并伴有连续不断的迅速上升的气泡。第三阶段，水面上出现波动，这些最终都平静下来，出现的所有的蒸汽也都消失了。这时水已达到沸透的状态，成为"熟透水"。如果火力很好并得以保持，那么这些阶段都能清楚地看到。[③]

由此看来，在中国美术家所作的非常多的绘画中，常有随同道家圣贤或自然主义者一起出现的茶壶，对我们来说有了新的意义。

关于蒸汽的一段很奇妙的话出现在《淮南万毕术》中。该书作为单独的一本书今已

[①] 《博物志》卷四，第二页。由作者译成英文。

[②] 见 Westwater (1)，更为广博的见 Jakob (1) 或 McAdams (1)。

[③] 在中国文化自身之中，追溯这种观察先前的历史，大概是很有意思的。福琼［Fortune (1), vol.2, p.230］曾引用迄今尚未核实的苏东坡的一段话："泡茶时，必须从流动的河川中取水，在活火上煮沸。这是一种古老的习惯。据说山泉的水最好，河水次之，而井水最差。活火是指清晰明亮的炭火。水不可煮沸太急。最初水开始出现像蟹眼那样的气泡，然后出现有点像鱼眼的气泡，最后水沸腾了，气泡像无数跳跃起伏的珍珠。这就是煮水的方法。"

不存，但其中的大约 116 条半幻术的秘法，仍以片断保存在诸如《太平御览》中①。虽然我们没有确实的证据说明它就是刘安本人那个时代（公元前 2 世纪）的著作，但它的古老的特征使我们不得不认为是汉代的一部书。它的第八条秘法所述如下：

> 在一个铜的容器（"铜瓮"）中产生雷鸣般的声音。将沸水注入这一容器，然后把容器沉入井中。它就会发出响声，几十里外都能听到。②

〈铜瓮雷鸣。取沸汤置瓮中，沉之井里，则鸣数十里。〉

如果设想这容器的盖子紧闭时，容器中充满了蒸汽，那么上述过程似乎预示了蒸汽机的原理，这就是，将充满蒸汽的容器突然冷却，由此使蒸汽冷凝而产生真空，正如在蒸汽机最初的一些类型中所看到的那样③。如果这容器是薄壁的，就可能发生内向破裂，而容器塌陷的响声又会因井壁的回声而加强。令人惊奇的是，欧洲在 17 世纪才用于扬水和许多其他目的的那种力，中国却早在公元前 2 世纪就已有所描述了，虽然只是为了军事和幻术的目的④。不久我们将要指出，蒸汽喷射早已在那一文化区域和亚历山大里亚为人们所知，虽然是被用于不同的目的。而且我们还将叙述蒸汽涡轮机在 17 世纪、蒸汽机本身在 19 世纪先后传到了中国⑤。

这里就取火本身略谈一二或许并非不恰当⑥。中国古代的文献当然包含有记述史前的和原始的取火方法，即相互摩擦木片产生热而点燃火种——我们在骈衍（公元前 4 世纪）的残篇中已见一例⑦。许多世纪以来，的确直到近代，燧石和钢代替了火钻（fire-drill），而火钻曾在我们自己的祖先之中普遍使用⑧。在本书后面适当的地方，我们将谈到火活塞（fire-piston），虽然它对于中国的技术来说可能很重要，但在中国本土却从未得到普及⑨。然而比这些更鲜为人知的是，在硫黄火柴发明上中国似乎具有优先权。陶毂在 950 年左右著的《清异录》中讲到关于火柴的事⑩。

> 如果夜间发生紧急情况，点燃一盏灯来照明很可能需要一些时间。但有个聪明人想出了一种办法，把松木的小条用硫黄浸透，贮存起来备用。它们一碰到火，就会烧起来，可得到像谷穗大小的小火焰。这种神奇的东西起初叫作"引光奴"，后来成为了一种商品，改称为"火寸"。

---

① 卷七三六、七五八、九八八、九九三等。

② 卷七三六，第八页。由作者译成英文。卷七五八，第三页在论"瓮"项下又重述了这一段，增加的是，瓮口必须密闭（"紧密塞"）。

③ 我们记得，冷凝真空由伍斯特侯爵（Marquis of Worcester, 1630—1670）[Dircks (1)] 和托马斯·萨弗里（Thomas Savery, 1698 年）首先应用于扬水。这些机器都没有活塞。活塞是托马斯·纽科门（Thomas Newcomen, 1712 年）首先采用的；后来詹姆斯·瓦特（James Watt）所作的本质上的改进是采用了分离的冷凝室，使蒸汽从活塞的两侧交替进入，恰如空气在中国的往复式活塞风箱中的情况一样 [见本书第二十七章 (b)]。关于蒸汽机发展的整个问题，参看 Usher (1), 2nd ed. pp.342ff.；Dickinson (4) 和 Triewald (1)。

④ 感谢黄子卿教授，在大约二十年前最先为我介绍了这段有意思的文字。吴南薰（1）也讨论过，第 201 页。

⑤ 见本书第四卷第二分册中的第二十七章。

⑥ 在许多一般性的讨论中，参看例如 Mason (2), pp.88ff.；Hough (1), pp.84ff.。

⑦ 本书第二卷 p.236。参看《太平御览》卷八六九，第六页，引用《博物志》。

⑧ 还有另一种方法，包括使用点火镜和点火透镜。关于这些，本册第二十六章 (g), pp.87ff. 将详细讨论。

⑨ 见本书第四卷第二分册中的第二十七章 (b)。

⑩ 卷下，第二十八页。由作者译成英文。我们非常感谢沃纳·艾科恩（Werner Eichhorn）博士告知这段文字，并且确实使我们注意到这个问题。

〈夜中有急，苦于作灯之缓。有智者，批杉条，染硫黄，置之待用。一与火遇，得焰穗然。既神之，呼引光奴。今遂有货者，易名火寸。〉

71　　陶宗仪在 1366 年所著的《辍耕录》中，有较为详细的同样的记述。他补充了这样的传说，即做出这一发明的并不是一般所认为的杭州人，而是北齐于 577 年被隋灭亡[①]时因而陷于贫困的宫女们。但无论如何，当马可·波罗（Marco Polo）在杭州的时候，硫黄火柴肯定是在市场上出售的，因为在《武林旧事》（约 1270 年）书中的一张货单上就提到过它们[②]，在此它们被称为"发烛"或"焠儿"。

　　对于这种见闻，如果不了解世界上其他地区的发展情况，是绝不可能有正确的见解的。引人注目的是，尚未发现欧洲在 1530 年前已有硫黄火柴的确实的证据[③]。硫黄火柴在整个 18 世纪都继续得到使用，但在大约 1780 年之后，各种形式的含磷的发明物开始替代它们。例如，"哲人瓶"（"philosophical bottles"）是一个装有部分氧化的黄磷且瓶口塞紧的小容器，当需要点火的时候，用一硫黄火柴插进去搅动一下随即取出，火柴与空气接触就立刻点燃。1805 年钱斯尔（Chancel）采用了一种方法，将一浸透了氯酸钾和糖的小木条，在一小瓶浓硫酸中蘸一下，就能自动点燃。但最重要的进展是刚好在 1830 年后取得的，当时法国的索里亚（Sauria）和德国的卡梅雷尔（Kammerer）[④]使用了黄磷、硫黄和氯酸钾的一种混合物。火柴虽然经历了许多变迁，但作为火柴的一种组分的硫黄一直用到了现代。然而有趣的是，最早使用硫黄的地方看来是在 6 世纪的中国。

（1）兼 论 发 光

　　关于热的变化及其伴随的白炽现象的研究，许多世纪以来混杂了大量各种各样的观察，而这些观察中的大多数与热毫无关系。这些观察到的效应，现在被分为各种类型的发光[⑤]。物质只有在受到各种辐射[⑥]时才发射的光，称为荧光；如果激发辐射中断后物质仍继续发光，可称为磷光[⑦]。在加热时可能出现缓发的磷光（热致发光）。伴随放电

72　而产生的光，称为电致发光；它们可能出现于空气中和真空管中，而北极光[⑧]即常被认为属于这类光。摩擦发光和压电发光的性质至今尚未完全了解；这些发光是因摩擦、特别是因晶体的压碎或摩擦而产生的，可能或者由于电子轰击表面，或者由于表面被分隔而造成的电致发光。在某些化学反应期间所发出的光，这在含有元素磷的情况下尤为显著[⑨]，自然被称为化学发光；而"冷的"生物光的一切现象[⑩]，即从活的有机体产生的可见辐射，虽然被称为生物发光，实际上是一种化学发光。对于这些现象，中国的著作

---

　　①　参看本书第一卷 p.122。
　　②　周密著。这里根据的是明代版本，卷八，第二十五页。
　　③　参看 Sherwood Taylor (4), pp.203ff.。
　　④　参看 Niemann (1)。
　　⑤　目前的分类法来源于 1888 年维德曼［Wiedemann (16)］的研究。过去的数年间，我们从牛顿·哈维［Hewton Harvey (1)］的详尽的专题论文受益甚多，它论述了人类对发光现象的认识的历史。
　　⑥　例如，可见光、紫外光、X 射线、γ 射线、阴极射线（电子），以及许多其他类型的粒子。
　　⑦　显现磷光的物质称为磷光体；见本册 p.76。
　　⑧　见本书第二十一章（h），第三卷 p.482。
　　⑨　关于这方面，当然，巨大的进展是由罗伯特·波义耳在他的论"空中的"和"冰里的"夜光虫的著作（1680 年）中取得的。参看 Wolf (1), p.349；Newton Harvey (1), pp.427ff.。
　　⑩　见 Newton Harvey (2)。

者们①是怎样说的呢？

让我们再回到 1596 年李时珍的分类。他被沼泽光或磷火所困惑，但大多数的近代的研究者也如此②。我们至今仍然不能肯定，有名的"鬼火"究竟应归于沼气的燃烧③，还是易燃的有机金属化合物④、磷化氢（磷化三氢）或烷基磷化物⑤的自燃，或者放电现象。李时珍称之为"泽中之阳焰"，又称为"野外之鬼燐"。在中国的文献之中提到鬼火的有很多，如周密的《癸辛杂识》（13 世纪末）中就提到过"水灯"，彭大翼的《山堂肆考》（1595 年）中也描述过水上的其他的光。文献的收集已经有人作过⑥，在此无需重述。

同时，古代对于腐烂物质的生物发光现象积累了不少的观察。现在我们知道，这是由于发光的细菌和真菌的作用⑦。当人们还不清楚这种光的生物起因的时候，自然会把它的表现与沼泽光混同起来，并且产生了鬼火是由陈年的血而来的概念。《庄子》中曾有这样的说法："马的血会变成沼泽光（"燐"），人的血会变成野火（"野火"）。"⑧（"马血为燐，人血为野火。"）《淮南子》说⑨："老的槐树（"槐"）会像火一样发光，陈年的血会变成沼泽光（"燐"）。"（"老槐生火，久血为燐。"）宋代理学家张栻⑩说，他见过一个古战场，那里有星罗棋布的火光⑪。陆游也叙述过类似的亲身经历⑫。鬼火来源于陈腐的血的观点，无疑部分地是从"生命存在于血之中"的想法而来的。这种想法是宋代哲学家如黄幹或真德秀⑬，和欧洲文艺复兴时期的人们如威廉·哈维等人共有的⑭。例如，人们常说"精华存在于血中"（"血，精也"），或"血是精神之住所"（"血，神之舍"）。因为"神"或上升的灵魂（"魂"）是阳性的事物，所以自然会转变为火，而其互补的"鬼"与"魄"则最终会下降于水，但这是看不见的⑮。

我注意到，在何薳（活跃于约 1095 年）著的一本包括自然史和炼丹术方面的许多事情的书《春渚纪闻》中，叙述了昆虫或爬行动物蜕去的皮壳的发光现象（很可能是由于发光细菌的缘故）。他说⑯：

73

---

① 关于阿拉伯人在这方面的知识的研究，见 Wiedemann (5)。
② 见 Newton Harvey (1)，pp.263ff.。
③ 如在伏打（Volta）给普里斯特利（Priestley）的一封著名的信中（1776 年 12 月 10 日）所认为的，参看 Newton Harvey (1)，p.265。
④ R.E.D.Clark (1)。
⑤ Karrer (1)，p.125。许多烷基磷化物接触空气就会自燃，而氧化成相应的磷酸。但烷基磷化物和磷化氢本身都不是有机分解的产物。
⑥ 例如，de Groot (7)，vol.4，pp.80ff.；de Visser (1)，pp.162ff.。
⑦ 在欧洲中世纪和以后的年代里，曾有过关于发光的鱼、肉和木材的许多报道 [Newton Harvey (1)，pp.461ff.]。而其真正的原因，则直到 1838 年库珀父子（the Coopers）和 1843 年赫勒（J.F.Heller）的研究才被揭示出来。
⑧ 也见于《太平御览》卷八六九，第二页。但哈佛 - 燕京学社的《引得》没有说明来源。
⑨ 第十三篇，第二十页。这句话又见于《论衡》第二十篇，并（部分地）见于《淮南万毕术》（《太平御览》卷七三六，第八页）。富有诗意的类似的说法，见于 120 年左右王逸所作的《九思·哀岁》[见《楚辞补注》卷十七，第十一页。译文见 Hawkes (1)，p.180]。
⑩ 朱熹的密友，其生活年代为 1133—1180 年。
⑪ 《性理大全书》卷二十八。
⑫ 《老学庵笔记》卷四，第二页。那时他十余岁，时间大约为 1135 年。
⑬ 黄幹生活年代为 1152—1221 年；真德秀为 1178—1235 年。两人的这类说法见《性理大全书》卷二十八。
⑭ 参看 Bayon (1)，特别是 Pagel (4)。例如，见 De Gen. Animalium，Eng.ed.1653，p.459。
⑮ 关于这个问题，见本书第二卷 p.490。
⑯ 卷二，第七页。由作者译成英文。（英文译文与原文有些出入——译校者。）

横海的张泽为清池县尉，一天夜晚从官署回郓州附近东城（他的住处）时，没有月光，昏暗得不能辨别方向，很容易迷路。忽然他看见在树枝间有像蜡烛那样照耀着的光亮。他回到家后，（他家庭园的）墙壁阻挡了视线，因此就看不见了。第二天早晨他又走回到那个地方，发现在树枝间有一"龙"蜕（"龙蜕"），（外表上）很像新脱下来的蝉（"蝉"）壳。头、角、爪和尾都是完整的，内部空而外部硬，轻叩时像宝石一样叮当作响。它光耀夺目，在暗室内发出明亮的光，就像有一支蜡烛点在那里。于是他就把它作为贵重的珍奇而保存在家中。

喜爱研究各种事物的沈中老后来说，绍圣年间（1094—1097 年）他作为私人秘书伴随他的兄长在青州，他们在修整庭院前的葡萄架时看到一蜕皮，形体与张泽描述的一模一样，只是不发光。（他说）神龙把自己转变成这些东西，因此人们不能认为它们有一定的大小，但是他不知道为什么有些发光而有些不发光。

〈横海清池县尉张泽，居于郓州东城。夜自庄舍还，而月色昏暗，殆不分道。行遇道旁木枝，烨然有光，因折以烛路。至家，插壁间，醉不复省也。晨起，怪而取视，则枝间一龙蜕，才大如新蝉之壳，头角爪尾皆具，中空而坚，扣之有声如玉石，且光莹夺目，遇暗则光烛于室。遂宝之于家传玩。好事沈中老云，绍圣间，其从兄为青州嵝官，因修庭前葡萄架，亦得一蜕，形体皆如张者，独无光彩耳。神龙变化，故无巨细，但不知有光无光又何谓也。〉

人们心里或许仍有疑问，这些蜕皮究竟是小蜥蜴的，还是蛇或昆虫的。不过，书中的描述是挺清楚的。不管它们究竟是什么，它们似乎远远大于真正具有生物发光的任何昆虫，包括中国的萤火虫（*Fulgora candelaria*）[1]。

历代史书的"五行志"中[2]有很多这种观察的记录。例如，在《宋书》中我们看到如下的记载[3]：

在（刘）宋明帝时代，泰始二年（466 年）五月丙午的那天，在南琅邪的临沂地区，来自黄城附近一座山庙的道士盛道*（报告说），超度堂旁的一间房间内有一根柱子在黑暗中会自然地明亮发光。这样的木头失去了它本来的性质。有些人说木头腐烂后会自行发光。

〈（刘）宋明帝泰始二年五月丙午，南琅邪临沂黄城山道士盛道度堂屋一柱，自然夜光照室内。此木失其性也。或云木腐自光。〉

这里值得注意的要点在于，人们清楚地了解发光与腐烂的关系，虽然这一异事被正式载入与五行之一的"木"有关的其他异事之中。《宋书》的另一处[4]有关于 359 年和 360 年池泽中有火焰燃烧的记载。

不仅有对于沼泽光及发光的细菌和真菌的发光现象的观察，而且还有对静电火花及被称作烁火（ignis lambens）的电致发光的记载[5]。成书于 290 年左右的《博物志》中有关于这方面的一段有趣的记载[6]：

---

[1]　对此，见 Newton Harvey (1), p.561。

[2]　参看本书第二卷，p.380。

[3]　卷三十，第五页。由作者译成英文。参看 Pfizmaier (58)，p.366。

[4]　卷三十三，第三十页。参看 Pfizmaier (58)，p.439。

[5]　Newton Harvey (1), pp.263, 266.

[6]　卷九，第三页。译文见 de Visser (1)，经修改。

*　道士名盛道度。作者此处理解原文有误。——译校者

　　在曾经有过战争和杀戮的地方，人和马的血经过若干年后会变成鬼火（"燐"）。这种光像露水一样黏着在地上、灌木上和树上。通常它们是不可见的，但行人有时会接触到它们；因此粘在了人身上而变得发光了。当用手擦去时，它们就分成无数更多的光，且发出像炒豆一样温柔的爆裂声。如果这个人停下来好一会儿不动，它们就消失了。但是随后这个人可能突然变得昏乱起来，如同失去了理智，要到第二天才能恢复过来。

　　现在常常遇到这样的事，当人们梳头或者穿衣脱衣时，这些光会跟着梳子出现，或在结扣或解扣时在纽扣上出现，也伴随有爆裂的声音。

　　〈斗战死亡之处，其人马血积年化为燐。燐著地及草木如露，略不可见。行人或有触者，著人体便有光。拂拭便分散无数愈甚，有细咤声如炒豆。惟静住良久，乃灭。后其人忽忽如失魂，经日乃差。今人梳头脱衣时，有随梳解结有光者，亦有咤声。〉

在后来其他的书中也有类似的描述①。

　　海水的"燐光"——现在知道是由于原生动物和微小的后生动物的生物发光的缘故，在中国的文献中很早就提到了②。《海内十洲记》据传是东方朔（公元前2世纪）撰著的一部描述奇异海岛的书，但很可能成书于4或5世纪，书中说到："如果有人在海上航行，当海水被扰动时，可见到强烈的火花。"③（"夜行海中，扰之有火星者，咸水也。"）1371年，人们见海上或海中有无数光亮，认为它们是溺毙者的魂灵或腐血，但那些熟悉海上情况的人们说，当海被风或雨激烈扰动时，常有这种现象发生④。类似的现象在1528年左右彭宗孟的《海盐县图经》中也有所描述。直到1830年米凯利斯（Michaelis）发现了发光的腰鞭毛虫，这个问题才得以解决。

　　由较大的动物引起的相当明显的生物发光，在中国当然也像在大多数其他文明地区一样早已知晓，这就是萤火虫的发光（"虫火"）。古代它们被称为"宵行者"，在公元前一千纪早期成书的《诗经》中⑤，一首古老的民歌里有诗句"熠燿宵行"。近代的名称始于秦汉，《尔雅》中就有"萤火"与"即炤"⑥。4世纪的评注家郭璞说，它们夜飞，腹下有火。但是"萤"这个词则可追溯到公元前7世纪，假如《礼记·月令》的成书年代可以确定得这么早的话⑦。该篇写季夏之月的时令说"腐草为萤"⑧。1596年李时珍

　　① 例如德维塞［de Visser（1），p.191］曾提到的《代醉编》，这是一本人们大概很想多了解一些的书。又见于文莹的《湘山野录》，参阅本册 p.76。

　　② 也许不早于希腊著作中的记载。因为在迪尔斯（Diels）的著作中有一记载，认为下列看法是阿那克西米尼（Anaximenes，约公元前545年）的见解，即"闪电是由于风力劈裂云而形成的；这种作用与我们观察到的船桨劈开海水时海水发光是一样的"［Freeman（2），p.72］。亚里士多德在《气象学》［*Meteorologica*，Ⅱ，9（370a）Loeb ed. p.229］一书中有几乎相同的记述，他认为这是公元前5世纪的哲学家克雷德穆斯（Cleidemus）的见解［Freeman（2），p.278］，但他不同意这种看法。亚里士多德否认任何从水发射出的固有的光，而认为这些现象是由于光的反射所致。

　　③ 此为陈藏器在其著作《本草拾遗》（约725年）中引用。收录在《本草纲目》卷五，第十八页。

　　④ 沈节甫在他的《记录汇编》中也这样说。确实，暴雨雨之前，经常有异常明亮的海光出现，因为长时间持续炎热和风平浪静的天气，很适宜于腰鞭毛虫目生物的生长［参看 Newton Harvey（1），p.533］。

　　⑤ 《诗经·豳风》第三篇；《毛诗》第一百五十六篇。译文见 Karlgren（14），p.101；Waley（1），p.116。

　　⑥ 第十五篇，第十七页。

　　⑦ 关于这一古历的年代，天文学方面的论据可能有助于它的确定，见本书第三卷 p.195。原文的出处见《礼记》第六篇，第六十六页。译文见 Legge（7），vol.1，p.277。

　　⑧ 这是在原始科学阶段的植物学和动物学中，非常众多的奇妙的生物变态或自发生的又一例子。我们已在本书第二卷 pp.79，421 等处看到过这种信念，还将在本书"动物学"一章（第三十九章）作详尽的讨论。这种说法也见于李淳风7世纪的著作《感应经》（《说郛》卷九，第一页），对此可见 Ho & Needham（2）。

76 区分了三大类发光昆虫：普通萤火虫（*Luciola* spp. 及许多其他属），发光部位朝向尾部的萤火虫（*Lampyris noctiluca* 等），以及居水中或水边的发光蝇（可能是沾染了发光细菌的蠓蚊或蜉蝣）[1]。捕捉萤火虫，是中国和日本极古时代的一种消遣[2]。

关于无机物的发光，我们可能还记得本书前面[3]曾谈到"夜光璧"，它是在汉晋时期从罗马叙利亚带到中国的一种矿石。我们曾提出理由，认为这种宝石很可能是绿萤石，即萤石（氟化钙）的一个变种，它在被加热或摩擦时便发光[4]。这大概是摩擦发光或压电发光，但也有许多其他的可能，包括各种天然的或人造的磷光体[5]。也许其中最著名的是使 17 世纪科学家们非常感兴趣的"博洛尼亚石"（Bononian stone）或太阳石（lapis solaris）[6]。该矿物是一种重晶石，一种天然的高硫的硫酸钡。约在 1603 年温琴佐·卡斯卡里奥洛（Vincenzo Cascariolo）发现，经煅烧之后它会在暗处发光。氧化钡矿床在中国的存在[7]，有可能提供了一些本地产的这种"夜光璧"。劳弗（Laufer）[8]搜集了许多关于这方面的各个时代的中国文献，但其中大部分记载都令人难以置信，而且不容易确定在任何特定事例中所观察到的究竟是什么现象[9]。

玛高温［McGowan（5）］很早以前就提请注意一个值得关注的故事，它表明在宋代人们可能就已经知道人造磷光体的制备了。这个故事见于 11 世纪僧人文莹撰著的一部名为《湘山野录》的杂记性的书中[10]。

　　节度使徐知谔爱好收藏珍玩。曾以五万钱从一蛮商那里买了一只剥制的光彩夺目的鸟头，他把它用作枕头。他还得到过一幅奇特的画，把它献给了李后主[11]。这

77 　　位统治者（在南唐灭亡之后）又把它献给了（宋朝的第二个皇帝）太宗[12]。张后苑*将它出示于朝廷。这幅画上有一头牛，白天看起来牛在栏外吃草，晚上看起来它又卧在栏内。群臣中没有一个人能解释此现象。然而，只有僧人录赞宁说（他懂得此事）。按照他的说法，"南方岛屿上的矮小的蛮人"（"南倭人"）在潮水退去、岸边还微湿的时候，从专门的一种牡蛎（"诸蚌胎中"）收集某种遗留的液滴，并用

---

① 《本草纲目》卷四十一，第二十一页以下（R67）。李时珍的叙述中特别有趣的一点是，他引用了 5 世纪末期著名医生陶弘景的话，说方术家捕萤置酒中致之死。这可能是人们使用酒精作为防腐剂的一个相当早的例证，早于人们关于酒精蒸馏的知识。使用浓酒精以保存小动物，是罗伯特·波义耳在 17 世纪提出的；参看 Needham（2），2nd ed. p.158。

② 一个常被引用的故事见《晋书》卷八十三，第九页，说到一位贫穷而勤奋的青年车胤（约卒于 397 年），他为了读书每夜捕捉一袋萤火虫，以它们的光替代因家贫而无钱买油来点的灯。在日本，在稍后的年代，捕捉萤火虫成为每年的一个重要节日。

③ 本书第一卷，p.199。

④ 关于希腊和罗马文献中叙述发光宝石，见 Newton Harvey（1），p.33。

⑤ 参看普雷纳和萨伦格［Prener & Sullenger（1）］的介绍性文章。

⑥ 见 Bromehead（3）和 Newton Harvey（1），pp.306ff.。

⑦ 参看本册 p.102。

⑧ Laufer（12），pp.67ff.

⑨ 参看《图书集成·乾象典》卷九十五。

⑩ 卷下，第二十页。由作者译成英文，借助于牛顿·哈维［Newton Harvey（1），p.18］著作中所引的杨联陞（Yang Lien-Shêng）的译文。鲁普［Rupp（1），p.147］从玛高温的著作中得知此故事，但错误地认为这是日本人的故事。

⑪ 李煜，南唐的第三个也是最后一个皇帝。他于 975 年降宋，此画献给宋太宗的年代可能在 977 年左右。李煜的名字与缠足的起源有关。

⑫ 976—997 年在位。

它来拌和颜料或墨汁，这些颜料或墨汁只能在夜间才看得出来，而在白天则看不出。在另外一个地方，有燃烧着的山（火山），那里有时刮着大风，因而有一些岩石跌落到岸边，把这些岩石磨碎并用以拌和颜料或墨汁，这些颜料或墨汁只能在白天才看得出来，而在夜间则看不出。所有的学者都坚持认为这个故事毫无根据，但是赞宁说，此事可以从张骞（公元前2世纪时汉武帝派往西域的著名使者）所著的一本名为《海外异记》的书中找到[1]。后来，杜镐细查了皇家图书馆的藏书，从年代是六朝时期（3—6世纪）的一个稿本中见到了记载。

〈江南徐知谔为润州节度使……喜畜奇玩。蛮商得一凤头，乃飞禽之枯骨也，彩翠夺目……其脑平正，可为枕。谔偿钱五十万。又得画牛一轴。昼则啮草栏外，夜则归卧栏中。谔献后主煜，煜持贡阙下。太宗张后苑以示群臣，俱无知者。惟僧录赞宁曰，南倭海水或减，则滩碛微露，倭人拾方诸蚌胎，中有余泪数滴者，得之和色著物，则昼隐而夜显。沃焦山时或风挠飘击，忽有石落海岸，得之滴水磨色染物，则昼显而夜晦。诸学士皆以为无稽。宁曰，见张骞《海外异记》。后杜镐检三馆书目，果见于六朝旧本书中载之。〉

有趣的是，1768年约翰·坎顿（John Canton）确实描述过由牡蛎壳制成的一种磷光体——用碳酸盐和硫黄煅烧而成的一种不纯的硫化钙[2]。这种物质后来被称为坎顿磷光体。1825年奥桑（Osann）指出，如加入砷、锑或汞的硫化物，则可得到发蓝色或绿色光的磷光体。我们的看法是，在估计宋代初期炼丹术士制备这些发光物质的可能性方面，牛顿·哈维[3]的怀疑有一点过分。赞宁是一位学识渊博的博物学家，极受同时代人的尊敬[4]，并且文莹的书中还包括了关于光和热的各种效应的许多其他关系的叙述。例如[5]：

柳仲涂请教赞宁说，在他的庭园里，雨后有如同日落时分的辉光一般的蓝色火焰（"青焰"），但人走近它们时却又不见了。他疑惑这可能是一种不祥之物。赞宁回答说，这就是燐火。凡曾为战场多杀戮之处，或牛马的血渗入泥土中而凝结在那里，都会有这样的现象发生，甚至在一千年之后也不会完全消散。后来柳仲涂挖开那个地方，果然发现那里有古代兵器的残片。

〈僧录赞宁有大学，洞古博物，著书数百卷。……柳仲涂开因曰，余顷守维扬郡，堂后菜圃，才阴雨则青焰夕起，触近则散。何耶？宁曰，此燐火也。兵战血或牛马血著土，则凝结为此气。虽千载不散。柳遽拜之曰，掘之皆断铔折镞，乃古战地也。〉

这样，我们又回到了沼泽光的问题上。然而下面我们将转到比较实在的光的方面，这些光曾照耀了中国中古时代的更为可靠的知识的发展。

78

---

① 张骞的这部书现不存。但我们曾提到过一部书名很相似，被认为是他著的书（本书第一卷 p.176）。见 Bretschneider (1)，vol.1，p.25。有一不符之处在于下述事实，这位伟大的使者去的是西域（大夏和康居），而南"倭"人好像是琉球、台湾或海南的人。

② Newton Harvey (1)，pp.329，346。

③ Newton Harvey (1)，p.19。

④ 赞宁是王元之、天文学家王处讷，以及宋初最伟大的散文作家之一徐铉（卒于991年）的朋友。他是一位植物学家，曾写过关于竹的专著，还是著名的传记史《宋高僧传》的作者。

⑤ 《湘山野录》卷下，第五页。由作者译成英文。

* "张后苑"非人名。作者此处理解原文有误。——译校者

（g）光（光学）

　　中国的光学虽然从未达到伊斯兰光学家如伊本·海赛姆[①]所达到的最高水平——他们由于受到希腊几何学的影响而得益，但至少和希腊的光学开始得同样早。已经证实，在中国的文献里非常容易找到有关光学的思想和实验的踪迹，而广泛深入的研究则很可能发现得更多，尽管大量的史料（且不论墨家的材料）可能已永远地失传了。在光学方面，我们并不像前面所谈的各个方面那样缺乏前人的历史性著述，可以提到的有劳弗[Laufer（14）]和佛尔克（Forke）[②]关于反射镜和透镜的讨论，以及德维塞[de Visser（1）]关于火和光的著作，等等[③]。然而，至今只有中国的科学史家，如在谭戒甫（1）和钱临照（1）的出色的论著中，注意到了中国光学的最重要学派即墨家。道家可能会谈论自然界的奇妙和瑰丽，阴阳家可能会提出对自然现象的一般性的解释，名家可能会争辩讨论问题的恰当的方法，但是只有墨家才真正拿起镜和光源仔细观察所发生的现象。

　　在从理论上讨论光源之前，应先略谈一谈光本身。

　　周代各封建诸侯国的城墙，大概是用各种可燃物（竹、松脂等）制成的火把（"炬"）来照明的。对于较小的房间，则历来使用灯盏，以灯芯点油来照明，最初的灯盏为陶器或青铜器[④]。有史以来，中国大概从未缺乏过植物油，但我们前面曾提到一部书[⑤]，描述了公元前 308 年在滨海的燕国宫廷中使用鲸或海豹的膏油点灯。按照司马迁的记载，公元前 210 年秦始皇帝墓中的灯使用的就是海豹（"人鱼"）的膏油[⑥]。丁缓于 180 年左右制作的装在常平架上的灯和香炉，将在本书后面作较详的叙述[第二十七章（d）]。后赵皇帝（约 340 年）石虎曾在殿前设 120 盏铁灯，这是久已闻名的了[⑦]。

　　在古代的各个文明中，非常广泛和普遍地用小而简单的浅盘或半球形的罐来盛放油和灯芯，这种形式的油灯持续使用了相当长的时间。我自己曾在中国偏僻的乡村在其微弱而柔和的灯光下晚餐和阅读。这种灯在中古时代曾有过巧妙的改进。有人意识到，很多油没有经过灯芯有效的燃烧就蒸发损耗了，因此作了浅碟形的罐，下设贮水器盛放冷水——有点像维多利亚时代早餐桌上常见的热水暖锅，但目的相反。产自四川邛崃县的这些灯被称为"邛窑省油灯"，为"青瓷"陶器。该地在隋唐时期即以出产上釉的陶器

79

---

①　Winter（4）；Ronchi（2）。

②　Forke（4），vol.2，p.496。

③　一般的光学史著作，如 Papanastasiou（1）或 Ronchi（1），虽然很出色，但从未提及中国的材料。关于中国的光学，我们只知道有王锦光（1）的一篇文章，不过我们至今还未读到。现在还有钱临照[Chhien Lin-Chao（1）]的一篇短文。

④　可以从诸如 Hough（2）或 M.R.Allen（1）的那些记述中研究它们的各种型式。

⑤　本书第三卷，p.657。

⑥　《史记》卷六，第三十一页；参看《太平御览》卷八七〇，第一页，引《三秦记》，以及卷九三八，第二页、第七页，引《广志》，后者又见于《玉函山房辑佚书》卷七十四，第四十八页。

⑦　《邺中记》，见《太平御览》卷八七〇，第一页引用。

而闻名。在重庆博物馆内有一些很好的"省油灯"的样品，我很高兴于 1958 年在那儿见到这些灯。关于它们的权威性的文字描述见于大约 1190 年的《老学庵笔记》[①]。陆游说道：

> 在宋文安公的文集中有一首关于"省油灯"的诗。人们可以在汉嘉见到省油灯这种器物。它实际上由两层构成。在一侧有一个小孔，可从那里注入冷水，每天晚上更换之。普通的灯在点燃时火焰很快把油烤干，但这些灯则不同，可以节省一半油。邵公济牧在汉嘉时[*]，他把几个这样的灯送给朝中的学者和高官。按照文安的说法，人们也可以使用露水[**]。汉嘉出产这种器物，已有三百多年了。
>
> 〈宋文安公集中，有省油灯盏诗。今汉嘉有之，盖夹灯盏也。一端作小窍，注清冷水于其中，每夕一易之。寻常盏为火所灼而燥，故速干。此独不然，其省油几半。邵公济牧汉嘉时数以遗朝中士大夫。按文安亦尝为玉津令，则汉嘉出此物，几三百年矣。〉

按此估计，这项产业必始于唐代，或 9 世纪初。它是蒸馏过程中化学冷凝器使用水套，以及一切现代技术中蒸汽和水的循环系统的有趣的先驱[②]。这不也是内燃机发展过程中必不可少的一部分吗？

原义也指火把的另一个字"烛"，很早就用以指蜡烛，即中有纤维芯或竹芯的脂质（"膏"）固体圆柱。问题在于究竟何时开始这么用的。"烛"字屡见于秦汉时期的礼仪的书（《礼记》、《仪礼》等）之中，多为《太平御览》所引[③]，在这些书里这个字通常很明确地指由司礼仪的助手所持的灯火。《周礼》中的司烜氏就是在宫廷礼仪中执掌"烛"的官员，但"烛"似乎并非指炬或烛，而是大麻籽油灯[④]。在战国和秦汉时期的著作中常提到"烛"，例如《庄子》和《墨子》（各有两处），《战国策》和《淮南子》（有七处）。

明确由蜂蜡制成蜡烛的最古老的记述，可能是公元前 40 年左右的字书《急就篇》[⑤] 中的"蜜烛"。然而，比较确切的名称"蜡烛"最早似乎见于《晋书》，在政治家周顗（卒于 322 年）的传记中提到[⑥]。很可能在战国时期就已经有了蜂蜡制的蜡烛，因此墨家确有可能在实验中使用它们。

霍梅尔（Hommel）记述了[⑦]中国传统的制烛方法——总是用浸蘸法，而从不用模制法。以植物脂 [从乌桕（*Stillingia sebifera*，R332）提取的油脂] 作烛芯，而以熔点较高的虫蜡 [从白蜡虫（*Ericerus pela*，R11）得到] 作外层。这种虫蜡（参看第三十九章）在唐宋时期取代了蜂蜡，而树脂蜡自元代起才得到普遍应用。烛芯总是向下伸出一截，或者是空心的苇杆，可以插到烛扦上，或者是竹签，以便插在有孔座的烛台上。

----

① 卷十，第九页。由作者译成英文。

② 在第三十三章还会看到，中古时代中国的炼丹术士们曾极大地改进了这种装置；同时参看 Ho & Needham (3)。

③ 卷八七〇，第三页以下 [译文见 Pfizmaier (98)]。

④ 《周礼》卷十，第四、五页（第三十八章）。译文见 Biot (1)，vol.2，p.381。

⑤ 第四章，第三十四页。

⑥ 《晋书》卷六十九，第十页（见《太平御览》卷八七〇，第四页引）。关于周顗，参看 G 417。

⑦ Hommel (1)，pp.318ff。

*　作者理解原文有误，此处为"邵济在汉嘉任知州时"之意。——译校者

**　作者理解此处原文有误。——译校者

凡曾在中国乡间住过的人，都会满怀感情地记得那富有特色的尖细红烛、它们的光透过格子窗摇曳的情景。

宋代，矿物蜡看来已经与植物蜡和虫蜡同样使用了。陆游在《老学庵笔记》（约1190 年）中说①：

> 关于"白石烛"（"白石烛"）的宋诗中有这么一句："你只喜欢明亮如蜡的东西——为什么看不起黑色的烛呢？"实际上后者出自延安，我在南郑时经常见到。它们硬得像石头，点燃时极亮，也像蜡一样淌烛泪。但烟浓得可以用来熏黑（熏制）东西。因为（家用时）它污损帷幕和衣服，所以西方人也不喜欢它。

> 〈宋白石烛诗云："但喜明如蜡，何嫌色似黳。"烛出延安，予在南郑数见之。其坚如石，照席极明。亦有泪如蜡，而烟浓，能熏污帷幕衣服，故西人亦不贵之。〉

这里的西方人，陆游大概指的是波斯人和阿拉伯人。人们都知道，玉门的天然石油含蜡的成分很高，所以很可能在中国西部各地这种石油的渗出时时产生着黑蜡的自然沉积，而这种蜡可用作当地粗制蜡烛的主要原料。颜色有些比另一些更黑，所以说有黑白两种②。

一些很可能用作烛台的青铜器，已在长沙发掘出的战国时代（约公元前 4 世纪）的楚墓中被发现③。这些器物的形状呈小浅盘形，在三条短腿上有雅致的柄，中心是蜡烛扦。1958 年我在北京中国科学院考古研究所曾见到其中的一件。在洛阳博物馆也有一个直径约 8 寸的陶碗，内有一中空的孔座，似为插烛之用。这是晋代（4 世纪）的器物。博物馆馆长江若诗（音译，Chiang Jo-Shih）先生告诉我，同时出土的一些碎片在发现时还有蜡迹④。

81

（1）墨家的光学

现在让我们来考察《墨经》中所包含的关于光学的陈述，虽则它们是零星片断的。

《经下》16/271/一·一。"影的形式"

> 《经》：影子（"影"）从不（自行）移动。（如果它确实移动的话，那么是由于光源或投射出影的物体移动的缘故。）道理在于"改变行为"（"改为"）⑤。

> 《经说》：光一照到，影子就消失了。但如果影子不受到扰动，那么它就会永远存在下去。（冯/卜，经修改）

> 〈经：景不徙。说在改为。

> 经说：景，光至，景亡；若在，尽古息。〉

这是钱临照的解释。包括谭戒甫在内的其他学者，则认为该命题与名家的著名

---

① 卷五，第九页。由作者译成英文。

② 参看本书第三卷，p.609。

③ 见《长沙发掘报告》，第 115 页及图版第 65、66。

④ 关于灯笼，见单士元（1）。这方面的进一步的记述见吴南薰（1），第 63 页以下。对于在其他文明中照明的比较史的介绍，见 Forbes（15），pp.119 ff.；O'Dea（1, 2）；Robins（3）。

⑤ 注意"改"这个字是我们在道家著作中从未遇到过的字。道家著作中多用"变"和"化"（参看本书第二卷，p.74）。由此可知，"改"字的古代科学意义必定仅指相互位置的改变。

伴谬（辩者第二十五条，见本书第二卷 p.191）"飞鸟之景未曾动也"相同。但这样解释看来不太可能，因为在命题中投影的物体是不动的，而且因为关于光学的一系列陈述，其第一条命题似乎很应该说明影的固定性，如果光源和物体都固定不动的话。参看栾调甫（1），第 80 页；吴南薰（1），第 98 页。

《经下》17/—/38·16。"本影和半影"

《经》：有两个影子的时候（那是因为有两个光源）。道理在于"双重"（"重"）。

《经说》：两条光（线）紧夹（"夹"）（即会聚）于一个光点。这样，你从每一光点得到一个影子。（作者）

〈经：景二。说在重。

经说：景，二光夹一光。一光者景也。〉

这清楚地表明墨家懂得光线的直线性。参看《庄子·齐物论》中著名的一节（本书第二卷 p.51），本影（"景"）与半影（"罔两"）的对话。这一节与现在的命题极为相似，影的移动被肯定为完全取决于光源或投影的物体的移动。庄周与墨家大致是同时代的人。"罔两"是一种鬼怪 [见 Chiang Shao-Yuan（1），pp.168ff.]。我不知道为什么将这一名称用于半影[1]。

以上是谭戒甫的解释。而钱临照、吴南薰和栾调甫都指出，这一命题谈到的可能是由完全不同的两个光源所投射出的两个影，而不是因光源并非点光源所形成的半影。不过无论如何，光线的直线性是被理解了的。

《经下》20/—/44·17。"影的大小决定于物体和光源的位置"

《经》：至于影的大小——道理在于"是像舵桨那样倾斜（"杝"）（即不垂直于光线的方向），还是直立（"正"）（即垂直于光线的方向）；是远（"远"）还是近（"近"）"。

《经说》：如果竿子像舵桨那样倾斜（不垂直于太阳或其他光源的光线），那么它的影就短而浓。如果竿子是直立的（垂直于太阳或其他光源的光线），那么它的影就长而淡。如果光源比竿子小，那么影将比竿子大。但如果光源比竿子大，那么影仍将比竿子大。竿子（距离光源）越远，它的影将越短而深；竿子（距离光源）越近，它的影将越长而浅。（作者）

〈经：景之大小。说在杝正远近。

经说：景，木杝，景短大；木正，景长小。火小于木，则景大于木；非独小也，远近。〉

这位实验者必定用了一个固定的光源和一个固定的屏，而木杆可在其间前后移动。参看吴南薰（1），第 101 页以下。

《经上》48/—/98·45。"针孔"

《经》："聚集之处"（"库"）[或"墙壁"（"库"）]，是"变化"（"易"）（即像的反演）开始的地方。

《经说》：它是一个空的（圆的）孔（"虚穴"），就像画在帝王旗帜上的日月。（作者）

82

---

[1]　这种用法也出现在唐代道家郭采真的记述中。对于光源数目增加而相继产生的半影，他都有特别的名称（《酉阳杂俎》卷十一，第六页）。

〈经：库（庳），易也。

经说：库，虚穴。若期貌常。〉

我们不知道该命题的前一部分中"库"与"庳"哪个字是正确的。"库"也可能是指暗箱的整个封闭空间[1]。

《经下》18/—/40·17。"焦点的定义和像的反演"

《经》：像由于交叉（"午"）因此是倒立的（"到"）。交叉的地方是一个点（"端"）。这影响像（"景"）的大小。理由在于"点"（"端"）。

《经说》：一个受光照的人，看起来就好像他在发射出（光线）一样。人的下部成为（像的）上部，而人的上部成为（像的）下部。人的脚（好像发出）光（线，一些光线）在下方被遮蔽（即照到了针孔的下方），（但另一些光线）在上方成像。人的头（好像发出）光（线，一些光线）在上方被遮蔽（即照到了针孔的上方），（但另一些光线）在下方成像。在（离开光源、反射体或像）较远或较近的某个位置上，有一个聚集（"与"）光（线）的点（"端"）（即针孔），结果像就只被允许通过聚集之处（"库"或"庳"）的光线所形成。（作者）

〈经：景到，在午有端与景长。说在端。

经说：景，光之人，照若射。下者之人也高，高者之人也下。足蔽下光，故成景于上；首蔽上光，故成景于下。在远近有端于光，故景库内也。〉

注意此处所述，研究的是人在暗箱内所成之像，而人则被认为"射出"光线。但这是一个"受光照的人"，不是观察的人。因此，这种概念完全不同于希腊理论认为的视觉是由于从眼睛发射光线的缘故。况且，在"经说"中墨家清楚地说到"好像"，这表明他们知道人发出的是反射光。

这里的专门名词是很有意思的。"障"意即堤坝或围堰，但它总是与"碍"字连用作"障碍"，意为屏障或阻碍。我们将会看到，11世纪时沈括用"碍"字作为表示焦点的专门名词，这是重要的事实。正是毕沅提出把"库"字校勘为"庳"。墨家在公元前4世纪即用针孔和暗箱进行研究，这一事实很有意义，因为这项工作在时间上常被物理学史家们挪后很多（认为是阿拉伯人在11世纪初的工作）。在本册稍后（p.97）我们将看到中国人在这方面所作的进一步研究。参看吴南薰（1），第100页。

《经下》19/—/42·—。"平面镜"

《经》：影子可以由反射（"迎"）太阳（的光线）形成。理由在于"翻转"（"转"）。

《经说》：如果太阳光（线）（从一垂直于地面放置的平面镜）反射到人身上，那么（在地面上）形成的（这个人的）影在人和太阳之间。（作者）

〈经：景迎日。说在转。

经说：景，日之光反烛人，则景在日与人之间。〉

谭戒甫认为这里隐含了关于入射角和反射角相等的定律的知识，但似乎未必如此。参看栾调甫（1），第83页；吴南薰（1），第103页。

---

[1] 栾调甫（1），第72页以下也解释了《经上》第61条，认为与通过小孔射入的光线有关。该条在本书第三卷 p.91 曾有讨论。

《经下》21/—/26·—。"平面镜的组合"

《经》：站在平面镜（"鉴"）上向下看，可以发现自己的像是倒立的（"到"）。（如果使用两面镜子，那么镜子所成的180°以内的角）越大，（像）就越少。理由在于"较小的区域"（"寡区"）（即镜子的可动边之间的距离，因而也就指角度）。

《经说》：一面平面镜（"正鉴"）只有一个像生成。它的形状和姿态、颜色的白或黑、距离的远或近、位置的斜或正——这一切都决定于（物体或）光源（的位置）。如果放置两面平面镜使它们成某个角度（"当"），那么就将有两个像。如果两面镜子（如安装在合叶上那样）合拢或张开，那么两个像将互相反射，反射的像（对于眼睛所在的一侧来说）总是在另一侧。在镜中被反射的人（"鉴者"）（投射其光线）于某些镜靶（"桌"），（只要两面平面镜所成的角小于180°，那么）不管他站在（两面平面镜所成角度内）什么地方，像永远不会不被反射。像靶可以有许多（即有很多像），但（两面镜子之间的角度）必须小于它们原来成一条直线时的角度（即180°）。反射的像由两面镜子分别生成。（作者）

〈经：临鉴而立，景到。多而若少。说在寡区。

经说：临，正鉴，景寡。貌能、白黑、远近、柂正，异于光。鉴景当俱。就去，亦当俱。俱用北。鉴者之桌于鉴，无所不鉴。景之桌无数，而必过正，故同处其体俱，然鉴分。〉

多重反射实验的后来的一些例子，将在本册稍后讨论（p.92）。这里我们再次看到光线从物体射出的概念，它使人想起德谟克利特学派的视觉理论和伊璧鸠鲁学派的影像说（idola）。这也预示了布儒斯特（Brewster）的万花筒（1817年）。参看吴南薰（1），第104页。

《经下》56/—/57·21。"折射率"

《经》：荆棘（"荆"）（在水中）的（表观的）大小是这样的情形，其沉没的部分（"沈"）看起来是浅的。理由在于"表观"（"见"）。

《经说》：沉没的部分（只）是荆棘的外表，因而沉没部分的深浅并非荆棘本身的深浅。如果作一个比较，（那么可以发现实际深度与表观深度之间的差）是五分之一。（作者/吴）

〈经：荆之大，其沈浅也。说在见。

经说：荆，沈，荆之见也。则沈浅非荆浅也。若易，五之一。〉

如果说墨家未曾注意和研究过这非常明显的折射现象，那倒是令人惊奇的事了。但这一命题的真正意义，直到吴南薰［（1），第111页］的研究才被人们所认识。较早的研究者如谭戒甫（1）和佛尔克［Forke (1)］，都曾被三个重要的字的讹误而步入歧途，他们（相当费劲地）把这一条解释为与经济学和货币的价值有关。换算"五之一"得折射率为1.25，而水的折射率当然是1.33。但吴南薰认为"易"字是"参"字之误，后者本义为"三之一"而非"比较"，这样读作"若参五之一五"，得折射率为1.5。无论如何，要求公元前4世纪能有更精确的值是不大合理的。

《经下》22/—/28·17。"凹面镜"

《经》：凹面镜（"洼鉴"）所成的像可能小而倒立（"小而易"），或大而正立（"大而正"）。

这里区分了我们现在所说的倒立的实像和正立放大的虚像。

理由在于"在中心区域外侧"（"中之外"）（即在曲率中心之外），以及"在中心区域内侧"（"中之内"）（即焦点至镜面之间）。

《经说》：（首先，考虑物体在）镜面与焦点之间的区域（"中之内"）。物体越靠近焦点（因而也就越远离镜子），那么光的强度就越弱（假如物体是一光源），而像却越大。物体越远离焦点（因而也就越靠近镜子），那么光的强度就越强（假如物体是一光源），而像却越小。在这两种情形下，像都是正立的。自中心区域极近边缘的地方（即几乎在焦点处）（"起于中缘"），开始向镜面移动，那么所有的像都比物体大而且是正立的。

（其次，考虑物体在）曲率中心之外而远离镜面的区域（"中之外"）。物体越靠近曲率中心，那么光的强度就越强（假如物体是一光源），像也越大。物体越远离曲率中心，那么光的强度就越弱（假如物体是一光源），像也越小。在这两种情形下，像都是倒立的。

（最后，考虑物体在）中心区域（"合于中"）（即在焦点与曲率中心之间的区域）。在此像比物体大（并且是倒立的）。（作者）

〈经：鉴低，景一小而易，一大而正。说在中之内外。

经说：鉴，中之内，鉴者近中，则所鉴大，景亦大；远中，则所鉴小，景亦小，而必正。起于中缘正而长其直也。中之外，鉴者近中，则所鉴大，景亦大；远中，则所鉴小，景亦小，而必易。合于中缘正而长其直也。〉

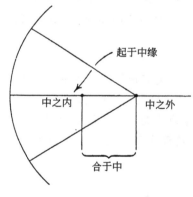

这是一系列惊人的观测结果。为了取得最后一项结果的正确，必定有非常仔细的步骤。墨家对于镜的焦点和曲率中心，似乎都没有特别的专门名词。钱临照怀疑他们是否了解二者的区别。我们认为墨家是必定了解的，否则他们所说的"外"和"内"两个区域的情况，便总有一种情况不正确。有关凹面镜的其他方面，将在下文讨论（p.87）。

85

此处用光源进行研究，有可能得出这样的结论，即在中国很早就使用镜作为灯的反射器了，而不像霍维茨［Horwitz（7）］所认为的那样晚。参看栾调甫（1），第85页；吴南薰（1），第105页以下的讨论。

《经下》23/—/—·—。"凸面镜"

《经》：凸面镜（"团鉴"）所成之像只有一种情况。理由在于"形状的大小"（"形之大小"）。

《经说》：物体越靠近镜面，那么光的强度就越强（假如物体是一光源），像也越大。物体远离镜面，那么光的强度就越弱（假如物体是一光源），像也越小。但是在两种情形下，像都是正立的。物体离得太远，它所成的像将变得不明晰。（作者）[1]

———————————

[1] 吴南薰（1），第109页，对此条原文的重建有所不同，但主题并无疑问。

〈经：鉴团，景一。说在形之大小。

经说：鉴，鉴者近，则所鉴大，景亦大；其远，所鉴小，景亦小，而必正。景过正，故招。〉

为了正确评价这些贡献，有必要再次尽可能简单地勾画出光学这门科学在希腊的类似起源。最古老的也是最广为接受的光和视觉的理论是毕达哥拉斯学派的，即认为视线由眼睛发射出，以直线行进到物体，接触物体而产生视觉[1]。这种错误认识有一优点，即未曾阻碍几何光学的进步，当人们认识到真实情况之后，只须将光沿其路径反个方向便是了。光的传播一般被认为是瞬时的。其后最重要的是伊壁鸠鲁学派的理论。按照这种理论，所有物体都向各个方向发出影像（idola），有些进入观察者的眼中而产生视觉。这里我们不必考虑斯多葛学派和柏拉图的理论。

光学的研究分为四个分支：（a）严格意义上的光学，即视觉的研究；（b）反射光学，即镜的性质的研究；（c）透视法即透视关系的研究；（d）屈折光学，即用光学方法测定角度（观测和测量）。古代希腊流传至今的与墨家同时代的惟一著作是欧几里得（Euclid）的《光学》（Optics）[2]〔有伯顿（Burton）的英译本〕。该著作由 58 条定理构成，其论证如同几何学定理，且基于 4 个定义，即光线沿直线行进、光线所组成的体形为锥体、人们只能看到光线落在其上的物体，以及物体的表观大小取决于光锥的角度。显然，所有这些概念墨家都是熟知的。欧几里得发展了透视关系的基本法则，例如，他指出，从一点看一圆柱体总是显得略小于半圆柱体。他是否像墨家那样撰写过反射光学的著述，则不得而知。因为后来被认为是欧几里得的这方面的研究，很可能是亚历山大里亚的塞翁（Theon of Alexandria，4 世纪，与葛洪同时代人）所作。阿基米德（约公元前 250 年）几乎肯定有关于反射光学的著述，但残存的论文（假如确实是他的）从15 世纪起就已亡佚了[3]。关于反射镜的现存最古的希腊著作，是亚历山大里亚的希罗（约 100 年）的《论镜》（De Speculis）[4]。该书论述了平面镜、凹面镜和凸面镜，并且有关于反射角与入射角相等这一事实的证明。因此可以看到，墨家光学研究的开始，比我们所知道的希腊的情况为早[5]。但是托勒密的《光学》（Optics）必定著于 2 世纪初（约张衡的时代）[6]，这部著作比保留在中国文献中的任何系统论述都要广泛得多；它还进一步讨论到球面镜和柱面镜，而尤为重要的是充分讨论了折射。托勒密给出了折射现象的定量的数据表，它们或多或少是根据实验得出的[7]。他还将这些知识应用于天文学问题。上述这些就是我们考虑墨家的光学时所依据的总的框架。墨家肯定仔细而广泛地

86

---

① 关于西方古代的光学，见龙基〔Ronchi（1）〕出色的论述，以及 P. Brunet & A. Mieli, pp.817ff.。恩培多克勒提出了从物体和眼睛都发出射线的双重发射说。亚里士多德则如往常那样非常暧昧，但最终认定光是在眼睛与物体之间的某种运动形式。

② 很不幸被亚历山大里亚的塞翁（Theon of Alexandria，约 365 年）改写了很多，然而现在尚可约略地知道原著的情况。

③ 关于点火镜，见本册 p.87ff.。

④ 被认为发明了抛物柱面镜的狄奥克勒斯（Diocles），可能相当早就写过关于点火镜的著述〔参看 Sarton（1），vol.1，p.183〕。

⑤ 显然印度也不能与之相比。正如马利克（Mallik）所指出的，在《正理派经书》（Nyāya Sūtra）中稍稍谈到光线、镜、海市蜃楼等，但可能已迟至 3 世纪，而其确实年代不明。据说其中有与恩培多克勒论述相似的地方。

⑥ Lejeune（1）。

⑦ Lejeune（2）。

应用了实验方法，但他们由于缺乏发达的几何学而受到局限。

也许值得强调的是，西方古代和中古时代早期的光学受前已述及的离奇理论所支配，即认为视线由眼睛发射出而以直线行进到所目睹的物体。但是这种观念也决不像现代某些科学史家所当然想像的那样可笑[①]。比较新近发现的"动物雷达"，表明蝙蝠[②]（以及可能许多其他飞行动物，包括鸟类）[③]发射出阵阵短波辐射，并以"听"它们的回声来指导飞行，这证实现存的生物体确能做到大多数希腊人曾想像的在视觉中所发生的情况。甚至已经证明，许多种鱼也利用类似的方法在水中定向[④]。但无论如何，希腊人关于光和视觉的概念是基本错误的，直到伊本·海赛姆［即阿尔哈曾（Alhazen，965—1039)][⑤]卓越的革命性的研究，正确的观点才流行开来。现在就我们所知，视线发射的理论与古代中国人的思想完全无缘[⑥]。墨家与少数派伊璧鸠鲁学派倒有较多的共同之处，因为他们也认为光线是从被看到的物体反射而进入眼睛的，如卢克莱修所说的像或影那样[⑦]。

87

（2）镜与点火镜

与墨家明确表述的反射光学相并行的，或许还更早得多的发展，是利用点火镜由太阳光点燃火绒[⑧]。这方面的史料，在中国古代的著作中很常见。这些镜被称为"夫遂"、"阳遂"或"阳燧"。到秦汉时代，"遂"字的各种变体已具有凹面的一般意义。我们看到《考工记》[⑨]记述制钟的文字，称钟的凹部为"隧"，且其"深度"（"深"，即半径或弧）是精确地标准化的。类似地，"隧道"意即地下通道，尤指通向皇帝陵墓的地道，而这或许是它的原义[⑩]。

青铜镜（"鉴"）的历史必须追溯到极久远的中国青铜时代。关于它们的最早的文献之一无疑是《左传》中公元前 672 年的记载[⑪]。但现存最古老的有纪年的镜是公元 6 年和 10 年的，而东汉时期的镜则甚多。当然，有大量的文献论及中国古镜，这些镜（由于它们的装饰）在考古学和艺术史的研究中占有很显著的地位，但我们在本书中不讨论

---

① 深海鱼类的头部发光器官与它们的眼睛相关联而发生作用，事实上并非不可能。这些发光器官微弱地照亮了原来永远黑暗的区域。

② 见 Hartridge（1）；Galambos & Griffin（1）；Griffin（1，2）。蝙蝠对重复超声鸣叫的回声有立体声的知觉。这种"声纳"比至今人们所设计的任何回声定位系统都远为有效。

③ 见 Griffin（3，4）。

④ 见 Lissmann（1，2）；Lissmann & Machin（1）。看来好像是：鱼发出弱的放电而产生了一个场，然后通过特殊的接收器感知由于不可见物体与水的传导性的不同而引起的场的扰动。

⑤ 关于他的贡献，在龙基的著作中［Ronchi（1），pp.33ff.］有很好的论述。

⑥ 但戴密微（Demiéville）在批评《公孙龙子》的顾保鹄（Ku Pao-Ku）的译本时，极力主张该书的第五篇［Ku（1），p.62］其原文应订正为符合光是从眼睛射出的观点。

⑦ *De Rerum Nat*.iv，II.42ff。

⑧ 吴南薰（*1*），第 67 页以下，也有这方面的叙述。

⑨ 《周礼》卷十一，第二十四、二十五页（第四十一章）。译文见 Biot（1），vol.2，p.499。

⑩ 《左传》，隐公元年、僖公二十五年。大概与陵岗本身的隆起相反。

⑪ 庄公二十一年［Couvreur（1），vol.1，p.176］。

这些方面①。

在汉代著作中，首先要提到的是《周礼》，因为该书看来包含了非常多的古代的资料。书中讲到两种官职，即"司爟"②和"司烜氏"③。现已明确④，前者的职责是用火钻（"钻燧"）取得"新火"⑤，在一年中的五个时期用各种不同的木材取火⑥；而后者的职责则是须以仪式用点火镜取得"新火"。《周礼》写道：

> 他们的职责是用"夫燧"镜从太阳获得明亮的火，用（普通的）镜（"鉴"）从月亮获得清澄的水。他们进行这些工作是为了准备漂亮的米饭、祭祀用的明亮的火把及清澄的水。⑦

> 〈司烜氏掌以夫燧取明火于日，以鉴取明水于月，以共祭祀之明齍明烛共明水。〉

我们暂时留待以后再谈书中关于"阴"或月亮的部分⑧。这样的叙述当然又出现在公元前120年左右《淮南子》⑨的一段常被引用的文字中：

> 阳燧一见到太阳，就有燃烧发生而产生火。方诸一见到月亮，就有潮湿（或分泌物）发生而产生水。

> 〈阳燧见日，则燃而为火。方诸见月，则津而为水。〉

对此，东汉的高诱注释道：

> 点火镜由金属制成。取一个未因生有铜绿而失去光泽的金属杯，用力将它磨光，然后在正午时分让它向着太阳而受热。以这样的姿态使它照射艾绒，艾就会点着火。方诸就是阴镜（"阴燧"），它像个大蛤（壳）（"大蛤"）。把它也磨光，满月时放到月光下，水就会集聚在其上，而且可以一滴一滴地收集在铜盘上。古代导师如此所述，实在千真万确。⑩

> 〈阳燧金也。取金杯无缘者，熟摩令热，日中时以当日下，以艾承之则燃，得火也。方诸阴遂，大蛤也。熟磨拭令热，月盛时以向月下，则水生，以铜盘受之，下水数滴。先师说然也。〉

汉代其他文献中提到点火镜的有《礼记》⑪、《春秋繁露》⑫和《论衡》⑬。3世纪时葛洪记述了他目击的事——"我经常看到有人从早上的太阳取火，从晚上的月亮取

---

① 便于阅读的叙述见斯沃洛 [Swallow (1)] 的著作。夏德 [Hirth (5)] 的专论下文还要提到。伯希和 [Pelliot (23)] 对罗振玉 (2) 和富冈谦藏 (1) 的名著所作的书评很值得一读。里普利·霍尔 [A.Ripley Hall (1)] 简要地论及文学的和社会的方面。参看 Bulling (8)。

② 卷七，第二十四页（第三十章）。译文见 Biot (1)，vol.2，p.194。

③ 卷十，第四页（第三十七章）。译文见 Biot (1)，vol.2，p.381。参看本册 p.79。

④ 例如，由德维塞 [de Visser (1)] 的研究。

⑤ 新火在很多古代文明和原始文化中都是一种神圣之物。时至今日，我们仍可在拉丁教会复活节星期六的动人仪式中见到。关于这方面，见 Frazer (1)，一卷本，p.614。典型的汉代资料见《后汉书》卷十五，第五页。

⑥ 参看本书第二卷 p.236，又见本书第二十七章 (a)，以及《湛渊静语》卷一，第八页（14世纪）。

⑦ 译文见 Biot (1)，vol.2，p.381，由作者译成英文。

⑧ 关于阳燧和方诸，见唐擘黄 (1) 的专门研究。

⑨ 第三篇，第二页。点火镜在《淮南子》中的别处还屡有提及，如第六篇，第四、十页；第十七篇，第十三页。

⑩ 由作者译成英文，借助于 de Visser (1)，p.117。

⑪ 第十二篇，第五十二页 [Legge (7)，vol.1，p.449]。

⑫ 第十四篇，在此用了"颈金"一词，或因器物悬挂项上，或因颈部为凹形物。

⑬ 第三十二篇 [Forke (4)，vol.1，p.272]，第七十四篇 [Forke (4)，vol.2，p.412]。

水。"①（"余数见人以方诸求水于夕月，阳燧引火于朝日。"）4 世纪时崔豹也曾论及点火镜②。在许多其他文献中，点火镜与 3 世纪的数学家高堂隆的名字联系在一起，这可能很有意义③；或许他对反射光学曾作过一些研究，但资料现已亡佚。另一处提及点火镜是在唐代将军李靖的传记中，他常携带一枚，这暗示士兵们在野外用点火镜取火④。阳燧与方诸这两种镜的哲学意义始终存在于中国学者的头脑之中，例如朱熹在评注魏伯阳的著作时就提到过它们⑤。

中国人使用点火镜，可以合理地追溯到孔子的时代，而这种应用在其他文明中也有许多相同的发展。普卢塔克（Plutarch）的《生命》（*Lives*）一书中著名的一段，使我们想起古代罗马人的传统。他在叙述努马·庞皮利乌斯（Numa Pompilius）时，说到女灶神贞女之火：

89

> 人们传说，在雅典，圣灯熄灭于阿里斯欣（Aristion）的暴政之下；在德尔斐（Delphi），圣灯熄灭于梅德人烧毁寺院之时；在罗马，米特拉达梯（Mithridates）发动的战争以及内战，不仅熄灭了圣灯，而且毁灭了圣坛。假如圣灯（之火）由于意外而熄灭，那么不应借其他的火重行点燃，新火必须取自太阳光束的纯净无污染之焰。她们通常用黄铜的凹面容器点燃火，该器中挖去了一个以长方形为底的等腰三角形锥体，而其周边引出的直线交于一点。把它对着太阳放置，将使光线会聚于中心，由于反射，得到火的力和活力，光线使空气纯净，并立刻把她们认为适用的轻而干燥的物质点燃。⑥

这大概说的是公元前 700 年左右的半传奇式人物，即罗马的第二个萨宾（Sabine）王⑦。然而，在中国的文献中，看来没有类似于阿基米德在保卫叙拉古时使用点火镜那样著名的故事⑧。但中国的和欧洲的（拉丁文）文献之中首次提及点火镜的时代相同⑨，这是非常引人注目的，这很可能表明了起源于美索不达米亚或埃及的技术向东西两个方向的传播。

关于周代和汉代的点火镜的冶金成分，在此不宜详述，该主题留待在第三十六章中论述更恰当。在后面的一卷和有关化学的部分，我们将评述中国古代冶金学家关于合金的相当大量的文献。有些史籍记载了他们所做的事情，或者至少是当时学者们认为他们所做的事情，这些内容可通过对他们的产品进行现代分析而得到的结果来进行校验。这里 我们只须指出，虽然《周礼·考工记》中著名的合金成分表说到金属镜由50％的铜和

---

① 《抱朴子（内篇）》卷三 [Feifel（1），p.200]。
② 《古今注·杂注第七》（卷下）；参看《中华古今注》卷中，第八页（10 世纪）。
③ 见 3 世纪时《三国志》的作者陈寿所著的《魏名臣奏》。《太平御览》卷七一七，第三页引。
④ 《新唐书》卷九十三，第四页。李靖卒于 649 年。
⑤ 《参同契考异》中篇。在《图书集成·乾象典》卷九十五中，也提到其他许多文献。
⑥ 译文见 Langhorne（1），vol.1，p.195。
⑦ 关于美洲印第安人的情况，见 Spinden（1），pp.173，218；Frazer（1），一卷本，p.485。
⑧ 这个故事的出现较晚，在盖伦之前未曾提及（见 Brunet & Mieli，p.359）。人们一般不大知道布丰（Buffon）在 1747 年曾借助于 168 块平面镜的组合，成功地达到了与阿基米德相似的效果。参看 J.T.Needham（2）。又见 J.Scott（1）；Heath（6），vol.2，p.200。现代技术有了极大的进步。法国制出了使一切已知物质气化的太阳炉，它们已能熔解最难熔的氧化物（如钍土在 3000℃熔化）。读者可看 Trombe（1）有意思的评述。
⑨ 在西方较迟一些的记述相当多。塞翁（约 350 年）在反射光学中讨论了点火镜，而狄奥克勒斯在公元前 2 世纪曾写了一部关于点火镜的书。特拉勒斯的安塞米乌斯（Anthemius of Tralles，卒于 534 年）也写过这方面的书。

50%的锡组成，但现代分析却表明事实上锡从未超过 31%。因为当锡超过大约 32%时，这种合金就变得极脆，而增加锡的含量不再有任何好处。汉代的冶金学家显然知道这一点。事实上他们知道得还更多，因为他们几乎总是掺入不超过 9%的铅，这一组分大大地改善了铸造性能。汉代的镜的金属确实很白，不需镀锡或镀银就能反射，不易擦伤并且耐蚀性也很好，正符合制作者的要求。

至于其他许多史书中谈到的月镜①，显然它们所集聚的是凝结的露水。人们对此如此珍视，是出于一种哲学上的迷信②。然而，或许应该提到，这种迷信与古代中国人的另一种坚定信念常常极为混淆，即认为某些海生动物的盛衰与月亮的盈亏相对应。关于这一点，我们最初在讨论文化交流时就曾提到③，后来在讨论物理世界的连续观念和超距作用时又再次谈到（本册 p.31）。我们将在第三十九章"动物学"部分对此进行全面论述。这种信念由于确有真凭实据而相当有意思。混淆的产生可能因为瓣鳃纲软体动物的介壳是凹形的——我们知道，《淮南子》的注释者说（见上文），月镜就像一个蛤（壳）。施古德（Schlegel）认为④ "方诸"是"正方"之意，如果月镜确是这种形状，那么就与理论十分一致，因为"圆"属阳，属天火之物；而"方"属阴，属地水之物。实际上，梅原末治（1）就描述过被认为是秦代的方镜。

霍尔［Hall（1）］和马伯乐［Maspero（17）］曾收集关于镜的社会应用及其文学引喻方面的材料。庄周常比喻心如明镜一尘不染，这是道家所强调的观察的被动感受性的一部分⑤。后来的佛教典籍更强调这类比拟，如戴密微［Demiéville（1）］在一篇有意思的文章中指出的。敦煌的唐代壁画常常画有人们在凹面镜和凸面镜前沉思（图 290）⑥。这可能与较早的占卜实践有关⑦；或者与道家测试呼吸训练的成效有关，视镜是否保持不模糊⑧。

墨家在科学上的某些准确性，在汉代仍有保持，这可以从《淮南子》的一段记述看出⑨：

> 就像用点火镜收集火一样，假如（火绒放得）太远（"疏"），就不能得到（火）。假如（火绒放得）太近（字义为迅捷，"数"），（也）不能达到中心点（"中"）。应当正好在"太远"和"太近"之间。光的方向从清早到傍晚都要移动其位置。（假如你坚持把镜放在适合于）斜射光线（的一个位置上不动），那么当光线（几乎）垂直地落下时，实验将会失败。

---

① 《淮南万毕术》，见《太平御览》卷五十八，第七页引。又见于《前汉书》卷九十九中，第二十九页，说到一个托"承露盘"的"仙"人。

② 同样的观念在印度也有，印度称月镜为 chandrakānta，相应地称点火透镜为 Sūryakānta［Laufer（14），p.222］。唐擘黄认为这种观念是从中国传到印度的。但在古代埃及也有对露的崇拜，如 de Savignac（1）所描述的。

③ 本书第一卷 p.150。

④ Schlegel（5），p.612。

⑤ 《庄子》第五、七和十三篇［Legge（5），vol.1，pp.225，266，331］。

⑥ 如洞号 65 和 66。洞号 156（年代约为 851 年）中的壁画有两个这样的镜，一个在楼阁的有栏杆的屋顶上，另一个在"胜利旗"座的顶上。它们都有特别的"弯曲把手"支架。

⑦ 参看《抱朴子》，《太平御览》卷七一七，第三页引，论占卜吉凶。

⑧ 参看《叔苴子》（明代），又见 Forke（9），p.451。

⑨ 《淮南子》第十七篇，第三页。解释据高诱的注。由作者译成英文。

〈凡用人之道，若以燧取火，疏之则弗得，数之则弗中，正在疏数之间。从朝视夕者移，从枉准直者亏。〉

91 这里刘安及其友人懂得找到焦点的必要性。在另一处[①]，我们看到刘安以水面为镜进行观察：

假如你在一个（大而浅的）盘里的水面上观察自己的反射像，你将看到一个圆的像。但在一个（小的）杯（的边缘）的水面上观察，（由于弯月面）你将看到一个拉长的像。脸的形状并没有变，像有差异的原因在于你所看的水面的形状有差异。

〈窥面于柈水则圆，于杯水则修。面形不变，其固有所圆修者，皆所自窥之异也。〉

这些想法是《墨经》经下第22条的继续。关于平面镜组合（经下第21条）的另一例子见于《淮南万毕术》的一个片断中[②]：

（在一个装满水的大木盆的上方）[③]悬挂一面大镜子，即使你坐着，也可以看见四"邻"。

〈高悬大镜，坐见四邻。〉

图290 类似凹面镜和凸面镜的物件的示意图，采自敦煌千佛洞唐代佛窟中的壁画（洞号：65、66）。所示或许与某种冥想术有关。

92

所有这些和下面将要谈到的更多内容，都暗示了这些光滑的平面的（或精确地成曲面的）镜磨制光亮，反射性很好。如果没有制造这些反射镜的技艺，中国中古时代的实验者们就不可能进行他们所作的观察，因为除非镜面真正光滑，否则像的质量会随镜的数目的增加而迅速变差。可以肯定，人们从周代开始就已使用含锡量很高的青铜（镜用金属），并且很可能有时还通过加热到230℃以上而在青铜上覆盖一层锡（见第三十六章）。这样，反射率至少可达80%。后来则利用汞齐法使锡淀积在青铜上。如果说公元前2世纪的《淮南子》[④]尚无关于这种技术的早先的证据的话，那么《列仙传》[⑤]中记述的道家所敬奉的磨镜仙人负局先生的出现，则有价值地证实4世纪已有此技术了。道家入山远游时，以镜作为驱邪护身之物[⑥]。汉代专注于镜的遗俗，可见于《西京杂记》[⑦]，书中说到汉高祖攻占秦始皇帝的宝库后发现的神奇器物。其中有一面矩形镜（4尺×5尺9寸），人立其前，可得倒像；此外，它还能照见男女

① 引自《太平御览》卷七五八，第七页。由作者译成英文。

② 《太平御览》卷七一七，第三页中保存了这一段。早得多的一个出处是大约295年张华的《感应类从志》，见《说郛》卷二十四，第二十页。另一较早的出处是唐代的类书《意林》（《说郛》卷十一，第三十二页）。由作者译成英文。

③ 这个必要的增述出现在评注中。参看吴南薰（1），第167页。

④ 第十七篇，第七页。参看《事林广记（续集）》，1478年版，第九篇，第十三页。

⑤ 卷六十三。译文见 Kaltenmark（2），p.174。

⑥ 《抱朴子（内篇）》卷十七，第二页。参看 Needham（8）。

⑦ 卷三，第三页。

的肠胃五脏和其他不透明的部位，这可用于医疗诊断以及探察宫廷后妃们的"邪心"[1]。但梁元帝（约550年）则理智清醒得多，他用平面镜照明井内[2]。

10世纪时谭峭（即著《化书》的那位作者）用镜做试验，试图说明他的主观实在论的哲学理论。他考虑了一个物体被两面相对放置的平面镜反射而成像无尽退行的情况[3]。这些像（"影"）的每一个都完全再现了物体（"形"）的形状和颜色。因为物体没有像也能存在，所以它不是单独的，不是自身完全的（"实"），又因为像可以正确地复制物体的形状和颜色，所以它们本身不是空虚的（"虚"）。谭峭的思想用现代的话来说，即物不完全是实的，而像也不完全是虚的。他的结论是，这类事物已近于"道"了。对于由多面反射镜所产生的效果感到入迷，这在940年前后的道家人士中并不新奇。在两个世纪之前，佛家甚至作过更透彻的研究（假如用研究一词恰当的话）。根据起源于印度的一个著名隐喻，即"因陀罗网的网结"[4]，宇宙中的每一物体都反映着每一个别的物体，正如月亮在广阔水面的小波浪上产生无数独立的反射那样[5]。这个学说，例如在僧人法藏704年为皇后写的《金师子章》中就曾论及。

因为他的学生不能理解，他就用了一个聪明的办法。他取十面镜子布置起来，八个方位的每一方位都放一面，另外还有一面在上方、一面在下方，以这样的方式使这些镜子彼此相对、相隔一丈多。然后，他在中间安放一个佛像，再用火把照亮它，使它的像来回反射。于是，他的学生便理解了从"海陆"（世界）到无穷（世界）的理论。[6]

〈又为学不了者设巧便。取鉴十面，八方安排，上下各一，相去一丈余，面面相对，中安一佛像。燃一炬以照之，互影交光，学者因晓刹海涉入无尽之义。〉

更早的文献见于隋代陆德明（活跃于583年）对《庄子·天下第三十三》的注释中，那里讨论了各哲学学派的观点[7]。我们曾提及惠施的悖论，"南方既有限而同时又无限"[8]（"南方无穷而有穷"）。对此陆德明评论说："有镜和像，但还有像的像；两面镜子互相反射，像可以倍增而无止境。他谈到的是南这个方位，但他只是以它作为一个例子而已。"[9]（"鉴以鉴影，而鉴亦有影，两鉴相鉴，则重影无数……独言南方，举一隅也。"）进一步的研究无疑将在陆德明那个时代和《淮南万毕术》作者所处的时代以

93

---

① 西方关于镜的类似的传说，见 Laufer（18）。阿拉伯关于亚历山大里亚灯塔上的千里镜的传说，被写入了《诸蕃志》（宋代），且在《三才图会》（明代）中被添枝加叶。

② 《金楼子》卷四，第十九页。

③ 《化书》第二页。

④ 在本书第二卷中曾数次提及，如 p.483。

⑤ 人们会回忆起，这个学说或与此很相似的学说曾被莱布尼茨（Leibniz）在《单子论》（Monadology）中所采用。在当代，怀特海［Whitehead（2），p.202］曾谈到"凡是事物所在之处就有一个焦点区，但其影响则贯穿于空间和时间最深远的地方。"然而在某些表述中，包括法藏（643—712年）本人所作的叙述，"因陀罗网的网结"这一学说似乎与阿那克萨戈拉（Anaxagoras）的"要素粒子学说"（όμοιομέρεια）相似，即"一毛之中，皆有无边狮子"。见 Cornford（7），Peck（3，4）。

⑥ 《宋高僧传》卷五（大正版），第七三一页。由卜德（Bodde）译成英文，见 Fêng Yu-Lan（1），vol.2，p.353，经修改。

⑦ 《庄子补正》卷十下，第十九页；王先谦（2），第103页。

⑧ 惠施第六条，参看本书第二卷 p.191。

⑨ 参看吴南薰（1），第173页。

及墨家的时代之间揭示出更多有关这方面的讨论和实验。

法藏和陆德明如果能得知在以后的世代中，这种镜面向内置镜的方法证明对数学家们致力于描述和列举一切可能的规则多面体是有帮助的，则必定会非常惊讶。规则多面体的那些正多边形面以同一方式交于每一顶点。除了柏拉图的五种多面体和阿基米德的十三种多面体、开普勒和普恩索（Poinsot）的四种正星形多面体，以及无数的棱柱体族和反棱柱体族之外，至少还有五十四种规则多面体，其中四十一种是在 19 世纪发现的，其余则直至 1953 年之前还不为人所知。这最后的成就，是考克斯特（Coxeter）、朗格特-希金斯（Longuet - Higgins）和米勒（Miller）的研究，他们描述了默比乌斯（Möbius）在 1849 年进行这方面的研究时曾怎样利用了"多面万花筒"，即一组镜面向内且以已知角度排列的镜的集合[1]，这导致了多面体数学中的威索夫（Wythoff）万花筒结构，从而达到被认为是完备的目前的系统化情形。

我们稍后还要讨论 10 世纪道家谭峭有关透镜的光学研究。在此可注意他所说[2]：

在超过一百码（"步"）远的距离，镜子可以照见人，但人看不见镜子里的像。

〈夫百步之外，镜则见人，人不见影。〉

看来他已察觉到，虽然镜中的像可能非常小以至在可见度的界限之外，但光线照样直射到镜面。11 世纪时，沈括对反射镜也像对许多其他有科学意义的事物一样进行过研究。他写道[3]：

古人根据下面的方法制镜。假如镜子大，表面就做成平的（或凹的）；假如镜子小，表面就做成凸的。镜凹（"凹"或"窪"），它照出的人脸大些；镜凸（"凸"），它照出的人脸小些。人的整个脸在小的镜子里不能看全，这就是为什么他们把表面弄凸的原因。他们根据镜子的大小而增减凸或凹的程度，因此总能使得镜子与脸相适应。古人的这种精巧的技艺，后代再也没有达到过。现在，人们得到古镜时，竟然把表面磨平。这样，不仅古老的技艺消失了，而且古老的技艺甚至也不为人们所理解了。

〈古人铸鉴，鉴大则平，鉴小则凸。凡鉴窪则照人面大，凸则照人面小。小鉴不能全观人面，故令微凸，收人面令小，则鉴虽小而能全纳人面。仍复量鉴之小大，增损高下，常令人面与鉴大小相若，此工之巧智。后人不能造，比得古鉴，皆刮磨令平，此师旷所以伤知音也。〉

94　但是沈括并没有更深入讨论这个问题。也许墨家与当时技师的联系更为密切，而沈括却无法做到他们那样。然而，我们不久便可以看到，沈括从针孔实验知道，光线在小孔的聚集与镜的焦点类似，并且知道这与热线的集中点相同。他把光锥与摇橹所划过的空间进行了比较。沈括对当时技术的衰退的评论或许过于严厉，因为在大约同时代的另一部书即陈师道的《后山谈丛》中，我们看到，当时制作具有反射面的铁镜，其"深度"（"陷"）是仔细校正了的[4]。

---

① 还可参看 Coxeter（1）。虽然考克斯特等人曾提到 10 世纪时阿布瓦法（Abu'l-Wafā）对某些嵌石装饰进行的研究［参看 F.Woepcke（1）］，但是他们不知道与他同时代的谭峭，更不用说法藏了。

② 《化书》，第四页。由作者译成英文。

③ 《梦溪笔谈》卷十九，第九段。参看胡道静（1），第二册，第 630 页以下。由作者译成英文，借助于 Hirth（5）。又参看吴南薰（1），第 184 页以下。

④ 钱临照（2）近来描述了三面现存的宋代青铜凹面镜即反射点火镜，其中两面镜有柄。他给出了详细的尺寸。

（3）不等曲率之镜

若干年前我读到沈括记述的另一条，即下面所引用的文字，当时我们觉得无法相信他谈的不是透镜。他说[①]：

有某些"透光镜"（"透光鉴"），其上刻着约二十个字，字体很古，无法看懂。如果让阳光照在这样一面镜上，虽然那些字都在背面，但却能"穿过"且被反射到屋子的墙壁上，可以很清晰地看到。

讨论这种现象的道理的人们说，铸镜时，较薄的部分先冷却下来，背面图案（的凸起部分）因较厚而冷得较迟，结果青铜形成（细微的）折皱。于是，虽然字在背面，镜面上却有很微弱的条纹（"迹"）（太微弱以至肉眼看不见）。

用光进行这个实验，从实验我们可以知道，视觉的原理可能真是像这样的[②]。

我自己家里就有三面这样刻有花纹的"透光镜"，我还看到别人家里也珍藏有这种镜。这些镜非常相似而且都很古老，它们都"让光透过"。但是我不明白，为什么其他的镜虽然极薄，却不"让光透过"。古人必定有某种特殊的技艺。

〈世有透光鉴，鉴背有铭文，凡二十字，字极古，莫能读。以鉴承日光，则背文及二十字皆透在屋壁上，了了分明。人有原其理，以谓铸时薄处先冷，惟背文上差厚，后冷而铜缩多，文虽在背，而鉴面隐然有迹，所以于光中现。予观之，理诚如是。然予家有三鉴，又见他家所藏，皆是一样，文画铭字，无纤异者，形制甚古，惟此一样光透。其他鉴虽至薄者，皆莫能透。意古人别自有术。〉

事实上，沈括是完全对的。我们现在知道，在沈括的时代以及更早得多的时代[③]，就已制出具有这样性质的镜，即磨光的镜面可反射出背面浮雕的图案。图291所示就是这样的一面镜及其反射图像。这故事的意义或许主要在于如下事实，即在11世纪的中国就已流行的这种技术，经19世纪的一些最优秀的科学家深思熟虑之后，才得到了解释。并且，当这个问题在大约五十多年前得到解决的时候，人们才发现沈括的解释基本上是正确的，虽然在磨光的镜面上看不见的起伏并非简单地由于冷却速度的不同而造成的。

在叙述19世纪物理学家的研究之前，中国的著作中还有另外两段记载值得我们注意。这些记载表明，这种镜在13世纪末时已引起了人们的兴趣。周密在他的《癸辛杂识续集》中说[④]：

95

---

① 《梦溪笔谈》卷十九，第十二段。由作者译成英文，借助于 St Julien（3）。此为胡道静（1）惟一未能解释清楚之处。

② 此评论的意思不明了。或许沈括认为，正如镜面本身不需具有任何看得到的图样就能发出图样来那样，视网膜则不需显示出图样就能接受图样。关于这一点，他很可能已认识到视网膜是一个接收光讯号的器官，而在西方直到达·芬奇的时代才有这种认识。

③ 一般认为这种技术不早于5世纪。但《人民画报》[La Chine，1959（no.11），p.31] 曾刊载"奇怪的古铜镜"，此镜显然为汉代之物，现由历史学家靳巩赠给了北京的国立博物馆，他家珍藏此镜已有多年。

④ 卷下，第二十七页。由作者译成英文。

图版一〇一

图 291　日本制的"魔镜"［采自 Dember（1）］。虽然磨光的镜面（图中看不到）看来完全光滑，但背面浮雕的文字（左图）在反射的图像中清晰可见（右图）。"高砂"是日本"能乐"一剧目名。

　　透光镜的原理实在无法解释。讨论过它们的学者几乎只有沈括一人，但他的理论很勉强而不足取。我最初在鲜于伯机家见到一枚，后来在霍清夫家又见到两枚。所有镜子中最令人惊奇的是胡存斋收藏的一枚——让它反射太阳光时，背面图案中的甚至最细微的条纹也能清晰地看到。真是不可思议！这些镜子中的大多数只能显出部分图案，或者显出的图案不清晰。《太平广记》第二百三十卷说，侯生曾赠一枚这样的神镜给王度……我们由此可知，这些镜子就是在从前也是很罕见的。

　　〈透光镜其理有不可明者。前辈传记仅有沈存中《笔谈》及之，然其说亦穿凿。余在昔未始识之，初见鲜于伯机一枚，后见霍清夫家二枚，最后见胡存斋者尤奇。凡对日映之，背上之花尽在影中，纤悉毕具，可谓神矣。麻知几尝赋此诗得名。余尝以他镜视之，或有见半身者，或不分明，难得全体见者。《太平广记》第二百三十卷内载有侯生授王度神镜……然则古亦罕见也。〉

最后一句评论很有意义，因为王度是5世纪的官员[1]。与周密同时代的伟大的考古学家吾邱衍则对找到一种解释并不那么悲观[2]。他说：

　　这些镜子之所以有此效果，是因为使用了两种不同密度的青铜的缘故。如果在镜的背面模铸成龙的图案，则在镜面上也深刻出完全相同的龙，再用密度较大的（"浊"）青铜将刻缺填满，通过加热使其与密度较小的（"清"）青铜镜体熔合，然后将表面弄平调整好，再在上面加一薄层铅或锡。[3]

　　〈盖是铜有清浊之故。镜背铸作盘龙，亦于镜面窍刻作龙，如背所状，复以稍浊之铜填补铸入，削平镜面，加铅其上。〉

他还说曾见到这样一面镜子的碎片，并深信这种解释是正确的。然而，他的解释却是错误的。

　　五个世纪之后，发展了的文艺复兴的科学开始了对此问题的研究。1832年，普林塞普（Prinsep）在加尔各答见到一面这样的"魔镜"，他在《亚洲学会会刊》（*Journal of the Asiatic Society*）对其进行了描述［Prinsep（1）］。不久之后，英国物理学家布儒斯特细细检查了这面镜子，尽管他对吾邱衍一无所知，但也认定［Brewster（1）］其效应是由于密度的差异所致。1844年，法国著名的天文学家阿拉戈（Arago）赠给法国科学院一面镜子，从而引起了一系列的研究，其中儒莲［St Julien（3）］还引用了上述中国文献中的两段。所有物理学家都同意，这些效应必定是由于被磨光的凸面上的曲率的微小差异所产生，只有塞吉埃［Séguier（1）］认为是由于某种压缩所产生。1878年艾尔顿和佩里［Ayrton & Perry（1）］的精心实验，证明了佩尔松［Person（1）］和马亚尔［Maillard（1）］的看法是正确的。而在此之前的一年，《自然》（*Nature*）杂志上已刊载许多来信进行热烈的讨论[4]。艾尔顿和佩里具有在日本居住的有利条件，那里仍然在制造这样的镜子，因此他们在进行实验室的研究之外，还能直接认识这一行业的技

96

---

　　① 传记见《魏书》卷三十。参看《格致镜原》卷五十六，第三页，书中根据《古镜记》以为侯生授镜是在隋代，但我一直未能查到有关后一部书的资料。
　　② 吾邱衍卒于1311年。引文据《学古篇》。何孟春（明代）的《余冬序录》中亦引此段。引自《格致镜原》卷五十六，第六页。
　　③ 译文见 St Julien（3），由 Ayrton & Perry 译成英文。这也许是指磨光镜面用的汞齐。
　　④ 多数投稿者认为，镜上不可见的凹凸差异可通过在背面模压而产生，并且有人证明这可以做得到。参看 Atkinson（1）；Highley（1）；Darbishire（1）；Sylvanus Thompson（3）；以及 Parnell（1）。但可惜所有被讨论的中国和日本的镜子都是铸造而不是模压制成的。参看 Berson（1）。

师。细致而广泛的光学实验证明，"魔镜"镜面之所以能再现背面的图案，是因为具有极微小的不等曲率，较厚的部分比较薄的部分微微平些，有时甚至实际上是凹的[1]。虽然所有这些镜都是凸面的，但所用的铸模却很平。凸面是后来用一种手工刮削工具即"成曲棒"加工出来的，它在各个不同方向上加工出了一系列平行的刮痕。镜的最薄部分在应力的作用下凹下去，并且在应力消除之后，还保留有相反方向的应变，即这些部分变得更凸了。磨光时的压力也会使较薄的部分比较厚的部分更凸。在反射面上的任何微小的空洞都用青铜微粒填满，用锤敲进这些铜粒，然后再磨光。这样做或许可解释吾邱衍所看到的破镜的情形。后来，艾尔顿和佩里 ［Ayrton & Perry (2)］又提出理由，认为磨光过程大大增加了最薄部分微显的凸状，这不仅由于压力，而且也由于使用了汞齐。因为他们发现，在一根黄铜棒的一侧加汞齐时，棒会显著地膨胀和弯曲。磨镜所用的汞齐其含量为 69% 的锡、30% 的汞和 0.64% 的铅，所以看来这一定也有部分的作用。

97

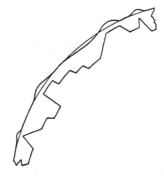

图 292 "魔镜"断面示意图（为表明凹凸的性质，图中作了很大的夸张）

与此同时，在意大利和法国也进行了其他有意义的实验。戈维 ［Govi (1)］用加热的方法能使所有背面有浮雕图案的镜子显示上述效应。最薄的部分膨胀得最快，图案也就出现了。这引起了对望远镜反射镜的恒温控制感兴趣的天文学家们的注意。此后贝尔坦和迪博克 ［Bertin & Duboscq (1)］又进行了在镜的背面施加强大压力的实验，也获得了成功。最后，村冈 ［Muraoka (1—4)］指出，用任何金属都可以制成具有所要求的这些性质的镜子[2]。

总之，反射其背面图样的不等曲率之镜，在 5 世纪前的某个时候一定是首先作为一种凭经验发现的奇物而制造的。不应忽视的一点是，人们当时就对镜在屏幕上的反射情形进行着研究。沈括以反射面上有"迹"给出了大体上正确的解释，尽管那不是由于冷却速度的不同造成的。吾邱衍距离正确的解释较远些，虽然并不比布儒斯特更远。假如 11 世纪的技师们能知道在 1932 年威廉·布拉格爵士 ［Sir William Bragg (1)］写下"魔镜"的确切解释[3]之前，人们曾经历了长达一百年的研究，他们也许会感到很得意。他们所发现的现象，本质上就是长光程的放大作用。这也许是走向探索关于金属表面微细结构知识的第一步，如在复光束干涉量度学这样的精美发展中所显示的[4]。

---

① 图 292。在中国文献中偶尔提到这样的"魔镜"，其反射出来的图案与背面铸造的图案不同。登贝尔 ［Dember (1)］曾得到这样的一面镜子，发现它是由两个完全分开的铜片组成、用一个共同的边缘把它们合在一起，后面的一片有看得见的图案但没有反射面，前面有反射面的一片其背后隐藏有图案。另一种类似的"双"镜带有隐藏的音叉，它发出乐音。这些镜子的年代不明。

② 关于这方面的一般论述，见 Rein (1) 和 Chamberlain (1)。在物理学方面最有意义的是贝尔坦 ［Bertin (1)］的论述。参看 Hirth (5)；Ayrton (1)。

③ 他的解释加进了另一因素，与艾尔顿和佩里的有少许不同。他说："在刮削时，薄的部分凹陷下去，因而不如厚的部分那样被除去较多的金属。当工具离开之后，这些部分又反弹而微微凸起，因为高度极其微小以至肉眼不能看到。只有通过反射的放大作用，才能使它们清晰可见。"

④ 参看 Tolansky (1)。

（4）暗　箱

在唐代和宋代，人们似乎对针孔和暗室的实验很感兴趣。沈括在《梦溪笔谈》（1086 年）中对这个问题有一段重要的记述①。

点火镜（"阳燧"）反射物体，结果形成倒立的像。这是因为在中间（即在物体与镜之间）有焦点（"碍"）的缘故。数学家把有关这类事物的研究叫做"格术"。这个现象与一个人在船上靠着橹担（"臬"）（作为支点）摇橹（"棹"、"橹"）的情形相似。在下面的例子中，我们还可以看到这类现象发生。一只鸟在空中飞时，它的影子在地面上沿同一方向移动。但是，如果它的像穿过窗上的小孔而被聚集（"束"）起来（像带子束紧一样），则影的移动与鸟飞的方向相反。鸟飞向东而影移向西，反之亦然。再举一个例子，塔的像通过小孔或小窗经"聚集"之后也是倒立的。这与点火镜的原理相同。这样的镜有凹的镜面，如果手指离它很近，那么它就反射手指成一正立的像，但是如果手指移开得越来越远，那么到了某一点，像就会消失，而过了这一点再远，就有倒立的像出现。因此，像消失的这一点就如窗上的针孔一样。同样，橹的中部某处固定在橹担上，橹运动时，中部构成了一种"腰"（"腰"），橹的把手总是与（在水中的）另一端位置相反。（在合适的条件下）你能很容易地看到，当你把手向上举时，像就向下移，反之亦然。[因为点火镜的镜面是凹的，所以当镜面朝向太阳时，它就把全部的光聚集到离镜面一两寸的一个小如麻籽的点上。物体一放到这个点上就会点着火。这个点确实就是"腰"最细的那个地方。]

人不是也和这种现象很相似吗？没有什么人的思想不受到某种程度的限制。人们经常误解每一事物，把真正的利益看做是有害的，把对的当成是错的，这种情形有多少啊！更有甚之，人们把主观当作客观、把客观当作主观。如果不去除这些固定的观念，那么实在是很难避免把事物看颠倒的。

[《酉阳杂俎》说，塔的像之所以倒立，是因为塔在海边，而海具有那种效应的缘故。这是一派胡言。像通过小孔之后变成倒立的，这才是正常的原理（"常理"）。]②

〈阳燧照物皆倒，中间有碍故也。算家谓之"格术"。如人摇橹，臬为之碍故也。若鸢飞空中，其影随鸢而移，或中间为窗隙所束，则影与鸢遂相违，鸢东则影西，鸢西则影东。又如窗隙中楼塔之影，中间为窗所束，亦皆倒垂，与阳燧一也。阳燧面洼，以一指迫而照之则正，渐远则无所见，过此遂倒。其无所见处，正如窗隙。橹臬腰鼓碍之，本末相格，遂成摇橹之势，故举手则影愈下，下手则影愈上，此其可见。[阳燧面洼，向日照之，光皆聚向内，离镜一二寸，光聚为一点，大如麻菽，著物则火发，此则腰鼓最细处也。]岂特物为然，人亦如是，中间不为物碍者鲜矣。小则利害相易，是非相反；大则以己为物，以物为己。不求去碍而欲见不颠倒，难矣哉。[《酉阳杂俎》谓海翻则塔影倒，以妄说也。影入窗隙则倒，乃其常理。]〉

无可否认这是很有意思的。说到数学家，令人想起前面提到过的高堂隆，并且使人联想

---

① 卷三，第三段。参看胡道静（*1*），上册，第 111 页以下。

② 方括号内的语句，在有些版本中印作注解，但似为沈括本人的陈述。由作者译成英文。

到活跃的研究工作早先已延续了很长的一段时间了。再者，比较两个光锥与橹绕的支点运动时所画出的两个空间图形，则是引人注目的类比。而识别三种独立的辐射现象（针孔、焦点和燃点），更是卓越之举。

上面引文提到的 9 世纪初段成式所著《酉阳杂俎》中的一段话[1]，引出了另一个问题，即针孔和暗箱的研究究竟有多么古老。我们从《墨经》经上第 48 条知道，在公元前 300 年左右墨家已熟悉针孔成像的情况；现在我们又知道，至少早在 840 年左右人们就观察到塔的倒立的像了。然而，人们通常把关于暗箱的最早的研究归功于阿拉伯伟大的物理学家伊本·海赛姆（965—1039 年）[2]，如果不是归功于像德拉·波尔塔（della Porta）或基歇尔（Kircher）等这些 16、17 世纪的人物的话[3]。阿尔哈曾尤其将暗箱用于观察日食，据说亚里士多德也这样做过。看来，正如沈括的情形那样，在阿尔哈曾之前也已经有人对暗箱进行过研究了，因为他并没有声称那是他本人的新发现[4]。但是他所进行的则是首次完全几何学的和定量的研究。中国人和阿拉伯人从 8 世纪以后就都对暗箱感兴趣，这一点可能没有什么疑问，而要完全阐明情况则有待进一步的探讨。

99　倒立的像后来继续引起人们的兴趣。12 世纪的陆游、14 世纪的杨瑀[5]和 17 世纪的顾起元[6]，都曾讨论该现象以及沈括所作的解释，虽然并没有更大的进步。又一个世纪之后，虞兆漋用屏（"障"）、孔（"窦"）以及塔的模型做实验[7]，记下了光线发散或"呼吸出"（"吸"）的方式。

辛格［Singer（9）］说，在欧洲最早了解焦点和针孔之间关系的是利奥纳多·达·芬奇（1452—1519 年）。他比沈括几乎晚了五百年。我们看到这一点，就可以对沈括关于焦点和针孔关系的天才之见做出更正确的评价。达·芬奇表明这一关系的图解见于《阿特拉斯手稿》（*Codice Atlantico*，p.216r）。他认为眼球的晶状体使得针孔的效应变得相反，因此像不是倒立地出现在视网膜上，虽然事实上像应该是倒立的。实际上，伊本·海赛姆必定已明了焦点与针孔的相似，他去世之年差不多正是沈括出生之年[8]。

（5）透镜与点火透镜

（i）水晶与玻璃

本书最初的计划是将玻璃与陶瓷一道讨论（陶瓷当然因釉料和珐琅而与玻璃有关），

---

① 卷四，第七页。

② Sarton（1），vol.1，p.721；Mieli（1），p.106；Winter（3）；Winter & Arafat（2）；Feldhaus（4），col.225；Wiedemann（3，4）；Würschmidt（1）；Werner（1）。

③ 参看 Pauschmann（1）。

④ 拉齐夫·贝（M.Nazif Bey）博士的私人信件，经博尔奇（K.Borch）博士转。

⑤ 《山居新话》第三十六页［译文见 H.Franke（2），no.100］。书中这一节解释了《酉阳杂俎》中所说的塔成倒像与水有关的奇谈。那是把暗室中的倒立的像与塔在池边或湖边的倒立的反射相混淆了。参看同时代的书《辍耕录》（1366 年）卷十五，第十四页，论松江三塔。又见《画墁集》卷七，第三页。

⑥ 见《客座赘语》，约 1628 年。他称针孔为"隙"。

⑦ 见《天香楼偶得》，1740 年之前。

⑧ 参看 Winter & Arafat（3）。

但是如果没有关于玻璃的历史的知识[1]，就不可能评价中国使用透镜的证据，所以在此不得不对玻璃的历史略加描述。然而直到最近，情况仍极不确凿。这是因为，在中国著作中有可能是制造玻璃的最早的文献，内容都含混不清；而关于制造玻璃的最早的明确记述，尽管以前认为是正确的，实际上却比现在由考古学证据所确定的中国制造玻璃的时代要晚得多。劳弗［Laufer（14）］曾引导了一场名符其实的论战，以图证明中国在5世纪以前既没有水晶透镜也没有玻璃。正如伯希和（Pelliot）常说的，这场争论尚有意义保存的现已不多了。不过，和以往一样，劳弗引起人们去注意那些不大为人所知的史料，我们对此应该深表感谢。

　　首先让我们在简略讨论水晶出现于中国矿物学之前，回顾一下水晶和玻璃的性质。然后可以概述有关中国玻璃的历史的现有知识。那时我们将能够重新考查关于中国人使用透镜的证据。最后，再提出眼镜的发明的问题加以讨论。

100

　　水晶是纯净透明的晶态石英（SiO_2），即硅石。古代对它只能像对玉那样进行加工，因为使石英熔化并用它制成器皿所需的非常高的温度，只是在现代才能达到。李时珍称之为"水精"、"水晶"、"水玉"或"英石"[2]。"水精"之名，最早见于第一部药典，即725年的《本草拾遗》。"水玉"初见于《山海经》[3]，因而是汉代的名称。而"英石"则见于5世纪（北魏）的辞书《广雅》。假如李时珍在鉴定[4]这些名词时有误（而这些古代专门名词所指的确切意思，当然总是很难断定的），那么劳弗［Laufer（14）］认为水晶在唐代以前还未普遍为人所知的看法可能是正确的。但衡量其可能性，结果却似乎完全相反[5]。确实，当时有大概是用水晶制成的点火透镜，从外国大量输入[6]，但那是另外一个问题。水晶的另一中文名称似乎又称"火精"（"火精"而不是"水精"）[7]。

　　有色而半透明的水晶较之无色透明的水晶更为多见。《本草》的作者们提到许多种类的有色硅石，如紫色的或黄色的，以及如"茶晶"或"墨晶"几种，它们在明代用于制造暗色眼镜，就像我们现在的用的太阳镜。在西方，很古的时代对水晶便已有所认识，莱亚德（Layard）描述过一块源于巴比伦且已加工过的著名的水晶（估计为公元前9世纪的物品）[8]。希腊和罗马的许多作者，如阿里斯托芬（Aristophanes）和普利尼（Pliny）都提到过水晶；在庞贝（Pompeii）、诺拉（Nola）、美因茨（Mainz）等地还发现了许多水晶球，它们可能曾被、也可能不曾被用作透镜［Singer（9）］。

---

　　① 见 Duncan（1）的文献书目和 Vávra（1）的有丰富图示的叙述。并参看 Forbes（14）；Harden（1）。

　　② 《本草纲目》卷八，第五十六页。

　　③ 以及《海内十洲记》，关于昆仑山的部分。

　　④ 4世纪郭璞在注释《山海经》时说，"水玉"即"水精"。郭璞应已知之。

　　⑤ 应想起夏德［Hirth（1）］收集的关于大秦（罗马叙利亚）的许多文献，提及宫殿的柱子为水晶制或以水晶装饰——《后汉书》卷一一八；《三国志》卷三十；《晋书》卷九十七；《旧唐书》卷一九八［Hirth（1），pp.40，44，51，71］。

　　⑥ 见本册 p.115。

　　⑦ 谢承（3世纪）在《续汉书》中说，哀牢夷出"火精"，哀牢夷在云南和缅甸之间。这个名称可能会增加下面将提出的论点的分量，即认为中国在东汉时（若不早于此）已经充分知道使用点火透镜了。把水晶看做凝结的火，假如人们不愿认为它是凝结的水，这大概是很自然的。该节在《太平御览》卷八〇八中两次被引用。第一次（第四页）提到"火精"和玻璃（"琉璃"，下面即将谈到）一起作为从哀牢人那里进口的物品。但第二次（第六页）其名称为"水精"而非"火精"。当然，"水"与"火"二字很容易被抄写者混淆。

　　⑧ Layard（1），p.197.

101 　　最普通和最早期的玻璃，基本上是钠或钾（或两者）与钙的硅酸盐[1]，是由砂（硅石）和石灰石（碳酸钙）、碳酸钠或碳酸钾，或其他碱性成分熔制成的[2]。历史上较晚时期发展起来的另一种类型，是铅硅酸盐玻璃，其中碱土元素在一定程度上被铅所替代。普利尼的著作中有一个著名的故事[3]，说玻璃是腓尼基商人偶然发现的。当他们露宿在卡尔梅勒山附近比勒斯河入海处的沙洲上时，用他们所携带的装有泡碱（碳酸钠）的袋子支架饭锅。那里也许还有一些石灰的来源。商人们惊异地看到，从炽热的火堆里流出了小溪样的玻璃液。这个故事现在只被作为一种传说而已[4]，但是玻璃的制造在腓尼基和黎巴嫩确实是很古老的，并且很可能那里使用的是某种特别纯净的砂。可以确定其时代的最古老的一块玻璃是在公元前三千年美索不达米亚的某地制造的[5]，而现在一般的看法是，玻璃制造可以上溯到公元前 2900 年左右。到了公元前二千年的中叶，完整的玻璃器物在埃及和巴比伦都已相当普遍[6]。在罗马统治区，以亚历山大里亚为中心的玻璃制造业很发达[7]，有些产品必定传入中国[8]。图 293 所示为在贝格拉姆（Begram）发现的一只碗。

(ii) 中国的玻璃技术

　　考古学的发现革新了我们关于古代中国玻璃制造的知识。贝克和塞利格曼［Beck & Seligman (1)］彻底研究了中国最早的玻璃，即年代确定为周代的不透明的珠子。这种玻璃属于铅硅酸盐型，在西亚只发现公元前约 700 年之后有零星罕见的例子[9]。但中国的玻璃显现出在古代其他各种玻璃中没有见过的另外的特征，即含有大量的钡。人们曾发现，一颗比重为 3.57 的玻璃珠，其中含钡量（以 BaO 计）不少于 19.2%。另一些

102 样品虽不含钡，却含有大量的铅，曾发现一颗比重为 5.75 的玻璃珠，含铅量（PbO）高达 70%[10]。

---

　　① 分子式通常为 $Na_2O \cdot CaO \cdot 6SiO_2$。但在 17 世纪以前，还往往无意识地加入石灰 ［见 Turner (1, 3)］。

　　② 碱常得自海生植物（如 *Salsola kali* 和 *Salicornia herbacea*）的灰，或得自森林钾碱——"森林玻璃"（"Waldglas"）之名由此而来。

　　③ *Hist. Nat.* xxxvi, 190ff. ［译文见 Bailey (1), vol.2, pp.147ff.］, chs.65—7。

　　④ Brunet & Mieli, pp.706ff。有人已对海法湾处比勒斯河口的砂进行了有意义的分析 ［Turner (3)］。那里的砂大概很适用。

　　⑤ 上彩釉的陶瓷念珠可上溯到公元前四千年 ［参看 Stone & Thomas (1)］——但这实在是玻璃的史前期。

　　⑥ 巴比伦的玻璃和釉料的制造者早就采用了玻璃料技术，即先将釉料的各成分熔化成玻璃状团块，然后进行破碎和粉化，再涂在陶器上。这种釉料可能是 $CaO \cdot CuO \cdot 4SiO_2$。现存公元前 17 世纪和公元前 7 世纪的楔形文字的原始资料。见 Turner (1—3, 6, 7) 的有用的一般性评论。

　　⑦ 参看西方的玻璃史的著作，如 Kisa (1)，Neuburg (1) 和 Honey (1)。

　　⑧ Sarton (1), vol.1, p.389。虽然萨顿（Sarton）关于中国玻璃技术的论述已不能再为人们接受，但是哈金（J. Hackin）、哈金（J. R. Hackin）、卡尔（J. Carl）等人在古代丝绸之路上犍陀罗的驿站贝格拉姆所进行的 3 世纪货栈的发掘中得到的惊人发现，则充分证实了萨顿关于罗马玻璃曾输出至中国的见解。

　　⑨ 著名的有在尼姆鲁德（Nimrud）发现的约公元前 700 年的一块火漆红玻璃 ［Turner (4a, 4b, 5)］，在罗得岛发现的公元前 7 世纪的一颗玻璃珠，以及公元前 2 世纪埃及的红色玻璃的三件样品 ［Neumann & Kotyga (1)］。亚述的样品含有 22.8% 的氧化铅。楔形文字资料是否已提及在玻璃中使用铅，可能还有疑问，但西方两位修道士赫拉克利乌斯（Heraclius，10 世纪末）和塞奥菲卢斯（Theophilus，11 世纪末）的技术专著中则明确地提到这一点。参看 Turner (1, 7)。

　　⑩ Seligman & Beck (1)。创记录的比重，是唐代以前一个佛教徒护身符的比重。

图版一〇二

图293　意大利的镀金玻璃碗，来自阿富汗的贝格拉姆——古代丝绸之路环线上的一个驿站——的
　　　　3世纪货栈或海关仓库（据 Hackin，Hackin *et al.*）。当时这类物品从欧洲运至中国。

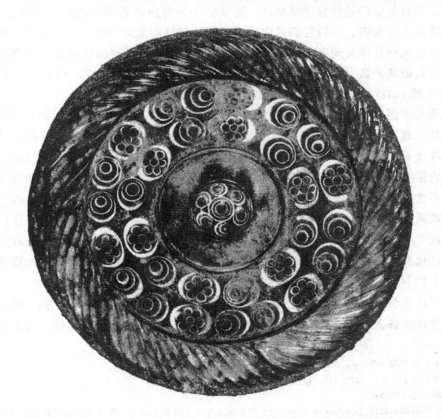

图294　温思罗普镜［据 Seligman（5）］。青铜镜背面的平玻璃面上，包含许多形式复杂而分层
　　　　的"蜻蜓眼"图案的镶嵌物，这种图案曾在中国周代晚期的玻璃珠上发现。此件很可
　　　　能是公元前6世纪中期的物品，几乎不可能晚于汉代（公元前2世纪）。

　　中国的许多玻璃制品，尤其被称为"蜻蜓眼"的这类珠子，即在原来不透明的珠上钻孔，然后嵌入一些不同颜色的玻璃层而制成的眼睛形状的装饰，都是根据欧洲的式样制作的。在欧洲，"蜻蜓眼"在拉登时期的大约公元前 480 年起就已很常见了，而至迟到公元前 300 年，即驺衍和庄周的时代，这类珠子就已传到中国并被仿制。值得注意的是，这种出口贸易出现在古代丝绸之路开通之前大约两个世纪[①]。仿制决非亦步亦趋而无创新，因后来这种制造发展到了小狮护身物和玻璃器皿。但中国大部分的玻璃制品都具有鲜明的中国特色，如作成龙形和蝉形等，通常为无色和乳白色，含钡 12.5%，比重为 3.75。另外还发现了用半透明的灰色或绿色玻璃制成的具有宇宙意义象征[②]的圆片状"璧"，甚至还有纯粹中国式样的精心制作的刀剑饰物，这些都用作殉葬品。现在从战国和秦汉时期的墓葬中发现的玻璃制品数量很多，表明它们在当时是比较普遍的[③]。看来，实际上，较为贫穷的家庭将玻璃作为玉的标准代用品或廉价的仿制品以供殉葬之用。

　　塞利格曼和贝克 [Seligman & Beck (1)] 所作的广泛观察和分析，加上里奇 [Ritchie (1)] 的光谱学研究，已成功地把中国的玻璃制品与欧洲的输入品区别开。因为在中国的墓葬中发现了许多欧洲的输入品，所以有必要进行非常仔细的研究。中国的玻璃珠几乎总是由铅硅酸盐玻璃制成，而欧洲的则是由钠玻璃制成的。前面已经说过，许多玻璃珠内含有钡，使得它们可以毫无疑问地被确定为出自中国，因为在这样早期的任何西方玻璃中从未发现有钡[④]。纯粹中国式样的许多玻璃制品的成分，大部分是含钡的铅硅酸盐玻璃，这证实了根据"蜻蜓眼"的研究所得到的结论。因此，高的含钡量（平均 4% 的 BaO）将中国玻璃与欧洲玻璃截然区分开来。

　　早期的中国玻璃一直使用铅，尤其使用钡，这一事实提出了一个问题，即添加这两种元素其有意识的程度有多大。在中国的北部和朝鲜，钡常与铅一起以重晶石（硫酸盐）和毒重石（碳酸盐）的形式出现。中国的有些玻璃样品还含有锶。有人提出[⑤]，钡只是作为铅矿中的杂质而混入的。但考虑到下述事实似乎不大可能，即许多珠子含铅量很高却不含钡。而且，汉代陶器上的铅釉也不含钡。铅和钡有这样的性质，即可使含它们的玻璃具有高的折射率和低的色散本领。近代自 1884 年以来就是为这些目的而使用铅和钡的[⑥]。它们又能降低玻璃的熔点，使之更易于加工。在第二次世界大战期间，曾以一半的比例将钡作为铅的代用品。因此，也可能古代中国的工匠们已经知道使用铅和钡后由于折射率较高而可以略为增加玻璃的光泽。

　　自汉代至唐代，中国的玻璃趋向于由铅－钡－硅酸盐型转变为铅－钠－钙－硅酸盐型，最终成为普通的软玻璃（钠-钙-硅酸盐型）[⑦]。这是一个大致的概括，若干例外已如

---

　　① 参看本书第一卷，pp.181ff。

　　② 见本册 pp.105，112，145，以及本书第三卷，pp.334ff.。

　　③ 例如见杨宽（3）。

　　④ 格雷厄姆和戴伊 [Graham & Dye (1)] 属于最先指出下述事实的人，即古代中国的有些玻璃含铅而不含钡。在印度尼西亚和新几内亚发现的不少玻璃珠，被认为来自古代的中国，如能知其成分，是很有意义的。见 van der Sande (1)，Vol.3，pp.218ff.；von Heine-Geldern (1)，p.146。化学分析也许会揭示出它们究竟是来自更遥远的欧洲的输出品，还是中国作坊的产品。关于铅玻璃的一般性讨论，见 Charleston (1)。

　　⑤ 例如卡利斯（C.G.Cullis）教授与哈里·加纳（Harry Garner）爵士的通信。

　　⑥ 事实上，首次有意识地添加钡是在 1829 年，德贝颖纳（J.W.Döbereiner）为制作光学玻璃而使用的。

　　⑦ 见论文 Seligman, Ritchie & Beck (1)。

前所述①。唐代以后，铅硅酸盐型的釉料似乎也完全弃之不用了②。

现在还不能说中国最早的玻璃是何时制造的。据塞利格曼和贝克提出的证据，首次制造的时间最确切地也只能定为周代晚期。但萨顿［Sarton（7）］根据怀特（White）的考古学资料认为，发现的许多珠子，以及一块中央镶嵌了含钡玻璃凸面圆片且装饰有"蜻蜓眼"图案的镀金青铜饰牌，是公元前 6 世纪中叶即孔子时代的物品③。萨顿认定这就是中国制造玻璃的年代要比过去所认为的早约一千年的证据，他还指出文字记载应按此重新审查④。玻璃用于原为镶嵌金属的饰牌上，这在汉墓中较常发现。这种技艺可能是景泰蓝工艺的始祖。图 294 所示为温思罗普（Winthrop）镜，它与怀特和萨顿所说的饰牌和圆片差不多是同一风格的物品。

从光学的观点来看，特别重要的问题是，在汉代制成具有适当透明度的玻璃的可能性有多大⑤。至今我们所提到的许多物品都是半透明的，还有一些奇怪的六角形截面的白色玻璃棒，像写黑板用的粉笔，不知作何用⑥。另外，还发现黄色和红色的透明玻璃珠，其年代估计为汉代或晋代⑦。古老的中国玻璃制品之中，最华丽的一件，是所谓的巴克利碗（Buckley Bowl）（图 295），碗上有螺旋形的棱。但关于它的年代，则意见差异很大，塞利格曼和贝克认为是晋代的，而霍尼［Honey（1）］则认为是明代的。总之，似乎没有理由说，汉代的玻璃技师未能制造出无色透明的玻璃制品⑧。

现在我们可以细查关于玻璃，以及关于用水晶或玻璃制成透镜的文献了。我们面临的第一个困难是不能确切地识别在早期文献中可能指玻璃的专门名词。广义地说，可以认为"琉璃"是指不透明的玻璃或釉⑨，而"玻璃"是指或多或少透明的玻璃。但由此而引起的问题很复杂，至今还无法做出最后的定论。

"流離"一词最先显眼地出现在汉代早期的诗赋中。这些诗赋中有一篇作于公元前

① 例如，中国古代的许多玻璃制品有铅而无钡。塞利格曼［Seligman（5）］描述了无疑是汉代的这种类型的一些玻璃制品。一个镶在青铜环上的鲜艳的青蓝色袖坠，底部有玻璃尚未凝固时用王莽时代的钱币压印出的印痕，因此它很可能是在公元 10 年前后制的。许多其他的小物件，如管、棒、碎了的圆环以及一个颇具风格的螭，肯定都是中国汉代的制品，而不是来源于外国，被证明都具有类似的成分。

② 参看 Hetherington（1）。

③ 假如公元前 550 年的说法不能被接受，那么惟一可采纳的是公元前 379 年，即刚好在孟子出生之前。这也十分古老了。

④ 如他所说，所有这些证据推翻了在 Sarton（1），vol.1，p.389 中的记述。

⑤ 吹制玻璃的技术，其起源尚不明。但在 1 世纪时的罗马已广泛采用了，所用模子为黏土制。这种技艺的中心在西顿（Sidon）。霍尼［Honey（1）］说中国直到 17 世纪才有吹制的玻璃制品，但这似乎难以置信。滨田和梅原［Hamada & Umehara（1）］在朝鲜的墓葬中曾发现吹制的美丽的玻璃花瓶和其他器皿，显然为汉代末期，并肯定为唐代以前之物。当然，它们有可能是从地中海地区输入的，所以这个问题仍悬而未决。1270 年左右的著作《武林旧事》，所述为百年前的事，其中（卷二，第十九页）说到制"无骨灯"即玻璃球的技术：将熔化的玻璃液倒入一个装满谷子的绢囊外面，然后除去内模（照字义为胚胎，"胎"），即得到玻璃的球状物（"玻璃毡"）。这种技术类似于中国漆器的脱胎。

⑥ 它们使人想起了 4 世纪巴勒斯坦诺伊堡（Neuburg）的彩色玻璃串珠（"aggry" beads）。但在中国它们或许被用作算筹。参看本书第三卷，pp.70ff。

⑦ 在越秀山的广州博物馆里，可以看到西汉时代的三只直径约 3.5 寸的黑玻璃碗，以及东汉时代的一个绿玻璃衣带钩（"带鈎"）。

⑧ 作者非常感谢哈里·加纳爵士的有益的讨论，其结果得以对上述各段进行修改。

⑨ 因而，后来也含有釉陶之意。注意"琉"字的语音与"流"相同。因此其语义大概是"可熔的玉"。

11 年，杨雄写道[1]："他们用槌打碎夜光的流離，剖开孕育着明亮如月的珍珠的蚌壳"。（"方椎夜光之流離，剖明月之珠胎。"）可以推测，这里所说的"流離"必定是一种物品。戴密微［Demiéville (2)］偏向于认为是某种蓝宝石，可能是青金石或绿松石；然而视为玻璃或釉料也完全可以，如果不是更合适的话。但在杨雄的另一篇赋[2]中，"流離"一词则仅具光辉之意——"红色的装饰发出的光辉多么富有魅力呀！"（"曳红采之流離兮"）在更早些时候司马相如（卒于公元前 117 年）所写的一篇赋[3]中，"流離"甚至具有更广泛的离散之意，用来形容鸟向四方飞散。因此在汉初，"流離"必定用来指像玻璃一样的光辉，而后才定形为名词，用于表示像玻璃一样的物质。实际上，梵文中意为蓝宝石的词 vaiḍūrya，音译用的就是"璧流璃"这几个字。杨雄所用的"流離"被认为是这一词的省略[4]。

《前汉书》中有两处提到"璧流離"，这两者都常常被理解为玻璃。第一处说[5]，它从罽宾（即犍陀罗，希腊领属的印度西北部）输入[6]；第二处说[7]，汉代的皇帝遣使出海至南方一些国家购买。这两处记述所指的时间都是大约公元前 115 年以后。另外碑刻的证据至今犹存，著名的如武梁祠（约 147 年）中的一块碑，碑文在谈关于"璧"的雕刻时说到"璧流離"——这段文字的写作应在班固著《汉书》之后不久[8]。正如我们前面刚刚说过的，考古学家已从一些墓葬中得到了这些玉璧（宇宙的象征）[9]的玻璃赝品原件。"流離"一词不久就开始写成玉旁的"琉璃"了，在公元前 1 世纪或公元 1 世纪的谶纬类的纬书中，有的说神灵的唾液会变成包括玻璃镜（"琉璃镜"）在内的各种宝物[10]；也有的说统治贤明时，玉一样的绿玻璃（"碧琉璃"）就会丰富起来[11]。这些可能是道家的观点，但汉代晚期或三国时期的所有佛教著作也都同样写作"琉璃"[12]，虽然一般来说它们无疑都是指宝石 vaiḍūrya。后来唐代的佛教学者如玄应，在他所著的《一切经音义》中，仔细地区别了作为神赐的宝石的"琉璃"和人工制造的"琉璃"。

我们因而处于困惑的状况。语言学家所接受的最早可辨认玻璃的词是一个外来语[13]，虽然（如我们已见到的）这种物质在若干世纪之前就在中国制造了。自然，语言

---

① 《羽猎赋》，见《前汉书》卷八十七上，第三十页，以及《文选》卷八，第十五页。

② 《甘泉赋》，见《前汉书》卷八十七上，第十三页，以及《文选》卷七，第四页。

③ 《上林赋》，见《文选》卷八，第六页。语句意思的解释，见 3 世纪张揖的注释。

④ Pelliot (43)；Demiéville (2)。但还存在一些长期不解的疑问。中国直到 2 世纪（最早也要到 1 世纪末）才有佛教传道者和梵文学者，而"流離"一词在公元前 1 世纪就逐步形成了。另外，在古代"璧"字有后喉音，不适合这种音译。我们或许仍需回到"璧流璃"（可熔的绿色玻璃状有光辉的物质）一词在中国的演化上来。

⑤ 卷九十六上，第十一页。

⑥ 参看本书第一卷，pp.171, 191ff.，以及本册 p.101。

⑦ 卷二十八下，第四十页。已为费朗［Ferrand (3)］和伯希和［Pelliont (30)］所注意。我们将在本书第二十九章中给出这段有趣的文字的完整译文。

⑧ 见 Chavannes (9)，vol, l, p.170。

⑨ 广泛的讨论见本册 p.112。

⑩ 《孝纬援神契》，见《太平御览》卷八〇八，第三页，及《古纬书》卷二十八，第十页。

⑪ 《孝纬援神契》，见《开元占经》卷一一四，第三页。

⑫ 文献见 Demiéville (2)。

⑬ 伯希和［Pelliot (44)］写道："众所周知，在纪元之初中国人称呼玻璃的第一个名字是'璧流離'，其出处是 verulia。"这是玻璃一词的普拉克里特语形式。

图版 一〇三

图 295　巴克利碗［据 Honey（1）］。美丽的螺旋形棱纹设计，但年代很不确定，有晋代至明代各种估计。

学家不可能预见考古学知识的进展，更不可能预见得到化学分析支持的考古学的进展。或许汉代宫廷以及学者们，对来自外国的稀有珍品要比对本国道家技工们为普通市面需要而制作的仿玉制品更感兴趣，以致玻璃原有的名称便失传了。然而即便玻璃的制作工艺是家庭或寺院的秘密，玻璃这种物质在战国或秦汉时期也总该有一个通用的名称[1]。但是这个名称是什么，我们不知道。

对"玻瓈"、"颇黎"、"玻璃"等名称，较早的汉学家已进行过很多研究[2]。这些名称的出现比"琉璃"要晚得多，而流行于唐代。有记载说[3]，安条克的巴思里克（Bathrik，景教大主教）[4]于643年进贡了赤"玻瓈"。"玻璃"一词，夏德［Hirth（1, 7）］认为来源于蒙古和中亚其他语言中的 bolor（玻璃）。但是中国人自己，如玄应，在刚刚提到的著作（约649年）中认为，它出自梵文 sphaṭika（音译为"塞颇胍迦"或"宰坡致迦"），意思是水晶[5]。在玄奘的《大唐西域记》（664年）中，它又以"颇胍"的字样出现。唐代的博物学家把玻璃与水晶、或许与黑曜石（火山玻璃）相混淆了，以为它是在地下经数千年后凝固的水或冰[6]。至于 bolor，伯希和［Pelliot（43）］断定该词来源于突厥-波斯语的 bilūr，它本身则肯定是由梵文的 vaidūrya 经过中间形态的普拉克里特语的 verūlya 而派生的。因此，bolor 这个派生词与"璧琉璃"同出一源，而不与"玻璃"同源。

玻璃具有双重来源，即本国出产和外国输入，这种模式持续了许多世纪。人们现在仍不可能把它的历史按两种脉络梳理得十分清楚[7]。因此，让我们根据历史发展的顺序来看看古代的著作。可能与玻璃制造有关的最古老的记述，就是女娲"炼五色石以补苍天"的传说。这个故事最早的来源之一见于《列子》一书中的片断[8]，但在《淮南子》[9]和《论衡》[10]中也曾提到。施古德［Schlegel（8）］认为"五色石"指的是煤；德·拉库佩里［de Lacouperie（3）］认为它指的不是玻璃而是各色黏土（后来的确被称为"五色石"）；而劳弗［Laufer（14）］则把整个传说视为荒唐无稽之谈。但是鉴于我们现在知道的关于汉代以前的玻璃制造的情况，这个传说很像是含糊地说到了玻璃。古代的玻璃极易呈现彩虹，其破碎的边缘很可能显示出光谱的色彩。在中国很早便对光谱的色彩感

---

[1] 章鸿钊（1）想把"琉璃"与《书经·禹贡》中所说的一种神奇的宝石"璆琳"看做同一种东西，并认为两者原意都是指青金石。戴密微［Demiéville（2）］则认为将"璆琳"理解为某种天蓝色的玉更恰当得多。所有古代文献都一致认为"璆"（其字音同"球"）无论是什么，它们的颜色总是天蓝色的。或许它们应该被重新考虑为玻璃的另外的名称。

[2] 例如，Parker（1）；Hirth & Rockhill（1），p.228。

[3] 《新唐书》卷二二一下，第十一页。［译文见 Hirth（1），pp.60, 294］。

[4] 波多力。

[5] 这个新词的应用，可与现代法国人习惯将任何"非常纯净清澈的白玻璃"称作"水晶"相类比。

[6] 陈藏器即持此种观点。他是首先把玻璃列入一般的自然史著作的人，该书即725年的《本草拾遗》。他的记载又被收录在《本草纲目》卷八，第五十五页。从冰转变而来的概念似乎来自外国，大概是印度。

[7] 劳弗［Laufer（10）］的说法现在不能成立了。他争辩说，"琉璃"一词必定是指上釉的陶器而不是指玻璃，理由是中国在汉代尚未制造玻璃，而且中国人几乎从未使用玻璃作器皿。从另一方面看，他说的可能至少部分是正确的，即他认为从西亚输入中国的有些"琉璃"是釉料而不是玻璃。

[8] 第五篇，第三页。［译文见 L.Giles（4），p.85；Wieger（7），p.131］。

[9] 第六篇，第七页。

[10] 第三十一篇［Forke（4），vol.1, p.250］，第四十六篇［Forke（4），vol.2, p.347］。

兴趣了。被认为尸佼所著的《尸子》，虽然依我们看不像真正是周代的、甚至也不像是汉代的书，但很可能是唐代以前的著作。书中说道[①]：

> 日光的五种色彩是"阳"的本质，它们像一位君王的道德。（可以使）它们以强烈的光辉发射出来。
>
> 〈日五色，至阳之精，象君德也。五色照曜。〉

约瑟夫·普里斯特利（Joseph Priestley）在他的光学史（1772 年）中写道[②]："棱镜具有能产生色彩的性质——正如我所认为的那样，这使得它们在东方价值连城，我们从金尼阁神父（Fr. Trigautius）在中国传教的报告中看到这一点。他说，有一个人付出五百金购得一棱镜，他费了很大劲才以此价买到手，因为棱镜被认为是只有君王才能拥有的[③]。基歇尔神父（Fr. Kircher）在他的《中国图说》（*China Illustrata*）中也有同样的说法。"当然，在汉代那个时候，欧洲人如塞涅卡（Seneca）已经知道虹的色彩与在一块玻璃的边缘上所呈现的色彩是相同的。女娲的传说一定是指用类似于玻璃制造者的技艺那样的一种造虹的技艺来修补透明的天。

关于玻璃制造的第一个真正有启发性的证据，见于东汉王充的《论衡》。但是因为它与点火透镜有特别的联系，所以我们将推迟一两页再作考虑。自 3 世纪以后，文献屡屡述及玻璃制造。264 年左右，《魏略》的作者在记述罗马叙利亚（大秦）[④]时说，在那个国家的出产之中，有十种不同颜色的"流離"（或釉料）[⑤]。此后，在大约 300 年，万震在《南州异物志》[⑥]中写道：

> 琉璃（玻璃）的基础物质是矿物。要用它来制造器皿，必须用苏打灰（"自然灰"）对它进行加工。苏打灰这种材料外观像黄色的灰，在南方的海岸边可以找到，它还可以用来洗衣服[⑦]。不需要浸泡它（很长时间），只要扔在水里（它很快就溶解），产生一种摸起来滑[⑧]得像长满青苔的石头的溶液。没有这些灰（其他矿物）是不会溶解的。
>
> 〈琉璃本质是石。欲作器，以自然灰治之。自然灰状如黄灰，生南海滨，亦可浣衣。用之不须淋，但投之水中，滑如苔石。不得此灰，则不可释。〉

这一段并没有认为玻璃只在中国以外制造，但暗示了粗制碳酸盐当时是输入的。玻璃器皿在当时已相当普遍。《晋书》中说到玻璃酒杯（"瑠璃锺"）[⑨]，其他史书中讲到玻

---

① 第二篇，第一页。译文见 Forke（13），p.528；由作者译成英文。
② Priestley（1），p.169。
③ 加拉格尔（Gallagher）英文译本，p.318。参看本书第三卷，p.438。
④ 见本书第一卷，pp.174，186。
⑤ 保存在《三国志》卷三十，第三十三页；《太平御览》卷八〇八，第四页，等。译文见 Hirth（1）p.73。
⑥ 引自《太平御览》卷八〇八，第四页。由作者译成英文，借助于 Laufer（10），p.145。
⑦ 此处玻璃和制皂工业之间的关系是非常重要的。因为这表明南方的物产是一种粗制的碳酸钠，如地中海东部诸国的"花粉"（"polverine"）或欧洲中世纪玻璃制造者使用的西班牙"苏打灰" [参见 Sherwood Taylor（4），pp.69ff.]。这些"玻璃制造者的盐"如得自陆地植物，也可能主要是碳酸钾。当此碱液与生石灰一起煮沸而"加强"时，则生成苛性碱，用这种苛性碱可使油脂皂化。中国文献有很多讲到由燃烧沼泽草如"水柏"或"睡菜"（*Menyanthes trifoliata*，R171，BⅡ，398，Ⅲ，199；Stuart，p.263）而得到的"盐"。因与盐的国家专卖相连，828 年曾一度禁用此法 [《册府元龟》卷四九四；《唐会要》卷八十八（第一六一页）；《新唐书》卷五十四，第二页]。感谢特威切特（D. C. Twitchett）博士使我们注意这一点。
⑧ 强碱溶液的一种特性。
⑨ 《晋书》卷四十五，第十页。

璃碗（"瑠璃椀"）[①]。与万震同时代的伟大的炼丹家葛洪，在《抱朴子》（也著于300年前后）中写了引人注目的一段话，它最先引起韦利［Waley（14）］的注意：

中国以外制造的"水精"器皿，实际是混合了五种（矿物的）灰而制成的。今天这个方法已普遍用于交广（即安南和广东）。如果把这件事告诉普通的人，他们肯定不会相信，而说"水精"是属于水晶一类的天然产物。[②]

〈外国作水精椀，实是合五种灰以作之。今交广多有得其法而铸作之者。今以此语俗人，殊不肯信。乃云水精本自然之物，玉石之类。〉

他还继续说道，由于自然金的存在，普通的人愚蠢到不相信能炼出金来。此外，在大约同时代的《神仙传》中，说"八种矿物可以被熔化直至像水那样"[③]（"八石熔而化为水"）。

在这之后不久，出现了以前认为是最早论及玻璃制造的几段文字。在《北史》中我们读到[④]：

（北魏）太武帝（424—452年在位）时代，大月氏国[⑤]商人来到魏国首都，说他们能熔化（"铸"）某些矿物而制成五种颜色的"琉璃"。于是，他们在山中采集（材料）和挖掘，并且在首都熔化矿物。如此制得的材料比从西方输入的"琉璃"更加光彩夺目。皇帝发了一道诏书，要用这种材料造一座可移动的官殿，官殿完工后能容纳一百多人。它光亮而透明，所有见到它的人都非常惊奇，以为是神仙建造的。从此之后，玻璃制品在中国比过去便宜多了，并且谁也不再认为它特别宝贵。

〈太武时，其国人商贩京师，自云能铸石为五色瑠璃。于是采矿山中，于京师铸之。既成，光泽乃美于西方来者。乃诏为行殿，容百余人，光色映彻，观者见之，莫不惊骇，以为神明所作。自此，国中瑠璃遂贱，人不复珍之。〉

从这段记载来看，这些制造玻璃的技师一定是在制作某种屏幕用的玻璃。《北史》中另一处有这样的记载：

到了隋代（581—618年）的时候，已经有很长时间没有制玻璃的工匠了，也没有人敢试一试。但是何稠制造成功了，制出的玻璃像陶器上的釉料，并且和过去的一样。[⑥]

〈时中国久绝琉璃作，匠人无敢措意，［何］稠以绿瓷为之，与真不异。〉

6世纪时也有输入的玻璃。519年，梁武帝接受了来自于阗的贡品玻璃水罐（"瑠璃

---

① 《渊鉴类函》卷三六四，第三十一页。
② 《抱朴子·内篇》卷二，第十三页。译文见 Feifel（1），p.179；Waley（14），p.13；经修改。
③ 《神仙传》卷四［Feifel（1），p.197］。
④ 《北史》卷九十七，第十九页；同样的文字也见于《魏书》卷一○二，第一九六页。由作者译成英文，借助于 Hirth（1），p.231；Hirth & Rockhill（1），p.227。据说《宋书》中有类似的一段文字，大意是说大秦（罗马叙利亚）的国王向刘宋的皇帝派遣了制玻璃的工匠，时间大约与上述相同。但我未能找到这段文字，估计夏德也未能找到，因为他没有给出出处。
⑤ 大概是贵霜王国，或它在巴克特里亚、犍陀罗和西北印度的残留部分。《太平御览》引《魏书》说，商贩来自天竺（印度），见卷八○八，第四页。
⑥ 《北史》卷九十，第十八页，由作者译成英文。又见于《续世说》卷六，第十一页。

罍")①。它们必定包装得非常好，才能在穿越戈壁大沙漠经历古代丝绸之路的漫长旅途之后仍完整无损。

学者们一直不能确定人造玻璃与黑曜石或水晶之间的区别，这种情况，可清楚地见于颜师古（579—645 年）对（前已述及的）《前汉书》上关于来自罽宾的玻璃所作的注释。他的注释在三国时代的评注家孟康（约 180—260 年）的短注之后②。

孟康说："流离有像玉一样的绿色。"

颜师古说："据《魏略》，大秦国出口浅红、白、黑、黄、青绿、绿、黄绿、深紫、暗红和紫等十种不同颜色的流离（或釉料）。孟康的定义太窄了。这种材料是一种杂色的、有光泽的、明亮的天然之物，胜过一切硬石（照字义，"玉"），并且颜色经久不变。现在，普通的人也制作（这类东西），他们熔化某些矿物，再加一些化学物质，然后注（入模子，制成器皿）。但是，这种制品中空、脆弱、不匀实——它并非真正的那种物品。"

〈孟康曰："流離青色如玉。"师古曰："《魏略》云大秦国出赤、白、黑、黄、青、绿、缥、绀、红、紫十种流離。孟言青色，不博通也。此盖自然之物，采泽光润，踰于众玉，其色不恒。今俗所用，皆消冶石汁，加以众药，灌而为之，尤虚脆不贞，实非真物。"〉

这多少会使人想起关于柯曾勋爵（Lord Curzon）的墨水瓶的著名故事。

收录宋代及其以后关于玻璃的许多引文，并无多大意义③。到此时，叙述已经相当明白，虽然并不总是非常准确。1133 年的《云林石谱》中有一段有趣的记述④：

在西京的洛河中，他们找到有五色斑点的白中带蓝的石头。这些石头中最白的，与铅混合，并与其他矿物相混合，经过加热后则会变成"假玉"或琉璃，可供使用。

〈西京洛河水中出碎石，颇多青白，间有五色斑斓。采其最白者，入铅和诸药，可烧变假玉或琉璃用之。〉

如果这确实是第一次由一位博学的作家述及在玻璃制造中使用了铅盐，那么这种知识从工匠的应用到文人的记载其间经过了大约十五个世纪之久。这不禁使人想到，技术知识在整个旧大陆上纵横传播，反而比在同一文明内超越社会的障碍更容易些。关于"假玉"的说法也很有趣，使人回想起汉墓中的玉的廉价代用品的生产。

大约同时代的另一部书⑤提到了几筐制造玻璃的原料，显然是于 1114 年作为贡品从阿拉伯半岛呈献来的。玻璃制品本身，则在 1077 年由注辇（Chola）国王地华加罗（Kulottanga I）派遣的使节⑥带来了相当的数量，但戈德［Gode（2）］研究过这个问题，他相信它们不是在锡兰或在南印度的科罗曼德尔沿海地区制造的，而是阿拉伯半岛南部的产品。因此，下面的几段文字是很有意思的。1175 年的《演繁露》把中国的和外国

110

---

① 《梁书》卷五十四，第四十三页。参看《太平御览》卷七五八，第四页，引述《异苑》的文字。

② 《前汉书》卷九十六上，第十一页。由作者译成英文，借助于 Laufer（10），p.145。颜师古关于玻璃制造的记述，为后来的著作引用，如见于 1200 年前后的《猗觉寮杂记》（卷下，第五十四页）。

③ 关于中国后来的玻璃，见 Bushell（2），vol.2，pp.58ff.。

④ 卷中，第三页。由作者译成英文。

⑤ 《铁围山丛谈》卷五，第十九页。

⑥ 关于这方面，见赵汝适的《诸蕃志》卷上，第十八页，译文见 Hirth & Rockhill（1），p.96。

的玻璃作如下比较[1]：

> 中国制造的琉璃与来自外国的很不相同。中国的品种光亮闪耀，材料轻而脆。如果倒进热酒，立刻就破裂。海运来的那些则比较粗糙，未经精制，颜色也稍深些。但奇怪的是，即使热水倒入一百次，它仍然像瓷器或银器那样从来不会破裂。
>
> 〈然中国所铸有与西域异者。铸之，中国则色甚光鲜，而质则轻脆。沃以热酒，随手破裂。至其来自海舶者，制差朴钝，而色亦微暗。其可异者，虽百沸汤注之，与磁银无异，了不损动。〉

我们读约 1225 年赵汝适的《诸蕃志》，就会见到对上一段引文的解释[2]：

> 琉璃来自阿拉伯（大食）的几个国家。他们所遵从的加热和熔化（"烧炼"）的方法和在中国所用的方法相同。由加热铅（碳酸盐）、泡碱（"硝"）[3]和石膏（"石膏"）[4]而制成。阿拉伯人在这些材料中还加入了产自南方的硼砂（"南鹏砂"），使玻璃具有弹性而不脆，并且不受温度变化的影响，结果人们可以把它放入（热）水中很长时间也不至于破损。因此它比中国的产品贵重。
>
> 〈琉璃出大食诸国，烧炼之法与中国同。其法用铅硝石膏烧成。大食则添入南鹏砂。故滋润不烈，最耐寒暑，宿水不坏。以此贵重于中国。〉

因此，在 13 世纪由伊斯兰国家输入中国的一些玻璃显然是硼硅酸盐型即派热克斯型的。硝是玻璃的一种成分的观念，导致了在元代和明代的书籍中对玻璃又用了另一名称"硝子"[5]。

111　　　　由考古学和文献学两方面的证据得出的总的印象是，几乎从公元前第一千年代的中期起，中国本土的玻璃制造业——其根源无疑来自古代的美索不达米亚，以及相当规模的贸易——从外国输入一些特殊类型的玻璃制品和某些特殊的原料，两者并行发展[6]。因为进口商品比本国产品更引起受过教育的学者的重视，致使我们对于中国人自己从事玻璃制造的详情知之甚少。这项技术似乎有时带有隐秘的性质，而且常常明显地集中于某些地区，因此处处时时都不得不再行复兴。但上述讨论中所要回答的主要问题，即中国自汉代以后是否可能有点火透镜或其他透镜，则似乎明确地得到了肯定的解答。我们现在应该回到光学即本节的主题上来，讨论透镜本身了。

---

[1]　章鸿钊（1），第 14 页引用。

[2]　卷下，第十一页。由作者译成英文，借助于 Hirth & Rockhill（1），p.227。

[3]　严格地说，这个词应该指硝石、硝酸钾或硝酸钠。但在中古时代的所有文化中，硝酸盐和碳酸盐之间常有混淆。参看 Bailey（1），vol.1，p.169。这个问题对于火药的历史很重要（见本书第三十章），所以凡是提到硝石的地方，只能从提到的它的性质来断定其为硝石。此处确实为硝石也并非不可能。也许这是制造火石型或波希米亚型钾玻璃的一种方法。

[4]　硫酸钙，此处或为某种碳酸盐之误。

[5]　在《格古要论》卷六，第五页，就用了这一名称。正是此书的著者、考古学家曹昭（1387 年）破除了水晶来源于冰的顽固信念。他指出："那显然是错误的，因为日本有绿色的和红色的水晶。"三个世纪前，欧洲的马尔博杜斯（Marbodus）曾有同样的怀疑［Laufer（14），p.190］，中国的唐慎微也如此（《证类本草》卷三，第四十四页）。

[6]　在本书第三十五章"制陶技术"，我们将看到这方面的一个显著例子，即用钴矿石使陶器和瓷器上蓝色。扬和加纳［Young & Garner（1）］已指出，在明代以前所有的钴矿石颜料都不含锰，因此这些颜料或许是由波斯输入的含砷的氧化钴的原料。清代的蓝色颜料则常含大量的锰，这表明已使用了中国本土的高锰含量的矿石。明代本身是一个过渡时期，两种来源的钴矿石颜料都使用。

（iii）点火透镜与透镜的光学性质

关于透镜，劳弗［Laufer（14）］曾轻而易举地指出，施古德[1]以为《淮南子》中有水晶的点火透镜（"水精大珠"）的记载是错误的，因为他把公元前2世纪的原文与迟至明代（1579年）才写的一段文字[2]混淆了。劳弗改正了其他一些错误。当他谈到公元83年的《论衡》时，认为书中所述指的只是青铜镜。但从考古学发现来看，他的这种解释现在便有问题了。

王充的著作中有三处谈到制作一种把太阳光线会聚于焦点的器具。在第一处[3]，关于"阳燧"，他简单地说，在五月盛夏，人们"熔化并转变五种矿物，以此铸成可以（从天）取火的器具"（"消铄五石……铸以为器，乃能得火"）。第二处[4]，在这些字句之外补充说，"伎道之家"（道家的技术家）做此事，他们在五月丙午日这样做。他们铸"阳燧"（肯定就是青铜镜）以及这种"器"。王充对此作了有意思的评论，他说，这一切"完全不是自然发生的事情，而是'天'的反应使它成为自然的过程"（"非自然也，而天然之也"）。第三处[5]则是所有记述中最有意义的，需要较劳弗［Laufer（14）］所引述的更加完整的引文。

在"天道"中，有真正的（"真"）事物和伪造的（"伪"）事物。真的事物牢固地与"天"的自然性质相对应；假的事物则由于人的知识和技巧——后者往往与前者无法区分。

"禹贡"（《书经》的一篇）谈到蓝色的玉（"璆琳"）和"琅玕"（可能是玛瑙、红宝石或珊瑚）。这些是大地的产物，像玉石和珍珠一样都是真的。但是现在道家熔化（"消铄"）五种矿物，用它们制造五种颜色的"玉"。它们的光泽与真玉完全没有差别。同样，从鱼蚌得到的珍珠就像"禹贡"中所描述的蓝色的玉，都是真的（天然的产物）。但如果时间掌握得恰当[6]（即何时开始加热，加热持续多

112

---

① Schlegel（5），p.142。

② 田艺衡的《留青日札》。

③ 第八十篇［Forke（4），vol.2，p.132］。

④ 第四十七篇［Forke（4），vol.2，p.350］。

⑤ 第八篇［Forke（4），vol.1，pp.377ff.］。

⑥ 我们完全知道"随侯"被佛尔克［Forke（4）］译作"隋侯"（"the Marquis of Sui"）。但是正如前面已经见到的（本书第二卷，pp.330ff.），"火候"即"烧火的时间"，也就是加热应开始和应终止的时间，在中国炼丹术中是既古老又重要的问题。这里看来有点像是遇到了一个古老的炼丹术双关语。关于隋侯的传说是这样的，他用药治愈了一条受伤的蛇，后来蛇酬谢他一颗（真的）珍珠［《庄子》第二十八篇；译文见 Legge（5），vol.2，p.154］。隋侯却以一种奇特的方式使用这颗珍珠，即用它去射鸟［参看《抱朴子》内篇卷一中众所周知的一段；译文见 Feifel（1），p.130］。更重要的是《淮南子》中的一段（卷六，第三页），说道："至于'道'，它并无去或来的私欲或偏爱。你如果知道怎样利用它，你就会富裕；你如果笨拙，那就会贫困。遵循'道'，你就会获得利益；违背'道'，你就会遇到不幸。比如说，就曾有过'隋侯之珠'及'和氏之璧'。得（'道'）意味着富，失则意味着穷。"（"夫道者，无就也，无私去也。能者有余，拙者不足。顺之者利，逆之者凶。譬如隋侯之珠、和氏之璧，得之者富，失之者贫。"）3世纪时评注家高诱按字面意义理解这一段，注释隋侯的传说并介绍关于卞和的著名故事（《史记》卷八十三，第十页；《论衡》第八、十五、二十九、三十篇）。卞和是公元前7世纪时候的人，他从荆山带来一块未经修琢的宝石（"荆山璞"）献给楚武王熊通。玉匠断定它一文不值，他因此受到刖刑，被砍去双足。但后来证明它果然是一块美玉。然而这最终的认识已不能恢复"和氏"失去的双足；"得道"并未使他获益。从现在所知道的关于中国古代的炼金术和玻璃制造技术来看，我们也许可以提出另一种解释，即刘安用了两个名称，对于有这方面知识的人来说，它们指的就是作为玉的代用品的不透明玻璃。这无疑会使玻璃制造者富裕起来。故事中说隋侯付出了药（化学物质或矿物）而后得一珍珠，这可能正是道家炼丹术士们喜欢用的一种类比，以此双关语表述制造人工珠玉的过程。当然，"隋侯"（"the Marquis of Sui"）与"随侯"（跟随火候）很容易被抄写者混淆。

久)，珍珠也可以由化学药物（"药"）制成，光彩夺目，与真的一样。这是道家学问的顶点，是他们技巧的胜利。

借助于点火镜（"阳燧"），人们可以从天取火。然而，在五月丙午日熔化和改变五种矿物，铸成器件（"器"），把它磨光、举起对着太阳，也可取到火，与用通常方法取火是完全一样的。

确实，人们现在甚至擦亮刀剑的弯曲的刀身，把它们举起对着太阳时，也能引得火。虽然弯曲的刀身（严格地说）并不是点火镜，但由于经过磨拭，它们也能取火。

[王充在下面转而用类比的方式谈论教育在改善人性方面的作用。][1]

〈天道有真伪，真者固自与天相应，伪者人加知巧，亦与真者无以异也。何以验之？《禹贡》曰：璆琳琅玕者，此则土地所生，真珠玉也。然而道人消烁五石，作五色之玉，比之真玉，光不殊别。兼鱼蚌之珠，与《禹贡》璆琳，皆真玉珠也。然而随候以药作珠，精耀如真。道士之教至，知巧之意加也。阳燧取火于天。五月丙午日中之时，消炼五石，铸以为器，磨砺生光，仰以向日，则火来至。此真取火之道也。今妄以刀剑之钩月，摩拭朗白，仰以向日，亦得火焉。夫钩月，非阳燧也，所以耐取火者，摩拭之所致也。〉

对于这段说明制作玻璃点火透镜的叙述，还能有疑问吗？整段都是建立在"真"与 **113** "伪"的事物的对照之上。在别的地方，王充又说有些事物的出现和产生并不是"自然的"，但虽是人造的，其功能仍是"自然的"。这里，他首先将道家制造的不透明玻璃的"玉"和"宝石"与真的玉石进行了对比；其次，将人造"珍珠"与真的珍珠对比；第三，叙述了用熔化五种不同矿物制成的、能像传统的青铜镜那样会聚阳光的"器具"。还有"代用品"是士兵用来点火的磨有凹面的刀剑。劳弗［Laufer（14）］认为所有这些说的都是青铜的铸造，但为什么如此详细地说明五种不同的矿物则不明了。制青铜只需两种矿石，甚至仅一种、可能再加上助熔剂。制玻璃则需硅石、石灰石、碱金属碳酸盐、或许还有密陀僧或钡矿石以及加色的配料。当然，书中并没有明确告诉我们制作透镜；器具也可能只是仿青铜镜制成的玻璃镜。但在讨论珍珠之后紧接着就是关于点火透镜，这是很令人猜疑的，因为在后来的若干世纪中，"火珠"一词无疑指的是点火透镜。整个引文也完全适合我们在前面看到的以玻璃代替玉和青铜作殉葬品的情况。总之，我们有理由得出结论说，在公元 1 世纪，并且或许还可以上推到公元前 3 世纪，中国就已经能够人工制造玻璃的双凸透镜了[2]。

至于"丙午"日的神秘的重要性，伯希和［Pelliot（23）］指出，在许多青铜镜上的铭文中都提到过。这一天被认为是铸造的吉日，因为"丙"字与西方有关，也就是和金有关；而"午"字则与南方有关，也就是和火有关。但并没有理由说，这应该严格地限于青铜的铸造。玻璃常带有金属的性质，正如我们在"有色玻璃"（"pot-metal"）一词中所见到的，该词现仍为玻璃制造者所用。相应地，月镜铸于十二月"壬子"日，壬子与五行中的互补要素水和木有关[3]。

---

① 由作者译成英文，借助于 Forke（4）。

② 得出本段中的结论时，对于近年来在远至战国时代的墓葬中发现的许多玻璃器物的情况，还未获悉，这些证据自然大大地增强了已有的结论。我们也高兴地看到，我们对这些资料的解释能为同时代的历史学家们所接受，如杨宽（3），第 231、239 页。

③ 《淮南万毕术》，《太平御览》卷五十八，第七页引用。

从 3 世纪末起，有用冰作点火透镜的奇妙记述。《博物志》里"戏术"一节中说[1]：

> 把一块冰削成圆球状，朝太阳举着。使艾绒接受从冰射出的明亮的光束，这样就能产生火。用珍珠取火的方法，谈论得很多，但这种（用冰的）方法还没有使用过。

> 〈削冰令圆，举以向日，以艾于后承其影，则得火。取火法，如用珠取火，多有说者，此未试。〉

虽然冰能这样用来取火（罗伯特·胡克曾在英国皇家学会的早期进行过这种实验）[2]，但看来更可能的是，刘安和张华实际上所说的是水晶或玻璃的透镜[3]。我们可能记得，希腊语中的"水晶"（Κρύσταλλος）一词的原意就是冰，而且正如前面已经提到过的，在中国有一个很可能来自佛教而流传很久的说法，即认为冰经过数千年后变为水晶。

据说在 520 年左右扶桑使者曾到达中国[4]，并带来一块可用来观察太阳的宝石（"观日玉"），"大小像一面镜子，圆周超过一尺，透明得像玻璃（'琉璃'）。在明亮的阳光下通过它观看，宫殿建筑物[5]可以非常清晰地辨认出来。"（"大如镜，方圆尺余，明彻如琉璃；映日以观，见日中宫殿，皎然分明。"）这些文字出自大约 695 年著的《梁四公记》[6]。施古德[7]认为这是水晶，但是似乎玻璃至少亦是可能的。同一部书中又有如下的有趣的记述[8]：

> 从西印度来的一艘扶南（柬埔寨）的大船到达（中国），（船上的商人）出售一面淡绿色玻璃制的奇特的镜子（"碧玻璬镜"），镜面宽 1 尺 4 寸，重 40 斤。它的表面和内部的物质纯白透明，正面显现出许多色彩（大概是光谱色）。对着阳光细看，不能觉察它的物质。打听价格，要价一百万贯铜钱。皇帝命令官员们筹集这笔钱，但国库储备不足以支付。……帝国之中，没有人懂得商人所说的，或者敢于支付他们要的价钱。[9]

114

---

① 《博物志》卷二，第六页。《淮南万毕术》中也有同样的一节，《太平御览》卷七三六，第九页引用，但缺关于用珠取火的最后一句。由作者译成英文。

② Priestley (1)，p.170。

③ 我觉得这些文字的文体与内容都很古老，但劳弗坚决否定它的真实性。我认为他关于"冰透镜"的全部论断正是他的最不能令人信服之处。他认定中国人在唐代输入外国的水晶透镜（火珠）之前对透镜毫无所知，所以张华也绝无可能知道。周代的墨家和唐代的道家如听到说"中国人从未进行过自然界的观察或光学的研究"[Laufer (14)，p.224]，大概会极为惊讶。劳弗同样无视《淮南万毕术》中的记述。

④ 扶桑国尚未考证清楚。施古德 [Schlegel (7)] 认为是在萨哈林岛和日本北部。参看第二十九章。

⑤ 如施古德 [Schlegel (7a)] 早已注意到的，此处文字在各书中有出入。这几个字可能是指太阳里的而不是指地上的宫殿建筑物。如果那样的话，这段文字便是观察太阳黑子的含混记录。参看本书第三卷，p.436。

⑥ 《太平御览》卷八〇五，第八页引用。

⑦ Schlegel (7a)，p.138。

⑧ 《太平御览》卷八〇八，第五页引用。

⑨ 商人所说，是关于暴露大兽之肉而收集金刚石的传奇故事的含混叙述。参看 Laufer (12)。由作者译成英文，借助于 Laufer (14)，p.200，(20)，p.19。

〈扶南大舶，从西天竺国来，卖碧颇瓈镜，面广一尺五寸，重四十斤。内外皎洁，置五色物于其上，向明视之，不见其质。问其价，约钱百万贯。文帝令有司算之，倾府库当之不足。……举国不识，无敢酬其价者。〉

对"火珠"的讨论具有更为直接的光学意义。李时珍在《本草纲目》（16 世纪末）中，在"水精"这一条目的附录中描述了"火珠"[1]。由于下面即将说明的混乱情况，"火珠"有时被认为是"火齐"做的，而"火齐"这种物质被认为无疑就是"云母"[2]。

115 所有的正史都一致认为[3]，这种矿物来自印度（至今仍为世界上云母的最大产地之一）；3 世纪和 4 世纪的一些著作也这样记述[4]。然而中国并不缺乏云母矿藏。《拾遗记》[5]讲到公元前 6 世纪的一个既可以反射光又可以发出回声的云母镜；这一切意味着王嘉本人在 3 世纪时曾看到过这类东西。云母可用作隔火屏（很类似于现代工业中云母的用途之一），无疑导致了"控火物质"之名。但云母并不是一种能用于制作透镜的物质。

我们已经见到的有关"火珠"的文字，除了在《论衡》和《博物志》中的之外，最早普遍的记述出现在唐代。《新唐书》[6]在述及罗刹国和丹丹国[7]时写道：

他们的国家大量出产火珠，最大的有鸡蛋那么大。它们又圆又白（透明），发出的光可达数尺远。拿着朝向太阳光时，艾和灯芯草（火绒）立即就会被从珠子突发出的火点着。这种火珠的材料看起来像水晶。[8]

〈……多火珠，大者如鸡卵，圆白照数尺，日中以艾藉珠，辄火出。状如水精。〉

这些被劳弗视为水晶（虽然似乎不能完全排除玻璃）的点火透镜，不断地由外国进贡而来，如 630 年林邑国王呈献[9]，641 年从摩揭陀和箇失蜜呈现，等等[10]。607 年常遫出使赤土国（暹罗）时还曾到罗刹购买[11]。日本的学者僧人圆仁，在一次危险的航海之后于 839 年平安到达中国，曾呈献一火珠给神道的诸神以表示感恩[12]。根据《证类本草》的某些版本，中国在宋代已制造点火透镜[13]。如前已指出，"火珠"为梵文 *agnimaṇi*[14] 的

---

① 卷八，第五十六页。译文见 Laufer (14)，p.189。

② 谢弗 [Schafer (5)] 对云母在中古时代中国矿物学和药物学中的地位作了有意义的叙述。

③ 《梁书》卷五十四，第二十一页；《南史》卷七十八，第十四页，《太平御览》卷八〇二，第十一页引用；等等。

④ 《南州异物志》，《太平御览》卷八〇九，第二页引用；《吴录地理志》，《太平御览》卷八〇九，第一页引用。

⑤ 卷三，第五页。

⑥ 卷二二二下，第二页。

⑦ 罗刹虽为"罗刹族"（Rākṣas）之国"，但不是锡兰，而更可能是马来亚的彭亨（Pahang）；丹丹则很可能是吉兰丹（Kelantan）。参看 Gerini (1)，Purcell (3)。

⑧ 最后一句只见于《旧唐书》卷一九七，第一页，《太平御览》卷八〇三，第一页引用。译文见 Laufer (14)；Pfizmaier (94)，p.630。

⑨ 《新唐书》卷二二二下，第一页。

⑩ 《新唐书》卷二二一上，第十二页；卷二二一下，第八页，等等。

⑪ 参看《隋书》卷八十二，第四页；Hirth & Rockhill (1)，p.8；Pelliot (17)。

⑫ 在他的日记《入唐求法巡礼行记》中讲到献"取火玉"一事。译文见 Reischauer (2)，p.117。

⑬ 卷三，第四十四页。

⑭ "新火"在印度传统上是使用点火透镜（*sūryakānta*）取得的。参看布洛克曼 [Blochmann (1)，p.48] 所译的《阿克巴则例》（约 1590 年）。"还有光亮的白石，叫做月镜（*chandrakānta*），把它曝露在月光下，可滴水"。参看本册 p.90。

直译，但这一名称在唐代的中国已不是一个新词，因为更早的时候曾用以称流星。在唐代和宋代，透镜的用途之一是在医疗中用于烧灼，这是没有什么疑问的。李时珍说，在他那个时代医生用火珠炙艾绒，以免灼伤病人。

在同一段中①，李时珍引《新唐书》时有误，他将"火珠"写成了"火齐珠"。在他心目中一定把二者当成了同一事物。他说，"火齐珠"首见于《说文》（121年的古老的字书），"火齐"珠就是《前汉书》中所称的"玫瑰"，与《续汉书》中提到的"火精"是同一种东西（见本册 p.100）。劳弗②想证明中国在唐代以前没有点火透镜，因而否定这种意见，李时珍若知此，定会大为惊讶。劳弗坚决主张所有这些名称都是指云母③，并且说云母时常与水晶的和玻璃的透镜相混淆。另一方面，章鸿钊④却认为"火齐珠"应解释成"像云母那样光辉和透明（"明澈若火齐"）的点火透镜"。后来，戴密微[Demiéville（2）]在坚持将"玫瑰"作云母解的同时，又从汉代以后的一些辞书中找出把"玫瑰"都解释为"火齐珠"的若干出处。但章鸿钊同样坚决地（和有理由地）确信双凸透镜决不可能由平片的云母制成。因此很难说在什么时候"火齐珠"不再指云母，而开始指透镜状的玻璃片或水晶片。不过，自从进行这些讨论以来积累的考古学证据，已使可能性的对比多少发生了变化。再者，陈藏器在725年曾说"琉璃"与"火齐珠"同是一物⑤。他引4世纪吕静的字典《韵集》作为证据。因此，即使我们对汉代的"火齐珠"的判断有所保留，但现在看来很可能唐代以前的许多史料意思指的是透镜。如519年扶南（柬埔寨）献"火齐"珠作为贡品⑥。528年丹丹国又献"火齐"珠⑦，而七年之后的贡品中只有"瑠璃"——这也许是意味深长的并列⑧。毫无疑问，看来我们必须正视这种情况，即，在中古时代早期中国使用玻璃透镜和水晶透镜的程度以过去一般想像的要普遍得多。问题在于，这些透镜被制成什么形状？

我们发现，关于透镜的中国所有文献中最有意义的记述之一，正是在唐宋之间的时期。在以前的一章（本书第二卷 pp.444 ff.）里，我们对谭峭约著于940年的《化书》已谈到不少。书中有一段讲到四种光学器具，由于所用的词是"镜"，所以读过这一段的为数不多的人如佛尔克[Forke（12）]等都以为这些器具是反射镜。然而不应忘记的是，反射镜只有三种基本类型（平面、凹面和凸面），而透镜却有四种基本类型（平凹、双凹、平凸和双凸）。所以，让我们假定谭峭确是用这四种透镜在做实验，来读一读这段文字。

在我身边总有四个透镜。第一个称"圭"（双凹发散透镜）；第二个称"珠"（双凸透镜）；第三个称"砥"（平凹透镜）；第四个称"盂"（平凸透镜）。

用"圭"，物（比像）大。⑨

① 《本草纲目》卷八，第五十六页。
② Laufer（14），p.191.
③ 他把"火精"除外，认为"火精"是一种粉红色或红色的水晶。
④ 章鸿钊（1），第55页以下。
⑤ 《本草纲目》卷八，第五十七页。
⑥ 《梁书》卷五十四，第十一页。
⑦ 《梁书》卷五十四，第十六页。
⑧ 《梁书》卷五十四，第十六页。
⑨ 我们假定他把物放在两倍焦距之外。

用"珠",物（比像）小。①

用"砥",像正立。②

用"盂",像倒立。③

当人们通过这些器具看形象即人的外形时，就会理解没有什么东西是（绝对的）大或小，美或丑。……④

〈小人常有四镜。一名圭，一名珠，一名砥，一名盂。圭视者大，珠视者小，砥视者正，盂视者倒。观彼之器，察我之形，由是无大小，无短长，无妍丑，无美恶。……〉

这里毫无疑问，"珠"就是年代甚久的双凸点火透镜。"砥"呈平凹状，这可由中国传统的磨刀石的形状——不是一轮物，而是竖放在座子上的一块石板，它的上表面由于不断磨刀而成凹面——得到强有力的提示⑤。"盂"很可能是一个实心的玻璃半球⑥。"圭"则取除此三种形状之外的双凹形状，虽然并不难看出双凹透镜为什么应该这样称呼⑦。关于谭峭的实验的更详细记述如果能流传下来，那就好了⑧。

关于以后时代的光学研究，现在还知道得很少。前面我们已讨论过沈括对于反射镜、点火镜、"魔"镜和暗箱的兴趣⑨。人们大概以为像郭守敬这样的人会对反射镜和透镜特别感兴趣，或许以后还可能发现元代有关这方面的许多研究。我们曾经提起过郭守敬发明的"景符"⑩。光学和反射光学在明代随着自然科学的普遍衰落而一同衰落，但在耶稣会士来华之后，则像许多其他学科的科学一样又被激起了兴趣。我们在前面已注意到⑪中国第一部关于望远镜的书，即 1626 年汤若望（Adam Schall von Bell）的《远镜说》。不过直到 19 世纪，高潮才真正开始，这就是 1835 年左右郑复光的《镜镜詅痴》以及大约五年之后张福僖的《光论》。这两部书都系统地讨论了光的性质以及各种形式的反射镜与透镜，前一部书还记述了望远镜和六分仪的制造⑫。

人们不看一看在欧洲的类似的发展，便不能评价至此的整个情况。关于希腊的光学和反射光学，前面已经讲过一些（本册pp.85ff.）。虽然希腊人没有考虑过透镜，但无

① 这是一个放大镜。
② 因为这是一个发散透镜。
③ 因为这是一个会聚透镜。
④ 由作者译成英文。
⑤ Hommel（1），p.257。
⑥ 除非它确实是凹凸透镜，而不是简单的平凸透镜。虽然谭峭的时代肯定已有了玻璃杯，但看来很不可能在这样早的时代就已对正的或负的新月形凹凸透镜有所研究。
⑦ 该名称似乎由某些古代的玉圭和礼仪用青铜斧钺而来，它们的形状显然趋于两侧呈凹形［参看 Laufer（8），pp.74，95］。
⑧ 尤其因为欧洲在 1593 年德拉·波尔塔的《论折射》（De Refractione）出版之前，没有关于各种基本类型的透镜的性质的系统论述，所以人们更有此想法。波尔塔的这部书是开普勒 1604 年的出色著作的前奏，对该书所进行的有意义的分析，见 Ronchi（1），pp.65ff.。
⑨ 本册 pp.93，94，97。
⑩ 本书第三卷，p.299。
⑪ 本书第三卷，p.445。
⑫ 而且还附有一篇《火轮船图说》，图解说明蒸汽明轮船的发动机。参看本书第二十七章（h）。

疑的是，西方从很早的时期就已经知道水晶或玻璃制的"透镜"（"perspicilia"）和点火透镜了[1]。阿里斯托芬的一段有名的著述[2]，说到一块透明的石头（*hyalos*，ὕαλος），被用来点燃某些法律文件。普利尼提到[3]用水晶透镜进行烧灼，并说[4]装满水的玻璃球会使纺织品起火。塞涅卡写道[5]，无论多么小或多么不清楚的字，都可以可用装满水的玻璃球将它放大而能够阅读。

虽然克莱奥梅德斯和托勒密都曾研究过反射和折射，但人们一般都认为[6]第一个考察透镜性质的人是伊本·海赛姆（965—1039 年），而他所研究的主要是双凸透镜或球形点火镜[7]。波兰物理学家维泰洛（Witelo，13 世纪前半叶）从海赛姆那里得到一些关于透镜的知识，并列出了在空气、水和玻璃表面的折射表。他的同时代人罗伯特·格罗斯泰斯特（Robert Grosseteste，1175—1253）[8]和罗杰·培根（Roger Bacon，1214—1292)[9]，是在伊本·海赛姆之后首先使用平凸透镜的人，稍后约翰·佩卡姆（John Peckham，卒于 1292 年)[10]曾提及凹透镜和平凹透镜的可能的应用。大约就是在这个时期发明了眼镜。因此，如果我们对谭峭的研究的解释是正确的，那么，如同在针孔和暗箱方面所看到的那样，我们再次看到中国人与阿拉伯人并驾齐驱（事实上在这方面还较阿拉伯人居先），虽然他们由于缺乏演绎几何学而始终受到限制。

(iv) 眼　镜

人们有时说，眼镜是中国人发明的。这种说法或许部分地来自劳弗［Laufer（16）］的一篇包含着许多矛盾的论文，不过这些矛盾后来被裘开明［Chhiu Khai-Ming（2）］解决了。劳弗以为，赵希鹄在著于 1240 年后不久的《洞天清录》中关于眼镜（"叆叇"）的记述是可信的，如果这一点被证实，那么这种助视器在中国的记载要比在欧洲早约半个世纪。这段写道[11]：

> "叆叇"形状像大的钱币，颜色像云母。老人头晕视力疲倦以致不能阅读小字时，他们将"叆叇"戴在眼睛上。于是又能集中眼力，字的笔画显得加倍清楚。"叆叇"来自西方的马六甲。

> 〈叆叇，老人不辨细书，以此掩目则明。元人小说言叆叇出西域。〉

119

---

① 有人认为，莱亚德［Layard（1），p.197］在巴比伦发现的平凸状水晶物件，不可能是打算作透镜之用的［Singer（9）］。

② *Clouds*，768。

③ *Hist. Nat*. ⅩⅩⅩⅦ，28（ch.10）。

④ *Hist. Nat*. ⅩⅩⅩⅪ，199（ch.67）。译文见 Bailey（1），vol.2，p.153。

⑤ *Quaest. Nat*.1，6，5。译文见 Clarke & Geikei（1），p.29。

⑥ 参看 Singer（9）。

⑦ Sarton（1），vol.1，p.721；Winter（4）。伊本·海赛姆还应用几何学理论求光通过凸的和凹的圆柱面玻璃时的光路。

⑧ Sarton（1），vol.2，p.584。

⑨ Sarton（1），vol.2，pp.952，957。

⑩ Singer（9）。

⑪ 卷一，第九页。译文见 Chhiu Khai-Ming（2），经修改。

但是文献学的研究表明，此段未见于赵著的最佳和最初的版本之中，因此一定是明代某人添加进去的。而且，谈到马六甲就是一个时代上的错误。事实上，提及眼镜的最早的书籍著于明代，是郎瑛（1487—1566 年）的《七修类稿》和张宁（盛名于 1452 年）的《方洲杂言》[①]。

从他们的记述，可以明确，中国在明代初年即 15 世纪已经知道眼镜了，虽然还不很普遍[②]。例如，张宁在指挥胡㑺的寓所曾见到一副眼镜，那是皇帝在 1430 年左右赐给他父亲的。张宁描述说，它们像云母"或通常人们所说的'硝子'"（"类世之硝子"），即玻璃[③]，并说据信来自满剌加。大约一个世纪之后，郎瑛在他的著作中说看到一副眼镜，是他的朋友霍子麒在甘肃从夷人（大概是阿拉伯或波斯商人）那里得到的。所有这些明代记述的眼镜都是单眼镜，人们可以随意把它们结合起来使用。戴闻达 [Duyvendak（19）] 把中国文献中已知的最早记载眼镜的时间提早到 15 世纪初，因他注意到有这样的记载，即 1410 年满剌加国王曾向中国进贡了十副眼镜。此事可见于罗懋登在 16 世纪最后十年写的一部小说《西洋记》[④]。虽然这部书中充满了寓言般的材料，但确是以有关郑和与王景弘的著名航海的严肃史料为基础的，并且保存了一些已经失传的资料（例如，贡物清单、大炮等武器的详细情况等）。当然，没有理由认为这是眼镜的首次引入，然而是否如裘开明所认为的，在元王朝灭亡之前真的已有眼镜，则仍不能确定[⑤]。至于提到甘肃，这使人联想到眼镜可能同棉花一样，既由北方陆路又由南方海上接触而输入。

虽然最早用的名称为"叆叇"（或"僾逮"），但近代的名称"眼镜"在 15 世纪初就已经流行了。裘开明颇有理由地认为，"叆叇"必定是某个外来词（很可能是阿拉伯语）的音译。而我们发现，确实在阿拉伯语中称眼镜为 *al -'uwaināt*（"小的双眼"）。又因为"矮纳"是眼镜的另一名称，所以认为波斯语的 *'ainak*（单数）是其另一来源也是可信的。但人们不得不疑惑，最初选用这个名称的学者是否想使沈括所用的表示焦点的古字"碍"有双关的意思[⑥]。

关于眼镜在欧洲的起源，还有很多不明白之处。困难在于有关发明者的大部分史料都已亡佚。罗杰·培根确实曾述及改进视力的可能性，但首先实际制作眼镜的荣誉（特别）被归功于萨尔维诺·德利·阿尔马蒂（Salvino degli Armati，据说卒于 1317 年左右）；或归功于比萨的修道士亚历山德罗·斯皮纳（Alessandro Spina，卒于 1313 年）。辛格 [Singer（9）] 综合了各种情况的证据，认为眼镜于 13 世纪末开始得到使用，首先是在意大利，最初是远视眼用的凸透镜（*occhiali*），而近视眼用的凹透镜则迟至 16 世纪中

120

①　两者均被《格致镜原》卷五十八，第二十二页引用。
·②　文献中有这样一个故事，说马可·波罗在中国时曾见到眼镜，但已故的慕阿德（A.C.Moule）教授向我证实了希尔施贝格 [Hirschberg（1），vol.13，p.265] 的观点是正确的，即马可·波罗从未提到过眼镜。沃纳 [Werner（2），p.280] 甚至断言中国唐代就有了眼镜，但从他作为根据而列举的书名来看，其年代最接近唐代的都是元代或明代的著作，所以他一定是搞错了。
③　该词可见于 1387 年的《格古要论》（卷六，第五页），书中有制造玻璃的描述。
④　卷五十，第三十六页；卷九十九，第二十五页，又见本书第二十九章。
⑤　无论如何，《康熙字典》的编纂者认为如此（在"叆"字条下）。
⑥　从阿拉伯语音译，并不排除有适宜的中文意义。"叆叇"可解释为"喜爱穿过云幕而到达"。而且，光线亲爱地聚集于焦点。戴闻达 [Duyvendak（19）] 也赞同这两个字的选用是很考究的。

叶才得到使用①。虽然罗森［Rosen（2，3）］最近的彻底的研究并没有改变这种概貌，但却澄清了关于原始发明的极其纷乱纠结的证据②。因此现在有可能把首次制作眼镜的时间定为 1286 年之后不久。发明者既不是上述两个人中的哪一个，也不是我们知其姓名的人，而大概是比萨的一个普通老百姓，也许是一位玻璃工人，由于行业原因，他对制造方法保密。流传下来的关于这方面的最早报道，包含在比萨的修道士焦尔达诺（Giordano）于 1306 年在佛罗伦萨的一次讲道之中，显然他本人认识这位工匠。关于眼镜本身的最早记述，出现在 1300 年威尼斯的水晶和玻璃工人同业公会的一套规章之中③，其名称为 *roidi da ogli*。眼镜首次出现在画像中，则见于在特雷维索（Treviso）的一幅 1352 年的肖像④。因此很明显，由于这个时期是一个贸易往来兴旺的时期——起初在蒙古人的保护下与欧洲交往，其后在明代航海期间与南亚通商，毫无疑问，眼镜传播到中国必定是相当迅速的。

121

　　然而，宋代人确实有两种技术可以被认为是眼镜透镜的前奏，一是放大镜，一是深色的护目镜。关于前者，刘跂在他逝世（1117 年）前不久写的《暇日记》⑤中说，他的同时代人史沆和其他法官常用各种水晶放大镜辨认刑事案件中字迹模糊的文件⑥。法官们也常使用烟晶（例如"茶晶"）作的深色眼镜，并不是像我们开车时来遮挡阳光⑦，而是便于掩饰自己，使当事人看不出他们对证据的反应⑧。另外，应用放大镜的间接证据，来自在艺术品上雕刻非常细小的文字这种古老而受人喜爱的手艺。例如，在 1360年杨瑀写道⑨：

　　　据说刺史王倚有一支毛笔，虽然不比普通的毛笔大多少，但两端的直径较大，约为半寸。在这两个粗头之间刻着图画：军队、人物、马匹（甚至它们的毛）、亭台、楼阁及远处的水，所有这些都极其精细。每一景色都配有两句诗。它简直不像是人工所为。图画的线条发亮，好像是用粉笔画的，所以在反射光中很容易看见。据说是用老鼠的牙齿作工具雕刻出的。在崔铤的文集中，有一篇文章记述王倚的这支笔，这说明它多么宝贵。

　　　我有一次听说，北京钟楼大街的王家保存着射手用的玉制拇指指环，其大小与

① Greeff（1，2）；Bock（1）；Oliver（1，2）等关于眼镜制造史的权威著作都可供参考，但罗森［Rosen（2，3）］对所有书中谈到的最初的发展情况作了根本性的校正。林恩·怀特［Lynn White（1）］从眼镜历史的来龙去脉论述眼镜的发明，并进一步列举了一些参考文献。参看 E.C.Watson（1）。关于眼镜与眼科学历史的关系，见赫希堡［Hirschberg（1）］论述精辟的各卷。

② 这项工作是科学技术史的近代研究中最惊人的"侦探故事"之一。"侦探故事"这个说法特别恰如其分，因为它揭露了 17 世纪以来整个一系列的蓄意的伪造（以及无数的不准确之处）。

③ 此为尚未提及眼镜的 1284 年规章的补充。见 Rosen（2），p.211。

④ Von Rohr（2）；Rosen（2），p.205。

⑤ 见《说郛》卷四，第三十九页。

⑥ 后来裴开明［Chhiu Khai-Ming（2）］也说到这方面的情况。

⑦ 然而，为了避免强光的刺激，在中国的西藏和西部各省都使用牦牛毛的眼罩［Rockhill（2），pl.30］，但北部的蒙古人则用爱斯基摩人的方法，使用带有一条水平细缝的角质或骨质眼罩［Mason（1），pp.281ff.］。有理由认为，在 6 世纪的中国曾使用过金属眼罩。

⑧ 我完全相信这条材料是真实的，它见于一篇论火珠和眼镜的论文［H.T.Pi（1）］。虽然这篇文章很有意思，但充满了严重的和使人误解的错误。Rakusen（1）一文也是如此。

⑨ 《山居新话》第二十九页。译文见 H.Franke（2），no.80。

乞食钵底的圈差不多。然而它的上面却刻着整卷的《心经》[1]。

　　此外，我的已去世的父亲（他是枢密使）常说，他曾见过一只竹龟，与我所收藏的那个相似，但上面有嵌入乌木里的象牙铭文，整卷的《孝经》就这么写在上面。它不比手的食指大。比起王倚的笔来，这些东西似乎制作更精巧，谁都会认为是鬼斧神工。

　　〈刺史王倚，有笔一管，稍粗于常用。笔管两头各出半寸，中间刻从军行一铺，人马毛发、亭台远水，无不精绝。每一事刻从军诗两句，似非人功。其画迹若粉描，向明方可辨之。云用鼠牙雕刻。崔铤文集，有王氏笔管记，其珍重若此。余尝闻大都钟楼街富室王氏，有玉箭杆，圆环一如钵，遮环之状差小，上碾《心经》一卷。及闻先父枢密言，曾见竹龟一枚，制作与余所藏相同。但其碑牌中，以乌木作牌，象牙为字，嵌《孝经》一卷于其上。其碑不及一食指大。以此观之，二物尤难于笔管多矣，人皆以为鬼工也。〉

这种技艺一直流传到现代[2]。

122　　　拉斯马森［Rasmussen（1）］和霍梅尔[3]曾搜集有关传统的中国眼镜的详细资料。德庇时［Davis（1）］和卫三畏[4]（Wells Williams, 1836—1846）曾见过深色眼镜的使用，并发现用水晶作眼镜比用玻璃更为常见。传统的眼镜制造者有一套经验方法来估计透镜的凹度，他们用十二地支表示相当于屈光度从 -0.5 至 -20 的各级[5]。这是用于近视（"近光"）的标度，而用于远视（"老光"）的凸透镜也有类似的标度。

（6）影戏与走马灯

　　中国历史上有一件著名的事，是关于公元前 121 年术士少翁为汉武帝的一个死去的妃子招魂。故事见于《史记》[6]和《前汉书》[7]。下面援引《前汉书》中较为详细的叙述：

　　（李夫人死后）皇帝思念她不止。从齐国来的一位术士少翁，说能使她的魂出现。因此摆出了一些酒肉供品，然后在帷幕的周围布置了一些灯烛，这时，皇帝坐在另一（透明的）幕帐的后面。过了一会儿，他真的看到远处有一美女坐下，又走来走去，但他无法接近她。此后皇帝更加想念她，因为悲伤而写成一首诗，诗的大意是："真的是她抑或不是她？我忍不住立起身来。她走得多么优美，而又似乎那么慢地向我走来？"

　　〈上思念李夫人不已，方士齐人少翁言能致其神。乃夜张灯烛，设帷帐，陈酒肉，而令上居他帐，遥望见好女如李夫人之貌，还幄坐而步。又不得就视，上愈益相思悲感，为作诗曰："是邪，非邪？立而望之，偏何姗姗其来迟！"〉

---

　　①　*Prajñā – pāramitā Sūtra* 的俗称。

　　②　在我写这段之后不久，我的朋友冯玄（音译，Fèng Hsüan）博士给我看一块非常小的象牙，上面刻着毛泽东主席的一首诗。

　　③　Hommel (1), p.198。

　　④　Williams (1), vol.2, p.22。

　　⑤　屈光度是透镜及其焦点之间以米计的距离的倒数。

　　⑥　卷二十八，第二十四页［译文见 Chavannes (1), vol.3, p.470］。在这部书中的妃子为王夫人而不是李夫人，另外还出现了一个与炼丹术有关的人物——灶神。

　　⑦　卷九十七上，第十四页。由作者译成英文。

这个故事后来时常被说起①。另外还有相当详细的记述，谈到唐代也制造过同类的幻象。大约930年孙光宪著的《北梦琐言》说到②处士陈休复有完全相同的技巧。高彦休的《唐阙史》③记述了另一处士为一进士的亡伎也作了同样的返魂之术④。

汉代的这种技艺，大概不外是在亚洲许多国家已有若干世纪传统的"影戏"的一种⑤。宋代《事物纪原》的著者也持这种看法⑥。如果考虑到本书对中国光学知识已作的叙述，那么从唐代的事例来看，也可能有人曾想到在闭合箱子的针孔处安置一个或多个透镜。当然，这就是1630年科内利乌斯·德雷贝尔（Cornelius Drebell）或1646年阿塔纳修斯·基歇尔（Athanasius Kircher）发明幻灯的那个创新要素⑦。但是看来更为可能的是，唐代继承了少翁开创的技艺，或许还进而使之完善。

电影的另一祖先是一种走马灯，它很可能起源于中国。这就是把一个轻的盖罩悬挂在一盏灯的上方，罩的顶部安置有叶片，可由上升的热气流使它旋转。在圆筒⑧的侧面有纸或云母的薄片，上面绘有图画。假如罩子旋转得足够快，就会使人感到动物或人在活动。这样的装置的确体现了影像快速接续的原理⑨。在曾经引用过的《西京杂记》中，有关于秦始皇帝府库的半传说性的记述⑩，说到有一种灯，点燃后有几条龙飞转，并且鳞片闪闪发光。书中还描述了应为小风车或空气涡轮机的一件东西：

> 有一根玉管，长二尺三寸，上面有二十六个孔。如果使气通过它而吹响，人们就会看到车马山林出现屏幕前，一个接着一个，还会听到辘辘的行驶声。吹声停止时，一切都消失了。

〈玉管，长二尺三寸，二十六孔。吹之则见车马山林，隐辚相次。吹息亦不复见。〉

这件东西名为"昭华之琯"。丁缓（约180年）显然应用了上升的热气流，制成了"九层博山香炉"⑪，它的上面附有许多奇禽怪兽。大概灯一点燃，所有这些鸟兽就都十分

---

① 参看《拾遗记》；《野客丛书》卷十一，第六页；等。

② 卷八，第七页。

③ 卷下，第十五页。

④ 奇怪的是，与此十分相似的魔术也是17世纪英格兰魔术能手们的部分惯用手法，著名的如占星术士威廉·利利（William Lilly，1602—1681），他是阿什莫尔（Ashmole）和佩皮斯（Pepys）的朋友，索尔福德（Salford）和凯斯（Case）的前辈。

⑤ 参看 Jacob & Jensen（1）。

⑥ 卷九，第三十四页。在他那个时代，影戏颇为流行，并且还有特别的经营者同业公会存在。参看《梦粱录》卷十三，第十二页；卷二十，第十三页；《武林旧事》卷二，第十六、十九页；卷六，第十七页。从这些资料，我们知道在马可·波罗的时代，走马灯的名称是从"镟影戏"，即"旋转的"影戏发展而来的。

⑦ 参看 Feldhaus（1），col.824。最早将透镜应用于暗箱的人，显然是达尼埃莱·巴尔巴罗（Daniele Barbaro），于1568年在威尼斯；随后为德拉·波尔塔，于1589年［Feldhaus（1），col.226］。首先使用幻灯的讲演者是一位到中国传教的耶稣会士卫匡国（Martin Martini，1614—1661），这是一般不大知道的。读者还记得在本书第三卷pp.554，586曾述及他的重要的地理学著作。卫匡国是阿塔纳修斯·基歇尔的学生，于1651年回到欧洲，在四年中广泛游历，会见了许多学者。参看 Bernard-Maître（15），Duyvendak（13），以及本书第一卷 p.38。他于1654年在卢万（Louvain）用幻灯这个新技术作讲演的说明。见 Liesegang（1）。

⑧ 一个通用的现代名称是"伞灯"，无疑来源于灯和伞字两者的形状［刘仙洲（1），第77页］。

⑨ 类似的想法是否可能根据那些具有许多手臂的神和女神的塑像而来？中国继承了来自印度的佛教的这些特征。图296所示为在江苏戒幢律寺中的四面千手观音。虽然这许多手臂对于掌握一切的神的象征来说可能有时是必需的，但手的倍增或许是想要表示快速运动的强有力，而在形象上凝结成组合的"静态画面"。

⑩ 卷三，第五页。由作者译成英文，借助于 Dubs（2），Vol.1，57。

⑪ 与浮雕地图有关，参看"地理学"一章，本书第三卷，p.580。

124 自然地活动起来（“皆自然运动”）①。在 10 世纪的《清异录》②中记载了类似的装置
（"仙音烛"），点燃蜡烛或灯之后，就能看到活动的形象和听到叮当的声意。唐代的一位
皇帝为了纪念去世的年轻公主，曾赐给一寺庙这样的一件玩物。它听起来完全像现在斯
堪的纳维亚国家在圣诞节时还常见到的那种令人喜爱的玩意儿。

12 世纪宋代学者范成大和姜夔曾写诗③描述"马骑灯"，说在灯点燃后可看到马影
腾跃，绕灯而转。在《梦粱录》（记述 1275 年的杭州）中也说到类似的"走马灯"④。
大约 17 世纪中叶，耶稣会的一位神父安文思（Gabriel de Magalhaens）很喜欢这东西，
他写道⑤：

> 每个灯笼中有无数的灯火和烛光，巧妙而愉悦地交织着。灯光使画面增色，烛
> 烟更使灯笼上的人物栩栩如生。在精工巧制之下，这些人物好似在行走转身，此起
> 彼落。你可以看到马的奔跑、拉车、耕地；船的行驶；国王和王子进进出出，前呼
> 后拥；步行和骑马的许多人，军队行进，喜剧，舞蹈，以及许许多多其他的娱乐和
> 活动。

近代的作者曾描述⑥当时中国尤其北京所制作的这种玩具。卜德（Bodde）译自敦
礼臣的《燕京岁时记》中的一段，非常有趣，值得全文录用。敦礼臣在 1900 年写道：

> 走马灯是以纸剪制成的轮子，当它们被（轮子的下方固定着的）烛（上升的热
> 空气）吹动时，（画在纸上的）车和马就旋转不息地活动和奔跑。烛熄灭后，则全
> 部动作就停止了。虽然此物只不过是件微不足道的东西，但却包含在成和败、兴和
> 衰的全部根本原则的真理之中，因此从古到今的数千年间，正如二十四史所记载的
> 历史，也无非就像一个走马灯而已⑦。

125
> 除走马灯外，还有其他的灯，如车灯、羊灯、狮子灯、绣球灯（即便反复在地
> 面上滚动，灯仍然能从里面照明）⑧等。每年到十月（即在新年来临的时候），如前
> 门、后门、东四牌楼、西单牌楼等各处皆有之。有闲暇的人们带着孩子到这些地
> 方，高兴地买一只回去，确是一件乐事。

> 由火焰控制轮子、由轮子转动机构的走马灯，与现今的轮船和火车是同一类事
> 物。如果它的（操作原理）曾推而广之，以致从一个深奥的原理进而探求另一个深
> 奥的原理，那么，谁能说在过去的数百年间不会发明真正有用的机械呢？可惜中国
> 把自己的才智局限到这样的范围，结果，智力的创造和发明家的才华，表现出来的

---

① 《西京杂记》卷一，第八页。参看 Laufer (3)，pp.180，196。

② 卷下，第二十四页。

③ 他们写的分别为《上元节物诗》和《观灯诗》，两者都见于魏崧的《壹是记始》卷十七，第六页。我很感谢
德克·卜德（Derk Bodde）教授提供的这些准确资料。

④ 卷十三，第八页。这部书也描述了（卷一，第三页）看上去像是在飞腾的被照亮的龙。这些与热气球之间
可能有某种关系 [见本书第二十七章（m）]。

⑤ Magalhaens (1)，p.105。

⑥ Bodde (12)；Eder (1)，p.24。关于印度支那的情况，见 Huard & Durand (2)，p.80。

⑦ 敦礼臣对中国历代王朝的循环复现，用了这样一个鲜明的隐喻（参看本书第四十八章）。或许他也想到宋
代理学的循环变化观点（参看本书第二卷 p.485）。不过，也许他还过多地受到当时西方人的错误概念的影响，认
为中国文化除停滞之外别无其他。

⑧ 此为卡丹悬环装置——见本书第二十七章（d）。

图版 一〇四

图 296　江苏戒幢律寺中的四面千手观音像。手臂及特征的倍增象征着闪现动作和无穷活力［博尔
　　　　施曼（Boerschmann，3a）摄影］。

只不过是儿童的一个玩具而已！现在，别人跨一步，我们也跨一步，别人前进，我们也跟着前进。如果我们只惊讶于（西方人的）神奇的力量，仍然满足于自己的愚蠢，难道我们能自我辩解说，宇宙造就的天才就只遍布他们那里，而很少在我们这里吗？这难道不是我们真的应该对自己生气的事吗！[1]

〈走马灯者，剪纸为轮，以烛嘘之，则车驰马骤，团团不休，烛灭则顿止矣。其物虽微，颇能具成败兴衰之理。上下千古二十四史中，无非一走马灯也。是物之外，又有车灯、羊灯、狮子灯、绣球灯之类。每届十月，则前门、后门、东四牌楼、西单牌楼等处，在在有之，携幼而往，欢喜购买而还，亦闲中之乐事也。

按走马灯之制，亦系以火御轮，以轮运机，即今轮船铁轨之一班。使推而广之，精益求精，数百年来，安知不成利器耶？惜中土以机巧为戒，即有自出心裁精于制造者，莫不以儿戏视之。今日之际，人步亦步，人趋亦趋，诧为奇神，安于愚鲁，则天地生材之道，岂独厚于彼而薄于我耶？是亦不自愤耳！〉

英国皇家学会副会长卡彭特（W.B.Carpenter）以典型的西方人的自信，在 1868 年写道，活动画片玩具是法拉第（Faraday）于 1836 年创制的[2]。卡彭特和敦礼臣都没有充分考虑到像丁缓这样的古代机械天才。他们两人既没有意识到走马灯的近亲——中国的竹蜻蜓已经成为研究的对象，它启发了近代空气动力学之父进行革命性的工作[3]；也没有意识到敦礼臣所提到的丁缓的另一项发明，即至今仍被世人认为是热罗姆·卡丹（Jerome Cardan）发明的悬环装置——当它安置于陀螺仪的迴转轮时，对于飞行也极为重要[4]。一方是过于自信，而另一方又过于缺乏自信。只有历史的评判才可能最终表明，欧洲在 10 世纪所需要努力赶上的差距与中国在 20 世纪初所需要努力赶上的差距是同等的。

126

（h）声（声学）

（1）小　引

声学，可广义地定义为物理学的一个分支，内容包含声的一般性质；也可狭义地定义为应用于厅堂建筑之特性的有关声的知识。在这里，我们采取广义的概念。因此，本节不仅叙述中国人在这方面的实际成就[5]，而且要叙述他们在古代和中古时代对于声学现象的看法。从科学史的观点来看，声学整个学科特别值得注意，因为不论在东方和西方，声学是人们将定量测量应用于自然现象的最早的领域之一。

---

① 译文见 Bodde（12）。我必须感谢德克·卜德教授给我寄来这份摘录，那时剑桥没有他的书。

② 事实上，约翰·巴特（John Bate）在 1634 年对此已有描述（*Mysteryes of Nature and Art*, pp.30ff.）。作为电影摄影学基础的视觉暂留原理，帕里斯（Paris）和克鲁克香克（Cruickshank）在 1827 年也有过描述。

③ 见本书第二十七章（m）。

④ 见本书第二十七章（d）。

⑤ 关于音乐与数学之间的关系，我们可以引用阿奇博尔德［Archibald（2）］的富有启发性的论述。琼斯［Jeans（2）］的书对即将阅读后面内容的读者是非常有用的。

迄今为止，还没有人把中国人关于声学概念的发展作为一门科学做出评价①。但学者们论及中国音乐时，自然必定会在某种程度上涉及此问题。西方人最早的权威性阐述是耶稣会神父钱德明（Jean Joseph-Marie Amiot，1718—1793）的著作，他在这方面所做的工作［Amiot（1）］可与宋君荣②在天文学方面所做的工作媲美。关于中国音乐的两篇必不可少的专题著作是古恒［Courant（2）］和莱维斯［Levis（1）］写的，它们在很大程度上取代了一些较为陈旧的著作③。最近，皮肯［Picken（1，2）］的杰出的综合性论著已经问世④。特别重要的是沙畹（Chavannes）⑤所译的《乐记》⑥，这是周代晚期的宝贵文献⑦；还有他对标准律管的研究⑧。我们认为，赵元任［Chao Yuan-Jen（2）］对中国人在音乐方面所做贡献的评价过于谦逊，因为他几乎未能公平评判中国人对于音色的高度敏感⑨、中国人作为一个民族在系统总结音调语言中独一无二的旋律构成理论方面的成就⑩，以及中国人所独有的特色鲜明的极其丰富的旋律意蕴⑪。关于中国的乐器，有大量的西方文献可供参考⑫，对此以及李纯一（1）和其他学者的有用的著作，我们在必要时将时常加以引用。

充分讨论中国历代的音乐文献，会大大超出我们研究的范围，然而区分基本上是声学的著作与基本上是音乐的著作，却也相当困难。周代晚期的《乐记》的传统后来逐渐发展成了广博的研究，包含基本的音乐理论、调式等项目表⑬、乐器的系统描述、管弦

127

---

① 库特纳［Kuttner（2）］的未出版的著作或可补充这方面的不足。我们期待吴南薰的重要著作发表。

② 参见本书第三卷，pp.182 ff.。

③ 例如 Faber（1）；Wagener（1）；van Aalst（1）；Dechevrens（1）；Soulié de Morant（1）等。对于莱维斯的书，一些学者认为风格相当独特。

④ 又见辞典中的一些文章，如 Robinson（3）；Eckardt（1，2）和 Crossley-Holland（1）。鲁宾逊［Robinson（5）］也讨论了关于中国音乐的一些流传广泛的错误概念。参见 Daniélou（1）。

⑤ Chavannes（1），vol.3，pp.238—286。

⑥ 见《礼记》第十九篇［英文译本见 Legge（7），vol.2，pp.92ff.］，与司马迁《史记》卷二十四中的文字相同。我们记得（本书第二卷，p.4）古时曾有《乐经》，但早已失传。与这部著作有关的汉代的三部纬书（参见本书第二卷，pp.380，382）被保存下来（《玉函山房辑佚书》，卷五十四），但是人们尚未从声学史的观点对它们进行研究。除了这些之外，在马国翰（《玉函山房辑佚书》，卷三十、三十一）和严可均辑的文集中，还有关于汉代以后的音乐和声学的大量的片断残篇，为进一步研究提供了广阔的前景。"乐"这个词当然包括了周、秦和汉各时代的礼仪演奏。

⑦ 另一部亦名为《乐记》的书，被认为是刘向所辑，以片断的形式存于《玉函山房辑佚书》卷三十，第六十八页以下。

⑧ Chavannes（1），vol.3，pp.630ff.（Appendix 2）。

⑨ Van Gulik（1）。

⑩ Levis（1）。

⑪ Picken（1，2，3）。我们直到本节将近完成时，才得到了重要的第二手的中文资料，即王光祈（1）的著作。

⑫ 其他文化中有关乐器的一般概观，可参考 Sachs（1，2）和 Schaeffner（1）等著作。简略的概观见 Montandon（1），pp.695ff.。有关中国乐器的专门而广泛的研究，见 Fernald（1），Mahillon（1），Norlind（1），尤其 Moule（10）。最近上海中央音乐学院民族音乐研究所已编成一册关于中国乐器的出色的图集，见钱君匋（1）。吉布森［Gibson（1）］讨论了很可能是在商代（约公元前 14 世纪）所用的乐器。

⑬ 见本册 pp.161，169，215，218。

乐队的排列、舞蹈及服饰等等。但是宋代以前的所有这些研究都未能流传下来，不过我们尚有（尽管不完整）11 世纪晚期陈旸的出色著作《乐书》①。在朝鲜也保存着一部类似的著作，即《乐学轨范》。这是成伣奉成宗皇帝（1470—1494 年在位）之命编纂的，成书于 1493 年，它保存了著名音乐家朴堧（活跃于 1419—1450 年）所作的宫廷音乐研究②。这部后来曾多次重印的著作，行文简洁、安排有序、插图完善，整部书的基本内容具有中国的传统，并添加了适合朝鲜的增补和修正③。除了这类百科全书式的著作之外，在历代正史中有关声学和音乐的各卷里，有着大量的这些方面的资料，西方学者之中，利用这些资料最佳者为古恒［Courant (2)］。此外，我们还可以发现许多有关的资料：在一般的百科全书式著作方面，例如徐坚的《初学记》（约 700 年）；在民族学著作方面，如应劭 175 年的《风俗通义》；在关于科学事物的兴趣广泛的著作方面，像沈括 1086 年的《梦溪笔谈》，这是我们时常提到的一部书④。

除了这些以外，还有个别学者的许多重要研究。我们将在适当时候引用⑤南卓在 848 年撰写的关于鼓的专著《羯鼓录》，以及稍后即五代时期（10 世纪）段安节所著的《乐府杂录》。后一部著作论述乐器及其起源、歌曲、舞蹈以及著名的演奏家。但是正像中国的药物科学经过若干世纪才出现李时珍那样，在声学和音乐研究方面也是如此，直到 16 世纪的最后几十年才产生了超越所有前辈的最伟大的大师——朱载堉。后面我们对他将有详细叙述⑥，这里我们只想谈一下他精心撰著的几部专著。这些著作具有数学的精确性，并附有中国任何技术著作中最完美的一些线条图。最早的一部是 1581 年问世的《律历融通》⑦，三年之后有《律学新说》，1596 年完成了《律吕精义》⑧，而 1603 年又刊行了《算学新说》⑨。正如我们在后面将看到的，虽然朱载堉自己对于欧洲的影响可能非常大，但他并未受耶稣会士东来的影响，他代表了中国固有的声学与音乐理论的最高峰。18 世纪时的中国的学术成就，不得不经受与文艺复兴之后欧洲发展中的成就相比较对照，但即便如此，江永的著作——他的《律吕新论》于 1740 年前后刊行，或戴震的著作——他在 1746 年致力于关于古钟形状的令人钦佩的考古复原⑩，在今天仍是值得仔细研究的。

在声学中，正如在科学的许多其他分支中一样，中国人的方法和欧洲人的方法颇为不同。古代希腊重分析，古代中国则重关联。我们恐怕在唐代以前找不到像普卢塔克⑪所记录的那样的疑问，他问道：

---

① 参阅《律吕新论》卷二，第十六页以下。不要把陈旸的《乐书》与信都芳（参见本册 p.189）著于 570 年左右的《乐书》相混淆。
② 虽然该书主编在序言中只轻描淡写地提及。
③ 参阅 Hazard *et al*. p.143。
④ 参见本书第一卷 p.135，以及后来像做索引一样多次提到的。
⑤ 本册 p.161。
⑥ 本册 pp.139，220ff.。
⑦ 这部著作后来与《圣寿万年历》一起併入在他的《历书》之中。这在本书第三卷 p.713 已经提到。
⑧ 这部著作实际上只是他的《律书》的第一部分。
⑨ 这部著作与《律吕精义》及《律学新说》一起，于 1620 年左右被合编为《乐律全书》。
⑩ 该研究包含在他的《考工记图》中。对此近藤光男（*1*）曾发表了一篇专门的论文。
⑪ 1 世纪时人，与王充同时代。

两支长度相同的管①，为什么较细的一支会发出（较高的音，而较粗的一支会发出）较低的音？为什么你向上仰吹时，各音都变高；向下俯吹时，各音都变低？为什么接上另一管时，声音变低；而分开时，声音又变高了？……为什么有人想在派拉（Pella）的一个舞台的正面竖立亚历山大（Alexander）的铜像时，建筑师提出反对的意见，因为它将损坏演员们的歌声？②

例如在公元前 2 世纪，当董仲舒面对更为惊人的共振现象时，他泰然地认为"没有什么不可思议的"（"非有神"），因为这种看法完全符合中国人的典型的有机的世界观。

130

试着调准诸如琴瑟这类乐器的音。弹一张琴③上的"宫"音或"商"音，将会得到其他调了弦的乐器上的"宫"音或"商"音的响应。它们是自己发音的。这没有什么不可思议的，而是"五音"互有联系，它们是按照"数"而成为如此的（世界就是由此而构成的）。④

〈试调琴瑟而错之。鼓其宫，则他宫应之；鼓其商，而他商应之。五音比而自鸣，非有神，其数然也。〉

然而在中国，我们必须面对两种不同的流派——学者们的书面的传授，以及对声学和音乐内行的工匠们的口头传授。从下文可以看到，后者必定做过大量的实验，提出过完全类似于希腊人所提的问题——但是详情很少被记录下来⑤。

董仲舒确实是他那个时代最具有科学思想和哲学思想的人。在古代和中古时代，声学现象常常被认为是不祥之兆。许多奇异的声响虽被记录下来，但人们的探究却总是着重于它们的含义是什么，而不是它们的起因如何。例如有记载说，在公元前 18 年汉成

---

① 在此，巴克斯特（Baxter）译作"flute"（长笛），但 "*aulos*"（欧勒斯管）不是长笛而是具有双簧的管。希腊人虽然并非没有真正的长笛，但也是极为罕见。

② *Works*，1096A， "Pleasure not attainable according to Epicurus"。英文译文见 Baxter（1），vol.2，pt.4，p.118，经修改。

③ 琴瑟这两种乐器通常都被认为是琴，但这个名称为书面用语而且不确切。古琴现今仍然在使用着（图297），这是一种七弦乐器，正确地说是半圆筒形的齐特拉琴［Sachs（2）］。它由一块扁平的细长形板构成，下方凹、上方凸，琴面上张有丝弦。在董仲舒时代制造的一枚青铜镜的背面，可以看到一位音乐家在抚琴［Bulling（8），pl.31］。瑟（图298）仅以称为筝的派生形式留存下来，它有十三根黄铜弦，但保存了瑟的整体形状。在正规的琴瑟中，共鸣箱与张弦用的或长或短的颈部是截然不同的。这些乐器中国人确实曾有过，但在我们将作许多讨论的声学的胚胎时期则还没有。所有这些乐器都是后世诗文中常常提到的著名的琵琶的变种。皮肯［Picken（6）］曾仔细考查过琵琶的历史，他得出结论说，琵琶并非起源于中国，而是在 2 世纪时从中亚某一民族，很可能是波斯化的突厥-蒙古人那里传入的。最早期的资料之中最重要的，包括刘熙的《释名》（约 200 年），以及傅玄（217-278年）的《琵琶赋》［收入《全上古秦汉三国六朝文》（晋文）卷四十五，第六页］。关于东亚和西亚之间的音乐交流，可进一步参阅 Farmer（1，2，3）。

④ 《春秋繁露》第五十七篇，由作者译成英文，参阅本书第二卷，p.281。类似的引文可见于：《吕氏春秋》第六十三篇（vol.1，p.122），英文译文见 R.Wilhelm（3），p.161；《庄子》第二十四篇，英文译文见 Legge（5），vol.2，p.99；《淮南子》第十一篇，第十一页。参阅吴南薰（1），第 167 页。

⑤ 关于希腊的与中国的音乐和声学的比较，最有启发性的研究之一是拉卢瓦［Laloy（2）］的著作。钱德明和沙畹在这方面的著作将在后面（本册 p.176）关于"毕达哥拉斯学派的争论"中述及。

129

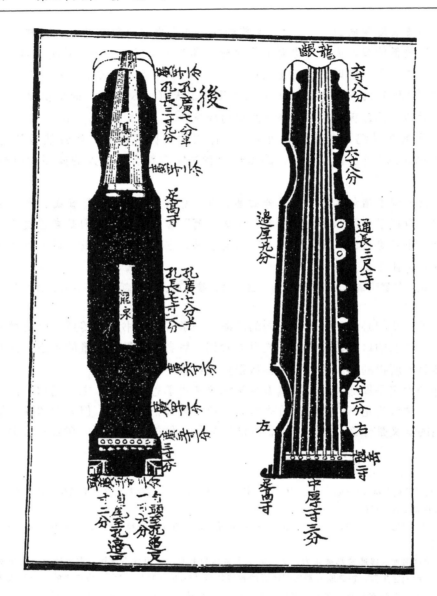

图 297 中国的古琴。严格地说，是一种半圆筒形的七弦齐特拉琴。《乐学轨范》卷六，第二十一页（1493 年）。

帝在位时，发生了"大石鸣，声隆隆如雷"①的情况。按照预兆的传统，这一事件暗示了五行的"金"受扰②，因国君肆无忌惮地爱好征战。百姓则只说，兵灾将至。

　　然而，中国人在声学方面的兴趣，尽管所遵循的途径与希腊人的不同，但决不是没有成果。中国人的发明丰富了世界的文明，他们在声学和音乐领域的贡献并不亚于其他领域。下文所述，首先我们将试图说明在汉代以前，中国人的社会生活如何使得他们集

图 298　已失传的瑟，一种有二十五根丝弦的卧式弦乐器。《乡饮诗乐
谱》卷一，第二页，见朱载堉的《乐律全书》（1620 年）。

中关注于作为自然界平衡和不平衡状态之反映的声音的。为此必须对"气"——难以捉摸的物质、维持生命的呼吸或发出的气息——的概念进行研究。然后，我们将试图随着逐渐改进的声的分类系统以及乐音音调的测量手段，追寻声学作为一门科学的发展。最后，我们将叙述中国对于世界了解声和音乐性质方面所做的一些贡献。

（2）声与味和色的关联

　　无论古代或近代，对乐音的音色比中国人更为灵敏的人并不多。高罗佩（Van Gulik）说到③古琴的丝弦有十六种不同的"弹奏法"，并且还列举了其他的弹拨方式。现仅举一例，即称为"吟"的颤动效果：
　　　　左手的一个手指在琴面的某一指定位置处迅速上下移动。"寒蝉悲秋至"，应摹

---

① 《前汉书》卷二十七上，第二十页；《图书集成》"庶徵典"，卷一百五十八，第二页。
② 参阅本书第二卷，pp.243ff.，以及 Eberhard (6)，p.19。
③ Van Gulik (1)，pp.105，125。

仿蝉这种悲哀的、颤动的声音。关于"吟"，有十多种变化。有"长吟"——拉长
了的颤音，它使人想起"鸠鸣报雨"；"细吟"——细的颤音，它使人念及"窃窃私
语"；"游吟"即摇摆的颤音，它会唤起"落花逐水流"的意象；等等。值得注意的
是"定吟"，在此，手指的游移动作细微得难以察觉。有些手册说，演奏者根本不
移动手指，而是让指尖比平常略为充分和沉重地将弦压在琴的面板上，指尖血液的
脉动就会影响音色。

这样的描述，表明了无穷的微妙，由此，人们可以演奏任何一个给定的音符。的确，甚
至今天，一位内行的琴师在其他听者已经听不见琴音后很久，他本人仍在专心地听。正
如道家思想所表述的那样①："大音希声。"

这决不是没有科学事实基础的唯美主义。在任何文化中，古琴是惟一没有琴马而把
振动节点标在面板上的乐器。用同一根弦识别各泛音的技巧，在嵇康（223—262 年）
那个时代已经非常先进。相反，在欧洲，此项发展则很晚才出现，不会早于 18 世纪。
的确，弹琴的技法主要取决于在同一音调上产生不同的音色，这在宋代后期（12 世纪）
已经发展得相当完善。

然而，中国早期的思想家认为声音是什么，仍是一个问题。古希腊同时代的人曾提
出这个问题并企图回答它。例如，毕达哥拉斯学派认为声音是如拉卢瓦（Laloy）所描
述的②"优美的数字的化身"③。在大约 150 年，士麦那的塞翁（Theon of Smyrna）④认
为希帕索斯（Hippasus）和拉苏斯（Lasus）（公元前 5 世纪）确立了声音与速度之间的
关系，声音是被迅速抛掷出的某种东西，就像飞驰的铁饼，人们在它飞行时无法察觉，
仅在"着陆"的瞬间才能看到。阿契塔（Archytas, 活跃于公元前 370 年）则更进一
步，将声音定义为就是速度本身⑤。

在古代中国则相反，并没有做出类似的分析与抽象。人们认为声音只是活动的一种
形式，而味和色则是另外的形式。中国声学思想的背景在很大程度上决定于一种概念，
这种概念来自烹调锅里发出的带有香味的蒸气，用的字是"气"。我们已有机会详述中
国元气论这一基本概念的意义⑥。高本汉（Karlgren）给出"气"字在周代的种种意义：
"蒸气，空气，气息，生命本原，气质，给予食粮，祈求，乞或求。"⑦显然它具有广泛
的涵义。在本章中（如同在其他各章中一样）我们将把它作为一个专门名词应用，因在
英语中并无与之相当的词。从最早的时代开始，"气"就影响着中国人的思想，正如从
亚里士多德时代开始，形状和物质就支配着欧洲人的思想那样。由于这个原因，人们必
须尽可能充分地理解它的涵义。欧洲读者若无这种知识，就可能会把汉代许多敏锐学者
所写的关于音乐问题的评注，当作充满了迷信或荒谬的声学观察。

133

①《道德经》第四十一章。
② Laloy（1），p.52。
③ 参见阿奇博尔德［Archibald（2）]引用的莱布尼茨的话："音乐是一种在头脑里不自觉地涉及数字的隐秘
的数学练习。"
④ *On the Uses of Mathematics for the Understanding of Plato*, ch.12（ed.Bouilland, Paris, 1644）。参阅
Freeman（1），pp.86ff。
⑤ Theon of Smyrna, ch.13; Laloy（1），p.64; Freeman（1），pp.237ff。
⑥ 例如本书第二卷，pp.22, 41, 76, 150, 238, 275, 369; 第三卷，pp.217, 222, 411, 467, 480, 636。
⑦ K517。

另外，前面所给出的"气"字的种种意义，其共同的背景是把祭品供奉于祖先。在《诗经》中，人们祈求祖先复归、子孙健康、五谷丰登：

> 声音响亮的是钟和鼓，声音欢快的是磬和管。
> 人们祈神赐福于他们——庄稼丰收、丰收！
> 人们祈神赐福于他们——谷物充裕、充裕！①
> 〈钟鼓喤喤，磬筦将将。降福穰穰，降福简简。〉

引导祖先复归人世，不仅是由于歌颂着礼拜仪式语句的子孙们的祈祷，而且是由于乐器发出的响亮的声音，以及从宏伟的青铜烹饪器升起散发的香味。他们到达后，眼睛可以饱览集会的壮丽情景，人们身着礼服、裘衣以及饰物，一切符合于传统的色调的要求。从最早的历史时期开始，中国人就关心声、色、味等的综合，认为这是与自然界所表现的雷、虹、香草等的综合②相对应的。一种气从地面升到天空，如烹调锅里冒出的蒸汽；另一种气从天空降到地面，如祖先传播强身健体的影响。这两种气的混合便产生风③，以此天空奏出音乐④，不但出现显示天空色彩的虹，而且还出现逐年更易的花朵和适宜时令的香草。这一切都是那些伟大的气候过程的信号和象征，古代中国人的生活依赖于它们，即不断在水旱灾害之间求得平衡⑤。这就是产生他们的有机哲学的环境⑥。用纯粹分析的方法处理声学问题，则与此大相径庭。

（3）声学与"气"的概念的关系

如前所述，"气"有两种主要来源。"气"可以从地面上升到达祖先那里，"气"也可以伴随祖先从天空下降到达地面。"气"的第三种来源非常重要，它存在于人自身即人的呼吸之中。更加深奥的看法是把"气"想像为比蒸气或呼吸更纯净某种东西，它是一种发散，一种精神，一种灵魂（πνεύμα）。自然，追踪这种思想的发展的任何尝试，肯定有相当的假设性质，但是如果要理解中国的声学思想，则不可避免地需要有某种形式的假设。

在《书经》——高本汉⑦认为不迟于公元前 600 年——较早的一段中，有这样的叙述："第八：几种现象（'庶徵'）。它们被称为下雨、晴天、热、冷、风以及合乎时令。"（"八，庶徵。曰雨，曰旸，曰燠，曰寒，曰风，曰时。"）可以把这一段与大约两个世纪之后的《左传》⑧中的一段作比较："六气被称为阴、阳、风、雨、黑暗和光明。"（"六气，曰阴、阳、风、雨、晦、明也。"）有理由认为，后者是对前者所包含的概念的更为深奥的说法。《书经》原文对从事农耕的人具有直接的感染力，而《左传》却具有

---

① 《诗经》，参见 Legge (8)，pt. IV，i (1)，no.9；《毛诗》第二百七十四篇；由作者译成英文，借助于 Karlgren (14)，p.243；Waley (1)，p.230。可能是公元前 7 世纪的作品。

② 几乎如同配管弦乐曲。参见本册 p.164。

③ 《前汉书》卷二十一上，第四页："天地之气合以生风。"

④ 《庄子》第二篇："地籁则众窍是已，人籁则比竹是已。"参见本书第二卷，p.51。

⑤ 参阅本书第一卷，pp.87, 96, 114, 131, etc.；第三卷，pp.462ff.，472ff.。参见本书第二十八章。

⑥ 参阅本书第二卷，pp.51ff.；281ff.；472ff.。

⑦ Karlgren (12)，p.33（第二十四篇，"洪范"）。

⑧ 关于公元前 540 年即昭公元年的记载［由作者译成英文，借助于 Couvreur (1)，vol.3，p.37］。

学者的简洁的对句。"六气"一句之后接着另一句说明："天有六气。它们的结合（'降'）产生五味；它们的兴盛（'发'）成为五色；它们以五声显示自身（'微'）。"[1]（"天有六气。降生五味，发为五色，微为五声。"）所以，"气"这个字有时一般地指上升到天空和从天空下降的发散形式，有时也指其下降的一种特殊形式。在《左传》的别处[2]还提到"气"本身可生成五味。很难完全了解"下降"的含义是什么，但"六通"一词有时用作"六气"的同义语[3]。这就暗示了一种联系，而这种联系对于早期的中国声学理论是非常重要的，因为，如果"气"是可以被运送或导出的某种东西[4]，那么为此目的的显而易见的器具应是如同中国在灌溉时所用的竹管。因此，发现在早期的资料中，叙述萨满乐师用感应的幻术把自己的"气"吹过竹管，以企图改变自然界——即天之"气"的过程，也就不觉得奇怪了。我们不是在驺衍（公元前 4 世纪）的故事里见到过后来仿效这种作法，为了谷物的丰收而吹奏律管吗[5]？

135

　　然而，把这些奇妙的竹管称为律管，似乎是对以后发展的预料。对此，我们在后面将会明了。或许称其为"歌笛管"（"humming tubes"）更适当些。它们有各种名称：吕，同，筒，管，笐，以及律。"律"通常译作"pitch-pipe"（律管），而它的本义是有规则的步调或规律性。

　　这里我们应暂停片刻，以理解下述事实的更广泛的意义，即中国的声学（像物理学的其他分支一样）从一开始就不是分析的声学，而在很大程度上是气体的声学。类似的思想在本书的气象学[6]与地质学[7]部分中已叙述过；而在后面的医学[8]部分，我们还将看到"气"的概念是何等重要。菲利奥扎 [Filliozat (1)] 曾令人信服地指出，公元前 5 世纪左右希腊的气体医学 [例如在希波克拉底（Hippocrates）的《论风》（De Ventis）中]，与印度的《妙闻氏本集》（Suśruta Saṃhitā）和《阇罗迦本集》（Caraka Saṃhitā（公元 1 世纪和公元前 1 世纪）同出一源[9]）。虽然这些概念现存的最早期的表述，是以最简单的形式出现在吠陀文献（估计与商代晚期同时，约为公元前 13 世纪）中，但它们来源于美索不达米亚是完全可能的。从巴比伦王国作为起点，它们既向西方、也向东南和东北方向传播。在本节的后面[10]，我们将有理由认为，中国从新月沃地接受了比鼓励考虑"气"和"风"更准确得多的关于声的某些知识。此外，正如我们在

---

①　关于公元前 540 年即昭公元年的记载 [由作者译成英文，借助于 Couvreur (1)，vol.3，p.37]。

②　昭公二十五年（公元前 516 年），译文见 Couvreur (1)，vol.3，p.380。原文为："气为五味，发为五色，章为五声。""章"这个字有模式、信号、章程、表露、丰富等多种意义，见 K723，据说象形文字对此的解释并不确定。我们认为，商代甲骨文所表示的是带有一面鼓的笛或管。可将该象形文字与 K 251（"一支大长笛"）和 K 147c（几乎肯定是一面小球鼓）作一比较。

K723　　　　K251b　　　　K 147c

③　《庄子》第三十三篇（"天下"）；参阅 Legge (5)，vol.2，p.216。

④　司马贞在 8 世纪注释《史记》时的确说到，"律者，所以通气"。

⑤　我们在本册 p.29 已经谈到这一点。关于驺衍的个性，见本书第二卷，pp.232ff.参见 Dubs (5)，p.65。

⑥　第三卷，pp.467，471，479，481，491，etc.。

⑦　第三卷，pp.637ff.。

⑧　本书第四十四章。

⑨　Renou & Filliozat (1)，vol.2，pp.147，150。

⑩　本册 pp.177ff.。

前面所见到的①，中国古代的自然主义思想家经常引用声学的例子，以支持他们特有的关于宇宙的连续统一体概念以及波在其中传播而表现出的超距作用的真实性。因此，当我们说中国古代哲学家的声学在很大程度上就是气体的声学的时候，我们一定不要忘记，他们所认为的"气"，是介乎我们称为稀薄气态物质与辐射能之间的某种东西。虽然我们通过实验而获得的全部可靠的知识，使得我们比起他们要无限地丰富，但近代物理学理论中的"波粒子"（"wavicles"）的概念是如此的更为深刻吗？无论如何，物质和能量的相互转化或许对他们来说几乎不是一件惊奇的事。

（i）"气"的导管；军事占卜者及其歌笛管

在周代的文献中，"气"的数目是六，"律"的数目也是六，这一事实很可能并非偶然的巧合。早期这种信念的根据是：某些管对应于阳气，另一些管对应于阴气，为了区别它们而使用不同的名称。例如，《周礼》中说到②："大师拿着阴管（"同"）和阳管（"律"），听军队的声音，并预告吉凶。"③（"大师，执同律以听军声，而诏吉凶。"）在 136

这一段中，律管的数目没有详细说明，但在许多情况下则称其为"十二管"，"六（阳）律和六（阴）吕"，或者有时就简称为"六律"④。对这个问题的一些探讨由于下述事实而变得复杂：有关文献跨越许多世纪，在此期间，音乐的演变相当迅速，

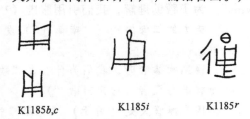

K1185*b,c*　　　K1185*i*　　　K1185*r*

音乐术语也必然改变其意义；另外，在各个时期所使用的管的数目又不尽相同。如果试图描述其演变的梗概，可以首先假设连在一起的有两个管的乐器，可能一开一闭，正如"用"字（K1185*b*，*c*）的象形文字所示（意为一器具，可使用）；该字发展成为"甬"字（K1185*h*，*i*），其意为钟环或笛。此象形文字进一步发展为"通"字（K1185*r*，*s*），意思是通道或通讯，前面曾说过它是"气"的同义字。在后来的著作（公元前3世纪的《韩非子》）中，此字又被加上竹字部首，意即筒（"箭"）⑤。以上各字，均属同一语音部。

可以预料，在随后的阶段，由于巫师自己辨别不同种类的气的能力增强，管的数目也增多了。《左传》中有一个显然是使用了四支管的例子。这一段⑥描述了晋国大夫请教师旷，如果包围郑国的南方楚国的军队挥师北上，战役的结局如何。这位音乐大师回答：

---

① 本册 pp.29，32。

② 《周礼》卷六，第十四页（第二十三章）；译文见 Biot（1），vol.2，p.51。

③ 参见本书第二卷，p.552。

④ 例如《礼记》第九篇（"礼运"）："十二管还相为宫"；《前汉书》卷二十一上，第三页："律有十二，阳六为律，阴六为吕"；《左传》昭公二十年（公元前521年）："五声，六律……"

⑤ 与筒有关的一组字里，还可增加一"诵"字，其意思是自己低吟或歌唱。

⑥ 《左传》襄公十八年（公元前554年）；Couvreur（1），vol.2，p.342。

没有危害。我曾反复地哼歌北"风",也哼歌南"风"。南"风"不强盛,声音预示了大杀戮。楚(国)必然不会取得胜利。

〈不害。吾骤歌北风,又歌南风。南风不竞,多死声。楚必无功。〉

郑众(活跃于公元 70 年左右)在注释这段文字时说,北"风"是夹钟和无射,南"风"是姑洗和南吕。这些是当时正规全音域的四个音的名称,而全音域总共包括十二个音①。在 1 世纪时,这十二个音分成两组,每组六个,一组为阳,另一组为阴。但是在 1 世纪时没有一种分类法能使上述几个音与这种阴和阳的划分相符合。例如,根据《吕氏春秋》所描述的正统体系,夹钟是阳,无射是阴;而在《周礼》中则是相反。这一事实,以及在可能存在的十二个音中已有四个被命名的事实,表明郑众描述了古代有歌笛管占卜的某些真实的传统。

在继续叙述从简单的成双的歌笛管演变成为复杂的成套而可分的排箫——用以发出全音域十二个音的音调——这种思想之前,值得对《左传》中有关"气"的概念的这段著名文字作更为仔细的研究。由于许多用语的意义很不清楚,所以让我们再看看这段文字的原文②。其中最困难的两个用词是"歌"和"风",上面分别译作"hum"和"wind"。为了帮助理解,我们引用服虔(2 世纪)的注释③:

南方的律管的气("南律气")没有达到(十分强大),所以它的音预示了大杀戮。

谈到吹律管时,我们为什么说"歌"与"风"呢?它发出的音是"歌"。("吹律而言歌与风者,出声曰歌。")

因为律管又是(用于)"观测'气'"(见本册 pp.186ff.)的管,气被称为"风"。这就是为什么我们说"歌"和"风"的理由。("以律是候气之管,气则风也,故言歌风。")

〈南律气不至,故死声多。吹律而言歌与风者,出声曰歌。以律是候气之管,气则风也,故言歌风。〉

中国人在很早的年代就相信,他们可用吹奏律管这样的特殊方法而预卜战斗的结局。这一点几乎不存在什么疑问④。对此,除上面所给出的之外,还有其他一些文献也述及。例如,司马迁引用一段文字说⑤:

从远处看见敌人的时候,有可能预先知道战斗的结局将如何,是好还是坏。听到声音的时候,有可能知道将是胜利还是失败。这就是历经了一百个国王也未变的方法。

〈"望敌知吉凶,闻声效胜负",百王不易之道也。〉

应用中空的管、骨头或树枝,作为喇叭筒以便伪装或扩大巫师的声音,这在原始民

---

① 参见本册 p.171。
② "不害。吾骤歌北风,又歌南风。南风不竞,多死声。楚必无功。"
③ 《春秋左传解义》,见《玉函山房辑佚书》,卷三十四,第二十三页;由作者译成英文。
④ 又见本书第二卷,pp.551ff.。战争与音乐之间的密切关系,可由这个事实得到证明,即同一个字("师")既指军队又指音乐大师。
⑤ 《史记》卷二十五,第一页;译文见 Chavannes (1),vol.3,p.294,由作者译成英文;参阅 Sach (1),p.25。

族中是很普遍的①。这种现象在中国出现并不奇怪。奇怪的是，中国人在这方面如同在许多其他活动中那样，试图把这种实践变为一种显然是规则的和分类的体系。

唐代张守节在注释《史记》的这段文字时，引用了现已失传的《兵书》中列举的士气的五种不同状态。熟练的占卜家能够分辨所有这些状态。每一个人在他的身体内有自己的"气"。占卜家在吹歌笛管时，用他的"气"使外界发生一种扰动。于是一种"气"将"通过一种神秘的共鸣"②而对另一种"气"起作用，正如一种乐器将激发另一种与它合调的乐器那样。在集合着许多人的军队里，有一种"聚集的气"浮在上面，它可被视为彩云③，闻为声音。正如唐代学者司马贞在注释上面引述的这段文字时说的④：

> 在敌人每一阵列的上方，都有一种蒸气颜色（"气色"）。如果"气"强，声（音）就强。而如果音强，军队就坚强不屈。律管（或歌笛管）是人们用以运送（或传送）"气"的（乐器），因此可以预知好运或厄运。

> 〈凡敌阵之上，皆有气色。气强则声强，声强则其众劲。律者，所以通气，故知吉凶也。〉

这种奇特的信念有一些合理的根据。如果这种占卜仅只为了发现战斗的结局，那就并不值得多加考虑。但是，从引用的文字中可以看出，占卜主要是为了发现敌人的士气，从而推断胜利的机会。这与罗马人观察鸟的飞行或动物的内脏来预卜胜利是完全不同的。在短兵相接时，每个指挥官必然急切地研究敌人士气的情况。例如，在修昔底德（Thucydides）关于克里昂（Cleon）战败和阵亡的著名记述中写道，当时他的对手伯拉西达（Brasidas）高喊："那些家伙休想在我们阵前站得住，从他们行进中的持矛士兵和指挥官的情况，就可以看得出来。"⑤在交战前神经紧张的时刻，巫师很容易想像"气"的存在，认为这种气是从敌方的每一个人发出的，像云一样聚集在他们之上。况且，我们自己也都多少能够通过人说话声的音色，如稍微尖锐的声音表示忧虑，稍微刺耳的声音表示愤怒、等等，来判断我们所熟悉的人们的情绪。所以，假使如古代中国人所相信的，声音由"气"产生，而从军队升起的"气"又相当多，那么这来自军队的"气"怎么会不产生声音呢？正如司马迁所推断的，"这没有什么不可思议的，完全合乎自然规律。"⑥（"物之自然，何足怪哉？"）

了解究竟用什么方法才能辨别不同类型的声音，是很有意思的。从《左传》的那段文字来看，似乎主要的问题在于声音是否强健有力。如果声音未达到最大强度，那么表明是"死"声，"死"声意味军队士气低落、将遭失败；反之，强健有力的声音则意味成功。如果我们确切知道这些管的情况，那么对"死"声这个词的含义是什么，就可能有比较清楚的概念了。

139

《礼记》中有这样的话⑦：

> 五种音符，六种固定的音调，以及十二支管，依次作为基音。

---

① 参见本书第二卷，pp.132ff.。
② 参见本书第二卷，p.304。
③ 参阅《晋书》卷十二，第九页，英文译文见 Ho Ping-Yu (1)。
④ 由作者译成英文。不见于百衲本中；见《国学基本丛书》，第三卷（第七十六页）。
⑤ *History of the Peloponnesian War*，英文译本见 Crawley，v, ch.15。
⑥ 《史记》卷二十五，第一页；参看 Chavannes (1)，vol.3，p.294。
⑦ 第九篇（"礼运"），第六十一页；参看 Legge (7)，vol.1，p.382。

〈五声，六律，十二管，还相为宫。〉

关于"管"这个字，各注释者给出了许多不同的描述，以致人们被迫得出结论说，这个字经常只是用作普通名词。然而有一位学者的见解值得特别注意，虽则时代较晚——他生于 1536 年——但他对古代音乐的认识是异乎寻常的。这就是朱载堉。我们将在适当的时候更详细地叙述他的工作[1]。根据他的见解[2]，几支"管"被系在一起时就是"律"，而这些管最初都只是开有凹口的管。朱载堉在他的书里图示了这些有凹口的管，管的一端的上部边缘刻有一小的半圆形缺口，演奏者以直角方向横过管来吹奏，这些就是所有这样的管的最早期最原始的形式[3]。如果朱载堉的假设属实，即初期的律管确是这种类型，那么人们就能开始理解占卜家怎么有时吹出"死"音，有时吹出"强"音。因为对于所有的乐管来说，有凹口的乐管是最难演奏的。正如朱载堉所说[4]：

> 必须思虑严肃、心绪平静、意志坚定。……张开嘴唇，轻轻地吹出一小股气流，使空气连续地进入管中，那么将会发出正确的音。……吹律管的人，不应是年老的或太年幼的人，因他们的"气"与年轻力壮的（人的）"气"不同。
>
> 〈盖须凝神调息，绝诸念虑，心安志定。……而后启唇少许，吐微气以吹之，令气悠悠入于管中，则其正音乃发。……吹律人勿用老弱者，气与少壮不同。〉

很可能发生这样的情况，即在交战前的紧张时刻，巫师因不安或激动而未能严格以直角横过管来，或未能以适当的力度，或未能以所要求的稳定性吹出一小股气流，结果出现了起伏不定的、软弱无力的声音即"死"声。这可能给预卜提供了根据，因为声音的这种变化，虽然是由巫师自己这一方的士气状况而引起的，但从"共鸣"理论来说却完全可以归因于敌人的"气"。音调的差异并不是这种反应的主要部分。

后来，人们试图用对声的五重划分来更详细地评价敌人的士气，其名称为宫、商、角、徵、羽。这些就是五声音阶的五个音级的名称，假使我们给予这些名称以公元前 4 世纪之后的著作中它们所具有的含义的话。然而很明显，曾有过一个较早的时期，当时它们不是仅有此种含义，因为如果把"宫"音解释为"基音"，那么其他各音，例如在第一种标准调式内，则为大二度、大三度、纯五度和大六度，这样《国语》中的叙述就无法理解了[5]：

> 在牧野事件（周武王灭商的战役）中，声音都提高基音（"音皆尚宫"）。
>
> 〈牧野之战，音皆尚宫。〉

因为"宫"音不是一个固定的音符的名称，像我们的中央 C 音那样，而是任何音符皆可为"宫"音，好像西方音乐中不固定的 doh。从前面引用的《礼记》的文字中，可以很清楚看到这一点。

这在《史记》的记述中更为清楚，书中说道[6]：

> 武王讨伐纣辛时，他吹管并听声。从春季的第一个月（即从最长的管）到冬季

---

[1] 参见本册 pp.220ff.。

[2] 《律吕精义·内篇》，卷八。

[3] Kunst (1)，p.57，该著作在讨论了这一点之后，又提到爪哇人的查林图（*chalintu*）乐器作为近代的例子。

[4] 《律学新说》卷一，第十九页；由作者译成英文。

[5] 参见《国语·周语》卷三，第三十六页。

[6] 《史记》卷二十五，第一页；译文见 Chavannes (1)，vol.3，p.294，由作者译成英文。

的最后一个月（即最短的管），血腥杀戮之"气"（是由于它们的）共同作用（所形成），接着发出的声突出了（音质与众不同的）"宫"音。

〈武王伐纣，吹律听声，推孟春以至于季冬，杀气相并，而音尚宫。〉

从汉代以后，宫、商、角、徵、羽成为五声音阶中的五个音的标准名称，也就是说，这些名称是用以区别音调的关系的，这一事实使前面几段引文在音乐上更加难以理解。而沙畹摒弃中国人自己关于"气"的理论的解释，认为说理不清楚（"pur pathos"），这使得后来的研究者对此问题无法入手。但是可以肯定，在占卜时，这五个名称并不完全或主要与音调有关，而更与一定的声质即音色有关。至于可能是什么声质，在本章开始时所引用的董仲舒的著作中就已提出①：

夏季狂暴的风对应"角"音。……秋季霹雳的暴烈对应"商"音。……秋季闪电的闪光对应"徵"音。……春季和夏季的大暴雨对应"羽"音。……秋季隆隆的雷鸣对应"宫"音。

〈而夏多暴风……其音角也。……而秋多霹雳……其音商也。……而秋多电……其音徵也。……而春夏多暴雨，其音羽也。……而秋多雷……其音宫也。〉

前面提到过的《兵书》认为②这五种声质可解释如下：

大师吹管，使声音统一。如果是"商"音，那么战争将有胜利，军队的士兵强健。如果是"角"音，那么军队有困扰，多动摇不定，且士兵失去作战的勇气。如果是"宫"音，那么军队处于很好的一致状态，官兵一心。如果是"徵"音，那么存在不安定，多恼怒，且士兵疲劳。如果是"羽"音，那么士兵软弱，难以得到荣誉。

〈太师吹律，合商则战胜，军事张强；角则军扰多变，失士心；宫则军和，主卒同心；徵则将急数怒，军士劳；羽则兵弱少威焉。〉

占卜家在作战的第一天通过吹管显然能够知道自己军队的士气，并且在参战之前通过吹管也能得悉敌人的士气。因此，如果纣辛军队上方的"气"被认为是发出"宫"音的音质，表明双方军队均士气高昂，那么，主张商朝是在血腥杀戮之后才被推翻的这种对中国历史的看法——与孟子所说③相反，似乎更接近于事实。

因此我们不得不得出这样的结论：占卜术作为一种伪科学的发展，宫、商、角、徵、羽五音有一时期曾是意指声质的名称，描述某些声音的音量或音色。这一探讨很自然地提出了早期中国人思想与实践中的音色的问题。

（4）声音按音色的分类

前面几节均试图说明，早期中国人关于声的性质的思想是如何建立在"气"的概念之上的。事实上，这种概念一直持续到近代，并且只有在近代物理学波长理论的影响下，学术界才放弃了这种看法。我们现在将探讨，中国人是怎样从关心声音的一般性质、预卜吉凶的早期阶段，进步到如何在音色、音量和音调方面严格鉴别一种与另一种

---

① 《春秋繁露》第六十四篇；由作者译成英文，借助于 Hughes (1), p.308。
② 在《史记》卷二十五，第一页的注释中；由作者译成英文。
③ 《孟子·滕文公章句下》，第五章，五；译文见 Legge (3), p.149。

141

声音的不同。在此探讨过程中，我们将看到，声音的分类是怎样逐渐标准化的，同时也可以看到人们是怎样把声音本身与其他现象相互关联的。今天，我们认为音色区别了一种音与另一种音，不是由于音量或音调，而是由于泛音的复杂混合。古代中国音乐大师们未曾如此表述，因为组成一种声音的不同成分很可能并未被他们单独地考虑，但是音色对他们是非常重要的。的确，周代音乐的分类预示了对音的敏感性，这在本章引言中已提及。由于许多关于中国音乐的欧洲作者都倾向于相反的信念，因此，查看一下胡安·冈萨雷斯·德·门多萨（Juan Gonzales de Mendoza）引用的奥斯丁会修道士的证言[1]是有意思的，说到中国人"的确使他们的声音令人赞叹地与乐器协调"[2]。很可能，16世纪欧洲人的耳朵尚未习惯于近代平均律的严格的调音，所以他们对其他音律体系较为宽容。

142

（i）声音的物质来源

中国人称呼乐器的传统分类所用的词为"八音"，意即"八种声（源）"。这个词是对于八种不同类型材料的方便的简称，而这些材料在构造不同类型的乐器方面最具特色。采用这种分类的最早的文献之一是《周礼》，书中列出这八种材料为[3]：金、石、土、革、丝、木、匏、竹[4]。乐器因发声材料的各不相同，便产生各种不同的音色。在希腊-罗马时代乐器分为三类：管乐器（pneumatikon，πνευματικόν）、弦乐器（enchordon，ἐγχορδον）和击乐器（kroustikon，κρουστικόν），这种分类法或许更科学。直到近代，它才让位于五类分类法[5]：体鸣乐器、膜鸣乐器、弦鸣乐器、气鸣乐器和电子乐器。

在一般的中国音乐中，尤其在孔庙管弦乐队的乐器中，音色的丰富多彩常常被人们所强调[6]。巴厘人的佳美兰（gamelan）[7]乐器及沙捞越达雅克人的长屋铜锣全套乐器[8]，尚保存着早期孔庙管弦乐队乐器的一些精神[9]，而在日本则仍然保留着唐代的宫廷音乐[10]。这种在音色变化方面异乎寻常的丰富多彩，使得对此有体验的近代第一批欧洲人有些迷惑难解。例如，从利玛窦1599年在南京文庙（孔庙）参加一次祭典演练后所写

---

① 见本册 p.225。

② Parke tr. p.140。

③ 《周礼》卷六，第十二页（第二十三章）；译文见 Biot（1），vol.2，p.50。

④ 谢夫纳 [Schaeffner（1），p.124] 说，很可能是任何文明中尚存最古老的乐器分类法。

⑤ Mahillon（1）；Galpin（1），p.25；Montandon（1）；pp.695ff.；Schaeffner（1），pp.143ff.，179ff.。

⑥ 例如皮肯 [Picken（3）] 所述。

⑦ Mcphee（1，2）；Picken（2），pp.170ff.。

⑧ 鲁宾逊（K.Robinson）的私人通信（1957年）。

⑨ 流传至今的关于战国时期管弦乐队的艺术品，著名的是青铜器上的图案，如辉县出土的青铜盘（图299），该物保存在中国科学院考古研究所 [参见杨宗荣（1），图版19]；以及被称为燕乐渔猎图壶（图300）的公元前4世纪或3世纪的华丽花瓶，该物可以在北京故宫博物院见到 [参见杨宗荣（1），图版20]。汉代的艺术品，最好的一个是沂南墓石刻（图301）；参见 Anon.（7），图27b，c；曾昭燏等（1），图版48。

⑩ Harich-Schneider（1）；Picken（2），pp.144ff.。

图 299　战国时代（约公元前 4 世纪）的管弦乐队：辉县出土的青铜盘［Anon.（4）；杨宗荣（1）
等］。可以看到，在上方，乐师正在击奏 L 形的编磬；在左方，一建筑物的后面，另一些
乐师正在击奏一排编钟。

144

图 300　战国时代（约公元前 4 世纪）的管弦乐队：保存在北京故宫博物院的青铜瓶燕
乐渔猎图壶。从上向下第四行，右边有三个击钟人、一个主管编磬的乐师、一
个击立鼓的鼓手和一个吹奏管乐器的人。乐器的支架由两只雕刻的大鸟支承，
紧靠支架的右边是一个跪着的人，好像正在演奏敔（见本册 p.150）。同一行的
最左边，两只龟和一些小鸟似乎离开了捕鱼猎禽的场所。类似鹿的动物随乐而
舞，如同长袖舞女在敔演奏者上方轻盈地跳跃。采自杨宗荣（1）。

的报告中①，就可以看到这一点。然而中国文化区（从朝鲜延伸至印度尼西亚）②音乐的最独特的声学特征，可能被解释为两重意思：一方面是有很大比例的和很复杂的谐音的体鸣乐器，另一方面是竹（以及由此而产生的律管）占据显著的地位。

显然，中国人将声音归为八种的分类法，只是逐渐地达到的。《乐记》一书肯定是根据周代的资料编纂的，书中记有下列八种"乐之器"③：钟、鼓、管、籥、磬④、羽、干、戚。在此只出现四种"声音的来源"，即金、革、竹、石（图302）。在同一著作的另一段中说道⑤：

正如《诗经》所说："引导人民，是非常简单的。"这就是圣人设立小球鼓（"鞉"、"鼗"）和立鼓（"鼓"）、始奏的乐器（"椌"）和止奏的乐器（"楬"）、球状笛（"埙"）和长笛（"篪"⑥）的原因。这六种（乐器）给出了充满道德的神秘音乐的音（"德音之音"）。此后（他们设立）钟（"钟"）、响石（"磬"）、吹管（"竽"⑦）和（张有丝弦的）琴（"瑟"）与之相配。

〈《诗》曰，"诱民孔易"。此之谓也。然后圣人作为鞉鼓椌楬埙篪，此六者，德音之音也。然后钟磬竽瑟以和之……〉

《乐记》中别处更明确地说到⑧乐器的四种声音的来源——金、石、丝、竹（"金石丝竹，乐之器也"）⑨。由此以及其他一些文献，可以清楚地知道，历史上有过"八音"尚未被分类和确定的时期，而早期的许多著作起源于这一时期。这一看法可由下述事实得到证明，即《左传》只有一次提到"八音"⑩。这段文字说，"舞蹈就是人们用以调整声音八种来源、并因此指挥八种风的事物"（"舞所以节八音，而行八风"）。另一方面，

---

①　Trigault，译文见 Gallagher，pp.335ff；d'Elia（2），vol.2，pp.70ff.；参见本书第二卷，pp.31ff.。

②　这种情况，并非仅仅或主要因为在比较晚的时期从中国发出的影响，而更可能是因为那些曾经有助于形成周代的中国音乐的共同的文化要素。参见 Picken（2），pp.180ff.；以及本书第一卷，p.89。

③　《乐记》第二段，见《史记》卷二十四，第十一页；参见 Chavannes（1），vol.3，p.248。

④　通过敲击各种大小的平面的 L 形磬而发出声音，是中国古代管弦乐队最显著的特征（图304、图305）。我们在前面讨论有关重心时，曾有机会提到磬（本册 p.34）。关于它们的几何形状，近代学者得出的结论，可见吴南薰（1），第127页以下；陈文涛（1），第67页以下。

库特纳［Kuttner（1）］认为，磬来源于称为"璧"的平面环状石片。对于璧，我们在本书第三卷，pp.334ff.已作过许多讨论。他推测，璧本身最初被敲击用以产生音乐，而圆环的"分割"成段则由调音时除去碎片而成。

⑤　《乐记》第八段，见《史记》卷二十四，第三十二页；译文见 Chavannes（1），vol.3，p.276；由作者译成英文和修改。见图302和图303。

⑥　"篪"是一种横管，由中央位置上的一孔进行吹奏，指孔在两边。

⑦　"竽"通常被认为是一种有36管的大型簧管乐器，亦即"笙"。但是还有一种直吹的管（"笛"），有六个孔，一孔在背面。在我的朋友艾黎（R.Alley）先生的收藏中，我见到一支战国时期的原来是镀金的青铜笛，这支笛的孔都位于许多有规则的环状收缩的最低处，管的直径在这些收缩之间有所增大。吹的一端即吹口作成龙头状，下方的孔被凸脊和缺刻环绕，好像是为了装牢一个皮的或木的喇叭形的末端。可能管的这种波纹形状具有某种声学意义。

⑧　《乐记》第六段，见《史记》卷二十四，第二十五页；参见 Chavannes（1），vol.3，p.266。

⑨　在这样古老的时代，所谓金类乐器，大抵指钟。各种不同的锣（"锣"，"点子"），正如孔斯特［Kunst（3）］所指出的，并非源于中国，而更可能起源于中亚。直到唐代它们才开始普遍。后来演化出了一些特殊的类型，包括西方人所熟悉的"中国响钹"（"钹"）——之所以如此称呼，是因为用鼓槌敲击时，它发出响亮的撞击声。

⑩　《左传》隐公五年；译文见 Couvreur（1），vol.1，p.34，由作者译成英文。

图版 一〇五

图 301 山东沂南汉墓 (193 年左右) 石刻描绘的汉代管弦乐队 [采自曾昭燏等 (1)]。后边有立鼓、钟和磬；前排有手鼓；第二排有萧；第三排有琴、埙和笙。左边是魔术师和杂技演员。

146

图302 清代后期的《后夔典乐图》。在桌子上，后夔前面的乐器是琴和瑟；他右边的是笙、埙和篪；他左边的是箫和籥。图的后景是编钟和特磬；前景是编磬和鼓。后夔桌前地上的是柷和敔。童子正在送茶。采自《钦定书经图说》，卷二，"舜典"［Karlgren (12), p.7］。

147

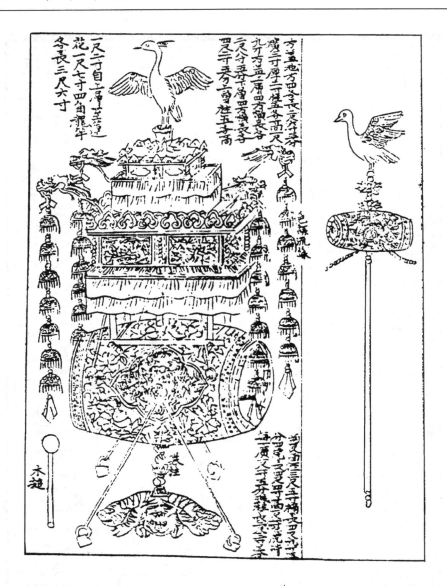

图 303　鞉（右）和建鼓（左）。《乐学轨范》卷六，第五、九页（1493 年）。

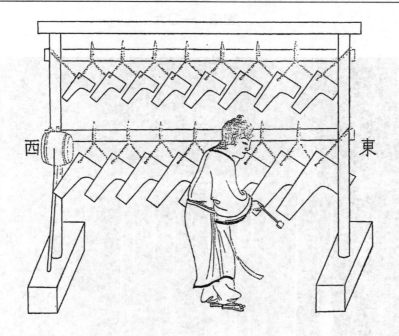

图304　编磬。《乡饮诗乐谱》卷一，第十三页，见朱载堉的《乐律全书》（1620年）。

148

《左传》中却屡次提到八风。事实上，既然古代中国人将声音的起源与风相联系，这就明显地伏下了由早期的声音的四种来源发展到最后的八音的线索。

（ii）风 与 舞

本章前面[①]曾提到，早期中国人的生活依赖于每年重大的气候循环。《乐记》特别把这一情况与音乐联系起来[②]：

> 如果寒和暑不适时而至，就将有时疫；如果风和雨不均衡而至，就将有饥荒。这正是天地之道。（当统治者借助礼仪表演）教导（什么是所要求的事情时），那就是人民的寒和暑。如果他的教导不适时而至，他就可能毁灭整整一代。（当统治者）发挥作用时，那就是人民的风和雨。如果他的作用不注意均衡，它们将无效果。这就是为什么早先的君王组织（礼仪表演伴有）音乐，以及通过事例（即交感魔力）来统治人民的原因。如果这些作为都是好事，那么（人民的）活动就反映了统治者的道德力量。

> 〈天地之道，寒暑不时则疾，风雨不节则饥。教者，民之寒暑也，教不时则伤世。事者，民之风雨也，事不节则无功。然则先王之为乐也，以法治也，善则行象德矣。〉

---

① 本册 p.133。

② 《乐记》第四段，见《史记》卷二十四，第十六、十七页；译文见 Chavannes（1），vol.3，p.256；由作者译成英文和修改。

图版　一〇六

图 305　山东曲阜孔庙正殿中的特磬和编磬（本书作者摄，1958 年）。照片的后景为立式大鼓，编
　　　磬的后方是修复的瑟，前方是靴和手鼓，平放在前面桌上的是排箫。

在这些礼仪表演中有很多不同的舞蹈，但所有的舞可分成两类：文舞和武舞。文舞包 149
括兽舞和祈雨舞。后者的证据可在《乐记》中找到，书中说，"舞蹈者的旋回动作象征着
风和雨"（"周还像风雨"）。在早期的著作中，有许多描述了使用钟、磬等乐器的盛大的音
乐演奏，以及继之而至的大风或雷雨风暴[①]。但是有关舞蹈本身的确切细节则记载很少。

然而，风的数目必定是八，即每一基本方位各一，以及每一中间方位各一。郑玄
说，在祭祀四方的"皇舞"中，舞蹈者的头顶戴羽饰，衣服用翠鸟的羽毛装饰。这种舞
蹈在干旱季节表演[②]。不难看出干旱季节与翠鸟之间的联系，因为这些鸟常见于河流和
多水的地方。他又说，这些服装有所谓的"凤"的羽毛的灿烂色彩。在三种文舞中，都
用羽毛，也模仿鹤的动作。这些古代歌舞的名称，几乎就是遗存下来而使得后人知道祈
雨音乐的故事的全部了——例如，"南风"（根据司马迁记载，是一首关于诞生与成长的
歌）[③]、"庆云"、"白云"等。

为了指挥舞蹈，使用了各种不同的乐器。前面已经提到过两种[④]："柷"，中空的木制
乐器，舞蹈开始时击之；"楬"，舞蹈结束时击之。另外两种具有同样或许类似功用的乐器
是"枳"和"敔"。前者起源于春谷物用的农具杵臼或木桶；后者是一形如虎的中空木块，虎
的背部成锯齿状（图 306），当用末端分为十二瓣的木棒（"籈"）猛烈地拂掠或敲击时，会发
出刺耳的声音[⑤]。指挥舞蹈的方法，可以从《乐记》如下的描述中得到启示[⑥]：

在古代的表演中，舞蹈者在队列中前进和在队列中后退（"进旅退旅"），就像 150
一个军事单位那样相互保持完全准确的位置。弦类乐器、匏类乐器和簧类乐器，都
一起听候手鼓和鼓（的声音）。音乐由一文乐器（鼓）（发出的音）开始，由一武乐
器（钟）（发出的音）标志结束。（这些）中断是用"相"鼓指挥的，速度是用
"雅"鼓调整的。

〈今夫古乐，进旅而退旅，和正以广，弦匏笙簧合守拊鼓，始奏以文，止乱以武，治乱以
相，讯疾以雅。〉

从这一小段文字可以得到这样的印象，古代中国人在舞蹈仪式中首先追求的是节奏的控
制。相反，希腊人似乎从很早时期起就极注意旋律和七弦竖琴的调音，而中国人则主要
关心节奏和动作的控制，因为各组成部分都会受其影响。后来，人们的思维活动、人们
的情感，都以同样的方式象征性地以及由于联想而受到控制。

---

①　例如，见晋平公（公元前 557—前 532 年）与乐师的故事，《史记》卷二十四，第三十八页以下［译文见
Chavannes（1），vol.3，pp.288ff.］；亦可见理雅各［Legge（1），p.115］英译本《书经》的序文中关于《竹书纪
年》的叙述。
②　见他对《周礼》卷六，第七页（第二十二章）关于六种舞蹈的注释；参见 Biot（1），vol.2，p.41。
③　《史记》卷二十四，第三十八页，参见 Chavannes（1），vol.3，p.287。
④　见本册 p.145。
⑤　后来，佛教徒发展了其他一些中空木制乐器。例如，"鱼梆"，击之以集合僧众；"木鱼"、"鳌鱼"，是开有
小槽且下平上凸的木盒，用于诵经时伴奏，它甚至传到了近代西方的乐队中。迟至第二次世界大战时期，它的声音
仍是中国城市夜间最显著的特征之一。
另一种非常奇怪而且几乎不是乐器的器具是"鼓唱"，"有些像圆酒瓶似的一个玻璃球。因为底部极薄，当用嘴
对着开口端迅速吸气吹气时，它就振动发出很响的嘭啪声"［Moule（10）；参见 Bodde（12），p.79］。鉴于前面所
述关于吹制玻璃的证据，这可能是很晚时期的发展。
⑥　《乐记》第八段，见《史记》卷二十四，第三十页；译文见 Chavannes（1），vol.3，p.273；由作者译成英
文和修改。第二个短句中的词语意思不明确，一般来说意为"（音乐是）完全和谐的和正确的"，如沙畹的译本。

151

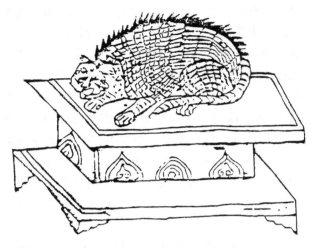

图306　敔。采自陈旸的《乐书》（11世纪），宋代版本。
参见《乐学轨范》卷六，第十一页。

相信礼仪表演具有控制天气的能力[1]，这在《乐记》中明确地说到[2]："八种风遵循（服从）'律'而不紊乱（狡诈）"（"八风从律而不奸"）。这句话的确切含义，取决于"律"字如何解释。第一种也是最可能的解释是，"律"在此有其最早的调整舞步的含义[3]。第二种解释是"律"意指歌笛管，巫师用以"呼风"。第三种可能性是，"律"具有后来的律管的意思，用来给其他乐器定调。这种"八风从律"的说法，如果它不仅能够说明一些律管以不明确和不确定的方式与一些风有联系，如在汉代时那样[4]，而且能够说明某一特定的风由其适宜的舞蹈引起、某一特定的舞蹈由其适宜的乐器引导或调节以及某一特定的乐器或某一特定的声源所处的位置与音阶中的某一特定的律或音有联系，那么这种说法可能是有意义的。这样，规定的舞蹈动作、规定的乐器位置以及规定的音阶音程，统统都被包含在"律"这个非常广泛的概念之内。不同的乐器可能与不同的音有联系，支持这种思想的叙述见于《周礼》[5]：

大师……用（音阶的）五音编成全音域……并用八种声源分配音符。

〈大师……皆文之以五声……皆播之以八音。〉

八种声源如何与五音搭配，《国语》对此有确切的叙述[6]：

琴和瑟加强（即遵循）"宫"音，钟加强"羽"音（"琴瑟尚宫，钟尚羽"），响石加强"角"音，匏和竹（制成的乐器）加强适宜于它们的音（"后尚角，匏竹利制"）。

〈琴瑟尚宫，钟尚羽，石尚角，匏竹利制。〉

这一段难懂的文字显然是说，不产生大音量的乐器都主要用于音乐，在音乐中，调式采用全音域的较低音——这些音"大"，以及较高音——这些音"细"。所以，像钟这样声音大的乐器的声音，就不会把像琴瑟那样声音细的乐器的声音淹没，音乐于是"平"[7]。

---

[1] 当然，这种信仰广泛流传于原始民族中。例如，弗雷泽［Frazer（1）］说："新几内亚的莫图（Motumotu）人认为，暴风雨是由奥亚布（Oiabu）魔术师指使的；对于每一种风，他有一可随意打开的竹（管）"［Frazer（1），vol.1，p.327］。弗雷泽还介绍了关于魔法控制风的许多其他素材。苏林（音译，Su Lin）小姐提醒我们想起了《麦克白》（Macbeth）第一幕，第三场。

[2] 《乐记》第六段，见《史记》卷二十四，第二十四页；译文见 Chavannes（1），vol.3，p.265；由作者译成英文和修改。

[3] 参见本书第二卷，pp.551ff.，关于"律"（条律和标准律管）。

[4] 《史记》卷二十五，第四页以下；参见 Chavannes（1），vol.3，pp.301ff.。

[5] 《周礼》卷六，第三页（第二十二章）；由作者译成英文，借助于 Biot（1），vol.2，p.32。

[6] 《国语·周语》卷三，第二十三、二十四页；译文见 de Harlez（5），由作者译成英文。

[7] 《国语·周语》卷三，第二十四页。

讨论至此阶段，可归结如下。已知最早的中国人分类声音的方法，是根据制作乐器的材料。这些材料最初有四种：石、金、竹和革。后来数目增加到八种。这与认识八种不同的风的事实相符。人们曾认为，每一种风可能由一种特殊型式的舞蹈所引起，每一种舞蹈又由一种特殊的乐器所控制。现在可以看到，人们曾试图将乐器或声源的八种分类与风的八种方向或来源联系起来。从管弦乐队乐器的这种分类法，人们将会联想到后来进而出现的根据音调的声音分类法。最初只是用作舞蹈的开始信号或为了保持节拍的乐器，因发出律音而最终也能方便地使用。

153

（iii）音色与方向和季节的关联

乐音的性质与不同的心情之间的联系，是非常主观并且因人而异的。但在任何一种文化中，对于特殊的声音都可能有定型的反应。所以，《乐记》把五种声音来源描述为具有如下标准的联系①：

> 钟的声音铿锵。铿锵声发出号令；就好像对军队那样。这种号令引起狂热的兴奋。狂热的兴奋产生好战的情绪。当"君子"（有教养的人）②听到钟声时，他想起军队的英雄的官员。

〈钟声铿，铿以立号，号以立横，横以立武。君子听钟声则思武臣。〉

郑玄说钟的作用是唤起人民的警觉，并解释说它可以使人的"气"丰盛充沛。《乐记》继续说道：

> 响石的声音叮当。叮当声表现出一种辨别力。辨别力使得人们决心赴死。当君子听到响石声时，他想起在前线死亡的忠诚的官员。

> 丝弦的声音悲哀。悲哀声激励正直。正直使得决心坚定。当君子听到（张有丝弦的）琴瑟的声音时，他想起坚定正直的大臣。

> 竹笛的声音像洪水一般汩汩。洪水造成征集。征集包括（为了任务）聚集人民。当君子听到竹管乐器竽、笙、箫、管的声音时，他想起那些指导人民的官员。③

> 立鼓和手鼓的声音喧哗。（精神的）勇敢表现出（身体的）活跃。身体的活跃使得人们行进。当君子听到鼓和手鼓的声音时，他想起率领军队的将帅。

> 因此，当君子听到（各种乐器的）不同的音色时，他不仅听到它们的铿锵叮当声，而且对它们的联系也很敏感。

〈石声磬，磬以立别，别以致死。君子听磬声则思死封疆之臣。丝声哀，哀以立廉，廉以立志。君子听琴瑟之声则思志义之臣。竹声滥，滥以立会，会以聚众。君子听竽笙箫管之声则思畜聚之臣。鼓鼙之声谨，谨以立动，动以进众。君子听鼓鼙之声则思将帅之臣。君子之听音，非听其铿锵而已，彼亦有所合也。〉

---

① 《乐记》第八段，见《史记》卷二十四，第三十二页以下；译文见 Chavannes (1)，vol.3，pp.277ff.，由作者译成英文和修改。

② 关于"君子"这一概念，见本书第二卷，p.6。

③ "竽"为单管，"管"是双管，"箫"为多管，"笙"是有簧片的口风琴；见图307，308，309。

152

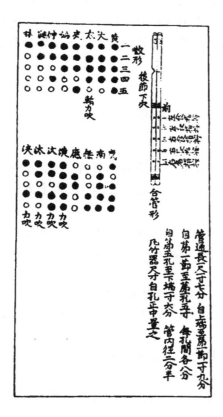

图 307　双管。采自《乐学轨范》
　　　　卷六，第十二页（1493 年）。

图 309　乐师吹笙。《乡饮诗乐谱》卷一，第
　　　　十三页，见朱载堉的《乐律全书》
　　　　（1620 年）。图上最前方的一人用一
　　　　种拍板（"舂牍"）标志时间，它由
　　　　串在一皮条上的 12 片竹条构成（像
　　　　一部古书）；右手执之，左手击之
　　　　[参见 Moule（10），p.12]。

图版　一〇七

图 308　排箫，十六支不同长度的小竹管固定成一排［采自钱君塚（1）］。

　　在上面的译文*中，很难保留中文定义的要旨，原文中的字都极为拟声而且意义丰富。对于这样古老时代的中国人，五种声源——金属钟、石板磬（图 310）、丝弦琴、竹笛和革鼓——的音色，分别以下列各字概括之：铿、砰、哀、滥、谹[1]。

155　　　有意思之处在于：上面所列"声源"为数仅五个，这与五行理论的象征的相互联系一致，而与后来常用的八音不符。后者在大多数著作中列表有如表 44 所示。

表 44　关于八音的传统的一览表

声　源	方　位	季　节	乐　器
1. 石	北—西	秋—冬	磬
2. 金	西	秋	钟
3. 丝	南	夏	琴、瑟
4. 竹	东	春	笛、管
5. 木	南—东	春—夏	敔
6. 革	北	冬	鼓
7. 匏	北—东	冬—春	笙
8. 土	南—西	夏—秋	埙

　　把这个正统的八音表与引自《乐记》的五音比较，人们首先发现的事实是，"笙"在此处被置于很不常用的材料"匏"之下，而在早期的著作中，它归在人们以为由一系列吹奏竹管组成的乐器之列（即便有匏用作风箱），即被置于材料"竹"之下。其次发现，所列出的方位次序很特别，因为人们以为"南—西"应在南和西之间，而不是放在最末，好像事后才想到似的。另外，季节的顺序也非常没有规律。但这样安排的理由很可能十分简单。较早时期的四分类法经过扩展[2]与后来的八音系统是一致的。较早的分类法如下：

方　位	季　节	乐　器
西	秋	编钟和编磬
南	夏	琴
东	春	管
北	冬	鼓

　　　这里，对每一种情况，都存在着乐器和对应的季节之间的明显的关系。首先，秋季
156 是自然界"阳"力衰退的季节，而钟或金属板是指挥官命令他的军队撤退时用来发出信号的乐器[3]。在冬季，有一年之中最隆重的仪式，而太阳由于交感魔力之助渡过了冬至

---

　　① 分别见 K1252，832，550，609，158。此处及以后所用的古汉字的音标，均据 Karlgren (1)。

　　② 敔以及类似的节奏强烈的乐器几乎不可能与这四大类型乐器处于同一等级。

　　③ 参见本书第二卷，p.552。极多证据表明，在礼仪音乐中，钟和磬之间有着最密切的联系。图 311 所示为一套编钟［参看赫特［Hett (1)］关于现今汉城（韩国）祭孔仪式的描述］。编磬是中国最古老的乐器之一，这已为在安阳的一个王室大墓中发现的（在 1950 年）一件灰色石灰石乐器（时代为公元前 14 世纪）所证实［Hsia Nai (1)；李纯一（1），第 38 页］。此件保存得极好，击之，发声清越。表面饰有雕刻美丽的传统的虎形图案（图 312）。关于孔庙祭祀本身，见 G.E.Moule (2)；Shryock (1)；Johnston (1)；以及本书第二卷，pp.31ff. 战国时期的七个一组和九个一组的编磬，其图形见唐兰（1），图版 65。公元 147 年的武梁祠画像石上雕刻有一组正在使用中的编磬［容庚（1）；单个拓片见 Hsin (1)］；参见图 299，图 300。

　　* 指本书作者的英文译文。——译校者

图 310　清代后期的《泗滨浮磬图》。如《书经》记述。采自《钦定书经图说》，
　　　　卷六，"禹贡"［Karlgren（12），p.14；参见本书第三卷，p.500］。

图版 一〇八

图 311　山东曲阜孔庙正殿中的特钟和编钟（本书作者摄，1958 年）。照片的后景为立式大鼓，编钟的后方是古琴，前方是敔和手鼓，前面桌上有一支小的笙。

图版　一○九

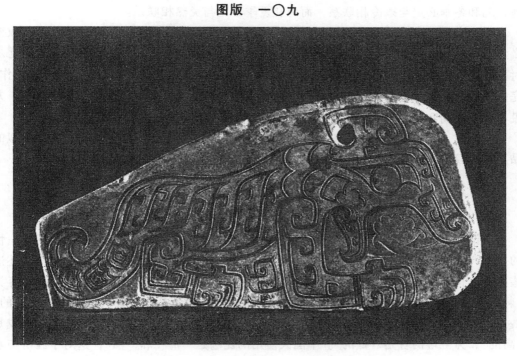

图 312　最古老最华丽的磬之一，出土于安阳商代王室墓（约公元前 14 世纪）。表面雕刻传统的
虎形图案。北京故宫博物院藏 [Anon. (26)]。

的严峻时刻。原始的乐器鼓是这种仪式必不可少的乐器，而且没有其他乐器比鼓更适合于宣告太阳的重新活跃，鼓也发出人们在斗争和战争中前进的号令。在春季，人们希望树木发芽、庄稼生长，最有活力的乐器自然是竹制的。竹这种富于生气的植物，即使在冬季也保持常青。因此，各种竹制之管是春季的乐器，人们的"气"通过它们而引起自然界中类似的"气"的响应。而且即使在正统的八音分类中，其他的植物性物质，如木和匏，也是与这个季节相联系的。最后，在夏季，当蚕在桑叶上长肥或作茧时，演奏一种用丝弦制成的乐器是合适的。此外，夏季是人们担忧干旱的季节，人们相信为求雨歌唱而伴奏的琴瑟应是最优异的具有魔力的工具了。乐器与方位的联系，也是比较直接的。如果秋季是衰退的季节，那么西就是它的方向；与此相反，春季对应于东[①]。同样地，北和冬季必定与寒冷相联系，而南和夏季必定与炎热相联系。

因为音乐在古代是政治的一个部分，并且与农业有密切关系，所以历法体系的改变必然需要音乐体系的改变。结果，增加"声源"就不可避免了。但是当五行理论兴起之时，将第五种因素引入这一体系产生了很多复杂的情况[②]。中国人进行了系统化工作，完成了综合，这是他们的功绩；然而，希腊人除了偶然地将以太作为第五种要素外，并没有留下如同我们在《乐记》中所见到的那种模式[③]。

"君子"（有教养的人）与五种声源相联系的道德特征，应与被认为是五音的类似的品质相比较。因此我们下一步的研究必然是关心音调的问题。

（5）声音按音调的分类

157

所谓"音调"，是指由弹性物体及其周围空气的振动频率所决定的声音的性质，快的振动产生一种听觉，慢的振动产生另一种听觉。语言常用奇妙的比喻的说法来表述这些感觉。很快的振动比起慢的振动会产生不大悦耳的感觉。罗马人把这种声音形容为"刺耳的"或"尖锐的"（*acutus*），但在音阶另一端的音不是"迟钝的"而是"沉重的"（*gravis*）。英国人根据音阶即"阶梯"的概念，采用了一致的比喻，把一端的音说成是"高的"，另一端的音是"低的"。中国人使用的比喻是"清"和"浊"，这对于经济与水力工程有着极密切关系的民族来说是毫不奇怪的。

在希腊，名称的创造与里拉的弦有明确的关系，例如，最低的音是由抱着演奏的里拉的顶部的弦发出的，因此被称为"最高的"（*hypatē*）；它的八度音，被称为"最低的"（*neatē*）；而在早期的里拉上这两者之间的音是"中间的"（弦）（*mesē*）。后来又创造了其他的名称，如"第一指"（音）（*lichanos*），"第三号"（*tritē*），等。

但是，中国音阶的原始五音的语源，就没有如此简单。正如前面（本册 p.140）所述，五音的名称是宫、商、角、徵、羽。早先研究中国音乐的学者[④]满足于认为这些名

① 见本书第二卷，p.262。
② 参见本书第二卷，pp.242ff.。适于琴瑟的"宫"音，被给予"土"的中心位置。而钟和磬被分开，适于钟的"羽"音归属于"水"，适于磬的"角"音归属于"木"。同时，将"徵"音分配给"火"，"商"音分配给"金"。见本书第二卷，p.262。
③ 参见本书第二卷，p.246。
④ 例如 Laloy (2)，p.54。

称似乎包含有"古代象征主义的痕迹"。这些名称具有象征性的联系，是确凿无疑的。例如，在《乐记》中说道①：

> "宫"表现为君王的样子，"商"为大臣，"角"为人民，"徵"为事情，"羽"为物（生物和非生物）。
>
> 〈宫为君，商为臣，角为民，徵为事，羽为物。〉

对此，郑玄加以注释：

> 一般来说，音调低的音尊贵，音调高的音谦卑。
>
> 〈凡声，浊者尊，清者卑。〉

这些叙述多少阐明了中国人关于音调的概念的演变。

"商"音的"商"字（K734），有"商议"、"辩论"、"贸易"的意义。"商"字在古代与"向"字（K715）通用，后者的意思是"向北的窗"、"转向"、"从前"②。可将"向"与"乡"字（K714c, d）相比较，这两个字在古代发音相同，并且有一些相似的意思，如"面向"、"转向"、"不久以前"③。最终和最有意义的联系是，"商"字的最早形状（见下面）与意为"大臣"的"卿"字（K714o, p）的最早形状相同。不管迂回曲折的语源如何，一般的联系还是清楚的。在国事议论中，大臣面向君王，像应声"响"字（K714n）。关于这一点，可注意"相"字（K731），其意思是"察看"、"相互"，因为（正如我们已见到的，本册 p.150）它也是音乐中标记音程的鼓的名称，因此它扮演了察看音乐是否"正确和合理"的"严格而公正的官员"的角色。此外还可注意到"卿相"是一个熟知的复合词，意思亦为大臣。

158

K 714d

从上面的分析可以清楚地看出，最初，与其说"商"音作为卿相的象征，不如说"卿相"是一种音的名称。至于如何得到这一名称的，那么从进一步考查其他四个音的名称就可以清楚了。首先是"表现为君王的样子"的"宫"音。"宫"在周代指房屋。由于特殊化，很自然地到某一时期，君王住在了房屋里，而普通百姓住在草棚和茅舍里，"宫"后来逐渐有了宫殿的意思。《周礼》记述④"小胥"

> 调整悬挂在架子上的乐器的位置。君王拥有房屋（"宫"）形状的架子。诸侯有车马形状的架子。大臣和高级官员有分开的（墙壁）形状的架子。一般士大夫有简单的架子。
>
> 〈正乐县之位，王宫县，诸侯轩县，卿大夫判县，士特县，……〉

这一段的意思是，在宫廷音乐的仪式中，设置着各组钟、磬或鼓的架子，四个架子围成一个中空的四方形，如房屋的四壁。在上面所谈到的各低等厅堂里，则南墙，或北墙和南墙，或北南西三面墙，分别缺如。因此，"宫"即房屋，就是为了在君王宫廷演奏音乐而以一定位置放置的乐器的名称。

---

① 《乐记》第一段，见《史记》卷二十四，第五、六页；译文见 Chavannes (1), vol.3, p.240, 由作者译成英文。

② 参见 Chavannes (1), vol.3, pp.278, 294。

③ 象形文字表示两个人相向而坐、中间有一盛食物的容器，因此后来更为人所知的意思是乡村及（引伸为）国家。

④ 《周礼》卷六，第十一页（第二十二章）；译文见 Biot (1), vol.2, p.47, 由作者译成英文。

其他两个音，即"角"（号角）和"羽"（羽毛），大概来源于悬挂乐器的架子。《诗经》中的一篇有这样几句[1]：

有盲人乐师，有盲人乐师，在周代官廷的庭院中出现和做好准备。

（他们的助手）设置有锯齿边的板（以支承乐器），设置鼓柱，升起长牙，安插羽毛。

〈有瞽有瞽，在周之庭。设业设虡，崇牙树羽。〉

159 这首诗中一些字词的确切意义，是许多注释讨论的问题，但要点在于，一些悬挂鼓和其他乐器的柱子以羽毛装饰；而且，或者木架的局部被削成尖顶（牙）或尖角（角），或者在木架上固定动物的长牙或角[2]。因此，五音之中三个音的名称是用于描述支承鼓、钟或磬的支架的。

现在可以提出假设，即宫、商、角、徵、羽这些名称，最初是指用以控制音乐和舞蹈的一些乐器所占据的位置。很多文献资料表明，中国最早的音阶概念与西方的不同，并不是像阶梯，从低调升至高调或从高调降至低调，而是像宫廷，各音排列在主音即宫音的两侧。正如《淮南子》的注释者简明地说的："宫在中央，故为主也。"[3]这是指原文中的叙述，五音以"宫"音为主。我们还想起引自已经失传的《兵书》的文字（本册p.141），五音或五种声质的排列次序为商、角、宫、徵、羽。这种不是按音调而是按某种仪式布置来排列各音的传统，支持了下述看法：古代某时期，在舞蹈场地周围有五个位置设置柱子和支架，以悬挂为指挥礼仪表演用的乐器。"宫"的位置为屋架，是君主；"商"的位置为"相鼓"，调节进程，就像一位公正的大臣；"角"的位置为装饰着动物的角的支架；"徵"即征召的位置，可能与"应"钟或"应"鼓有关[4]（两者均可顾名思义）；而"羽"的位置即装饰着羽毛的柱子或支架所在的位置。

这些名称后来与音调有关，看来几乎是必然的，因为悬挂在柱子和支架上的乐器，事实上就是产生音调的乐器，即磬、钟，以及本章前面几节已清楚说明了的鼓。有充分的证据表明，从最早的时代起，就是用这些乐器来调节音乐的。在此只需引用两处文字即足以说明。第一处引自《书经》，夔（传说中的伟大的音乐家）在描述准备一种礼仪"兽舞"时说[5]："我敲击发出声音的石头，我拍击它，各种各样的动物相互率领着跳舞。"（"予击石拊石，百兽率舞。"）第二处引自《诗经》，在关于礼仪音乐的生动的描述

160 中有如下诗句[6]："于是我们按时间和音调将（乐器）集合在一起，依据磬的声音。"（"既和且平，依我磬声。"）因此人们可以说，在周代初期，中国人的音乐兴趣主要集中

---

① 《诗经·周颂·有瞽》，第五章；《毛诗》，第二百八十篇；由作者译成英文，借助于 Legge（8）；Karlgren（14），p.245；Waley（1），p.218。

② 此处引用了与这节有关的郑玄对《周礼》中"虡"的注释，见于《诗经》的《毛诗》若干版本；这就是，"他们把（羽毛）放在钟架立柱顶端的角内"。

③ 《淮南子》第四篇，第八页。高诱（活跃于210年）注。

④ "应"在汉语中是一个重要的词，声学意义为共鸣，尤指与"气"有关的神秘的共鸣，参见本书第二卷，pp.282，304，500等处。"徵"音的"徵"（chih）又读作"征召"的"征"（chêng）（K891），与"应答"的"应"（K890）两者之间在语源学上也关系密切。

⑤ 《书经》第二篇（"舜典"），由作者译成英文，借助于 Karlgren（12），p.7。

⑥ 《诗经·商颂·那祀》，第一章；《毛诗》，第三百零一篇；由作者译成英文，借助于 Legge（8）；Karlgren（14），p.262；Waley（1），p.225。

在音色和联想方面。在公元前4世纪初受到巴比伦的影响之前，严格的音调很可能并未成为他们的音乐兴趣中的支配因素①。

（6）物理声学的发展

（i）五声音阶

随着对音程的认识以及对音的命名，精确的测量、观察和试验成为可能，而声学科学也就产生了。我们还不能确切地说出中国人是什么时候开始给予音名称的，但《左传》中记载很可能为公元前4世纪史事的某些段落，有五处提到音阶中音的数目为五这个事实，不过都没有述及这些音的名称。人们或许同意，前面引自失传的《兵书》上的一段文字，可能是现存著作中给音取名的最早例子②，但我们提出论证，这些名称在当时不一定指音调。同样的保留也适用于孟子（活跃于公元前350年）的一段文字，其中述及"徵"和"角"如下③：

> （景公）召见大乐师说："为我演奏适合于君王和大臣互相高兴的音乐。"于是奏了徵招和角招。
>
> 〈（景公）召太师曰："为我作君臣相说之乐。"盖徵招角招是也。〉

关于这段文字，理雅各（Legge）说："我想徵招和角招是两种曲调或两支乐曲，分别以徵音和角音开始。"如果理雅各的猜测能被接受，那么这段文字就提供了一个研究开始的时期，但这个时期的证据仍甚少。然而大约五十年之后，宫、商、角、徵、羽确实被用以区分弦乐器上不同的音，对此不再有任何怀疑④。这也为辞书《尔雅》关于音乐的一篇开始的若干定义所证实⑤。

更晚一些时候（约公元前150年）出现了董仲舒的著作，前面已多次谈到⑥他的记述，把乐器调到发某些音，如宫音和商音，同样被调音的弦会发声与之共鸣。值得注意的是，在这样早的时期，中国人甚至已对鼓进行调音，并在击鼓时注意到这种共鸣现象⑦。而在欧洲，则迟至16世纪，像维尔当（Virdung）那样的音乐作家仍满足于把鼓

161

---

① 对于五音名称的来源，一种可能的解释在此已作较为详细的说明，因为任何人如果依赖欧洲人关于中国音乐的著作，或甚至依赖基于汉代以后历代正史的中国传统的记载，那么他必然会产生这样的看法：古代中国人极为重视绝对音调，以特殊的律管确定之，这一进步如果不是始自神话的黄帝时代，则至少也是始自非常古老的时代。这种看法完全错了，下文将作清楚的说明。

② 本册 p.141。

③ 《孟子·梁惠王章句下》第四章，十；译文见 Legge（3），p.37。

④ 《庄子》（第二篇）未能如人们有时认为的那样在这一点上给出证据。关于琴师昭文和师旷的传奇般的技艺，我们读到："夫昭氏鼓琴，虽云巧妙，而鼓商则丧角，挥宫则失徵。未若置而不鼓，则五音自全。"这种极端的道家思想，用我们自己的语言来解释，就是偏爱"吹奏无调的神曲"，或偏爱仅用演奏的方法无法达到的音乐的完整性。这一段文字不是在原文中而是在唐代成玄英的注释中出现的，所以不是公元前4世纪而是公元8世纪的看法；见《庄子补正》卷一下，第18页。

⑤ 《尔雅》第七篇，第一页。

⑥ 本册 pp.130，140，以及本书第二卷，p.281。

⑦ 关于鼓，我们幸运地有（如前已提到）一部关于它们的历史和用途的唐代著作，即南卓的《羯鼓录》（848年）。

描述为 "隆隆作响的桶"①。到公元前 120 年，《淮南子》不仅明确记载了五音称为宫、商、角、徵、羽，而且明确叙述了五音与固定的全音域的十二个绝对音调结合可形成六十种 "调"②：

> （给定的）固定音调的一个音，人们可以把它演奏为五个（不同调式的)③主音。（给定的）固定音调的十二个音，人们可以得出六十个（不同调的）主音。
> 〈一律而生五音，十二律而为六十音。〉

虽然缺乏关于相对音调中的各音关系的早期证据，但这并不是说在公元前 4 世纪以前不存在音调的区别。很可能那时对于使用不同的乐器有着不同的名称，如教学生曲调时，笛师以笛上的指孔命名，而琴师则以不同的弦命名。如果司马迁（活跃于公元前 100 年）的记载是可信的话，那么甚至早在公元前 6 世纪就已经有了弦乐器的记谱法了，因为在卫灵公和舞鹤的有名的故事④中，说到灵公命师涓（活跃于公元前 500 年）记下更早时期师延所作的亡国之声的调子。这是某夜他们在河畔休息时，耳边神秘地听到了这种曲调，该处正是商亡后师延投河自尽的地方。

因此我们可以断定，到公元前 4 世纪，无疑已使用五声音阶了，而且在这音阶中，各音的关系被称为宫、商、角、徵、羽等名称。不过我们不能准确地说出这五个音之间的音程如何，因为我们没有进一步的资料，如以同样材料制作、受到同样张力的五根被调音的弦的相对长度，或者使用完全相同的吹奏法的、已知尺寸的五支竹管的相对长度。这些准确的资料，在周代的文献中并无记载。然而从考古学或许可以找到一些帮助，因为虽然发掘出土的钟由于腐蚀而可能发声不再正确，以及像埙⑤那样的吹奏乐器由于我们不能肯定所使用的指法而可能解释错误，但是古代中国最奇特的乐器，即用不朽的玉及其他坚硬的矿石制成的编磬，如果在发掘时得到完整无损的全套，则能提供可靠的手段来了解古代的音阶了。在以后的中国历史中，关于重新发现失传的古代编钟和编磬，有许多记载，这些钟和磬都曾用于后来制品的调音，因此这方面的知识可能还会继续增加。

这类令人注目的发现最近有了新进展。在北京的中国科学院考古研究所，藏有大小不一的三个一套的铎以及另外十个一套的铃⑥，它们均为安阳出土的商代青铜器⑦。虽然时代较晚但数目更多的是十三个一套的华丽的编钟，于 1957 年在信阳北部淮河流域的战国时代的一个王侯墓中发现的，现保存在郑州河南省考古研究所⑧。

现在，实验工作者已经开始测定这种显然是成套的古磬和古钟的频率。李纯一给出了⑨对于安阳出土的商代的三个磬和保存在故宫博物院的商代的三个青铜钟的测试

---

① *Musica getutscht* (1511)；见 Galpin (2)，p.26。
② 《淮南子》第三篇，第十三页；由作者译成英文，借助于 Chatley (1)，p.27。参见刘复 (2)。
③ 调式是音程构成的形式，取决于用以形成曲调的音阶之中各半音的分布以及各音之间的间隙。进一步可见本册 p.169。
④ 《史记》卷二十四，第三十八页以下；见 Chavannes (1)，vol.3，pp.287ff.。
⑤ 埙通常为陶制。商代的埙，保存在郑州和北京的博物馆内；参看李纯一 (1)，第 33，47 页。
⑥ 对于各种钟的名称的定义，见本册 p.194。
⑦ 周代编钟数目多至九个一套，见唐兰 (1)，图版 34，54，55，56。参见 Anon. (17)，图版 18，19。
⑧ 1958 年夏，我有幸考察过这套编钟。这套编钟的复制品所奏出的音乐，已被录音并在电台播送。
⑨ 李纯一 (1)，第 24，26 页。参见李纯一 (2)。

结果（表45）。该表列出了观测得到的频率以及用通常的三分损益法（参见本册 p.173）
得到的一组理论值。对于磬，第 5 号的测定值与理论值约差一个四分音，这应是感觉得
到的；而第 7 号的测定值只比理论值低 9 振动/秒，对此音高来说可以认为是准确的。
这表明，在商代，磬的调音至多接近于耳朵的听觉。对于钟，第 2 号的测定值与理论值
相差一个四分音以上；而第 6 号的测定值只比理论值低 44 振动/秒，可能还说得过去。
无论如何，如果青铜的钟由于腐蚀而斑驳脱落，那么它的调音会受影响。因此，编磬对
于这些研究来说是最好的材料，无疑，确定的结果不久将有可能获得。

163

表 45　李纯一对磬和钟的频率的测定

频　率	磬		钟	
	理论值（振动数/秒）	测定值（振动数/秒）	理论值（振动数/秒）	测定值（振动数/秒）
1	711.45	—	562.2	562.2（基准值）
2	762.88	—	632.9	688.4
3	858.24	—	712.07	—
4	948.60	948.6（基准值）	801.07	—
5	1017.17	1046.5	843.3	—
6	1144.32	—	949.38	915.7
7	1287.36	1278.7	1068.1	—

（ii）七声音阶及后来的精细化

到公元前 4 世纪，中国已使用了一种五声音阶或多种不同的五声音阶。但是还存在
着七声音乐的传统，据郑玄及其他注释者称，这是由周朝开国元勋周公发明的。奇怪的
是，《左传》[1]只有两次提到"七音"，而且每次仅在数字编列之中，例如，"五声，六
律，七音，八风，九歌"。这里，将"声"译作"tones"[2]，"音"译作"notes"，以使两
者有别。这两个字有一个时期似乎指完全不同的两种声音。"声"的最早写法表明，这
种声音是在敲击一个磬时产生的；而"音"则是通过吹笛或吹管产生的。但到公元前 2
世纪时，不论"五声"还是"五音"，都是用来指音阶的五个音。而且，"律"（音高）
字也用作音的同义语。我们发现，在这个时期经常提到七律，意思就是音阶的七个音。
这甚至出现在《国语》中，在可能早至公元前 4 世纪的纪事中提到[3]，武王为了推翻商
朝而攻伐纣辛，"于是乎有七律"。孔颖达（约 600 年）在注释《左传》的上述引文时说
道，七音是在周代初期提出的。郑玄在 2 世纪时也作了这方面的注释，并且参照当时全
音域的固定音高鉴别了这七个音。由此很清楚，郑玄认为七音音阶具有一种结构，而这
种结构在现代记谱法中，若将"宫"音定作中央 C 音，则应为 C D E F# G A B，"五
音"就是 C D E G A，被认为是周公所定的两个半音分别称作"变徵"（在此情况下为
F#）和"变宫"（B）[4]。

---

① 昭公二十三年和二十五年（公元前 518 和 516 年）；译文见 Couvreur（1），vol.3，pp.355ff.。

② 参见本书第二章（第一卷，p.36），以及最后一卷之中关于语音学和语言学的一章。

③ 《国语·周语》，卷三，第三十三、三十六页。

④ 参见《律吕新论》卷一，第十八页以下。

这个"变"字，意思是改变①，即"成为……的途中"，该字本身暗示了音乐的自然发展会导致人们所期待的情况，也就是，这两个半音是用作在"空缺的音阶"中从一个音过渡到另一个音的一种帮助，至少在初期是如此，然而当人耳已习惯于声音的这种新的改进时，便容易容许半音的存在，真正的七声音阶音乐也就自由发展了。

真正的七声音阶音乐是否已在周代应用，我们无从知晓，因为没有实例遗存，不过多处提到"新乐"则不只是一暗示而已。这种音乐被视为极其丑恶、败坏古代礼仪的基础。例如《史记》②记载，公元前 4 世纪魏文侯说，他听到古代音乐时，惟一担心的是可能入睡；反之，他听到郑国和卫国的曲调时，则不曾有这种情况。（"吾端冕而听古乐则惟恐卧，听郑卫之音则不知倦。"）嫌恶"新乐"的一个原因可能是舞蹈时男女混杂③，另一个原因可能是节拍太快④；而在某些文字中还特别提到这种音乐的音不正。例如，在《论语》的一节有名的文字中，孔子既不批评"乐"，也不批评"歌"，而是批评音或"声"⑤："我憎恶赤褐色污浊了真正的红色，我憎恶郑国之声混乱了正统的音乐。……"⑥（"恶紫之夺朱也，恶郑声之乱雅乐也。"）

因此，在古代中国，两种不同形式的音乐之间曾有过一个时期的斗争，较早的一种采用五个正规的音，而较晚的一种（可能在周灭商时，受到来自西部边境的新思想输入的激励）之中还采用了两个辅助的音即半音。直到现在，七声音阶音乐在中国北方比南方更为盛行。甚至有人坚持认为⑦，在北方七声音阶较五声音阶占优势。

在中国后来的历史上，尽管来自西方的七声音阶的影响曾不止一次地得到增强，但中国自己的音阶划分也更加精细化了。隋唐时期，中国十分善于接受来自国外的影响，在音乐方面的影响也不少⑧。我们曾提到在隋文帝宫廷中演奏日本音乐⑨，以及像曹妙

---

① 参见本书第二卷，p.74。

② 《史记》卷二十四，第三十页；参看 Chavannes (1), vol.3, p.272。

③ 这表现出阶级偏见，因为自远古以来男女两性参加跳舞在人民大众中是普遍的〔参见 Granet (1), (2)〕。

④ 霍克斯〔Hawkes (1), p.6〕认为，改革的实质是管和笛占优势。或许可以说，"与《诗经》有关的以打击乐器为主的音乐，这时让位于以各种木制管乐器为主的音乐"。这种音乐在缓徐调中表现出悲哀、色情或沉闷，在快速调中则相当激昂或兴奋——正是这些性质遭到了指责。霍克斯还把"新乐"与《楚辞》诗歌风格的韵律学的发明联系起来。

⑤ 《论语·阳货第十七》第十八章；由作者译成英文，借助于 Legge (2), p.190。

⑥ 乐音与礼仪颜色之间的对应是明显的，正如赤褐色和紫色等一些颜色是五种"正"光谱色之间的中间色（"间"）那样，在五种"正"音之间也会有一些中间音。在汉代，颜色和声音都被描述为"符"。由于缺乏文艺复兴时期的棱镜和光学的概念，中国人几乎不可能像牛顿那样通过测量得出光谱的颜色与全音阶的音之间的类比。值得注意的是，他们从直观上提出了相似的类比，正确地选择了三种标准原色：红、黄和蓝。在这方面，其他民族为了达到总数五种颜色，把银色和金色、或者别的"伪"色包括在内；而中国人则把两种"无色彩的颜色"即黑色和白色包括在内，使得颜色的级别为五种。而且，实际上位于光谱中部的黄色，被中国人视为中心之色、皇家之色，是所有其他颜色的基础。虹和中国黄河流域的黄土，可能曾助长了中国人在这方面的想法，但这样说并非贬低他们的成就。包括中国文献在内的一般的联觉理论，见 Ogden & Wood (1)。参见本册 p.133。

⑦ Hartner (7)。

⑧ 关于历史上中国与西方之间的音乐关系的一般问题，可参考王光祈（1）的很有价值的简明著作。虽然在中国的外来影响是很多并且是巨大的，但中国音乐总是保持着它自身非常独特的民族气质，毫不动摇地注重于鉴赏和审美方面。

⑨ 本书第一卷，p.125，据 Goodrich & Chhü Thung-Tsu (1)。特威切特和克里斯蒂〔Twitchett & Christie (1)〕已将《新唐书》卷二百二十二下，第九页以下译成英文，这是关于缅甸在 802 年进贡管弦乐队的有趣而详细的记述。

图版——○

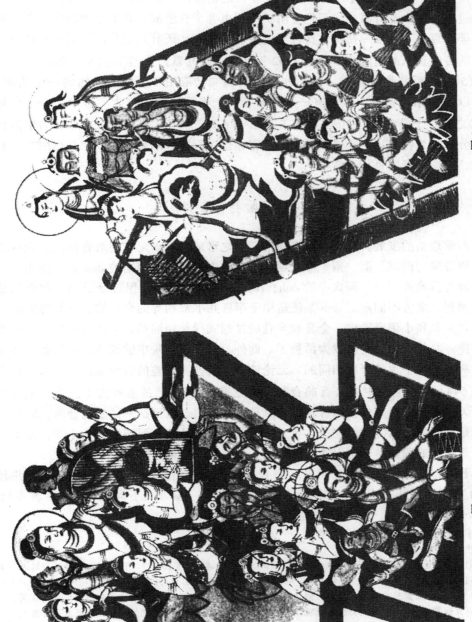

图 314

图 313

图 313、图 314　唐代想像中的天国乐师与管弦乐队：敦煌附近千佛洞第 220 号石窟的壁画。绘于 642 年左右。除了在本书前面诸图中已出现过的乐器以及人们易于辨认的乐器之外，我们还看到有钹［参见 Moule（10），p.24］、笙箫、方响，来自波斯的琵琶，以及印度风格的琵琶，有趣的是，演奏中国和印度乐器的神灵，都身着佛教徒那样的轻盈服装；演奏琵琶和方响的神灵，穿的长袍则更接近于土耳其或波斯的式样。Anon.（10）。

达那样演奏印度音乐非常成功的音乐家①。这一令人神往的时代，成为林谦三（1）的一部名著的题材，该书由郭沫若译成中文。留传下来的唐代礼仪的十二种曲调，皮肯[Picken（5）]已作了细致的研究，它们都是两个七声调式的。其他学者②也曾研究了唐③宋时期演奏的管弦乐队。

莱维斯描述了④宋代姜夔（1155—1229 年）的记谱法，说明如何从五音和七音基础出发，通过将一两个音升高半音而把音阶扩展到由九个音组成，其中增加的两个音为辅助性质。姜夔肯定不是惟一使用这些较为复杂音阶的人，还有其他几位革新者也越出了他们时代的传统音乐的用法。姜夔于 1202 年作的《越九歌》⑤的全部曲调，现已由皮肯[Picken（5）]转写并作了研究。作为九声音阶确实已应用于姜夔的歌曲的一个实例，我们可举以 C 开始的音列，其中有一个微分音——姜夔用的名称为"折字"——出现在 E 和 F 之间。于是此音列变成：C D E E² F G A B♭。然而，如欧洲人时常认为中国音乐以"四分音"为特征，则是错误的。事实正相反，五声音乐是常例，半音也用之，尤其在北方，而微分音则是相当特殊的。

（iii）十二声音阶与标准钟组

中国声学理论的发展，是从相对音高的音阶之形成，到固定或绝对音高的全音域之形成。五声音阶，即宫、商、角、徵、羽，可与西方音乐中不固定的 doh 音阶相比，其近似相当者为标准或"宫"调式中的 doh，ray，me，soh，lah。但过分强调这种类似也容易产生误解，因为不固定的 doh 系统适用于半音几乎都相等的全音域，这是晚近的发明。在一切大调和小调音阶中，全音和半音的排列样式是相同的，但西方音乐的音阶的调式或式样，总的说来已简化成为两种了。此外，在任一音阶中的某音，它的音高或频率在其他所有音阶中也是严格相同的，无论该音与其他音相差的音程如何。例如，E 音的频率是 644，不论它与中央 C 音的音程为大三度，或与 C# 的音程为小三度，或与 D 的音程为大二度，或者其他任何音程，它总是这个频率。依照这一体系的音高，对每一种调子都是相同的，其优越性在于，音乐家可以自由地从一个调转到另一个调，而不必将乐器重新调音或调整演奏法以适应不同调子的变更的音调的要求。

现在看来，这种方法是如此明显和必要，很可能我们忽视了它的革命性质，并且忘记了为方便而付出的代价，即牺牲了调子之间的一些与众不同的特征（参看本册

167

---

① 本书第一卷，p.214。

② 阴法鲁（2）；Trefzger（1）。

③ 我们不应忘记敦煌石窟壁画上所描绘的管弦乐队的著名画像（参见图 313，图 314）。复制品与讨论可见《敦煌壁画集》[Anon.（10）]图版 38，39，47，48，49（洞号 172，220 和 112）；潘絜兹（1），第 67，104 页（洞号 113 和 144）；以及常书鸿（1），图 12（洞号 220）。乐器的组成是有趣的。虽然笙类和琴类乐器与琵琶、多种多样的鼓以及钹等一同保持着它们自己的位置，但引人注目的是缺少了孔子时代的钟和磬，而由一套方响代替（图 315）。一种为人们注意的新乐器是虽大但仍可携带的箜篌。麦积山（例如洞号 51）北魏时期的壁画上，除了笛之外，云锣——在一个手持框架上，悬有三至十面叮哨作响的锣 [参见王光祈（1），第二卷，第 52 页]——也很令人注意。

④ Levis（1），p.75。

⑤ 包含在他的《白石道人诗集歌曲》中。参看 Picken（1），p.109；杨荫浏（1）；杨荫浏和阴法鲁（1）。

166

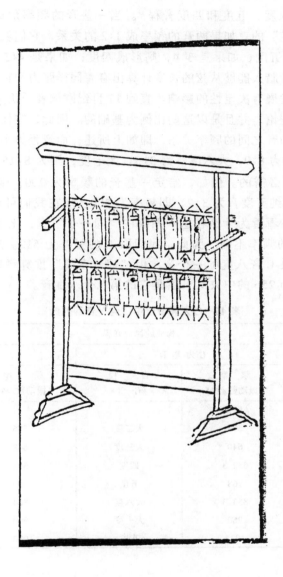

图 315　由十六块矩形钢板组成的方响。采自陈旸的《乐书》宋代版本（11 世纪），参见《乐学轨范》卷
　　　　七，第一页。马端临把方响同琵琶一样归类为外国来源的乐器，他引用唐代书籍《大周正乐》（见本
　　　　书 p.193）所述，方响是从西凉引入的［《文献通考》卷一百三十四（第一一九五页），参见 Moule
　　　　(10)，p.146］。西凉国在 5 世纪初期统治甘肃西北一带。

p.215)。在早期所有的音乐中，这些调子在性质上是不同的，而调式则更是不同。近似于这种差异的是，我们仍然欣赏西方的大调和小调。

在早期的音乐中，调子之间性质差异的声学基础如下所述。有某些音程，是人耳普遍乐于接受的，如八度、五度和四度音程[①]。当一些音的频率形成算术级数的一部分时，就说它们是"纯"的。如果两音的频率成1:2的关系，它们就将形成八度音程；如果是2:3，则形成纯五度；如果是3:4，则形成四度；如果是4:5，则形成大三度；等等。这种知识使得希腊人能够从弦的长度计算出有着同样张力和粗细的弦的音高，并对它们的声学理论的发展有决定性的影响。直到17世纪欧洲音乐仍然使用的"纯"音程，就是来源于希腊的理论，并且是以这些比例为基础的。因此，在任何音阶中，八度、五度、四度和大三度的音之间的频率关系，即如上所述；而音程为小三度的两个音，其频率为5:6；大二度，为8:9；大六度，为3:5；大七度，则为8:15。这些比例，对于计算纯律的全音阶[②]是必需的。例如，给定一基音的频率为200，则它的八度音为2:1，即频率是400；它的纯五度音为3:2，即频率为300。现在我们可以音对音地比较纯律中两个音阶的频率，看看为什么在这一系统中"同一个"音，比如A音，在D音阶中和在C音阶中具有的频率不同。为此，我们取C的频率为512。这个频率在"理论音高"上表示高于中央C音八度的一个音，由"理论音高"推算频率为1的假想音为可能的最低音，频率为256的中央C音就是它的第八个八度音。

168

表46　C大调音阶中"纯"音程的频率

音	构成纯律的音程			
	C 为基音		D 为基音	
	频　率 （振动数/秒）	音　程 （C—X）	频　率 （振动数/秒）	音　程 （D—X）
C	512			
D	576	大二度	576	
E	640	大三度	648	大二度
F	682.3	四度	691	小三度
G	768	五度	768	四度
A	853.3	大六度	864	五度
B	960	大七度	960	大六度
C	1024	八度	1080	小七度

---

① 每一个熟悉中国音乐的人，都承认它存在一种独特的"旋律意蕴"，完全不同于西方音乐，但同样优美悦耳。皮肯［Picken（3）］指出，这是因为在中国音乐中特征音程总是四度，曲调以一系列四度音程构成，而不像欧洲的曲调通常由一系列三度音程构成，尽管西方的很多民歌是五声音阶的。中国音乐的格言是"非机械对称的秩序"，并且当西方发展了单旋律的和谐时，亚洲发展了复旋律。关于中国器乐的结构，可参看 Hornbostel（2）和 Picken（1），p.125。在中国，音乐从未与其他活动相分离，不论是风景画、抒情诗、炼丹术，或者甚至是矿物学——例如，炼丹家宁献王曾在1425年出版了一部采用减字谱记谱法的著名的音乐作品集［Picken（1），p.118］。关于宁献王，可参见本书第三卷，pp.513，705。至于西方的音乐与炼丹术之间的关系，可比较伊博恩［Read（2）］和坦尼·戴维斯［Tenney Davis（1）］关于迈克尔·梅尔（Michael Maier，1568—1622）及其《逃脱者阿塔兰塔》（*Atalanta Fugiens*）的论述。

② 即包括一系列全音和半音的音阶。

从表 46 可以看出，以 C 为基音的 C 大调音阶中，不同音可形成什么音程，而它们的频率可由基音的频率乘以适当的比例得到。另外，由同一个音的右边一栏，可以看出频率的差异。例如 E 音，距基音 C 的音程是大三度，距基音 D 的音程是大二度。现在我们认为这是同一个音出现在不同调子中的情况，但在古代则认为是不同的音，因为 C 的频率乘以 5/4 并不等于 D 的频率乘以 9/8。因此，在纯律中，将旋律从一种调子变为另一种调子，例如从 C 调变为 D 调，如果不显著地改变它的特性，那是不可能的，因为在不同的调子中音调的关系不同①。

古代中国的音乐家，不仅对移动七声调式中的半音和五声调式中的"空隙"所引起的音乐特性的明显改变特别敏感，而且对在同一调式内旋律从一种调子变为另一种调子所引起的音乐特性的微妙变化也同样敏感。文献中记载有六十个（五声的）和八十四个（七声的）"调"，它们是否全都用到，尚难肯定。例如，我们曾引用过《淮南子》中的一段②，大意是说，如果有了固定音调的十二个音（"律"），那么就可以依此构成六十种不同调的主音。

西方所熟知的七声调式，名为 Dorian, Phrygian, Lydian, Mixolydian, Aeolian, Ionian 和 Locrian。虽然在中国古典音乐里没有与我们近代已降格和限定的"调式"的概念相当的东西，但调是用简单而明了的方法命名的③。正如哈特纳所说④："表示改变五声音阶五种调式的音程的方法……以及它们所有可能的十一种变调方法，可以很方便地通过将古代的五声——宫、商、角、徵、羽，与十二律的第一个字——黄、大、太、夹、姑、仲、蕤、林、夷、南、无、应，结合而得到。"十二律的名称⑤相当于英文字母从 A 到 G，包括黑键在内。因此，当我们很不顺口地说一首歌曲在 Lydian 调式中是 C 调时，中国人只需简单地说，"曲调是用宫—黄"。

至此，我们注意的是相对音高的各音阶的确定，这些音阶给曲调以一种特殊的形式，而不论实际被定的音如何。但是，从五种或七种不同的调式可分别得出六十种或者甚至八十四种不同的音阶，它们的存在意味着具有十二个半音的固定全音域，这是在我们的键盘乐器上所熟知的。西方乐器的制造者曾面临进退两难的处境。他们希望给音乐家提供一种键盘，它能够正确地发出纯律的全部的音（在理论上，就是每一个八度有八十四个音），但事实上，他们无法把所有这些音都压缩在演奏者的手能够达到的自然跨度之内。中国的技师也有过同样的困扰，关系到他们的问题虽并非键盘乐器而是悬挂在支架上的编钟，却是远为昂贵和麻烦得多的事。若能包括三个八度音域，需要 150 个以上的钟，敲钟人须具备运动员的本领，买主则须富比王侯。当然，这样的计划只能于理论上期待之。

中国的十二音全音域如何形成，是与中国钟的历史密切相关的。在早期的管弦乐队中，钟具有双重功能——用以定音调和用以启奏音乐。正如《国语》⑥中所说："而且钟

① 见 Geiringer（1），p.26。参看本册 p.216。
② 本册 p.161。
③ 参看 Chao Yuan-Jen（3）。
④ Hartner（7），p.82。
⑤ 见本册 p.171。
⑥ 《国语·周语》卷三，第二十一页。

不误（响），因此我们用它领头发出声音。"[①]（"且夫钟不过以动声。"）

170　　　最迟到周代时，中国人在音乐方面的进步已超出敲击磬石块或青铜板的阶段——偶然也可发出所期望的声音，此时他们已在铸钟并能准确地调音[②]。最早时期的一些著作常提及钟、以血衅钟[③]，以及钟在音乐演奏中的重要性。通常这些钟是有名称的，名称很多且相互不同。我们现在只能猜测它们的意义，两千年以前的汉代评注家也只能做这样的猜测。可以说，这些名称与应用这些钟的仪式有关，名称的交感魔力或许增加了仪式的功效。同义语很多，例如"林钟"，字面意义为"森林的钟"，它在上文提到的《周语》中又作"大林"，字面意义为"巨大的森林"。郑玄认为"函钟"就是林钟，因为在《周礼》[④]所称律钟的名单中，函钟所处的位置，在若干世纪之后当发出固定音调音阶的乐器的名称已经被标准化时，似乎已由林钟取代。音阶的命名很复杂，这是由于汉代评注家作了时代错误的解释，同时也是由于音阶在发展时期形成体系的名称的经常变动。但是发展的大概过程，还是比较清楚的。

　　按纯律或平均律以外的其他任何律，用钟给一歌手伴奏，就会需要大批成套的钟。但正如我们已知道的，使用钟的主要目的是为初始音定音调或发主音。所以最有实用价值的成套的钟，应该是能给出全音域 12 个连续的半音，而每一个半音都可作为主音。不要以为这种全音域曾用作音阶，像一些西方作者那样，称之为"中国的半音音阶"[⑤]是错误的。称作十二"律"的十二个音的系列，仅仅是构成音阶的一系列基音。

　　无法确定钟和音调的标准化过程是何时完成的，但提到整套十二个钟的最早的文献可能是《国语》[⑥]，该书在记载据说公元前 521 年举行的一次讨论时述及[⑦]。另外，如果
171《月令》真正的年代确实早至公元前 600 年，那么这部著作所列的名单可能更早[⑧]。和青铜镜一样，钟在周代被认为是具有高度魔力的乐器，它们的特殊功能是吸引或聚集发散物和精华，即通常所称的"气"[⑨]。我们还记得，这种"气"具有六种形态：阴和阳，风和雨，晦和明；阴和阳是两个对立面，其他各形态最终都被归入其中。

　　钟的类型自然也可分为类似的阴钟和阳钟两大类。《国语》列出它们，如表 47 所示[⑩]。

---

　　① 现代在印度尼西亚仍可见到类似的做法。萨克斯［Sachs·(1)］曾注意到"当有人向爪哇人或巴厘人请教调音方法时，他被告知：某位年老的铜锣铸造者保存着从远古祖先留传下来的几根非常名贵的金属棒，用以调音相当精确"。

　　② 关于实际的调音方法，后面将有更多的叙述（本册 pp.184 ff.）。

　　③ 参看《孟子·梁惠王章句上》第七章，四；参见 Legge (3)，p.15。

　　④ 《周礼》卷六，第十二页（第二十三章）；参见 Biot (1)，vol.2，p.49。

　　⑤ 半音音阶是由连续的一系列半音所组成。

　　⑥ 《国语·周语》卷三，第二十一页、第二十六页以下。

　　⑦ 周景王想把一个钟熔化而改铸成为另一个音调较低的钟。他的大臣单穆公规劝他，举出不能这样做的许多理由，其中最有说服力的一条理由是，较小的钟熔化后的金属不足以铸成低调的钟。然而这位君主一意孤行，钟铸了出来，但在他死后，人们发现这个钟其实不合调。关于钟的名称、性质和定义的详尽目录，见于这位统治者和他的另一位声学顾问——伶州鸠的谈话。参见本册 p.204。

　　⑧ 见本书第三卷，p.195。

　　⑨ 有关方地的阴钟与洼洞之间、圆天的阳钟与丘陵之间等的玄想关系，可引用《月令》的注释："钟是洼洞，洼洞内受气满盈。""气"在后面的声学理论中还要讨论，见本册 pp.202ff.。

　　⑩ 《国语·周语》卷三，第二十六页以下。

表 47　《国语》中钟的分类

阳　　钟		阴　　钟	
黄钟	"黄色的钟"	大吕	"大的调节器"
大簇[①]	"很大的丛聚"	夹钟	"被压缩的钟"
姑洗	"古老而纯净的"	仲吕	"中等的调节器"
蕤宾	"繁茂的"	林钟	"森林的钟"
夷则	"均等的尺规"	南吕	"南面的调节器"
无射	"不疲倦的"	应钟	"共鸣的钟"

这样建立起来的十二个钟的名称，就成为十二个音的名称，从而形成中国古典的全音域。在《国语》中，阳音阶称为"律"，阴音称为"间"，即音出现在正律之间的意思，这一事实有力地表明，当时已经存在十二个半音的标准化的全音域了。原文并没有详细记载关于计算音程所用的确切方法，但是这些名称出现的次序表明了，一个中间阶段存在于它们的最终形式首次被记录在《吕氏春秋》[②]中之前，以及一种把十二律分为六个一组的更为原始的描述被保存在《周礼》[③]之中。

（iv）算术循环的引入

在追述全音域发展的过程中，到目前为止我们已提到三个阶段。首先，是《周礼》中记载的原始阶段，在这个阶段，音有了名称，虽然有些名称与最终采用的不同[④]。其次，是《国语》中列举的十二个钟，也分成六个一组，此时全部名称与后来正统的全音域名称一致。我们不能确定这个全音域的音程或得到它们的方法，至于各音的频率则更无从知悉。但是，随着公元前 240 年左右《吕氏春秋》描述了十二个音的系列，便达到了一个新的阶段，因为尽管频率仍然未知，但了解如何得到这些音的系列已终于成为可能了。

因为这种十二音的全音域与所谓的毕达哥拉斯音阶有某些类似，研究毕达哥拉斯音阶与中国人的音阶之间在构成方面的差异是非常有意义的。希腊人用以发展音阶的乐器是里拉和齐萨拉琴[⑤]，而不像在中国那样用的是编钟和编磬。希腊音阶的构架是用里拉外侧的两根弦调谐八度音程，然后再用内侧的两根弦调谐五度和四度音程。在荷马时代，所有弦的调音，全凭耳朵来听。直到公元前 6 世纪才有了定量的发现，即如果要计算八度、五度和四度音程，则需要知道1/2、2/3和3/4的弦长，这一发现被归功于毕

（右侧页边）172

---

① 亦称太簇。

② 《吕氏春秋》第二十七篇（卷六，第五十四页）；译文见 Wilhelm (3)，pp.69ff.。

③ 《周礼》卷六，第十一、十二页（第二十三章）；参见 Biot (1)，vol.2，p.49. 在结束本小节时，我们不能不提到勋伯格（Schönberg）、韦伯恩（Webern）、阿尔班·贝格（Alban Berg）和其他学者于本世纪在十二音音乐方面所作的实验。了解其起源是否与像中国那样的古代十二音系列有关，是有意义的。

④ 如果它们确实是相同的音，然而必须记住这样的可能性，即这段文字描述的是不同音域中的两个不同的音阶。

⑤ 也是一种里拉，其音箱的空腔延伸至琴臂，琴臂也是中空的。

达哥拉斯（Pythagoras）。大全音的音程位于四度与五度音程之间，这直到一个世纪之后才由菲洛劳斯（Philolaus）发现[①]。那时，希腊音乐分成两派：一派以塔兰托的亚里士多塞诺斯（Aristoxenus of Tarentum）为代表，主张音程应由耳听来判断；另一派是毕达哥拉斯学派，主张音程本质上是数学的。毕达哥拉斯音阶的数学比中国全音域的数学要复杂得多，且需要平均值的知识。这种数学是柏拉图[②]为形而上学的理由而不是为音乐的理由建立的，它的最广泛形式的完整描述则是由欧几里得[③]给出的。

另一方面，中国音调的全音域只需要最简单的数学，并且不用八度音作为起点。的确，它包括的甚至根本不是一个真正的八度。惟一需要的数学运算就是交替地以 2/3 和 4/3 乘某些数字[④]。基音的频率乘以 3/2，就生成高完全五度的音。但在频率的概念存在之前，同样的关系只是以长度来表达的。谐振体的长度乘以 2/3，相当于频率乘以 3/2。因此，琴的弦长乘以 2/3 所得的弦，弹奏时发出比它的基音高完全五度的音。这是产生音的无尽的相生过程中的第一步（或"律"）。发完全五度音的谐振体的长度，再乘以 4/3，结果发出的音要比完全五度低四度，因此也就产生在基音之上的一个大全音，因为 $1 \times 2/3 \times 4/3 = 8/9$。这就是说，在两个四度音阶之间存在着与菲洛劳斯用不同方法发现的相同的音程，如

C— — — —F（大全音）G— — — —C.

希腊人把全音音程作为音阶结构的基础，一个八度音程分成一个全音和两个四度，每个四度再分成两个全音和一个毕达哥拉斯半音即升半音（diesis）。中国人并没有陷入希腊人的大半音（apotomē）和小半音（leimma）的复杂情况，而是从他们的基音（已提到过的黄钟）前进了两步，即以三度音的谐振体的长度乘以 2/3，计算出音系列中的四度音，得到的长度为基音谐振体的长度的 16/27，这就是他们的六度音。由这个六度音乘以 4/3，即得到大三度，其乘积为 64/81。我们将会看到，这个音不是纯律的音，因为在纯律中，这个分数应该是 4/5。但它与毕达哥拉斯的大三度相符。不论乘以 2/3 还是乘以 4/3，这一过程要求全音域保持在一个八度音程范围之内，这样继续到第十二音，这些音就是十二"律"（图316）。中国人把这个过程说成是"生"，音的生成如同"母"生"子"[⑤]。乘以 4/3 所得各音，称为"上生"；乘以 2/3 所得各音，称为"下生"。《吕氏春秋》载有这个体系的最早的记述（公元前 239 年），中国的全音域各音均依此而产生[⑥]。

根据这种"三分损益"原理计算出实际各长度的最古老的史料，是司马迁的《史记》（约公元前 90 年）。他谈到吹管，并给出黄钟管长度为 81（单位为一寸的十分之一）[⑦]。这个数字，在用分数2/3和4/3进行计算时，显然是一个很好的作为开始的数

---

① 见（大约 2 世纪）杰拉什的尼科马科斯（Nicomachus of Gerasa 的《谐和手册》[*Encheiridion Harmonices* (Meibom's ed.), Bk.I, pp.13, 17, 27]。

② *Timaeus*, 35B; Archer-Hind tr., p.107。

③ *Euclidis Introductio Harmonica* (Sectio Canonis), "Canonem designare secundum systema, quod vocatur immutabile" (Meibom's ed.), p.37。

④ 参看《律吕新论》卷一，第十三页以下。

⑤ 参看关于中国算术分数的术语，本书第三卷，p.81。

⑥ 《吕氏春秋》第二十七篇（卷六，第五十四页以下）；译文见 R.Wilhelm (3), pp.69ff.。

⑦ 《史记》卷二十五，第八页以下。Chavannes(1), vol.3, pp.313ff.。参见《前汉书》卷二十一上，第三页以下。

字。经校正若干明显的误差后①，各管的长度见表48。这些律管的实际长度本身并无多大意义，因为没有进一步的资料，如管的直径等，我们无法计算它们的频率。但是表示这些长度的方式是很有意义的，因为小数系统与基于三分之一数的系统一起应用，有着明显的巴比伦风格②。关于这一点，我们在后面还要讨论。

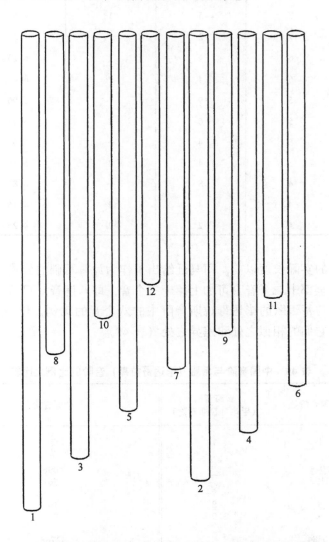

图316　按比例绘制的正统标准律管。鲁宾逊（K.Robinson）复原，用以说明上生和下生的原理。
　　　1.黄钟；2.大吕；3.大簇；4.夹钟；5.姑洗；6.仲吕；7.蕤宾；8.林钟；9.夷则；
　　　10.南吕；11.无射；12.应钟。

①　见 Robinson（1），pp.44ff. 和 Chavannes（1），vol.3，pp.631ff.（Appendix Ⅱ）。他们的著作仔细检查了这些误差。这些误差最早是由宋代大学者蔡元定（1135—1198 年）在他的《律吕新书》中指出的，该书被收入《性理大全》（参见本书第二卷，p.459）。关于蔡元定，可参阅 Forke（9），pp.203ff.。关于整个问题可进一步参考薮内清（18）的论文，以及吴南薰（1），第 73 页以下、115 页以下、204 页。

②　参看本书第三卷，p.82，关于以"朌"或"仂"字代表 1/3 的用法。《史记》在这一节中使用了较为通常的表述"三分一"。

175

表 48　司马迁的律管长度计算

名称	寸	分	百分之三寸	总　长 （未校正值）	总　长 （校正值）
黄钟	8	1	—	8.1	8.1
大吕	7	5	1	7.53	7.585
大簇	7	2	—	7.2	7.28
夹钟	6	1	1	6.13	6.742
姑洗	6	4	—	6.4	6.4
仲吕	5	9	2	5.96	5.993
蕤宾	5	6	1	5.63	5.689
林钟	5	4	—	5.4	5.4
夷则	5	4	2	5.46	5.057
南吕	4	8	—	4.8	4.8
无射	4	4	2	4.46	4.495
应钟	4	2	2	4.26	4.266

174　　　　在列出律管的实际长度以前，司马迁给出了作为计算基础的公式。现在，把他提出的关于全音域的全部十二个音（可加上第十三个音，即八度音，只须继续再做一步计算即得）的比例，与蒂迈欧的毕达哥拉斯音阶中的八个音的比例，作一比较是很有用的，这样就可以看到它们的相似之处和差异之处（表 49）。

表 49　中国音阶与希腊（毕达哥拉斯）音阶的比例之比较

	中国音阶	希腊音阶 （毕达哥拉斯音阶）		中国音阶	希腊音阶 （毕达哥拉斯音阶）
C	1	1	G	$\frac{2}{3}$	$\frac{2}{3}$
C#	$\frac{2048}{2187}$	—	G#	$\frac{4096}{6561}$	—
D	$\frac{8}{9}$	$\frac{8}{9}$	A	$\frac{16}{27}$	$\frac{16}{27}$
D#	$\frac{16384}{19683}$	—	A#	$\frac{32768}{59049}$	—
E	$\frac{64}{81}$	$\frac{64}{81}$	B	$\frac{128}{243}$	$\frac{128}{243}$
F	$\frac{131072}{177147}$	—	C	$\frac{262144}{531441}$	—
	—	$\frac{3}{4}$		—	$\frac{1}{2}$
F#	$\frac{512}{729}$	—			

左列各音只是作为说明而任意选取的。

如同十二标准钟一样，这十二律也分成阴阳两组。在公元 1 世纪时郑众注释《周礼》①说，阳律（"律"）以竹为管，阴律（"同"）以铜（即青铜）为管，在象征的相互联系系统中，前一种物质对应于天，后一种物质对应于地②。   176

我们看到，毕达哥拉斯音阶与中国音阶（五度相生），不论在结构的一般形式上，还是在某些音（如八度音、四度音）的具体比例上，并不完全一致。即便如此，它们的相似之处还是相当明显，以至引起了几乎历时二百年的误解。

（v）毕达哥拉斯或伶伦？

对中国音乐的理论基础用欧洲语言最早进行解释的，是耶稣会士钱德明于 1776 年在北京写成的、并于 1780 年在巴黎出版的著作。钱德明接受中国历史的传统年代记载，因此相信中国的音乐起源于公元前 2698 年。根据这种估计，在毕达哥拉斯诞生之前十一个多世纪，中国人已有一种音阶了，它在许多音程上极类似于后来的毕达哥拉斯音阶。他断言，毕达哥拉斯学派声称发明这种音阶的说法，完全是一种"剽窃行为"③。至于剽窃究竟如何进行的，他并没有解释，但他假设，以爱好旅行著称的毕达哥拉斯或者很可能到过中国，或者遇见过传播音阶秘密的来自中国的人。钱德明注意到希腊的音阶与中国的音阶有一些差异，他认为希腊音阶是一种退化的形式④。

19 世纪，随着中国威望在国外的日益衰退以及希腊文化的复兴，完全推翻上述评价是意料之中的事。沙畹认为，关于公元前 3 世纪或 4 世纪以前的中国的音阶，并无文献记载，他于是写道⑤："这同样的音乐体系，在中国人认识它以前两个多世纪，已由希腊人提出了。难道中国人不是从希腊人那里借来的吗？"沙畹还企图解释中国人是如何"借"这个声学体系的⑥："亚历山大的远征使文明的巨浪冲击到帕米尔高原的脚下，那里出现了十二根芦苇，它们唱的是希腊的音阶。"这样的猜测并没有比钱德明的神话更吸引我们，但它们竟然在过去的五十年里被人们接受了。对于钱德明，至少可以说，   177
在他那个时代，人们并不认为两个系统的音阶是等同的。然而，自从沙畹不严格地把这些音阶描述为"同样的体系"，错误就流传开了⑦。沙畹本人也知道两者之间有差异，但他把这些差异归咎于中国人缺乏理解，他进而做出了有失大学者风度的结论："此外，他们音乐的喧闹和单调的特点，也是众所周知的。"⑧

---

① 《周礼》卷六，第十六页（第二十三章）。
② 毕瓯［Biot (1)，vol.2，p.56］将两种物质颠倒了，应予更正。阴律管后来常用的名称为"吕"。
③ 钱德明［Amiot (1)，p.8］说："古希腊的七声音阶，毕达哥拉斯的里拉，他关于全音阶的四声音阶的变换，以及他的整个体系的形成，同样都是从古代中国人那里窃取来的。"甚至在今天，这种观点仍有反映，例如霍格本［Hogben (1)，p.113］的书中说："毕达哥拉斯的父母都是推罗（Tyre）人，这给我们提供了一条线索，即他的学说有中国影响的明显迹象。他曾在亚洲旅行。"可能库特纳［Kuttner (3)］将重新讨论这个问题。
④ 参见 Robinson (1)，pp.48ff.，他说明了阿贝·鲁西耶（Abbé Roussier）在发动这场争论时所起的作用。
⑤ Chavannes (1)，vol.3，p.638。
⑥ Chavannes (1)，vol.3，p.644。
⑦ 例如，阿佩尔［Apel (1)，p.618］就明确地说，"五度相生"是"毕达哥拉斯发明的"。甚至中国学者如赵元任［Chao Yuan-Jen (2)，p.85］也错误地认为"五度循环生成毕达哥拉斯音阶"。
⑧ Chavannes (1)，vol.3，p.642。

　　必须摒弃沙畹的假设，这不但因为中国人调谐十二个一套的编钟的时期①，与据认为毕达哥拉斯的生活年代处于同一个世纪，无论如何是在亚历山大远征倘若将希腊公式引入中国文献而可能产生影响之前很久；而且也因为中国音阶在结构上与毕达哥拉斯音阶有本质的不同。然后，钱德明所认为的在这样早的时代曾发生过中国文化向希腊的传播，这种见解也不能认真接受。可以找到充分理由的最简单的假设是，声学发现的萌芽从巴比伦向东西两个方向传播，一方面在希腊发展，另一方面在中国发展；也就是，弹拨弦时发出的音的音高，部分地是由弦的长度决定的。更有甚之，已高度发展了弦乐器的巴比伦人可能观察到，在同样的张力情况下，一根弦的长度为另一根弦的一半，所发之音将为另一弦之八度音；若其长度为另一弦的三分之二，则其音为另一弦之五度音；若其长度为另一弦的四分之三，则其音为另一弦之四度音。这些比例的知识，就是发展中国的"五度相生"所必需的全部知识，也就是古代希腊人归功于毕达哥拉斯（称其为发明者或传播者）的全部的声学发现。毕达哥拉斯音阶在以后若干世纪内错综复杂的发展，包括将八度音阶再分成四度音阶、全音的定义以及在不早于公元前4世纪的某个时期再分四度音阶等，所有这些都是希腊人特有的发现。而且，对于蒂迈欧的音阶结构，它不是由一系列的完全五度、而是在毕达哥拉斯四声（*tetractys*）数字（1—2—3—4—8—9—27）之间求出等差中项和调和中项来构成，这在中国则没有与之对应的东西。

　　必须着重指出，说这些发现起源于巴比伦只是假设，因为关于巴比伦的音乐，我们知道得很少。不过，现存的证据似乎表明这种假设是问题的答案。

　　首先，很有趣并可能很重要的是，希腊和中国的传统都将其声学体系的起源归功于一个外国。在巴比伦被亚历山大大帝（Alexander the Great）占领以前写作的希腊作家们都说，毕达哥拉斯到过埃及②；而后来的作家们则说，他在旅行中去过巴比伦③。伊安布利库斯（Iamblichus）甚至还说④，"音乐比例"⑤的知识是由毕达哥拉斯从巴比伦带到希腊的。埃及人和巴比伦人肯定都知道并运用分数 2/3 和 1/3⑥。埃及人把调和级数的知识秘藏在一个盒内，这是由祭司阿梅斯（Ahmes）在纸莎草纸上记述的，现存大英博物馆赖因德特藏室（Rhind Collection），时代可定为公元前 1700 至前 1100 年之间⑦。但是，归功于毕达哥拉斯的音乐发现无论由什么路径传播到希腊，可以肯定这些发现是建立在新月沃地区域久已知晓的事实基础上的。正如伯内特（Burnet）说⑧："作为一种国际语言的巴比伦语的使用，将能说明埃及人多少了解巴比伦天文学这一事实的原因。"在亚历山大入侵之前，希腊人所具有的关于巴比伦科学的这种知识，就经由吕底亚和

178

----

① 参见本册 pp.151，170 引自《国语》的文字。
② 这在亚里士多德的《形而上学》（*Metaph*，I，I）中有暗示，在伊索克拉底（Isocrates，活跃于公元前 380 年）的著作［*Laud. Busir*. XI，28］中有论述。
③ 最早见于斯特拉波（Strabo，活跃于公元前 25 年）的著作（*Geography*，XIV，1，16）。
④ 活跃于公元 300 年及以后。*Introductio Nicomachi Arithmen*，pp.141-2，168（Tennulius' ed.）。
⑤ 在音乐比例中，第二项为等差中项，第三项为调和中项，如 $6:9::8:12$，即 $a:\frac{a+b}{2}::\frac{2ab}{a+b}:b$。
⑥ 见 Heath（6），vol.1，pp.27ff.。
⑦ 见 Warren（1），p.48。
⑧ Burnet（1），p.20。

埃及传入希腊了。巴比伦衰亡之后，人们理解到科学的本源就在这个城市，这些传说自然就被采纳了。

毕达哥拉斯向东旅行到巴比伦的故事，与黄帝（传说中的帝王，据说在公元前 27 世纪时在位百年）的大臣伶伦西行的传说极其相似。根据传说，这位统治者的大臣们各司专职，伶伦[①]被委派制订乐律[②]。

[《吕氏春秋》记载] 古时候黄帝命令伶伦制作律管。于是伶伦经大夏[③]向西，行至阮隃山[④]北麓，在嶰谿山谷中找到竹，其茎的中空（的部分）与（壁的）厚度都很均匀。他在竹节之间切下长度为 3.9 寸[⑤]的一截，吹之，取其基音（"宫"）为黄钟管的基音。他又吹，说"这相当好"[⑥]，接着制作了全部十二支管（"筒"）。然后在阮隃山麓，他倾听雌雄凤凰的歌声[⑦]，并将律管相应地分（为两组），雄音为六种，雌音亦为六种。为了使它们联合协调，同黄钟基音和谐它们。黄钟基音（"宫"）确实能够生成整个（音列）。所以，黄钟基音是雌雄律管（"律吕"）的源泉和根本。[⑧]

〈昔黄帝令伶伦作为律。伶伦自大夏之西，乃阮隃之阴，取竹于嶰谿之谷，以生空窍厚钧者，断两节间，其长三寸九分而吹之，以为黄钟之宫，吹曰舍少。次制十二筒，以之阮隃之下，听凤皇之鸣，以别十二律。其雄鸣为六，雌鸣亦六，以比黄钟之宫适合。黄钟之宫，皆可以生之，故曰黄钟之宫，律吕之本。〉

伶伦取均匀的竹子，在两节之间截一段，制成黄钟律管，然后，十二标准律管的其他各管亦相继产生。《吕氏春秋》又说：

（伶伦回来之后，）黄帝又命令伶伦和荣将铸造十二只钟，以便和谐五音（"以和五音"），以此演奏壮丽的音乐。在仲春之月的乙卯日，当太阳在奎宿的时候，这些钟铸造完毕并呈献上去。命令这（套钟）称为咸池。[⑨]

〈黄帝又命伶伦与荣将铸十二钟，以和五音，以施英韶。以仲春之月，乙卯之日，日在奎，始奏之。命之曰咸池。〉

这表明其他所有乐器均按照不变的标准钟所发出的五音的音高来进行调音，这一点极其重要。

隐藏在这个奇怪的故事中的真实情况可能是，早期钟不仅用来为需要调音的乐器定

---

① 伶伦这个名字像假名。"伶"的意思是音乐，"伦"是规则 [Haloun (6)，(7)]。但这并不排除在传说的背后有真实的人物存在。

② 这个故事详载于《吕氏春秋》第二十五篇 [译文见 R. Wilhelm (3)，pp.63ff.]，卷五，第四十九页；但提及此事的其他文献颇多，如《前汉书》卷二十一上，第四页；《律吕精义》卷八，第九页。

③ 我们应记得大夏是巴克特里亚的古代名称（本书第一卷中多次提及）。

④ 《前汉书》中作"昆仑"，即西藏丛山的北部山脉。

⑤ 基音管长度的这个数字很奇怪，因而困扰了许多注释者。若校订为 8.1 寸以符合《史记》的记载，但这样做并无根据，而似乎又不像是抄写者的笔误。但是最长的与最短的律管之差，的确是 3.9 寸（8.1 寸－4.2 寸）。因此是八度黄钟即仲吕所生的第十三音的长度（5.9 寸×2/3）。此处原文文字或许太简略。

⑥ 此处原文早有讹误，注释者向来莫衷一是。

⑦ 参看《左传》庄公二十二年（公元前 671 年）书中说到"凤皇于飞，和鸣锵锵"；见 Couvreur (1)，vol.1，p.179。在此不是与律管而是与磬石作比较。

⑧ 由作者译成英文，借助于 Wilhelm (3)。

⑨ 由作者译成英文，借助于 Wilhelm (3)。

音高①，而且钟本身又由弦来调音②，弦的长度则由某些标准长度的竹决定，正如祭司阿梅斯所描述的八度音和五度音之比（它们成调和级数，即 6∶4∶3）被保存在金字塔形盒子或珍宝箱中那样。保存具有准确长度的一些竹作为标准量器，这是先民的一项合理举措，并且也预示了我们自己用金属来保存标准量器的做法③。

　　无疑，调和级数的声学含义最初并没有很好地被理解，因为在中国和希腊，我们都发现弦调音的公式应用于不十分适当的情况。例如，钱德明说，他曾检查和测量了在宫廷见到的一些磬石④。这些磬是宋代制作的，它们的四条直边形成"律"的某些比例，即 27 寸、18 寸、9 寸和 6 寸，这在它们之间形成八度音和五度音。钱德明还观察到，较近时期制作的磬则不再用这些比例。将石板制成磬，使得其长度尺寸形成八度音和五度音，可能有魔力的或可能助记忆的用途，但这表明声学规律完全被误用了，因为平板和圆盘（如锣等）的音高，与弹性共振体（如弦和空气柱等）的音高，是不能用同样的方法测定的（参见本册 pp.195，213）。

　　计算音程所需的比例知识的更为奇妙的应用，出现在《周礼·考工记》⑤记载有关铸造技术的细节之中。这节文字（将在本书第三十六章冶金学中研究）是任何文明的文献中关于青铜铸造技艺最令人尊崇的遗产之一，因为它不可能迟于公元前 3 世纪，很可能还要早得多。这节文字系统地描述了一系列合金的性质和用途，并且规定了组成合金的各金属的比例。近代考古学研究指出，这种知识必定已在相当的程度上为商代的青铜铸造者所掌握⑥。无论如何，人们难以理解地发现：在精确调音时，要求发出小三度、大三度、四度、五度、大六度和八度音的弦的长度的比例，即 5/6、4/5、3/4、2/3、3/5 和 1/2，也以合金的铜的含量的形式出现。关于制造各种容器和工具时，锡与铜的比例在多大的程度上符合近代冶金学知识，以及分析现存的合金样品时，我们可以确定地说出古代实践的真相如何，这些将在适当的地方再予以讨论。此处的要点是指出在冶金学文献中出现了声学的数列（如果这一组简单的分数不仅仅是巧合的话）。

　　谐和规律的误用，并不仅限于中国人，这也见于有关毕达哥拉斯的一个故事。这个故事最先为杰拉什的尼科马科斯（Nicomachus of Gerasa，活跃于公元 100 年）记载⑦，后来又为伊安布利库斯⑧、波伊提乌斯（Boethius）⑨及其他学者记载，大意如次。毕达哥拉斯经过一家铁匠铺旁，听到铁锤发出的声音形成八度、五度和四度的音程。他检查了这些铁锤，认为这种情形是由于锤头的重量不同而产生的，锤头的质量不同可发出不同的音。因此，他把四种相同重量作为实验的基础，但不管他如何试验，张紧不同的弦、敲击不同的花瓶、测量不同的长笛或单弦琴的长度，他总是得到形成谐和音的比例

　　①　参见本册 p.170。

　　②　如本册 p.185 将说明的。

　　③　参阅本书第二十章（g），关于土圭；本书第三卷，pp.286ff.。

　　④　"Essay on the Sonorous Stones of China"（钱德明著 *Mémoire* 的附录），p.264。

　　⑤　关于该书，见本书第一卷，p.111。此处述及的这节文字见《周礼》卷十一，第二十页（第四十一章）；译文见 Biot（1），vol.2，pp.490ff.。

　　⑥　Li Chi（3），p.48。

　　⑦　*Encheirdion Harmonices*（Meibom's ed.），Bk.I，p.10。

　　⑧　*Vit.Pythag.*I，26。

　　⑨　卒于 524 年；*De Mus.*x.。

的 6、8、9、12 这些数字，6:12 为八度音，8:12 为五度音，9:12 为四度音。说铁匠铺
中的谐和音产生于成比例的锤头重量，与说磬石的音高取决于成比例的边长，两者同样
不确实。在尼科马科斯时代，对此应已有充分的认识，因为对物体的声学性质早已作过
详尽的测试。但是尼科马科斯和其他学者一再提到这个故事，表明了该故事具有值得尊
重的传统，并且想使人相信，正如泰勒斯（Thales）利用巴比伦天文学的部分知识而有
些预测幸运言中那样，毕达哥拉斯也可能引进巴比伦声学的有限知识而起初并未正确理   181
解。但是希腊人由于有了可测量音程的单弦琴，他们的进步很快就远远超过了从巴比伦
接受来的三个谐和音的知识。

　　制订历法时采用六十周期制，很可能是巴比伦影响中国的一个例子[①]。发现这些事
情是很有意思的：根据传说，黄帝派遣伶伦到西方以确定乐律，同时他委任大桡制作六
十年的周期制、委任容成[②]编订"谐和历法"[③]，以及划分官吏为五等[④]。历法与音乐的
联系尤其重要，因为我们从西方资料知道，这也是巴比伦的知识。普卢塔克写道[⑤]：

　　　　迦勒底人说：春对于秋，关系为四度；对于冬，关系为五度；对于夏，关系为
　　八度。但如果欧里庇得斯（Euripides）正确地把一年分成夏季四个月、冬季四个
　　月、"可爱的秋季两个月、春季两个月"，那么四季变化就成八度比例。

给出的这些比例的数字，事实上就是春季 6、秋季 8、冬季 9、夏季 12，即毕达哥拉斯
用于音乐的谐和音的数字。根据这些比例，可以计算出巴比伦王国的四季为春季 2.1 个
月、秋季 2.7 个月、冬季 3.1 个月、夏季 4.1 个月。短暂的春季和漫长的夏季对于巴比
伦要比希腊更为典型，这一事实增加了这部著作的价值。

　　现在可以概括一下我们讨论的要点。中国的音阶本质上不同于毕达哥拉斯音阶，虽
然它们之间的类似使得 18 世纪的作家们把一个仅仅看做是另一个的退化形式。较为满
意的假设应该是，巴比伦人发现了产生八度、五度和四度音程的弦所必需的长度的数学
规律。这种知识向东西两个方向传播，被希腊人和中国人各自独立运用。希腊人用先再
分八度音、而后再分四度音的方法，建立了他们的声学理论；中国人则从给定的基音出
发，通过生成五度音和四度音相间的系列，发展了音的循环。

　　如果这个假设是正确的，那么它有助于说明对于希腊人和中国人来说，为什么有些
概念是共同的，而另一些却各不相同。中国人与毕达哥拉斯学派一样，都认为数字是乐
音的基础。除了《道德经》[⑥]和《淮南子》[⑦]中关于命理学的宇宙生成论的文字之外，《史
记》[⑧]明白地声称，"当数字表现为形式时，它们自身显现出音乐的声音"（"……数，   182

---

①　参见本书第三卷，pp.82，256，397。

②　参见本书第二卷，pp.148，150。

③　有关这些事情的文献，沙畹［Chavannes（1），vol.3，p.323］作了收集；但最重要的是齐思和（1）的研
究；参见本书第一卷，pp.51ff.。

④　这五等是以青、赤、白、黑和黄色的云命名，象征四季和"季中"。参见本书第二卷，p.238。

⑤　Moralia，"Creation of the Soul"，1028F。又见约翰·菲利普斯（John Phillips）的译本（1694 年），p.217，
但此译本错误很多。

⑥　《道德经》第四十二章［Waley（4），p.195］。

⑦　《淮南子》第三篇，第十一页［Chatley（1），p.23］。

⑧　《史记》卷二十五，第十一页；参见 Chavannes（1），vol.3，p.317。

形而成声"）。另外，苏美尔人的竖琴的音板上常雕刻有公牛、绵羊或山羊[①]，而在中国则把五音与五种家畜联系起来[②]。但是，我们在中国文献中没有发现关于天球的和谐的理论，这是可以理解的，因为这一理论是希腊式推理的产物，来自运动必然产生声音的假设[③]。中国人和巴比伦人相似，只是把一些数字与行星相联系，把一些乐音与数字相联系。

但是为什么从共同的起源开始，中国与希腊的声学理论所走的道路却如此不同，真正的原因必定是，应用巴比伦的比例理论时，中国和希腊的音乐和音阶当时实际上都已经存在，而且与生俱有地不相同，演奏的乐器也不相同。在希腊调音史上里拉和齐萨拉琴极为重要，在中国与之相应的却是钟和磬而不是任何弦乐器。在对调音的需要上二者也有天壤之别，前者须不断的调整，并须与人声的音高密切配合，而后者则一旦离开制作者之手，就不可改变了。

在我们这个时代之前的数个世纪中，东西方之间看来有过吹奏乐器的显著的交流。希腊古典时代使用双簧管即欧勒斯管[④]，古典时代之后使用排箫[⑤]；而在中国汉代才有"管"[⑥]，汉代之前很久即已有排箫（"箫"）。今天排箫可见于从巴西的西北部和秘鲁，经大洋洲直到赤道非洲的极为广阔的弧形地带[⑦]，如此散布表明了它有很早的起源。

183 冯·霍恩博斯特尔（von Hornbostel）提出[⑧]，曾有过一个时期，在一个管上用超吹十二度音、再降低一个八度的方法，产生二十三"律"或音级的音域。因为超吹得到的五度音比弦上以数学计量的五度音略小（差二十五音分），所以为了形成可与中国人用算术计算的十二律相比较的多少完整的循环，必须有二十三个音级。虽然这种循环好像未曾存在过，但是可以想像到，早期排箫的调音是根据三分损益原理进行的，中国人用此原理生成了十二律。

巴比伦人发现谐和音的比例，不久便为中国所知晓。对于一个努力追求恒定的音调、以使音乐及其魔力传留于统治王朝的民族来说，获得此项数学知识必定是兴奋的。

---

① Woolley (3), vol.2, pls.109, 111, 112。

② 《管子》第五十八篇，第二页；参见阴法鲁 (1)。印度的类似的例子，见 *Bṛhaddeśi* of Mata ṅga-muni 中引 Kohala (1 世纪)；Trivandrum Sanskrit series, no.94, p.13。盖尔平 [Galpin (1), p.59] 给出了苏美尔的例子。参见本书第二卷，pp.262, 263。

③ 士麦那的塞翁把声音和速度之间关系的建立归功于拉苏斯（活跃于约公元前 500 年）。天球作为一种假说是由尼多斯的欧多克索斯（Eudoxus of Cnidus, 公元前 406—前 355 年）最先提出的，他是柏拉图的同时代人和同事 [Berry (1), p.28]。我们已经讨论过天球说与中国天文学知识的关系，见本书第三卷，pp.198, 220, etc。

④ 见 Schlesinger (1)。

⑤ 据盖尔平 [Galpin (1), p.14] 认为，在古代美索不达米亚不知排箫，在埃及直到公元前 4 世纪才有排箫。在中国关于箫的最早记述无疑是在《诗经》的一篇里，其时代可能为公元前 8 世纪 [《毛诗》第二百八十篇；在英文译本中，高本汉译为 "flutes" (Karlgren (14), p.245)，理雅各译为 "organ" (Legge (8))，韦利正确地译为 "pan-pipes" (Waley (1), p.218)]。在《书经》第五篇（"益稷"）里提到"箫"，不会那么早 [高本汉的英文译本译为 "pan-flutes" (Karlgren (12), p.12)]。

⑥ 最早述及的文献似乎是郑玄（2 世纪）的著作，他说："併两（管）而吹之，今大予乐官有焉"，见《周礼正义》卷四十五，第十三页。参见 Robinson (1), pp.116ff.。

⑦ 关于排箫分布的详情，见 Schaeffner (1), pp.279ff. on "instruments polycalames"。

⑧ 颇有争议。见布科夫策尔 [Bukofzer (1)] 的批评及孔斯特 [Kunst (2)] 的答复。

正如孟子所说[①]：

当（圣人们）竭尽所能利用他们的听力时，他们用六律（数学比例?）决定五音的方法来扩展这种能力；人们不能超出它们的用途。

〈既竭耳力焉，继之以六律正五音，不可胜用也。〉

四个半世纪以后，汉代最伟大的声学和音乐专家之一蔡邕（133—192年）讲了同样的话。他在注释《月令》时写道[②]：

古代，决定钟的音调时，他们用耳听使钟的音达到一样。后来，当他们不可能做得更好时，就利用数，从而使得测量正确。如果测量的数字正确，那么音也是正确的。

〈古之为钟律者，以耳齐其声。后不能，则假数以正其度，度数正则音亦正矣。〉

数字的这种经验性和实验性的用途，对照强烈吸引秦汉时期众多学者的命理学游戏和数字神秘主义[③]，是令人耳目一新的。当然无法确定引进巴比伦公式的确切年代，但是上面所引孟子的话与"新乐"的发展，两者在时间上有意义地一致，使得公元前4世纪成为这一引进的结束时期。

这里得到的结论，与关于天文学的本书第二十章（e）的结论非常相似。看来极可能的是[④]，巴比伦的思想和观测的原型向东西两个方向传播；希腊人将其发展，形成了他们的黄道和太阳体系；而中国人则以完全不同的方式将其发展，结果形成了具有二十八宿和拱极星座的极星和赤道体系。一些基本概念有着共同的起源，继之以不同途径的发展，这在声学方面似乎也有同样的情况。

（7）探索调音的准确性

184

音程决定于数学比例，这一发现使得调音技术建立在一个全新的基础之上。我们可以感觉到，在柏拉图的《理想国》（*Republic*）里，对于从事声学实验研究的人有一些轻视[⑤]：

"正如你将知道的那样，和声的研究者与天文学家犯了同样的错误；他们浪费时间于测量可闻的谐和音，并彼此对立。""是的，"格劳孔（Glaucon）说，"他们谈论'音群'等等十分荒谬可笑。他们把耳朵贴着乐器仔细认真地听，就像偷听隔壁邻居的谈话一样。一个人说，在应当作为测量单位的可能的最小音程之间，他还能分辨出一个音。而另一个人却坚持说，这两个音之间并无差异。两人都宁愿信他们的耳朵而不愿用他们的智慧。"

很幸运，在中国声学史上不存在这种带着优越感的取笑态度。具有几乎非凡的能力、能察觉音的细微差异的乐师或学者，是受到尊敬的。这种态度尽管不是希腊式的，但是在

---

① 《孟子·离娄章句上》第一章，五；由作者译成英文，借助于 Legge（3），pp.165，166。

② 《月令章句》，见《礼记集解》卷十三，第六十四页；由作者译成英文；又《后汉书》卷十一，第十八页注释引用。

③ 参见本书第二卷，pp.287ff.。

④ 例如本书第三卷，p.256。

⑤ *Republic*，531A.Cornford tr.，p.244。

现实世界中却结出了丰硕之果①。

不过，中国人认识到耳朵有天然的局限性，而用测定音级的"律"作为一种核查方法，如我们刚刚引用过的孟子所说的那样。当然，凭耳朵以一个钟为标准调谐另一个钟的音调，会导致使苏格拉底发笑这类情况，一位"行家"说这两个音完全相同，另一位却声称他还能听出细微的差异。孟子所说的"律"是指"律管"，也就是一定尺寸的竹管，吹它时能发出所需要的音。即便如此，苏格拉底的反对意见也还是适用的。因为只有耳朵才能判断钟的音与管的音是否完全相同，而这必然是主观的判断。我们认为，在此早期阶段，"律"的奥秘就是物理现象，对此我们已经谈论了很多，这关系到"气"的概念②、通气的"歌笛管"③以及物理现象与人类事务的解释④——共鸣。假如使用一件类似于毕达哥拉斯的单弦琴那样的乐器，靠它可用数学方法计算出测定的音级即"律"，那么就有可能利用这种现象绝对精确地给钟调音。在弹奏一根长度和张力都测定了的弦时，倘若钟的比例正确，那么这根弦就会引起钟的应声。如果钟无响应，那么需要进一步磨锉钟，直到钟的基音完全调准。

185　　　　　　　　　　（i）共振现象和标准弦的使用

事实上，我们有证据说明，在周代时就有一种乐器可能用于此目的。在注释《国语》述及的钟的调音方法时，韦昭（3世纪）说⑤："（使用）张有一根弦（或数根弦）的七尺长的木板，固定这些弦，并以此调音。"（"均者，均钟，木长七尺，有弦，系之以均。"）很可能，到韦昭那时，这种乐器的功能原理早已被遗忘了。他的叙述很不清楚，尽管他补充说，汉代的"大予乐官"有"均"即调音器。不幸的是，原文并未告诉我们所用的弦是单根还是多根。不过，这个乐器的长度很大，这是很有意义的，因为一根长弦会发出响亮的声音，适合于在钟内产生应声。长度很大也使得更精确划分弦成为可能。

《国语》说道⑥：

我们测定音高并且（因此）为钟调音（"度律均钟"）。每一位官员都能描述其原理（"百官轨仪"）。我们用3形成系列，用6（为钟）调音，以12完成（这种操作）（"纪之以三，平之以六，成于十二"）。

〈度律均钟，百官轨仪。纪之以三，平之以六，成于十二。〉

由此人们可得出结论，在这节文字写作之时，十二个钟组成一套完整的乐器，每组六个分成阴阳两组。"用3"形成系列，指的就是用于计算"上生"（4/3）和"下生"（2/3）的分数的分母。

---

① 值得注意的是，中国的五度相生形式已为近代钢琴调音师采用，五度音的音程像八度音的音程那样，单凭耳朵就能定得还算准确。参见 Closson（1），p.117。
② 本册 pp.8，32，133ff.，以及例如本书第二卷，p.369。
③ 本册 pp.135ff.，以及本书第二卷，p.552。
④ 本册 p.129，以及本书第二卷，如 pp.282，304，500。
⑤ 《国语·周语》卷三，第二十六页；参见第二十二页上同样的说法，此处用的字是"钧"和"弦"。
⑥ 《国语·周语》卷三，第二十六页；由作者译成英文。

一种有意义的见解，即利用共振进行调音的技术，见于荀绰（活跃于 312 年）的《晋后略记》[①]。书中说道：

> 用来调整钟的音高的乐器，在周代末年就忽略了。在汉代成帝（公元前 32—前 7 年）和哀帝（公元前 6—前 1 年）的时代，许多学者致力于这种乐器的研究，但到了后汉末年又被忽略了。
>
> 〈钟律之器，自周之末废。而汉成哀之间，诸儒脩而治之。至后汉末，复赜矣。〉

这段记事继续描述了杜夔早在 3 世纪时如何努力按照古法为乐器调音但不很成功的故事。可是在荀勖（卒于 289 年）的时代，在某郡的库房中发现了大约四个世纪以前的一些钟，于是借助于已发现的周代玉尺，用管校验这些钟就成为可能了。[②]

> 它们用标准的音高发出了召唤，所有的（这些钟）尽管未被敲击但都响应了起来（"以律命之，皆不扣而应"）。音和共鸣音（韵）呼应并且合而为一（"声音韵合，又若俱成"）。[③]
>
> 〈以律命之，皆不扣而应，声音韵合，又若俱成。〉

《唐语林》也有一段记载[④]，叙述伟大的声学专家曹绍夔如何利用对于共振原理的理解，消除了一位迷信的僧人的恐惧。这位僧人的房间里有一块响石（"磬子"），好像会自动发声。僧房内的一个钟，碰巧与磬子有相同的频率，这正是问题的起因。曹绍夔把钟锉掉一小块，因而改变了这个钟的音高，磬子便不再响应钟声了。在中国的文学作品里，这类故事十分常见，由于已经引起人们注意的共振这一概念在哲学上的极端重要性，这也是可以理解的[⑤]。

探索调音的准确性，可以追溯到伶伦为了寻找稀有竹子而旅行到西方的传说。前面已经提到，特意截取正确长度的竹子，如果最初不是用于吹而发声的目的，因为这些长度实际上是不精确的[⑥]，而是为了测量用来给钟调音的调音乐器（"均"）上弦的正确距离，那么，这一传说就可能包含了不少确确实实的真理。伶伦的传说的特点是，在他回来之后，用带回来的竹子为钟调了音。但是使用这样一种不经久的材料，自然很快使人对所需要的精确长度产生怀疑，因为每制一套新的就难免会出现误差。记住这个背景，人们就能明白这一值得注意的理论和技术的基础，否则可能认为纯属无稽之谈而不予理会。

（ii）埋藏管中的宇宙潮

如何证明管的长度准确与否，是一个大问题。如我们前面所见，竹管从古代起就用

---

① 引自 5 世纪《世说新语》卷二十，第二十九页中的注释；由作者译成英文。
② 荀勖的这项研究，吴南薰（1），第 145 页以下作了极好的叙述。
③ 《世说新语》卷二十，第二十九页中的注释；由作者译成英文。此故事另一种说法见《隋书》卷十六，第十一页。
④ 《唐语林》卷五，第十二页。类似的故事又见卷六，第六页。
⑤ 见本书论基本观念一章，第二卷，pp.282ff.，304。
⑥ 不精确的原因是，吹管的有效长度大于管本身的长度。两端开口的吹管，其发音频率等于声速除以两倍的管长。可是管的有效长度，即共振空气柱的长度，是它的几何长度加上 0.58D，其中 D 为管的内径。这就是所谓"末端效应"。振动的弦没有末端效应。

于通"气"。"气"的重要的表现形式之一是风，八个方向的风，每个均可由适当的有魔力的舞蹈召至，而舞蹈又由八种材料之一制作的乐器所发的音开始。所以，音、风和方向之间有明显的相互关联。大概人们决不会简单到期望竹管指向某一正确的方向，适当的风吹过竹管而发出正确的音。但古代一些自然哲学家们打算以另外的方法捕捉"气"——从地上升的"气"与从天下降的"气"结合在一起而产生的一年不同季节吹的各种类型的风[①]。用《前汉书》的话来说[②]：

187

　　天和地的气结合并产生风。天和地的狂风似的气校正十二律的定置（"正十二律定"）。

　　〈天地之气合以生风；天地之风气正，十二律定。〉

臣瓒在4世纪末之前的某时注释这段文字说[③]：

　　如果与风相联系的气正确，那么十二个月的每个月的气（在律管中）（引起）共鸣反应（"应"）；（与各个月连续地相联系的）律管决不会错误地失去其连续的次序（"其律不失其序"）。

　　〈风气正则十二月之气各应其律，不失其序。〉

因此便出现了奇怪的习惯做法，称为"候气"，或俗称"吹灰"。关于这种技术的原理，最清楚的叙述也许是理学家蔡元定（1135—1198年）所述，他是著名的声学和音乐专家。他在《律吕新书》（约1180年）中写道[④]：

　　吹（律管）以检验它们的音，（在地面上）列置以观察气（的到达）。两者（这些技术）都是通过测试黄钟管的音是高还是低，以及它的气（到达）是早还是迟，来寻求（决定黄钟管的正确性的）方法。这些就是古人有关制作（律管）的思想。……

　　如果一个人想找出中央的（即正确的）音和气，而无任何东西可用作标准，最好的办法是截取一些竹管以决定黄钟的正确长度，使得竹管有的短些、有的长些。取九寸作为所有管的（近似的）长度标准，在它们的长度范围内，每管相差十分之一寸制作若干管，而圆周和直径则（由此基准）按照制作黄钟的规则进行测量。

　　以上事情做好之后，依次吹这些管，那么可以得到中央的（即正确的）音。如果将它们或深或浅地安置（在地面上），那么可以验证中央的（即正确的）气。当声音和谐且气相应时，黄钟确实是真正的黄钟。一旦确是如此，那么（从它）可以得到（其他的）十一支律管，以及长度、容量和重量的测定。后代的人不知道如何着手此事，他们只用尺测量就试图（制作精确的律管）。

　　〈吹以考声，列以候气，皆以声之清浊、气之先后，求黄钟者也。是古人制作之意也。……

　　今欲求声气之中，而莫适为准。则莫若且多截竹，以拟黄钟之管。或极其短，或极其长，长短之内，每差一分，以为一管。皆即以其长，权为九寸而度其围径，如黄钟之法焉。如是而

---

① 此处将讨论的这个奇怪问题，卜德［Bodde (17)］已作过详细的研究。我们非常感谢德克·卜德教授惠赐该论文的打字稿。尽管我们自己的稿子已经写就，但这也使我们得以增加若干有趣的部分。

② 《前汉书》卷二十一上，第四页；由作者译成英文。

③ 这位注释者的姓未能确知；参看颜师古对《前汉书》卷二十一上，第五页的序文。

④ 《律吕新书》卷二，第一节。收入《性理大全书》卷二十四，第二页以下。英文译文见 Bodde (17)，经修改。

更迭以吹，则中声可得。浅深以列，则中气可验。苟声和气应，则黄钟之为黄钟者信矣。黄钟者信，则十一律与度量衡权者得矣。后世不知出此，而唯尺之求。〉

对此卜德评论说："蔡元定偏爱机械的尝试法而不喜欢数学公式，我想这是（中古时代） 188
中国许多科学活动的特点。"实验主义者们可能感到这种说法未必不是赞扬，尽管原意并非如此。诚然，具体在这点上，我们正在讨论的，与其说是科学本身，倒不如说是原始科学或者甚至是伪科学。不过我们不要忘记，这个区别对于皇家学会的早期会员们来说，远不如对于我们那么明显，我们也不要忘记开普勒（Kepler）自己每年都以占星术算命。

那么，"候气"这种奇怪的技术其具体详情如何？根据蔡邕提出的经典解释，检查律管长度的方法如下①：

> 标准的做法是建造一座单室建筑，有三层（"三重"）（即同心的、不透风的墙）。门都可以关闭且（与外界）隔绝，墙都经过仔细地涂抹而无缝隙。在内室中遍悬橘黄色的丝绸帘幕（在律管的上方形成一帐篷）。用木头制成一些台子。每一律管有自己特定的台子，并内侧低外侧高地倾斜放置②。所有律管以其专门的（对应的）位置按（罗盘圆周的）各方位环列③。律管的上端填塞芦苇的灰，并且按照历书不断监视它们。当某一（特定的）月的发散（"气"）到来时，（相应的律管的）灰就飞出，管因此而畅通。

> 〈以法为室三重，户闭，涂衅必周，密布缇缦。室中以木为案，每律各一，案内庳外高，从其方位，加律其上，以葭灰实其端。其月气至，则灰飞而管通。〉

《后汉书》对此略有补充：

> 它们依据历法的计算而因此等待（发散的到来）；当发散到达时，灰就被驱散了。产生这种情形的发散（如事实所表明的那样），它的灰被四散。如果由人的呼吸或普通的风吹动，那么它的灰仍会聚集在一起④。

> 〈案历而候之。气至者灰动。其为气所动者其灰散，人及风所动者其灰聚。〉

此法的结果不完全使人满意或令人信服，这点可由《隋书》⑤描述的后来的修正看出，书中说到律管并非简单地置于台子上，而是埋在平地上，只能见其末端。当时认为，如同来自地下深处黄泉的潮那样上升的"气"的发散，会首先把最长的律管里的灰吹出，由黄钟开始，每月一支不同的律管的灰被吹出。这种奇怪的实验的最有趣部分似

---

① 引自他对《月令章句》的注释，见《礼记集解》卷十三，第六十四页；以及《玉函山房辑佚书》卷二十四，第三十一页；由作者译成英文，借助于 Bodde（17）。类似的一节见《后汉书》卷十一，第十七、十八页。释义的文字见《隋书》卷十六，第十页以下；译文见 Bodde（17）。参见《三才图会》（1607年），"时令"卷一，第十四页以下及其他多处。

② 因此所有律管指向圆环的中心。这些字的另一种解释可能是律管部分地被掩埋。

③ 按照象征的相互联系；参见本书第二卷，pp.261ff.。

④ 正史也告诉我们，宫廷内使用十二支玉制的律管，只在冬至和夏至进行观察，而在灵台则有六十支竹制的律管（参见本册 p.169），相应地需进行更频繁的观察。

⑤ 《隋书》卷十六，第十页。这一原始资料（第十一页）记载了运用这种方法的一个值得注意的失败，即著名乐师杜夔（卒于223年前后）的实验。

189 乎是采取措施，以确保普通的风不能进入那个密闭室①。这种理论的第三种方法是说②，全部十二支律管每年各被吹两次，即"气"每隔十五天到达等候被吹的管。"候气"这个词，与下述事实几乎有着双关的联系：一年有七十二"候"，五日为一"候"，两"候"为一"旬"，三"候"为一双周即一"节气"③。因此，对于京房的六十律来说，一年的时间有充分的余地④。

最奇特的发展是在大约 6 世纪中期，当时的一位数学家、天文学家和测量学家信都芳⑤实际上发明了⑥一种"轮扇"。这种装置固定在埋入地里的管子上，当气把灰吹出时，它们便旋转⑦。至于这一技术的各种形式的详情，可从现存的晋代的不完全的著述中获得⑧，例如，《梅子新论》⑨提到从芦苇一类植物的内膜配制灰的方法。到了后来经

190 验更为丰富的时代，像朱载堉（生于 1536 年）⑩和江永（生于 1681 年）⑪那样的学者，则毫不迟疑地认为整个事情不足为信，"此其谬说，乃不经之谈也"。

对于"候气"的传统做法逐渐持怀疑态度以及最终坚决予以摒弃的过程，产生了相当有趣的问题。当 589 年隋文帝命毛爽及其同僚进行"候气"时，以及尔后当他们准备了一份报告即《律谱》时，对此项技术本身并无丝毫怀疑⑫。7 世纪武则天著书时，人们对此仍然坚信不疑。11 世纪末的陈旸、12 世纪伟大的理学家朱熹⑬对此依然接受，

---

① 这种密封也许是整个过程最重要的技术特征。预防风吹和其他扰动的措施，到 6 世纪中叶时达到了极为考究的程度。除橘黄色的丝绸帐篷外，还单独为每支律管配备纱罩。根据这些描述，安置律管的台子或架子十分像我们用的曲颈瓶支架。墙壁的布置是，内墙和外墙的门都开在南面，而中间墙的门则开在北面。这样，完全像现代的摄影暗室，有重叠的走廊。对于这样追求一种本质上虚幻的现象的详细描述，可见于 570 年前后熊安生对《月令》所作的注释，及其较年长的同时代人、著名数学家和天文学家信都芳所著的《乐书注图法》。熊安生的注释 [译文见 Bodde（17）] 保存在《礼记注疏》卷十四，第七页，以及《晋书》卷十六，第十页。信都芳的较为详尽的记述，流传至今只是因为它被保存在《乐书要录》之中，该书在 670 年前后由鼎鼎大名的武皇后（武则天，她是唐高宗的皇后，后来自己独掌大权）敕撰，他的记述可见于该书卷六，第十七页以下。完整（而较易理解）的引用见胡道静（1），上册，第 325 页以下。最后，非常相似的描述见成书于 1101 年的陈旸的《乐书》（卷一〇二，第四页以下）。

② 《三才图会》，"人事"卷九，第十七页；见鲁宾逊 [Robinson（1），p.113] 提供的图。

③ 参见本书第三卷，p.404。

④ 见本册 p.218。我们刚才知道汉代灵台使用六十支律管，尽管这令人难以置信。

⑤ 常在别处遇见，如本书第三卷，pp.358，632。又见本册 p.35。

⑥ 《隋书》卷十六，第九页以下。参见《太平御览》卷八七一，第六页；译文见 Pfizmaier（98），p.43；以及《古今乐录》（收入《玉函山房辑佚书》卷三十一，第八页，据《太平御览》卷五六五，第八页）。不幸的是，他自己的著作片断（《乐书》和《乐书注图法》）未提及轮扇，而关于他的三篇传记（《北齐书》卷四十九，第三页；《北史》卷八十九，第十四页；《魏书》卷九十一，第十三页），也无任何关于轮扇的说明。

⑦ 轮扇也许是像走马灯（见本册 p.123）或竹蜻蜓 [本书第二十七章（m）] 那样水平旋转的小叶轮。但原文清楚地说，它们本身被埋在地里，所以很难想象其形状。共有二十四根管，因此每一双周即每一节气对应有一管。

⑧ 《太平御览》卷十六，第二页以下、第五、七页等有许多记载。这种需要特别加以研究的材料，使得人们怀疑：此法的真正创始者是京房（活跃于公元前 45 年，参见本册 pp.213，218），并且这样做最初是与下述实践有关，即为了测定空气的湿度而称"灰"的重量（参见本书第三卷，p.471）。卜德 [Bodde（17）] 提出了可能是京房的进一步的证据。

⑨ 《玉函山房辑佚书》卷六十八，第三十页。

⑩ 《律吕精义》卷一，第一一七、一二七页。

⑪ 《律吕新论》卷下，第二十三页以下。参见张介宾的《类经》（附翼）卷二，第十四页以下。

⑫ 《隋书》卷十六，第十页以下。对结果进行的现象论的解释，意见并不一致。

⑬ 《朱子全书》卷四十一，第二十、二十六页。

这或许不足为奇。然而，使人惊异的是，具有科学智慧的沈括也没有怀疑，并且给予指导以使此法生效①。但是，到了明代，怀疑态度呈蔓延之势。除了已提到过的一些学者之外。邢云路（活跃于 1573—1620 年）于 1600 年前后在他的《古今律历考》②里给"候气"以毁灭性的攻击。他指出这种概念在科学上是荒谬的，并毫不迟疑地谴责那些主管天文学 – 声学的官员有意欺骗，说他们必定有类似于钟表传动装置的某种隐蔽的机械装置，在适当的时刻把灰吹出管外或者使"轮扇"转动。卜德［Bodde（17）］发现了试图使用这种技术的两则实例，它们在邢云路著书之前不久，很可能就是他想要做的事。一则与名为张鹗的宫廷官员有关（1530 年和 1539 年）③，另一则与声学专家袁黄有关（1581 年或翌年）④。对上述两例，当时人们确持怀疑态度，但是第二个实验据说是成功的。尽管江永并不相信这个实验，但他也无法解释⑤。整个事情的意义在于，到 16 世纪，由于科学的发展，"候气"这一传统做法被彻底否定了。这一事件惊人地证明了一个事实，明代有关自然科学问题的批评判断的产生，与欧洲文艺复兴时期科学的怀疑主义的发展，是并行的（如果不是更早一些的话）。我们还将继续发现其他许多例子，特别是在药物博物学家中，如李时珍（卒于 1593 年）。这样一种并行的过程，对于为什么具有特色的近代形式的科学没有在中国发展这一问题，不可能毫无意义。在最后我们面对这个巨大的谜时，我们将回过来讨论这个问题。

　　至于埋在地里的律管以及全部附属装置，难道不是在人们尚未能够辨别宇宙魔术与真正科学的时代的古老遗迹吗？然而我们还是感觉到，必然存在某种真正的自然现象，即便只观察到一次，但它足以使这种奇怪的技术流传十余个世纪⑥。可能人们认为"候气"这种方法没有合理的基础，但我们在下面几段将试图说明使它产生的需要是什么。191

　　让我们概括一下"律"字的语意自最初阶段的发展。可能它最早的意思是规则、规律性或舞蹈时有节奏的步伐。而后，在利用"调音器"的弦通过共振方法为钟调音的时代，"律"的规律性就是弦的测量步骤或分度，即一个特定的音所要求的弦的正确长度，由使用传统上认为秘藏了必需比例的一些标准长度的竹来决定⑦，而这些比例似乎是巴比伦人的发现。后来，由于对所包含的数字内容有了更好的理解，使得"律"的实际的比例保存下来，并且使得音阶简化，结果，七尺长的笨重的调音器（"均"）就不再用了。

　　虽然数学公式的知识保证了"律"的相对比例，因而也保证了五度相生时十二个音

---

① 他对这个问题的评论，见《梦溪笔谈》卷七，第二十五条［参见胡道静（1），上册，第 325 页以下］，已由卜德［Bodde（17）］全文翻译成英文。
② 卷三十三（第五二五页以下，第五二八页）。
③ 见《续文献通考》卷一〇七，第三七四七页上段和第三七四八页中段。
④ 这件事，在袁黄的一部书《历法新书》的序言中讲到，又被录入江永的《律吕新论》卷下，第二十四页。
⑤ 《律吕新论》卷下，第二十三页。
⑥ 有人提出这是利用天然气的出气口的早期实验，但似乎不大可能。
⑦ 值得注意的是，尽管《诗经》是最早的可靠的著作之一，而且多处提到乐器以及对它们进行适当调音的必要性，但"律"字从未用作"律管"之意。公元前 4 世纪以前，"律"都是指钟，而不是指律管，这方面的证据已由沙畹［Chavannes（1），vol.3，pp.638ff.］收集整理。但应参见薮内清（18）的著作。

的相对音高，不过倘若"律"（量尺）的绝对长度仍有疑问，那么还是不能保证各音的绝对音高①。人们试图检查它们的比例以及发现它们的绝对长度，切割了一套竹管，看来像巫师用以导气的歌笛管。于是推测，如果管的长度都正确，每根管的开口依法高于或低于地面数寸，那么在"气"到达该点的精确的瞬时，灰会被吹出管外。"气"被认为像周年潮汛那样涨落，因此"气"与地球表面的精确距离能从历法上计算出来。

　　这种做法尽管流传甚久，自然从未给出过所寻求的结果。我们发现，在第三阶段，"律"用于一个新的意义。笛或管等的通称是"管"。具有通气作用的标准长度的竹子，起初是作为"气探测器"插在地上，然后很快变为吹管，类似巫师的"气探测器"，

192　第三阶段即成为"律管"②。因为用于计算"调音器"的成比例的弦长的公式，亦可很好地用于管的计算，所以至少从汉代以后，"律"即指律管，成为给予其他乐器音高的正统装置。然而，为此目的而采用律管，以及由于气探测管毫无疑问的古老和"律"字集中了规则化的全部概念而受到尊重，所以使得人们的注意力集中于管的声学性质方面了。这点将在后面讨论③。同时值得注意的是，"律"字按其声学意义的惟一真正的通用译法应为"pitch-giver"（定调器）④。

（iii）用静水容器调音

　　虽然如此，调谐乐器还有其他的方法值得首先考虑。我们已经注意到⑤，中国人（像亚历山大里亚人那样）对流体静力学感兴趣。在他们最古老的观察中，必然观察过由于容器注水程度不同而引起的声学性质的变化。最古老的记载之一，是干宝（活跃于320年）对《周礼》中一句话⑥的注释⑦。这句话说："用金属乐器镎，把音给予鼓"（"以金镎和鼓"）。郑玄对此的注释只是说，这种金属乐器的形状很像杵的末端，顶部比底部大，而且音乐使它发出响亮的声音，它与鼓联合，一起发声。但干宝补充注释如下：

> 在（镎）内注满水，至高于地面一尺的高度，将另一注满水的容器置于其下方。芒（一种张有弦的装置）放在两者之间。如果用手摇动芒，就会产生雷鸣般的巨响。⑧

----

　　①　当然，中古时代的中国人未用"连续波频带"进行思考，可是他们知道黄钟的音高随朝代更迭而变化，正如我们知道现在的中央 C 音比伊丽莎白（Elizabeth）时代的高了许多。

　　②　关于"管"这一术语的意义，见《律吕精义》卷八，第四页以下；《律学新说》卷一，第十七页；《三才图会》，"器用"卷三，第十五页；以及鲁宾逊［Robinson (1)，pp.116ff.］著作中讨论的其他许多根据。

　　③　本册 pp.199，212ff.。

　　④　可以看出，这与该字在法律上的正常意义有密切的关系；参见本书第二卷 pp.550ff.。

　　⑤　本册 p.34.又见本书第三卷，pp.313ff.，关于漏壶原理的说明。

　　⑥　"鼓人"条，《周礼》卷三，第三十六页（第十二章）；译文见 Biot (1)，vol.1，p.266；干宝的注释，由作者译成英文。

　　⑦　引自董逌所著的宋代的书《广川书跋》卷二。

　　⑧　关于"镎"的少有的叙述之一，见信都芳的《乐书》，收入《玉函山房辑佚书》卷三十一，第二十页。由图 317 可以看出，通常镎口向上，镎舌悬于一横杆。梅原末治［Umehara Sueji (1)］所收集的考古证据表明，"镎"与东山文化的青铜鼓有密切关系，很可能是在汉代时从印度支那引进的。

〈去地一尺，灌之以水。又以其器，盛水于下芒，当心跪注。以手震芒，其声如雷。〉

中国人充分利用了水的调音潜力，因为水具有极大的便利，即通过增减少量的水就可以准确地控制微分音的调整[①]。据说，在唐代时，"瓯中盛水，加减之，以调宫商"[②]。在中国，利用不盛水的陶器作为乐器，毫无疑问是历史极其悠久的[③]。例如，有个著名的故事，说到庄子妻死，鼓盆而歌[④]。陶罐也用作原始的鼓，最初就用陶罐本身，后来在其口上蒙以皮。楚人李斯后为秦国（公元前 3 世纪）丞相，曾轻蔑地称秦国本土音乐为"击瓮叩缶"[⑤]。但这并非秦国所特有，而只是代表了一个时期中原各国人们所熟悉的较为原始阶段的音乐。因为《诗经·陈风》的第一篇[⑥]就说到，鼓者在宛丘之道击缶。

《大周正乐》述及已调好音的一套八个瓦缶[⑦]，这是唐代司马滔于 765 年发明并献给皇帝的器物。后来其他资料也说到，把八个缶（"水盏"）放在桌上敲打[⑧]。如果司马滔把不同量的水注入盏内——这似乎是非常可能的，那么，他就是这种方法的开创者[⑨]。不久之后，就有了用增减水量的方法为一套容器调音的明确记载，其详情见于 10 世纪的《乐府杂录》。段安节在该书中写道[⑩]，847 年乐府官员郭道源

193

图 317　铎——椭圆形截面、口部宽阔、圆形底部渐小的青铜钟。如图所示，通常以虎头形状的环悬挂（《乐学轨范》卷六，第二十四页）。铎似铃，有舌，但因铎口向上，铎舌悬于一横杆。注有不同水量的铎，有时供调音之用。

> 用（一组）邢和越的容器（"瓯"），数目共十二只，（为了调音）增减其中的水量；当用筷子敲击时，容器发出的声音比金属板（"方响"）发出的声音还要好。
>
> 〈率以邢瓯越瓯共十二只，旋加减水于其中，以筯击之，其音妙于方响也。〉

同一世纪稍后（约 870 年），吴缤也以精通此法而知名。

陶碗以及木碗被用于调音目的，这些碗的边缘要求完全匀整平直，关于制作的精妙

---

① 如同在水中浮沉的平衡筒的情形，在物理学的初等教科书中，熟悉的如"共振管"。

② 吴仁敬和辛安潮（1），第 32 页。我们还记得用来表示"高"音和"低"音的措词——"清"和"浊"，皆从水旁。

③ 许多引文被收集在《太平御览》卷七五八，第一页。

④ 《庄子》第十八篇；译文见 Legge（5），vol.2，p.4；Waley（6），p.21。

⑤ 《史记》卷八十七，第五页；译文见 Bodde（1），p.19。

⑥ 《毛诗》第一百三十六篇；译文见 Karlgren（14），p.87；Legge（8），p.153。

⑦ 见《太平御览》卷五八四，第四页；这部书可能是唐代的著作。

⑧ 见《格致镜原》卷四十七，第十二页。

⑨ 参见本册 p.38，关于李皋和李琬于 8 世纪时研究过边缘非常平滑的铁碗。

⑩ 《乐府杂录》，第十四页。此项记载成文于唐代末期之后，简略引文见《太平御览》卷五八四，第四页。

194 技巧的记载尚有残存①。《唐语林》描述了一种木碗（"椊"），它与一个平滑的漆盘极为密合，以致倒置后盛满的水一点也不外流。据说，这种碗就是用来调音的，而且这样调准音的弦能保持一个月不走调②。不过，该书作者悲观地注意到，"如今的木碗无法与古代的木碗相比"（"今不如也"）。

　　概括关于这种方法的证据，可以说：在很早的时候，人们就用空的陶罐作鼓；后来，也许在汉代，肯定不迟于唐代，人们已用陶罐盛以不同量的水作为调音装置。利用水测试标准量器的容量，这在前面已经提到过③，暗示了一种可能的联系。

（iv）钟的制造和调音

　　在中国，制钟的传统非常古老，而且钟在音乐和乐器的调音方面所起的作用非常重要，因此中国铸钟者的技术值得仔细研究④。由于描述有关制造过程需要使用各种术语，所以不妨从对钟的一般性描述开始，并比较钟在欧洲和中国的演变。

　　盖尔平（Galpin）告诉我们⑤，欧洲早期的一些钟呈四面形，是用铁板折叠或铆合在一起的，装有环或把手，然后镀上黄铜或青铜。他以大约制于6世纪的圣帕特里克的克洛格（St Patrick's Clog）钟为例，该钟高6吋，阔5吋，深4吋。尽管这种结构原始，但克洛格钟却代表了制钟术演变过程中的一个进步的阶段，并接受了在中国若干世纪的发展过程中所形成的一些特征，例如使用钟舌、钟口朝下，以及适当的悬挂方法等。

　　颜慈（Yetts）指出⑥，钟在中国的演进有如下路线。小的手摇的钟，称为"铎"（图318），（最早期的一些式样）呈直径大于高度的桶形，很可能是中国各种钟的祖先。通常以口朝上持铎⑦。当铎的口开始朝下时，便出现了称为"钟"的无悬舌的钟⑧。而有舌的钟（通称为"铃"）是后来才出现的。

　　人们推测了钟舌发展的中间阶段。颜慈［Yetts（5）］所描述的铎，其内部无法悬挂舌。在最早的时代，这样的钟无疑是用棍或锤敲击外表面而发声的。但有一种铎铸有195 四条槽，槽向下延伸接近钟顶部的两侧边缘。颜慈推测，薄竹条可能被固定在这些槽内，每片竹条向后弯成弓形，使它的另一端能固定在对面的槽内，于是在铎口之上竹条形成了十字形,这样,当铎保持初期那种钟口向上的位置时,钟舌可悬垂铎内。后来,

　　① 参见本书第二十六章（c）（本册 p.38）。
　　② 《唐语林》卷五，第二十六页。这些方法与开元年间（约720—735年）在音乐和舞蹈方面都著名的三兄弟之一李龟年及其弟子任使君（卒于782年之后不久）的名字有关。
　　③ 本册 p.40。参见本册 pp.199ff.，尤其 p.201；以及本书第三卷，pp.471ff.。
　　④ 参见 Moule（10），pp.35ff.。
　　⑤ Galpin（2），p.42。
　　⑥ Yetts（5），pp.78ff.。
　　⑦ 钟的正常位置，当然可由装饰和铭文的方向来推断。参见本册 p.200。
　　⑧ 见 Koop（1），pl.23，所示为周代的这样一个钟，以及 pl.42。前者转载见本册图319。最早注明年代的这种类型的钟，根据铭文可知与周穆王有关，因此是公元前10世纪的器物。

图版 ———

图 318 铎——无舌的口向上的手摇钟。周代。Winkworth 收藏（Koop 摄影）。高 17 吋。

图版　一一二

图 319　钟——无舌的口向下的手摇钟。周代，可能公元前 6 世纪。铸有铭文："郘邢叙作靈和鐘用蕤賓"。Victoria and Albert Museum 收藏（Koop 摄影）。高 22 吋。

钟舌的安置作了改进，即使之适合于钟口向下的情况[①]。

这些进展是在钟演化成为使人满意的发声器具之前必定发生的，在中国实际上经历了大约一千年的时间，至公元前 5 世纪或更早些已完成。但是要使钟成为一种乐器，则必须经过适当的调音，这即便在今天也是十分复杂的事情。正如亥姆霍兹（Helmholtz）所说[②]，钟是一种弯曲了的金属板。在板和钟两种情形下，振动频率随金属的厚度和弹性而增加，且与直径和比重成反比。因此，为了得到一定的音高和优良的音质，制钟者必须考虑所用各金属的性质和比例[③]、纵剖面即钟的内外轮廓线及其之间的空间[④]、填满这一空间所需的金属的量、浇注温度及冷却速度等。可是，由于制模和铸造时缺乏必要的精度，不可避免地会有少许误差，铸钟者可能依然得不到所需的音质。这时，必须在钟上除去少量金属，使其某些部位稍微变薄，以便合乎规格[⑤]。这样就校正了基频，并使若干泛音（通常很容易觉察，且很可能不和谐）与基音形成和谐关系[⑥]。

现在我们可以考虑如《周礼》中描述的中国人的制钟方法了。然而必须记住，这种方法可能反映了汉代学者们关于制钟技术的见解，与实际的铸钟工匠们凭经验而制造的方法或许大不相同。但是即便这些资料不尽准确，也仍有价值，表明了中国人在很早的时代就已经知道钟的调谐包含着许多因素。

《周礼》中的"凫氏为钟"一节[⑦]，开始即列举钟各部分的名称。从钟口边缘到顶部的环或把手，表面分为四个区域。最近边缘的部分称为"于"，该字在《周礼》中也作"歌唱"之意。在此之上的区域称为"鼓"，郑众（活跃于 50—83 年）说这部分是"击处"。然而更准确地说，称为"隧"的被敲击的区域是在钟的内侧，此字意为"镜

196

---

①　关于欧洲的钟和教堂的钟起源于亚洲的一般问题，是由费尔德豪斯［Feldhaus（1，16，17，20）］、林恩·怀特［Lynn White（1），p.147］及其他人提出的。我们至少可以肯定，因为青铜钟在商代（公元前 14 世纪）已在制造，所以中国的铸钟术是极其古老的。把这些钟与巴比伦时代和希腊化时代的钟作适当的比较，尚有待进行，但似乎可以肯定的是，在公元前一千年代和公元一千年代期间，中国的铸钟技术远比欧洲或中东的要先进得多。公元前 7 世纪亚述人的开口向下的马具小圆钟，系青铜铸造，高 4 英寸，有软铁钟舌，现藏大英博物馆。已出土的还有公元 1 世纪和 2 世纪罗马人的一些类似的钟，但高度都没有超过 8 英寸的。迟至 1000 年，在欧洲还未曾见到或听说过超过 2 英尺高的钟，尽管当时某些钟的工艺极佳，如科尔多瓦（Córdoba）的莫萨拉比克基督教教堂（Mozarabic Christian）的钟（961 年）。可是，在山西平定的造于 1079 年的铸铁钟，则较之大四五倍。也许中国在远古时代曾一度为美索不达米亚之师。

②　参见 Geiringer（1），p.52。

③　中国和西方的大多数钟，都是铜－锡合金（青铜），但中国人在早期也用铸铁［参见 Needham（31，32）］。

④　西方铸钟者把钟的侧面分成四个区，在英语中，靠近边缘的部分称为"lip"（唇）；边缘之上加厚甚多的部分，即钟舌敲击之处，称为"sound-bow"（声弓）；剩余的大部分侧面称为"waist"（腰）；钟的顶部称为"shoulder"（肩）。我们将看到，中国的铸钟者进行过类似的区分，但不能认为两者完全相同，因为中国的钟有不同的纵剖面。

⑤　这种做法，在中国的和西方的钟上均有证据。

⑥　使用这种调音方法的欧洲近代铸钟者控制钟的五个频率。以发音为 C^1 的钟为例，在英语中这五个频率名称如下："hum-note"（哼音），C；"fundamental"（基音），C^1；"tierce"（三度音），E^b；"quint"（五度音），G^1；"nominal"（同名音），C^2。钟还具有产生另一种音的特性，这种音可独自为人们感知却又不能在任何声学仪器上被拾取。这种音被称为"strike-note"（击音）。在未经调音的西方钟上，它很接近而又恰好离开基音；在已经调音的钟上，它与基音一致且且加强之。谐音可通过敲击钟四周的特殊区域而激发，并且可通过调节其他的音而调谐。

⑦　《周礼·考工记》，卷十一，第二十三页以下（第四十一章）；译文见 Biot（1），vol.2，pp.498ff.。吴南薰（1），第 125 页以下有很好的讨论。

子"，因为弯曲部分像点火镜那样是凹面①。再上面的部分是端正的圆筒形的钟壁，称为"钲"②。第四部分，即最上面的区域，称为"舞"，即"舞蹈"之意。但没有一个注释者对这个用字作过任何解释。在许多钟上，这些区域由饰有金属钉的窄带分隔。

接着，作者试图规定钟各部分应有的比例。他取钟口边缘椭圆形周线极端的两角即两点间距离的十分之一，作为单位。按照他的模式制造钟，人们需要知道钟的总高度、各区域里不同特定点处的长径和短径、分配给每个区域的高度、金属的厚度及其重量，如果采用钟舌，还需知道钟舌的细节③。作者给定厚度为一个单位，也给定了几个直径的比例，但总的说来，流传下来的资料十分不足。也许作者曾想给出一个公式，可适用于各种类型和形状的钟，但在发现这样做不可能之后，只记下了他认为普遍有效的项目。不过即便如此，人们发现，他所给定的比例会使第三个区域出现像老式煤油灯玻璃罩那样的凸起。不管怎样，他的结论如下④：

197

　　薄和厚，（分别地）是产生振动（"震"）和震动（"动"）的原因；（金属的）纯或不纯，是（使得声音）向外发出（"由出"）（即，从钟的振动的壁本身发出）的原因；（钟口形状的）开或闭，是（使得声音）向上发出（"由兴"）的原因⑤。对于所有这些事情，都有（特别的）解释⑥。

　　　　〈薄厚之所震动，清浊之所由出，侈弇之所由兴。有说。〉

这些观察看来都有道理。其他的观察还指出如下效果。"如果钟（的壁）太厚，（它发声如）石声"（"钟已厚则石"），这可能指像普通石头发出的沉闷粗重的声音，或指中国人用于音乐的磬石的那种音色，而前者似乎更可能。"如果它们太薄，（它发声如吹播一样）发散"（"已薄则播"），"播"这个字原本非常拟声。"开放的边缘产生扩展的（声音）；封闭的边缘产生郁闷的（声音）"（"侈则柞，弇则郁"），"柞"和"郁"⑦两个字为比喻，其原意为"砍除树木"和"树木繁茂"，它们形容声音的自由嘹亮或压抑低沉，这种意思是显而易见的。也还有其他的细节，说明如果钟身大而短，则其声疾而短闻，如果钟身小而长，则其声舒而远闻。

从以上描述，人们不能不得出结论：尽管这位学者在《周礼》中记载有关钟的片断知识，但几乎没有对铸钟工匠作出公正的评价，不过很明显，当时已有丰富的专门名词和经验知识。《周礼》中别处还列举了十二种不同类型的声音，就证实了这一点⑧。郑玄说这些声音是钟声，但其他注释家并不同意，因为这节文字是在叙述负责律管测量的官员（"典同"）所司职责之后，所以应该适用于所有的乐器。然而必须记住，当时是用钟对其他所有乐器进行调音，所以在此正确地列举钟声是很适当的。另外，这些声音确实是

---

① 参见本册 pp.87ff.。

② 这个字后来意指小锣或钹。

③ 所有这些问题，清代学者已作过详细研究，如程瑶田（2）的《考工创物小记》（约 1805 年，收入《皇清经解》卷五三八）；他的老师、著名考古学家戴震（1723—1777 年）的《考工记图》（1746 年，收入《皇清经解》卷五六三），该书第四十七页以下讨论钟的制作。有关这些人的著作，尤其关于钟，见近藤光男（1）。

④ 《周礼·考工记》，卷十一，第二十四页（第四十一章）；由作者译成英文，借助于 Biot（1），vol.2，p.501。

⑤ 这句话当然适用于钟口向上的钟。

⑥ 在技艺高超的工匠中口头流传，他们本人几乎都不识字。

⑦ 该字在医学上用来指身体的毛孔或血管的郁滞，参见本书第七章（j）（第一卷，p.219）和第四十四章。

⑧ 《周礼》卷六，第十六页（第二十三章）；译文见 Biot（1），vol.2，p.56。

钟声的一个证据是，若干措词与前面所说的对钟声的描述完全相同。这十二种声音如下①：

(钟的) 上部 (产生的) 声音低沉 ("硍")。

(钟的) 端正的部分 (即钲) (产生的) 声音徐缓 ("缓")。

(钟的) 下部 (产生的) 声音扩展 ("肆")。

向外弯曲的部分 (产生的) 声音发散 ("散")。

向内弯曲的部分 (产生的) 声音聚欱 ("欱")。

有点太大的部分 (产生的) 声音过大 ("赢")。

有点太小的部分 (产生的) 声音暗 (不完全) ("籥")。

椭圆 (形状) (按字义，"有点圆"，"回返") (的钟?) (产生的) 声音充分而完全 ("衍")。

开放的 (钟口或边缘) (产生的) 声音 "筰"②。

封闭的 (钟口或边缘) (产生的) 声音郁闷 ("郁")③。

薄的 (壁) (产生的) 声音是断续的颤音 ("甄")④。

厚的 (壁) (产生的) 声音 (像) 石声 ("石")⑤。

〈凡声，高声硍，正声缓，下声肆，陂声散，险声欱，达声赢，微声籥，回声衍，侈声筰，弇声郁，薄声甄，厚声石。〉

在这十二条定义之中，前三条明显地应用于钟身。最后四条则与金属的厚度和钟口的形状有关，所用措词与前面引文中的措词极为类似。因此，看来没有什么疑问，原文包含了中国人在大约两千年以前就关心的使钟产生适当谐音的各种因素的分析。音色只能用比喻来描述，如我们说声音"圆润"、"尖锐"或"纤细"。语音学家甚至说"深沉的 L 发声" (dark L)。所以，不应批评中国人用诸如"籥"或"郁"这样的措词。相反，他们在这样早的时代就细致研究了钟声的性质，这是相当引人注目的。在此特别显著的两个因素是钟的直径和轮廓，以及金属的厚度。按照近代的实践，尚有其他四个因素——所用各种金属的弹性和比重、每一种金属的比例，以及总质量。所有这些，中国人都考虑到了，当然他们不是用这些术语来思考的。若以所用金属的性质和分量的多少两方面考虑，就更好了。

《周礼》在描述了钟的各部分比例之后，有"㮚氏为量"一节，描述制作容积的标准量器"䤥"的工人"㮚氏"配备金属的情况⑥。注释者说，"䤥"的容量是"鍾"(钟) 的十分之一 ["鍾"这个字，《周礼》常用作乐器鐘 (钟) 的同音异义字]。这些工匠的配备方法也适用于制钟。为了使铜非常纯，浇铸之前需熔炼三次。这一过程是通过观察金属的颜色来控制的。用于钟的铜和锡的比例(16% —17% 锡)，在"攻金之工"

---

① 所用的字许多都很难解，此处的解释是在考虑了所有注释家的意见之后，择其最恰当者。

② 该字有三个异体字，意为"竹索"("筰")、"砍除树木"("柞")或柞树("柞")，以及"突然"("咋")。郑众说："侈则声迫筰，出去疾也。"

③ 注释解释该字为"弇则声郁，勃不出也"。

④ 注释家认为该字在此处应作很不寻常意义的"掉"("震动")解。

⑤ 郑玄说该字意思是像乐器磬石之声。

⑥ 《周礼·考工记》，卷十一，第二十五页 (第四十一章)；译文见 Biot (1)，vol.2，p.503。参见《律吕新论》卷一，第八页以下。

一章的开始作了叙述①。金属的重量由对照标准容器的重量来检验，而这些标准容器本身又能通过敲击它们时发出的音高来检验，因为设计时就要求它们发出音阶中的某些特定的音②。"律管"，即我们前面所称的标准测量管，是用来测量音程的标准尺，而十二种音调则用来检验容器的重量，或者在容器重量相同时用来检验制作容器的材料，因为合金的成分是决定音高的因素之一③。

中国人在周代掌握的关于钟的调谐的知识，就我们所知，可概括如下。首先，有并未全部加以记载，而是口头流传的丰富的经验知识。《周礼》的作者仅满足于说，关于某些问题已给出特殊的说明④。其次，中国人意识到准确测定钟的声弓和其他部分的直径的重要性。第三，他们似乎不仅非常专心地倾听钟发出的谐音，而且将不同的音色予以分类，并试图把音色方面的不足归因于钟的形状方面的缺陷。第四，他们十分重视金属的配备、提纯和称量。不过，我们并没有被告知在调音时如何纠正缺点。通过研究有关青铜的整个情况，事实上我们知道，在青铜铸造技术方面，现代工匠很少有能与古代中国人相比者，当时即便是最复杂的装饰，脱模后也不作修整和锉磨。很可能，为了给钟调音而需要锉磨的情况很少，所以不值得一谈。但是我们从别处得知，给磬调音时，如果需要，可锉磨它的两侧或两端⑤，因此有理由假设，给钟调音时也可能采用锉磨的方法。

(8) 律管、秬黍与计量学

其他的早期文明在建立其度量衡制时，都关注长度、容积和重量。中国人显然是独特的，他们把音高的测定（"律"）亦包括在内，不仅将它与其他三者同等看待，而且还作为它们的基础⑥。如《史记》强调指出的⑦："六律是无数事物的根源"（"六律为万事根本焉"）。《国语》描述这一体系如下⑧：

由于这个缘故，古代的国王制造容量"锺"作为标准，（并且颁布命令）它的音高的"大小"不应超过"钧"（七尺调音器）（的弦发出）的音高，它的重量不应超过一石（120斤）。音高、长度、容量和重量的测定，来源于这个（标准容器）（"律度量衡，于是乎生"）。

〈是故先王之制锺也。大不出钧，重不过石，律度量衡，于是乎生。〉

《周礼》谈到的这种标准量器"锺"，我们在前面已提及⑨。该字出自《列子》，

---

① 《周礼·考工记》，卷十一，第二十页（第四十一章）；参见 Biot (1)，vol.2, p.491。又参见本册 p.180。

② 《周礼·考工记》，卷十一，第二十六页（第四十一章）；参见 Biot (1)，vol.2, p.505。

③ 关于这个问题，可引用朱熹的评论："以十二声为之剂量，斟酌磨削，刚柔清浊，音声有轻重高低，故复以十二声剂量。"［译文见 Biot (1)，vol.2, p.58］。

④ 人们并不想排除在齐国（《考工记》很可能出于此地）或在秦汉时代存在关于制钟技术的著作的可能性，但至今未见任何遗存。无论如何，口头传承肯定是重要的。

⑤ 《周礼·考工记》，"磬氏为磬"一节，卷十二，第五页（第四十二章）；译文见 Biot (1)，vol.2, p.503。

⑥ 关于中国的度量衡制，本书第三卷，pp.82ff. 已述及。

⑦ 《史记》卷二十五，第一页；参见 Chavannes (1)，vol.3, p.293。

⑧ 《国语·周语》，卷三，第二十二页；译文见 de Harlez (5)，经修改，由作者译成英文。

⑨ 参见本册 p.198。

意为酒锺，在《左传》里指谷物的量具，而在《周礼》和其他许多著作中则总是指铃，对此现今更正规的称呼是"鐘"。舀谷物的斗与容积的量器、鈴与音高之间的关系，是不难想像的。世界各地远古时代的乐师，都是使用手边的东西作为最早的乐器。在中国，舂米用的杵臼曾用于传统的管弦乐队，直至近代仍作为打击乐器[1]。远古时代的农民在演奏音乐时，用舀谷物的升斗，击之以为节奏，如果是金属制品，击之以为音高，还有什么比这样做更自然的呢？因此，标准量器和音高，从远古的起源阶段就联系在一起了，而且，舀谷物的斗是所有钟的原型，如前面所述[2]，中国的钟原本是无舌的。这一起源也给我们提供了"律"带有道德意义的启示，因为假如标准量器不准确，就会产生欺诈和腐败，贸易就会被破坏，骚动就会发生，天地间一切就会陷入混乱状态。《国语》的作者把这一主题更进一步展开到伦理学和心理学领域，在这点上采取了很像柏拉图在《理想国》里追求国家正义的立场，他主张孩子们所视所听必须是善的[3]。《国语》写道[4]：

> 耳朵和眼睛是心的枢轴（因为心由于所见所闻而活动）。这就是人之所以应该只听和谐的声音、只看正确的和恰当的事物的理由。这样就会听觉灵敏、视觉锐利，言语的意义被领悟、美德出色显现，人们就能庄重、坚定，并在全体人民中传播这种美德。

> 〈夫耳目，心之枢机也。故必听和而视正。听和则聪，视正则明。聪则言听，明则德昭。听言昭德，则能思虑纯固。以言德于民，民歆而德之，则归心焉。〉

简单的舀谷物的斗演变成为铃，简单的铃又演变成为具有固定的尺寸、容积、重量及音高的标准量器即"锺"，那么很自然的，当律管成为标准的定调器时，它们便继承了曾一度属于钟的测量功能[5]。所以，我们常读到关于黄钟管应该恰当地容纳的黍粒数目的记载。人们有时认为，黍粒的准确数目决定了黄钟管的长度和容积，因而控制了它的音高。在汉代和汉代以后的情况可能如此，但是这与早先认为"律"是所有其他测量的基础这种理论完全相反；因为"律"以其容积作为样板，它们决定了调音器的弦长，而调音器又决定了标准音高。标准量器"锺"必须发出黄钟音。

然而，反过来用黍粒来校准测量器具，使得人们的思考集中于律管的长度与其直径的关系上，这是与声学理论的研究密切相关的。《前汉书》中给出了与黍粒有关的项目，依次论述长度、容积和重量的测量[6]。对每种测量，首先给出最小单位，其后给出四个连续的倍数。因此，若"分"是长度单位，则十分为一寸，十寸为一尺，十尺为一丈，

201

---

① 参见本册 p.149 和图 302。
② 参见本册 p.194。
③ 关于这一点，参见 Phelps（1）的详细比较。
④ 《国语·周语》，卷三，第二十二页；译文见 de Harlez（5），p.85，由作者译成英文。
⑤ 或许这两类乐器并行发展。
⑥ 前汉书》卷二十一上，第九、十、十一页；由作者译成英文。关于这种有趣的度量衡制的说明，早在1879 年已由瓦根纳和蜷川 [Wagener & Ninagawa（1）] 用西文发表过。但近年萨顿和魏鲁男 [Sarton & Ware（1）] 又重新使这个问题引起了人们的兴趣。尽管魏鲁男并不知道有比《前汉书》更早的资料，但在《淮南子》第三篇，第十二页以下 [译文见 Chatley（1），p.26] 有类似的一段文字，它揭示了一种更古老的、部分为十二进位制的、填塞黍粒的度量衡制，也与十二律有关。

十丈为一引①。其他的测量也类似。原文写道：

> （长度测量的）基础是黄钟（律管）的长度（"本起黄钟之长"）。用中等（大小的）黑色的黍粒，黄钟的长度为九十分，（一分等于）一粒黍的宽度。……（"以子谷秬黍中者，一黍之广，度之九十分，黄钟之长。……"）
>
> 用中等（大小的）黑色的黍一千二百（粒）填满它的管……
>
> 一支（黄钟）管的容量，即一千二百（粒）黍，重十二铢（半两）。
>
> 〈本起黄钟之长。以子谷秬黍中者，一黍之广，度之九十分，黄钟之长。……
>
> ……以子谷秬黍中者千有二百实其龠……
>
> ……一龠容千二百黍，重十二铢……〉

实际上，最初是否打算把一粒黍粒的宽度（或厚度），还是其直径或长度作为单位，这个问题成为后来争论的根源；作为一尺长度所需的黍粒的准确数目，问题也同样如此②。但是只有在理由充分的情况下这些顾虑才与我们有关，即为了引进平均律音阶而改变律管的标准长度③。《前汉书》里谈到了进一步的改善，例如，把测试容积的管的顶端整平，注满纯净的井水，这样可以得到填隙空间和总体积的准确测量④。

使用黍粒的重要意义，在于表明了人们逐渐意识到精确的必要。以人体为根据的古老的测量法（例如呎，或测自手腕脉搏处至拇指根部的吋），对于意在得到准确音高的测定来说，显然是不够精确的。一旦找到黄钟为绝对音高，长度的精密测定就是必需的 202 了⑤。假如我们不需求某一基音的绝对音高，或者它可由已知长度的测量尺测出调音器的弦长而求得，那么计算"律"的古老的公式足以适用。但是一旦这些测量尺被遗失或被怀疑，或者一旦基音的绝对音调成为必要时，那么测定长度、容积和重量的某些新方法就是绝对必要的了。尽管黍粒可能各个不同，不过在使用大量的同一种黍粒时，就会达到相当一致的平均值⑥。这种将标准量器传统地收藏在木器或金属器内以避免遗失的方法，也许与任何所能想出的方法同样实际。当然，随着若干世纪的消逝，或许由于在改朝换代时存在着不可思议的"万物更新"的迫切要求，或许由于对平均律音阶的长期不断的探索，以及无疑还有其他一些原因，黍粒的标准数目不时有些变化⑦。

（9）对声音作为振动的认识

采用秬黍计数方法作为容积的量度，开始了中国声学发展的新阶段，即完全可以被

---

① 参见本书第三卷，pp.85ff.，在此强调了遵守十进制的重要性。

② 程瑶田（3）（程徵士）的《九穀考》里的两幅图，收入《皇清经解》卷五五一，第九页。关于该参考文献，我们非常感谢鲁桂珍博士的帮助。

③ 平均律音阶的发展将成为本节最后的主题。

④ 《前汉书》卷二十一，第十页。古代的这种做法与后来中国数学家对堆积问题（参见本书第三卷，pp.142ff.）的显著兴趣，两者之间的关系不可忽视。

⑤ 值得注意的是，汉代的著作《九章算术》有（例如卷六，第二十页）关于竹节间容积的问题，涉及算术级数和求两项间比例的方法。见本书第三卷，pp.25ff.。

⑥ 太大和太小的黍粒都被剔除。

⑦ 589年，法律学家牛弘和三位专家（辛彦之、郑译、何妥）受命研究声学基准的以及度量衡的其他基准的历史。他们的研究成果记载在《隋书》卷十六，第八页以下。参见 Courant (2), p.84。

认为是科学的新阶段[①]。很有意思的是，将罗马帝国与中国汉代在相同时期同一问题上的进步的情况相比较。维特鲁威（约公元前 27 年）给予我们大量的声学知识，例如将青铜花瓶设置在座位之间并调至不同的音高，结果不同音高的说话声及其谐音就能被接收且由共振而放大[②]。关于声音本身的性质，他说[③]："（说话声）以无数波浪形的圆圈行进，如同在静水中投入石块那样，这时我们看到无数的圆环从中心扩展开，行进到它们可能远及的地方——向外扩展直至它们遇到有限空间的边界，或遇到阻止波到达出口的某个障碍物。"他还说，在绷紧的鼓膜上击一下，声音就是具有这样的性质的某种东西。

中国人也以比喻的言词来思考声音，这来源于同一时期对液体介质中的波的观察，尽管在 8 世纪以前很少有关于这种相似性的明确的叙述。下面一段引人注目的文字引自董仲舒（公元前 2 世纪）的《春秋繁露》[④]，表明了辐射波阵面的概念，他大胆地将此概念应用于所有介质而不管其黏性如何，包括甚至与心理活动有关的以太性的气。

> 人类的（活动）向下导致万物的生长，向上使人类与天地一致。因此，正是依据其良好的或者混乱的统治情况，运动的或静止的、顺从的或对立的"气"在发挥着作用，或者减小或者增大阴和阳的转化，并摇动四海之内的一切（"而摇荡四海之内"）。甚至假使事物难以理解，如精神（"神"），也不能说不是这样。那么，如果（某物）被掷于（坚硬的）地面上，它（自身）会破损或受伤，结果后来无法运动；如果掷入细软的淤泥里，结果就运动有限的距离（"相动而近"）；如果掷入水中，结果则运动较大的距离（"相动而愈远"）。所以，我们可以看到，东西愈软，愈容易承受运动和摇动。改变"气"甚至比改变水还柔软得多，（由此）人类的统治者永远对万物施加作用而无终结。但是，社会性的混乱的"气"常常与天地的变化着的（影响）相冲突，其结果是现在没有（良好的）统治。

> 当人世间得到很好的统治、人民和平安宁的时候，当（统治者的）意志稳定平静、品格端正的时候，那么，天地的变化着的（影响）就以一种完美的方式起作用，万物之中只有最美好的事物会产生。但是，当人世间处于无秩序状态、人民邪恶堕落时，或者当（统治者的）意志颓废、品格不端的时候，那么，（他们的）"气"就与天地的变化着的（影响）相反，损害（阴和阳的）"气"并产生灾难和不幸。[⑤]

〈人下长万物，上参天地。故其治乱之故，动静顺逆之气，乃损益阴阳之化，而摇荡四海之内。物之难知者若神，不可谓不然也。今投地死伤而不腾相助，投淖相动而近，投水相动而愈远。由此观之，夫物愈淖而愈易变动摇荡也。今气化之淖，非直水也，而人主以众动之无已时。

---

①　近代比较解剖学和人类学有相同的方法，即把铅沙粒灌入不同类型的动物或人种的头盖骨里，以比较脑腔的大小。

②　*De Architectura*, v, v, 1ff.。

③　*De Architectura*, v, iii, 6ff.。参考 Diogenes Laertius, vii, 158, 以及 Plutarch, *Plac*. *Philos*, iv, xix, 4. 关于斯多葛学派，又见本册 p.12。

④　《春秋繁露》第八十一篇；由作者译成英文，借助于卜德的译文，见 Fēng Yu-Lan (1), vol.2, p.57。

⑤　在董仲舒头脑中肯定有现象论的理论［见本书第二卷，pp.378ff.，第十四章（f）］，但他能很容易发现像昏君忽视治水工程这类事情的有力例子。

是故常以治乱之气，与天地之化相殽而不治也。世治而民和，志平而气正，则天地之化精，而万
物之美起。世乱而民乖，志癖而气逆，则天地之化伤，气生灾害起。〉

这段文字，可与前面已经引用过的天文学家刘智在大约 274 年所写的一段文字[①]相比
较。我们还记得，他把太阳的辐射光比作水面上扰动中心向外发出的波纹。维特鲁威所
处的时代，恰在董仲舒与刘智之间。

　　清楚地表明水波与空气波之间内在联系的两个字，是"清"和"浊"[②]。它们本
来的意思分别是"清楚"和"混浊"，但在声学里它们则用作专门名词。郑玄说[③]，
"清"指音域中从蕤宾到应钟的各个音，即六个高阶音；而"浊"指音域中从黄钟到
仲吕的各个音，即六个低阶音。如果把小石块投入水中，就产生较高音调的声音，并
发出密集的同心圆状的小波纹；而且，由于石块小，不能强烈扰动湖底或河底，所以
水仍然清澈。相反，如果把大石块投入水中，就产生较响而低沉的声音，水面上发出
大而宽的波纹，扰动河床，结果水变混浊。不管这些词语来源的理论是否真实，似乎
肯定适合这样的情况："清"和"浊"两个字并非与声音的其他性质如音色和音量完
全无关。

204

　　《国语》[④]在非常早的时代就以相当的敏锐谈到人说话声的形成和音高的范围了。这
段文字讲的一件事（公元前 522 年）是，周景王欲将无射[⑤]钟熔化，将所得金属铸成大
林[⑤]钟。无射在全音域中为第二最高者，因此在"清"即高音范围；大林通常称为林
钟[⑤]，在全音域中为第五最高者，也在高音范围。但无射是阳钟，其声柔和（"细"），
而林钟是阴钟，其声宏亮（"大"）。即使给新铸的钟正确调音，其音量也是不真实的。
单穆公规劝周景王说，降低音调和贬低币值一样有害。如果人们所听到的声音都是经过
正确调谐的，他们才能被训练得对音程有准确的感受。所闻所见者必须合乎法度，否则
心将不正[⑥]：

　　　　眼能够觉察的尺度（"度"），不超过步（6 尺）、武（3 尺）、尺和寸的间隔。它
　　能够觉察的颜色，不超过墨（5 尺，字义为"暗的"）、丈（10 尺）、寻（20 尺）和
　　常（40 尺）的间隔。耳能够觉察的和声，处于音高范围（"清浊"）之内；它能够
　　觉察的音高范围，不超过人说话声的范围。

　　　　〈夫目之察度也，不过步武尺寸之间。其察色也，不过墨丈寻常之间。耳之察和也，在清浊
　　之间。其察清浊也，不过一人之所胜。〉

这里有关颜色的词句，其意义不太清楚，因为作为距离单位给出的四种衡量标准，实际
上是颜色饱和度或者某种类似特征的衡量标准。但是，在音高的中间区域以外，我们判
别音程的能力逐渐减低，这种看法是正确的。而另一种看法，认为降低乐音犹如贬低币

　　① 本册 p.8。刘智想到光和热。刚刚提到的希腊文和拉丁文的三段叙述［维特鲁威，公元前 1 世纪；普卢塔
克，公元 1 世纪；狄奥根尼·拉尔修（Diogenes Laertius），3 世纪，刘智同时代的前辈］都明确谈到声音。董仲舒在
公元前 130 年左右即有著述，因此是他们之中最可尊敬的前辈，他早已想到各种形态的辐射影响或能量。
　　② 参见本册 p.157。
　　③ 2 世纪时对《乐记》第六段的注释，见《史记》卷二十四，第二十四、二十五页。
　　④ 《国语·周语》，卷三，第二十一页以下。
　　⑤ 关于这些钟的名称，见本册 p.170 和 p.171 的表 47。
　　⑥ 《国语·周语》，卷三，第二十二页；由作者译成英文，借助于 de Harlez（5），p.64。

值——柏拉图可能认为这是损害国家基础的不义行为，也值得注意。

单穆公继续解释说[1]：

> 耳接纳和谐的（"和"）声音，口发出美好的言词。…… [口接纳味道，犹如耳接纳声音（"口内味而耳内声"）。声音和味道生成气（"声味生气"）。]气在口内时即为言语，在目内时即为聪明的理解力。言语使我们能以公认的词语谈论事物，聪明的理解力使我们能在适当的时机采取行动。我们（正确地）运用词语，因此能完成统治。我们在适当的时机开展行动，因此能使（所有的）生物丰富。当统治完善、生物丰富时，快乐达到了它的至点。[2]

> 〈夫耳内和声，而口出美言。…… [口内味而耳内声，声味生气。]气在口为言，在目为明。言以信名，明以时动。名以成政，动以殖生。政成生殖，乐之至也。〉

从这段文字又可以看出中国人思想中的相互关联的倾向在起作用，因为把声和味与统治联系在一起，不是由单纯的空想而是由相互关联的结果[3]。"气"的概念必须被接受为论证的出发点，并不是由于它切合实际，而是像亚里士多德的形式和物质概念，或牛顿的空间和时间概念那样，有一些时期都曾作为有用的思考工具。

《国语》并未试图比上文更清楚地解释声音究竟如何由"气"作用而形成。但是设想这一过程怎样发生，则可以从《乐记》中一段出色的文字得到提示，这段文字描述了音乐的性质[4]。

> 地气向上升，天气从高处向下降[5]（"地气上阶，天气下降"）。阳和阴相互接触，天和地相互震荡（"阳阴相摩，天地相荡"）。两者的敲击是雷声的震动和轰响，两者的双翼激奋拍打是风和雨，两者的更替循环是四季，两者的加温变暖是日月。于是，百物产生和兴盛。因此，正是音乐把天和地集合在一起（"如此则乐者天地之和也"）。

> 〈地气上阶，天气下降，阳阴相摩，天地相荡，鼓之以雷霆，奋之以风雨，动之以四时，煖之以日月，而百物化兴焉，如此则乐者天地之和也。〉

人们无需深入研究这些字句，就能看出这是早期万物有灵论时代的信念的反映，这种信念可见于朱庇特（Jupiter）在金阵雨中访问达那厄（Danae）的故事。来自奇异的羽舞的隐喻，不可思议地混杂了敬畏的词句以及尝试性的解释，如，"阳阴相摩，天地相荡，鼓之以雷霆……"等。

十三四个世纪之后，自然有了更细致的探讨。宋代，人们又提出并发展了这种相摩

---

① 《国语·周语》，卷三，第二十三页；由作者译成英文，借助于 de Harlez (5)，p.66。有些版本缺方括号内的句子。

② 请注意这个优雅的双轨诡辩推理有统一的结尾。在中国的科学和哲学论述中关于语言的这一方面以及其他各方面，见本书第四十九章。

③ 参见本书第二卷，pp.261ff.。倘若佩吉特 [Paget (2)] 未曾发表他的关于言语起源方面的研究结果，那么认为与尝味有关的某过程形成了词语，这种概念可能被斥之为无稽之谈。在他的研究结果中，我们知道了尝味的动作与诸如 sip, soup, gulp 等词遍及世界的出现之间的联系；在这些词的词形中，舌的动作是不会被误解的。

④ 《乐记》第三段，见《史记》卷二十四，第十四页；由作者译成英文，借助于 Chavannes (1)，vol.3，p.253。

⑤ 参见本书第二十一章 (d)（第三卷，pp.467ff.）关于气象学方面水的循环。

相荡的概念。张载在他的著作《正蒙》(约 1060 年) 中讨论声音时写道[①]:

206
　　　　声音的形成, 是由于 (两个) 有形物 ("形") 或 (两种) 气之间 (或有形物与气之间) 的摩擦 (照字义, 相互磨压) ("相轧") 的结果。两种气之间的磨压产生如山谷中回声 ("谷响") 或雷声之类的响声。两个有形物之间的磨压产生如鼓槌击鼓之类的声音。有形物在气上的磨压产生如羽扇或飞矢嗖嗖作响的声音。气在有形物上的磨压产生如吹动口琴 ("笙") 的簧片的声音。这些都是事物固有的响应能力 ("物感之良能")。人们都如此习惯于这些现象以至于从来不研究它们。
　　　　〈声者, 形气相轧而成。两气者, 谷响雷声之类。两形者, 浮鼓叩击之类。形轧气, 羽扇嘬矢之类。气轧形, 人声笙簧之类。是皆物感之良能, 人皆习知而不察者尔。〉

　　这节摘录[②]显现出中国人探讨这类问题的传统的优点与弱点。人们应该赞赏这种分类与辨别的能力, 可是, 进行区分并不等同于把一个复杂事物分解为各个组成要素[③]。假定声音是由有形物与无形物的 "摩擦" 而产生这一理论正确, 那么, 它的四重分类法是可称赞的。实际上, 在分类声音形态时, 其复杂程度使分析无法进行, 如电话话音的分级或音乐音色的分类等, 那么这种类型的思考方法还是能够起作用的。但是如果说声音由于摩擦而生成, 则显然在措词上和思想上都有缺陷。说中古时代的科学同样受到阻碍, 是由于中国文字常常不能明确区别及物和不及物动词的功用, 也是由于某些欧洲文字不能将动词分解使其表示特定的物理作用, 这或许并非过激之论[④]。将摩擦定义为相擦、运动表面的相擦, 或者定义为使运动消失的力, 这对张载的相互关联的思想好像太乏味了。因为对他来说, 摩擦似乎是把声、色和味结合在一起的完美事例。刀紧靠着旋转的砂轮, 会发出刺耳的声音、特有的烧焦的气味以及黄色的火花[⑤]。

　　然而甚至在张载的时代之前, 人们已经作过许多尝试, 以求得到对声音性质有较为清楚的理解。南唐 (938—975 年) 时代, 谭峭即另一位道家所著的《化书》里作了如下叙述[⑥]:

　　　　气跟随着声, 声跟随着气。气在运动时发出声, 声发出时气震动。
　　　　〈气从声, 声从气。气动声发, 声发气振。〉

207
　　这是一项重要的贡献。它比毕达哥拉斯学派关于声音的概念先进得多。毕达哥拉斯学派认为声音是由数字组成的东西, 撞击人耳使人听到, 犹如快速飞行的铁饼在落地的瞬间可见到那样。要注意的是, 谭峭不是谈论空气本身, 因为 "气" 不仅仅是空气, 尽管空气在一定条件下可以被描述为 "气", 比如在下述情况时: "热" 在火焰上方跳跃, 或烟气从熔化的金属和饭锅向上升, 熔炉风箱的鼓风[⑦], 树林被风摇动[⑧], 从人的口中

---

　　① 《宋四子抄释》, "张子" 卷第七篇 ("动物"), 第十二页; 由作者译成英文。参见卜德的译文, 见 Fēng Yu-Lan (1), vol.2, p.487.

　　② 类似的文字见《律吕新论》卷上, 第三页以下。江永还提倡对所有的声源进行实验的定量的研究。

　　③ 这点, 尤应参见本书第三卷, pp.156ff. 的讨论。

　　④ 当然, 这些问题有待本书第四十九章讨论。

　　⑤ 有关张载在宇宙论和天文学方面的其他思想, 我们在本书第三卷, pp.222ff. 已作过讨论。

　　⑥ 《化书》第十二页, 由作者译成英文。我们还记得该书在光学史上的地位 (本册 pp.92, 116)。

　　⑦ 关于宇宙论学者的 "刚风", 见本书第三卷, pp.222ff.

　　⑧ "山林之畏隹……", 又见《庄子》第二篇 (参见本书第二卷, pp.50, 51)。

发出的言语或音乐①。重要的是声与大气扰动（"气"）之间的关系。声音的出现把静止的空气转变为"气"（处于扰动状态的空气），而处于扰动状态的空气又产生声音。使用及物动词"振"尤其值得注意，因为它明确地包含了振动的意思。这种情况，在描述不同形状的钟产生的各种声音时出现过："薄（壁的钟产生的）声音是断续的颤音"（"薄声甄"）②。中国人确实密切注意钟的音色，因而知道声音是由空气"振动"产生的，这点人们是很容易理解的。大锣或大钟产生听不见的极低频的脉动，可是脉动与谐音结合在一起却十分重要，当所有正常的声音都停息时，这种脉动还能被感受为耳膜上的轻微压力。实际上这在英语中称为"shake"（颤音）③。

谭峭在张载之前也提到过形气相轧理论，但他不用"磨压"或"摩擦"，而用"乘"字，回避了声音如何形成的问题。尽管如此，他对放大声音的可能性的见解还是值得注意的④。

> 空虚（"虚"）被转变成（神奇的）力量（"神"）。（神奇的）力量被转变成气。气被转变成有形物（"形"）。有形物和气相互骑乘（"形气相乘"），因此而形成声。不是耳去听声，而是声音本身进入人耳。不是山谷自己发出回声，而是声音本身充满整个山谷。
>
> 〈虚化神，神化气，气化形，形气相乘而成声。耳非听声也，而声自投之。谷非应响也，而响自满之。〉

至此谭峭似乎只指出，声音不是听觉的产物，而是独立于感觉而存在。不过他所说的"声"，包括了物理的和心理的两个方面。但是，他可能不大关心听觉神经的刺激，而关心空气的物理扰动及其对鼓膜的冲击。他继续说：

> 耳是小孔（"窍"），山谷是大孔。山脉和沼泽都是"小谷"，天和地则是"大谷"。（因此，理论上说）如果一孔发出声音，那么万孔都将发出声音；如果在一个山谷里能听到声音，那么在所有的一万个山谷里都应听到声音。
>
> 〈耳小窍也，谷大窍也。山泽小谷也，天地大谷也。一窍鸣，万窍皆鸣。一谷闻，万谷皆闻。〉

这里，作者的论点似乎是说，如果声音是由"气"的扰动而产生，那么各处所有的"气"都将处于扰动状态，因此无论何处的小孔或共振箱都能接收到声音。对此可能没有什么争论，近代放大器用于探测非常微弱的"气的扰动"，表明这种理论是正确的。

谭峭下面的话同样值得注意：

> 声引导气（回复），气引导（神奇的）力量（"神"）（回复），（神奇的）力量引导空虚（回复）（"声导气，气导神，神导虚"）。（但是）空虚有（潜在性的）力量在其中，力量有（潜在性的）气在其中，气有（潜在性的）声在其中（"虚含神，神含气，气含声"）。一个引导另一个（回复），而后者又有（潜在性的）前者在其自身之内。（如果这种复归和生成延续下去）甚至蚊蝇的细微响声都能到达各处。

208

---

① 关于"有音乐倾向的气流"，见 G.B.Brown（1）。
② 参见本册 p.198。
③ 已故的奥格登（C.K Ogden）先生使作者有机会感受在一面缅甸大锣上的这种现象，特致谢忱（K.Robinson）。参见本册 p.195。
④ 《化书》第七页；由作者译成英文。

〈声导气，气导神，神导虚。虚含神，神含气，气含声。相导相含。虽秋蚊之翾翾，苍蝇之营营，无所不至也。〉

在此对"神"字需作一些解释。将它翻译为"（magical）power"（神奇的力量）是很不贴切的。这个字由明显表示闪电的原始象形文字构成[1]，修饰以表示神祇的偏帝。几乎任何单个的英语词汇，如"power"（力量）、"energy"（能量）等，都可能误解其涵义。然而要理解谭峭设想的机理并不困难。世界之外是空虚（"虚"），在这空虚之内，仍然存在着潜在的能量[2]，因为从虚无之中能产生如闪电的力量，这种闪电能产生"气"或大气的动荡，而大气的动荡能产生声。至此，作者在合理的范围内十分准确地解释了雷声如何产生。我们今天可以更深入一步，并做出这样的解释：闪电使空气突然加热，因而使空气无规则地猛烈膨胀，引起压力波传过空气到达听者的耳朵。但即便如谭峭所说，在 10 世纪时他的见解也是相当非凡的。

上面引文的开始部分是想说明声音是如何消失的。显然，谭峭并不认为空气中的压力波越来越微弱，而是认为声音回复变化为"气"，"气"的动荡逐渐减小而复归为力量本身，力量又消退为空虚。人们有兴趣地认为这一说法是关于能量性质的近代见解的预言，正如人们有兴趣地看到在德谟克利特的叙述中预言了近代原子物理学和化学的许多发现那样。当然，不应过分强调这种预言。但是，谭峭在理解下述方法方面大概没有什么困难，即，今天可以通过扬声器，借助于"气的动荡"，把蚊蝇的细微响声"引导回复"为"有着潜在性的"声放大"在其中"的电力[3]。

209　　如前已指出的，谭峭可能对于听觉的心理方面关注不多。空气中的扰动和压力波，要到接收外部脉冲的内耳的神经被刺激、大脑做出这样的解释时，才会成为"声音"。中古时代的中国人并未忽略听觉心理学，这可由另一位道家田同秀（742 年前后）在《关尹子》中的文字得到说明。他描述听觉过程如下[4]：

就像用鼓棰击鼓。鼓的形状，就是我自己具有的（耳朵的形式）（"鼓之形者，我之有也"）。鼓的声音，就是我反应的事物（"鼓之声者，我之感也"）。

〈如桴叩鼓。鼓之形者，我之有也。鼓之声者，我之感也。〉

把这种类比稍加引申，即似乎他认为，声音敲击内耳（实际上是鼓膜），就像鼓棰敲击真实的鼓一样；也就是说，声音施加压力。然而，正是有感觉能力的生命的反应（"感"），才使得人们能描述这一过程为声音。

有理由认为，人们偶尔也做过回声的实验。例如，在明代闵元京的著作《湘烟录》里，有如下故事，他把这个故事归于 5 世纪的《水经注》[5]。

江陵城坐落在向东南倾斜的山坡上，沿坡筑有一堤，称金堤，起点在灵溪。这道堤是陈遵奉桓温（347—373 年）之命建造的。陈遵是一位熟练灵巧的军事建筑师。有一次，他派人（在山坡上）击鼓，在一定距离处听鼓声，他推算出了山坡

---

① K385。又见本书第二卷，pp.225，226。

② 这一亚里士多德式的语句，用来表示"含"字的意思，似乎颇为恰当。"含"字本义为"保存在口中"，因而有"珍爱"之意，亦有能够向外吐出或再散发的意思。

③ 参见 van Bergeijk *et al*.（1）。

④ 《关尹子》卷二，第五页；由作者译成英文。

⑤ 引自《格致古微》卷二，第三十三页。

的高度。这道堤就是根据这些数据建成的，在计算中没有差错。

〈江陵城地东南倾，故缘以金堤，自灵溪始。桓温令陈遵造。遵善于方功，使人打鼓，远听之，知地势高下。依傍创筑，略无差矣。〉

看来，这个故事片断地保存了关于回声运行速度的某种研究，即发出声音的看得见的动作与声音到达观测者的耳朵所需的时间。

（i）振动的探测

《墨子》一书中关于筑城技术的论述，可能是禽滑釐在公元前 4 世纪早期所著，提到利用中空容器作为共振器，以探测围城敌人挖掘坑道的行动和方向。佛尔克［Forke (3，17)］称这种中空容器为"听地器"。原文写道[1]：

必须注意敌人任何异常的活动，如筑墙、堆土，或者河水突然变得混浊等，这很可能是敌人在挖掘坑道。这时必须立刻在城墙和壕沟的范围以内挖掘，以挫败敌人的计划。城内挖井，五步远的距离挖一井，深度为城墙基底平面以下十五尺，直至水深三尺为止。然后准备好大的陶罐，每个的大小足以容 40 斗以上[2]，罐口用新鲜兽皮的膜封闭，再把陶罐沉入井中。如果让听觉敏锐的人注意谛听，那么他们将能够清楚地听出敌人挖掘的方向。于是就要挖掘对抗坑道迎击敌人。

〈候望适人，适人为变；筑垣聚土非常者，若彭有水浊非常者，此穴土也。急堑城内，穴亦土直之。穿井城内，五步一井，傅城足高地丈五尺，地得泉三尺而止。令陶者为罂，容四十斗以上，固顺之以薄鞈革，置井中。使聪耳者伏罂而听之，审知穴之所在，凿内迎之。〉

这段文字大约作于公元前 370 年，所以我们关于中国人这种做法[3]的知识，是在欧洲有证据的年代之间。我们从希罗多德（Herodotus）的记述[4]知道，在公元前 6 世纪后期，波斯人围攻巴尔卡（Barca）时曾使用中空的盾作为听音哨。维特鲁威[5]详细描述了在公元前 214 年，亚历山大里亚的特里福（Trypho of Alexandia）围攻伊利里亚的阿波罗尼亚（Apollonia in Illyria）时所用的更为精巧的方法[6]。很难相信这种技术不是出自于东西双方独立的经验观察。其后的发展包括了，为改进建筑物的声学效果而在剧院里使用青铜花瓶，以及把陶器嵌入中世纪建筑物的墙壁内[7]。

中国人的振动探测器后来最奇特的应用之一，莫过于福建北部渔民探测鱼群或"洄游"的鱼群到来的一种装置[8]。例如，在三都澳湾，黄鱼每年游到稍咸的水域产卵，这时人们就可以大量捕获。当渔民估计鱼群快要出现时，他们就拿一根大约 2 寸粗、5 尺

210

---

① 《墨子》第五十二篇，第九页；译文见 Forke (17)，由作者译成英文。

② 即 200 升以上。

③ 年代为秦汉时期的一些金属小壶，盖呈凹形、上有孔，它们被认为是听地器，可能用来探测远处疾驰马匹所产生的被地面传送的振动。我非常感谢路易·艾黎先生从北京寄来了这些物件的照片。

④ Horodotus, iv，200。

⑤ Vitruvius，x，16，10。

⑥ 包括悬挂的青铜容器。

⑦ 它们后来可能还有别的作用，即减轻拱顶的载荷［Straub (1)，p.19］。

⑧ 这段所依据的资料，承蒙前中国海关官员霍雷肖·霍金斯（Horatio Hawkins）先生提供。马来亚人也知道并使用类似的技术；参见 Robinson (4)。

长的竹竿，插入水中 3.5—4 尺深，在船旁就着竹竿上口倾听。在场的西方观察者听到像远处杂乱的隆隆声时，渔民说鱼群在大约一里之外，这一估计由后来实际的捕获量得到了证实。这意味着，长期积累的经验可使人们相当熟练地作出估计。尽管这种实践在中国的文献里未曾记述，但是没有理由怀疑它的传统性，它可以被认为是一种土生土长的技术，以原始的形式预示了近代利用回声探测鱼群的方法[1]。

211

(ii) 自 由 簧 片

关于巫师用管通气的努力，前面已经作了许多讨论[2]。然而，冶金学家们对此也感兴趣（实际上可能他们有时就是同一群人），因此在一定的时候，这个过程必然会机械化的。我们应把风箱和活塞风箱留给机械学和冶金学中讨论［本书第二十七章（b）和第三十章（d）］。这里我们只指出，泵的阀瓣与乐器的簧片之间有着密切的联系。跳动的簧片和阀非常相似，后者能够完全封闭孔口，而自由簧片则能在孔口内振动。笙可追溯到周代，因为《诗经》[3]里已提到它，而且一般公认的见解是，自由簧的原理是从中国传到西方的[4]。因此，"笙"是口琴或簧风琴类乐器（簧风琴、六角手风琴、手风琴等）的祖先，并有具体的证据表明它是在 19 世纪经俄国传播到欧洲的[5]。

在欧洲，活塞风箱的主要用途之一是用于音乐风琴[6]。活塞风箱是亚历山大里亚人的一项发明，维特鲁威在公元前 1 世纪末时曾作过详细的描述[7]，虽然后来它们与基督教的礼拜仪式密切相关。在公元前 1 世纪末以前，人们用的是青铜制的活塞风箱[8]。在古代中国，活塞风箱没有这样的应用，但是如我们所知，自周代起中国人已经有了称为"笙"或"竽"的小型乐器，它们用带有自由簧片（"簧"）的竹管制成，通过吸气来演奏。慕阿德和盖尔平［Moule & Galpin (1)］曾描述了 13 世纪时有一架簧风琴从西方带到中国、引起极大的兴趣以致被改造为演奏中国的音阶的情况[9]。这种被改造了的乐器称为"兴隆笙"，在元代曾制了十或十二台供宫廷管弦乐队之用。据《元史》记载，它有九十根管，由一个人（大概用活塞风箱）鼓风，另一个人演奏。这第一架簧风琴是1260 年至 1264 年间由回回国进献的，并由乐府官员郑秀将它改造以适合中国的音阶，乐器备有多个滑阀和一个皮制的贮气袋。由于该乐器是一架簧风琴而不是笛管风琴，所212 以阿拉伯人的这一发明，比纽伦堡（Nürnberg）的特拉克斯多夫（Traxdorf）在

① 参见 Hodgson (1)；Hodgson & Richardson (1)；Burd & Lee (1)。
② 本册 pp.135ff.。
③ 《毛诗》第一六一篇。Karlgren (14)，p.104；Waley (1)，p.192。参见 Eastlake (2)。
④ Helmholtz (1)，pp.95, 544；Moule (10)，pp.88ff.；Goodrich (12)。这个问题与简单的"犹太竖琴"的起源和分布有密切关系，见李卉（1）；Li Hui (1)；Picken (2)，pp.185ff.。
⑤ Scholes (1)，pp.787, 991；Schlesinger (2)。沃格勒神父（Fr G.J.Vogler，1749—1814）在圣彼德堡时曾见到并研究过"笙"。
⑥ 参见 E.W.Anderson (1)。
⑦ Vitruvius，x，8（旧版，x，13）。参见 Usher (1)，pp.89ff.，2nd edn. pp.136ff.；Neuburger (1)，p.230。
⑧ 维特鲁威著作的佩罗（Perrault）版 p.325 有一幅很好的插图。
⑨ 这一资料来源于《元史》卷七十一，第四页以下；《辍耕录》卷五，第二页以下；以及王祎（卒于 1373 年）的著作《王忠文公集》卷十五，第二十三页以下。以上均由慕阿德和盖尔平译成英文［Moule & Galpin (1)］。

1460 年左右发明的簧风琴要早两个世纪；然而中国人用自由簧片（"杏叶"）将它改造，则比欧洲的簧风琴至少要早五个半世纪。这种改造了的乐器好像有一个增减音量的机械装置，但无论如何，用改变风压的办法，自由簧片可使声音的强弱变化而不失其调。因此我们可以说，空气压缩和传导的应用尽管起源于希腊，但在中世纪后期阿拉伯人和中国人改进了这种应用，他们的改进远比欧洲人的改进迅速，只是在文艺复兴之后欧洲才重新取得了领先的地位。

（10）平均律的发展

回顾古代和中古时代中国人的声学思考，显示出他们理解由弦和空气柱振动所产生的声音的性质达到了何种程度。我们已经知道，周代曾用大型弦乐器"均"来调音，但到了周代末期这种方法已废而不用，此后钟乃至管弦乐队所有其他乐器的定调均改用律管，因而律管的准确测量成为至关重要的问题。

（i）八度音程与五度相生

在预测吹一支管所发出的声音时，只知其长度是不够的，直径也很重要。显然，长一尺、直径半寸的竹管，与长一尺、直径两寸的竹管，不会产生相同频率的音。若不精细计算，可得出这样两支管的音调约为每秒 537 和 501 次振动，两者相差超过平均律的半音。管的直径越小，音调越高。如果中国自周代起就用律管作为标准音调的基准器，那么人们就会期望在《前汉书》中不仅有不同律管的长度的详细资料，而且有其直径的详细资料。事实上，关于这个问题存在着不同的学派[①]。一派可以郑玄为代表，主张所有律管的直径（或如他指出的圆周）都应相同[②]，"所有律管的中空圆周（应为）十分之九寸"（"凡律空围九分"）。但比郑玄（约 220 年）稍晚的孟康却主张：

> 黄钟应是长九寸、圆周十分之九寸；林钟应是长六寸、圆周十分六寸；大簇应是长八寸、圆周十分之八寸。[③]

〈黄钟律长九寸，围九分。……林钟长六寸，围六分。……大簇长八寸，围八分。……〉
依照这种说法，律管直径自黄钟开始要逐渐变细，这里给出的直径比朱载堉在 16 世纪发展平均律体系时所用的直径要细得多[④]。蔡邕只详细说明了黄钟的尺寸[⑤]，他给出了长度、圆周和直径，由这些数字我们可以知道，他所用的 π 只是一个粗略的近似值。"黄钟律管长九寸，直径十分之三寸，圆周十分之九寸"（"黄钟之管长九寸、径三分、围九分"）。

在声学计算中如果使用了这样的近似值，那么在计算律管音调时，精确估计诸如表面张力、空气温度和湿度等的影响就都没有意义了，虽然用玉作为材料确是试图克服由

213

---

① 见《礼记》第六篇（"月令"），孟春之月，其律为大簇，注释者对律管尺寸有记述。
② 《礼记集解》卷十三，第六十四页。
③ 《前汉书》卷二十一上，第七页，注释。这一传统说法又见于《隋书》卷十六，第八页。
④ 见本册 pp. 220—224。
⑤ 在他对《月令章句》的注释中，收入《礼记集解》卷十三，第六十四页；由作者译成英文。

于温度和湿度变化而引起的一些误差。但是对于想计算吹管的音调的人来说，最重要的因素是前面已经说明过的"末端效应"①。毫无疑问，这个因素在汉代已受到重视，尽管尚未试图进行数学计算。京房（活跃于公元前 45 年）特别指出②，律管不能（精确地）用于调音（"竹声不可以度调"）。因为这个缘故，他制作了一个称为"准"的乐器，似瑟、长 10 尺、有 13 根弦，并且用它来计算出他所提倡的调音系统的各音的比例。

亥姆霍兹（Helmholtz）对共振理论的讨论，为京房用弦而不用管做实验的正确性提供了另一理由。他说③，"弦与和应振动的其他物体之间区别的主要标志是，弦的各种振动形式产生许多纯音，它们对应于基音的各谐音；而膜、钟、棒等的次级纯音则与基音不和谐，而且共振器中的空气团通常只产生很高的谐音，尤其与基音不和谐，不能被共振器大为加强。"所以在调音实验中使用弦，使实验者能够得到精确的完全八度音，八度音的弦长是基音弦长的一半，即用手指压在基音弦长的一半的位置上。另一方面，一支管的长度为另一支管的一半，却未必能产生其八度音，这时八度音的计算必须考虑末端效应和直径的因素。

从前面给出的数字④，比较毕达哥拉斯音阶与中国五度相生音阶的一些音程，五度相生产生的"八度"与真正的八度之间的差异是显而易见的。真正的八度音程，两音的频率比是 1:2；而五度相生的"八度音程"，该比值是 262 144:531 441。因此，真正的八度与中国的"八度"之间，为 524 288:531 441。这个比称为最大音差，因为错误地将毕达哥拉斯的名字与五度相生音阶联系起来，现今又通称为毕达哥拉斯音差⑤。

214　　谈到"中国的八度音程"，人们可能会错误地认为中国人不知道或者不使用真正的八度音程。事实上，无论何处，在男女合唱或成人与少年合唱时，由于他们嗓音的固有音域不同，就要用真正的八度音程。此外也有文献证据，表明学者们知道八度音程是由减半共振物体的长度而产生。例如，蔡元定（1135—1198 年）在注释律管与一年中的各月份相联系的方式，即如《月令》所描述的，黄钟是仲冬的音调，其他依次对应一年中的各月，他说，仲夏的音调是黄钟的八度音，为"少宫"，并说黄钟管长九寸，它的八度音的管长为 $4\frac{1}{2}$ 寸。其他学者不同意这种说法，并不是因为担心末端效应这一点，而只是因为真正的八度音不是"五度相生"体系的一部分，但自从《吕氏春秋》问世以来（如果不是更早的话），"五度相生"体系就已被认为是正统的了。蔡元定所关心的是平均律的问题，他实际上是平均律体系的先驱者之一。对于平均律体系来说，完全八度是最基本的，在以下几节中我们将清楚地看到这一情况。

(ii) 西方音乐与中国数学

在过去的五百年间，欧洲音乐有了如此惊人的进步，以致西方人容易忘记或忽视在

① 见本册 p.186。
② 《后汉书》卷十一，第三页。
③ von Helmholtz (1)，p.45。
④ 见本册 p.175，表 49。
⑤ 参见 Grove (1)，vol.1，p.688。

其他方向也有同样丰富多彩和同样高度发展的其他音乐体系的真实存在。例如，当欧洲学会变换旋律和发展音调的和谐时，非洲则专注于变换节奏和发展节奏的和谐[①]。

近年欧洲音乐有两项最具特色的发展。其一，乐器制造的技术能力和实践达到了很高的水平，例如，拉制出抗张强度达 200 磅的金属丝，钢琴使用铁的构架，斯科尔斯（Scholes）说[②]铁架的浇铸是"铸造实践中最精致的操作之一"。其二，随着和声学的发展、古老调式的消失、加上转调越来越自由的趋势，到了 20 世纪终于出现了试图抛弃七音全音阶体系的"无调性"和勋伯格（Schönberg）的"十二音音乐"。以下的论述将试图说明或指出（因为年代久远，证明看来不大可能），近代音乐能够灵活转调，仍然是欧洲受惠于中国文明的另一例证。

前面已经说明过[③]，当用纯律调谐乐器时，两个不同音阶的"同一个"音未必有相同的频率。例如，距 C 音为纯四度的 F 音的频率是 682.3，而距 D 音为小三度的 F 音的频率是 691。这就意味着许多乐器只能以它们的设计者调谐好的一种调子演奏，如果用以演奏别的调子，听起来就觉得不协调，因为若干音的频率有了错误。实际上，这样说有点夸大，因为按某一特定调子设计的乐器，通常也可用以演奏少数相关的调子，它们各个音的音高差异极微小，听时并不刺耳。

215

然而在中国，这在理论上是一个特别严重的问题。因为最出色的具有固定音调的乐器是非常昂贵的编钟和编磬。假若十二种调中的各调都能演奏而不致使礼仪中五声旋律刺耳，那么理论上至少需铸造六十个钟或雕琢六十个磬。

当要求用多种同类乐器合奏时，如果那些乐器不是都按同一调子设计的，也会出现类似的问题。弦乐器容易与任何调子的乐器配合，因为演奏者只需将他的演奏调整到所要求的调子，如今日小提琴手那样；或者在演奏间歇把弦再调到另一调子。但是对于不能重新调音的乐器，则须采用不同的方法，即一组给定的音要尽可能演奏许多不同的调子的折中方法。这可以通过"按平均律"调音来实现，就是说，升高一些音和降低另一些音，使得它们更适于普遍应用。

粗略简便地按平均律调音的方法必定从很早的时代起就被有实践经验的乐师们采用了。在 15、16 世纪像德帕雷哈（de Pareja）和博特里加里（Bottrigari）等作家的著作里，确实有不少地方提到细心安放琴马（最初是把琴弦绕在琴颈处）的必要[④]。很可能，在中国，严格准确的五度相生调音体系使乐师们陷入了与欧洲的纯律同样的困难，不过，钟和磬可经过精巧的锉磨或削凿，使得其尊贵的主人无须花费不必要的开支于过多的乐器。同样，稍稍移动长笛和管上的指孔位置，可不知不觉地将音升高或降低，从而扩大它的使用范围。但是这些试图使调音体系更普遍有用的步骤，本身并不是因巴赫

① 参见 A.M.Jones（1），p.78。
② Scholes（1），p.715。
③ 本册 p.168。
④ 重要的是区别用数学方法计算出的平均律体系，以及把毕达哥拉斯音差或多或少均等地分布于十二音程的纯经验方法。后一种方法在这个时期传到欧洲，而在中国则五个世纪之前就已经存在了（参见本册 p.219 关于王朴的一段）。例如，琼斯［Jeans（2），p.174］说，好像巴托洛梅·拉莫斯·德帕雷哈（Bartolomé Ramos de Pareja）在 1482 年的著作《音乐实践》（De Musica Tractatus）里提出过平均律。但是音乐史家［如 Eitner（1），vol.8，under Ramis；Scholes（1）under Temperament 5，p.924b；Grove（1），vol.4，p.322］都认为，这只是依据纯粹实际的和经验的规律调整琴马位置的问题。

(Bach) 的《平均律钢琴曲集》（*Wohltemperirte Clavier*）而受到极大宣扬的那种平均律。当乐器依平均律调音时，每一个半音必等于其他每一个半音。但关于这一简单陈述的数学，则是比较复杂的。

216　　　在欧洲，对平均律的发展做出精辟叙述的，很可能是埃利斯的著作［Ellis（1）］，埃利斯是亥姆霍兹的《论音调的感受》（*Sensations of Tone*）的翻译者、确定音阶的"音分"制[1]的发明者。他对音乐知识的贡献被其他学者如此有效地应用，以致这些贡献的创始者如今反而经常被人遗忘[2]。埃利斯描述了四种主要的调音体系：（a）纯律，来源于天文字家托勒密（活跃于 156 年），该律制中，"所有五度和所有三度音程都是纯音程"；（b）毕达哥拉斯平均律，这种律制与纯五度和四度音程的关系，前已述及[3]；（c）平均音平均律，是萨利纳斯（Salinas）于 1577 年完成的律制，它以纯大三度为基础，并调整其他音程使得对总数大约九种调子大体正确，但如果试图转为其他的调子则顿觉逆耳难听。这种律制直到近期仍用于风琴。最后，（d）等程平均律，该律制中，"全部五度音程无例外地相差十一分之一音差，即 V（振动数）885 次中低了 1 次，而全部大三度音程也无例外地相差十一分之七音差，即 V（振动数）126 次中高了 1 次。"

　　　随着文艺复兴之后音乐的发展，欧洲极其需要一种调音体系，依照这种调音体系，调子固定的乐器能变调演奏尽可能多的、最好是全部的调子，而且像维奥尔琴等适应性强的乐器亦能转调而无须中断演奏去重新调音或重新调整琴马。这是一场革命，然而它是逐渐发生的。在英国直到 19 世纪中叶，平均律调音似乎才普遍应用于钢琴。布罗德伍德（Broadwood）迟至 1846 年才采用它[4]。平均律调音体系极为缓慢的发展，使人觉得它起源于欧洲多少是个谜。斯科尔斯正确地指出[5]，虽然许多人都有模糊的概念，以为巴赫本人发明了这一体系，但是并无充分理由证明此事。比较正统的看法[6]认为是安德烈亚斯·沃克迈斯特（Andreas Werkmeister）发明的，据说他在 1691 年提出了半音之间绝对均等的体系。但是这种说法也很勉强，因为梅森（Mersenne）于 1636 年已有述及[7]，并且给出了正确的数字，还特别说明[8]这一体系"是最常用和最方便的，以致所有的实际演奏家都认为，把八度音程分为十二个半音非常便于乐器的演奏"。埃利斯在评论这段文字时说道[9]，容易演奏是毫无疑问的，但习以为常则尚须确证。然而，在对梅森的支持方面，值得提到的是约翰·卡斯帕尔·凯尔（Johann Caspar Kerll，1627—1693），他的创作活动是在梅森的著作发表之后不久才开始的，他写作了一个在基础低

---

①　1 "音分"等于欧洲等程半音的 1/100。

②　在斯科尔斯［Scholes（1）］的著作中，尽管关于平均律的大量论述系逐字逐句地引自此处述及的埃利斯的论文，但对于 A.J. 埃利斯却只字不提，看来这是异常的疏忽。

③　本册 pp.167ff., 172ff., 177, 181。

④　Harding（1），p.218。

⑤　Scholes（1），p.924。

⑥　如 Closson（1），p.56；Levis（1），p.67。

⑦　*Harmonie Universelle*，p.132（Bk.2，prop.xi）。

⑧　*Harmonie Universelle*，Bk.3，prop.xii，"Des Genres de la Musique"。

⑨　Ellis（1），p.401。

音之上用遍每种调子的二重奏①。

　　从 15 世纪开始，音乐家们的作曲风格越来越使得平均律体系的应用不可避免；而且这个时期早期的作曲家还有关于琉特调音的指南，它们近似平均律，但并无明确的叙述或计算。这就是当时欧洲的状况。埃利斯断言，"在欧洲，不论是扎利诺（Zarlino，1562）还是萨利纳斯（Salinas，1577）都未提及平均律。"②但是我们知道，到了 1636 年梅森就已得到具体的数字，并说它们的应用是很平常的事。实际的数学公式是何时出现的，是哪位数学家的贡献？这个问题的答案，可以暂且放在 1577 至 1636 年的一段时间之内，以便我们可注意在中国的声学和音乐理论的平行发展。

　　调子不同的乐器一齐合奏时，需要采取某种折中办法，而音乐以许多调子演奏时，又会有不断重调或更换乐器的麻烦，这种需要和麻烦对中国音乐实践的发展产生了极大的影响。作为前者之一例，可以引用 16 世纪欧洲一位目击者加斯帕·达克鲁斯（Gaspar da Cruz）的见证，他曾描述了 1556 年在广州所看到的生活情景。

　　　　他们有时同时弹奏许多乐器，四个声部相配得非常和谐。碰巧在一个月夜，我和几个葡萄牙人坐在我们住所门外河边的一条长凳上，这时几个年轻人乘着小船沿河而来，他们弹奏着各色各样的乐器，消遣作乐。我们听到音乐非常快乐，于是请他们到我们近处，说我们邀请他们。这些豪爽的青年划船来到我们附近，开始调谐他们的乐器。我们高兴地看到他们自己互相合调，以免演奏时失去和谐。接着便开始演奏，他们并不都是同时开始，而是一个人演奏下去再由另一个人参加进去。乐曲分为许多乐段，有的人停止着，其他的人演奏着，但大部分时间他们是四声部合奏。四个声部是以两把小的班多尔琴（维奥尔琴）奏次中音，一把大的奏上次中音，一个哈普西科德琴奏中声部，有时一把瑞别克琴、有时一张扬琴奏高声部。③

许多乐器同时演奏是中国音乐的一个特色，从最早的时代起就是如此，由《诗经》的一篇中可以看到有钟与琴瑟笙磬等合奏的描述④。另一方面，《周礼》提供了变调的证据，在关于三项大祭祀的礼仪的描述中规定⑤，在冬至时，用三种调式，曲调有六种变化；在夏至时，用四种调式，曲调有八种变化；在祭祖时，用三种调式，曲调有九种变化⑥。因此这三项仪式使用了由分布于六十种可能的"调"中的八个构成的五声音阶的

---

　　①　Scholes (1)，p.924。

　　②　Ellis (1)，p.401。

　　③　见 *Tractado em que se cõtam muito por estẽco as cousas* (Evora, 1569)，英译本见 *Purchas his Pilgrimes*，Ⅲ，p.81；修改见 C.R.Boxer (1)，p.145。看来这个小乐队的乐器有：三把琵琶，其中一把比另外两把大且声音更低沉；一张筝；一把胡琴；有时还加上一张琴或瑟。关于这样一个乐队的描述和图解，见 van Aalst (1)，pp.36, 64。到现在为止，我们对胡琴的讨论还不多，虽然它如今是一种与传统戏曲关系密切的极为流行的乐器。它传入中国较晚（比琵琶晚得多），很可能来自蒙古文化。胡琴通常被称为中国人的小提琴，它有一个小的共鸣箱，长颈，颈上有凸出的弦轴和一两对琴弦，弓张马尾纳于弦间。更多的细节可见 Moule (10)，pp.121ff.。

　　④　《诗经·谷风·鼓钟》；《毛诗》第二〇八篇。译文见 Legge (8)，p.280；Karlgren (14)，p.160；Waley (1)，p.140。

　　⑤　《周礼·春官宗伯下·大司乐》，卷六，第四、五页（第二十二章）；译文见 Biot (1)，vol.2，p.34。

　　⑥　中文原文通常称"调式"为"调"，如本册 p.169 所述。如果把调式分开，那么我们将发现，冬至日祭祀用Ⅲ、Ⅳ、Ⅴ调式，夏至日祭祀用Ⅰ、Ⅱ、Ⅲ、和Ⅳ调式，祭祖时用Ⅰ、Ⅲ、Ⅳ调式。

全部五种调式①。

所以，在很早时期就曾有按平均律调节音阶的尝试。我们见到这样的证据不必惊奇。如《淮南子》中所记载的，具有复杂的标准分数的律管长度已被简化为整数②。这样做显然是参考了耳朵的听觉，而不是纯粹为了数学上的方便。因为若以百分之一寸为单位表示的话，夹钟律管的正确长度为 674.23，虽然数学上更好的近似值是 670，但《淮南子》给出的数字是 680③。然而这种平均律与五度相生调音并无根本差别。

《淮南子》记载这第一个近似值，其年代在公元前 2 世纪。自此以后在大约一千七百年间，几乎连续不断有实验家从事此项工作，在此不能一一列举④。这一期间的发展，徘徊于两个极端之间，一个是用减少调的数目的方法以保持调音的纯正，而另一个是牺牲调音的纯正以试图包括尽可能多的调式。前一种倾向在隋代（581—618 年）时已在逻辑上实现，当时显然只有一种调即黄钟的宫调式用于礼仪音乐，击七个钟生成这种调的七声音阶，而全音域的其他五个钟则悬而不击，谓之"哑钟"⑤。人们曾试图采取不同的途径以避免这种单调性，这在欧洲音乐发展史上也可以发现极为类似的情形。解决的方式只可能有两种：或者不考虑演奏者的困难和乐器的复杂化而增加可供选择的音，从而使每个调子都能以理想的声调来演奏；或者为一种可运用的折衷办法而有意牺牲声音的纯正。

前一种解决方式的最著名的代表人物是京房（活跃于公元前 45 年）⑥，他的方法是继续无尽地五度相生，在一个 10 尺长、有 13 根弦的木制调音器上，从黄钟开始计算，219 继续循环五次，直至第 60 个音⑦。他的工作可与大约一千七百年之后欧洲的尼古拉斯·墨卡托（Nicolas Mercator）的工作相比较，后者得到了一个有 53 个音的乐律系统⑧。京房的微分音实验，在他去世后五百年，由另一位自然主义者钱乐之（活跃于 450 年前后）继续进行⑨，钱乐之继续五度相生的计算直到第 360 个音⑩。这样的一个系统实际上是无法使用的。

---

① 但是在调性上来自"商"音的全部的"调"除外。因为人们认为"商"音"刚"，不宜作为礼仪音乐之用，礼仪音乐意在以其甜美引导天地神灵为人福祉。
② 《淮南子》第三篇，第十三页［Chatley (1), p.27］。
③ 《淮南子》第三篇，第十二页［Chatley (1), p.25］。
④ 参见 Courant (2)；Robinson (1)。
⑤ 见宋代朱弁著《曲洧旧闻》卷五，第九页。
⑥ 在本书前面有关变异思想、天文学、气象学以及其他部分，我们已遇到过他（参阅本书第二卷，pp.247，329，350；第三卷，pp.227，433，470，483）。
⑦ 《后汉书》卷十一，第三至十六页，有详细叙述；朱载堉的《律学新说》卷一，第二十三页，也有简要叙述。参见 Robinson (1)，p.101；吴南薰（1），第 132 页以下。
⑧ Courant (2)，p.89。克里斯托弗·辛普森（Christopher Simpson，卒于 1669 年）在他的著作《小提琴手的划分》（Division Violinist）中曾提倡四分音［Scholes (1), p.575］，与以前 12 世纪时蔡元定的作法相似。蔡元定当时在每个半音之间插入一变律（见《宋史》卷一三一，第十一页以下，尤其第十二、十三页）。但是摩拉维亚人何洛伊斯·哈巴（Aloys Hába，生于 1893 年）似乎是精心制作了像京房那样的六十音的音阶于八度音程的第一个欧洲人。根据斯科尔斯所说，他竟然能准确地全部唱出它们。
⑨ 他是一位我们熟悉的天文学家和天文仪器制造者，参见本书第三卷，pp.346，384，etc.。
⑩ 《隋书》卷十六，第四页以下。各音的名称可见于 570 年左右沈重的《乐律义》；见《玉函山房辑佚书》，卷三十一，第三十一页以下。

关于若干世纪以来的其他许多实验家，已有很多记述，尤为著名的有古恒[1]所述，他是这个问题的一位不可少的权威，以及杨荫浏（1）所述，他详尽地记述了中国学者为求得平均律所作的努力。朱载堉本人在记述他自己的实验时[2]，集中注意到四位先驱者，他们都曾使用或提到我们前面描述过的[3]弦调音器"均"。四位之中的第一位是伶州鸠，《国语》只记载他是周景王（公元前 520 年左右）的对话者之一，讨论钟的音域、"调音器"的功能及其与仁政的关系[4]。第二位是京房（卒于公元前 37 年）。第三位是陈仲儒（活跃于 516 年），他曾把京房的一些想法和他自己的结合起来，朱载堉说这是不可能成功的。第四位则是有名的道家科学家和工程师王朴（活跃于 959 年)[5]。

王朴用一个有十三根弦的调音器得出了他的系统[6]，而且据说曾按这种平均律为成套的钟调音[7]。与天文学家何承天（370—447 年）一样，他认识到，如京房那样通过扩展五度相生而试图达到一种可使用的解决办法是毫无希望的，必须用完全八度作为框架，在此框架中再作划分。何承天[8]简明地测定了完全八度与那个升八度音程之间的差，升八度就是用五度相生生成的第十三个音，而差值即所谓的毕达哥拉斯音差。他将此差值以 12 除之，并均等地分配给除基音之外的十三个音。用这种方法，他得到了一个兼具五度相生音阶和真正八度两者特征的全音域。然而它不是平均律，因为五度相生调音的原有的不规则性仍然存在，并不可能因在每一个音上加十二分之一音差而消除[9]。

王朴不仅用完全八度作为他计算的基础，而且在相当程度上破除了五度相生的数值的陈因。他的八度、五度和大全音，与纯律有相同的值；不过平均律要求除八度之外的他的全部音程都应提高。何承天在确立必须以八度作为平均律系统的框架方面已前进了一大步；而王朴更进一步脱离了正统的五度相生调音法。但是根据什么样的计算能使全音域的十二音分隔得各个半音都相等，则仍是一个未解决的谜。

(iii) 朱载堉的尊贵礼物

1536 年，朱载堉——中国一位最杰出的数学与音乐理论家诞生了。他是朱厚烷之子，明朝第四代皇帝的后裔。在父亲被皇帝不公正地削爵贬职时[10]，他表示为子之悲痛，筑土室宫门外，独居十九年。这段时间他是在研究数学、音乐和历法问题中度过

---

① Courant（2），pp.88 ff.。
② 《律学新说》卷一，第二十二页。
③ 本册 p.185。
④ 见本册 pp.170，204。
⑤ 传记见《旧五代史》卷一二八，第一页以下。
⑥ 见《旧五代史》卷一四五，第三页以下。他的乐律形式有点类似于五个世纪之后拉莫斯·德帕雷哈用带有可移动琴马的弦乐器得出的乐律形式。
⑦ 见欧阳修（1007—1072 年）著《集古录跋尾》卷一；卫聚贤（1），第68页引用。
⑧ 370—447 年。参见本书第三卷，pp.287，292，384，392，etc.；《隋书》卷十六，第四页以下。
⑨ 何承天的工作由萧衍继续推进，后者即梁武帝，502—549 年在位。他的名为《钟律纬》的著作尚存片断。关于这部有趣味的著作的出色叙述，见吴南薰（1），第 159 页。
⑩ 由于这个地位，他的称号为郑世子。在正史和类似的官方文献中他常以这个称号出现。

的，研究的成果陆续发表，最后出版了文集①。朱载堉对人类的贡献是发现了以相等音程来调谐音阶的数学方法，这是一种十分重要的实用体系，而今天所有西方国家的大众却都以为它是理所当然的，甚至不知道它的存在②。

221　　在 1584 年刊行的《律学新说》中，朱载堉在讨论他自己的"新法"之前叙述了前人调谐音阶的尝试，并指出了它们的缺点。在"新法"中，他"用数寻求音的和谐，而不是使音服从于数（的自然系列）"（"以数求合于声，非以声迁就于数也"）③。这就是说，他找到了一个真正的数学家的答案。然而由于担心仅凭数学无法保证他的方法流传后世，因此他还对古代的调音器进行了细致的研究，并且自己制作了一具（图 320）。在这具调音器上，音阶的比例用饰钉标明，饰钉置于调整适当音程之处，指示正确的位置以便手指下按，如同安置琴马那样。

　　本章前面曾说到，用于计算律管长度的数学公式是从外国输入而移植于本国系统的。假如本国系统得以留传下来，那么人们会期望发觉它在工匠和音乐演奏家之中是一种仍然起作用的传统，这些人并不关心学者、自然主义者及宫廷精通礼仪的官员们的理论。正是这两种不同系统间的矛盾，使得朱载堉集中注意到问题的这方面而得到他的答案。

　　朱载堉在叙述了主张正统律管尺寸的宋代伟大哲学家朱熹的音乐理论之后，写道④：

　　　　我曾试图以宋代（学者）朱熹的理论，根据古代上生和下生原理，来求得琴上标准音高的位置（"以求琴之律位"）。但是我注意到琴的（正常的）音与标准音高的位置（所产生的音）不一致，因此在我心中产生了怀疑。

　　　　我日夜寻求答案，详尽地研究这一形式的原理。突然一天清晨我达到了完全的理解，第一次认识到，古代标准音高的四种类型都只给出了音的近似值。而且，这是律管研究者两千年以来从未意识到的问题。

　　　　只有制琴者，他们的方法是在（弦长的）四分之三或三分之二（等处）安置琴徽，才像普通工匠那样，从不知其来源，仅凭口头表达而留传（制作乐器的方法）。我想很可能古人即以这种方式将此体系传承下来，但是没有记载在文学著作中。

　　　　〈臣尝宗朱熹之说，依古三分损益之法以求琴之律位。见律位与琴音不相协而疑之，昼夜思索，穷究此理。一旦豁然有悟，始知古四种律皆近似之音耳。此乃二千年间言律学者之所未觉。惟琴家安徽，其法四折去一、三折去一，俗工口传，莫知从来。疑必古人遗法如此，特未记载于文字耳。〉

----

　　① 他的著作分装四巨册，通常称为《乐律全书》。但这一书名实际上指的是有关律管理论的四部著作中较早的两部，此外还有一部关于万年历的书，另一部关于古代歌曲的管弦乐谱的书［参阅 Robinson（1）］。朱载堉的详细生平见《明史》卷一一九，第一页以下，尤其第三、四页。

　　② 他的发现以及可能传播到西方的情况，在中国颇为人们知晓［参见刘复（3）；张其昀（1），序文；吴南薰（1），第 190 页以下；等］，但是早先在西方文字的出版物中从未有过详细的介绍。然而，比较全面的评述，见 Robinson（1）。

　　③ 注意这是很有意识地抛弃命理游戏和数字神秘主义，这些经若干世纪经典著作的传承在中国已视为非常神圣。参见本册 pp.134ff. 以及本书第二卷 pp.287ff. 我们的评论。朱载堉虽然远离欧洲，却是"一位文艺复兴时代的人"。他与陈抟（参见本书第二卷，pp.442ff.）或邵雍（参见本书第二卷，pp.455ff.）差异显著，如同约瑟夫·格兰维尔（Joseph Glanville）与内特斯海姆的阿格里帕（Agrippa of Nettesheim）间的差异。

　　④ 《律学新说》卷一，第五页，由作者译成英文。

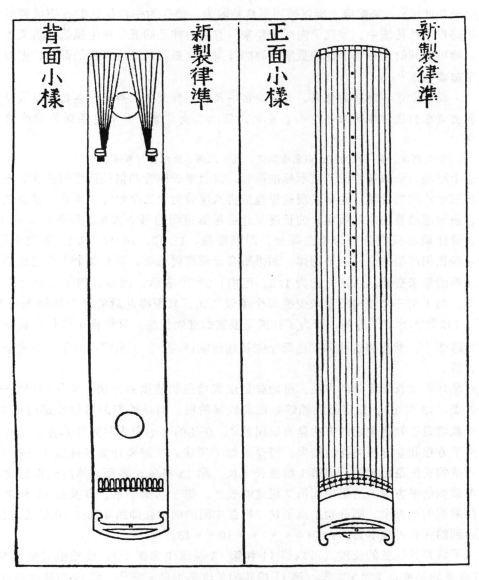

图320　准——朱载堉的调音器。采自他的《律学新说》（1584年），
卷一，第二十八页。图的上方题"新制律准"。右图为调音器
的正面，左图为背面。

　　根据这一叙述，人们可能推断朱载堉重新获得了太古时代的平均律的秘密，但事实上他并未如此说①。朱载堉之所以感到得意是因为，他作为一位认真的古物研究者，在
223 这个仍起作用的传统中，发现了向两千年来一直视为神圣的五度相生挑战的道义上的正当性。他可能同时还想到了他的数学问题的答案，这是我们最感兴趣的部分，但对此他仅说了寥寥数语②：

　　　　我创立了一种新的体系。我规定由一尺这个数开方求得其他各数，用（平方根和立方根）比例即可求出它们。总之，做十二次运算，就必定得到律管的精确数字。

　　　　〈创立新法，置一尺为实，以密率除之，凡十二遍，所求律吕真数。〉

应用这个原理，朱载堉给出了表示标准律管，以及半长律管和倍长律管的长度的表，总共给出三个八度的音域。他所发现的原理是将八度分为十二个相等的半音，基音弦（或者管，假定忽略管的末端效应）的长度及此后相继得到的每个弦长必须除以 2 的 12 次方根。这样做与只把弦分为十二等分，即整根弦、11/12、10/12、9/12 等完全不同，因为这些比例产生的是甚不平均律。如果所有音程都要相等，那么每个半音之比必须用一个相等的量来变换。八度之比为 1:2，可用 $1:2^{12/12}$ 表示，因为二的十二分之十二次幂是二。为了用一个相等的量来变换每个半音之比，只需将此后的每个比例表示为 $1:2^{11/12}$、$1:2^{10/12}$、$1:2^{9/12}$ 等等，而为了知道每根弦的准确长度，只须将 1 尺长的黄钟弦除以 $\sqrt[12]{2}$ 即 $2^{1/12}$，然后将这样得到的每个弦长相继除以 $\sqrt[12]{2}$。于是就得到了一个完全的平均律音阶。

　　这是计算弦长最简单的方法，可能就是朱载堉最初使用的方法。宋代的代数学家，如朱世杰（13 世纪），肯定已经能够处理高次幂的根，但是他们的著作在那时已失传，因此朱载堉是否知道他们的方法是有疑问的③。在他的书中所表明的计算方法，得到了与只用平方根和立方根同样的结果。简要地如下所述。在需要计算长度的十三根弦中，有两根弦的长度是已知的，即第 1 根弦长 1 尺，第 13 根弦长半尺。然后他得出这两根弦长的乘积的平方根，这是中间第 7 根弦的长度。第 1 和第 7 根，以及第 13 和第 7 根弦长的乘积的平方根，则分别给出了这三根弦中间的两根弦即第 4 和第 10 根弦的长度。至此得到的弦长可表示为：1 * * 4 * * 7 * * 10 * * 13。

　　为了得到其他弦的长度（可以第 11 和第 12 根弦作为例子），显然他清楚地知道，
224 第 10 根弦的长度是 1 尺 $\times 2^{3/12}$，第 11 根弦的长度是 1 尺 $\times 2^{2/12}$，第 12 根弦的长度是 1 尺 $\times 2^{1/12}$；而 $2^{1/12}$ 是 $2^{3/12}$ 的立方根，所以要得到第 12 根弦的长度，他只要得出第 10 根弦长的立方根再乘 1 尺。类似地，1 尺乘以第 9 根 * 弦长的平方根则得到第 11 根弦的长度。其他未知弦长也可用同样的方法得到相似的结果。

　　这种相当繁复的步骤，或许用于检查前面提到的比较简单的方法，也就是，将基音

---

　　① 他很谨慎，取虚构的古代的一寸作为测量单位，从而给他的新制以使人尊崇的外观（《律学新说》卷二，第七页以下），他说这是夏寸，即中国最古的朝代的寸。当然，同时代的学者是不会为此而误解的。他所说的关于工匠之间口头传授的传承是很有趣味的（参见本书第二十九章有关造船的部分）。

　　② 《律学新说》卷一，第五页，由作者译成英文。

　　③ 参阅本书第三卷，pp.126ff.。

　　* 原著误为第 10 根。——译校者

弦长除以 $\sqrt[12]{2}$（即 1.05946），以及对每根弦或管重复上述过程。数字 1.05946 当然是朱载堉得到的，作为黄钟标准弦长以下的那个音的弦长。黄钟倍律的长度为 2 尺，其上第 12 个音即应钟倍律的弦长即 1.05946 尺。朱载堉非常明确地说[1]，每根弦必须依次"除以应钟倍律的长度，……这是得到按顺序排列的各律的方法。"（"皆以应钟倍数……为法除之，即得其次律也。"）

这段叙述毫无疑问说明朱载堉发明了欧洲后来才知道的平均律公式。注意到下面这一点尤为重要，即，与中国思想曾有接触的旅行家，只要记住很少一点点，就能把这种思想传播给欧洲的数学家和音乐家。这样一位旅行家只须说："我知道中国人用平均律非常准确地给琴调音。他们只要将第一个音的弦长除以 $\sqrt[12]{2}$，就得到了第二个音的弦长，然后再除以 $\sqrt[12]{2}$ 就得到了第三个音的弦长，如此等等，直至得到完全八度的第十三个音的弦长。"传播这一重要思想，无需书本，只要一句话。

虽然这个平均律是以弦长计算出的，但朱载堉也将它应用于管[2]。管长与弦长相同，而如果不加校正，那么它们的平均律的等程性就会由于管的末端效应而变得不规则。为此，朱载堉通过调整管的直径来进行补偿，即将每个直径相继除以 2 的 24 次方。考虑到他当时可能掌握的关于末端效应的物理学知识很有限，他的成就是十分惊人的，而剩余的失真对于人耳已难以察觉。

（iv）东方和西方的平均律

朱载堉关于平均律的系统阐述，可以公正地被认为是中国两千年声学实验和研究的最高成就。但是还留下了一个大问题，平均律是东西方各自独立发现的还是在 16 世纪末从中国传到欧洲的？确实，欧洲从这样一项发明中能够获益的时代正在到来，而且欧洲有许多数学家都有能力进行如朱载堉所做的计算。例如，帕乔利（Pacioli，1494）和卡塔尼（Cattani，1546）都能处理高次幂的根[3]。无论如何，如果在数年之内，在地球相对的两端各自独立地得到相同的解决办法，那真是值得注意的巧合。令人惊奇的是，关于平均律的欧洲起源很难找到确切的根据，而在中国则关于这项发明的一切事实都很清楚。

《律学新说》卷首所载日期是 1584 年[4]。毫无疑问，这时已有一些中国书籍开始流传到欧洲。从保罗·焦维奥（Paolo Giovio）在他所著的《当代史》（*Historia Sui Temporis*，1550）中提及葡萄牙国王曾向罗马天主教教皇赠献一册中国书，直到钱德明关于中国音乐的详细的研究报告（*Mémoire*，1776），其间欧洲和中国有着无数次的文化交往。但值得注意的是，修道士和耶稣会传教士几乎都对中国音乐非常感兴趣，这不仅是因为他们生活在音乐教育发展的时代，而且因为他们工作的问题之一就是或者使欧洲音乐适

225

---

① 《律学新说》卷一，第十页以下。参阅 Robinson（1），p.156。

② 在《律学新说》第十五页以下给出了表示律管的长度及内径与外径的表格和图解。《律吕精义》卷八，第四页以下、第六页以下；《律书》卷一，第三十一页以下。

③ 参阅 D.E.Smith（1），vol.2，pp.471ff.，以及本书第三卷，p.128。

④ 这一年是万历十二年，正是利玛窦到达肇庆的那年。

合于中国人的集会之用、或者将欧洲音乐教授给曾受不同音乐传统培养的基督教徒。
1294 年，当孟高维诺（John of Monte Corvino）在大都唱弥撒时[①]，欧洲音乐与东亚音乐的差异还不至于显著到不能欣赏。但在随后的几个世纪里，欧洲音乐在和声学的道路上经历了显著而迅速的发展，以致到了大约五百年后，钱德明为清廷达官贵人演奏欧洲当代音乐时，他们感到贫乏无味而无动于衷。

1556 年，加斯帕·达克鲁斯正处于这两个时期的中间，他能够很准确地描述他所听到的音乐[②]。二十年之后（1575 年），奥斯丁会修道士马丁·德拉达（赫拉达）［Martín de Rada（Herrada）］和热罗尼莫·马林（Jerónimo Martín）在中国（福建）度过了三个月，离开时带走了许多书籍，后来他们在菲律宾找人翻译了其中的一些书。这些译成之书中包括了一些"关于音乐和歌曲及其发明者"的书[③]。但是在十年之前（1565 年），耶稣会士已经在澳门开设了机构，训练传教士[④]，教他们阅读中文书籍，并且不久便有向西方世界报告中国文明性质的书简从这所学院频频发出。1582 年，伟大的利玛窦在澳门开始了他对中国的研究[⑤]，同时方济各会修道士热罗尼莫·德·布尔戈斯（Jerónimo de Burgos）和马丁·依纳爵·德·罗耀拉（Martín Ignacio de Loyola）到达广州[⑥]。依纳爵是胡安·冈萨雷斯·德·门多萨的著作的材料来源者之一，后者的著作[⑦]于 1585 年首次以西班牙文发表。1588 年，卡文迪什（Cavendish）首次环球航行后回到英格兰。按当时的习惯，他在船上雇有私人乐师，而且有趣的是，在俘获"伟大的圣安娜号"（"Great St Anna"）时，其中有一个名叫尼古拉斯·罗德里戈（Nicholas Roderigo）的俘虏，是"一个葡萄牙人，他不仅到过中国的广州和其他地方，而且还到过日本诸岛……"[⑧]次年，耶稣会士孟三德（Edouart de Sande）在他的中国游记中叙述了官吏怎样在他的行李中发现了几部中文书，"他们表示很高兴"[⑨]。16 世纪的最后二十年是澳门的黄金时

---

① 参看本书第一卷，pp.169，230。

② 参见本册 p.217。关于他的情况，见 Boxer（1），pp.lviiiff.。

③ 见 Gonzales de Mendoza（1），Parker tr.，pp.103ff.，134，140，250；Boxer（1），pp.lxxxivff.，243ff.。因为我们未曾在别处提到过这一证据确凿的传播，在此不妨记下其他一些话题：

"关于数理科学，关于算术，以及如何运用它们的规则。

关于数、天的运行，关于行星和恒星，以及它们的作用和特殊的影响。

关于宝石和金属的性质，以及关于自身具有价值的自然界事物。……

对于各类船舶的制造，航行的规则，每个港口的海拔高度，尤其每个港口的性质。

关于建筑学和各种样式的建筑物，每座大建筑物应具有的长宽比例。

医生用的许多草药书，即关于草本植物的书，说明它们如何应用于治愈疾病。"

博克塞（Boxer）对于马丁·德拉达所收集的书籍的下落提出了一些有趣的推测，其中某些书或许还保存在欧洲的图书馆里。例如在埃斯科里尔（Escorial）的图书馆里，有大约五、六册 16 世纪早期出版的中文著作。承蒙唐纳德·拉克（Donald Lach）教授告知它们的存在，鲁桂珍博士和我于 1960 年 9 月很高兴地作了调查。因为这所房子是属于奥古斯丁会的，所以很可能有些书是由德拉达带回来的——但现今除了一小本医药书和一本历书之外，其余的都没有什么科学价值了，而且没有一本书是关于音乐和声学的。

④ Pfister（1），pp.5，10。

⑤ Pfister（1），p.23。

⑥ 见 Boxer（1），p.lxxxix，详情见 Pelliot（45）。

⑦ *Historia de las Cosas mas notables*，*Ritos e Costumbres del Gran Reyno de la China*……

⑧ Hakluyt，*Voyages*，vol.3，p.817。

⑨ 孟三德神父 1589 年 9 月 28 日在澳门给（耶稣会）总会长的信，收入 *Sommaire des Letters du Japan et de la Chine de l'an MDLXXXIX et MDXC*，p.127。参见 Pfister（1），p.44。

代，当时与中国人的关系趋于稳定，并且思想交流也比较容易。从 1580 年开始的一段时期内，广东总督在广州开办了一年两次的"定期集市"，每次持续数星期，集市期间是中国与西方的货物和思想交流的好机会①。1595 年利玛窦在南京与中国学者讨论数学及其他问题，接着他于 1601 年定居北京。从此以后，关于中国文明的知识非常迅速地在欧洲传播了。

所以在 17 世纪初期，欧洲人对中国的音乐感兴趣，而且也有机会得到中国的书籍。朱载堉的《律学新说》或《律书》是否传到了欧洲并在那里产生过影响，这无法确证，但是我们有理由说，1585 至 1635 年间有很多机会出现这种情况。这个问题值得进一步研究。利玛窦从 1597 年到去世的 1610 年期间，愈加意识到在修正中国历法方面可能负有的使命。他当然研究过中国的历法书籍，正像他的这一工作的继承者熊三拔（Sabbathin de Ursis）所做的那样②。在这些书籍之中，应该有朱载堉的《圣寿万年历》，这部书，甚至戴遂良也说是"关于万年历的时间计算的一部完备论著，一部杰作……权威性地总结了这方面以前的全部著作"③。律管知识在朱载堉的著作中与历法科学如此相互混合，事实上两者在中国人的思想里是那样紧密关联，以至于不熟悉律管的理论就简直无法研究历法的概念。在 16 世纪末期，像利玛窦和熊三拔那样博学聪慧的欧洲人与中国学者谈论书籍时，几乎不可避免地会耳闻近年刊行的朱载堉的著作。

因此，欧洲独立发明平均律一事是极可疑的。当人们发现在梅森之前大约十六年，伟大的数学家和工程师、佛兰芒人西蒙·斯蒂文（Simon Stevin，1548—1620）④在他未发表的论文中留下了计算平均律音阶的数字，这种怀疑就更加深了⑤。斯蒂文的许多论文一直在他的朋友中流传而未曾物归原主，他的儿子亨德里克（Hendrik）尽力搜集准备出版，但结果只印刷了两卷⑥。关于平均律的极其重要的论文，直到 1884 年被比厄伦斯·德哈恩 [Bierens de Haan（1）] 发现并刊行，才幸免于湮没⑦。从这篇论文可以知道，斯蒂文曾计算以数字 1 和 1/2 表示的八度音程之内的 12 等程音阶。这种方法是很有意思的，因为与朱载堉最初计算中央的蕤宾弦长一样，它是两个八度长度的乘积的平方根，即 $\sqrt[2]{2 \times 1}$ 或 $\sqrt{1 \times \frac{1}{2}}$，而斯蒂文取 $\sqrt[2]{\frac{1}{2}}$ 作为八度的中间音的比，并用类似的形式表示其他各音之比：

227

---

① 参阅 A.Kammerer（1）。

② 关于熊三拔的著作，例如见 Bernard-Maître（1），p.76；Pfister（1），p.104。早期的耶稣会士肯定知道朱载堉的著作。

③ Wieger（3），p.249。朱载堉于 1595 年把他的书进呈给皇帝，这一年利玛窦第一次到达南京。在进呈历书时，朱载堉指出了当时所用历法的缺点（见《日知录》卷三十，第一页；参见《明史》卷三十一，第三十三页），不过大概他设想的是沿着中国传统的和特有的方式加以改革，而不是像耶稣会士们正开始极力主张的那样全面采用希腊的概念。但毫无疑问，希望借助于此是促成利玛窦及其同伴在 1598 年经南京到北京的旅程的因素之一 [见 d'Elia（2），vol.2，p.8；Trigault（Gallagher tr.），p.297]。

④ 参见本书第三卷，p.89，详情见 Sarton（2）；Dijksterhuis（1）。

⑤ Fokker（1），p.18；Dijksterhuis（1），pp.276ff.。

⑥ Sarton（2），p.243。

⑦ 尤其见 de Haan（1），pp.54ff.。

$$1 : \begin{cases} 1 \\ \sqrt{(12)^{\frac{1}{2}}} \\ \sqrt{(6)^{\frac{1}{2}}} \\ \sqrt{(4)^{\frac{1}{2}}} \\ \sqrt{(3)^{\frac{1}{2}}} \\ \sqrt{(12)^{\frac{1}{32}}} \\ \sqrt{\frac{1}{2}} \\ \sqrt{(12)^{\frac{1}{128}}} \\ \sqrt{(3)^{\frac{1}{4}}} \\ \sqrt{(4)^{\frac{1}{8}}} \\ \sqrt{(6)^{\frac{1}{32}}} \\ \sqrt{(12)^{\frac{1}{2048}}} \\ \frac{1}{2} \end{cases}$$

228　　　关于这一切，最惊人的事实也许是，假如斯蒂文没有受到这方面的中国著作的影响而发现了这些公式，那么这是他的第二项在中国早已有了的卓越发明，第一项发明则是著名的加帆手推车[1]。尽管可能有这样的巧合，即他恰好设计了一部机器，关于这种机器的想法已经知道［例如，从奥特利乌斯（Ortelius）1584 年的中国地图］是由中国传到欧洲的，而他本人从未听说过，不过正如戴闻达所说，这样的情况并不是事物发生的常情。但是，如果在一大群著名人士目睹了他的"加帆马车"在斯海弗宁恩（Scheveningen）沙滩上的试验（约 1600 年），并讨论了中国人的这项和其他的发明之后，斯蒂文又能在至少未曾因风闻而受远方著名的同时代人的著作任何影响的情况下，于数年之后[2]发明平均律音阶的公式，那么这该是更加惊人的巧合。这个遥远的地方曾如此激起欧洲人的兴趣，以致门多萨的《中华大帝国志》（*History … of China*）在六年间以六种文字印行达十一版。

　　具有奇妙讽刺意味的是，朱载堉的著作尽管受到极高评价，但他的理论在本国却几乎未付诸实践；然而根据梅森所述，斯蒂文的理论看来在欧洲则被广泛采纳和利用[3]。无论如何，平心而论，近三个世纪里欧洲的和近代的音乐完全可能受到中国的一篇数学

---

　　① 这种思想，及其可能起源于中国等问题，将于本书第二十七章（e）详细讨论，同时，见 Duyvendak（14）。
　　② 假如他关于平均律的计算与他的著作《数学笔记》（*Hypomnemata mathematica*）可以被放置在同一时期，那么可推定的年代应在 1605 年与 1608 年之间。
　　③ 事实是他的著述起初并不受重视，用他儿子亨德里克的话来说："被委托以手稿的博学之士们，完全混乱地将其拆成几部分，并听任其余部分散乱得七零八落。"

杰作的强大影响，虽然传播的证据尚付阙如。发明者的姓名较之发明的事实，仍属次要，而且朱载堉本人肯定是第一个给另一研究者以应得评价并最后一个争优先权的人。毫无疑问，首先从数学上系统阐述平均律的荣誉应归之于中国。一件不太显著然而更为宝贵的礼物或许隐藏在这位谦让的学者的榜样之中，他谢绝承袭爵位以继续他的研究，坚信对于深明礼乐之意义的他万事俱能。正是这种信念，两千多年来激励着中国的声学研究者。

(i) 磁学和电学

229

(1) 小　引

在本章的这一部分，我们将讨论中国对物理学的最伟大的贡献。遗憾的是，在本书所讨论的问题之中，以此问题引起的争论和涉及的文献为最多[1]。在很早的时期即大约公元前一千年代的中期，中国和西方就都已经知道天然磁石具有吸引的能力，这一点是没有争论的。意见的分歧集中在指向性的发现，包括天然磁石本身的以及与磁石接触而被磁化的铁片的指向性两方面。这项知识在 12 世纪末年很突然地出现在欧洲，而在阿拉伯和印度范围内寻求恰早于此的资料却一直没有成功。

中国人首先认识和利用天然磁石的指向性，这已被人们传统地承认，但十分奇怪的是，其所据理由却完全错误。自汉代以来，中国的史籍（将在后面详述）中常提及定南车或指南车，其制作技术屡屡失传而又重新出现。从耶稣会传教士时期以来，人们认为它们与某种形式的磁罗盘有关[2]；但现在则可以认为已经肯定，指南车与磁指向性毫无关系。指南车实际上主要是一种带有齿轮系统的自动调节装置，能使指示器在车辆偏离原定方向时可借助连续补偿而保持原定的方向。因此它归入工程方面，我们将在那一部分再作讨论［第二十七章（e）］。近代科学史家对于所谓"中国创始"的不满，很大程度上是由于不能认识到中国早期文献中关于指南车的传说成份的缘故。就此问题发表过论文的学者在其他方面很值得称赞[3]，但在探讨中国文献时由于缺乏汉学能力而完全不知所措，因此磁学的历史陷入了极其混乱的状态。还有一种常有的倾向，即预先假定在欧洲以外的地方不会出现真正重要的事物，例如 1847 年休厄尔（Whewell）在发表讨论时自视高人一等地说[4]："中国的一些传说就不必提了，因为无论如何它们都与欧洲科

---

[1] 其中不可靠的很多，所以我不拟在此列出完全的文献目录；有兴趣研究的人可参阅 Mitchell（1，2）。18、19 世纪时欧洲人的看法，可参阅三十年前的 Schück（1），vol.2，但他的书很难见到，我们能够见到的惟一的一本现藏汉堡国立图书馆。

[2] 这种混淆很可能远在耶稣会士之前就开始了。金履祥于 1275 年左右在他的史学著作《通鉴前编》中大概最先造成了混淆。他居住在北方的蒙古族统治之下，可能不熟悉南宋所发生的事情。由此，陈殷在《通鉴纲目》卷一，第九页，随后 1784 年小德经 [de Guignes（1）] 都这样说。

[3] 例如 v. Lippmann（2）及 Crichton Mitchell（1，2）。

[4] Whewell（1），vol.3，p.50。又见 Gerland（2）。

230 学的进步无关……"虽则他或其他任何人都未曾成功发现在 1190 年这一转折点之前欧洲关于天然磁石指向性知识的任何先驱者①。

　　中国的磁罗盘②的历史，近来由于王振铎（2，4，5）③的研究而被彻底改写了。他解释了《论衡》（1 世纪）中十分重要的一篇的原文，并且揭示了磁罗盘和汉代占卜地盘之间可能的关系④。在下面的叙述中，我们将说明：(a) 第一部清楚地描述磁针罗盘的著作无可否认地是在 1080 年左右，也就是比欧洲人首次述及这种仪器要早一个世纪；(b) 该著作述及指向性以及磁偏角（即磁针不能指示天文学的北）；(c) 中国发现磁偏角是在 7 世纪至 10 世纪之间的某一时期；(d) 指针的使用（只有指针才能构成读数准确的仪器）是这项发现的限制因素，而其年代应在这一时期之初；(e) 原始的中国罗盘可能是用天然磁石仔细雕琢而成并能在占卜地盘的光滑表面上旋转的匙状物。最后我们要指出，磁罗盘不仅与占卜活动而且与诸如象棋之类的游戏，都存在有迹可寻的关系。这一原始形式，在 1 世纪时肯定已经知道并且应用了。而作为宫廷术士的一种秘密则可追溯到公元前 2 世纪。过去对此未能予以解释，部分地是由于学者们忙于寻找指南车的遗迹了，而此时他们本应注意研究"司南勺"的。

　　磁罗盘最早应用于航海的问题，情形与此有些类似。看来到 1190 年时它确实已在地中海使用，而恰恰在不到一个世纪前在中国的一部著作中也谈到了它的应用。早期的汉学家对这一著作的误译导致了一种持久的说法，认为当时它仅见于到广州进行贸易的外国（阿拉伯）船上。但正如我们将要看到的，这种说法并无根据。磁罗盘可能的传播方式，下文将予以讨论。威廉·吉尔伯特（William Gibert）本人⑤认为，马可·波罗或那

231 个时代的某人把磁罗盘带到了欧洲⑥，但这样就晚了一个世纪。吉本（Gibbon）曾写道："有着罗盘知识的中国人，如果具有希腊人和腓尼基人那样的天才，那么他们可能将其发现传遍南半球。"⑦事实上中国人的情况正是如此⑧。

――――――――――――――――

　　① 现在研究的趋势转变了，使得迈赫迪哈桑［Mahdihassan (10)］有可能得出磁石这个词不仅阿拉伯文、而且希腊文本身都来源于汉语的结论。但由于他的论证是以中国人自己都从未使用过的一个名称为依据的，而这个名称又确实出于专门为此而杜撰，因此论证尤其不能令人信服。

　　② 在中国最常用的名称是"指南针"。

　　③ 向达（2）和李书华（1）作了很好的概括。我们未能见到章太炎（1）和今井榛（1）的论文。程溯洛（1）的叙述虽然很简略，但甚可靠。吴南薰（1）的书对磁学有很多叙述，但不如他对声学和光学的讨论那样有创见和有价值。迄今为止以西文发表的论文只有李书华的两篇［Li Shu-Hua (2, 3)］，论文的英文译本比法文原本更好，因其较为详细并注有汉字，但二者的参考文献都不大完备。这两篇文章都是在本章写好之后很久才发表的。参见 Needham (39)。

　　④ 他还发现了许多重要文献，这些文献将中国发展磁罗盘的知识推至 10 世纪中叶。他使我们受惠于其他许多极有价值的发现。

　　⑤ 随后有马克·里德利（Mark Ridley）和乔治·黑克威尔（George Hakewill）。

　　⑥ "根据威尼托的波勒姆（Paulum Venetum）所说，在翻译的意大利文航海书中可以见到小箱，据说这来源于大约 1260 年代中国人的闻名的小箱技术。但是我以为这样说显然损害了地中海人的荣誉，因为他们是那个地区最早制造这种东西的人"（De Magnete，1，1，p.4）。他在这句的后半句暗指阿马尔菲的弗拉维奥·焦亚（Flavio Gioja of Amalfi）；见本册 pp.249，289。

　　⑦ Decline and Fall，vol.7，p.95。他接着又说："我没有资格追究、并且也不想相信他们曾远航至波斯湾或好望角……"

　　⑧ 参见戴闻达［Duyvendak (8)］关于中国人发现非洲的论述。吉本的说法有些夸大其辞，因为南半球的大部分是水。中国人至少到达过南纬 10 度，只剩澳大西亚和南非没有到过。关于澳大利亚，见本书第二十九章（e）。并参阅本书第三卷，p.274。

(2) 磁性吸引

首先让我们简要谈谈欧洲古代①对于磁石吸引力的了解②。到中世纪之初，人们已明确认识到：(a) 天然磁石吸引铁块；(b) 这种吸引可在一定距离内起作用；(c) 被吸引的铁粘附在磁石上；(d) 磁石可使被吸引的铁产生吸引力；(e) 这种感生的吸引力可保持一段时间。人们也观察到：(f) 磁性的影响可通过除铁以外的其他物质而发生作用；以及 (g) 有些磁石既能吸引又能排斥某些铁块。人们认为最早观察磁石的是泰勒斯（公元前 6 世纪），他以万物有灵论来解释磁性，但这仅通过亚里士多德（公元前 4 世纪）的引述才流传下来③。公元前 5 世纪恩培多克勒④和阿波洛尼亚的狄奥根尼（Diogenes of Apollonia）⑤也曾提及磁石，但这些我们也只能依靠生活在 3 世纪初的阿弗罗狄西亚的亚历山大（Alexander of Aphrodisias）所提供的传说⑥。然而，这些人及同时代的德谟克利特⑦确实知道并论及磁石，对此我们没有多少理由去怀疑；而原子论者们似乎对磁石特别感兴趣。无论如何，上述所有基本性质在公元前 1 世纪已为卢克莱修所描述⑧，而更早期的哲学家们则最多述及 (a) 和 (b) 两项。卢克莱修以一串环接连悬挂来说明磁性的传递能力。他的引力理论意即在磁石与铁之间建立了我们称之为真空的情形。

和在欧洲一样，磁石在中国有许多名称⑨。最常用的是"慈石"（参照 aimant），通常两字合而为"磁"⑩。不管通常严肃的语言学观点如何，人们很难相信这个字的声符与字义无关。比如，另一派生词——"孴"，义为交配或繁殖，而中国最初观察磁性吸引的人，肯定像泰勒斯那样是以万物有灵的概念来想像它的。"玄石"一名，后来表示非磁性铁矿石，但人们不得不想到它原本是天然磁石的一个名称⑪。磁石的吸引特性可由"燋铁石"、"吸铁石"等名称明显地表示，而"锯石"则意味着这种石头能像锯子般拾起铁块。这些名称（以及其他一些名称）大都可追溯到晋代或至少唐代。

公元前 3 世纪至公元 6 世纪之间，中国的文献和欧洲的文献一样充满了关于磁石引

232

---

① 在此可列举对这项研究最有助益的一些书。Falconet (1) 和 T.H.Martin (1) 汇集了古代著作中有关磁学的全部资料；Kramer (1)，Mitchell (4) 及 Hoppe (2) 则叙述了关于磁现象知识的发展。关于磁学和电学理论的历史，Daujat (1) 是特别有用的书。我未能看到桑木彧雄 (1) 的论文。人文科学家会喜欢 Bitter (1) 的绪论。

② 关于古代欧洲磁石名称的评述见 Martin (1), ch.1。

③ Freeman, p.49; Aristotle, *De Anima*, 405 a 19。

④ Freeman, p.190。

⑤ Freeman, p.284; Martin (1), p.53。

⑥ 我不能不再次指出，对于相隔如此久远才流传下来的传说，汉学家们似乎是比西方古代思想史家们抱有更多的怀疑。

⑦ Freeman, p.309。

⑧ *De Rer. Nat.*, Ⅵ, 998-1088。

⑨ 参阅 Klaproth (1), p.35。

⑩ 此字后来被用来指瓷器。但王振铎 (2) 指出，在宋代以前无此用法。

⑪ 事实上，据《神农本草经》，苏颂在 11 世纪时即如此说（《本草图经》，收入《图经衍义本草》卷四，第二页）。

力的资料[①]。远在泰勒斯的时代，中国文献中还没有关于磁石的记载，如果《鬼谷子》真的是周代的著作，那么它是惟一可能与亚里士多德同时代的文献，不过看来未必如此。然而《吕氏春秋》中的记载则当属于公元前3世纪后期，约与阿基米德同时[②]。至于《淮南子》，其年代略早于卢克莱修，其中说道[③]：

> 如果你以为天然磁石能吸铁因而你便想也能使它吸引陶器碎片，那么你将发觉你错了。事物不能仅以重量来判断，（它们有具体的和特殊的性质）。用点火镜可从太阳取火，天然磁石可吸铁，螃蟹可使漆器损坏[④]，葵花[⑤]向太阳，这些作用都是很难理解的。

> 〈若以慈石之能连铁也，而求其引瓦，则难矣。物固不可以轻重论也。夫燧之取火于日，慈石之引铁，蟹之败漆，葵之乡日，虽有明智，弗能然也。〉

233　　在另一处作者又说[⑥]"磁石上飞"，意思是说小块的磁石可被其上方的铁所吸引。但希腊人却以为只能是铁向天然磁石移动，反之则否[⑦]。在第三处，刘安及其同事们说[⑧]：

> 有些作用在短距离更显著，而另一些则在长距离更显著。稻谷在水中生长，但不在流动的水中生长。紫芝生长在山上，但不生长在石谷中。天然磁石能吸引铁，但对铜无作用[⑨]。（"道"的）运动就是这样。

> 〈物固有近不若远，远不如近者。今日稻生于水，而不能生于湍濑之流；紫芝生于山，而不能生于磐石之上；慈石能引铁，及其于铜则不行也。〉

《论衡》（公元83年）第四十七篇里两次提到天然磁石，而这两处文字都与琥珀有关[⑩]。第一处说：

---

①　例如秦或秦以前：《鬼谷子》第二篇，第十二页；《吕氏春秋》第四十五篇（本书第一卷，p.88）；《管子》第七十七篇，第二页。汉代：《淮南子》第四篇，第五页；第六篇，第四页；第十六篇，第五页；《史记》卷二十八，第二十七页；《春秋繁露》第六十五篇，第四页；《淮南万毕术》（《太平御览》第七三六卷）；《前汉书·艺文志》，卷三十，第五十一页；《论衡》第四十七篇（提到两次）。参见《神农本草经》，《续博物志》卷九，第五页引；又见森立之辑本《神农本草经》卷二，第五十七页。三国时代：《曹子建文集·矫志》。晋代：高诱注《吕氏春秋》的有关文字；郭璞注《磁石赞》（见《全上古三代秦汉三国六朝文·全晋文》，卷一二二，第九页）；郭璞注《山海经》卷三，第六页（其中提到天然磁石的产地）；《抱朴子·内篇》第十五篇，第五页〔参阅王振铎（2），第151页〕；《吴书》，《三国志》卷五十七，第一页引；《南州异物志》（《太平御览》第九八八卷）。刘宋时代：雷敩的《雷公炮炙论》第四十二页。梁和北魏时代：《水经注》卷十九，第五页；以及陶弘景的《名医别录》，《本草纲目》卷十，第四页引。

②　《吕氏春秋》记载："慈石召铁，或引之也"。意思是说，天然磁石召唤铁、或吸引它前来。然而"引"字的意义不明确，或许还有更深的意义；见本册 p.256。晋代注释家高诱注云，这种矿石是铁之母，吸引有如母与子然。

③　《淮南子》第六篇，第四页。

④　参阅本书第三十三章和第四十章。

⑤　锦葵科植物的通称（B 11, 368）。

⑥　《淮南子》第四篇，第五页〔Erkes（1），p.59〕。

⑦　Martin（1），p.27。

⑧　《淮南子》第十六篇，第五页；由作者译成英文。

⑨　曹子建也说它对金无作用。

⑩　这些论述包含了桓谭（卒于公元25年）对此的一些看法（参见《全上古三代秦汉三国六朝文·全后汉文》，卷十五，第三页）。

琥珀拾取芥子，天然磁石吸引针[①]。这是由于它们的真实本性，因为这样一种本领是不能被授予其他的事物的；其他的事物可能相似，但是不会有吸引的本领。为什么呢？因为当“气”的性质不同时，事物就不能互相影响。[②]

〈顿牟掇芥，磁石引针，皆以其真是，不假他类。他类肖似，不能掇取者，何也？气性异殊，不能相感动也。〉

第二处说：

琥珀拾取芥子。（当然）天然磁石即“鉤象之石”[③]不是琥珀，但它也能吸引小的东西。（用于巫术求雨的）黏土做的龙也不是真的（龙），但它们却（有其作用，因为它们）属于（交感地吸引事物的）同样的范畴。[④]

〈顿牟掇芥。磁石鉤象之石，非顿牟也，皆能掇芥。土龙亦非真，当与磁石鉤象为类。〉

在三国时代，虞翻（后来成为道家官员及《易经》专家）说，他听说琥珀不吸引“腐烂的”芥子，天然磁石也不吸引“弯曲的”针[⑤]（“仆闻虎魄不取腐芥，磁石不受曲针”）。

王充关于相互影响和交感吸引的论述，与中国人一般的“共振”和超距作用概念的关系，其重要性不应忽视[⑥]。因此，看到300年左右郭璞在注释（前已提及）中所说的反对的话是有趣味的：

天然磁石吸引（照字义，吸入，“吸”）铁，而琥珀聚集芥子。（这些东西的）“气”具有不可见的穿透作用，按照（自然的）事物的相互反应迅速产生神秘的接触（“气有潜通，数亦冥会，物之相感”）。这实在是超出我们所能形成的任何概念之外。[⑦]

〈磁石吸铁，琥珀取芥，气有潜通，数亦冥会，物之相感，出乎意外。〉

“相感”二字使人联想起声学中关于共鸣[⑧]和化学中关于反应性[⑨]的讨论。 234

梁代陶弘景说，最好的天然磁石产自南方，能悬吸三四根针，首尾相连成一串[⑩]。别处还援引他的话说，每年用于朝贡的质量最佳的磁石，能悬吸十数根针或一二斤重的铁刀，回转不落[⑪]。人们简直难以期望在文艺复兴之前的任何地方能找到磁力定量测量的起源，但是中国在5世纪时就有了这样的事例，如果关于雷公的记载确实可追溯到刘宋时代的雷斅[⑫]本人的话。在中古时代，人们认为非磁性铁矿与磁铁矿在治疗性质上是不同的，希望能把玄中石和中麻石与磁铁矿区别开来，因为它们很像磁铁矿但没有磁

① 此字值得注意，参见本册 p.278。

② 由作者译成英文，借助于 Forke（4），p.350。

③ 这是一种很特别的说法。我认为它可能指栾大的磁化了的象棋棋子，对此我们将在本册 p.316 讨论。

④ 由作者译成英文，借助于 Forke（4），p.352。

⑤ 《三国志》卷五十七，第一页，引《吴书》。这种说法并非很有启发，然而又值得注意的是谈到了针。虞翻在当时只是一个12岁的学童。

⑥ 参看本书第二卷索引条目，以及 Ho & Needham（2）。

⑦ 由作者译成英文，借助于 Klaproth（1），p.125。

⑧ 本册 pp.130，161，184，186。

⑨ 见本书第三十三章。

⑩ 7世纪时唐代《新修本草》卷四，第九页，以及《图经衍义本草》卷四，第二页引用。

⑪ 《证类本草》，1249年版，卷四（第一一一页）；1468年版，卷四，第二十五页。苏颂曾用过同样的话，分别见该书卷四（第一一二页）；卷四，第二十七页。

⑫ 活跃于450至470年。

性，而且有时颇具毒性。雷公说[1]：

> 如果你想做试验，取一斤重的这种石头，看它能否用全部的四个面吸引相同重量的铁——如果能这样，这就是最好的，可称"延年沙"[2]。（在同样条件下）在全部的四个面上吸引八两的那种称为"续采石"[3]。只能吸引四五两的那种叫做（普通的）磁石。

> 〈夫欲验者，一斤磁石，四面只吸铁一斤者，此名延年沙。四面只吸得铁八两者，号曰续采石。四面只吸得五两已来者，号曰磁石。〉

吸力较弱的磁石，大概属非磁性矿石类了。这种涉及使用天平测量的估计方法，不会晚于宋代（12 世纪），因那时的文献常常引用之，而很可能早至宋代以前五百多年的刘宋时代。

与此有关，我们可注意一件有趣的事情。1797 年达拉贝拉（J. A. Dallabella）在里斯本首次阐明磁力的平方反比定律，他所用的特大的天然磁石，就是一百多年前中国皇帝赠送给葡萄牙国王的[4]。

235　　　　古代西方与中国相平行的另一发展，是关于天然磁石的许多传说。这些传说有各种形式，例如：有某些岛屿，用铁钉建造的船不能通过；或有些大门，携带铁制武器者不能通过；或者人们以为某处有铁制的塑像，由于磁力而悬浮在空中[5]。托勒密在 2 世纪时曾写到这些磁岛[6]，（极有趣地）他说这些岛位于锡兰和马来亚之间，而在两个世纪之后的《南州异物志》[7]中有完全相同的故事。此后这个故事也常被复述[8]。不过很可能这种想法有其纯粹中国来源的特有的形式[9]，因为早年描述长安（西安）的繁华时说到，在秦始皇帝宫苑之一的阿房宫，有整个用天然磁石建造的大门，目的是阻止那些暗藏武器而企图闯入宫禁的人[10]。使用这种设施于关隘的防御，在晋代官员马隆的传记[11]中亦曾提及。关于这种门的一般的见解，似乎与关于神裁法和逃避俗世的更

---

① 《雷公炮制药性赋解》卷五（第一〇〇页）。又在《证类本草》，1249 年版，卷四（第一一一页）；1468 年版，卷四，第二十六页以下；《本草纲目》卷十，第四页中引用。

② 乍看起来，这个名称不过是"延年益寿之粉末"的意思。但在公元前 1 世纪至少有两位著名的汉代方士名为"延年"，故这个名称可能来自他们两人之一。参阅本书第二十八章（f）。

③ 有些版本中，"采"作"未"或"末"。我们不知哪一个正确，无从解释。

④ 感谢国王学院的夏尔（E. S. Shire）先生提供此项资料。

⑤ T. H. Martin (1), p. 32；Daujat (1), p. 36。

⑥ Geogr. Ⅶ, 2, 30。又见于帕拉乌斯（Palladius, 365—430）的 De Brachmanibus, in Pseudo-Callisthenes, Ⅲ, 7；参阅 Coèdes (1), pp. xxvii, 99ff.。

⑦ 万震著。《太平御览》卷九八八，第三页，以及其他多处引用，例如《本草图经》，见《图经衍义本草》卷四，第二页。

⑧ 如 1791 年王大海的《海岛逸志摘略》；这段文字的英文译文见 Anon. (37), p. 44。

⑨ 然而，我们不能信服亨尼希［Hennig (3, 6, 7)］的议论，他认为这种传说只能来源于已有某种形式的磁罗盘的国家（即中国）。看来较可能的是，早期欧洲人关于用缝线或木钉建造的印度船的知识（参见本书第二十九章），也许与此有关。参阅 Peschel (1), vol. 1, p. 44。

⑩ 《三辅旧事》和《三辅皇图》，卷四（"宫"）；后者为晋代著作，而前者无论如何是唐代以前的著作。又见《水经注》卷十九，第五页，以及 806 年的唐代地理学百科全书《元和郡县图志》。

⑪ 《晋书》卷五十七，第三页。

广泛的神话观念有关①。与此类似的磁山、磁岛，以及悬浮的像②的故事，也见于阿拉伯的文献中③。

很自然，天然磁石应在炼丹术和医药两个方面得到应用。宋代的医书④常常提到磁石可用于畅通阻塞的通道，或取出诸如针或箭头的碎片等异物——这至少表明，即便这些方法想像成分多于实际效果，但人们已经清楚地意识到磁力能通过除铁之外的中介物质而发生作用⑤。值得注意的是，磁石在 17 和 18 世纪的欧洲医学中使用甚广，虽然这种情形的背景显然是神秘的⑥；而中古时代中国的医生们则只是在尝试利用天然磁石对铁的吸引力。不用说，磁石也参与了各个时代的术士和变戏法者的骗人把戏⑦。谢在杭（1573—1619 年）的《五杂组》，就描述了⑧一个走江湖的卖药者带着一尊观世音像，其双手为磁石所制，混有铁屑的药材粘附在这双手上，而不含铁屑的药材则不然。

总体上看，古代和中古时代关于磁性吸引的知识，在欧洲和中国可以说没有什么差别。在中国，关于吸引的理论较少，也许因为超距作用对于一般中国人的世界观比对于希腊人的更为适合。因为中国人没有诸如物体的"自然"运动是为了寻求其"自然"位置的理论，所以他们不为逍遥学派所必须寻求的那种和谐而困扰。正如多雅［Daujat (1)］所指出的，要使磁性吸引适合于亚里士多德学派关于"自然"运动和"激烈"运动的区别，存在着极大的困难，因此亚里士多德尽量避免提及磁石，而 3 世纪时阿弗罗狄西亚的亚历山大也只能用使万物有灵论的形式永存来解释这个问题。

一个特别中国化的概念来自异教领袖赫莫格涅斯（Hermogenes），因德尔图良（Tertulian）反对他的著作而闻名于世⑨。他相信上帝并不是从虚无中创造了世界，而是像磁石作用于物质那样把所有物质组织起来。如果这一成型原则是宇宙遍在的而不是超越宇宙的，那么它和"道"就没有什么差别了。

---

① 参见 Coomaraswamy (1)。

② 将金属物体悬浮于空中，甚至在这样的情况下用高频电流把它们熔化，现在已成为实际可能之事，并且甚至得到工业上的应用［见 Anon. (12)］。

③ 参阅 Ferrand (1)。有些文献甚至说磁山或磁岛是在中国；例如，商船船长布祖杰·伊本·沙赫里亚·拉姆胡穆齐（Buzurj ibn Shahriyār al-Rāmhurmuzī）在 953 年所著的《印度奇闻》（'CAjā'ib al-Hind）［参见 Mieli (1)，p.117］。那段文字见于范德利斯和德维克［van der Lith & Devic (1)］的译本 p.92，并且为维德曼［Wiedemann (18)］所注意。看来布祖杰对磁石特别有兴趣。他遇到了一个从中国来的人（p.169），告诉他在世界的那一部分有用于铁，以及用于铅、铜和金的天然磁石，而这些磁石越过陶器的壁同样有效地产生作用。奇怪的是，时世的变化使得我们有了诸如郝斯勒（Heusler）合金之类的非铁磁体的知识，该合金已有五十多年的历史，是含铜、锰和铝的混合物。

④ 例如：大明的《日华诸家本草》（970 年）；何希影的《圣惠选方》（1046 年）；杨士瀛的《仁斋直指方论》（1264 年）以及严用和的《济生方》（1267 年）。参见《圣济总录》卷一八一，第四页。

⑤ 在比较实用的方法之中，有设法取出儿童误吞的针或其他小的铁制品的方法。把枣核大小的天然磁石裹在肉内吞下，当它通过消化道时就能将铁吸住排出。或者把枣核大小的磁石穿上线，小心地将铁物自喉中取出。除了刚刚提到的这些权威性的著作外，还有钱惟演（政治家，卒于 1029 年，G 372）的《箧中方》。以上均见于《证类本草》，1249 年版，卷四（第———页）；1468 年版，卷四，第二十六页；《本草纲目》卷十，第六页。

⑥ Wootton (1)，vol.1，p.199；Beckmann (1)，vol.1，p.43。

⑦ Martin (1)，p.50。

⑧ 《五杂组》卷六。

⑨ *Contra Hermogenem*，ch.54；Daujat (1)，p.36；Martin (1)，p.64。参阅本书第二卷，p.293。

在欧洲，最接近于磁极性的发现，就是观察到天然磁石在某些场合会排斥铁。这是普利尼、马塞卢斯（Marcellus，5 世纪初）和乔安尼斯·菲洛波努斯（6 世纪初）都知道的[1]，后者我们已经遇到过，他是首先提出动力学中的原动力理论的人。但是他们都没有仔细观察排斥现象，而且这些著作家中也没有一个人认识到这种效应是由于两个相同的磁极接近所致。真正的理解须待 12 世纪晚期磁罗盘传到欧洲。在中国亦有类似的观察。关于磁化了的象棋子（见本册 p.315）的奇妙故事，有数种记载。《太平御览》卷九八八中所引《淮南万毕术》用了"拒"字，意为推开；唐代司马贞《史记》集解中用"抵"字，意为排斥；《史记》和《前汉书》的正文中则均用"相触击"，即棋子彼此"相互撞击"。对于吸引，大多数著作中所用的字为"引"[2]。因此我们得到暗示，在中国人们也观察到排斥现象。

（3） 静 电 现 象

正如古代和中古时代关于天然磁石的知识中国与西方有相并行的发展一样，在中国和西方也都知道如下事实，即某些物质如琥珀等摩擦后可带电荷，并能吸引诸如干燥的植物碎片或纸片等轻小物体[3]。泰勒斯又被认为是最早作了这种观察的人，但这是依靠迟至 3 世纪时由狄奥根尼·拉尔修（Diogenes Laertius）留传下来的传说[4]。可以肯定，荷马（Homer）的 electrum（琥珀金）是金和银的合金，但这个词在希罗多德（公元前 5 世纪）的时代以后通常指黄色琥珀，而现今的 "electricity"（电）即来源于该词。柏拉图在《蒂迈欧篇》（Timaeus）中，在一篇现今仍存的文献里首次谈到琥珀的吸引力，但是在所有谈到琥珀吸引力的许多作者之中，只有普卢塔克和普利尼提到琥珀必须事先被摩擦。

希腊的琥珀很可能来自波罗的海地区，而中国的大部分琥珀则来自缅甸北部的缅甸琥珀矿[5]。汉代的史书说[6]，琥珀来自罽宾（犍陀罗）和哀牢（缅甸北部的掸邦），但没有提到波斯或更西的来源。与普卢塔克和普利尼同时代的王充，是最先提到琥珀的人之一[7]，而他所用的"顿牟"这一名称很可能是借用掸邦泰语或泰语而形成的外来语。人们也猜想更为常用的名称"琥珀"的来源——由"虎魄"即"老虎的有形的魂魄"而来的说法是臆想的并且是较晚近的事。公元 500 年左右，陶弘景在《名医别录》

---

① Daujat (1)，pp.12，46；Martin (1)，p.39。

② 但是见本册 p.257。

③ Martin (1)，pp.95，139 记述了希腊和罗马作家关于琥珀及其静电性质所陈述的历史。

④ Diogenes Laertius，Ⅰ，24。

⑤ 见 Laufer (17)，他适当地考虑了年代较久的著作，如雅各布（Jacob）的著作；又见 Laufer (1)，p.521. 无疑，少量的欧洲琥珀时经古丝绸之路运到东方，后来台湾是荷兰对中国贸易中波罗的海地区产品的货物集散地。参阅 Baker (1)。缅甸琥珀的物理 – 化学性质与普通琥珀的稍有差异，但同为石化了的针叶树树脂。马来亚也有出产。

⑥ 《前汉书》卷九十六上，第十一页；《后汉书》卷一一五，第十八页。参看 Parker (2, 3)。

⑦ 《论衡》第四十七篇。据称引自可能是前汉的《神农本草经》的一条文献，保存在《续博物志》卷九，第五页，但这条文献的真实性由于下述理由而尚属可疑。《山海经》卷一在"育沛"的名称下提到琥珀，但这段文字的年代难以确定。关于在此著原文和郭璞的注释中似指琥珀的这一名称和其他名称，参见章鸿钊 (1)，第 62 页。

注释中写道，琥珀是松脂埋藏在地下达千年而成，其中常见到被捕获的昆虫[①]，又说可用煮鸡蛋和青鱼子的方法仿造之[②]。他继续写道[③]：

> 但只有那种用手掌摩擦变热而能吸引芥子（"芥"）的才是真的。现今琥珀来自外国，出产在生长茯苓的地方[④]；另一方面，人人都知道琥珀可出现在任何地方，不管那里是否有茯苓。
>
> 〈惟以手心摩热拾芥为真。今并从外国来，而出茯苓处并无，不知出琥珀处复有茯苓否也。〉

人们至今仍然应用静电试验来检验琥珀的真伪[⑤]。曾提到此现象的王充和虞翻都没有说琥珀必须予以摩擦。在欧洲，阿弗罗狄西亚的亚历山大曾强调说，天然磁石只能吸铁，而琥珀能吸引小的或轻的任何物体[⑥]。比这要晚得多，李时珍也说琥珀可吸引稻草的碎片或植物材料的小片[⑦]；确实，"芥"字一直具有这种较为广泛的意义。汉代以后，事实上所有的本草著作都述及琥珀及其性质[⑧]。但是，中国并没有比欧洲更多的实际的进展。直到 18 世纪，电学研究才真正开始作为文艺复兴之后具有特色的一门科学[⑨]。

（4）磁指向性和磁极性

239

在开始讨论这一主题时，让我们停顿片刻来考虑一下磁罗盘发现的难以估量的重要性。磁罗盘是在近代科学观测中起着重大作用的所有刻度盘和指针读数装置的最早和最古老的代表。当然，日晷更为古老，但日晷仅有日影的移动，而日影并不是仪器本身的一部分。风向标也很古老（参见本书第三卷 pp.477ff. "气象学"一章中所述），但所有古代形式的风向标都无法在一圆形刻度盘上精确读数。至于浑仪，它的窥管或照准器可移动到某一位置，该位置可从刻度圈上得到读数；但移动是用手进行的，仪器不能自行指示。我们将看到，进行准确读数的限制因素是用针而不用磁石本身，而这意味着另一个对科学有根本重要性的发现，即感应过程。所以，我们理所当然地试图尽可能详尽地确定，什么是中国人所发展的罗盘的最古老的形式，以及何时又有其继续的发展。我们一旦认识到磁罗盘的最初发现与御用术士的占卜过程有关联，那么就不难理解如此重要

---

① 参阅 Kirchner（1）。

② 毫无疑问，用这种方法可以产生黄棕色半透明的树脂状的物质。晚期的百科全书，如《格致镜原》卷三十三，第十二页，引用王圻 1590 年左右的《稗史汇编》，认为这项技术出自《神农本草经》。但是这部古书的所有的近代整理本中都根本没有琥珀这一条目。按照李时珍（《本草纲目》卷三十七，第九页）的说法，《名医别录》是最早提到它的著作，而关于仿造的方法则没有比陶弘景自己所说的更早的了。

③ 《本草纲目》卷三十七，第十页；译文见 Laufer（17）。

④ 此为寄生在松树根部的茯苓（*Pachyma cocos*）菌；参见本册 p.31。了解琥珀的真实的性质，同时确信它与松树上寄生植物的联系，这在中古时代的中国是相当普遍的事。参见（宋代）惠洪的《冷斋夜话》卷四，第四页提到的韦应物（G 2299）的诗。参阅 Minakata（2）。

⑤ 见 Farrington（1）。

⑥ Daujat（1），p.23。

⑦ 《本草纲目》卷三十七，第十页。

⑧ 本册前面（p.74）曾提到静电的火花。汉代及以后的许多文献中都有琥珀可以发出爆裂声的记载；参阅章鸿钊（*1*），第 62 页。

⑨ 电的知识传入近代中国和日本，大概可成为有趣的故事，但就我们所知，尚无人写过。18 世纪一些先驱性的著作，例如桥本昙斋的《エレキテル譯说》，主要是根据荷兰文的原著，近来已被重印收入历史文集中了。

的一种仪器事实上却传播得这样缓慢。而且，由于磁罗盘是在大陆农耕文明而不是在海洋文明为主的环境中发展起来的，因此它的应用在若干世纪中被限制在中国一种特殊的伪科学即道家的堪舆术上，其细节已达到高度的精细化。中国水手采用的罗盘，很可能因为在整个中世纪内河和运河交通比海洋航行更占支配地位这一事实而被长久地推迟了[1]。

因为堪舆术作为一种有关联的事项[2]必然会在这章中讨论到，我们也许应回忆一下在"伪科学"一章中对这个问题的论述[3]。堪舆这个名称在其他文明中有其他的意思，但对于中国人来说它是"调整生者的住所和死者的坟墓，使之适合和协调于当地宇宙呼吸气流的方术"[4]。这就是所谓的"风水"科学。风并不是仅指日常生活中的风，更确切地说，是指循环于世俗宏观世界的脉络和导管中的地球之"气"。水也不仅指可见的溪流和江河，而且也指那些在不能看见的地方来来回回流动的、去除杂质的、沉积矿物的水[5]，并且，水也像"气"一样或凶或吉地影响着生者的、也就是躺在坟墓里的人们的后代的住宅和家庭。磁罗盘的历史只有在这些概念的体系的来龙去脉中才可以理解，因为这是产生磁罗盘的母体。

240

在所有各种形式的占卜之中，堪舆术大概是整个传统时期的中国文化中植根最深的一种。它导致了对任何地方的地形情况的详细的正确评价，包括山丘的形状、溪流的方向与迂迴曲折、树林和水田的存在、矗立的宝塔以及城墙的轮廓等。许多尚未完全理解的术语[6]，被用于地形的描述，并使其以各种不同的方式与阴阳、龙虎、大地、行星和恒星等联系起来。保护一个地点免受有害影响，一直是非常重要的大事，达到阴阳力量的平衡，也极为重要，于是峭壁和巨岩间点缀以竹丛、圆形的山丘和平静的湖泊。关于与"风水"原理有关的中国山水画，可以写成整部的书。尽管在许多方面这些原理有时纯属迷信，但总体上这一思想体系在整个中国文化领域中，对农舍、庄园、乡村和城市的异常优美的定位无疑做出了贡献。凡参观过北京北部景色秀丽的山谷中的明代皇帝陵墓的人，都可能对堪舆家们尽其所能而做到的事情有所了解[7]。

因此，堪舆术的背景情况的历史，对于磁罗盘本身的历史来说，具有某种重要性。堪舆术于战国时代，在哲学的巫术学派时期，正值驺衍全盛之时发展起来的，这可能没有什么疑问。《管子》一书，大约是公元前4世纪晚期稷下书院的作品，把水说成是大地的血液和气息，"像在肌肉和血管里那样在其体内流通"[8]（"水者，地之血气，如筋脉之通流者也"）。早期的一条重要记载是，秦代万里长城的建造者蒙恬在公元前210年即将逝世之前说的话："我不能建筑此万里长城而不切断大地的血管"[9]（"城堑万余里，

---

[1] 关于中国远洋航海史的简要叙述，见本书第一卷，p.179，更进一步的论述见本书第二十九章。

[2] 本册 pp.240ff., 293ff., 307ff.。

[3] 本书第十四章（a）（b），见第二卷，pp.359ff.。

[4] 是查特利［Chatley（7）］的话。

[5] 尤其参看本书第三卷，pp.637，650。

[6] 由于此传统在当代中国正如此迅速地消失，确实有完全忘却的危险。

[7] 这一系列的陵墓和庙宇，由于永乐皇帝自南京迁都而始建于1409年。它们坐落在风景美丽的山丘的朝南的斜坡及陡壁上，俯瞰着向南流至京城附近的溪流。建于1958年的一道堤坝将主要的山谷变成一片平湖，湖中映现出这些陵墓和庙宇的倒影。传说两位堪舆家选择陵址有功，他们是山东的王显和江西的廖琼静。参阅 Grantham（1）。

[8] 《管子》第三十九篇，第一页。全篇译文见本书第二卷，pp.42ff.。

[9] 《史记》卷八十八，第五页。参阅 Bodde（15），pp.61，64，65。

图321 磁学的堪舆背景：13 世纪早期的地形配置图之一。标题为"唐朝勅赐状元邹应龙地形与祠形之图"。在丘陵地带有三条小溪汇合于图中央左方的一点，形成一条小河，在图的左下角处流出。祠后有两个小湖，祠面向图的上方，眺望着位于分隔图中上方两个溪谷的山脊顶端的吉祥点（以亭子为记），每一溪谷中有许多稻田。类似的吉祥位置曾图示并描述于本书图45（第二卷）之中。图上也标明了丘陵之中的两座桥以及进山道路。采自《地理琢玉斧》卷三，第十三页。这种制图法与自然地理学的制图法（参阅本书第三卷，p.546）之间的关系是显而易见的。虽然本图标题称邹应龙为唐代人，但他中状元则是在宋代的 1195 年至 1200 年之间。

此其中不能无绝地脉哉?")。《史记》(公元前 90 年) 也提到[①]称为"堪舆家"的一类占
卜者(天盖地乘的占卜者)。汉代,堪舆术体系处在完好地建立之时,我们从将近 1 世
纪末王充对它的抨击可以知道这一点[②]。三国时代,这个体系得到了巩固[③]。我们不久
将看到,这些事件的顺序与可能知道的关于磁罗盘的各种形式的相继发展,是很好地相
符合的。

　　罗盘的兴起似乎使堪舆家自唐代以后分成了两派。一派是"赣州先生",发源于江
西,以该地方的杨筠松[④]为首,他们主要坚持比较古老的原则,他们的推理方法是根据
山脉的形状和河流的走向,无疑一如其汉代前人之所为。另一派是福建人,以该地方沿
海地区的王伋[⑤]为首,他们认为罗盘对决定地形学的征兆极为重要,但除此之外,他们
还较多地利用《易经》中的卦,而且在他们的观念中,占星术的成分也较为突出。杨筠
松的主要著作《撼龙经》肯定也包含了一些占星术,但没有涉及罗盘的应用。王伋的著
作看来好像全部失传了。

　　这种分派的标志在明清的文献中仍然明显[⑥]。如果我们查看一下诸如《地理琢玉斧》
这样的书[⑦],该书由徐之镆著于 1570 年左右,张九仪等重刊于 1716 年,我们就会看出它
是属于江西派的,对山川谈得很多(参看图 321),而对罗盘谈得很少[⑧]。姚瞻旂著于 1744
年的《阴阳二宅全书》也是如此,书中对纯地形学的强调包含了等高线绘图法的一种有趣
的变体(参看图 322),其风格可追溯到唐代对五岳的勾画方法[⑨],但同样很少谈到磁罗盘
以及用它来确定方位[⑩]。对比起来,赵九峰著于 1786 年的《地理五诀》则完全是关于应
用罗盘来选择坟墓和房屋最吉利地点的详细方法。因此,赵九峰可能属于福建派。

　　关于堪舆和罗盘,尚存的文献甚多,但是由于那些我们在本章结束时仍将面临的巨
大空白和难解情况,文献并不像我们所希望的那么多。令人忧虑的是,关于所有科学仪
器之中最重要的一种的发展,某些最有意义的事实已永远失传了。虽然对于秦始皇帝焚
书的传说[⑪]可能有很多的怀疑,但由 17 世纪早期耶稣会士引起的焚书却是毫无疑问
的[⑫]。1602 年皈依天主教的李应试,是一位著名的学者,尤其精于堪舆术。用利玛窦的
话[⑬]来说:

---

　　① 《史记》卷一百二十七,第七页。

　　② 参阅 Forke (4),vol.1,p.531;又见本书第二卷,p.377。

　　③ 对这方面文献的简述,见本书第二卷,p.360;进一步的说明,见本册 pp.268ff.,302ff.。

　　④ 据一般说法,活跃于 874 年至 888 年。但有些人,如 1892 年编订他的著作的李文田,却认为他是晚唐即
约 923 年至 936 年时的人。

　　⑤ 可能生于 990 年左右,如我们在本册 p.300 试图指出的。

　　⑥ 有关晚期的堪舆文献,见本册 p.300。

　　⑦ "地理"一词,常常用于地理学,也是堪舆书的特征。新加坡马来亚大学的何广忠(音译,Ho Kuang-
Chung)博士收集了有"风水"这种标题的书籍,向向其请求,他应允提供这些书的书目。关于堪舆的书籍最详尽
的目录系钱文选(1)所编;参阅王振铎(5),第 110 页以下。

　　⑧ 这并不是说徐之镆在其他著作中忽视了罗盘,相反,他的《罗经顶门针》和《罗经简易图解》则完全叙述
罗盘。但是这两种方法多少有别。

　　⑨ 见本书第三卷,p.546。

　　⑩ 关于在沈括的时代(11 世纪晚期)应用罗盘方位于地理学的制图法的可能性,参见本书第三卷,p.576。

　　⑪ 参阅本书第一卷,p.101。

　　⑫ 然而他们似乎仍然受到克罗宁 [Cronin (1),p.203] 的嘉许。

　　⑬ 引自 d'Elia (2),vol.2,p.262。参阅 Trigault (Gallagher tr.),p.434。

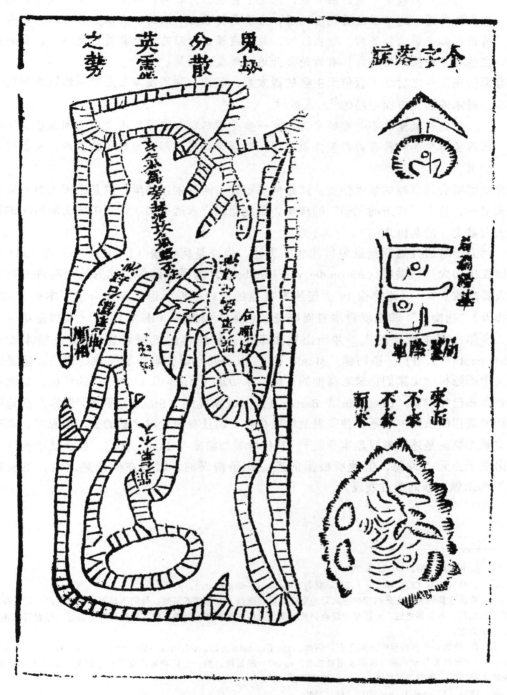

243

图 322　磁学的堪舆背景：丘陵地区有利与不利影响的平衡。标题为"界劫分散英灵之势"。也有
几条小溪汇合后经左方的峡口流出。图中的题字标明依据《易经》的"卦"（参阅本书第
二卷，pp.304ff.）分类的各种"气"的存在和效应。图中上半部的盆地似乎具有有利的平
衡。本图所用的制图法惯例，可与本书第三卷图 224 的比较。采自《阴阳二宅全书》卷
一，第十二页。

　　　　他有一间收藏丰富的图书室，他花了整整三天时间，清除其中被（教会）规定
　　　　禁止的书籍。这些书数量相当可观，主要是关于占卜术的，大部分为抄本，都是以
　　　　高价极其辛勤地收集的。就在这时，总共满满三大箱的书全都被付之一炬，有的是
　　　　在他自家的院子里烧的，有的是公开地在教堂外烧的。……

还有那位在三年之后终于皈依天主教的瞿太素，起初与利玛窦为友是错误地以为利玛窦
能在炼丹术的研究方面帮助他[①]，人教时，

　　　　他送到教堂准备焚毁的东西，有一些是雕刻非常精美的用来印书的刻板，还有
　　　　三四担有关各种教派的教理方面的书，部分为印本，部分为待印的抄本，全都极有
　　　　价值。[②]

考虑到耶稣会的卓越的学术性质，这是何等可悲、何等荒谬的事！这是欧洲人最可耻的
过失之一，这个"神圣的无知"的理想，因此而或许永远关闭了认识中国人对科学的最
伟大贡献之一的起源之门[③]。

　　　　西方学者研究磁罗盘最值得注意的著述，也许是柯恒儒（J. Kraproth）在 1834 年
写给亚历山大·冯·洪堡（Alexander von Humboldt）的博学的信，他的结论有许多直到
今天日然成立[④]。但此信像 19 世纪所有其他的讨论一样，也因未能分辨（本册 p.229
已提及）"指南车"和磁罗盘本身而降低了价值。翟理斯（H. A. Giles）[⑤]大概是第一个
245　对二者作出根本区别的人，并指出指南车是一种纯粹的机械装置[⑥]。后来桥本增吉
〔Hashimoto（3，1）〕、慕阿德〔Moule（7）〕以及其他研究者都赞同他的说法。但是对
于这个问题科学史家们仍缺乏透彻的了解，米切尔〔Mitchell（1，2）〕的评论，是诸如
查普曼和巴特尔斯〔Chapman & Bartels（1）〕或斯托纳（Stoner）等人[⑦]那样广泛地被
信任的著作的依据，它不仅使得混乱继续存在，而且有损于对文献的公正的思考，而这
些文献无疑确是述及磁罗盘本身的[⑧]。其他学者如霍佩〔Hoppe（1）〕，虽承认中国的罗
盘出现于公元 1 世纪，但他所根据的理由却是错误的，因为在他著述之时，王振铎
（2）尚未做出新的考古发现。

---

　　① 见 d' Elia（2），vol.1，p.297。
　　② 引自 d' Elia（2），vol.2，p.342。参阅 Trigault（Gallagher tr.），p.468。
　　③ 要说这些耶稣会士是以理性主义者的资格在反对迷信，这是讲不通的。他们不是不相信堪舆术，而是视它
为邪恶的东西。六十年之后，英国皇家学会仍然严肃地对待这些事情，但并不建议毁弃已有的著述，尽管它们在科
学上不足为信。
　　④ 冯·洪堡在许多著作中提到它们，例如，von Humboldt（1），vol.1，p.187；（2），p.xxxvii；（3），vol.3，
p.36。冯·洪堡踏着莱布尼茨（参阅本书第二卷，p.497）的足迹，第一个成功地推动了有系统的"从中国到秘鲁"
的地球磁场测量。凯尔纳〔Kellner（1）〕叙述了这一事迹。
　　⑤ Giles（5），vol.1，pp.107，219，274。
　　⑥ 湛约翰〔Chalmer（2）〕确实比他早大约十五年指出这一点，但湛约翰的见解并非基于对文献的虚心的研
究，而是深信以中国人之智慧不可能发现磁石的指向性。
　　⑦ 或 Hitchins & May（1）和 May（4）关于历史的记述。
　　⑧ 甚至萨顿〔Sarton（1），vol.1，p.764；vol.2，pp.24，509，629；vol.3，p.714〕也未说清楚这一点，虽
则他给了沈括以应得的称赞（见本册 p.249）。我们在下文将要看到，萨顿关于中国人未能把罗盘应用于任何理性
的目的、以及首先把它用于航海的是外国水手的这些说法，是错误而不能被保留的。

(i) 磁罗盘在欧洲和伊斯兰国家的出现

在此首先要做的事是，指出磁罗盘的知识最初出现在欧洲人和阿拉伯人中的确切年代。塞缪尔·珀切斯（Samuel Purchas）并不清楚地知道这些年代，然而他在《朝圣者丛书》（*Pilgrimes*）中的论述[①]却值得引用：

> 磁石作为引导石和指路神的功效为世人所熟悉。然而，柏拉图、亚里士多德、狄奥弗拉斯图斯（Theophrastus）、狄奥斯科里德（Dioscorides）、盖伦、卢克莱修、普利尼，以及托勒密等这些自然科学界最高级的学者们却对此并不知晓，虽则在他们的著作中提到磁石吸铁。……

> 有些人把这一发明归诸于所罗门（Salomon）；这我倒相信，假若他曾有宝石方面的著述，如同他有植物方面的著述那样；或者假若是泰尔人（Tyrians），他们在那个时代几乎是航海业的独霸者、而且是所罗门在他的奥菲里安（Ophyrian）发现中所用的水手……如果他们曾因此而留下了任何传说或纪念物给后代；这些像航海本身一样不可能消失，而希腊人、迦太基人和其他国家的人又相继从他们那里获得。另一些人则因此而更远地注意到东方，阳光和技艺似乎从那里最先出现于世界；并且认为威尼斯人马可·波罗在三百多年前将其从 Mangi（我们现在称之为中国）带到意大利。的确，最伟大的技艺首先是在那里产生的，如印刷术、火炮、或许还有罗盘，葡萄牙人初抵印度洋时在摩尔人（Mores）那里见到罗盘，它与方位盘和象限仪一起用以观测天体和地球。[②]

但是现代历史学家们却能更精确得多地划出一条分界线[③]。他们的结论可概括如下：在欧洲人之中，巴思的阿德拉德（Adelard of Bath）[④]在 1117 年，或诸如马尔博杜斯（Marbodus）等任何在此之前的宝石鉴赏家，对天然磁石的指向性并无所知。但亚历山大·尼卡姆（Alexander Neckam）[⑤]在 1190 年提到过，此后其他许多人，如居约·德普罗万（Guyot de Provins）[⑥]在 1205 年、雅克·德维特里（Jacques de Vitry）[⑦]在 1218 年，也都提到过[⑧]。在此之后，佩特吕斯·佩雷格里努斯［Petrus Peregrinus，即旅行者彼得

246

---

① Pt.I, Bk.ii, ch.I(i), p.2。

② 事实上马可·波罗并未提及罗盘。

③ Poggendorff (1); Libri-Carrucci (1); Libes (1); von Lippmann (2); Mitchell (1); Hennig (5); Schück (2, 3, 5, 6, etc)。许克［Schück (1), vol.2］对欧洲关于罗盘的最早记载作了长篇而详细的叙述。

④ Sarton (1), vol.2, p.167。

⑤ Sarton (1), vol.2, p.385; May (5)。

⑥ Sarton (1), vol.2, p.589。首先注意到居约的人之一，是伟大的航海考古学家雅尔［Jal (1), vol.1, p.205］。居约有时被认为与格·德贝尔西（Hugues de Bercy）是同一个人［参阅 May (3)］；认为他是普罗旺斯（Provence）人的说法，看来是由于冯·洪堡的错误所致［Schück (1), vol.2, p.27］。但他曾经到过圣地和拜占庭。

⑦ *Historiae Hierosolimitanae*, ch.89; Klaproth (1), p.14; Sarton (1), vol.2, p.671。

⑧ 另一早期文献是一石刻碑文，由一位法国犹太人贝拉克亚·哈－纳克丹（Berakya ha-Naqdan）撰于 1195 年左右［Sarton (1), vol.2, p.349］。据许克［Schuck (1), vol.2, p.30］所述，有证据表明 1200 年以后不久，在意大利北部的马萨（Massa）附近，在采矿时使用了罗盘。

(Peter the Wayfarer)，亦即皮埃尔·德马里古（Pierre de Maricourt）][1]关于磁石的重要论文于 1269 年发表，这是整个中古时代在物理学方面的最佳著作之一[2]。

尼卡姆是这样说的[3]：

> 再者，水手们在海上航行，如果遇到天气阴晦，不再能利用太阳的光，或者万物被笼罩于夜幕的黑暗之中，不知道船行方向对着罗盘上的哪个方位，这时他们就用一根针与磁石接触。这根针于是就旋转，当运动停止时，它的尖端指向北方。[4]

居约·德普罗万在其讽刺诗《圣经》（La Bible）中写道[5]：

> 维吾侪使徒之父[6]兮，
> 皎洁若九天之极星；
> 高踞而不离其位兮，
> 指点云帆，济沧海之远行。
> 由之而来去无碍兮，
> 永不失其为指路之明灯。
> 名之曰"异邦来客"[7]兮，
> 独坚定而众则营营。
> 更有不欺之术兮，
> 漂泊者恃之而为凭。
> 貌虽丑而褐其色兮，
> 铁遇之而趋附殷殷。
> 针受感而贯以苇草，
> 浮诸水面则指极星。
> 此磁石之功兮，
> 航海者颖以端正其航程。
> 极海天之昏且黑兮，
> 既不辨玉衡之所在，
> 更无论金镜之亏盈。
> 爇烛以照兹磁针兮，
> 必直指北极而永恒。
> 叹此术之百无一失兮，
> 堪比极星之清澈与光莹。
> 仰圣父之崇德兮，

247

---

① Sarton (1)，vol.2，p.1030。
② 他的著作由多雅［Daujat (1)，pp.79ff.］作了出色的解说。关于他，较早有贝尔泰利的权威性著作［Bertelli (1)］，由哈泽德（Hazard）用英文作了概述。参见 Winter (4)；Chapman & Harradon (1)；Thompson (4)。
③ *De Naturis Rerum*，Ⅱ，xcviii；ed.Wright，p.183。
④ 英文译文见 Bromehead (4)。
⑤ 参阅 Klaproth (1)，p.41；Michel (6)。
⑥ 教皇。
⑦ 北极星。

应如是皎洁与精诚。[①]
不必再引后面的原文了，它们可见于所引用的文献之中[②]。

关于磁罗盘，最早的阿拉伯的文献都较欧洲的文献为晚[③]。在穆罕默德·奥菲（Mu-ḥammad al-‘Awfī)[④]于 1232 年左右用波斯文编纂的《轶事集》（*Jāmi‘ al-Ḥikāyāt*）中，述及水手们用磁石摩擦一块鱼形铁片来寻找航向的事。其后，在贝拉克·卡巴加基（Bailak al-Qabajaqī)[⑤]于 1282 年所写的宝石鉴赏书《商人宝石知识大全》（*Kanz al-Tijār*）中，作者描述了他在 1242 年亲眼见到水浮罗盘针的使用[⑥]，并且还说，航行在印度洋上的船长们使用一片飘浮的鱼形铁叶。天文学家们如伊本·尤努斯（Ibn Yūnus，约 1007 年)，或是 10 世纪的地理学家们如马苏第（al-Mas‘ūdī），都没有提到罗盘。甚至在较晚的阿拉伯文献中，提及罗盘的也不多，例如，提法希（al-Tīfāshī，1242 年）的宝石鉴赏书，盖兹维尼（al-Qazwīnī，约 1250 年）的百科全书，均未提及。而在重要的印度文献中，则尚未有任何发现[⑦]。

伊本·哈兹姆（Ibn Ḥazm）在关于爱情的著作《鸽子的项圈》（*Ṭauq al-Ḥamāma*）中，颇为恰当地谈论到磁性，而且人们一直认为其中的一首诗还可能涉及磁石的极性[⑧]。这如果属实，那么是很重要的，因为阿布·穆罕默德·阿里·伊本·哈兹姆·安达卢西（Abū Muḥammad‘Ali ibn Ḥazm al-Andalusī）生活在 994 年至 1064 年间。《鸽子的项圈》第二章中有如下诗句[⑨]：

予目不它注兮，惟汝是瞩，
恰如磁石之与铁片兮，相引相维，
趋左抑趋右兮，随汝以变，
或如名词与形容词兮，文理必洽。

初看起来似乎可以理解为，少女是北极星，而她的情人是永远朝向她的磁石。但更为可能的是，在作者的思想中，少女是磁石，即吸引者，而作者的眼睛像铁片，受其吸引，

248

---

① 或许有必要给出这首诗的简要的现代译文："我们使徒之父应该像天上的北极星，它从来不改变位置，每一个航海的水手都能清楚地见到它。水手们借此来来往往，保持正确的航向；它被称为"异邦来客"（tramontana），它固定不动而其他所有的星都在运行。此外，还有一种水手们懂得的、不可能欺骗的技术。他们拿一块丑陋的褐色石头，即铁甘愿吸附于其上的磁石，将磁石接触一根针；他们再把针固定在一根稻草上，使之浮于水面，于是针就绝无错误地转向北极星那个方向。这种情况确实无误并且没有一个水手对此怀疑。如果海上一片漆黑，既没有星星也没有月亮可见时，他们就点燃一盏灯来看这根针，这样他们就不会迷失航向。这项技术准确可靠。北极星是光明皎洁的，我们的教皇也应该这样。"

② 描绘水手使用罗盘的最早的图画之一，据说见于 1385 年的《关于奇迹之书》（*Livre des Merveilles*）中[图示于 Feldhaus (2)，p.288]。但图上画的更像是一个星盘[参见本书第二十九章（f）]。

③ 参见 Vernet (1) 的评述。

④ Mieli (1)，pp.159，263。这段文字的译文见 Balmer (1)，p.54。

⑤ Mieli (1)，p.159。

⑥ Sarton (1)，vol.2，p.630。

⑦ 然而，萨达·K·M·潘尼迦（Sardar K.M.Panikkar）告诉我，在被认为是 4 世纪的泰米尔文航海书中曾提到罗盘。对此应作彻底的研究。根据穆克吉 [Mukerji (1)，p.48] 的说法，在印度罗盘古称 *maccha-yantra*（鱼形器械），磁石为鱼形并浮在油上。这显然与中国的和欧洲早期的技术相同，但其年代无法确定。

⑧ 作者非常感谢巴塞罗那的胡安·贝尔内特（Juan Vernet）教授提供此文献。

⑨ 参见 Arberry (2)，p.33。同一部书的 p.26 有关于磁石吸引力的颇为不同的讨论。维德曼 [Wiedemann (17)] 提请人们注意的是这一段。

依其转动。因此极有可能伊本·哈兹姆已经知道磁石的吸引性，但不知其极性。

当然，也曾有据说是欧洲较早期的一些文献，但都已被否定了［Mitchell（1）］。然而，其中之一还是值得注意的，即阿萨夫·哈-耶胡迪（Asaph ha-Yehūdī）①的（所谓的）《宇宙志》（*Cosmography*）的稿本②，由温特［Winter（1）］叙述并图示。如果关于罗盘的记述确实是原文，则应为 9 世纪的文字，但稿本为 14 世纪之手笔，因此这段文字无疑是后人增添的。

> 白昼和黑夜井然有序地变换着，恰如天体在一南一北两个标志之下自东而西运行不息。这两个标志不像其他天体，从不改变它们的位置。因此水手们就按常在那里的星星的标志航行，他们称这些星为极星（*tramuntanam*）。欧洲及该地区的人都按南方的标志航行。我可以证明这是真实的。取一块钻石（磁石）来，你会发现它有两个方位，其一指向一个极，另一指向另一个极；针能被任一方位所约束，并将指向磁石该方位所指向的那个极。水手们如果不予以应有的注意，他们也许会被欺骗。这两个极星之所以从来不移动，是因为其他距赤道较近的星都在或长或短的圆周上旋转。

假定这段文字的年代刚好在 1300 年之后，它仍是相当有意义的，因为它提到一些针指向南方、另一些针指向北方③。我们即将看到，这与沈括在 11 世纪所说的完全相同。常见的"住在山那边的北方人"（"locum tramontane septentrionalis"）这种表述说明，虽然"住在山那边的人"（"utramontane"）这个词原本是用以指北极的，它也可指南极。

249 哈金斯（Haskins）注意到迈克尔·斯科特（Michael Scott）的话，后者在《论特殊的事物》（*Liber Particularis*，1227 – 1236）一书中说，有两种磁石，一种指北，另一种指南④。这正是中国的传统说法。此外，萨顿告诉我们⑤，在大多数阿拉伯文的记述中，磁石或磁针的指南性被认为比指北性更重要，这又令人怀疑其起源于中国。而且又如众所周知的，罗盘的波斯语和土耳其语的名称意思也都是"指南针"⑥。最后，泰勒［Taylor（6）］详细地论证了甚至迟至 1670 年，为天文学家而不是为航海者所制造的罗盘指南而不指北。

对于某些其他有关的见解，或许也应提一下。温特［Winter（2，3）］及其他人曾试图说明古代斯堪的纳维亚人或北欧海盗早在 1190 年以前就已有磁罗盘，但这种观点因其理由是依据后人增添的记述而已被否定了⑦。另一种广泛流传于文献的说法，认为罗盘是阿马尔菲的弗拉维奥·焦亚（Flavio Gioja of Amalfi）在 1300 年前后发明的，不过这种说法也毫无根据，除非他或其他一些意大利人能把风玫瑰图或它的某种改进产物与

---

① Sarton（1），vol.1，p.614。

② Paris，Bib. Nat.6556；由作者译成英文。作者感谢克里斯托弗·布鲁克（Christopher Brooke）教授核对此译文。

③ 极为类似的一段文字见于布鲁内托·拉蒂尼（Brunetto Latini）的著作中，他是佛罗伦萨一位有名的语法学家，该段文字作于 1260 年左右［原文见 Klaproth（1），p.45］。

④ "甚至有一种石头，那石头能像磁石那样凭自己的力量把铁吸向自己，并能指示远在山那边的北方。另有一种磁石类型的石头，那石头能从自身排斥铁，并能指示远在山那边的南方。" Haskins（1），p.294。

⑤ Sarton（1），vol.2，p.630。

⑥ 柯恒儒［Klaproth（1）］指出了其他可疑的事实。大阿尔伯特（Albertus Magnus）和博韦的樊尚（Vincent of Beauvais）在描述罗盘时，都用了"阿拉伯文"的词 *aphron* 和 *zohron* 来表示北和南。雅克·德维特里则说磁石来自印度。

⑦ 见 Sφlver（1）；von Lippmann（2）和 Marcus（1，4）。

磁石合并而形成了罗盘的盘面[①]。也有人提出中古时代欧洲的教堂是用罗盘来定方向的，但这是极有争议的问题，到目前为止实际情况远待证实[②]。

(ii) 磁罗盘在中国的发展

那么，在中国发生了什么情况呢？我们打算以沈括在《梦溪笔谈》中的基本原文作为确定点，追溯宋代的其他文献以及所有有关磁铁指向性的更早期的文献。《梦溪笔谈》成书于1088年前后，比欧洲人最初提到磁罗盘的时间早一个世纪。这段重要的文字[③]如下：

方士们用磁石摩擦针的尖端，于是针就能指向南方。但它总是略微偏向东方，而并不正好指向南方（"然常微偏东，不全南也"）[④]。（可以使它）浮在水面上，不过这样很不稳定。也可以使它平衡在指甲上或杯子的边缘上，使得易于转动，但这些支点坚硬而光滑，所以它容易坠落。最好的方法是，用新丝的单根茧纤维，以芥子大小的一点蜡将其粘在针的中心处，把针悬挂起来——这样，挂在无风处，它就总是指向南方。

在这样的针之中，有的被摩擦后会指向北方。我有指向南北的两种针。磁石指南的性质，类似于柏树总是指西的习性。没有人能解释这些事物的原理。[⑤]

〈方家以磁石磨针锋，则能指南。然常微偏东，不全南也。水浮多荡摇，指爪及盌唇上皆可为之，运转尤速，但坚滑易坠，不若缕悬为最善。其法取新纩中独茧缕以芥子许蜡缀于针腰，无风处悬之，则针常指南。其中有磨而指北者。予家指南北者皆有之。磁石之指南，犹柏之指西，莫可原其理。〉

此外，该书中还有大家不太熟悉的另一段文字：

用磁石摩擦针端之后，针的尖端常指向南方，但也有的针指向北方。我猜想石的性质不是全都一样。正如鹿在夏至时脱角，而麋在冬至时脱角。既然南和北两者相反，它们之间必然有根本的差异。对此还没有十分深入研究。[⑥]

〈以磁石磨针锋，则锐处常指南，亦有指北者，恐石性亦不同。如夏至鹿角解，冬至麋角解，南北相反，理应有异，未深考耳。〉

这里，我们不但看到了在任何语言中关于磁针罗盘的无可否认的最早的清楚描述，而且也看到了关于磁偏角的清楚陈述。西方的一些科学史家对此亦表示承认，例如卡乔里

---

① Sarton (1), vol.3, p.715. 许克［Schück (1), vol.2, pp.10ff.］和布罗辛［Breusing (1)］对此问题进行了详尽的讨论。然而，尽管有中国方面的决定性的证据，且这在欧洲已被知晓了一个多世纪，但许多作者如莫特佐［Motzo (1)］和泰勒［Tayler (9)］却继续赞同阿马尔菲人首先发现磁石指向性的看法。

② 最新的研究为凯夫［Cave (1)］所作，他测量了642所教堂，得到了一条有两个峰值的高斯分布曲线，一个峰值为正东，另一个峰值为正东偏北几度。这种结果被认为很可能是由于：当每一教堂最初标出地基时，使建筑物朝向一年中（除春分和秋分以外）特定时间的日出时分的东方。因为分布范围甚广，几乎不可能是罗盘的偏差所致。然而，中国城市规划的不同问题，见本册 p.312。

③ 该段的第一句由柯恒儒［Klaproth (1), p.68］于1834年引述，而毕瓯［Biot (14)］于十年之后引述了全段。关于沈括本人，参阅本书第一卷 pp.135ff. 以及第三卷中多处所述。关于他的传记资料，见 Holzman (1)。

④ 我永远不会忘记第一次读到这些字句时所体验到的兴奋心情。如果有一段文字而不是其他的任何文字，曾激励了本书的写作，那么它就是这段文字了。

⑤ 《梦溪笔谈》卷二十四，第十八条；由作者译成英文，借助于 Klaproth (1)；Biot (14)；Wylie (11)；Hirth (3)。参见胡道静（1），下册，第768页以下。

⑥ 《梦溪笔谈·补笔谈》，卷下，第十九条；由作者译成英文。

250

[Cajori（5）]，虽然这远较传统所说的哥伦布（Columbus）在 1492 年发现磁偏角的年代
为早[①]。沈括所说的两类磁针当然可能是被磁石的不同的磁极磁化所致，但是这一传统
观念也可能有另一来源（见本册 p.267）。与柏树进行类比，只能是以柏树因盛行风而
弯曲的局部观察为根据的[②]。

王振铎（4）指出，沈括的一些实验情况，表明了他曾进行相当大量的仔细研究。
只用单根细线来悬挂，可以避免扭绞的影响。细线应当是丝质的，这意味着它是一根连
续的纤维，不像麻线（几乎可以肯定当时在中国还不知道棉花）那样是由许多短的纤维
在张力之下被纺在一起的。丝线应当是新的，这意味着弹性的均匀分布。

251   沈括对罗盘和磁针偏角的描述，比西方人首次提及要早一百多年。为便于叙述，可
将其他值得注意的中国文献分成几组。首先，我们必须考虑至宋代末年描述或暗示磁铁
（不论其是否为针状）应用的所有文献。人们会发现，这个问题是和磁石本身各种发展
形式的持久应用分不开的。其次，再把分析推向较早时期，我们将接触到利用小块磁铁
矿的指向性的最早技术。在第三组文献中，我们所关心的是述及中国水手在航海中使用
罗盘的最早年代。还有第四组，我们要研究那些与磁偏角的发现有关的文献。

不过，在我们开始回溯历史的进程之前，还有稍晚于沈括著作的一段很有趣的记
述，使我们稍作停留。这段记述出自一部本草著作——仍然比欧洲人首次述及要早数
十年。

（iii）宋代的湿式和干式罗盘

在成书于 1116 年的《本草衍义》中，寇宗奭说道[③]：

天然磁石（"磁石"）略呈紫色[④]，表面颇为粗糙。它"吸"针或（小块的）
铁，可使之互相附着而连成一串——因此通常称它为"吸引（或强迫）铁之石"
（"熁铁石"）。玄石是另一种磁石，色暗或黑，但表面较为光滑；它在医药方面的用
途大体相同而稍有差异，因此人们应该知道有两种磁石（以及怎样区别它们）。若
将尖的（铁）针（在磁石上）摩擦，针就获得指南的特性，但是它常常偏东（"然
常偏东"）而不指正南。（最好的）方法是将新丝（新从茧中抽出）的一根纤维，用
很少量的蜡（按字义，半颗芥子大小的一粒）粘在针的中部，悬挂在无风之处，则
针总是指向南方。再者，如果把针横穿于一小段灯芯（木髓或灯心草）[⑤]，并使其
浮于水上，它也将指南，但常常偏（向东）向罗盘之"丙"位（即南偏东 15°）。
这是因为"丙"属"火"，而"庚"和"辛"（在西方）属"金"（针是金属），受其

---

① 然而，米切尔［Mitchell（2）]则持不同意见。对于沈括所说的磁针指南而微偏东的倾向，他竭力主张这
只不过是"由于不完善的支承或悬挂所引起的偶然结果"。某些欧洲人探讨中国文献时所抱的态度，在他对沈括的
这整段文字的评论当中流露无遗——"没有直接明显的根据能够推翻这种说法"［Mitchell（1）]。

② 柏树的指向性，在当时必定广为人信，因为这在其他书中也曾提到，例如陆佃的《埤雅》，该书著于《梦
溪笔谈》之后恰好十年。

③ 《本草衍义》卷五，第五页；由作者译成英文，借助于 Klaproth（1），p.68。

④ 李书华［Li Shu-Hua（2）]据该文献的《道藏》版，正确地认为此处为"色"字而非"毛"字。但此错误
至少始于 15 世纪而非始于李时珍，这从《证类本草》的 1468 年版可以看出。

⑤ 灯心草属植物在中国很常见，尤其是灯心草（*Juncus effusus*）（R 696）。

控制的缘故①。所以，针的偏斜是完全符合事物的相互影响的（"物理相感"）。

〈磁石，色轻紫，石上皱涩，可吸连针铁，俗谓之燷铁石。……其玄石，即磁石之黑色者也，多滑净，其治体大同小异，不可不分而为二也。磨针锋则能指南，然常偏东，不全南也。其法取新纩中独缕，以半芥子许蜡缀于针腰，无风处垂之，则针常指南。以针横贯灯心，浮水上，亦指南。然常偏丙位，盖丙为大火，庚辛金受其制，故如是。物理相感尔。〉

初看起来，这一段②好像只是重复了沈括三十年前所说的话，但实际上增加了两点。寇宗奭给出了人们久已期望的关于水罗盘的已知最早的描述③，它具有欧洲所有最古老的（但较晚的）记载所述的特点。其次，他不仅给出了磁偏角的相当精确的度量，而且还试图对它加以解释④。

实际上，寇宗奭远不是第一个描述水罗盘或浮置罗盘的人。直到王振铎（4）指明之前，人人都忽略了关于军事技术的伟大的纲要性著作《武经总要》中的一段，该书由曾公亮编纂，于1044年成书。曾公亮在书中写道⑤：

当军队遇到阴暗天气或黑夜，不能辨别方向时，他们就让一匹老马在前面引路，或者利用指南车或指南鱼来辨认方向。现在指南车的方法已经失传。而指南鱼的方法是将一叶薄铁片裁剪成鱼形，长二寸、宽五分，首尾尖锐。然后将它在炭火中加热，当它完全炽热时，用铁钳夹头取出，使其尾朝正北（按字义，在"子"位方向）放置。以此位置将它在一盆水中淬火（"蘸水"），使得鱼尾没入水中数分。然后把它保存在一密闭的盒子里（"以密器收之"）⑥。使用时，在无风处放置一只盛满水的小碗，将鱼尽可能平放在水面上，使它浮起，这样它的头将指向南方（按字义，在"午"位方向）。

〈若遇天景曀霾，夜色暝黑，又不能辨方向，则当纵老马前行，令识道路。或出指南车及指南鱼，以辨所向。指南车法世不传。鱼法以薄铁叶剪裁，长二寸、阔五分，首尾锐如鱼形，置炭火中烧之，候通赤，以铁钤钤鱼首出火，以尾正对子位，蘸水盆中，没尾数分则止，以密器收之。用时置水碗于无风处，平放鱼在水面，令浮，其首常南向午也。〉

这段叙述饶有趣味。鱼形铁叶必定是略微下凹，如此才能像船一样漂浮（王振铎的复原图见图323所示）。虽然王振铎猜测，该书的编纂者之所以未提及在磁石上摩擦铁叶，是由于保持军事秘密的愿望，但这种联想是不必要的。当铁片以地球磁场的方向放置，被急速冷却通过居里点（600～700℃）时，则该金属（特别是钢）将被磁化。这种现在被称为热顽磁效应的现象，看来极可能已为这些宋代的技师们所知晓。虽然这种磁化作用也许很弱，但它有很大益处，即能在没有磁石的情况下感生磁性⑦。

---

① 根据五行的相胜原理（参阅本书第二卷，p.257），火胜金，因金属可以被火熔化。寇宗奭的看法是，金属的针虽应自然地指向西方，但位于南方的"火"具有压倒的影响，使它离开西方而指向南方。

② 程棨在1280年左右的《三柳轩杂识》中几乎逐字重复了这段话，他还补充说这样的罗盘为堪舆家广泛使用。

③ 正如德·索绪尔［de Saussure（35），p.39］正确指出的。

④ 这进一步反驳了米切尔的信念，即磁偏角未被理解为一种确定而明了的现象。至于沈括和寇宗奭是否真正以为当磁针悬挂而不是支承或漂浮时就看不到磁偏角，如据其原文的绝对字面解释那样，则不清楚，看来还有疑问。

⑤ 《武经总要》前集，卷十五，第十五页；由作者译成英文。

⑥ 这一指示可能意味着应把磁化了的"鱼"保存在以磁石为底的小盒内。无论如何，这种方法一直沿用到现在。人们称之为"养针法"，王振铎本人在安徽见到过这种方法仍在使用。

⑦ 热顽磁效应当然为威廉·吉尔伯特知道，他曾用依地球磁场的方向锻打钢棒为例说明之［参阅 Andrade（2）］。

253

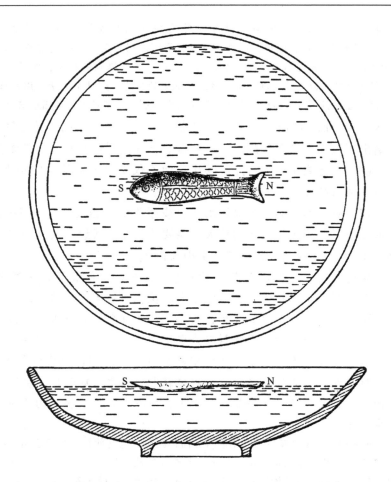

图 323　磁罗盘的早期形式：漂浮的鱼形铁叶。见《武经总要》前集，
卷十五，第十五页所述（1044 年）。据王振铎（4）。

　　加热会破坏磁性，这在中国必定懂得已久了；在 1600 年的《五杂俎》中也曾提到
过[1]。哈兰［W.A.Harland（1）］曾记述 1816 年广东人磁化铁针的一个配方[2]：把铁
254 针与朱砂、雌黄、铁屑、公鸡血[3]等一起加热到炭火的最高温度达七昼夜。仅只加热，
就能很好地消除原有的微弱的自发磁场，也能很好地改进后来的总体磁化。或许这种
方法曾是炼钢作业的一部分[4]，而且因为没有提到磁石，很可能仍然采用了在地球磁
场中冷却这一古老发现。造船学史家查诺克（Charnock）[5]在 1800 年重复了一些传闻，
说中国人"不为针的变化所困扰"，并且"他们的针的磁性并非得自磁石"，而是依照
上述配方由加热得到的。有些人认为，前面所说的性质是后面所说的处理的结果，但
查诺克则公允地同意巴罗（Barrow）的见解（见本册 p.290），认为那更可能是由于出

---

[1]　Klaproth（1），p.97。又见本册 p.275 所引《和漢三才圖會》中的一段。
[2]　引自王缠堂编纂的《通天晓》。该书的内容属 18 世纪末的事，但书曾数次重印（1816、1837、1856 年）。
[3]　这表示该方法的古老，因为这种配料在《淮南万毕术》中很重要（参阅本册 p.278）。
[4]　见本书第三十章（d），以及 Needham（32）。
[5]　Charnock（1），vol.3，p.299。

色的悬挂方法。

我们还应说几句关于中空的鱼那段记载的年代问题。虽然《武经总要》的序为1040 年所撰，其御制序为 1044 年所撰，但看来很可能关于浮置罗盘的记述不会晚于1027 年。因为正如我们将要看到的①，正是在那一年燕肃成功地制造出指南车，而曾公亮不可能不知道官办作坊中的技术发展情况，所以如果他的记述年代在 1027 年之后，那么他就不会说指南车的方法已不传于世了。当然，他可能是抄录 1027 年以前的一些资料，但无论如何，浮置罗盘的存在可清楚地确定在 11 世纪的最初几十年，很可能可追溯到 10 世纪的后期②。联系到我们即将看到的关于罗盘的最初起源为匙的情形，那么鱼的形状尤其值得注意。从正好二百年之后的穆罕默德·奥菲的记述，我们知道漂浮的鱼形铁叶作为一项技术传播到了中国之外③。

曾公亮再一次和鱼有关联地出现在历史上，不过这次是一条象征性的鱼。《宋史》说④，他在 1072 年装置了一个铜鱼符在京城的一个城门之上（"京城门铜鱼符"）。也许这是用指南鱼作为一种方术图案或装饰，以表示该城门确实正向南方。

然而可以确定的是，与这些事物发展的同时，磁铁矿本身的利用则继续存在于罗盘的其他形式之中。这些形式在陈元靓所著的《事林广记》中有叙述⑤。该书的年代不能准确定出，虽然它初刊于 1325 年，但其编纂时间则在 1100 年至 1250 年之间，大概在1135 年宋室南迁之后。在该书的道家方术（"神仙幻术"）一篇中写道⑥：

255

> 他们（术士们）把一块木头刻成鱼形，如拇指大小，再在其腹部挖一洞，在洞中整齐地装入一块磁石，并用蜡填满。再把一根弯成钩状的针固定在蜡内。将鱼放在水里，它会自然地指向南方。如果用手指拨动它，它还会回到原来的位置。
>
> 〈以木刻鱼子，如母指大，开腹一窍，陷好磁石一块子，却以腊填满。用针一半金从鱼子口中钩入。令没放水中，自然指南。以手拨转，又复如出。〉

图 324 所示为王振铎复原的木刻指南鱼⑦。该书继续说道：

---

① 本书第二十七章"机械工程"（e）。

② 这是重要人物王伋（本册 p.305）和百科全书《太平御览》的编著者们的时代。对于他们，我们不久要予以注意（本册 p.274）。他们证实磁针本身的使用正是在这个时期。

③ 奥菲给出了亲眼所见的第一手叙述。他与一位船长航行时，船长拿出一块浮鱼形的中空铁片，把它放在一盆水中。鱼指向麦加克尔白圣堂（Qiblah）的方向（南方）。船长解释说，铁片用磁石摩擦后就自然有了这种性质[见 Wiedemann（8）]。参见本册 p.247 关于贝拉克（1242 年）的类似叙述。

④ 《宋史》卷十五，第七页。

⑤ 如王振铎（4）所指出的。

⑥ 《事林广记》卷十，由作者译成英文。仅见于 1325 年版，而不见于 1340 年版和 1438 年版。

⑦ 扎胡里·米斯里（al-Zarkhūrī al-Miṣrī）在 1399 年的一部手稿中曾描述过非常类似的某种东西，威德曼[Wiedemann（8）]对此作了概括。那是带有磁化了的铁棒或铁针的木"鱼"，因此可以漂浮。如果穆斯林对动物形象反感，则涂漆的木块被绘以圣堂（Miḥrāb）的样式。这里我们又一次看到了明确可辨的中国技术的传播。许克·里特（Ritter）和福尔默（Vollmer）已成功地进行了实验证明[见 Schück（1），vol.2，p.54]。许克发现，佩特吕斯·佩雷格里努斯采取的有些步骤比较难以重复。尚需进一步研究的另一部较晚的阿拉伯著作是阿布·扎伊德·阿卜杜拉·拉赫曼·塔朱里（Abū Zaid' Abd al-Raḥman al-Tājūrī，卒于 1590 年）所著的《论东南西北四个方位中的罗盘》（Risālah fī Ma'rifah Bait al-Ibrah）。在曼彻斯特的约翰·颖兰兹图书馆（John Rylands Library）藏有一部抄本。

256

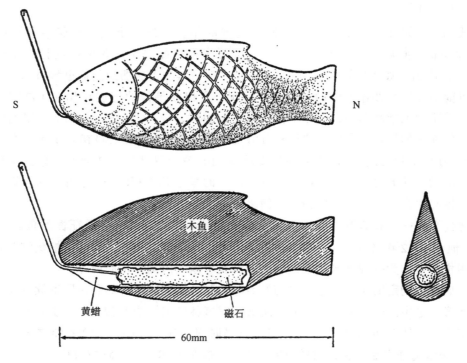

图 324　磁罗盘的早期形式：装有磁石和针的漂浮的木鱼。见《事林广记》卷十所述（约 1150 年）。据王振铎（4）。磁石和突出的指针用蜡固定在适当位置。

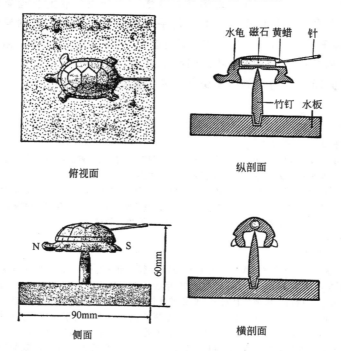

图 325　磁罗盘的早期形式：装有磁石和针的、绕干式支枢转动的木龟。见《事林广记》卷十所述（约 1150 年）。据王振铎（4）。左上方为俯视图，左下方为侧视图，右上方为纵剖面图，右下方为横剖面图。磁石和突出的指针也用蜡固定在适当位置，木龟可在削尖的竹钉上自由转动。

他们也把一块木头刻成龟形，并如前面所述方法制作，只是把针固定在尾端。将一根大约筷子头粗细的竹钉竖立在一块小板上，使其支承于木龟腹部凹处的小孔。转动木龟后，它总是指向北方，这必定是尾部之针所致。

〈以木刻龟子一个，一如前法制造，但于尾边敲针入去。用小板子，上安以竹钉子，如箸尾大。龟腹下微陷一穴，安钉子上。拨转常指北，须是钉尾后。〉

这是极有意义的，因为这表明从下面支承的干式悬置方法在宋代就已经知道了。其复原可见于图 325 所示。然而，我们后面将看到（本册 pp.290ff.），在此之后的几个世纪中，浮置罗盘在中国人当中仍较为流行，而它被干式悬置取代则是与欧洲海运的影响有关。但尽管如此，最早的干式悬置法还是中国人发明的。在上述两种形式中，我们应再次注意与匙形有关的鱼形和龟形的意义。尤其值得注意的是针与磁石的联合使用，并不是作为一个"分离的"指示器，而是可以说使得负载磁石的物体的定向更加精确。

(iv) 唐代及其以前的文献

关于磁针的唐代的可靠资料，我们一无所知，但有许多记载可见于后来被认为是唐代的一些著作中[1]，例如著名堪舆家杨筠松的《青囊奥旨》。至为盼望的是，学者们能彻底检查早期的堪舆著作，使文字证据与内在的科学性质的证据可相互比较，并确定大致的时代。

另一项应该进行的研究，是系统地检查宋代和唐代的各种百科全书和辞典，以寻找有关磁石和磁针的记载。柯恒儒很久以前说到[2]，在许慎于 121 年完成的大辞典《说文》中有关于磁石的资料。他发现的记述是"石名，可以引针"。后来许多人相当正确地指出，这句话并不出现在经后世学者们重编的《说文》原本中。然而它的确出现在徐铉*于 986 年校定的宋代早期的初版之中，后世的大多数辞典都照此抄录，这个事实德·索绪尔认为极有意义[3]。他所以对此事重视，是因为他接受了柯恒儒对"引"字的翻译，即"能给针以指向性的石头"。这就提出了"引"字所能具有的意义这个问题了。正如我们前面所见[4]，"引"字也许是最常见的表达方式，它用于古书中（诸如《吕氏春秋》、《淮南子》、《论衡》和《曹子建文集·矫志》[5]，都有这个字）一般被认为只指吸引力。不过这个字是有些含糊不清。它的原意是拉开弓，由此引申为钓起鱼或召引、或引燃火。但它也具有指引、引导、介绍或引见、引出、传播、引起或引申、甚至延长的意义。所以看来没有理由认为它在某些时期未曾有过"吸引针至磁石"及"指向性延伸到被磁化的针"之意。进一步阐明此情形的一种办法是，把谈到铁的所有文献与具体地说到针的所有文献，作一统计对照表。这样的一个表将在稍后列出。当

257

258

---

[1] 可能确属那个时代。
[2] Klaproth (1), p.66。
[3] de Saussure (35), p.23。
[4] 本册 p.237。
[5] 本册 p.232。
* 本书作者误为"徐铨"，现更正。——译校者

然也有这样的可能性，即宋代或唐代的一些辞典更为明确，有较充分的理由证明其为唐代的。

经常有人指出，如果磁罗盘在唐代或唐代以前就已被用于航海，那么在关于佛教僧侣到印度朝圣的许多记述中[1]，应该对此有所提及。但是迄今尚未找到这样的记载[2]。在那时，罗盘很可能完全用于堪舆而不用于航海。然而我们应该注意到，在这种文献中常以二十八宿作为方位角——如义净在 671 年离开广州时，向翼宿和轸宿的方位航行（参见本书表 24）[3]。翼轸两宿现仍见于中国罗盘上（见图 326），表示自南偏东 15 度至南偏东 45 度的区域。这里的言外之意是，唐代商船船长们的"风玫瑰图"密切遵循了包含在磁罗盘的那个祖先——"式"或占卜地盘中的宇宙论的原理。的确，这种观念是如此地古老，很可能汉代的水手也早已熟悉它了。

在这方面同样需要注意的是，在阿拉伯旅行者所写的关于唐代中国的描述中，迄今尚未见到提及航海罗盘的记载。但是这种否定性的证据并没有多大分量，因为历代的中国船只都载有道士，而浮针的使用很可能被认为是一种神圣的秘密，不会轻易地透露给外国商人的。这种否定性的证据在 17 和 18 世纪耶稣会士的争论中曾起过作用[4]，回忆起来是有意思的。他们的反对者之一，欧塞比·勒诺多（Eusebius Renudot）在 1718 年出版了苏莱曼·塔吉尔（Sulaimān al-Tājir，851 年前后在中国）[5]和伊本·瓦卜·巴士里（Ibn Wahb al-Baṣrī，870 年前后在中国）[6]二人航海记的译本，这些航海记曾被收入阿布·扎伊德·哈桑·西拉菲（Abū Zaid al-Ḥasan al-Sīrāfī，920 年）[7]的《一连串的历史》（Silsilat al-Tawārīkh）之中。勒诺多的目的在于尽量贬低中国人在哲学上和技术上的成就，他当然对这些著作未曾提及磁罗盘一事给予很大的重视[8]。然而，宋君荣的意见绝不应该忽视。他在其最后的著作之一[9]中说[10]，他相信罗盘大约在唐宪宗时代即 800 年左右就已经有了确定的形式。读者在阅读完本章之后，也许会觉得他的看法

259

---

① 参见本书第一卷，pp.207ff.。

② 参见本册 p.281。法显在 414 年前后从印度到中国的惊险的航行故事，常在这个问题上被引用。参见 Hirth & Rockhill (1)，p.27；Schück (1)，vol.2，p.9；Li Shu-Hua (2)，p.191。但是，一些航海家和航海技术专家经过深思熟虑的意见［例如 1960 年在里斯本举行的国际发现大会上沃斯特海军中校（Cdr.D.W.Waters）的发言］认为，中国人在 8 世纪航行到波斯湾（参阅本书第一卷，p.179），如果不借助于某种形式的磁罗盘，是不可能完成的。

③ Chavannes (4)，p.117；de Saussure (35)，p.36。把实质上是天球赤道大圆的宿的大圆，首先固定在赤道大圆上，然后整个地转移到地平圈上以形成一个固定的方位圆。对于这种奇怪的方法，我们稍后将作说明（本册 p.265）。

④ 参阅 Pinot (1)，pp.109，160，229，237。

⑤ 参阅 Hitti (1)，pp.343，383；Mieli (1)，pp.13，79，81。最新的译本：Sauvaget (2)。

⑥ 参阅 Mieli (1)，p.302。

⑦ 参阅 al-Jalil (1)，p.138；Mieli (1)，p.115。

⑧ 注意"关于中国科学的一些说明"（"Éclaircissements sur les Sciences des Chinois"）这一节，p.340。

⑨ Gaubil (11)，p.179。

⑩ 他在另一处写道［Gaubil (2)，p.95］："我刚从关于汉代末年的一部书中发现，人们当时已使用有时确标记的罗盘来辨别南北。该书还特别提到磁针。"在注解中他又说："同一部书中提到在车子前面有指示行车里程的装置。"如李书华［Li Shu-Hua (2)］所说，这部书一直未被认证，但我们确信它必定是《古今注》，该书确实谈到指南车［见本书第二十七章（e）］、里程计［也见本书第二十七章（e）］及"玄针"（见本册 p.273）。宋君荣很可能把书的年代提早了两个世纪。

距离事实不远。

在这个问题的研究中，下面三段引文以前还没有被注意过[1]。人们可能记得，我们在"数学"一章中曾有机会谈到《数术记遗》，该书据认为（并非毫无理由）是徐岳（活跃于 190 年）所著，但也有人怀疑实际上是该书的注释者、北周数学家甄鸾（活跃于 570 年）所著。这里我们且不涉及这部书是否确系后汉的著作，因为关于磁罗盘的任何叙述或暗示（从通常的观点来看），即便对于 6 世纪中叶来说也足以应该引起相当的注意了。在本书另一处已经引用过的一段文字中[2]，有一些东西初看起来似乎与此有关，它说[3]：

> 那些连"三"都不认得却夸口说知道"十"的人（即无知的数学家），就像江河地区的人们迷失了归途目标的方向却责怪掌握方向的人技艺不熟练（"犹川人事迷其指归，乃恨司方之手爽"）。

> 〈数不识三，妄谈知十。犹川人事迷其指归，乃恨司方之手爽。〉

不审慎的解释也许以为"川人"是水手、"司方"是罗盘。但甄鸾的注释说明，这段记载是关于黄帝的一个传说故事：黄帝和来自江河地区[4]的人民一同进入山区，他们如果迷了路，就责怪指南车上的那个人像，于是容成就教给他们圭表的用法。因此，我们同意王振铎（5）的意见，这段记载应与磁罗盘无关。

尽管如此，徐岳的这部书对我们所探索的问题，确实包含着一些有价值的东西。在紧接着的一段文字中说道[5]：

> 在"八卦算"的方法中，针指向八个方向。当位置短缺时，它指向天。

> 〈八卦算，针刺八方，位阙从天。〉

甄鸾注释说：

260

> 在这种算法中，数字由针的尖端的指向表示（"用一针锋所指以定算位数"）。第一个数字占据"离"位，即指正南；第二个，即二，在"坤"，指西南；第三个，即三，在"兑"，指正西。然后，四在"乾"，西北；五在"坎"，正北；六在"艮"，东北；七在"震"，东；八在"巽"，东南。这样，第九个数字就没有位置了，因此它被称为"垂直的"，（好像）针指向"天"。

> 〈算为之法，位用一针锋所指以定算位。数一从离起，指正南离为一，西南坤为二，正西兑为三，西北乾为四，正北坎为五，东北艮为六，正东震为七，东南巽为八。至九位阙，即在中央，竖向指天，故曰位阙从天也。〉

这种算法——类似于某种简单的算盘[6]，起源于古老的占卜盘，人们认为是三国时代著

---

[1] 王振铎除外。我们在写完本章之后才知道他近期的著作。
[2] 本书第三卷，p.600。
[3] 《数术记遗》第三页；由作者译成英文。
[4] 或许是四川。
[5] 《数术记遗》第七页；由作者译成英文。即便如有些人所认为的不早于 10 世纪，也仍有价值。
[6] 甄鸾注云（《数术记遗》第十页）："乘时以针锋指之，除时则用针尾拨之，故有头乘尾除之名也。"我们不久将看到，针的两端在外形上明显不同这一事实，可能有特殊的意义。关于卦的位置，见本册 p.296。

名的占卜家赵达的创造，或者与他有关①。值得注意的是，这里说到用一根针作指示物，且方位的序列是从正南开始。因此，相信所有这一切都与磁罗盘无关，似乎是困难的，而其年代如果不是更早的话，则至少应是 570 年的事。

261　　有一段文字，在最早的炼丹术著作（约 145 年）即魏伯阳的《参同契》的现行版本中已不复见，但似乎由于魏伯阳本人的缘故被保存在《佩文韵府》中②：

> 像在黑暗的深渊中燃烧的蜡烛那样灿烂，像在令人迷惑的大海中闪光的针那样明亮。
>
> 〈灿然如昏衢之烛，照然如迷海之针。〉

但是这段文字已被认定③为出自 13 世纪晚期一个注解所引用的俞琰的话，俞琰把这两句话用于《参同契》这部书本身。

最后，我们可以注意到在 300 年左右的《抱朴子》一书中，带有葛洪的特殊风格的一段奇妙文字④：

> 由于感情而抱有偏见的人不能承受批评。嫉妒别人美丽的人——他们的针不亮不直。艾蒿（即普通的）人们被（这些感情）迷惑而没有"指南"使他们回归。
>
> 〈……触情者讳逆耳之规。疾美而无直亮之针，艾群惑而无指南以自反。〉

这里我们很难相信葛洪的脑海中没有某种磁罗盘的想法⑤。当然，我们不一定要相信这出自其原文，但即使是后人增补，也不会晚于甄鸾。

(v) 汉代占卜者与磁石杓

现在我们再回溯数个世纪，看看王充的《论衡》（公元 83 年）中的一段文字。王振

---

① 赵达著称于 225 至 245 年间，他的声望不仅因为他是吴国第一位皇帝孙权的军师和大臣，而且更因为他是一位数学家和占卜家。他与针盘体系的联系，使他在罗盘针的历史中具有特殊地位，而对他的进一步研究应是很有益的。他的传记（《三国志》卷六十三，第四页以下）说他年轻时治九宫一算之术（可能是排列和组合，参见本书第三卷，pp.139，542）。作为一位占卜家，他的名声是异乎寻常的——他计飞蝗，射隐伏，并以筷子作算筹，在一次很简慢的招待之后，算出屋内尚有丰富的美酒和鹿肉。后来，赵达以其部分学识传授给均为高官的儒士阚泽和殷礼*。太史丞公孙滕师事赵达甚久，冀其能尽宣其秘而未果，于是设酒礼而求教，愿受其传。赵达说："吾先人得此术，欲图为帝王师，至仕来三世，不过太史郎，诚不欲复传之。且此术微妙，头乘尾除，一算之法……"这很可能指算盘的某种早期形式（参阅本书第三卷，p.75）。赵达又说："父子不相语。然以子笃好不倦，今真以相授矣。"饮酒数行，赵达起身取出素书两卷，大如手指，说："当写读此，则自解也。吾久废，不复省之，今欲思论一过，数日当以相与。"然而当公孙滕如期前往时，其书已失，虽赵达惊言必是女婿所窃，但书却从此不存在了。在这里我们看到，家族所有权这个抑制因素对古代中国数学和科学的发展起着强烈的作用。在 6 世纪，甄鸾本人不相信针盘之法始于赵达这种一般的看法（《数术记遗》，第十页）。有人问曰："昔有吴人赵达，用一算之法，头乘尾除，其有此术乎？"赵达答之曰**："此乃传之失实，犹哀公获麟一足，丁氏穿井而获一人也。……"他继续以成语典故说明针盘之法，而使人对赵达意之所指感到茫然。人们不能不相信，这整个问题的进一步澄清，对针盘读数方法的早期的历史必定极有价值。

② 《佩文韵府》卷二十七，"针"字条下（第一四〇三页，第二栏）。

③ 王振铎（4）。

④ 《抱朴子·外篇》，卷二十五，第二页；由作者译成英文。

⑤ 我们不久将考察若干其他文献，它们谈到"指南"但在文字中无"针"字。

* 本书作者此处有误。《三国志·赵达传》原文为："（赵）达宝惜其术，自阚泽、殷礼皆名儒善士，亲屈节就学，达秘而不告"。——译校者

** 本书作者此处有误。《数术记遗》原文为："（甄）鸾答之曰：……"——译校者

铎（2）对此已作了解释，以致罗盘起源问题的解决一片光明①。该段文字如下述②：

　　至于屈轶草（"指示方向的草"）③，或许从未有过这种东西，只是无稽之谈而已。或者，即使有这样的草，说它有指向（人）的本领，大概也只是无稽之谈。或者，即使它能指向，则大概是那种草的本性，它感觉到有人时就会动。古人由于思想简单，所以当他们真的看见草在动时，就以为它是在指向了。而且由此他们想像草指向欺诈的人们。

　　如果司南之杓被投到地上，它静止下来时指向南方（"司南之杓，投之于地，其柢指南"）④。

262

　　同样，由鱼和肉产生的一些蛆被放在地上时，也向北行动，这是这些蛆的本性。如果"指示方向的草"确实能动或能指，那也是"天"赐予它的本性⑤。

　　〈故夫屈轶之草，或时无有，而空言生，或时实有，而虚言能指。假令能指，或时草性见人而动。古者质朴，见草之动，则言能指。能指，则言指佞人。司南之杓，投之于地，其柢指南。鱼肉之虫，集地北行，夫虫之性然也。今草能指，亦天性也。〉

这里，王充把他不相信的虚构现象与他亲眼见过的实际现象加以对比。这段文字在后来的某些版本⑥中被窜改了，以致"司南"成了"司马"，而"司马之杓"意指何物则没有解释。在此"司南"或许可译为"south-pointing"而非"south-controlling"，而"杓"则可看做特指匙柄。王振铎的解释的要旨可概括为，"投之于地"应解释为"使其在占卜盘的地盘上旋转"⑦，而匙本身，只不过是由玉工将磁石有意识地模仿大熊座（"北斗"，即北斗七星）的形状雕琢而成。至于蛆虫的描述，则可视为关于向性的最早记述，王充所见到的大概是具有强烈趋光性的某种昆虫的幼虫。

　　那么什么是占卜盘（"式"或"栻"）呢？它由两块盘或板组成，下面的一块为方形（象征"地"，因此称为"地盘"），上面的一块为圆形（象征"天"，因此称为"天盘"）。"天盘"在中心支轴上旋转，其上刻有二十四个罗盘方位。这二十四方位如同在后来的传统罗盘上那样（见本册 p.297），由十天干和十二地支表示，但"戊"和"己"（象征"地"）各重复一次以凑足全数。其中央常刻有大熊座的图案。"地盘"的四边刻有二十八宿（天赤道分区或星座；参见本书第三卷，p.231）的名称，而沿其内圈也刻有二十四方位。此外还有八卦（三爻；参见本书第二卷，p.313），按照"后天"方式排列，

①　最早提出这种解释的或许应归功于张荫麟（2），在1928年。

②　《论衡》第五十二篇（卷十七，第四页）；由作者译成英文。

③　这是一个古老的传说，大意是，在周代王宫的庭院中有一种植物可以辨别潜藏的叛徒。参见皇甫谧（3世纪）的《帝王世纪》。这种说法引起了早期葡萄牙人的注意。见 de Mendoza（Parker tr.），p.70。有许多古怪学问的德拉库佩里 [de Lacouperie（5）] 找到了它的巴比伦起源（"日历草"）。参阅本书第二十七章（j），以及 Needhan, Wang & Price（1），p.103。

④　这里对"柢"字的解释是王振铎作出的。更为清楚的译释应是"它的柄（照字义，根）指向南方"。然而，如将"柢"看做与"抵"和"抵"通，那么也可以解释为"它被敲击或轻叩，直到它指向南方"。因为在语法上似乎需要一个名词，所以在这些可能的情况之中，前者似最佳。此外，在一些百科全书中引用这段文字时，往往以"手柄"的"柄"代"柢"，例如，10世纪的《太平御览》卷七六二，第二页。

⑤　佛尔克 [Forke（4），vol.2，p.320] 正确地翻译了基本的字词，但却完全默然地忽略了它们的意义。他认为"指示方向的草"是诸如含羞草（*Mimosa pudica*）之类的某种敏感物种。

⑥　如在《太平御览》卷七六二中。

⑦　这与原文并不抵触，可由古代辞典证明。"投"可与"摛"通，意为轻缓地移动。

"乾"在西北，"坤"在西南*。这种排列方式，与前面提到的《数术记遗》中的奇妙的计算装置的排列方式相同，但与以后所有的堪舆罗盘上所见到的都不同，后者乾为南方，坤为北方。我们将等到叙述较晚的标准罗盘时再讨论这种差别（见本册 p.296）。图 326 为复原的式盘的俯视图和侧视图。

263

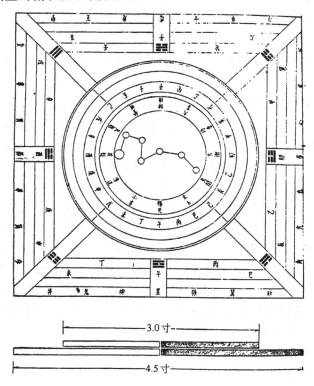

图 326 汉代的占卜盘（式盘）：王振铎（2）复原。该器具为双层宇宙图样，方形地盘上装有旋转的圆形天盘（见下方的剖面图）。两块盘都标有干支和天文符号（罗盘方位、宿等），以及八卦，还有一些仅用于占卜的术语。圆形天盘的中央有大熊座的图案。该器具系青铜或漆木制。上方为北方。参见本书第三卷，图 223。

    关于式盘的构造并无争论。其实物残片已在汉墓中发现[①]，著名的如，由原田和田泽 [Harada & Tazawa (1)][②] 发掘的朝鲜乐浪的王旴墓，以及朝鲜的另一个汉墓[③]彩箧塚 [Koizumi & Hamada (1)] 中均有发现。这些残片是经切割成形并涂漆的扁平的木片。"天盘"之一[④]如图所示（图 327、图 328）。因为王旴墓中有些物件标明了年代，最晚的年代为公元 69 年，所以埋葬的年代肯定不会早于这一年，大概就是在那个时候。很有意义的是，这正与王充关于在式盘上使用磁杓的描述同一时期。另一汉墓彩箧塚的

264

----

    ① 应注意的是，王振铎的磁杓理论尚缺乏由汉墓的实物发现所提供的决定性的证据。

    ② 图版 cxii。

    ③ 朝鲜当时是汉王朝统治之下的一部分。关于乐浪地区考古学的进一步的情况，见关野贞、谷井济一等（1）。

    ④ 在它被发现后不久，鲁弗斯 [Rufus (2)] 也作了描绘，并见于小泉和滨田的报告（Koizumi & Hamada）pl.cvii（参见报告 p.23）。奇怪的是，大熊座的图形是反向的，如一镜像，或者如同从"世界之外"看到的那样。荷兰地理学会的克龙（Crone）博士指出的这一点引起了我们的注意。了解这种反向是否为汉代式盘的制作者所惯用，若是，他们为何采用此种形式，应是有意思的事。

    * 原著误为"东南"。——译校者

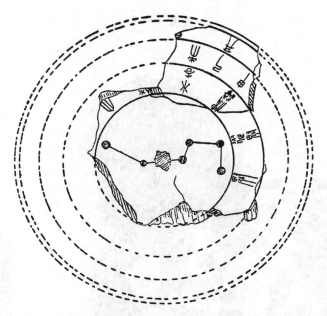

图 327　文字尚可辨认的天盘残片图 [王振铎（2）]。

年代则较早，其中有些物件标明公元 4 年和 8 年，此外，所刻文字的风格表明为王莽时代。这些物件之中有匙（虽然没有用天然磁石制的），其形状使得它们在碗上平衡时易于旋转[1]。

　　然而，并非所有"地盘"均为木制，人们也可能将青铜制的"地盘"的某些碎片与镜相混淆了[2]。清代考古学家刘心源曾描述过这样一个青铜"地盘"，称之为"四门方镜"，而其确系汉代之物[3]。现存最完整的实物为青铜所制，系隋代或略早之物，严敦杰（15）对此曾有描述。后世的式盘通常多用木制，关于所用木材的情况也有所了解。编撰于 713 至 755 年间的《唐六典》[4]述及圆形的"天盘"系枫木所制，而方形的"地盘"则为精选的枣木所制[5]。为下盘选用特别坚硬的木材，这也许是有意义的，因为如果像王振铎所提出的那样，移开上盘，代之以杓，那么杓就应在下盘的硬木表面上转动。

　　"式"上面的符号与《淮南子》（公元前 120 年）一书中的宇宙理论之间有密切的对应关系。"宿"划分为"九野"，以及用天干地支作为罗盘方位点，都密切地遵循这种关系的解说[6]。这部书还有重要的一篇专门讲到大熊座之尾所指示的一年四季的特征及性质[7]，所根据的是该尾的周年位移，这是在夜间某特定时刻观察到的它相继指向赤道不

265

---

①　王振铎在复制磁杓时就是以这些匙作为模型。
②　参见 Harada & Tazawa（1），fig.27。
③　《奇觚室吉金文述》。
④　《唐六典》卷十四，第二十七页。
⑤　同样的说法又见于较早的辞书《广雅》。枣木得自枣树（*Zizyphus jujuba* 或 *vulgaris*）（R 292，293；B Ⅱ，484；Ⅲ，275）。
⑥　《淮南子》第三篇，第二、三、四页。关于这些类似的情况，王振铎（2）有很详尽的阐述。
⑦　《淮南子》第三篇，第十至十一页。

图版一一三

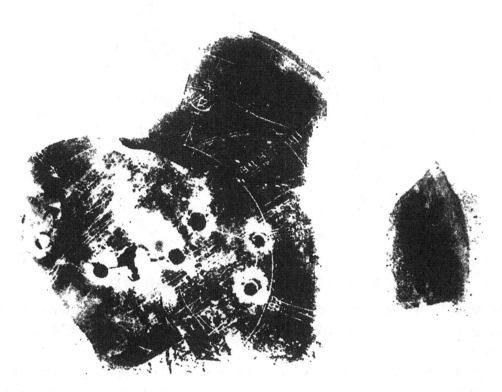

图 328 式盘的天盘的残片，发现于朝鲜乐浪彩箧塚（1 世纪）。当时该地区为汉王朝所统治。据 Koizumi & Hamada（1）；Rufus（2）。

同位置的、在拱极区①内环绕一周的移动。根据德·索绪尔 [de Saussure (16a)] 所谓的
"概念的物理学 – 天文学的联系"，二十八宿被每七个一组（参阅本书第三卷，p.240）
分配于四个星宫（由时圈分开）中，而与每一季节相联系的每一星宫被转移到地平圈
上，于是大熊座之尾被认为是按罗盘方位绕行的。在此刻讨论的这段文字②中，把大熊
座之尾说成是相继指示此二十四方位③。由于各宿即赤道星座也被移到且固定在地平圈
上，它们也再三地受到注意，虽然事实上处于明显运行着的天空之中，而大熊座之尾则
永恒地指向第二宿——亢宿④。我们还记得（本书第三卷，p.250），《淮南子》的第五
篇整个讨论牧夫座 γ 星（"招摇"）环绕各方位点的周年旅程，该星可视为大熊座之尾
的延伸部分⑤。总之，我们可以毫不犹豫地称大熊座之尾为一切指针读数仪器中最古老
的一种，而且在它转移至占卜盘的"天盘"这件事上，我们看到了在通往一切刻度盘和
自动记录仪表的路途上所迈出的第一步。

266

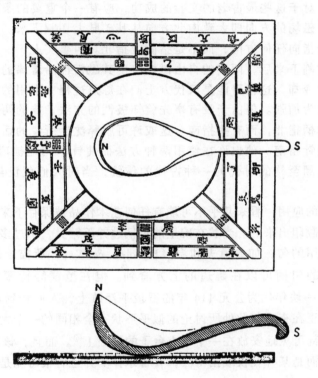

图 329 地盘及磁石杓图（平面图和立面图），表示磁杓的形状如何使
其在受到磁性力矩作用时能绕其底部旋转 [王振铎（2）]。

---

① 由于大熊座在北方的地平线附近，每月所"指示的"方位角其间隔不等，但刘安及其友人并不在意此不均
等而假设其为均匀的 [Chatley (1)]。

② 《淮南子》第三篇，第十至十一页。

③ 实际上仅有十二地支的名称。

④ 中国人的这种体系与阿拉伯人的方位星有着极其明显的不同，德·索绪尔 [de Saussure (35), pp.50ff.]
作了很好的解释。阿拉伯人根据在接近地球赤道位置（或许在北纬 10 度左右）所看到的一些星的升降位置，即它
们的北极距，选择这些星表示罗盘方位。参阅本书第二十九章。

⑤ 参阅 de Saussure (11)，以及本书第三卷 pp.251ff.。

这种转移究竟为什么产生和怎样产生的，是什么东西提示了用大熊座本身的实际模型来代替"天盘"，这个极为引人注意的问题在现阶段叙述会离题太远，必须推迟到后面再讨论（本册 p.315）。王振铎（2）根据若干理由排除了杓是由磁化的铁制成的这种可能性，并决意探究以天然磁铁矿（磁石）雕琢成的杓的特性。惟一有效的方法是实验，因为没有任何其他方法可以预言，这种形状的杓是否会有足够的磁性力矩以克服杓底与其下平滑表面之间的摩擦。王振铎所制的模型之一，如图 329 和图 330 所示。他首先用钨钢①制成一个匙，尽可能强地将它磁化，再把它放在精细抛光的青铜"地盘"上进行测试。证实其大体上指南，但由于最精细的抛光也无法克服的摩擦而有微小偏差。即使是最坚硬的木材，无论髹漆与否，也不可能提供足够光滑的表面。然后，他用采自磁山的磁石继续进行试验，此磁山几乎肯定是汉代人们所用的铁矿石和磁石的产地，也得到了同样确定的结果②。

乍看起来，对于这些最古老的实验的成功，应有一个重要的条件，那就是，天然磁铁矿块应依地磁场的方向即大致南北方向从其矿脉上切割下来。否则，有人也许认为，杓柄可能会指向任何方向，而不是指南或指北。但事实上，一旦一块棒状磁石从大块岩石上被切割下来后，两端的自由磁极将使其磁极性沿着棒的主轴取向。如果将磁石棒加热而后冷却，这很可能是汉代方士们在炼丹过程中常用的方法，则极性将因热顽磁效应而大为加强。但由于没有事先验知极性的方法，棒的两端常被混淆，因此实际上有些杓的柄指北，而有些指南。这或许可解释沈括所说的话，即有两种针，一些针指北，一些针指南。他也许在使用两种方法而使针不同地被磁化，但另一方面，他也许在转述追溯至杓的时代的一种古代的传统，当时人们就已经知道有两种磁石杓了。

关于磁石杓的应用，看来几乎不可能有任何艺术作品被保存下来，但汉代的一方画像石至少是值得翻印出来的。当然在碗里的长柄匙并不罕见，不过多数情况下它们看来真的是舀汤或酒用的勺，如鲁道夫和温（Rudolph & Wên）所描绘的四幅汉代雕刻所示③，只有弯曲的勺柄可以在碗边的上方看到。但在范德海特藏品（van der Heydt Collection）④中，一块年代为公元 114 年的石板平浮雕上，人们看到（图 331），在右上角显然有一个人正在查看与此处所讨论的似乎形状完全相同的一个大匙，它没有被碗遮掩，而是几乎全部可见地安放在一个小方台子的平面上⑤。而且，该浮雕的其余部分描绘的不是宴会，而是某种礼仪或招待会，有音乐伴奏并且有很可能是机械玩具之类的东

---

① 含 15%—20% 的钨。磁铁矿的氧含量约为 30%。

② 这与重复皮埃尔·德马里库尔关于漂浮磁石的实验的某些失败，形成对照［Michel（6）］。在欧洲重复王振铎的实验，应该是有意义的，但我自己于 1952 年夏在北京曾亲眼看到王博士及其助手卢少忱（音译，Lu Shao-Shen）用一个磁石匙所做的表演。虽然当时未使用他的最好的磁石匙，但如果对所试验的匙加以轻微的摇摆动作，它就一次又一次地在指向南方的位置停止下来。青铜底盘以及磁石匙本身（尽可能的）高度抛光是最重要的。

③ 第 57 号，两个有翅膀的神在玩六博（四川省博物馆藏）。第 77、78、79 号是有舞伎和魔术师的宴会场面（成都某私人收藏）。

④ 现收藏于苏黎世的里特堡博物馆（Rietberg Museum）。

⑤ 感谢布林（A. Bulling）博士，他让我们注意这一有趣的文物，并提供了一张它的照片。《南阳汉画像汇存》中（第 66 页）有一件浮雕与此十分相似，鲁道夫［Rudolph（3）］有图示。

图版一一四

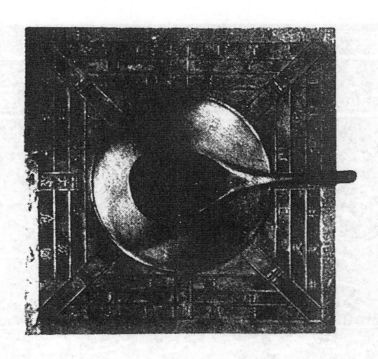

图 330　磁石匙（杓）和式盘的青铜地盘的模型，王振铎（2）复原。如果正确解释王充在公元 83 年所说的话（见本册 p.262 引文），此为磁罗盘的最早形式。图中左方为北方。

图版——五

图 331　年代为公元 114 年的汉代石浮雕［苏黎世里特堡博物馆（Rietberg Museum）范德海特藏品（van der Heydt Collection）］，表现技艺幻术、戏法和魔术。魔术师和杂技演员正在表演（关于此事的意义，参阅本书第一卷 p.197），音乐也在演奏着（由下向上数第二行，从左到右：小的笛、大的笛、笙和箫）。中部敲击大鼓的人可能是机械人，因为它们与在汉代记里鼓车［见本书第二十七章（e）］的画像中所见到的非常相似，而包括杂技演员在内的整个结构，很可能是某种用机械驱动的旋转木马。上面一行坐着的人也许是皇室的观众。在右上角还有一个奇异的物件呈献给他们。我们可以看到与磁石杓形状相同的大的长柄匙安放在小方台子上（见插图），它正被一个跪着的人注视着。这可能是在王充的著述之后仅几十年，关于磁罗盘最早形式的一幅图画。

西。中部的鼓，有仆人正在敲击，它恰如记里鼓车（里程计车）上的鼓［见本书第二十七章（e）］，高出鼓的轴所载的东西可以合理地被解释为旋转木马，其上的人物应由机械来运转[1]。看来这是汉安帝的术士和巫师们的一个演出日。

（vi）关于占卜盘的文献

我们现在可以回过来考虑更多的文字证据。两类参考文献必须予以考虑，首先是那些谈到"式"（占卜盘）本身的文献，其次是那些谈到"司南"（指南或司南）的文献。

关于第一类文献，不存在什么争论。占卜盘自汉代以来一直为人们所熟知。但它究竟如何使用则早已被忘却，所能确定的是，"天盘"在其轴上转动，以模拟大熊座之尾按四季绕地平圈的想像运行。最早提到此事的文献之一，应是《道德经·益谦第二十二》[2]。我们已经讨论过[3]，《周礼》中关于"式"的记载与术语"律"（标准律管，法令或规章）有关；在此只要重申一点就够了，这就是它描述了占卜盘是由国家一位最高级的官员掌管的，这位官员在战时必须用它来预卜凶吉。《前汉书》中有关王莽的记述，需要更详细的讨论，因此将推迟几页以后再谈。司马迁说[4]：

> 现今占卜者有一个天和地的模型，代表着四季并且遵循着仁慈和正义[5]（"仁义"）。他们按这种方法把竹签分组，并决定包括哪些"卦"。他们转动"式"以把"卦"调整到正确的位置（"旋式正棊"）[6]。然后他们能预言人事中的有利或不幸，成功或失败。

> 〈今夫卜者，必法天地，象四时，顺于仁义，分策定卦，旋式正棊，然后言天地之利害，事之成败。〉

这段文字记载于公元前90年左右。由于大熊座在天空中转动，占卜盘的上盘应在下盘之上转动，因此大熊座的模型即匙，也应在下盘之上转动，人们可以开始看出这是何等自然的事。其他的记述，见于《广雅》（辞书《尔雅》之增广），该书或许是4世纪（北魏初期）的著作；见于《世说新语》（5世纪晚期或6世纪初期）[7]，书中将"式"与后汉学者马融联系起来；又见于《颜氏家训》（约590年）[8]，该书作者说他本人曾使用过；而在《宋书》（著于6世纪中叶）[9]中两次提及，我们看到一个名为颜敬的人因用

269

---

① 参阅本书第七章（h），包括图33，见第一卷 pp.197ff.，其中强调了至今未被承认的"魔术师和杂技演员"在技术史中的重要性。

② 参阅本书第二卷 p.46。

③ Biot（1），vol.2，p.108；见本书第十八章关于"自然法则"，第二卷 p.552。

④ 《史记》卷一百二十七，第四页；由作者译成英文。

⑤ 我猜想这些名词系指天体的自然现象的性质；参阅本书第二卷 p.43，关于为矿物性质创造非道德术语的困难；并参阅本册 pp.15ff.，关于在大自然中"正义"的概念以及自然法则。

⑥ 这是一个奇怪的字，因为"棊"亦作"棋子"解，虽然根据唐代注家的解释在此指盘的下部即"地盘"。关于罗盘与象棋之间的关系，见本册后面的叙述。

⑦ 《世说新语》卷上之下，第九页。

⑧ 《颜氏家训》第十九篇，第八页。

⑨ 《宋书》卷九十七，第八、二十一页。

"式"而闻名①。唐代的百科全书至少记载了三种形式的"式"。文献书目也是饶有兴味的。在《前汉书·艺文志》②中记载了两部关于"式"的应用的书，其中一部名为《羡门式法》③。1150 年前后，《通志略》的书目编著者已能记载④不下 22 部关于"式"的书，其中包括约 6 部《式经》，据说是许多古代人物如伍子胥和范蠡等人所著。很自然，"式"与炼丹术有些关系。著于 930 年前后的《北梦琐言》谈到⑤，一个名为宗小子的炼丹术士是占卜盘的专家，当他在 880 年左右流寓四川时，曾用占卜盘来预示化学操作的成功。遗憾的是，没有人试图对"式"进行详细的研究⑥。近代科学家自身曾陷入伪科学的深坑，但他们有时却以蔑视的态度甚至拒绝对此作历史性的研究，而学者们仍受这种蔑视的态度所影响⑦。

<h2 style="text-align:center">（vii）关于"指南"的文献</h2>

在谈到"司南"（指南或司南）的文献之中，最古老的是《鬼谷子》中的记述，书中写道⑧：

> 当郑国人出外去采玉时，他们随身带着司南，以便不致迷路。估量能力和可能性，就是人事的指南。
>
> 〈故郑人之取玉也，必载司南，为其不惑也。夫度材量能揣情者，亦事之司南也。〉

该书的许多版本在"司南"之后添加了"车"字，但王振铎认为这是抄写者或编者不熟悉堪舆术的一个典型事例，他们只听说过指南车，以为谈及指南必定指的是指南车。然
270 而也并不总是如此，因为文献的原始形式有时被保存下来了，如见于沈约的《宋书》⑨。《鬼谷子》的作者并没有想到"车"，这一点可由所用的"载"字看出。当然，这段文字不太可能真正撰于公元前 4 世纪早期，即假定是王诩在世的时期⑩；而几乎可以肯定是汉代的著述，但这并不降低它对于目前讨论的重要性。

汉代以前比较可靠的记载，则是《韩非子》中的一段话，如下述⑪：

> 臣民侵犯统治者并侵夺他的特权，就像缓缓延展的砂丘和渐渐积聚的斜坡一样，这使得君主忘却其地位，混淆东和西，直至他真的不知道其身在何处。所以古

① 《宋书》卷五十七，第二十三页。
② 《前汉书》卷三十，第四十五页。
③ 参阅本书第二卷 p.133。
④ 《通志略》卷四十四，第三十一页以下。
⑤ 《北梦琐言》卷十一，第五页。
⑥ 然而，严敦杰（14）已就占卜的"六壬"方法作了说明（参阅本书第二卷 p.363），该方法与"式"有关。
⑦ 对此，诺伊格鲍尔 [Neugebauer (4)] 题为"无聊题材的研究"（"The Study of Wretched Subjects"）的出色短文颇值得一读。可与帕格尔 [Pagel (5)] 的"废物的辩解"（"The Vindication of Rubbish"）相比较。世界上其他地方对"式"的反响，亦值得注意。参阅桑戴克 [Thorndike (1)，vol.2，pp.116ff.] 关于 *Prenosticon Socratis Basilei*（可能 12 世纪）的论述。
⑧ 《鬼谷子》第十篇，第十九页；由作者译成英文，借助于 Forke (13)，p.490。
⑨ 《宋书》卷十八，第四页。
⑩ 近年得到支持的一种看法，认为《鬼谷子》一书是苏秦和其他纵横家所著（见本书第二卷，p.206）。王诩的真实性甚不可靠。
⑪ 《韩非子》第六篇，第二页；由作者译成英文，借助于 Liao (1)，p.44。韩非卒于公元前 233 年。

代君王设立司南，以便分辨日出和日落的方向。

〈夫人臣之侵其主也，如地形焉，即渐以往，使人主失端，东西易面，而不自知。故先王立司南以端朝夕。〉

在《周礼》中分辨这些方向的应该是圭表、日影和北极星（参阅本书第三卷，p.231），所以，如果韩非所想的是天文学的方法，他必定会提到这些而不是特设的"司南"。正如王振铎指出的，事实上司南从未出现在官方天文仪器的名册之中，这是很值得注意的。看来很可能这是因为它起源于与占星家极有差异的另一类技术专家即堪舆家的缘故。韩非的这些话，出自相当可靠的典籍，将关于"司南"的记述远推至汉代之前秦代兴起的时期[①]。

可能系编者添加了"车"字的另一个例子，见于天文学家虞喜[②]在325年左右所撰的《志林新书》。虞喜详述了风后奉黄帝之命首先制成某种指南、使得军队在大雾中辨明方向这一传说（该传说后来被牢固地与指南车联系在一起），之后接着说，风后是模仿大熊座制作的（"法斗机"）[③]。所以这段文字原来必定谈的是"式"，而"车"字则是后来添加的。

表明指南为一实物的另一种证据，见于《南史》的任昉传[④]，说到有人悲叹道，如今 271 没有可以讬付"指南"的哲人了。还有许多提到指南的隐喻，仅举数例如下：

汉　　107年　张衡的《东京赋》[⑤]："您一直是我的指南。"（"幸见指南于吾子。"）

三国　205年　留存在《三国志》[⑥]中的宋仲子致王商书："先生您应以他（许靖）为指南。"（"足下当以为指南。"）

三国　260年左右　左思的《吴都赋》："地下精灵俞（儿）[⑦]骑马以（皇帝狩猎的大队人马）为前导，而指南指示四个方向的方位。马车（从王宫出发）隆隆向前，身着盔甲的士兵以沉稳的步伐行进。"[⑧]（"俞骑骋路，指南司方。出车槛槛，被练锵锵。"）

晋　　300年左右　《抱朴子·外篇》卷二十五，第二页："艾蒿（即普通的）人们被迷惑而没有指南使他们回归。"（"艾群惑而无指南以自反。"）

梁　　6世纪　刘勰的《文心雕龙》[⑨]："让这些原则作你的指南。"（"文之司南，用此道也。"）

---

①　夏德［Hirth (3)］是发现这两段文字的第一位西方汉学家。德·索绪尔［de Saussure (33)］认识到它们的重要性，虽然他并不知道《论衡》中的那段基本的文字。

②　参阅本书第三卷 p.247。

③　《玉函山房辑佚书》卷六十八，第四十页。参阅唐代学者张彦振的一篇赋（《指南车赋》），他说"司南"在地上就好比大熊座在天上（"北斗在天……司南在地"）（《古今图书集成》，考工典，卷一七五，见于第七九四册，第三十九页；又见《渊鉴类函》卷三八七，第九页）。行文之中清楚地表明，张彦振所想的是器具而不是车子。

④　《南史》卷五十九，第八页。该项资料的年代约为500年前后。

⑤　《文选》卷三，第二十一页；译文见 von Zach (6)，vol.1，p.37。

⑥　《三国志》卷三十八（《蜀书》卷八），第四页。

⑦　《管子》中提到的登山之神，能引导人们到水源和矿脉。

⑧　《文选》卷五，第十一页；《全上古三代秦汉三国六朝文·全晋文》，卷七十四，第八页；《渊鉴类函》卷三八七，第九页引用；译文见 von Zach (6)，vol.1，p.65。

⑨　中国文献中关于文学批评的最古老的著作；见 Chhen Shih-Hsiang (1)。该段文字见《文心雕龙》第二十七篇。

| 唐 | 630 年左右 | 僧法琳的《辨正论》："以佛经作为你的指南。"（"以佛经为指南。"） |

这一切包含了这样的意思，即在这些世纪之中（从汉代初期到唐代晚期）"指南"是一件实物，是一种类似罗盘的仪器，甚至那些未曾见过或用过的人都知道它是一种著名的装置，并且它确实被广泛地用作文学上的隐喻。既然这类文献从未提到过车，那么它们所指的一定是别的东西。如果这不是"式"的地盘上的磁石杓，它还能是什么别的东西呢？如果它不是起源于王充和张衡的时代，它是否可能追溯到比栾大更早的伟大的骈衍学派的时代呢？

（viii）"威　斗"

关于"式"的最引人注目的历史事件之一是在王莽的末日，他是前汉与后汉之间新朝的第一个也是惟一的皇帝[①]。公元 23 年汉朝的人最终占领了他的皇宫，而他在此期间被杀，有记述如下[②]：

272

> 当时大火烧到了偏殿（承明殿），此为黄皇室主（他的女儿）居住之处。（王）莽从那里逃至宣室避火，而前殿的火立即随他而来。宫人和妇女们嚎啕呼叫着："我们该怎么办啊？"其时（王）莽全身穿着深紫色[③]的衣服，系着佩有御玺的丝带，手中拿着舜帝的勺状头的匕首。一位占星官在他的前面放了一个占卜盘（"栻"），并把它调整到与该日该时一致（"日时加某"）。（这位皇帝）遵从勺柄指示的方向转动他的座位，坐了下来（"旋席随斗柄而坐"）。然后他说："上天已给了我（皇帝的）德行；汉朝的军队怎能把它拿走呢？"

> 〈火及掖庭承明，黄皇室主所居也。莽避火宣室前殿，火辄随之。宫人妇女诟讂曰："当奈何！"时莽绀袀服，带玺韨，持虞帝匕首。天文郎按栻于前，日时加某，莽旋席随斗柄而坐，曰："天生德于予，汉兵其如予何！"〉

在此令人印象深刻的场景中，对于我们的主要问题是，当王莽旋席以面对巫术上的正确方向时，他所遵从的究竟是什么东西？戴遂良[④]和德效骞[⑤]认为"斗"是指大熊座本身，因此推测这个注定灭亡的皇帝的动作是连续的[⑥]；但看来更可能的是，他的主要目的在于面向正南，即面向自古以来中国所有统治者认为礼仪上的宇宙中心的基本方位。这段记载甚至没有说当时大熊座是否可见；但若可以见到大熊座，他就无需用"栻"。因此较为可取的看法是，所说的斗柄并非星座，而是刻在"栻"之"天盘"上的星座形象，或者就是磁石制的星座的模型，其柄指出了他必须面向的确定方向，以便昭示天下其帝王之德，从而击败汉朝的反抗者。

---

① 参阅本书第一卷，pp.109。
② 《前汉书》卷九十九下，第三十一页；由作者译成英文。
③ 这种颜色适于北极区域，象征帝王（参阅本书第三卷，p.259）。
④ *TH*，pp.634，635。
⑤ 私人通信。参见后来出版的 Dubs（2），vol.3，p.463。
⑥ 有种种理由可以相信，皇帝在明堂中经过各殿的季节性的巡行，其顺序是以大熊座的运行来决定的［参阅 Soothill（5），p.93］，但那是一个缓慢的过程。这里我们讨论的是一个极为苦痛之夜所发生的事件。

　　王莽时代形如匙杓的器物的极端重要性，在有关他如何组织制造"威斗"的另一段文字中也得到了说明。威斗是否只有一个，还是有五个，每个象征五行之一，则不清楚。事情发生在公元 17 年[1]。

　　　　（天凤四年）八月，（王）莽亲自赴京城南边的郊外祭祀场所，以监督"威斗"的浇铸和制造。它是用五色矿石和铜制成的。形状像北斗七星（大熊座），长二尺五寸。（王）莽打算借助于祈祷和符咒，（用它）来征服所有反抗的军队。威斗制成后，王莽命令（五行的）司命官庄重地肩负着它，在他出外时以其为前导，而当他入宫时他们在旁侍奉。铸造威斗的那一天，天气异常寒冷，以致官署的一些官员和马匹（当场）都冻死了。

　　　　〈（天凤四年）八月，莽亲之南郊，铸作威斗。威斗者，以五石铜为之，若北斗，长二尺五寸。欲以厌胜众兵。既成，令司命负之，莽出在前，入在御旁。铸斗日，大寒，百官人马有冻死者。〉

　　毫无疑问，这种半幻术半礼仪的器物是一个代表大熊座的模型，因此它与磁石杓有密切的关系。后来的评注家感到有些困惑的是制作它的材料的问题（例如，颜师古认为是黄铜），但是根据前面已经谈到的（本册 p.111）考古学证据，最有可能的看法认为是用外壳包玻璃的青铜制成[2]。这个名称再次出现在汉代的一部谶纬书《礼纬斗威仪》中，该书全是占星术的材料[3]。王莽的礼仪用的威斗，有些于 430 年前后在南京附近被发现[4]，至少有一件在刘宋时代仍存；因为 1210 年的《野客丛书》说[5]，丞相韩玉汝*家有王莽时代的一个青铜制的礼仪用的"铜枓"，长度为宋尺一尺三寸，其上所刻的年代相当于公元 19 年。王楙又说，它虽然也被称为"斜"，但形状则如勺。因此，我们的结论是，"威斗"为大熊座的礼仪用的模型，正如"司南"是磁石制的实用的模型[6]。

273

（ix）从磁杓到磁针

　　熟悉欧洲航海罗盘文献的人都很清楚这一事实，航海罗盘最早的名称之一是"calamita"[7]。有些人认为，它是从希腊文的芦苇（*kalamos*，καλαμος）一词派生的，意指一小片帮助针漂浮的芦苇，但更为普遍公认的观点是，这个词的意思是小青蛙或蝌蚪。例如，普利尼就是这样用的[8]。因此，那些也能阅读中文的人，当他们发现在 4 世

---

①　《前汉书》卷九十九下，第二页；由作者译成英文。参阅 Stange（1）；Dubs（2），vol.3，p.372。

②　"五色石"的各种组分表，出现在汉代和晋代的炼丹术著作中，例如，《参同契》第十二章［Wu & Davis（1），ch.29］；《抱朴子》卷四，第三十二、三十三页；卷十七，第十二页；此三处均提到磁石。但在这里，极有可能是玻璃。这并不排除工匠们在熔化了的金属中加入一些磁铁矿。

③　《古微书》卷十九，第一页。

④　《南史》卷三十三，第二十四页。

⑤　《野客丛书》卷十三，第八页。并重述于宋代的其他资料之中。

⑥　作者非常感谢德效骞（H.H.Dubs）教授对这个问题的讨论，但遗憾的是我们对上述几段文字的解释不一致。他认为"威斗"是容积的量器，但巫术与计量学是不能混为一谈的。

⑦　Klaproth（1），pp.15ff.；de Saussure（35），p.43；等。在现代意大利文中，该词用来指蹄形磁铁。

⑧　*Hist.Nat.*xxii，42。毫无疑问，意义的引申是由于两栖类动物常常混生活在芦苇中。

＊　本书作者误为"韩玉"，现更正。——译校者

纪崔豹著的辞书《古今注》中的记载时，会感到相当震惊。这段记载如下①：

虾蟆子即蝌蚪，又称为"神秘的针"（"玄针"）或"神秘的鱼"（"玄鱼"），另一名称为"匙形小动物"（"蝌蚪"）。它的形状是圆的，并有一长尾巴。尾巴脱掉后，手脚就生出来了。

〈虾蟆子，曰蝌蚪，一曰玄针，一曰玄鱼，形圆而尾大，尾脱即脚生。〉

274　　　《古今注》原文的真实性自然一直有争论，但桥本增吉〔Hashimoto（1）〕曾作过令人信服的辩护。不管怎样，对于目前的争论来说，并不需要坚持认为这些生僻的字词是4世纪时的，因为在马缟著于923至936年间的《中华古今注》中，有使用这些重要字词的几乎完全相同的话。以传统的观点来看，这是非常不利的情况。我们认为解释它们的方法，只有假定在4世纪至10世纪之间的某个时期指南的磁石杓被指南的铁"鱼"、"蝌蚪"或针所替代，后者是用在磁石杓上（或在一块磁铁矿上）摩擦的方法，或者是用在地磁场中急骤冷却的方法磁化的；并且假定由于对一些概念的自然联想，磁针被称为"虾蟆子"或"蝌蚪"，而蝌蚪本身又有了"玄针"这个流行的名称。除此之外，没有其他方法可以解释。恰恰"蝌蚪"的"蚪"字包含了作为其语音字的表示杓斗的部首（"斗"），这一点是不能忽视的。蝌蚪与中国人的勺在外形上极为相似；当人们有理由认为铁的磁针是从磁石杓演变而来时，则蝌蚪与磁针的联系就变得很容易理解了。

最后，我们知道（本册 p.257）在1040年至1160年之间，即远在欧洲文献首次记载之前，中国人已在使用（a）装有磁石的漂浮的木制鱼形器物；（b）漂浮的铁制或钢制的鱼形磁体；（c）装有磁石的绕支枢转动的木制龟形器物。

对中国人装置磁针的一种方法的肇始年代作比较接近事实的推测，可由校勘研究原文的变异而获得。《古今注》的《汉魏丛书》本②在关于蝌蚪的这段文字中作"元针"，但《北泉图书馆丛书》本③则表明"玄针"④是正确的。这又见于《中华古今注》（《百川学海》本⑤和《汉魏丛书》本⑥）。但当人们查看《太平御览》⑦中的引文时，则会惊奇地发现编者用了"悬针"二字。因此不论这种变化是由于不理解旧称还是仅仅由于疏忽而造成的，它向我们显示了这样的事实：在983年，即在沈括的书（参阅本册 p.249）出现之前整整一个世纪时，他所描述的悬挂磁针的方法（可能用丝线）就已为人们所知道和使用了。该书所用的字（"悬"）与沈括自己所用的完全相同⑧。

275　　　其他一些事实或许也与此有关。首先，前面已经提到过（本册 p.259），在成书于2至6世纪的数学书《数术记遗》中，可以找到有关罗盘历史的重要记载。邻近的一

---

① 《古今注》第五篇；由作者译成英文。
② 《古今注》第五篇，第九页。
③ 《古今注》第五篇，第六页。
④ 我们还记得，"玄石"一词在讨论有关磁铁矿的名称时，曾提到过。当然，"玄"字的另一常见的意思是"黑"，但磁石和蝌蚪也符合此意。
⑤ 《中华古今注》卷下，第十页。
⑥ 《中华古今注》卷下，第七页。
⑦ 《太平御览》卷九四九，第四页。1818年版系阮元与鲍崇城据宋版校刻的。
⑧ 在明代产生了更大的混乱，此时抄本和印本都作"悬钩"，无疑是因为磁针已不再悬挂了（北京图书馆缩微胶卷第270，1490号）。

段则谈到用"了"字的计算方法("了知算"),此字外形上像蝌蚪。其次,在唐代(766年至779年)韦肇著的《瓢赋》中说到,若把这样一个匙形物像玩具那样旋转,则使人想起"司南"("充玩好,则校司南以为可")[1]。显然,磁杓在那时仍为人们所知悉或记忆。再者,与传播到欧洲有关,我们不该忘记最早的阿拉伯文献,(奥菲和贝拉克·卡巴加基)两人都描述过有如"鱼"的漂浮的磁铁。最后,这种传说一直持续到迟至18世纪早期的《和汉三才图会》,人们可以在该书中读到[2]:

> 磁石的"气"和影响确实好像它是有生命的一样。磁石有头和尾,头指北,尾指南。头的力胜过尾的力。如果把它破碎成小块,所有的小块也都有头和尾。磁石如果喂以细铁屑,则会变"胖";如果挨饿,则会变"瘦"。如果把它放在火中加热,则将"死亡"而不再能指南。磁石也忌烟草。制作磁针的工匠以针的前端摩擦磁石的头,以针的末端摩擦磁石的尾,则前端指北,末端指南。如果把这样的针靠近磁石,则针将立即转动,前端与头一致,末端与尾一致。这样人们就能辨认磁石的头和尾,这又是一件奇异的事情。

> 〈其气势实如有生命也,而有头尾;头指北,尾指南。头胜于尾之力。破碎之,亦悉备头尾。所饲铁屑甚饱则钝,饥则瘦。若火烧则死,不能指南北。又大忌烟草。工人造磁石针,以针之本磨石之头,以末磨尾,则本指北末指南也。既以所磨针附寄磁石傍,乃回转,本则依头,末则依尾。以之知石头尾,亦一异也。〉

在此,我们看到将起源于磁石杓的古代的头尾概念应用于较新的磁极性的知识上。

无论是"悬针"还是"玄针",都值得作进一步研究,我们至此所能做的确实不够。例如,在宋代的炼丹术著作《太极真人杂丹药方》中,有一些化学器具的图解[3],书中提到"悬针匮",它无疑是用于蒸煮、升华或者甚至加压下反应的,是许多命名奇特的密闭容器中的一种。虽然该书未注明年代,但它那必定出自理学家的著名哲学图像的书名[4],则使成书的年代极可能是在11世纪中叶,这正是我们由研究磁化的针的其他所有证据所预期的年代。另一方面,它也很可能还要早一个世纪,因为太极学说十分可信地被认为是由陈抟(卒于989年)传给周敦颐的,如果不是来自晚唐的话[5]。 277这又把我们带回到了10世纪的五代时期,从其他证据来看(本册 pp.259,274,305),这是该问题发展的中心时期。此"匮"为何得名,我们不得而知,但由于后世书法中的竖直一画有"悬针"的雅称,这种铅垂线的联想可能在宋代或宋代以前就已经存在了;而且,当时所以要选用这样一个名称,很可能因为想使这种器具在炉中能完全直立[6]。

---

① 《古今图书集成》"考工典",卷一九八,见于第七九六册,第二十五页。
② 《和汉三才图会》卷六十一,第十九、二十页;由作者译成英文,借助于 de Mély (1),p.108,但其译文有几处错误。这部百科全书是寺岛良安于1712年以1609年的《三才图会》为基础编纂的。倒数第二句的颠倒,此处未作更正。
③ 见本书第五卷第二分册,以及 Ho & Needham (3)。
④ 参阅本书第二卷,p.461。
⑤ 参阅本书第二卷,p.467。
⑥ 当然人们不应排除这种可能性,即该名称或许来源于以针状晶体升华的物质,如一些银盐和铅盐。即便如此,双关语式的引证无需缺省。

276

表 50 中国论磁性的著作中关于"铁"和"针"的参考书目[1]

朝 代	铁	针
汉或汉以前	《吕氏春秋》 《淮南子》 《史记》 《前汉书·艺文志》 《春秋繁露》 《淮南万毕术》 《春秋纬考异邮》[3]	《鬼谷子》 《论衡》 《盐铁论》[2]
三国	《曹子建文集·矫志》	
晋	高诱注《吕氏春秋》 《南州异物志》 郭璞的《磁石赞》 郭璞注《山海经》	《抱朴子》 《三国志·吴书》
刘宋	《雷公炮炙论》	
梁和北魏	《水经注》	陶弘景的《名医别录》
唐	《本草拾遗》 《化书》[5] 《关尹子》[7]	《新修本草》[4] (《唐本草》[6]) 《悬解录》[8] 《管氏地理指蒙》
五代		《蜀本草》 《九天玄女青囊海角经》 《和名类聚抄》（日本的辞书）[9]（934 年）
宋	陈显微等宋人注《参同契》	《本草图经》[10] 《本草衍义》 宋人注《参同契》 《梦溪笔谈》 《日华本草》 《事林广记》 《萍洲可谈》 《诸蕃志》 《宣和奉使高丽图经》 《祛疑说纂》 《梦粱录》 《墨庄漫录》[11] 《格物粗淡》[12] 《物类相感志》[13] 《续博物志》[14] 《路史》 《龙虎还丹诀》

续表

朝　代	铁	针
元		《真腊风土记》
明		《事物绀珠》 《格致草》等

1) 对于表中时代较早的书籍，多数参考书目的详情可见本册 p.232。

2) 根据《佩文韵府》卷二十七（第一四〇二页，第三栏）。

3) 见于《玉函山房辑佚书》卷五十五，第六十二页。

4)《新修本草》卷四，第九页。李时珍自然没有见到该书，他只是从诸如《唐本草》等以前的本草著作引用之。

5)《化书》第十三页。该段文字的译文已见于本书第二卷 p.447。

6) 见于《图经衍义本草》卷四，第五页；《本草纲目》卷十，第七页。

7)《文始真经》卷二，第十九页。该段文字的译文已见于本书第二卷 p.54。此处并未提到铁或针，只提到吸引力本身。

8)《道藏》卷九二一，又见于《云笈七籤》卷六十四，第六页。该段还见于《雁门公妙解论》，《道藏》卷九三七，这是另一部炼丹术著作，其本文实质上和《悬解录》相同，所以肯定也是唐代的（第二页）。这些著作将在本书第五卷第二分册作更充分的讨论。在此我们谨向何丙郁博士在炼丹术文献方面的合作表示谢意。

9)《和名类聚抄》卷二。

10) 见于《图经衍义本草》卷四，第五页。

11)《墨庄漫录》卷一，第十四页。张邦基著于 1131 年前后。

12)《格物粗谈》第二十八页。苏东坡著于 1080 年前后。

13)《物类相感志》第一页。苏东坡著于 11 世纪晚期。磁力现象在该著作的开头就被提到了，"物类相感"清楚地表明，自然哲学的"场"的概念在中国人的思想中是非常传统的（参见本书第二卷 p.293）。进一步的讨论可见 Ho & Needham (2)。

14)《续博物志》卷九，第五页；此为据称引自汉代《神农本草经》的引文。但该书最好的辑本在关于磁石的条目下并未提到磁性引力，此段原文定为宋代较妥，因《续博物志》系 12 世纪时所编。

　　人们对中世纪炼丹术的文献了解得越多，则从中发现的一些暗示就越有价值。较上述这本作者不明的著作早得多的一部书，是楚泽先生在 500 年左右修订增补的《太清石壁记》，不过该书是以 3 世纪后期的炼丹术士苏元明的原著为基础的。在此我们见到有关炼丹术的许多同义词[①]，其中有如下的叙述[②]：

　　　　"帝王的糊浆"（"帝流浆"）和"在固定台上的吸引的针"（"定台引针"），两者都是磁铁矿（"磁石"）（的隐名）。

　　　　〈帝流浆与定台引针均为磁石。〉

毫无疑问，这里的第一种东西是指悬浮于水的粉末磁铁矿石，但引起我们兴趣的则是第二种东西。如果其意仅关系到磁石对铁屑或针的吸引，那就不会提到这些活动的场所——正是"定台"这个概念表明作者想到了占卜盘或显示方向性质的其他某种方位盘[③]。我们无需坚持作者是苏元明，因为楚泽是陶弘景同时代的人，况且还有其他许多证据，指出那位伟大的博物学家生活的时代，正是从磁石杓发展到罗盘针的决定性的

278

① 整部书值得注意的是对于化学和药学的清晰明了的描述。该书以特意明显而不隐晦的文体写作，值得研究和翻译。

②《太清石壁记》卷二，第十页。何丙郁博士指出了这段文字。

③ 这很可能是一盘水，但不管是什么，罗盘方位必定是标明在上面的。

时代。

　　为了更准确地确定采用磁针的时期——只有磁针才可能以磁的方法精密测定方位角方向，让我们尽可能多地搜集提及磁石的著作，再根据其所用的"铁"字或"针"字把它们分成两组。可以预料，最早期的著作一般会提到小块的铁，而后期的著作则会说明针有吸引作用或指向作用。表50表明这种预期果然如此。

　　一般而言，早期谈到磁石吸铁的著作数量很多，而在梁代以后，几乎所有的著作都谈到磁石吸引针（或使针有指向）而不只是谈到磁石吸铁了。当然，这种说法应有保留，因为抄录者很容易把铁和针混淆起来。这样的错误也许确实可以解释在《鬼谷子》和在《论衡》中所出现的针字。如果承认这种说法，那么此证据表明，最初使用磁化的针的时间大约在4世纪，亦即葛洪的时代或稍晚。于是自然可以理解这是发现磁偏角的限制性的因素，因为磁石杓端部圆钝且有较大的摩擦阻力，不能显现出磁偏角。由此也可以看到，迄今所收集的包括陶弘景著作中的资料在内的大量证据，都是与大约4世纪这一时期相符的。

　　至于最初如何想到把针浮于水上，确是一个有趣的问题。看来曾有一种古老的占卜方法，即仔细观察浮针在水碗底上的影子。近代一些评述者确实注意到[1]，中国南方的少女和年轻妇女在某些季节性的喜庆之日里仍在用这种方法。我们有充分的理由认为这279 种技术至少可追溯到汉代，因为在《淮南万毕术》中已经说到[2]，要使针浮起就必须涂油，如用汗或头发上的油垢。这是和磁石记述在一起的[3]。

（5）罗盘在航海上的应用

　　这里最好如前面讨论磁罗盘本身那样来进行，使叙述围绕一部中心著作而展开。《萍洲可谈》这部书刚好与沈括在《梦溪笔谈》（本册 p.250）中所述大致同一时期，作者朱彧撰著于1111年至1117年之间，不过叙述的则是1086年之后萍洲及其他港口的事情。朱彧熟悉所谈论的那些事，因为他的父亲朱服自1094年起曾是广州港的高级官员，且在1099年至1102年任知州。书中重要的一段话如下[4]：

　　　　根据关于远洋航船（"海舶"）的政府法规（"甲令"），大船可载数百人，小船可载百余人。挑选最有地位的一个商人为首领（"纲首"），另一个人为副首领（"副纲首"），第三个人为事务管理（"杂事"）。商船的监督官（"市舶司"）发给他们一份盖有官方红印的证书（"朱记"），允许他们在必要时可用轻的竹条处罚其同伴。如果有人在海上死亡，则他的财产没收归政府所有。……船上的驾驶员熟悉海岸的地形（"地理"）；他们在夜间凭借星星驾驶，白昼则凭借太阳，在阴暗的天气里，则注视指南的针（"指南针"）。他们也用长百尺、末端带钩的绳索，将它沉入海中，

---

　　① 特别是 Przyluski（3）。据卜德［Bodde（12），p.59］说，在北京也有，称为"丢针"。
　　② 引自《太平御览》卷七三六，第八页，以及该书的现行辑本。在方以智的《物理小识》（1664年）卷十二，第十一页，有类似的一段，但未指明其出处，虽然在同一卷中的别处引用了《万毕术》这一书的书名［参见王振铎（4），第195页］。我们曾多次引用的《淮南万毕术》，该书的历史及文献目录见 Kaltenmark（2），pp.31ff.晚期关于浮针占卜的阿拉伯的例子，可参见 Wiedemann（8）。
　　③ 见本册 p.316。
　　④ 《萍洲可谈》卷二，第二页；由作者译成英文，借助于 Hirth & Rockhill（1）；Kuwabara（1）。

从海底取出泥样；根据泥样的（外观和）气味，他们便能确定其所在。

〈甲令，海舶大者数百人，小者百余人，以巨商为纲首、副纲首、杂事。市舶司给朱记，许用笞治其徒。有死亡者籍其财。……舟师识地理，夜则观星，昼则观日，阴晦观指南针，或以十丈绳钩取海底泥嗅之，便知所至。〉

这是关于使用航海罗盘的很详细的叙述，较欧洲首次述及罗盘约早一个世纪[1]。关于这点，有一种顽固的说法，认为该叙述指的是到广州通商的外国（阿拉伯）的船，并且认为因此而首先看到中国堪舆罗盘的可能用途的是阿拉伯人。这种说法是完全错误的；它来源于夏德［Hirth (3)］以及夏德和柔克义［Hirth & Rockhill (1)][2]的误译，他们以为"甲令"是某外来民族克林人（Kling)[3]的名称，不知它是表示"政府法规"的一个术语。我们独自得出了这个结论，却不知道桑原隲藏在二十多年前就已经指出了这一错误，并且从那以后其他人也对此有了认识[4]。所以，或许我们可以敢于期望这种说法现在将被抛弃。无论如何，人们只要阅读了整段文字，就会看出这种说法是不符合事实的，因为外国商人不需要由中国地方当局授予他们对船员的惩罚权，在海上死亡的外国商人的财产也不会被没收归中国政府。如果人们再读该书中相邻的几段，讲到船舶的修理经常在苏门答腊地区进行，那么，关于中国人其时并未远航的任何说法都会瓦解。

在欧洲人最早述及罗盘（1190 年）之前，还有两种中国著作提到罗盘。在北宋的京城开封于 1126 年陷落而宋室南迁到杭州以后，孟元老曾撰《东京梦华录》*，其中记述了关于航海的事情：

在阴暗或下雨的日子，以及乌云密布的夜间，水手们依靠罗盘（"针盘"）航行。船上的大副（"火长"）掌管着它。[5]

〈风雨晦冥时，惟凭针盘而行，乃火长掌之。〉

有意思的是，看管罗盘的船员的称呼直到 18 世纪仍未变更。孟元老所述，是大约 1110 年前后的事。十三年之后有一个外交使团派赴朝鲜，徐兢对此作了记述，我们已多次提到（本书第三卷，pp.492，511）。徐兢有关罗盘的记述甚有价值，因为他明确说到那是一种浮针。其所述如下[6]：

（由于风浪或海流的缘故）船在夜间经常不能停航，所以驾船者必须凭借星星和大熊座来航行。如果夜间阴暗多云，他就用漂浮的指南的针（"指南浮针"）来确定南北。当黑夜来临时，我们就点燃信号火（来传递罗盘读数？），船队的八艘船全都应答。

〈是夜，洋中不可住，维视星斗前迈。若晦冥，则用指南浮针，以揆南北。入夜举火，八舟皆应。〉

---

① 该著作在一个多世纪以前已为欧洲人知晓。然而像福布斯这样一位著名的学者却仍然写道（1950 年）："已经证实，罗盘是西方的发明。"见 Forbes (2), pp.101, 108, 132。

② Hirth & Rockhill (1), p.30。

③ 这是一个真实的名称；在近代，它是指新加坡的泰米尔人（Tamils），来源于孟加拉湾的卡林加（Kalinga）或特鲁古（Telugu）海岸［Yule & Burnell (1)］。

④ Duyvendak (8)；王振铎（4）；Li Shu-Hua (2, 3)。遗憾的是，赖肖尔［Reischauer (3), p.274］继续支持这种错误说法。

⑤ 由作者译成英文。关于"火长"，见本册 p.292。

⑥ 《宣和奉使高丽图经》，卷三十四，第九、十页；由作者译成英文。

* 此处应为"吴自牧曾撰《梦粱录》"。本书作者有误。——译校者

这几句话是艾约瑟［Edkins（13）］首先注意到的，它又一次证实了在西方知道罗盘之前的一个世纪中，正是中国人的船而不是其他人的船已经携带了航海罗盘。

281   在此我们暂作停留，来回顾一下。我们首先看到，对磁化铁的罗盘（有别于天然磁石的罗盘）有如曾公亮、沈括和朱彧那样明晰的记述，在 11 世纪初之前还没有出现过。然而仍有较早时期的许多线索，把它们汇集起来，就构成了虽不很清晰但却明确无误的一幅罗盘发展的图画。最早是在《淮南万毕术》中有关于浮针的最古老的记载。然后是在 2 世纪或 6 世纪的《数术记遗》中，对类似罗盘针的计算方法有一些不清楚的叙述。4 世纪葛洪在《抱朴子》中把针和"指南"奇怪地相提并论，后者在当时一般被认为是"栻"之地盘上的磁石杓。再往后是 4 世纪到 10 世纪这个时期，有虾蟆子—蝌蚪—瓢—针等复杂的命名，与此相应在西方则有 *calamita*（航海罗盘）之称，虽则在中国要早得多。对描述磁性吸引所用的词作比较研究，则有力地表明了磁针是在 4 世纪到 6 世纪出现的。我们即将要考察一些年代虽难于确定但看来是 9 世纪末或 10 世纪的书籍，这些书籍不仅谈到磁针，而且还给出了磁偏角的值。王伋也这样做了，他出生的年代应不晚于 990 年[1]。这样，磁化铁的罗盘发展的图画展开了。

      另一方面，就航海者来说，则是否定的证据。在《淮南子》（公元前 2 世纪）中[2]，以及在法显（5 世纪初期）的旅行记中，都有根据星辰定向而行驶的叙述。如我们所知，佛教徒朝圣的航行除了星辰定向之外没有别的方法。838 年，僧圆仁从日本航行到朝鲜和中国，关于航行之艰难，他有相当详尽的记述——表明如果当时罗盘已应用于航海，那么必定只限于极少数的驾驶人员[3]。

      因此，看来情况或许是，磁化的针在堪舆中的首次应用与它被水手采用于航海，其间延隔了相当长的时间。如果用天然磁石来磁化针最初是在 5 世纪前后这个结论成立的话，那么很可能磁针在 10 世纪以前尚未应用于航海。最可能的时期是在 850 年至 1050 年之间。根据所有的证据作一推测，也许可以说，磁化的针大概在隋唐五代时期日益广泛地应用于堪舆，而直到宋代初期才开始应用于海上。这个问题亟须进一步研究，或许会在中国文献中发现迄今尚未为人所知的有价值的资料。

282   关于这方面，有趣之处来自堪舆术的两大派[4]。如前所述，这种伪科学自唐代以后有两派，即江西派和福建派[5]。江西派以赣州为中心，由唐代国师杨筠松（活跃于 874—888 年）及其高徒曾文遄所创。该派强调山脉形状与河道走向，专注于地文学。福建派则与朱熹有关，起源于王伋及其弟子叶叔亮，注重"卦"、罗盘方位和星宿，尤其是利用磁罗盘[6]。这种情形不是偶然的，因为福建背山面海，许多世纪以来一直是中国航海者的培育地。现在大多数海军官员都是福建人。福建派堪舆家必定重视对航海非常重要的那些事物，这一点是因此可以预料的。我想指出，凡有关磁罗盘最早应用于航海的研究，还是把注意力集中到福建，特别是唐代和宋代初期为好。

---

    ① 关于这一切，见本册 pp.302ff.。这些书中有一部《海角经》，书名用了很有意义的字。
    ② 《淮南子》第十一篇，第四页。很容易找到许多类似的记述。
    ③ 圆仁的书名为《入唐求法巡礼行记》。赖肖尔［Reischauer（2，3）］译成英文并注释。
    ④ 参阅本书第二卷，pp.359ff.，以及本册 p.242。
    ⑤ 参阅 de Groot（2），vol.3，p.1007。
    ⑥ 例如，元代堪舆家赵汸描述了使用罗盘的能手如何从福建散播到各地（《古今图书集成》"艺术典"，卷六八〇，堪舆部艺文，第九页。）

283

图 332　制磁针的钢：采自《天工开物》（1637 年）的"抽线琢针图"。

在讨论 1200 年后中国人使用罗盘的一些有意思的记载之前，我们不应忘记本人就是一位有实践经验的航海者的德·索绪尔 [de Saussure (35)] 所提出的一个实质性问题。他指出，罗盘用于航海在一定程度上是由炼钢的冶金过程决定的。软铁不能长久保持磁性或显示出强磁性[①]；对于远航来说肯定希望有好钢制成的钢针。德·索绪尔认为[②]，我们所知道的 13 世纪之后关于中国人远洋航行的记述，如出使柬埔寨[③]等，没有钢制的磁针是不可能进行的。不过钢本身的历史已经相当复杂，而把钢首次用于制磁针则更不得而知。虽然在希腊和罗马时代已经知道钢，但古代最重要的两个钢产地是小亚细亚 [古老的赫梯人 (Hittite) 的中心] 和印度的海德拉巴 (Hyderabad)，那里出现了由阿拉伯铁匠在大马士革逐步发展起来的伍兹钢 (wootz steel)。对此铿迪 (al-Kindī) 在 9 世纪时有记述。在本书后面的"冶金学"一章里，我们将提出证据说明至少早在 5 世纪印度钢已经出口到中国。在那一章我们还将说明，至少也从那时起中国已经用出色的近代方法制造出了优质钢[④]。图 332 为采自 1637 年的《天工开物》的"抽线琢针图"[⑤]。因此可以说，中国人有性能优良的钢针要比欧洲人早几个世纪——对这个问题的调查本身就是一种研究[⑥]。正如布罗姆黑德 [Bromehead (5)] 引用一本 1597 年关于航海的书所说的，如果没有这种钢针，则每只船上必须携带用于再磁化的天然磁石。因此六百年来天然磁石一直是一种有经济价值的矿产。

现在来谈谈中国较晚期的记载。最有名的是赵汝适著于 1225 年的《诸蕃志》，他在书中说道[⑦]：

> （海南岛）以东是"千里沙洲"和"万里岩石"，（再往远处）则是无边无际的海洋。那里海天一色，过往的船舶只能借助于指南针航行。指南针须日夜密切注视，因为生死之间仅在毫厘之差。
>
> 〈东则千里长沙、万里石床，渺茫无际，天水一色。舟舶来往，惟以指南针为则，昼夜守视惟谨，毫厘之差，生死系焉。〉

这里虽然没有提到这些船舶的国籍，但整个上下文谈的是海南岛，该岛自汉代以来就是中国的一个州。书中还提到帆船来自泉州和中国的其他港口。半个世纪以后又有类似的记载，可见于吴自牧描述杭州的《梦粱录》[⑧]之中：

> （商船）一进入大海之门，便是广阔浩瀚无际无涯的海洋，猛烈而极危险，是神秘的龙和怪异的蛇的住所。在有风暴和昏暗的时候，只能靠罗盘航行，驾驶者不敢有丝毫差错，因为全船人的生命都依赖他。我常常同一些大商人谈论，他们告诉

284

---

① 许克和福尔默 [见 Schück (1)，Vol.2，p.53] 曾用各种铁针进行实验，它们都是按 12 世纪的铁针那样用手工制成的。安德雷德 [Andrade (2)] 撰写了一篇关于永磁体早期历史的有意思的论文。

② de Saussure (35)，p.44。参阅 Michel (6)。

③ 从印度支那滨海地区南行至马来亚要走两处名副其实的近道，即横穿北部湾口和暹罗湾口。参阅本册 p.258。

④ 同时可参考 Needham (31, 32)。

⑤ 《天工开物》卷十，第四、七页。1250 年前后，杭州有一条铁线匠街。

⑥ 例如，我们注意到，在 10 世纪陶毂的《清异录》卷下，第二十三页，有一段讨论到钢针："针之为物至微者也。问诸女流医工，则详言利病，如吾儒之用笔也。……"最受称赞的品种是"金头黄钢小品"。

⑦ 《诸蕃志》卷下，第十六页；译文见 Hirth & Rockhill (1)，p.176。

⑧ 《梦粱录》卷十二，第十五页以下；译文见 Moule (5)，p.366，(15)，p.32。

我所有这些细节。……靠近岛屿和暗礁时海水甚浅；万一触礁，船必沉毁。这就完全依靠罗盘，如果有一点点差错，则会葬身鲨鱼之腹。

〈且论舶商之船，自入海门，便是海洋，茫无畔岸，其势诚险，盖神龙怪蜃之所宅。风雨晦冥时，惟凭针盘而行，乃火长掌之，毫厘不敢差误，盖一舟人命所系也。愚累见大商贾人言此甚详悉。……但海洋近山礁则水浅，撞礁必坏船，全凭南针，或有少差，即葬鱼腹。〉

他接着说到水手的其他标志、水的性质、天气预报等等，措词与四五个世纪之后书里所用的极其相似。

到了元代，有周达观出使柬埔寨的记述（《真腊风土记》）。该书已由伯希和等人翻译成西文。到这时（1296 年）在书中不仅提到罗盘，而且还记载实际的罗盘方位，其叙述如下[①]：

在（浙江的）温州上船，向南—西南方位（"行丁未针"），经过福建和广东沿岸各州的港口及（海南的）海外（四个）州的港口，然后穿过七岛［塔亚（Taya）群岛］海和安南海，到达（在归仁附近的）占城。如果顺风，从那里经十五天就可抵达［在圣詹姆斯角（Cape St James）附近的］真蒲，此处是柬埔寨的边境。再从那里向南 $52\frac{1}{2}°$ 西方位（"行坤申针"），越过崑崙海［普洛·康多尔岛（Pulo Condor Island）之北］，可进入河口。

〈自温州开洋，行丁未针，历闽广海外诸州港口，过七州洋，经交趾洋到占城。又自占城顺风可半月到真蒲，乃其境也。又自真蒲行坤申针，过崑崙洋入港。〉

在郑和时代（1400—1431 年）关于航海的许多记载中，这种情形更多了[②]。如前面提到过的黄省曾《西洋朝贡典录》（1520 年）就有这方面的详细记述[③]。刘铭恕（2）和王振铎（5）已找出一些虽未列入正史书籍目录但肯定是 14 世纪的专门书籍，例如《海道经》、《海道针经》、《航海针经》[④]及《元海运志》[⑤]等。明初，记录罗盘方位的航海文献必定十分丰富。黄省曾列举的原始资料之一名为《针位编》，它可能是也可能不是一本印就的专门著作[⑥]。如果是的话，它应该是像《粤洋针路记》一类的航路书，后者据悉在 18 世纪时仍然存在[⑦]。本书前面[⑧]已简略提到郑和时代的舵工使用罗盘所走的路线。我们由他们周航马来半岛时取道现在新加坡的马六甲海峡这个事实，可得知他们技术熟练的程度。而葡萄牙人直到 1615 年，即当他们在该处海域活动已一个多世纪时，仍未发现（或至少未利用）这条航路[⑨]。

285

---

① 《真腊风土记》，"总叙"，第一页；译文见 Pelliot（9, 33）；由作者译成英文。注意该书与俞琰对《参同契》的评注（见本册 p.261）同时代。在这点上，对诸如刘基的《郁离子》（约 1360 年）等史料作更详细研究，或许很有用。

② 参阅本书第一卷，pp.143ff.；第三卷，pp.556ff.。又见第四卷第三分册。

③ 本书第三卷，p.558。

④ 在书籍目录中有十余种"针经"，但都是关于针灸方面的。

⑤ 元代或明代初年危素撰著。参见胡敬辑《大元海运记》。

⑥ 柔克义［Rockhill（1），p.77］认为不是，但伯希和［Pelliot（2a），p.345，（2b），p.308，（33），p.80］一直相信总有一天会找到证据说明有一部以此为名的专门著作。

⑦ Pelliot（2b）。

⑧ 本书第三卷，p.560。

⑨ 见 Mills（1）；Duyvendak（1）。

牛津大学保存着与此有关的一部甚有价值的抄本《顺风相送》[1]，戴闻达
[Duyvendak（1）]认为是 1430 年前后的著作，此正值郑和领导的一系列伟大的远航结
束之时。书中包含了大量的关于航海的一般知识（潮汐、风向、星辰、罗盘方位等等），
关于罗盘有如下的叙述[2]：

286

> 从前，古代杰出的人物行经海路，他们处处都依靠"地罗盘"（"地罗经"）[3]的
> 二十四个方位，根据情况修正方向。无论出航或返航，都必须记录时间和日期，早
> 或晚，经过的岛屿和山脉，还要观察风向的东西南北。一时，风改变方向一位或半
> 位；一时，潮流动缓慢或急速；这可能是有利的，也可能是不利的——你如果使用
> 测程仪和测深仪就会得知。你必须观察水色，知道是深还是浅；观察山的形貌，知
> 道是远还是近；而水势的升降必须经常仔细地观察。你切勿贪图睡眠。如果你犯了
> 很小一点点错误，就会错失一千里，那时后悔也就太晚了。

> 如果从东、西、南或北方起风，则可能要改变整个罗盘方位。观察到这种情况
> 的人必须立刻采取适当措施。如果是升帆的问题，则必须依罗盘方位而定，并根据
> 需要改变，有时多一些，有时少一些，当风向变为顺风时，再回到原来的航道。

> 至于方向上的困难，有路径时你可以寻觅，有行人时你可以问询。但海中的山脉和
> 岛屿并不是经常可辨认的，当你远离陆地，当海水与天空混为一色时，那么你就必须依
> 周公的方法决定正确的航道。罗盘针和海道簿此时就成为向导了。甚至如果你遇到大风
> 和大浪、接近暗礁和浅滩时，很好地利用罗盘和海道[簿]就能完全避开它们。

> 〈昔者上古先贤通行海道，全在地罗经上二十四位变通使用。或往或回，须记时日、早晚、
> 海岛、山；看风汛，东西南北。起风，落一位半位；水流缓急，顺逆如何，全用水掬探知，水
> 色深浅，山势远近。但凡水势上下，仔细详察，不可贪睡。倘差之毫厘，失之千里，悔何及焉。
> 若是东西南北起风，筹头落一位，观此者务宜临时机变。若是吊戗，务要专上位，更数多寡，
> 顺风之时，使补前数。……行路难者，有径可寻，有人可问。若行船难者，则海水连接于天，
> 虽有山屿，莫能识认。其正路全凭周公之法，罗经针簿为准。倘遇风波或逢礁浅；其可忌之皆
> 在地罗经中取之。〉

有意思的一点是，该抄本中还有启航时在船上的神堂里或神龛前所用的祈祷仪式，在此
仪式中航海罗盘是很重要的。在连祷中混杂着当做圣贤的一些道教堪舆家的名字，有传
说的、有真实的[4]。这样就有了进一步的证据，是否确实不可避免，航海罗盘是从堪舆
罗盘发展而来的。

中国航海罗盘的实物并不很罕见。或许最古老的一种，形如扁平的青铜盘，直径不超
过 6 寸，中心凹陷呈碗状，用以盛水和浮针（图 333）。王振铎图示说明了这样的两件[5]。

---

① Laud Orient.MSS.no.145。翻译它相当困难，因为看来写书的不是一位很有学识的人，其含意不是很清
楚。向达和休斯[Hsiang Ta & Hughes（1）]作了简要的描述，他们认为该抄本不会早于 16 世纪下半叶。
② 《顺风相送》第四页；由作者译成英文，借助于 Mills（5）。
③ 罗盘。
④ 《顺风相送》第五页。这些圣贤包括汉代堪舆家青鸟子，及白鹤子；还有杨救贫（或许是杨筠松的别名）；
被道家奉为公元前 6 世纪人物的王子乔；7 世纪的数学家和天文学家李淳风；以及 10 世纪的道家陈抟。
⑤ 王振铎（5），图版七。

图版一一六

图 333　明代的青铜航海水罗盘，直径约 $3\frac{1}{4}$ 寸［采自
王振铎（5）］。南为"10 时 30 分"的位置，
水池底部的基准线似乎考虑到稍微西北向的偏
斜。外圈为 24 方位，内圈为八卦。

图版一一七

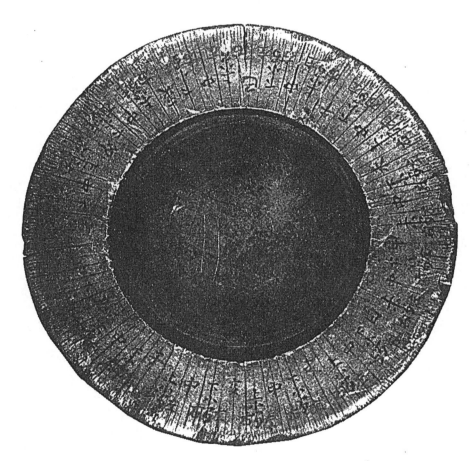

图 334　明代的（或许是日本的）漆木航海水罗盘，直径约 $6\frac{1}{4}$ 寸 [牛津米克
（A.A.Mick）先生和老阿什莫利恩博物馆（Old Ashmolean Museum）的藏
品]。南为“1时”的位置。只有 12 方位，而由此形成的每 30 度的分度以
“中”字分为两部分，每一部分又被“上小间”和“下小间”分为二等分，
标明“左”和“右”的最小的分度为 $3\frac{3}{4}$ 度。分度标志的红黑两色在照片
中很容易分辨。

特别精致的一件可以在北京故宫博物院见到，其年代为元代晚期或明代初期；这个罗盘不仅刻有 24 方位和八卦，并且还有一同心圆标明五行，此三者占据了每一部分[1]。结构大而厚重得多但也许晚得多的木制水罗盘碗[2]，如图 334 和图 335 所示。这一实物上用了正规的十二地支（见本册 p.297），每 30 度的主分度以"中"字分为两部分，每 15 度的间隔又被分别标有"上小间"和"下小间"的线再分为 $7\frac{1}{2}$ 度的二等分，标明

287

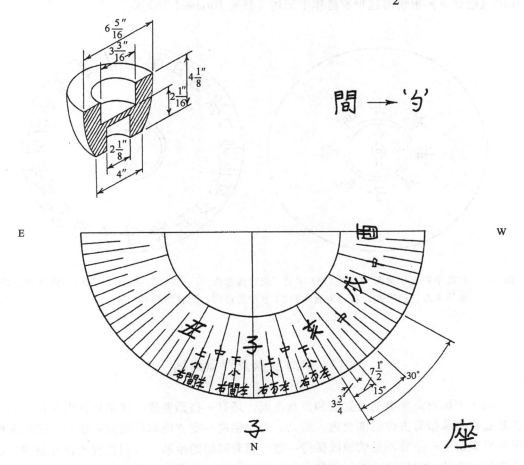

图 335　漆木航海罗盘说明图。左上角为表示尺寸的透视剖面图；右上角为仪器制造者所用的"间"字的简写，盘上除两处外全都用此简写字；下图为分度；右下角为表示航向标线的"座"字，刻在碗内侧方位北之下。

"左"和"右"的最小的分度为 $3\frac{3}{4}$ 度。在碗的内侧，方位北的下面刻有表明某种航向标线的"座"字[3]。下文即将叙述的情况表明此为 16 世纪前半叶之物，特别是分度刻字的写法具有日本的风格。在此，我们可以回忆一下前面已经叙述和图示过的带有装旱

---

①　我于 1958 年夏访问北京时所见。

②　牛津老阿什莫利恩博物馆（Old Ashmolean Museum）展出的阿曼德·A. 米克（Armand A. Mick）先生的藏品。承米克先生和乔斯顿（C.H.Josten）博士允许我们对此碗研究和绘图，谨致深切谢意。

③　这是在罗盘上表明船舶轴线的记号，它在 16 世纪初期开始为西方所采用，当时夜航增多，而舵手又不能经常看清楚船头。参见 Waters（7）以及即刻关于罗盘盘面的讨论。

288　针用的两个凹坑的平面球形青铜碗[1]。这很可能是 17 世纪之物。明末和清代的航海旱罗盘（图 337）往往比堪舆家用的要简单得多，很少有超过一圈方位的[2]。

　　不需要再叙述纯属航海性质的罗盘的更进一步的发展了，这里只要说一点就够了，即在清代的许多书籍中都可见到中国船用罗盘的图示，例如周煌的《琉球国志略》中就有这样的图（图 336），该书中还有精美的封舟图（见本书第二十九章）。熊明遇在 1620年的《格致草》里也对这种罗盘作了记述［参见 Hummel（6）］。

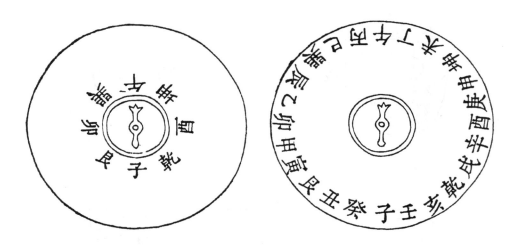

图 336　航海旱罗盘示意图，采自 1757 年的《琉球国志略》（"图绘"，第三十五页）。左图为最简单的 8 方位的形式，右图为通常的 24 方位的形式。两者均上方为南。

（i）航海罗盘及罗盘盘面

　　关于中国航海罗盘的悬置法和罗盘盘面，还有一些话要说。如果磁针以无论什么方法悬置在边缘带有方位的圆盒内，那么，希望船向一定方向航行的舵手就必须使船头船尾与罗盘面上一条看不见的轴线保持一致。随着时间的推移，人们发现比较方便的办法是把画有方位的"风玫瑰图"的轻卡片粘附于绕支轴转动的磁体本身，然后将其整个封入一个圆盒内，盒上别无他物，只有一条沿船的纵轴的基准线。这样，舵手就能只注意289　罗盘本身，并能以好得多的精确度保持航向[3]。这项发明与弗拉维奥·焦亚的名字有关

---

　　① 本书第三卷，p.279 和图 108。

　　② 并且常常只有最重要的 12 方位，而不是 24 方位。参阅 Hommel（1），p.336，fig.507，以及王振铎（1）所收集的实物的许多图示，他对这个问题作了迄今最详尽的研究。

　　③ 杜赫德［Du Halde（1），vol.2，pp.280ff.］叙述了一些耶稣会士在 1687 年乘中国船自暹罗到中国的旅途中的观察。他们注意到罗盘盒上标有 24 方位，并且张有一根丝线从北到南作为基准线。在航行中，或者是将所要求的罗盘方位平行于船的轴线，而使磁针保持丝线的方向；或者是将丝线平行于船的轴线，而使磁针指向与所要求的罗盘方位相对的方向，例如以东北代替西北。我们刚才看到的晚期日本水罗盘上所表示的航向标线的形式，即后一种方式的实例。

图版——八

图 337 清代初期的航海旱罗盘，直径约 $3\frac{1}{2}$ 寸（佛罗
伦萨科学史博物馆）。下方为南。外圈为 24 方
位，内圈为四向。

图版一一九

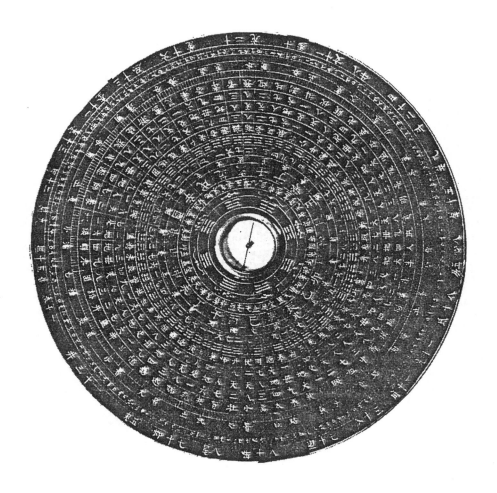

图338 堪舆旱罗盘。黑漆的底,红色和金色的字。南为"7时"的位置。从中心向外,第一圈为
八卦,第四圈为24方位。最外圈为28宿及其赤道距度(参阅本书第三卷 pp.233ff.)。其
余各圈都是占卜用的字(见图340的说明)。作者于1946年购自上海。直径 $7\frac{1}{2}$ 寸。

系，虽然此人也许不是历史上的人物；但这项发明的改进是在 1300 年以后不久，出自意大利南部某处，也许在阿马尔菲，这一点没有什么疑问［Sylvanus Thompson（1）］。德·索绪尔［de Saussure（35）］猜想，直到 16 世纪欧洲人将罗盘盘面传到中国海域以前，中国人并无罗盘盘面。这种看法完全正确，因为王振铎（5）现已找到一些著作说明了这一点。在李豫亨著于 1570 年前后的《青乌绪言》中写道：

> 浮在水面上指示南北方向的针，通常被称为湿罗盘（"水罗经"）。嘉靖年间（1522—1566 年），日本海盗侵袭（沿海地区），从此以后开始采用日本人的方法。即把针放在罗盘盒中，并在盒上粘贴一标有各方向的纸，使得不管取什么方向，子午的标记总是位于南北方向。这种称为干罗盘（"旱罗经"）。[1]

> 〈以针浮水定子午，俗称水罗经。至嘉靖间，遭倭夷之乱，始传倭中法。以针入盘中，贴纸方位其上，不拘何方，子午必向南北，谓之旱罗经。〉

在另一本书《推篷寤语》中，同一作者又说[2]：

> 近来，江苏、浙江、福建和广东的人都遭受了日本海盗的侵袭。日本船常在船尾使用装有干式支枢的罗盘来决定其航路。我们的人俘获到这种船后，仿造之，结果这种方法在江苏便常用了。针是利用磁石或加热[3]制成的，但过一段时间之后其性能减弱[4]，于是就不再适用了。它不像水罗盘那样精确[5]。

> 〈近年吴、越、闽、广，屡遭倭变。倭船尾率用旱针盘，以辨海道。获之仿其制，吴下人始多旱针盘。但其针用磁石煮制，气过则不灵，不若水针盘之细密也。〉

明代晚期的另一些书谈到"盘随针"，显然是指罗盘盘面。后来王大海在大约著于 1790 年的《海岛逸志摘略》[6]中说道：

> 荷兰船的罗盘内不用（简单的）磁针，而是用两端尖锐、中部宽阔的梭形铁片；其中心处有一小窝（"凹"），下面有一尖的针支持。它转动起来像雨伞，在（盘面的）表面上有以荷兰字母书写的十六个方位：东、西、南、北；东南、东北、西南、西北；南—东南、东—东南、北—东北、东—东北、西—西南、南—西南*、北—西北和西—西北。这样形成了完整的一圈。中国水手要调整航线时，他们转动罗盘上的字母使它适应船的方向（"北"总是与船头一致）；但西方海员在驶向任何方向时，则是转动船身使其指向罗盘（盘面）上所示的方位。原理是相同的，只是仪器的结构不同。

> 〈和兰行船指南车不用针，以铁一片，两头尖而中阔，形如梭，当心一小凹，下立一锐以承之。或如雨伞而旋转。面书和兰字，用十六方向，曰：东、西、南、北；曰：东南、东北、西南、西北；曰：东南之左、东南之右、东北之左、东北之右、西南之左、西南之右、西北之左、

<hr>

① 由作者译成英文。

② 《推篷寤语》卷七；由作者译成英文。

③ 或许又一次表明，热顽磁效应的应用仍然流行。

④ 可能是由于没有使用优质钢。

⑤ 这里所表示的不满，可能因悬置不良所致，而浮针法则没有这种困难。就我们所知，中国人从未使用"卡丹"悬置法亦即常平架来支持罗盘，这是使人惊奇的，因为正如后面将要指出的［本书第二十七章（d）］，这种装置在中国比在欧洲要久远得多。

⑥ 本册 p.235 已经提到过这本书。此处见该书卷五；由作者译成英文，借助于 Anon.（37）。

＊ 本书作者误为"东—西南"（E.S.W.），现更正。——译校者

西北之右，是以一道也。唐帆欲往何方，乃旋指南车之字向以绳船；洋帆欲往何方，则旋船以依指南车之字向。揆其理一也，但制度异耳。〉

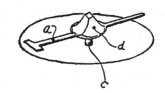

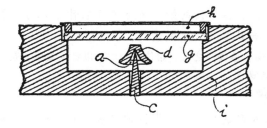

图 339　近 18 世纪末中国悬置罗盘针方法的示意图［据王振铎（5）］。a 扁平的磁针；c 顶端尖锐的钢质枢轴；d 倒置的锥形小铜碗；g 玻璃片；h 铜圈；i 象牙盘。

从所有这些及其他的证据，看来可以肯定，干式枢轴罗盘和罗盘盘面的普遍使用，是由欧洲的船（很可能是荷兰船或葡萄牙船）在 16 世纪下半叶传到日本的，然后逐渐为中国人所采用[1]。

当巴罗在王大海时代（1797 年）访问中国时，他对中国罗盘针装枢轴的方法印象很深[2]。他发现这些针极细小，长不超过一寸，并且装置得很灵敏。磁针的中心附着于由钢质细枢轴支承的倒置的锥形小铜碗上，两者都磨得很光滑[3]。因铜碗比支轴大得多，所以无论罗盘如何移动，针均可保持其位置（图 339）。此外，由于重心位于悬置点以下很多，这就足以克服针向下的倾斜[4]。欧洲人用在针的另一端加衡重的方法来避免这种倾斜，但这种方法不能令人十分满意，因为在世界各地倾角是不同的。

　　概括以上所述，最早的旱罗盘，即宋代《事林广记》中所描述的旱罗盘（本册 p.255），为中国人所制，这是很清楚的。旱罗盘可能与浮针罗盘即水罗盘一起在 12 世纪时传到欧洲。但在西方，后者很快就被前者所取代；而在中国，浮针罗盘直到 16 世纪中叶仍继续普遍用于堪舆和航海两方面[5]。此后，意大利的罗盘盘面作为再流行的旱罗盘的附件传播到了东亚。王振铎（5）已找到并研究了航海和其他方面用的水罗盘的实物（如我们已见到的），见图 333。这些实物中往往包括一个小"茶壶"[6]，它用来盛

　　[1]　王振铎（5）列举当时从西方船舶采用的一些事例之中，还有玻璃沙漏。例如见《琉球国志略》（1757 年）"图绘"，第三十四页。在本书第二十七章（j）讨论机械钟时以及在第二十九章中，我们还将回到这个问题上来。他还注意到如下事实，由耶稣会士传入和制造的带有罗盘的小型便携式日晷，都有干式支枢（参阅本书第三卷，pp.310ff., 312）。

　　[2]　Staunton (2), Vol.1, pp.411, 441；Klaproth (1), p.97。

　　[3]　这个时代之后，支轴悬置法便普遍应用于所有的堪舆罗盘，如本人所收藏的罗盘（图 338）。

　　[4]　关于这一点，见本册 p.314。

　　[5]　因此，修道士马丁·德拉达在 1575 年前后见到，"一小片很灵敏的舌状钢片"浮在"盛满海水的一个小碟中"［参阅 Boxer (1), p.295］。迟至 1643 年，乔治·富尼埃［Georges Fournier (1), p.526, 以及 1667 年版 p.400］还能这样写道："目前还在伊奥科斯（Ioncos）中应用的中国罗盘，只不过是一个盛满水的普通容器，水上漂浮着接触过磁石的、用一小块软木支持着的三角形小铁片。可以非常肯定地认为，在中国从很古老的时代起就已使用它们了。"值得注意的是，我们看到浮针罗盘在这个时期并没有从欧洲消失。1661 年里乔利［J.B.Riccioli (1), p.473］写道："若到多湾的波罗的海和日耳曼海，一定要有用铁丝做成的三角形，它借助于三小块软木支持着漂浮在盛水的小容器中，靠它来估计方向。这种应用在那些地方是很古老的。"

　　[6]　"针壶"，被水手们富有幻想地称为"换水神君"或"换水童郎"。

水以注入罗盘的中央空间[①]。船上备有磁石，供再磁化用（"养针"）[②]，有时还备有如《顺风相送》中所述的特制的水[③]。关于使针浮起的正确方法，有各种迷信，在准备罗盘时，还有祭酒仪式[④]。

大多数在陆上生活的人大概以为，中国船上持久地使用水罗盘是和中国人有名的保守性有关。但正如常见的历史讽刺一样，近代航海却最终又流行起了具有良好阻尼的浮磁体罗盘[⑤]。轻盘面的汤姆森（开尔文）罗盘虽然在1889年为英国海军所采用，但只用到1906年就被各种形式的液体罗盘替代了。这已是首次实验之后一个多世纪的事了，那时人们曾寻求以充满液体的球形容器的方法，试图避免干式支枢的磁体的剧烈摇荡和振动。

现在让我们引述张燮的《东西洋考》（1618年）卷九中的一段话[⑥]，以此来告别那些航海实践家们：

> （船）经过入海口一出海，就是波涛翻滚，浪花飞向天际；白马好像要跃上银河——人们不再能沿海岸航行，不再能辨认村庄和一段段地计算里程了。船长和有经验的水手们（"长年三老"）[⑦]用力划着桨并扬起船帆，然后只凭指南针的引导而破浪前进。他们有时只用一个（罗盘方位），有时针必然会指到两个（方位）之间——他们依靠针所提供的指导，使船稳步前进。……他们又把绳沉到水底测深，计算这里和那里的水深为多少啰。……罗盘的掌管者是船上的大副，称为"火长"[⑧]。尽管浪涛汹涌狂暴，航程遥远漫长，但一切都服从指（南）针的运动。

〈海门以出，洄沫粘天，奔涛接汉，无复崖涘可寻、村落可志、驿程可计也。长年三老，鼓枻扬帆，截流横波，独恃指南针为导引。或单用，或指两间，凭其所向，荡舟以行。……又沈绳水底，打量某处水，深浅几托。……其司针者名火长，波路壮阔，悉听指挥。〉

这里有类似希腊诗文集[⑨]的某种氛围，使人再次感到，中国人作为航海的民族往往被过于低估了。

我们的下一个题目是讨论中国人关于磁偏角的发现，这将涉及对十分发达的堪舆罗盘的解释。不过，在转到这个题目之前，还必须谈谈难以理解的一点。

（ii）御湖上的测向器

前面已经多次谈到，指南车与磁罗盘毫无共同之处。尽管一般而言确实如此，然而史籍中有两处记载与此二者有关：一处是关于"指南舟"的存在；另一处是关于明确说

---

① "金钟"，又称为"盏"，即杯。"水盏神者"是水手们向之祈祷的守护神。
② 李豫亨在《推篷寤语》中所述。关于西方的习俗，参阅 Bromehead（5）。
③ 《顺风相送》第七页。
④ 《顺风相送》第六页。
⑤ 该项史实的简述见 May（2）。
⑥ 《东西洋考》卷九，第一页；由作者译成英文，借助于 Mills（4）。
⑦ 该词可追溯到唐代（8世纪），著名诗人杜甫曾用过（参阅《南濠诗话》第十八页）。
⑧ 这个乍看起来奇怪的名称，似乎来源于如下事实，即在12世纪只有被护航的指挥船（"厨船"）上才可以用火，并且该船也乘载主要驾驶员和领航员（见《清虚杂著补阙》第五页，等等）。
⑨ 例如可比较希腊诗文集 IX，546。

明了并无机械装置在内部、而由隐藏的一个人来定向的指南车的存在。

先来看看前者。指南舟的故事，是在《宋书》[①] 关于指南车历史的重要叙述中顺便提到的。"晋代[②] 的时候"，书中写道，"也有指南船"[③]（"晋代又有指南舟"）。百科全书《渊鉴类函》[④] 又据其他书籍[⑤] 进而写道，指南舟过去经常在御花园中的灵芝池上行驶[⑥]。当然，这也许只是根据指南车的传说产生的流行传说而已。但是如果这个故事有某种真实的基础，那么人们就可能想要在其中看到磁罗盘的很早的应用。因为宫廷术士们在平静的湖面上进行这种简陋的实验，即便使用磁石杓也能成功，然而奇怪的是，其时代与我们推测的水浮磁针的肇始时期极为相符。另一种可能则是，指南舟就是踏轮车船，而且有人曾试图把已经应用于指南车的某种装置应用于船的两个轮上[⑦]。究竟真实情况如何，很可能永远没有人能说明了。

293　　　另一处记述见于 5 世纪著名的数学家兼工程师祖冲之的传记之中[⑧]：

在（刘）宋武帝平定关中的时候，他获得了姚兴的指南车。但这车只有外壳，没有内部的机械。每当车行进时，总有一个人被安置在车内使之转动定向[⑨]。

〈宋武平关中，得姚兴指南车，有外形而无机巧，每行，使人于内转之。〉

如果这种车被看做是某种实物而不是纯粹骗人的东西，那么就意味着，车内的人根据他身上带的某种资料来转动可见的指示物指向南方，而这只可能是某种形式的罗盘。再者，假如这种指南车仅用于礼仪场合，仅在很平坦的地面上行进，那么置于杓上的磁石杓或许也能使用。然而这个时代大概已是可用浮"鱼"或者甚至磁针的时代了。

（6）磁　偏　角

在前面已引用的沈括和寇宗奭的记述中，我们注意到，其中不仅谈到了磁针的指向性，而且还谈到了磁偏角，即磁针所指不是正北或正南。在中国的文献中，还有其他许多的著作提到这种性质，而且它们也早于西方最初知道指向性本身的时代。要了解这一点，我们必须从考察形式上已充分发展了的中国的堪舆罗盘开始，因为中古时代有关磁偏角的知识，实际上潜藏于这种仪器的传统设计之中。

---

① 《宋书》卷十八，第五页。参阅本书第二十七章（e）。

② 265—420 年。

③ Giles (5)，vol.1，p.112。

④ 《渊鉴类函》卷三八六，第三页。

⑤ 《晋宫阁记》。

⑥ 如艾约瑟 [Edkins (12)] 特别提到过。夏德 [Hirth (3, 8)] 也曾注意到，但他将指南车与指南针混淆以致看不出其真正的意义。

⑦ 本书后面将指出 [第二十七章 (i)]，踏轮在船上的使用，在中国技术史上可以追溯到很久以前。

⑧ 《南齐书》卷五十二，第二十页；《南史》卷七十二，第十一页；译文见 Moule (7)。

⑨ 姚兴是后秦的皇帝，394 年起在位，卒于 416 年。他的指南车为令狐生所制；参阅本书第二十七章（e）。

（i）堪舆罗盘的描述

当人们首次仔细注视一个极为精细的中国罗盘（图 340 和图 341）时，常被其复杂所困惑[1]，而许多中国学者以及大多数西方汉学家则但愿把它看做是迷信之网的标记而已。哥罗特（de Groot）曾说：堪舆术"充分表现了笼罩在中国人头上的愚昧的浓云；它赤裸裸地显示了其本土文化的低劣情况，说明在世界那一部分的自然哲学是一座其中没有一点真知痕迹的学识大山"[2]。我们已经知道的情况足以正确评价这种 **295** 判断的直率和荒唐。我们现在将看到，尽管堪舆术本身当然始终是一种伪科学，但它却是我们关于地磁知识的真正来源，正如占星学是天文学以及炼丹术是化学的真正来源一样。

堪舆术（"风水"、"堪舆"）所用的罗盘（"罗经"、"罗镜"、"罗盘"、"针盘"）[3]，是由大约 18 至 24 个同心圆（"层"）环绕处于中心的平衡小针而构成[4]。让我们先来看看从中心数起的第一圈和第五圈（图 340）。这两圈是八卦，第一圈画了图形，第五圈则写了（其中四卦的）名称。借助于表 13（本书第二卷 p.313），我们立刻可以看出其间的矛盾，因为在所画的卦图中，乾卦（第一卦，表示阳性的光明的创造性）位于南方，坤卦（第二卦，表示阴性的黑暗的接受性）位于北方；但在所写的卦名中，却是乾卦在西北，坤卦在西南。

图 340 和图 341 的说明　**294**

[下列为在中国堪舆罗盘的背面，制作者书写的文字说明。此罗盘系约翰·库奇·亚当斯夫人（Mrs John Couch Adams）所赠，现藏剑桥惠普尔科学史博物馆（Whipple Museum of the History of Science）。]（安徽*）新安海阳蕴易斋汪仰溪元善氏监制。[无制作年代，但为清代、可能 18 世纪晚期之物。]

该罗盘由内向外各层为

一层天池（其名称来源于中古时代的水罗盘和古代的占卜盘）（装有）指南针。

第 1 圈　二层（按）先天（次序排列的）八卦（《易经》中的八卦）[参阅本书第二卷，p.313]。

第 2 圈　三层十二地支位 [参阅本书第一卷，p.79；第三卷，pp.396，398]。

第 3 圈　四层坐家九星（即命运的类目，有 24 刻度）。

第 4 圈　五层催官（二十四）天星（包括殿试）。

---

① 17 世纪的欧洲学者肯定非常迷惑不解。正如罗伯特·波义耳、罗伯特·胡克和塞缪尔·佩皮斯（Samuel Pepys）都曾对中国历法感到困惑一样（参阅本书第三卷 p.391）。牛津的约翰·塞尔登（John Selden）保存了一个年代为 1600 年前后的中国堪舆罗盘（"Pixis Sortilega Sinensium"）。塞尔登（卒于 1654 年）是一位法学家、历史学家、考古学家和东方学家，也是托马斯·海德（Thomas Hyde）的支持者之一。该罗盘现藏老阿什莫利恩博物馆；他用它作何用处，我们永远不得而知。

③ de Groot（2），vol.3，p.938。

③ 王振铎（5），第 106 页，列举了大约 25 个不同的名称。元代的赵汸是最早使用被后人广泛称作"罗经"的堪舆家之一。

④ 这些罗盘在设计上因各地区而有很大的不同；如安徽的罗盘有 33 层和 40 层的 [王振铎（5），第 121 页]。

* 本书作者误为"广东"。新安系安徽的歙州、徽州所辖地的别称，这一带甚至直到 20 世纪 40 年代仍以制造罗盘闻名。明清时期，广东的新安（后名宝安）县境内并没有制造罗盘的手工业。——译校者

图版一二〇

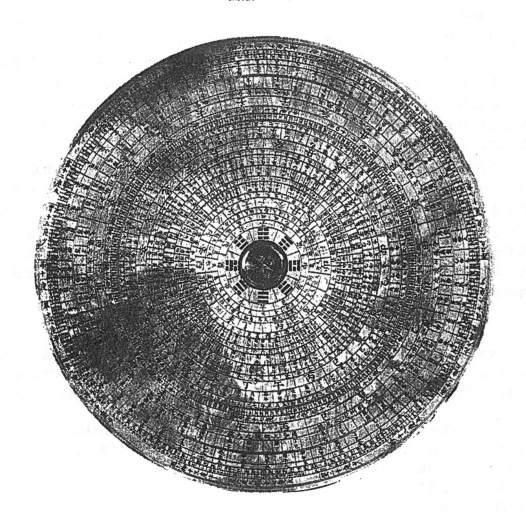

图340　中国堪舆罗盘全貌：已故的约翰·库奇·亚当斯夫人（Mrs John Couch Adams）赠给剑桥天文台的实物，现藏惠普尔博物馆（Whipple Museum）。下方为南。从中心数起第五圈是标准的 24 罗盘方位。这些方位，又出现在第十二圈，但向北偏西错开 $7\frac{1}{2}°$；并再次出现在第十七圈，但向北偏东错开 $7\frac{1}{2}°$。据信，这些是在中世纪及以后不同时代所观察到的向西偏的和向东偏的磁偏角的永久痕迹（见正文）。该实物背面有一说明表（译文及解释见本册 pp.294—295）。原件直径为 12.6 寸。

图版一二一

图 341　约翰·库奇·亚当斯所赠的罗盘的背面，书有文字说明表（译文见本册 pp.294—295）。

第 5 圈　六层地盘（即控制罗盘内区的分度；有 20 干支及 4 卦作为标准方位的符号）（以）正针（的位置排列，）（即按照天文学上的南北）（伴有）净阴净阳（用红色和黑色表示影响。这种排列与 8 世纪的邱延翰的名字有关）。

第 6 圈　七层四时（二十四）节气 [参阅本书第三卷，p.405]。

第 7 圈　八层地纪穿山虎（60 干支，即由 10 天干和 12 地支组合而成，有 72 刻度——与地下的水道、矿脉及基础有关）[参阅本书第三卷，pp.396，397]。

第 8 圈　九层遁甲九宫（占卜方法；72 刻度中包含有 1 至 9 的数字，也见于《洛书》幻方的九宫 [参阅本书第三卷，p.57]。同前一圈一样，也有 12 刻度空着。这种方法流行于 5 世纪和 6 世纪）。

第 9 圈　十层内盘分金（48 种干支按五行分布在 120 刻度中）[参阅本书第二卷，p.243ff.]。

第 10 圈　十一层顺布平分龙（影响；60 干支分布于 60 刻度中）。

第 11 圈　十二层纳音（占卜方法；始于公元前 1 世纪）五行（分布于 60 刻度中）。

第 12 圈　十三层人盘（即控制罗盘中区的分度；有 20 干支及 4 卦作为标准方位的符号，如第六层）（相传于 12 世纪由）赖公（赖文俊）（以）中针（的位置排列，）（即采用所有方位均向北偏西移动 $7\frac{1}{2}^{\circ}$，以考虑当时观察到的向西偏的磁偏角）。

第 13 圈　十四层蔡氏透地龙（相传为 10 世纪蔡沈玉的方法；有 60 干支）。

第 14 圈　十五层三七乘气（60 刻度包含对应于第六层的 24 罗盘方位；并有 36 刻度包含奇数）。

第 15 圈　十六层国朝（即清代）新度（360 刻度，在下一层即第十七层的每一刻度的起点处重新开始记数。将圆周分为 360° 是耶稣会士的革新，中国人以前分为 $365\frac{1}{4}^{\circ}$。与此同时，把 1 "度" 分为 100 "分" 及 1 "分" 分为 100 "秒" 的中国古老的分度法，不幸被西方通用的 60 进位制所取代 [参阅本书第三卷，p.374]）。

第 16 圈　十七层禽星界位（二十八宿及各宿所占的赤道距离）。（注意：这两层位于罗盘中区，因为这样就与 18 世纪中国观察到的向西偏的磁偏角相符了。但在近代采用时已将其用双线分隔开。）

295　第 17 圈　十八层天盘（即控制罗盘外区的分度；有 20 干支及 4 卦作为标准方位的符号，如第六层和第十三层）（相传于 9 世纪由）杨公（杨筠松）（以）缝针（的位置排列，）（即采用所有方位均向北偏东移动 $7\frac{1}{2}^{\circ}$，以考虑当时观察到的向东偏的磁偏角）。

第 18 圈　十九层分野（12 个位置，即占星术上不同区域的控制，其名称已给出；这种系统流行于 7 世纪 [参阅本书第三卷，p.545]）并（12 个）次舍（即木星的 12 个站，其天文学的而非占星学的名称曾使用多年；它们也可用于一年中的各月和一日中的各时辰 [参阅本书第三卷，p.403]。此圈提供了进一步的证据，表明罗盘的这一部分来自唐代）。

第 19 圈　二十层外盘分金（与第十层完全相同，但已向东移动。其后又有一双线）。

第 20 圈　二十一层天纪盈缩龙（60 干支分布在 60 个不等的刻度中；对应于第八层——与山岭有关）。

第 21 圈　二十二层浑天星度五行（分布在 61 个不等的刻度中）。

第 22 圈　二十三层开禧度（二十八宿的赤道距离，宋开禧年间（1206 年）所定）。

第 23 圈　二十四层坐穴吉凶（用红色和黑色的符号表示；对应于第四层）。

第 24 圈　二十五层二十八宿占度（用于占卜术，因为 $365\frac{1}{4}^{\circ}$ 是用于中古时代的系统，当时占卜术的规则已确定）。

更进一步的解释见本册 pp.297，299，305，307，312。

　　对于这种差异，我们无需多费笔墨，因为它并不影响磁偏角的知识或在科学上的任何其他重要性；然而它在考古学上是重要的，因为西北和西南的方位正是在罗盘的祖先"栻"上的方位①。众所周知，在汉代八卦就有两种不同的方位排列。这两种排列均见于《易经》，但极难确切说出它们的来源，大抵是在汉代以前②。较早的系统，据说以

北 坤 艮　　　　　震 西　坎　　　　　　　　离　东 巽　　　　　兑 乾 南 伏羲系统	北 坎 乾　　　　　艮 西　兑　　　　　　　　震　东 坤　　　　　巽 离 南 文王系统

传说中的圣人伏羲命名，其中乾在南方，是为先天系统，并与"河图"的图解相符（参阅本书第三卷，pp.56ff.）③。较晚的系统，据说以周文王命名，其中乾在西北，是为后天系统，并与"洛书"的幻方相符（参阅本书第三卷，pp.56ff.）④。可是，因为"栻"采用后天系统，它可能确是两者中的较早者。差别仅在于符号表示上⑤。关于年代的这个印象，由于《三国志》⑥中流传至今的一段对话而得到了加强。管辂（209—256 年）是一位著名的堪舆家，我们不久还将谈到他。

　　　　管辂与朋友刘邠谈话时说："我真不理解古代的圣人为什么把乾放在西北，把坤放在西南。毕竟乾坤是天地的象征，是至大无比的事物。前者代表王道和父道，覆盖着世界万物，正如后者支持和承载万物一样。怎能把这两者降低到和其他六卦相同的位置呢？……怎么能让它们占据次要的位置呢？"

---

　　① 也是在《数术记遗》中的计算装置上的方位（参阅本册 p.260），这种计算装置显然起源于"栻"。

　　② 然而有人认为，记述这两种系统的"说卦"不会早于汉代占卜家焦赣和京房（公元前 1 世纪）。而且，来源于它的图解以及将其归诸于伏羲和文王，其年代也许只能从邵雍（11 世纪）或陈抟（10 世纪）开始。参阅本书第二卷，p.341。

　　③ R. Wilhelm (2)，vol.1，p.200；Baynes tr. vol.1，p.285；《易经》"说卦"第二章第三节。

　　④ R. Wilhelm (2)，vol.1，p.200；Baynes tr. vol.1，p.288；《易经》"说卦"第二章第五节。关于这两者，可参阅 Granet (5)，p.186。

　　⑤ 伏羲系统按宇宙观排卦；文王系统则按岁时排卦，自南开始顺时针进行。

　　⑥ 《三国志·魏书》，卷二十九，第二十三页注。由作者译成英文。

〈辂言："……辂不解古之圣人，何以处乾位于西北，坤位于西南。夫乾坤者天地之象，然天地至大，为神明君父，覆载万物，生长无首。何以安处二位与六卦同列？……何由有别位也？"

297 这段话的重要性在于，在 3 世纪，正当磁石杓让位于磁针之际，人们对于古老的"栻"上的方位排列感到不满意，认为应当加以改变。胡渭于 18 世纪考虑这段文字时[①]，认为这种改变可以追溯到后汉的炼丹家魏伯阳。无论如何，罗盘的最后形式，虽则在卦的画法上采用了伏羲或先天系统，然而在表示方位的一圈的写法上却仍保留了文王或后天系统[②]。

这 24 个方位，可见于罗盘的第 5 圈（图 340）。附表（本册 p.298）说明，这些方位将圆周分成每 15° 一段的小段；十二地支全部在列，但十天干则缺掉两个，而这两个正是在"栻"上出现两次（图 326）、象征"地"的"戊"和"己"。这一缺省[③]空出了四个位置，以最重要的四卦——乾、坤、巽、艮填补之，如表 51 和图 340 所示。八卦的其余四卦在表示方位的那一圈中并未出现。

航海家所用的罗盘，将所有这些圈归并为最简单的形式，只用 24 方位，或者甚至缩减为 12 或 8 方位。在中国，由于堪舆罗盘比航海罗盘要早得多，并且由于用抽象的天干地支表示方位的方法非常古老，中国水手们的"风玫瑰图"可能以相当不同于西方的方式发展。在希腊，夏至日和冬至日太阳出没于地平线的方位，似乎在公元前 4 世纪就产生了距正东和正西约 27° 的南北"伴"向。用类推的方法再增加正南和正北的类似的"伴"向，就得到了与一系列标准方位相联系的古典的十二方位制[④]。另一方面，古代地中海地区的舵工也使用只将四个基本象限平分而得到的八个方位的方位圈[⑤]。这样一种显而易见的方法肯定（到此时）在中国也有发展，但前者在精神上颇有点外国味儿，因为中国的星相术从一开始就极其注意赤道和拱极星，而较少注意黄道星座的出没[⑥]。然而实际上比较欧洲后来使用的 16 和 32 方位的方位圈来说，这种方法更接近于

298 中国的根深蒂固的六十进位制。欧洲的方位圈也许来源于埃特鲁斯坎人的占卜术，但肯定只是从基本的四个方位简单倍增而得到的。

除此之外，大多数阐述中国罗盘的人尚未作出更多的解释。

---

① 《易图明辨》卷八，第十页。参阅《参同契》卷上，第一页。

② 这样我们看到，在开头就有诸说融合的特点，在后来则更为明显。

③ 此法在杨筠松的《青囊奥旨》中有清楚的叙述。参阅《古今图书集成》，艺术典，卷六六五，堪舆部汇考十五，第六页。柴谦太郎（1）提出了似乎有道理的一种看法，认为缺省是基于实际的考虑，因为"戊"和"己"很容易与"戍"和"已"混淆。如果我们知道发生这一变更的年代，则可以更好地确定水手取代堪舆家使用罗盘的时间。但是和田清［Wada（1），p.152］所强调的"戊"和"己"象征五行中的"土"这一事实，可能也有其重要性，因"土"居中央，故其符号几乎不适于作为外围的方位。

④ 这与公元前 3 世纪埃及海军上将、罗德岛的蒂莫斯塞内斯（Timosthenes of Rhodes）的名字及其所著的地中海航向的书有关。参阅本书第三卷，p.532。

⑤ Taylor（8），pp.6ff., 14ff., 53ff.。

⑥ 参阅本书第三卷，pp.229ff.。但也可参阅本册 p.306。

表 51　罗盘方位表

现　代　的　方　位			中　国　的　名　称①		
0°	北		子		
15		北 15°东		癸	
22.5	北—东北				子丑
30		北 30°东		丑	
45	东北		艮		
60		北 60°东		寅	
67.5	东—东北				寅卯
75		北 75°东		甲	
90	东		卯		
105		南 75°东		乙	
112.5	东—东南				卯辰
120		南 60°东		辰	
135	东南		巽		
150		南 30°东		巳	
157.5	南—东南				巳午
165		南 15°东		丙	
180	南		午		
195		南 15°西		丁	
202.5	南—西南				午未
210		南 30°西		未	
225	西南		坤		
240		南 60°西		申	
247.5	西—西南				申酉
255		南 75°西		庚	
270	西		酉		
285		北 75°西		辛	
292.5	西—西北				酉戌
300		北 60°西		戌	
315	西北		乾		
330		北 30°西		亥	
337.5	北—西北				亥子
345		北 15°西		壬	

卦用黑体字表示，天干用楷体字，地支用宋体字。所有这些文字可见于本书第一卷，p.79；第二卷，p.313；第三卷，p.396；以及图 338 和图 340。

① 第三列中的双字方位是柯恒儒［Klaproth（1），p.102］首先给定的，可见于地理学书籍之中，但航海者很少使用它们。对于南—西南方向，称为"行丁未针"，而不是取"午未向"。

299

(ii) 邱公、杨公和赖公的三圈

如果将第 5 圈与第 12 圈和第 17 圈相比较，那么立刻可以看出，外面的两圈在重复 24 方位时是（正如我们将要谈到的那样）"错开的"。这样，方位南在第 12 圈向东移 $7\frac{1}{2}°$，在第 17 圈向西移 $7\frac{1}{2}°$。这种情形引起了柯恒儒［Klaproth（1）］、艾德［Eitel （2）］、哥罗特［de Groot（2）］及其他人的注意，他们也指出了附属的所有各圈（参阅本册 p.294ff.）的明显含义，但未能加以解释。伟烈亚力［Wylie（11）］在他的重要的论文中也没有作出解释，该论文我们不久将谈到。只有艾约瑟［Edkins（12）］因为了解堪舆文献，所以能够在 1877 年给予正确的解释，不过他的这篇论文仍鲜为人知[1]。概括起来，可以说：这两个主要的附属圈是分别在唐代和宋代采用的，以便把当时观察到的磁针的偏角考虑在内；堪舆罗盘因此而以陈旧的形式仍然包含着这些古老的观测。

根据传说，罗盘方位至少已邱延翰时代已固定为现在的方式了。邱延翰是一位著名的堪舆家，大约活跃于 713 年至 741 年，与一行是同时代人[2]。和天文学上的南—北线相一致的这些方位的术语是"正针"。一个多世纪以后，在 880 年前后，另一位大堪舆家杨筠松因考虑到当时观测到的向东偏的磁偏角，采用了错开的第二个方位圈，即较前各方位偏西 $7\frac{1}{2}°$。这些方位的术语曾经（并且现在还）称为"缝针"[3]。但到了 12 世纪，磁偏角向西偏移了，因此，第三位堪舆家赖文俊考虑到这种情况，采用了错开的第三个方位圈，即各个方位对于天文学上的南—北线东移 $7\frac{1}{2}°$[4]。毫无疑问，这两个添加的方位圈是试图对磁偏角作平均校正。赖文俊采用的新的方位圈称为"中针"，可能是因为它介于罗盘上原来的两个方位圈之间的缘故（参阅图 340）。

为了有助于读者对下文的了解，也许值得列表以示其相互关系（本册 p.300）。由明代著作家证实这种描述是困难的，因为磁偏角随着时间逐渐变化的概念，直到清代才为人们清楚地认识。然而，他们之中的吴天洪的说法，值得一听。在大约 16 世纪成书的《罗经指南拨雾集》中，他写道：

300

> 邱公（的知识）是从太乙老人那里得来的，他（设立了）"正针"，（但）还有"天的测定"（"天纪"）和"地的记录"（"地纪"）。"分金"的分度排列成三个（同心圆），因此即便对于地，人们也遵从"正针"（系统），正如每个人知道的那样；（针）在北方（"子"）（曾一度）偏向东北，在南方（"午"）它偏向西南，所以杨公增加了"缝针"（系统）。但是在"天的测定"中，针在北方（"子"）偏向西北，

---

① 虽然许克［Schück（4）］曾徒劳无益地提请人们注意此文。

② 邱延翰最有名的著作是《天机素书》。他还撰写了《内传天皇鳌极镇世书》。

③ 他的《青囊奥旨》（《古今图书集成》，艺术典，卷六六五，堪舆部汇考十五以下）提到了 24 方位（"山"），但就我们所知，没有提到缝针。关于杨筠松，参阅本册 pp.241，282。

④ 他的最有名的著作是《催官篇》，即如何用堪舆来得到官位。

在南方（"午"）它偏向东南，所以颗公增加了"中针"（系统）。①*

〈邱公得之太乙老人，有正针一针。有天纪、地纪、分金三盘。地纪从正针，人所共知。分金子偏东北、午偏西南，故杨公加入缝针。……天纪子偏西北、午偏东南，故颖公加入中针。〉

邱延翰	8 世纪	正针，天文学的南—北方向
杨筠松	9 世纪	缝针，北偏东、南偏西 $7\frac{1}{2}°$
颖文俊	12 世纪	中针，北偏西、南偏东 $7\frac{1}{2}°$

这大概是我们所能期望的清晰叙述了。而事件的一般过程已由明代其他的堪舆著作家所证实，著名的有吴望岗的《罗经解》和甘时望的《罗经秘窍》②。

在《明史·天文志》中，磁偏角因地而异的概念已经完全被接受了，但磁偏角因时而异的概念则未明确叙述。然而，范宣宾在大约 1736 年至 1795 年间所著的《罗经精一解》中，却清楚地叙述了磁偏角曾有过变化。他写道：

此外，许多人推论说，由于针属（五行之一的）金，金害怕对应于南方的火③，这也许就是为什么金偏向其"母位"3°以上的原因。又有人说，根据其影响总是在变动的伏羲的卦，"阳头"偏左而"阴头"偏右。另一些人又说，（在）南方有一种随阳上升并拉向左（的影响），而（在）北方有一种随阴下降并拉向右（的影响）。还有其他一些人（说），（在）先天（系统中的）兑卦（平静）和金在巳，因此针偏向左。还有一种看法说，因为火包含土④，天的正南方位（"午"）在西，所以针头必须偏向西以跟随其"母位"。

有许多这类的理论，均属空谈。要知道的重要事情是，现在针在虚和危之间的方向实际上表示了在唐虞（传说中的帝王）时代的真正的南北方向。所以，周代太阳的位置是在女（宿）2°之处，但到了元明之际，太阳的位置降到了箕（宿）3°之处⑤。一般人不理解甚至天也有它的（缓慢的）运动和变化。他们坚信危的方向是固定的和不变的。

〈更为臆度，以针属金，畏南方之火，使之偏于母位三度有奇。又谓依伏羲摩盪之卦，故阳头偏左，阴头偏右。又谓南随阳升之牵左，北随阴降以就右。又谓先天兑金在巳，故偏左。又谓火中有土，天之正午在西，故针头偏向西，以从母位。诸论纷纷，尽属穿凿。要知现今经盘中

---

① 由作者译成英文。

② 然而，明代和清代关于堪舆的文献极为混乱，并且其混乱程度似乎与时俱增。在刘公中的《堪舆辟谬传真》和胡填庵的《罗经解定》中，可以见到十分不同的说法——两者均为 18 世纪的著作。刘公中认为缝针是根据晷影（"臬影"）依照天文子午线而确定的。反之，范宣宾则断言正针是天文学的南—北方向，但怀疑缝针和中针系杨筠松和颖文俊分别采用的这一传说。这些文献的详细情况可见王振铎（4，5）。但他本人似乎也认为臬影子午线与极星子午线之间有所差别，而且缝针和中针对应于此二者——这是我们不能理解的一个想法。不过，他还是同意添加额外几圈中的一圈是为了把观测到的磁偏角考虑在内。

③ 在五行相胜序中火胜金，参阅本书第二卷 p.257。

④ 在五行相生序中火生土，参阅本书第二卷 p.257。

⑤ 关于岁差的认识，参阅本书第三卷，pp.247，251。

* 《拨雾集》原文的意思是：罗盘方位的分度有三个同心圆：一个是正针用的，相当于"地纪"；一个是缝针用的，相当于"分金"；另一个是中针用的，相当于"天纪"。本书作者的英文译文把"分金"作为三个同心圆，理解原文有误。——译校者

虚危之针路，仍是唐虞之正，日躔之次至周天正，则日躔女二，降及元明之际，天度日躔箕之三度。世人不知天有差移，乃执危为一定之规。〉

范宜宾在这里大概是说，磁针偏角的变化是一种长期变化的自然现象，类似于天极的岁差运动。当然，他也许认为，当天体坐标以一种震颤状态变化时，磁子午线仍然保持不变。

（iii）磁偏角的早期观测

现在让我们看看论述磁偏角的一批文献是怎样符合于这些传统公认的事实的。可惜的是，最早的文献很难确定其年代。首先有据认为是天文学家僧一行的观测，其时间应在距 720 年不远。伟烈亚力［Wylie (11)］[1]对此叙述如下：

他把磁针和北极相比较，发现磁针指的方向在虚危二宿之间，北极恰位于虚宿 6°，而磁针却偏向右（东）2°95′。

这似乎不像是当时的记述[2]，而伟烈亚力没有提到其出处[3]。自从伟烈亚力最先发表了这段文字（1859 年）以来，汉学家们孜孜不倦地寻找其原文，但迄今未有所获。桥本增吉［Hashimoto (1)］指出，《唐书·天文志》中的几段，他认为可能使伟烈亚力产生了误解。而且近来王振铎[4]也提出了类似的看法。但这些都不是很有说服力。"天文志"确实说到[5]北极相对于虚危二宿的位置与古代的不同，因为所谈的是天体的固有运动[6]；不过既没有提到磁针，也没有提到什么 2°95′ 的磁偏角。人们只能等待进一步探究的结果了。然而还有另外两部书至少是令人感兴趣的，其年代虽难以确定，但却肯定很古老，它们也谈到向东的磁偏角，这就支持了伟烈亚力关于所引一行的材料的解释了[7]。

第一段文字来自《管氏地理指蒙》，保存在百科全书之中。该书被认为是 3 世 纪 管

302

---

① 重印见 Wylie (5), Sci.sect., p.156。

② 虽然伟烈亚力将其全部置于引号之中。

③ 《一行地理经》曾在宋代的书籍目录中两次提到（《宋史》卷二〇六，第二十、二十三页；参阅《古今图书集成》，艺术典，卷六八〇，堪舆部杂录，第二页），但几乎无法找到其原文。显然，他还完成了关于同一主题的另一部著作，因为宋代的书籍目录中也列有《李淳风一行禅师葬律秘密经》（《宋史》卷二〇六，第二十三页）。虽则李淳风卒于一行出生之前两年，但一行在许多方面是李淳风的弟子和继承者。例如，李淳风的黄赤交角值为一行采用作为其计算子午线弧的标准［Beer el al. (1)］。

④ 王振铎 (4)，第 206 页。他指出，西方学者在研究中国历史和科学史时，不出差错极为困难。但伟烈亚力是一位很有成就的汉学家，因此我恐怕这仍然是个不解之谜。

⑤ 《旧唐书》卷三十五，第四页；《新唐书》卷三十一，第三、四页。

⑥ 参阅本书第三卷 pp.270ff.。

⑦ 索绪尔［de Saussure (35), pp.26ff.］确实对这种解释本身提出过疑问，他认为一行的话指的是向西的磁偏角，但我们不得不勉强地拒绝他的论点。因为如果仔细加以考虑，反对的理由是明显的。然而他认为磁偏角是 4°，而上述数字系传记作者之误一事似乎有道理。

辂所著，但这不足为信，（根据其本身所提供的证据）更像是晚唐时代的著作[①]。其中有如下一段[②]：

> 磁石遵循母性原则。磁针是由铁（原本为石头）[③]打成的，而母子之本性是相互影响和相互交流。磁针的本性是要恢复它原来的完整性。由于它体轻而平直，因此必然指示直线。它感应到气而定位（"召"），对地指向中心，而向各个方向偏转。（向南）它指向轩辕星座，所以指向星宿，（而且因此）沿丁癸轴线（指向北方的）虚宿。每年的偏差（"岁差"）随黄道而定，所有这类现象都能理解[④]。
>
> 〈磁者母之道，针者铁之戕。母子之性，以是感，以是通。受戕之性，以是复，以是完。体轻而径，所指必端。应一气之所召，土曷中而方曷偏。较轩辕之纪，尚在星虚丁癸之躔。惟岁差之法，随黄道而占之，见成象之昭然。〉

这是十分确切的叙述，即磁偏角为大约东 15°。关于这段文字的年代，适当的推测应是 9 世纪中期。 303

　　第二段文字是在《九天玄女青囊海角经》中，讨论正针和缝针，因此也暗示了向东的磁偏角。如果确实是杨筠松采用了错开的附属各圈中的第一圈（缝针）的话，那么这段文字的年代应在 900 年前后[⑤]。

　　可惜的是，在百科全书的堪舆部分引用或翻刻的这些来历不明的书，其中有些很难确定年代。这需要进行迄今未曾尝试过的专门研究。《九天玄女青囊海角经》的书名几乎是不可译的，或许可译作 "The Nine-Heaven Mysterious-Girl[⑥] Blue-Bag[⑦] Sea Angle Manual"。注意，这里提到了海。该书至少应是宋代的著作，因为它有宋代张士元写的一

---

　　① 《管氏指蒙》列在《宋史·艺文志》的增补部分（补，第二十二页）。但是很难确定，具有这种书名的佚书是否与哲学家管子有关，因其内容多涉及政治和经济而非堪舆。《新唐书·艺文志》（卷五十九，第八页）中所提到的杜佑的《管氏指略》即是如此，它在那里被列入法家著作。由于《管氏地理指蒙》似乎没有提到缝针，其年代可能在杨筠松的时代之前，但必定在罗盘方位采用了传统方位的时代之后。值得注意的是，《隋书·经籍志》（卷三十四，第二十五页）认为《十二灵棊卜经》是管辂所著*，参阅本册 p.316。当然，管辂本人是知道磁石的吸引力的（参阅《三国志·魏书》，卷二十九，第二十四页，裴松之的注）。

　　② 《古今图书集成》，艺术典，卷六五五，堪舆部汇考五，第十八页；由作者译成英文。

　　③ 在此，我们应记得矿石和金属在地下的转变的理论；参阅本书第三卷 pp.637ff.。

　　④ 该书作者在最后一句中说的是，磁偏角是类似于恒星年外加四分之一天的一种现象。

　　⑤ 尽管该书的某些部分很可能相当古老，但吴元爵在明代的序言中称它是晋代郭璞所著，这当然是不能接受的。《宋史·艺文志》（卷二〇六，第二十三页）说《海角经》作者为赤松子。这是一个古老的笔名；如《云笈七签》（卷一〇八，第一页）就把以此为名的人置于传说中的古代。但赤松子也是黄初平的道号，戴遂良 [Wieger（3，6）] 将其定为晋代，但大部分标准传记典籍则将其归于后汉。他用太虚真人的别名，似乎系《道藏》中的四部分（TT 108, 610, 901, 1357）的作者，而其中一部与炼丹术有关。关于罗盘的起源，他也许是值得注意的。另一方面，据《山西通志》和其他资料称，邱延翰（活跃于 713 年）得神人授《海角经》，这或许意味着他撰著了此书或此书的初版（《古今图书集成》，艺术典，卷六七九，堪舆部名流列传，第五页）。我们所引的这段文字，可能是后来增加的，当然也可能是杨筠松本人撰著的。另外一种可能是刘谦，据《江西通志》（卷一〇六，第二十八页），他曾撰《囊经》，其祖父刘江东曾是杨筠松的弟子。

　　⑥ 人们会奇怪 "玄女" 这位女性与我们在别处提到过的同名的玄女（参阅本书第二卷 p.147）有什么关系。玄女的 "传记" 见《云笈七签》，卷一一四，第十五页以下。

　　⑦ "青囊" 是道家对于宇宙常用的名词（参阅本册 pp.256，297，299；以及本书第二卷，p.360）。

　　* 按《隋书·经籍志》在 "《十二灵棊卜经》一卷" 条下未注著者，仅注："梁有《管公明算占书》一卷，《五行杂卜经》十卷，亡。" 故《十二灵棊卜经》似与管辂（公明）无关。——译校者

篇序①。该书有一幅名为"浮针方气之图"②被保存在《古今图书集成》之中（见图342）。在图的旁边我们读到③：

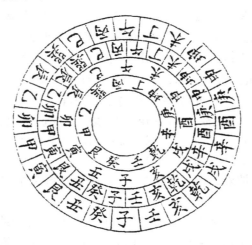

图342 "浮针方气之图"，采自《九天玄女青囊海角经》（可能为10世纪早期），保存于《古今图书集成》之中。上方为南。罗盘的十二个主方位在从中心数起的第二圈，十二个辅方位在第一圈，而两者之合并在第四圈。但在第二和第四圈之间还有一圈，其上各方位向北偏东移动 $7\frac{1}{2}°$，这是根据磁针向东的偏角而定的缝针系统。就其本身来看，堪舆罗盘最初的增添是考虑了观测到的磁偏角而引人的。

在白天，玄女根据日出和日落来决定方向④。在夜晚，她根据星宿的划分来决定方向⑤。正是蚩尤（古代的叛逆者）⑥发明了"指南"⑦。后来罗盘方位的细节都被确定下来，用"十个天干"（"天干"）表示方向（"方所"），用"十二个时辰字"（"地支"）表示方向的"气"（"方气"）⑧。再后，作了一个铜盘，上面有正好二十四个方位，由（选自）（与汉代占卜盘"栻"有关的）"天盘"的天干和（与汉代占卜盘"栻"有关的）"地盘"的地支组成。前者称为"立向纳水"，后者称为"格龙收沙"。现在，堪舆家用正针（天文学上的南北方位）和天盘上的天干方位来"找出龙的所在"（"格龙"）；用缝针（磁的南北方位）来完成其他的占卜（"立占"）。自然，圆（盘）遵从（即象征）天，方（盘）遵从地⑨。

〈玄女昼以太阳出没而定方所，夜以子宿分野而定方气。因蚩尤而作指南，是以得分方定位之精微。始有天干方所，地支方气，后作铜盘合局廿四向。天干辅而为天盘，地支分而为地盘，立向纳水从乎天，格龙收沙从乎地。今之象占以正针天盘格龙，以缝针地盘立占，圆者从天，方则从地，以明地纪。〉

---

① 我们对这位学者所知不多，但他很可能是江西的一位堪舆家。

② 浮针这一事实，在某种程度上表明该书年代较早。

③ 《古今图书集成》，艺术典，卷六五一，堪舆部汇考一，第十六页；由作者译成英文。

④ 参阅本册p.297关于希腊风玫瑰图的起源。

⑤ 读者应记得，将赤道星座转移到地平圈上作为方位角的方位。

⑥ 参阅本书第二卷p.115。

⑦ 这里指的是关于指南车的传说［参阅本书第二十七章（e）］。

⑧ 参阅前面关于罗盘方位及其起源的叙述。

⑨ 注意这里没有提到中针。

宋代已能对堪舆罗盘作出如此精细的描述，虽然初看起来可能令人惊讶，但其中并没有与我们逐步揭示出来的总的发展模式不相符合的东西。由选用天干地支以及卦来定方位名称，或许至少在汉代就已经实行了。但在这段文字中，我们第一次遇到关于磁偏角方向的术语。类似的叙述也见于似乎属于宋代的其他堪舆书籍之中，如谢和卿的《神宝经》①。

305

将有关磁针的所有文献定得年代较早的一个强有力的论据，是在《古今注》的"蝌蚪"条中出现"玄针"一词，此为 983 年的百科全书《太平御览》所引用（参阅本册 p.274）。

关于磁偏角可以确定其年代的最早的文献，可能与关于水浮磁体的肯定为最早的文献同样的早。堪舆家们的福建学派的创始人王伋（肇卿，赵卿），留下了一首关于磁针的诗（《针法诗》），其中一些行在百科全书中保存了下来，有关的几行如下②：

> 在虚（宿）和危（宿）之间，分明地指出针的路径（"针路"）③，
> （然而）在南方有张（宿），它"骑乘着所有三者"（"上三乘"）；
> 坎（卦）和离（卦）位于正北和正南，虽则人们未能认识（其精妙），
> 因此若出现最细微的差误，结果也不会有正确的预言。
>
> 〈虚危之间针路明，南方张度上三乘；
>
> 坎离正位人难识，差却毫厘断不灵。〉

由于可以确定王伋活跃于 1030 年至 1050 年前后④，这几行诗实际上是我们所知有关磁针使用的最早而明确的叙述。读者总还记得，曾公亮的仪器（1027 年或之前）则是漂浮的"鱼"。上述这首诗第一行中所提到的方向，很清楚地是指天文学上的南北（正针），但是，从堪舆罗盘（例如第 24 圈，见图 340）可知，南方的张宿非常广阔，以至能包括所有三种"南"，即正针所指的南，以及原来偏东的和现在偏西的两种磁偏角（缝针和中针）所指的南⑤。这确实应该是"上三乘"的解释⑥。这里提到坎卦和离卦，

---

① 《古今图书集成》，艺术典，卷六六七，堪舆部汇考十七，第十页。在许多堪舆著作家之中，谢和卿是首先被引用的一个，如果这有意义的话，那么他的活跃期可能早于王伋（见本册 p.305）。如果真是这样，他提到磁针的记述其年代为 10 世纪，则应是现已知道的文献中最早者。他和堪舆家刘渊则是同时代的人，后者可能有助于确定他们两人的时代。

306

② 《古今图书集成》，艺术典，卷六五五，堪舆部汇考五，第十八页；由作者译成英文。

③ 注意此为后来用于航海罗盘方位的术语。

④ 王伋的著作《心经》和《问答语录》，在他去世以后由其弟子叶叔亮刊行，并有范纯仁（G 534）的跋。范纯仁是 1026 年至 1101 年间人（《宋史》卷三一四，第二十九页）。据《处州府志》（《古今图书集成》，艺术典，卷六七九，堪舆部名流列传，第十页引用）记载，王伋以堪舆术预卜了向他请教的三家福建人尚未出生的儿子的功名。由于这些人的生平年代为人所知，因此王伋的年代亦可大致确定。这三个人是管师仁（1044—1109 年；见《宋史》卷二十，第九页；卷三五一，第二十页）、何执中（1042—1116 年；见《宋史》卷三五一，第十、十一页）和张商英（1042—1121 年；见《宋史》卷三五一，第六页）。王伋的祖父王处讷是一位天文学家和数学家，在后周时曾与王朴有过关于历法问题的著名争论（《宋史》卷二十一以下，卷四六一，第三页）。因此，其祖父的活跃期必然是在 950 年至 970 年之间。王处讷之子王熙元卒于 1018 年，终年 58 岁（《宋史》卷四六一，第四页）。根据所有这些事实，王伋的生年可能是 990 年。王振铎 [（4），第 116 页；（5），第 210 页等] 似乎没有意识到王伋和王赵卿就是同一个人。王振铎 [（5），第 121 页] 还认为，《针法诗》不可能早于 12 世纪 90 年代。但我们对此不大信服。由于王伋在堪舆术界以外不大为人所知，似乎不可能有任何一位在 1200 年前后写作的人会以他的名字来写诗。他并不是在堪舆罗盘上留下盛名的那三个人之一，甚至也不是他们的高足弟子。王赵卿的名字有两种写法，是由于避讳之故。有时对某些字必须避免使用，以妨冒犯朝廷（参阅本书第十九章，关于李冶和李治）。

⑤ 虚宿和危宿只各包括两种。

⑥ 当然，（根据传说）直到王伋之后的那个世纪，堪舆罗盘上才加入了中间（中针）的一圈。在那时，对这样的事情自然是要谨慎从事的。

仅只是因为它们一般地代表北和南，而且对磁轴来说有某种稍稍偏离天文子午线的自然趋势；这就是常人不能理解的微妙之处了。

在 1050 年以后，所有记载都一致认为磁偏角偏向西方。我们很熟悉沈括记述的（本册 p.249）在 1086 年时磁针指南而微偏东，也熟悉寇宗奭观测的（本册 p.251）在 1115 年时磁针指向丙位（165°）。下面的记载是桥本增吉发现的——该条见于曾三异在 1189 年左右所著的《同话录》中[①]：

> 北—南针。

> 至于"地盘"（"地螺"）[②]（罗盘）的使用，有正针（天文学的北—南方向）子午方式，但还有用正北正南和丙壬轴之间的缝针[③]轴的方式。

> 由于天和地处于（天文学的北—南子午线上的）正确位置，人们就应当用子午线，但由于有现在称之为"江南陆地偏斜"的情况，所以难以使用子午正针方式，而用丙壬轴来校核较为好些。

> 古时候，人们在洛阳测量日影，以为那里就是大地的中心。但后来另外一些人认为，京城之外的一个县阳城（更近中心）[④]。由于地面多少有些"倾斜"，（在洛阳）测量的结果因此难以使用了。这个差别的原理是完全可以理解的[⑤]。

> 〈子午针
> 地螺或有子午正针，或用子正丙壬间缝针。天地南北之正，当用子午，或谓今江南地偏，难用子午之正，故以丙壬参之。古者测日景于洛阳，以其天地之中也。然有于其外县阳城之地，地少偏，则难正用，亦自有理。〉

由上述记载可知，磁偏角偏西略小于 15°，但这段文字的意义在于它在寻求一种解释磁偏角的理论。我们已经看到，寇宗奭曾求助于五行学说，求助于火和金的相互关系。这里则是一种更为复杂的概念，即在地球表面上必定有某中心区或某子午线，那里的磁偏角应为零[⑥]。这种看法只能被称为是一种有灵感的推测，因为事实上确有一条零值磁偏角线，它横越地球表面慢慢地移动着。

307 　　因此，曾三异建立关于磁偏角的理论，甚至在欧洲人知道磁极性之前。稍后，对此理论有相当长时期的争论，这牵涉到一种新的要素的引入，即第二个错开的附加圈，这种一系列的中针方位相传是由镏文俊于 1150 年前后采用的。如果我们查看一下储华谷（储泳）大约著于 1230 年的《祛疑说纂》，可读到以下的文字[⑦]：

> 关于选择针[⑧]。

> ［现今的堪舆家们对于中针和正针两者都使用］[⑨]。

---

① 收入《说郛》卷二十三之中（虽然并非所有版本均有）。由作者译成英文。

② "螺"本意为海螺或螺旋样形状，在此指螺旋形物，大体上适用于罗盘盘面上的同心圆。

③ 注意曾三异在此以缝针的旧名用于新的轴线，后来这一名称仅指向东偏角的丁癸线。显然在他那个时代，表示向西偏角的术语中针尚未被普遍采用。

④ 关于阳城的巨型日晷，参阅本书第三卷，pp.296ff.；以及本册 pp.46ff.。

⑤ 这就是桥本[Hashimoto(1)]没敢翻译的那段文字，而米切尔[Mitechll(2)]则认为它词句晦涩，毫无意义。

⑥ 参阅 16 世纪欧洲人关于"真子午线"的学说［Taylor（8），pp.173，183，186］。

⑦ 《祛疑说纂》，第二页；由作者译成英文。该段文字以前未被人注意到。《稗海》本所载简略而费解；《百川学海》本所载则似乎是完整的，因而引用于此。

⑧ 即占卜所用的磁针方位的方式。

⑨ 此句以小字体置于正文之前，仅见于《稗海》本。

阴阳家的学说是很流行的，难以轻易议论它们的价值和真实的程度。应该用事实来验证它们，合理地分析它们。

堪舆术的第一件事是分辨"二十四山"[①] （24 个罗盘方位），以及识别"正"（天文学的南北子午线）。其次有 120 个"分金"刻度[②]。我们如果采用丙—午即中针方式，则会有偏向西南 $2\frac{1}{2}$ 刻度的差别。如果采用子—午即正针方式，则会有偏向东南 $2\frac{1}{2}$ 刻度的差别。（磁针方位的方式有如此大的差别，预卜）凶吉祸福应该是极易辨别的。

我的父亲在挑选风水好的地点时，堪舆家们总是意见不一。一个认为，按照中针方式，丙—午向是应取的正确方向；另一个则认为，按照正针方式，还是选子—午线（子午线）为好。双方都坚持其师傅传授给他们的知识是正确的。因为世界上现在没有圣人了，所以没有人能告诉我们何者为应该作出的正确选择。事实上，两种观点都有道理。

相信丙—午向或中针方式的人们说，古代的《狐首》书上解释得非常清楚——"自子（北）至丙（南偏东 15°）的方向为东南，因此表示阳；自午（南）至壬（北偏西 15°）的方向为西北，因此表示阴。壬—子—丙—午这一区域，是天地的中心。"他们还争辩说，针虽然指南，但其本性却倾向于北（因此它有转回该方位的趋向)[③]。这个理论有些根据。

（持这种观点的人们）又说，十二地支以子—午轴为其正确的中心，64 卦分布于 24 个罗盘方位。但是丙和午并排着，并且（在正针的圈上）共占同一方位。它们之间的方位位于十二地支一周的中心，即（在中针的圈上）午的方位。这种说法也有道理。

但是选用子—午线和正针方式的人们说，伏羲用八卦决定了八方；离和坎确定了正南和正北。（在南方）丙和丁在离的两侧；（在北方）壬和癸在坎的两侧。这样八方被分为 24 方位；南方得到丙、午和丁，北方得到壬、子和癸。子—午轴（子午线）确实是在中心。这种说法也有道理，不可忽视。

他们继续争论说，太阳在丙（时辰）时[④] 位于丙方位，在中午 ［午（时辰)］时位于午方位。现在被称为丙（时辰）的，从前是两个早先确定的方位。

因此我把这些议论记述下来，为的是便利于那些专心研究这类事情的人们。使用中针方式的人往往得到良好的结果，这是因为占卜方法正是以本来的方位为根据的。

〈辨针

（今堪舆家于中针正针两用之）

阴阳家之说尚矣，其间得失是否，未易轻议，要亦验诸事析诸理而已。地理之学，莫先于

308

---

① 参阅杨筠松的《二十四山向诀》，收入《古今图书集成》，艺术典，卷六五四，堪舆部汇考四，第十页。

② 这些是本书图 340 中的第 9 圈和第 19 圈。它们由天干地支组成，按五行分布。

③ 在这背后或许是矿物学的概念，与矿石和金属在地下的转变有关，见本册 p.302。

④ 原本并无丙时辰这样的事，因为时辰是用地支而不是用天干来表示的，因此我们不能肯定这种说法的含义。见 Needham, Wang & Price (1), pp.199ff.。

辨方，二十四山，于焉取正。以百二十位分金言之，用丙午中针，则差西南者两位有半；用子午正针，则差东南者两位有半。吉凶祸福，岂不大相远哉。……先君卜地，日者一以丙午中针为是，一以子午正针为是，各自执其师传之学。世无先觉，何所取正？而两者之说，亦各有理。主丙午中针者曰：《狐首》古书，专明此事。所谓自子至丙，东南司阳；自午至壬，西北司阴；壬子丙午，天地之中。继之曰：针虽指南，本实恋北。其说盖有所本矣。又曰：十二支辰，以子午为正。厥后以六十四卦，配为二十四位，丙实配午，是午一位而丙共之。丙午之中，即十二支单午之中也。其说又有理矣。主子午正针者曰：自伏羲以八卦定八方，离坎正南北之位，丙丁辅离，壬癸辅坎。以八方析为二十四位，南方得丙午丁，北方得壬子癸，子午实居其中。其说有理，亦不容废。又曰：日之躔度，次丙位则为丙时，次午则为午时。今丙时前二定之位，良亦劳止。因著其说，与好事者共之。但用丙午中针，亦多有验，适占本位耳。〉

对此还可以补充如下事实，即 1280 年程棨在其著作《三柳轩杂识》①中引用《本草衍义》中有关磁石的记载时，仅对"子午丙壬之理"——正针和中针方式的原理加了评注，这表明后者在当时也已为人们所熟知②。他说这些方式为堪舆家（阴阳家）所使用。

这件事的要点在于，在储泳和程棨的时代，磁偏角为偏西 15°或稍弱；而他们所述丙午方位这个事实，则表明磁偏角约此之半。与曾三异的理论相比较，储泳的理论是倒退的，它退回到了八卦并提出了隐晦的象征性解释。不过，它向我们介绍了以前未曾遇到过的古代流行的堪舆文献，即《狐首》③。

所有这些，比欧洲首次观测到磁偏角还要早两个世纪。温特［Winter（4，5）］的专门研究得出结论说，皮埃尔·德马里古及其同时代人（1270 年）对此全然不知。另一方面，米切尔［Mitchell（2）］在仔细研究了哥伦布于 1492 年的航行中发现磁偏角这一传说④之后，断定这种传说必须予以否定⑤。但是，他和查普曼（Chapman）都同意黑尔曼（Hellmann）和沃尔肯豪尔（Wolkenhauer）的意见，认为至迟从 1450 年起，制造便携式日晷——日晷上装有罗盘以指示正午之线——的德国工匠，就在日晷盘面上刻出磁针应指示的特殊标记，这表明他们对磁偏角已有了经验性的知识。这在 1500 年前不久的纽伦堡地图上也可以见到。朗格（Langae）提出一种论点，认为系杰弗里·乔叟（Geoffrey Chaucer，1380 年）的发现，但较为可信的年代是在 15 世纪早期。

1580 年前后的中国书籍，如徐之镆的《罗经简易图解》，提出了另外一些理论，例如认为之所以有磁偏角是因为北极星并不真正在北极。方以智在其《物理小识》（1664 年）中提到⑥，在欧洲（大秦）当时的磁偏角为偏东，这完全正确［Edkins（12）］。他怀疑这是否由于喜马拉雅山脉（昆仑山脉）的群山的阻隔所致。

---

① 参阅本册 p.252。

② 王振铎（4），第 194 页。

③ 郑思肖（卒于 1332 年）在其《所南文集》第十六页说，在他那个时代只有一种《狐首经》尚存，他认为那是晋代郭璞所著。它与《狐子》（在《唐书·艺文志》中提到两种）有无关系，或者与《狐刚子》（在《隋书·经籍志》中提到一种，在《宋史·艺文志》中提到三种）有无关系，我们还未能确定。不过《狐首》之传说似乎与向西的磁偏角有关这一事实，表明了实际上此书不会早于 11 世纪初叶。亟切盼望某位学者作出认真的努力，使得这令人困惑的堪舆文献能条理清晰、显明易解。

④ Bertelli（2）。

⑤ 泰勒［Taylor（8），p.172］同意此观点。

⑥ 《物理小识》卷八，第十八页。

将本节讨论的材料摘要列表（表 52），也许是适宜的。总的结论是，在中国关于磁偏角的最早的知识至少应追溯到 9 世纪。在宋代以前磁偏角偏东，它留在堪舆罗盘的传统形式上的踪迹为外层错开的辅圈即缝针；然后，在宋代大约 1000 年时，磁偏角变为偏西，从而出现了内层错开的辅圈即中针。德·索绪尔[①] 说中国人知道磁偏角要比欧洲人知道极性早得多，这话完全正确[②]。而当哥罗特写道，"毫无迹象表明，中国人拥有关于罗盘偏角的任何知识，或者他们能区别地磁的北极与真正的北极"[③]，此时他是茫然无知的。

幸运的是，现在我们已有验证古老的中国图解和传说的可能。前面我们引用《武经总要》时，曾提到热顽磁现象。即一条铁棒或钢棒在地磁场中从居里点（约 700℃）缓慢地冷却时，不需与天然磁石相接触就会获得磁性。但是大多数含有少量氧化铁的水成岩、熔岩流，以及天然黏土也有同样的现象，不过强度要弱得多[④]。因此，用精密方法现在积极进行着的测量[⑤]，不仅可以提供当岩石和黏土在形成和淀积之时关于地磁场性质的详细情况，而且也能提供在烧制瓦、砖、窑壁和陶器之时出现的详细情况。这些发展因此对考古学家和地质学家均极其重要，因为倘若一旦能够建立起关于历史上不同地点地磁场性质（偏角、倾角，等等）的有系统的知识的话，那么，一种极有价值的方法——确定任何显示出热顽磁的物体的年代，就可供利用了。显然，将来迟早也有可能追踪中国磁偏角的长年变化，因而可以验证本节所描绘的总体图像。

我们所推论的在中国磁偏角的变化，可以与大约 1580 年以后在伦敦所进行的一系列直接观测的结果相比较[⑥]。磁偏角在 1660 年左右由偏东转变为偏西，而在 1820 年达到偏西的最大值。这一事实恰恰与我们所假定的在中国磁偏角由偏东转变为偏西发生在 1000 年左右的结论相一致。图 343 左边外推的两条虚线，上面的一条是库克和贝尔希（Cook & Belshé）在英国从观测 15 世纪的窑壁和炉壁的热顽磁推导出来的，下面的一条是根据 1540 年以后在罗马所作的观测得到的，前者比后者更符合实际情况[⑦]。我们在这里画出了磁偏角随时间的变化，但若画出磁偏角随磁倾角的变化则或许更为有用，正如鲍尔（L. A. Bauer）的著名的图那样，它对有关的时代和地区给出了一个几乎完整的循环。

至目前为止，得自罗马—不列颠时期烧制物的数据，均因读数分散和年代模糊[⑧]，

311

---

① de Saussure (35), p.31。

② 米切尔［Mitchell (2)］说，据李明（Lecomte, 1669 年）称，中国人对磁偏角毫无所知。但我通过核查其著作（英文版，p.229）发现，李明充分清楚地说明了他所谈到的问题，他的话可以解释为中国人是知道磁偏角的。总之，根据本节的其他证据，即便李明和哥罗特一样持否定看法，那也无关紧要。

③ de Groot (2), vol.3, p.974。我要再次指出，哥罗特的"人类学的"方法，恰恰就像一位中国学者通过询问卖鱼的妇人和传统的莫利斯舞的舞蹈家来了解英国人关于核物理学的知识一样。

④ 参阅介绍性文章 Runcorn (1)。

⑤ 见 Cook & Belshé (1)；Aitken (1)。

⑥ 例如，参阅 Chapman & Bartels (1), vol.1, p.130。

⑦ 英国 12 世纪窑壁所给出的磁偏角值为偏东 6° 和 7°，似乎当时的磁偏角已趋于其偏东的最大值。泰利埃等人［Thellier (1，2)，Thellier & Thellier］为确定法国和北非的热顽磁的类似记录进行了许多研究。参阅 Aitken (2)。

⑧ 在 1 世纪与 4 世纪之间，磁偏角从偏西 13° 变为偏东 $\frac{1}{2}$。

表 52　中国罗盘观测结果（包括磁偏角，主要在 1500 年以前）详表

年代或大致的年代	作　者	书　　名	可能的观测地点	北纬 ° ′	东经 ° ′	记　　载	磁偏角 °
约 720 年	一 行	不详 [Wylie (11)] 此文献甚为可疑，见本册 p.301	长安（西安）	34°16′	108°57′	在虚危之间"偏向右"	偏东 3—4°
（约 730 年	邱延翰确定 24 方位，正针）						
9 世纪中叶	不 详	《管氏地理指蒙》	可能在西安	34°16′	108°57′	丁癸轴线	约偏东 15°
（约 880 年	杨筠松在邱延翰的分度左 7½° 增加新的分度，表示偏向东的磁偏角，在其《青囊奥旨》中称为为缝针）						
约 900 年	不 详	《九天玄女青囊海角经》	可能在西安	34°16′	108°57′	谈到缝针	约偏东 7½°
约 1030 年	王 伋	《管氏地理指蒙》的注释	可能在开封	34°52′	114°38′		微偏西
约 1086 年	沈 括	《梦溪笔谈》	开封	34°52′	114°38′	（南）"微偏东"	偏西 5—10°
1115 年	寇宗奭	《本草衍义》	开封	34°52′	114°38′	指向丙	约偏西 15°
（约 1150 年	颖文俊在邱延翰的分度右 7½° 增加新的分度，表示偏向西的磁偏角，称为针）						
约 1174 年	曾三异	《同话录》	杭州	30°17′	120°10′	近丙壬轴线	偏西 5—10°
（1190 年	在欧洲首次认识磁极性）						
约 1230 年	储华谷	《祛疑说纂》	可能在杭州	30°17′	120°10′	丙午向与中针	偏西 7½°
约 1280 年	程 棨	《三柳轩杂识》	可能在杭州	30°17′	120°10′	子午和丙壬轴线	偏西 7½°
（约 1450 年	在欧洲首次认识磁偏角）						

续表

年代或大致的年代	作 者	书 名	可能的观测地点	北纬	东经	记 载	磁偏角
约1580年	徐之镆	《罗经简易图解》	可能在北京	39° 54′	116°28′		约偏西 $7\frac{1}{2}°$
约1625年	汤若望和徐光启	[Wylie (11)]	北京	39° 54′	116°28′		偏西 $5\frac{1}{2} - 7\frac{1}{2}°$
约1680年	梅文鼎	《揆日纪要》①	南京	32° 4′	118°47′		偏西 3°
			苏州	31° 23′	120°25′		偏西 $2\frac{1}{2}°$
1690年	洪若翰 (de Fontaney)	[Wylie (11)]	广州	23° 8′	111°16′		偏西 $2\frac{1}{2}°$
1708年	雷孝思和杜德美 (Régis & Jartoux)	[Gaubil (1), p.209]②	山海关	40° 2′	119°37′		偏西 2°
			嘉峪关	39° 49′	98°32′		偏西 3°
1817年	伟烈亚力 [Wylie (11)]		广州	23° 8′	111°16′		零
1829年	伟烈亚力 [Wylie (11)]③		北京	39° 54′	116°28′		偏西 $1\frac{1}{2}°$

① 该文献为伟烈亚力 [Wylie (11)] 的一篇论文所引用，但他没有注明中文书名，而是只给出了油特的罗马拼音。我们推测它是《揆日纪要》。伟烈亚力说那是一本 "关于日晷的小书"。可惜该著作未被列入《勿菴历算书目》之中，不过我们发现其中有《揆日器》（第二十九页）和《揆日浅说》（第三十页）。也许伟烈亚力根据记忆引用了其中之一。我们未能从李俨 [(21)，第三集，第 544 页以下] 关于梅文鼎的详细传记书目之中得到更多的启发，因此必须把这件事留给后对这位 17 世纪中国伟大的数学家和天文学家的著作更有研究的其他人去澄清。

② 康熙皇帝本人曾述及罗盘的偏角一事，不著为人所知。这见于其著作《康熙几暇格物编》，完成于 1710 年前后。该著作有韩国英 [Cibot (7)] 于 1779 年的法文摘译。康熙说，北京的磁偏角在 1683 年为偏西 3°，而在他写作之时则减为偏西 $2\frac{1}{2}°$；在有些省份，还可以观测到偏东的磁偏角。在北京附近后来观测的磁偏角变至偏西 $4\frac{1}{2}°$，钱德明 [Amiot (5, 8)] 在 1783 年和 1784 年曾报道过。

③ 关于中国磁偏角此后的长年变化，见 de Moiderey & Lu (1)。

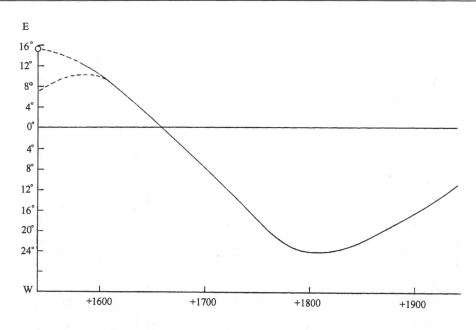

图 343　伦敦自 16 世纪初之后磁偏角的长年变化图。

312 而仍然未能画出类似图 343 那样的曲线。但是，在磁偏角与磁倾角的关系方面，却可以看到一个明显的趋势，即磁倾角越大，磁偏角越偏向西。另一仅就磁倾角所进行的研究，是用中国的越瓷进行的，这些瓷器可以假定为以直立的位置烧制的，其结果可与日本的窑炉和熔岩的热顽磁数值相比较[①]。年代推算的结果 1080 ± 120 年——与从款式上的估计十分一致。同样，在绍兴出土的被认为是公元前 2 世纪和 3 世纪高温烧制的瓷缸，用这种方法可证实其年代。但整个方法尚处于初级阶段，可以期望它会有巨大的发展。

　　地球表面某些特定地点的磁偏角的长年变化，将可以用地球物理学的一般理论来解释。自从 1546 年墨卡托（Mercator）首次认识磁极以来[②]，关于这些变化的知识在持续不断地积累着[③]，并且至上个世纪末期已被概括在范贝梅伦（van Bemmelen）的经典图表之中。我们现在知道，这些变化取决于来回缓慢地越过地球表面的磁性扰动中心的存在。但是这些现象的全部意义尚有待发现。

　　现在只剩下解释堪舆罗盘上至今尚未提及的其他一些圈的性质，以便完成图 340 的说明。最外面的一圈（第 24 圈）[④]总是表示亦道上各宿的分度（参阅本书第三卷，pp.233ff.）；它的内侧给出了各宿的（中国的）度数（第 22 圈）[⑤]，以及关于某些度数

---

① Aitken（1）；渡边直经（*1*），Watanaba（1，2）。

② 参阅哈拉登［Harradon（2）］对他的信件的译文。

③ 参阅查普曼和哈拉登［Chapman & Harradon（2）］对 16 世纪一些讨论的译文，以及泰勒［Taylor（8），pp.172ff.，181ff.］的概括。关于长年变化首次明确的认识，应归诸于亨利·盖利布兰德（Henry Gellibrand）在 1635 年的研究。在 1699 年冬，埃德蒙·哈雷（Edmund Halley）为研究磁偏角曾进行了一次著名的航行，并用标注等偏角线的墨卡托投影法绘制了一幅世界地图。

④ 亦见于第 16 圈。

⑤ 亦见于用近代度数表示的第 15 圈。

的吉凶性质的堪舆符号（第 23 圈）。第 6 圈为 24 节气（参阅本书第三卷，p.405），第 4 圈是 24 个星座和星的名称。对于其余部分的分析，则会使我们离开这一仪器的科学意义太远了[1]。

（iv）都市方位的遗迹

最后我们可以谈谈城墙的方位以及类似的问题，这一直是个充满疑问的题目[2]。宋君荣［Gaubil（11）］在 1763 年注意到下述事实，即建于 1410 年左右的北京城墙其取向为子午线偏西 $2\frac{1}{2}°$。晚近，布雷恩·哈兰（Brian Harland）先生于 1945 年前后在甘肃山丹（古代丝绸之路上的一个小城）工作时，注意到其街道规划似乎显示出两种不同的基准线。他所绘制的地图，部分复制于此（图 344），它清晰地表明，古代城市留存下来有两条相差约 11° 的基准线，一为正南北向，另一偏东[3]。看来十分可能的是，这些差别是中古时代奉行正针、缝针和中针的三派之间争论的遗迹。

313

在中国古代城市规划方面，有很多资料可用于本题目的专门研究。南京城的南部有一条准确的南北轴线，但大部分街道所据以定向的城墙则偏东 13°[4]。在四川成都，街道网格亦依偏东多达 25° 的城墙的方向而建，但中央的宫殿则以子午线定向[5]。另一方面，在开封，虽然城墙偏东 $11\frac{1}{2}°$，而街道网格却是依宋代宫殿的正南正北方向建的[6]。所以，根据这一情况，人们就能推断该城的内部肯定是在宋代时重建的。还有，金代首都会宁，正如人们预料的，有向西 $5\frac{1}{2}°$ 的偏斜[7]。在唐代首都长安（西安），南北向的主要街道相对城墙偏东约 2°，而其他街道则偏得稍多一些[8]。这些偏东的方位与前面所述在唐代磁针向东的磁偏角，是相一致的。

我们从石璋如（2）的文章知道，年代大约为公元前 1300 年的安阳的古墓，其方向均为现在的正北偏东 5° 至 12°。乍看起来，这种说法似属荒诞无稽。但对于如此极为古老的遗址来说，岁差的变化就成为一个因素了。确实，从本书第三圈图 94 可以看出，如果商代的人依照当时天文学的北方特意为他们的墓葬定向，则这种差别距离我们所预料的并不远。

---

[1] 见图 340 和图 341 的说明。
[2] 参阅本册 p.249。
[3] 这表明，在唐代的时候或宋代以前的某个时期，街道网格依磁针向东的磁偏角定向。
[4] Herrmann（1），p.57。
[5] Gutkind（1），fig.42。
[6] Herrmann（1），p.48。
[7] Herrmann（1），p.47。
[8] Herrmann（1），p.21。

图版一二二

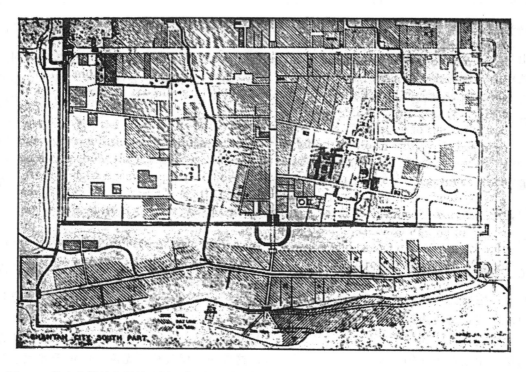

图 344　甘肃山丹城南部的地图，布雷恩·哈兰先生绘于 1945 年前后。在城墙之内可看出两种不同
　　　　基准线的遗迹，一为正南北向，另一为北偏东 11°。这种差异，也可见于中国其他城市的
　　　　地图中，或许因发现磁偏角之后堪舆家们的不同意见所致。

(7) 地磁变化和磁倾角

尽管古代传说谈到具有大量天然磁石的某些岛屿能吸引用铁钉建造的船，但在欧洲发现真正区域性的地磁变化却绝非文艺复兴以前的事[1]。船上的磁铁受到船体本身之中的铁的干扰，这一认识应归功于威廉·巴洛（William Barlowe, 1597）[2]。然而，中国的水手似乎从 15 世纪以后已知晓地磁的区域性变化。费信在 1436 年的著作《星槎胜览》（参阅本书第三卷，p.558）中记述道[3]：

> 水手们这样说："我们往北怕七岛，往南怕昆仑 [普洛·康多尔岛（Pulo Condor Island）]。" 在这些地方，磁针可能指错（"针迷"），如果发生那样的情况，亦即掌舵不准确，人和船都会失事。
>
> 〈俗云：上怕七州，下怕昆仑，针迷舵失，人船莫存。〉

之后，在晚清（约 1871 年）的著作《（台湾）淡水厅志》中，有使罗盘失效的岩石"反经石"的记载。

> 反经石在观音山上的西云岩附近，有两块大石头，其中的一块为马鞍形。如果将罗盘放在它们上面，磁针不是指向北和南，而是转向东和西。这些石头因此而得名。另外的一块在石阁山上的芝兰堡附近，但在这里磁针转过来指向西和东。[4]
>
> 〈反经石　在观音山西云岩上，凡二石，其一形如马鞍，每捧罗经，针本子午，置于石，则反为卯酉，故名。一在芝兰堡石阁山上，惟所反之方位互异。〉

这种观察可追溯多么久远，我们不能肯定，但它极类似于葡萄牙司令约·达·卡斯特罗（Joao de Castro）于 1539 年在印度西海岸外的焦尔（Chaul）岛上所进行的著名实验[5]。

迄今可以肯定的是，中国从未发现地磁场的垂直分量（磁倾角）。据米切尔 [Mitchell（3）] 所述，哈特曼（Hartmann）在 1544 年首次进行了磁倾角的观测[6]，而罗伯特·诺曼（Robert Norman）在 1581 年首次对磁倾角进行了正确估计。我们刚刚看到了地磁场变化在考古学的年代确定方面可能提供的某些帮助。

---

① 现在知道的有名的例子是赫布里底群岛（Hebrides）的斯凯岛（Skye）和苏联的库尔斯克（Kursk）。

② 参阅 May（1）。

③ 引自《东西洋考》卷九，第四页；由作者译成英文。

④ 由作者译成英文。

⑤ 这些叙述见于他自己的航行记录之中 [de Castro（1, 2, 3）]，由哈拉登和费拉兹译成英文 [Harradon & Ferraz（2）]，泰勒摘要 [Taylor（8），pp.183ff.]。达·卡斯特罗自 1538 年之后曾利用努内斯（Nunes）的"比影仪" [参阅 Harradon & Ferraz（1）] 系统地研究了葡萄牙和印度之间的磁偏角的变化，这些是现存最古老的系统观测。使他的磁针右转 180°的焦尔岛的巨漂砾，可能是类似德干（Deccan）火成岩的玄武岩熔岩。达·卡斯特罗确信这种岩石不是天然磁石，然而它的作用则几乎可以肯定是我们已经讨论过的热顽磁效应，不过其磁场太弱以致不能吸引铁屑。与台湾的记载联系起来看，有趣的是，克尼平（Knipping）于 1879 年曾描述过在日本的二荒山顶上所发生的明显的地磁偏向（区域性的变化）现象。

⑥ 见哈拉登 [Harradon（1）] 对他的信件的译文。

（8） 磁体、占卜与象棋

关于中国磁学的整个历史，至此已十分非同寻常，但我们仍然还有一些话要说。作为补遗，我们打算探索占卜术（象棋之类的游戏即由此而来）领域里的一些隐秘的侧面，因为有迹象表明，只有它们包含着首先使用实物"指南"的线索。我们必须尽可能简要地进行这样一种探索，以避免离题太远而陷入人类学和考古学的领域之中。

问题的实质是："杓"怎样到了"栻"上？究竟为什么有人想起做一个大熊座的模型，并将其放在一个盘上？杓用天然磁石制成，由一条磁铁矿石作成有柄的杓的形状，这不太难理解。但是假若能够说明，古代有许多占卜方法都涉及类似于象棋棋子或游戏其他构成单位的"棋子"的使用，并且这些"棋子"又常代表天体，那么整个思想过程便开始显露出来了。

315 许多著名的学者曾多年致力于象棋史的研究，如范德林德（van der Linde）和默里（H.J.R.Murray）。由他们的研究得出的普遍接受的看法是，象棋，即我们现在的战争游戏，是在 7 世纪时首先在印度发展起来，然后传播到波斯，到穆斯林世界，最后到欧洲[1]。但其来历则至今仍神秘莫测。严格地说，"棋子"应定义为战争游戏中战斗的双方、三方四方的成群的个体。但对当前的目的来说，为方便起见，我们把它们定义为（因没有更好的术语）任何集合，一副、一方或一队的小型的象征性模型，它们可以代表任何事物，不仅可代表一支军队的组成部分，而且可代表动物，或者（很有意义地代表）天体如日、月、行星、恒星和黄道各宫。虽然中国是能够表明磁体与"象棋"[2]之间存在密切联系的惟一的文明国家，但是棋与天文学—占星术的象征性之间的联系则是在所有文明中都普遍存在的。

以下数页中将要展开的讨论，最好在一开始先有一个概要。本书作者所提出的遵循如下线索。①占卜盘（"式"）是用一种手法或与这种手法有关。那就是把一副"棋"子投掷在盘上并注意它们到达静止的位置，这些棋子被认为是代表了各种天体。而首先要做的事是调整地盘上的天盘。②发现天然磁石指向能力的各阶段应包括：（a）投掷棋子；（b）决定用磁石制作一些棋子，因磁石具有明显的神奇的吸引力；（c）决定用磁铁矿石作成匙形的大熊座的模型；（d）观察到它取一定的方向。用最简洁的话来说，磁石杓是以原始的象棋作为一种占卜形式而用的"棋"子。中国文字对这些占卜形式与战争游戏的象棋本身之间并无区别，两者都用"棊"（"碁"）字表示。下棋或用棋占卜亦称为"戏"。

（i）栾大的斗棋

发明过程的开始几步是在公元前 2 世纪发生的。最初因极有意思而引起本书作者关

---

① 也传播到中国和日本。

② 虽则"象棋"这个词并不适用于除特殊的战争游戏之外的任何其他场合，不论这些棋子是否具有宇宙论的或纯军事的意义，我们在下文将略去该词的引号。请读者记住所赋予它的广泛的意义，例如包括投掷或移动象征性的棋子的许多形式的占卜术。我们有时可称之为"原始的象棋"。

注并导致了现在的一系列想法的，系来自五处记载，它们都与汉武帝的一位术士栾大的名字有关。《史记》中有关于他的许多资料①：

> 那年（公元前113年）（丁义）春，乐成侯上书皇帝，推荐栾大。栾大曾是胶东王的一名宦官，与文成将军（少翁②，另一位宫廷术士）一同从师学习。正是这个情况使得他成为胶东王的宫廷术士兼方士。……

> 皇帝正在为处死文成将军、没有试验其全部技艺而后悔，因此热烈欢迎栾大。栾大身材高大、谈吐不凡、技能丰富，并且敢于允诺、从不犹豫。他对皇帝说："臣常到海外，见到安期、羡门（高）及其他著名的术士。但由于我是个普通百姓，他们看不起我，也不信任我。……我的师傅主张，黄金能（人工地）制成，黄河的决口能堵塞，长生不老之药能找到，神仙也能下凡。但是您的臣子们都害怕他们会遭到与文成将军一样的命运，因而没有一个再敢开口。我又怎敢对您讲我的技艺呢？"③……在这次会见结束时，皇帝要栾大表演他的小技之一，即令棋子（"棊"）自相格斗，而它们也确实彼此相互撞击起来（"相触击"）。

> 〈其春，乐成侯上书言栾大。栾大，胶东宫人，故尝与文成将军同师，已而为胶东王尚方。……天子既诛文成，后悔其蚤死，惜其方不尽，及见栾大，大说。大为人长美，言多方略，而敢为大言，处之不疑。大言曰："臣常往来海中，见安期、羡门之属。故以臣为贱，不信臣。……臣之师曰：'黄金可成，而河决可塞，不死之药可得，仙人可致也。'然臣恐效之文成，则方士皆奄口，恶敢言方哉！"……于是上使验小方，斗棊，棊自相触击。〉

关于这种技艺，《前汉书》④中有相同的记述，不过此处仍未提到磁石。但是另外三处记载都明显地说到磁石，它们均见于《淮南万毕术》⑤，如果该书确实与刘安有关，则应为同一时代（约公元前120年）。保存在《太平御览》卷七三六中的摘录，与唐代注释家司马贞对《史记》原文加的注几乎完全相同。该书写道⑥：

> 磁石提升（激励）（"提"）棋子。

> 用公鸡的血拌和铁针的（屑），春捣使之混合。（这样当）磁石棋子布置在棋盘上时，它们会自己移动而彼此碰撞（"相投"）⑦。

> 〈（《淮南万毕术》曰：）磁石提棊。取鸡血磨针铁以相和，磁石棊头置局上，自相投也。〉

保存在《太平御览》卷九八八中的摘录稍有不同⑧：

> 取公鸡的血，把它与从磨针所得到的铁（屑）混合，再把它与磁石粉末一起春捣。白天，把这糊状物涂在棋子（"棊"）的头部，在阳光下晒干。然后把它们放在棋盘上，它们就会不停地跳动并相互排斥（"拒"）。

---

① 《史记》卷二十八，第二十七页；由作者译成英文，借助于 Chavannes (1)，vol.3，p.479。相同的文字见《史记》卷十二，第九页，唐代注释家张守节引高诱注《淮南万毕术》。

② 参阅本书第一卷，p.108。

③ 注意对炼丹术的强调，参阅本册 pp.269，277。汉武帝称少翁系误食马肝而死，他就提升栾大到高位上来，但栾大在公元前112年被诛。

④ 《前汉书》卷二十五上，第二十四页。

⑤ 本册 p.232 已述及。

⑥ 《太平御览》卷七三六，第八页；由作者译成英文。

⑦ 注意此处所用的字与王充用于"转动"磁石杓的字相同。司马贞则用"抵击"。

⑧ 《太平御览》卷九八八，第三页；由作者译成英文。

〈（《淮南万毕术》曰：磁石拒碁。）取鸡血，作针磨铁捣之，以和磁石。日涂碁头，曝干之，置局上，即相拒不休。〉

以上所述，有一些事情是值得注意的。磁化了的棋子是究竟如何"被激励的"，并不清楚。它们可能是一些磁石球，棋盘下有铁；也可能它们之中有些是磁石所制，另一些是铁所制。粉末状的磁铁矿石不会有什么吸引力。文中提到针这一点很重要，这表明用针来证明磁极性可能实际上比我们想象的要早（本册 p.278）[1]。但是无论如何，重要的是磁体与用于占卜的原始象棋的棋子的联系。这正是我们在前面一再谈到（本册 pp.233，268，302）并且在后面还将谈到的磁性与象棋的关系的意义所在。

正如下面的例子所表明的，栾大的磁化了的棋子，并未被人们遗忘。葛洪认为[2]它们是已被证明为行之有效的技术的例子，并在另一处[2]说道：

用三（组）棋子下棋，目的是为了预言军事计划的成功或失败。[3]
〈运三棋以定行军之兴亡。〉

人们应记得，葛洪在广州之北的罗浮山中以研究炼丹术度过了他的后半生。因此，我们在读到《罗浮山志》中的下述记载[4]时并不感到惊奇：

在石楼峰下有一块石头光滑如镜，其上曾有十八枚棋子，有黑有白。它们来回移动，彼此推撞，可是如果你想拣起它们来，却是做不到。此称"仙人象棋"（"仙奕"）。[5]
〈石楼之东南近孤青峰，一石光彩如鉴。石上有黑白棋子一十八枚，往来相荡，拈之不起，名曰仙奕。〉

此外，任广在 1126 年称棋子为"白瑶玄石"[6]（参阅本册 p.232 和表 53）。后来还有关于用磁体使木马走动纸人跳舞的记载[7]。

西方传说中与此类似的资料，很值得人们思考。在西方，比栾大要晚得多，圣奥古斯丁（St Augustine，354—430）见到银盘上的小铁片受盘下被操纵的磁石的影响而移动，他印象极为深刻[8]。这是主教团的一位同事塞维鲁（Severus）先在巴萨纳里乌斯（Bathanarius，"从前的非洲伯爵"）的府邸中看到了这一情形，后来表演给奥古斯丁看[9]。但漂浮的方法也出现了，因为在大约325年，尤利乌斯·瓦勒里乌斯（Julius Valerius）将伪卡利斯忒涅斯写的书（Pseudo-Callisthenes）译成拉丁文时[10]，他插入了极有

---

① 在上面所引《史记》的一段文字中，我们根据沙畹的译法将"小方"译成"小技"（lesser arts），但是也可能它指的是占卜盘的方形地盘。

② 《抱朴子·内篇》卷三，第五页［Feifel（1），p.201］。

③ 《抱朴子·内篇》卷三，第二十页［Feifel（1），p.195］。

③ 这句话的含意以后将会明白，见本册 p.321。

④ 陶敬益著（1716 年），但系根据郭之美关于该地区早期的故事（1053 年以前）撰写的。

⑤ 《罗浮山志》卷一，第二十七页；由作者译成英文。我在诸如昆明附近美丽的三清阁等道观的洞室中，曾多次亲眼见到石棋盘。参阅本书第二卷，图 40。

⑥ 《书叙指南》卷九，第十三页。

⑦ 例如，可见于宋代的百科全书《事林广记》卷十；清代的《物理小识》卷十二，第二页以下，磁石条。

⑧ *De Civitate Dei*，XXI，4；参阅 Jenkins（1）。

⑨ 此类事情似乎永远不会消失。1959 年圣诞节作者很高兴地被邀请参加磁人足球赛的游戏，用古代的方法在盘的下面操纵球员移动。

⑩ 一般认为，亚历山大传奇的核心部分是公元前 2 世纪在亚历山大城撰著的，但后来有大量的修饰和增补。

关系的一段。该书像《马其顿国王亚历山大传记》(*Res Gestae Alexandri Macedonis*) 一样，成为中古时代"亚历山大传奇"的最重要的史料之一①。根据这一传说汇编，亚历山大之父是埃及的最后一位国王、魔术师内克塔内博 (Nectanebus)。他习惯于用浮在一盆水上的蜡制船舶模型和船员模型来占卜海战的结果。书上说，那些船像是活的一样开始移动，当他一边用黑檀魔杖绕着盆动作、一边向天地神祇作祈祷时，如果船下沉，那么就是吉兆②。虽然该传说并未提及天然磁石和铁，但正如泰勒所说③，它必定是曾看到过或进行过这种"魔术"的人发明的。这个故事特别值得注意，因为它构造了水浮磁针发展的"史前"背景，而关于水浮磁针的最早记载是在 11 世纪早期的中国。前已述及的证据（本册 p.277）表明，它可能在 4 世纪之后的某一时期起源于中国。人们几乎可以大胆预言，在中国浩瀚的传说资料中，会在某处找到类似的记述，说栾大的棋子变成水手出海了。没有证据表明欧洲的这些传说不是完全不受外部影响的，但同样也没有证据表明这些传说背后的知识导致了水罗盘的发明。

(ii) 象棋与天文学的象征

让我们从另一角度来讨论这个问题。关于中古时代欧洲的象棋，存在着极为丰富的资料④。从语言学方面来看，似乎欧洲人最早知道象棋是在 10 世纪早期，但在 11 世纪之前并没有明确述及象棋。现在已将其最早的年代，从彼得·达米亚尼 (Peter Damiani, 1061) 的著名信件，上推到 1010 年左右比利牛斯山脉地区的某些遗嘱和遗物⑤。因此几乎可以肯定，这种游戏是从知之已久⑥的穆斯林世界经由西班牙传入欧洲的。在 10 世纪时，波斯的菲尔多西 (Firdausī) 曾经玩过象棋⑦，而马苏第则曾撰写或打算撰写它的历史⑧。看来十分肯定的是，阿拉伯人的象棋得自印度，而在印度关于象棋（称作 *chaturaṅga*）的记载最早是在 7 世纪早期。象棋在印度是从一种更早的游戏发展而成的，那种游戏也用棋盘 (*ashtāpada*) 并且可能是使用骰子的竞赛游戏⑨。大多数权威学者都认为中国象棋（以其最准确意义的话来说）起源于印度，但他们这种看法的根据则非常不充分。默里说⑩，中国象棋"来自印度"，是根据"这两种游戏的某些基本特征完全相同，同时也部分地根据大家知道的在宗教、文化尤其在游戏方面中国受惠于印度之处颇多的情况"。当然，像这样的在棋盘上玩的游戏，在任何地方都能见到，在埃

---

① 关于它的一般背景见 Cary (1)。

② 在中古时代表现亚历山大传奇的绘画中，内克塔内博通常被画成手持观测星的窥筒，以及魔杖和水盆（参阅本书第三卷，p.333）。

③ Taylor (8)，pp.93ff.

④ v.d.Linde (1, 2)；v.d.Lasa (1)；H.J.R.Murray (1)。

⑤ Murray (1)，p.402；v.d.Linde (2)，p.54；Garner (1)。

⑥ 拉丁文名称 *scacus* 或 *ludus scacorum*，直接来源于波斯文的 *shah*（国王）；而 *mate* 则来源于波斯文的 *māt*。

⑦ Murray (1)，p.155。

⑧ Murray (1)，p.209。

⑨ Murray (1)，pp.33，42；v.d.Linde (1)，p.34。

⑩ Murray (1)，p.119。

及则至少可追溯到公元前 11 世纪，而且关于其中的一些游戏在希腊和罗马时代如何玩法，还有许多推测[①]。

在棋盘上玩的类似象棋的游戏，其最古老的中国名称是"弈"，这在《孟子》（公元前 4 世纪）中有两次提及[②]，但至于它为何物或如何玩法，则并没有确实的说明[③]。在 1 世纪，班固说[④]，这种游戏南方人称之为"枭"，因此极有可能它与三国时代以后人们称为"围枭"的那种游戏相似，如果不完全相同的话。围棋也是一种战争游戏，每方持棋子约 150 颗，沿纵横 19 方格的线走子，共有 361 个位置[⑤]。这种游戏的目的不在于捕获对方的棋子，而在于围住它们以及尽可能多地占据可以得到的交叉点。正如我们将要看到的，这并不是不同于严格意义上的棋的惟一的一种"枭"。

严格意义上的棋，即各组棋子的作用和走法各不相同的游戏，在中国称为"象枭"，在唐代时已普遍流行[⑥]。这个名称往往被解释为"大象之棋"的意思，而棋子之中通常确实有四个象[⑦]，大致相当于国际象棋中的象[⑧]，但也同样可以被解释为"肖像"（"像"）、"模型"或"形像"之棋的意思，如此称呼是为了与所有棋子都完全相同的较早的其他游戏有所区别。在宋代关于真正的象棋的许多记述之中，可以举出 1067 年欧阳修的《归田录》为例。但是对于可认定为就是严格意义上的象棋的游戏的最早描述，则出现在 8 世纪末牛僧孺著的《幽怪录》中。书中有一个故事[⑨]，说有人梦见在一场礼仪式的战斗中，走动的是象棋棋子，这个人后来在城墙外的一处古墓中发现了一副象棋。这是 762 年的事。这对于棋史学家来说虽然是第二手或第三手的材料，但它却具有人们几乎还未意识到其全部意义的一种背景。

320

杨慎在 1554 年前不久编纂的《丹铅总录》里，把象棋的历史作了如下概述[⑩]：

> 世代流传下来的传说说道，像棋（"象枭"）是（北）周武帝（561—578 年）发明的[⑪]。据《后周书》记载，天和四年（569 年）周武帝撰成《象经》，他把全体

---

① 参阅 Ridgeway（1）；Austin（1）；H.J.R.Murray（2）。

② 《孟子》离娄章句下，第三十章，二［Legge（3），p.213］；告子章句上，第九章，三［Legge（3），p.286］。

③ 另一古代记载见《穆天子传》卷五［译文见 Chêng Tê-Khun（2），p.137］，但其叙述不很清楚。

④ 在他关于棋的文章中，见《太平御览》卷七五三，第五页；《古今图书集成》，艺术典，卷七九九，弈棋部艺文，第一页。

⑤ 见 H.A.Giles（6）；Volpicelli（1）；Cheshire（1）所述。《太平御览》卷七五三中有许多引文。

⑥ 很多人都描述过现在在中国流行的真正的象棋，如 Holtz（1）；Hollingworth（1）；Schlegel（4）；Himly（1）；v.Möllendorff（1）；Holt（1）；Volpicelli（2）；Wilkinson（1）；Gruber（1）；Slobodchikov（1）；以及 Tu Chung-Ming（1）。除去最后三种外，所有的论著都是上个世纪的。欧文（Irwin）在 1793 年的记述是值得注意的，因为他确实在中国与友人"Tinqua"（潘珍官）下过棋。潘珍官为他写过一份备忘录，其中写到发明这种游戏的是韩信（公元前 2 世纪的将军）。不过，尽管据说此系引自"中国年鉴"（"Chinese annals"），但人们一直未能证实之［Murray（1），p.123］。

⑦ 然而并不都是用这个字，一组棋子不用"象"而用另外一个字"相"，意为占卜者。这常被认为是一种错误，但实际上它可能是更早的形式，改为"象"字可能是由于后来印度的影响。关于军事占卜者，见本书第十八章及第三十章。"相"字也可以解释为顾问。

⑧ 国际象棋中的象在中古时代称为"Alfil"。在印度象棋中将象作为城堡是近代的发展。

⑨ 引文也见于如《格致镜原》卷五十九，第六页。译文见 Murray（1），p.123 及 Himly（9），p.165。

⑩ 《丹铅总录》卷八，第十四页；由作者译成英文，借助于 Himly（7，9）。该段文字也见于《古今图书集成》，艺术典，卷八〇一，弈棋部杂录，第四页。

⑪ 北周武帝宇文邕是一位相当成功的统治者，他反对佛教，（更奇怪地）也反对道教。

官员集合在宫殿里，向他们讲授之①。

《隋书·经籍志》记载，《象经》一卷，周武帝撰，有王褒、王裕和何妥的注释。又有《象经发题义》（别的人所撰）。

小说作者们还说道，《象经》里（据说）使用日、月、星和星座的像。从这点可以推测，棋盘上标有（占卜用的术语如）兵机、孤虚和冲破。它与我们现今有车、马等的象棋（"象戏"）不同。假若它与我们现今的象棋一样，那么即便普通的人或儿童也能没有多大困难就理解它了。可是它却还必须有学者的评注，以及向百官的讲授。

〈世传象棊为周武帝制。按《后周书》，天和四年帝制《象经》成，殿上集百寮讲说。隋经籍志《象经》一卷，周武帝撰。有王褒注、王裕注、何妥注。又有《象经发题义》。又据小说，周武帝《象经》有日月星辰之象。意者以兵机孤虚冲破寓于局间，决非今之象戏车马之类也。若如今之象戏艺，夫牧竖俄顷可解，岂烦文人之注、百寮之讲哉！〉

这些传说的确实的证据，来自明代另一位学者王世贞所著的《弇州四部》②，的确人们常常谈到这些传说。在宋代，高承就曾经说过③：

像棋（"象戏"）是周武帝发明的。它的棋子（"碁"）有日、月、星和星座，与现今的象棋很不同。很可能唐代牛僧孺在《幽怪录》中所说的就是现今的象棋。

〈（《太平御览》曰）象戏，周武帝所造。而行碁有日月星辰之目，与今人所为殊不同。唐牛僧孺撰《幽怪录》载……〉

周武帝的这一著作虽已失传，幸而王褒④为该书作的序尚存⑤，序言称：

象棋（"象戏"）的第一（重要意义）是星占学的，因为（有的棋子代表着）天、日、月和星。第二关系到地，因为（有的棋子代表着）土、水、火、木和金。第三关系到阴和阳。如果从偶数开始，它就表示阳和天；如果从奇数开始，它就表示阴和地。第四关系到四季，东方的颜色为绿色⑥，其他三个方向各有其自己的颜色。第五关系到遵循排列与组合，依据天体的位置以及五行的变化。第六关系到音调，遵循气的散发。（罗盘方位的）子位取未，午位取丑，等等。第七关系到八卦，确定它们的位置，震取兑，离取坎，等等⑦。第八关系到忠诚和孝道。……第九关系到君主和大臣。……第十关系到和平和战争。……第十一关系到典礼和仪式。……第十二关系到扬善惩恶（即晋升和降职等）。……

321

〈周武帝造象戏，王褒为《象经》序曰：一曰天文，以观其象，天日月星辰，是也。二曰地理，以法其形，地水火木金土，是也。三曰阴阳，以顺其本。阳数为先本于天，阴数为先本于地，是也。四曰时令，以正其序。东方之色青，其余三色，例亦如之，是也。五曰算数，以通其变。俯仰则为天地日月星，变通则为水火金木土，是也。六曰律吕，以宣其气。在子取未，

---

① 《（后）周书》卷五，第十五页；《北史》卷十，第七页。

② 引自《古今图书集成》，艺术典，卷八〇一，弈棋部杂录，第三页。

③ 《事物纪原》卷四十八，第三十页；《古今图书集成》，艺术典，卷八〇一，弈棋部杂录，第四页引用；由作者译成英文。

④ 他的传记见《（后）周书》卷四十一；《北史》卷八十三。

⑤ 保存在《太平御览》卷七五五，第七页；由作者译成英文。

⑥ 参阅本书第二卷，pp.238，262，263。

⑦ 参阅本册 p.296。

在午取丑，是也。七曰八卦，以定其位。至震取兑，至离取坎，是也。八曰忠孝……九曰君臣……十曰文武……十一曰礼仪……十二曰以考其行……〉

这再次明确叙述了棋子所代表的不仅有天体而且有五行。看来棋子开始时的位置也是根据下棋开始时的天体位置和干支情况而各不相同。该序言的后半部分似乎谈的是要求这种复杂的占卜方法解答的那类问题。类似的资料是6世纪骑兵将军庾信关于"象戏"的文章[1]。他用隐晦的语句，谈到一个棋盘（"局"）依照乾卦（主要的阳卦，代表天）作成圆形（"圆"），另一棋盘则依照坤卦（主要的阴卦，代表地）作成方形（"方"）。这是很有价值的资料，因为它把周武帝的发明与古代的占卜盘（"式"）联系起来了。他接着谈到了那些像官员一样持象牙板（"搢笏"）并依恒星的基准位置而放置的模型模子，在棋盘上则有图形（"文之画"）。人们会赞同有充分证据的希姆利〔Himly（2，3，4）〕的评论，那就是，人们对象棋在亚洲的起源研究得愈深，则它与星占学和天文学的关系愈显密切。

有许多证据将象棋和星占学及宇宙推测联系在一起，我们在提及其中一些显著的事项之前，暂作停留，以尝试重构周武帝所想的事。我们应记得，这一叙述的最终目的在于解释北斗七星的磁石模型如何到了占卜盘上。但那还是1世纪时的事；而在6世纪时占卜家们则老练得多了。我们当前的目的是必须解释用于占卜的宇宙—占星的技术如何转变为用于娱乐的战争游戏的。这个答案不难找到。周武帝的像棋不是别的，它只是模拟宇宙中阴和阳两种巨大力量之间的永恒斗争而已。人们希望确定在宇宙目前情况下阴和阳之间的总的平衡，如果模型棋子选择恰当，走动适宜，棋盘依据具体环境定位和布置，那么本身也属于此情况的一部分的下棋者[2]，必定能得出一正确而有见地决断。星之间的相互争斗的概念在中国星占学中是很古老的概念。人们只要打开《后汉书·天文志》的上篇，便可读到在王莽时代"有大星与小星斗于宫中"这样的话[3]。"斗"（战斗）这个字常以此意义出现。

> 什么车、什么马将抵挡我们，
> 而运行的星战斗在我们一方？[4]

像棋当然是一种迷信，可是看来在当时它必定是一种辉煌的发明，得到有些相当于现今给予精巧的计算机那样的尊敬。

就中国人的见解而言，最好固然是阴阳之间的完全平衡，但它毕竟常常被理解为阴阳总是不平衡的，例如在医学界讨论疾病的起因时即是如此。像棋就是探测正在谈论时刻的不平衡程度的一种方法。对于各方的部署，其细节大概永远不会清楚，但也容易想像：二十八宿（天赤道星座）是兵卒[5]，而两王应是日和月，八个行星（包括太岁、罗

眊和计都）应分在两方①。炮和车（相当于国际象棋中的马和车）很可能是彗星，其余位置则可能由五行（也许双方都有）及诸如老人星或大陵五等各种亮星所占据。中国棋盘中央分界的"河"，仍保留银河原来的名称（"天河"）。

此解释基本上正确，这可由历史学家班固（1世纪）这样的权威所证实。班固理解的棋的星占学意义，不是属于当时尚未发明的象棋的，而可能是属于围棋这样的游戏或技巧的。他在关于棋的文章中说②：

北方人称棋为弈，这有很深的含义。棋盘（"局"）必须是方形的，因为它象征着地，它的直角象征正直。（双方的）棋子是黄色和黑色的，这一区别象征阴和阳——它们成群地分散在棋盘上，代表着天体。

明白了这些意义，棋手们就该走动棋子了，而这与王权有关。对抗的双方均须服从规则之许可——这就是"道"之严正所在。

〈班固《弈旨》曰：北方之人，谓棋为弈，弘而说之，举其大略，义亦同矣。局必方正，象地则也。道必正直，神明德也。棋有黄黑，阴阳分也。骈罗列布，效天文也。四象既陈，行之在人，盖王政也。法则臧否，为仁由己，道之正也。〉

他说得再明白不过了③。

此外，我们可再引一段话。《晋书》说④：

天是圆的，像一把张开的伞；地是方的，像一个棋盘（"棊局"）。

〈天圆如张盖，地方如棊局。〉

这种比拟在中国人的头脑中已如此根深蒂固。

本来想继续讨论下去，但作者仅作下述补充。关于根据阴阳将宿分成两组、每组各十四宿的证据，可见于宋代道家的著作，如翁葆光的《悟真篇直指祥说三乘秘要》⑤，该书中将所有自然事物都分为阴阳，列成表，宿也包括在其中。大量的星占用的"棋子"，其中有些看起来像硬币或徽章，但也有些类似默里所画的圆盘形的真正的棋子（图345）⑥，则在李佐贤关于中国钱币的经典研究《古泉汇》中有图解说明（参阅图346—图348）⑦。有许多代表大熊座的圆片（由于"式"的圆形天盘而具有意义）⑧，有些涉及大熊座的七星之神灵（五男二女）⑨；另一些则可能代表其他星座之神灵⑩。较大的圆盘形棋子有辐射状图案，使人联想起堪舆罗盘⑪以及不久即将提及的非中国式的

---

① 由于每一行星或假行星都与五行之一有关，无疑，双方均依据阴阳场中的五行的位置而布置（参阅本书第二卷，p.461）。月和日已足够代表阴和阳本身。

② 《太平御览》卷七五三，第五页；《古今图书集成》，艺术典，卷七九九，弈棋部艺文一，第一页；由作者译成英文。

③ 围棋盘上的361个位置若表示一年中的天数，则可能有星占学的意义 [Culin (1)，p.870]。

④ 《晋书》卷十一，第二页。

⑤ *TT* 140。

⑥ Murray (1)，p.126。

⑦ 《古泉汇》，贞集。

⑧ 《古泉汇》，贞集卷二，第十二页；卷四，第三、四、十二、十三页；卷五，第一、二、三页。

⑨ 《古泉汇》，贞集卷五，第十三页；卷六，第十页。

⑩ 《古泉汇》，贞集卷七，第十三页。

⑪ 《古泉汇》，贞集卷七，第十一页；卷八，第七页。

图345　青铜棋子［大英博物馆藏，据 Murray（1）］。右为士，中为兵，左为砲
　　　　（相当于国际象棋中的马）。

324 "星棋"。其中有些表示出罗盘方位角[①]，另一些则表示出星神[②]或八卦[③]。极有可能的
情况是，虽然它们或许是在某些朝代施舍给寺庙的铸钱，但也许与周武帝的像棋所用的
棋子有关[④]。无论如何，值得注意的重要之处是，在中国而且也只有在中国，由于大宇
宙的阴阳理论的支配，才有可能想出一种占卜方法或"原始游戏"——它既是星占学
的，同时又具有充分的战斗的成分，使其能通俗化而成为纯军事的象征。

图 346　　　　　　　　　　　　　　　图 347　　　　　　　图 348

图346　类似于6世纪"星棋"可能使用的棋子的铸钱。该铸钱描绘大熊座。上方的铭文"五男二女"
　　　　使人联想起该座各星之神灵；二女在左右两侧，五男在反面。下方有一柄剑，再下面有龟和
　　　　蛇，象征天的北宫（参阅本书第三卷，p.242）。采自《古泉汇》贞集卷六，第十页。
图347　代表水星的"星棋"铸钱（水星即辰星，参阅本书第三卷，p.398）。两旁重叠的菱形意义不
　　　　明。反面伴随神灵的星座可能是"执法四星"，像行星本身一样，掌管判决、处罚和执行
　　　　（《星经》，第三页；《晋书》卷十一，第九页，卷十二，第二页）。采自《古泉汇》贞集卷八，
　　　　第四页。
图348　代表地支的"午"的"星棋"铸钱。"午"表示罗盘方位的南方，也表示一天之中的正午时
　　　　辰。并伴有象征动物马。采自《古泉汇》贞集卷八，第五页。

---

　　① 《古泉汇》，贞集卷七，有许多例子。
　　② 《古泉汇》，贞集卷八，第五页。
　　③ 《古泉汇》，贞集卷九，第一页、第二页以下。
　　④ 另一个有关的事实是，直到近代，拆字占卜者在进行占卜时还使用象棋棋子和棋法［见本书第十四章
(a)］。1928 年以前，南京夫子庙外常有许多这样的人，我们的合作者鲁桂珍博士曾多次看到他们在那里拆字占卜。

　　至于星占的象棋的"军事化"发生于何时何地，我们无需作出肯定的结论；这也许是后一个世纪在印度发生的事。"象"的出现可能确实是一种误解，因为"象"既可解释为（天体的）"像"，也可解释为（动物的）"象"，它甚至可替代意为"占卜者"的另一同音的"相"字。但是，如果我们至此关于真正象棋的起源的一般结论是正确的话，那么我们能够期望在以后的数个世纪里发现与其密切相关的天文学象征的广泛迹象。所有的棋史专家都同意实际情况就是这样，尽管他们之中还没有人予以解释。下面有必要举几个例子。

　　马苏第在著于 950 年前后的《黄金草原和珠玑宝藏》（*Murūj al-Dhabob*）一书中，将象棋的发明归诸于印度国王波罗尸多（Balhit），说道①：

　　　　他也把这种游戏看做是对诸如七大行星和黄道十二宫等天体的一种比喻，并给每一棋子各配一星。棋盘成为处理行政和防卫的学校；在战时，当需要求助于谋略以及研究部队运动的缓急时，它可提供咨询②。印度人对棋盘的舍（官、眼）③赋予了神秘的意义，而且在飞翔于各星球之上且为万物所依赖的造物主与全体官眼之间确立了关系。……

在此人们可以看到，亚洲古老的观念在进入亚里士多德学说的范围时受到了修正。马苏第谈论的应是在方形棋盘上玩的极似真正的象棋的某种游戏，而（我以为）方形棋盘是"式"这种方形地盘的嫡系真传。但是最有意义的是，有几种形式的象棋是在有辐射状划分的圆盘形棋盘上玩的，就如同"式"的圆形天盘也顽强地留存下来了。马苏第和阿穆利（al-Amulī）曾描述过④这种象棋的一种形式，所用的棋盘称为"*al-falakīya*"（天体）。它在东罗马帝国似乎曾特别流行，常被称为拜占庭星棋⑤。后来又传到西班牙，在那里被称为"Los Escaques"（象棋），并在卡斯提尔王国阿尔丰沙十世（Alfonso X of Castile）⑥的手稿《论星棋》（*Libro del Acedrex*）中有所描述——"象棋是按天文学的方式来游戏的"（"los Escaques que se juega por astronomia"）⑦。它的棋盘由七个同心的环组成，辐射状地分为十二部分⑧。这种时尚后来又传到西欧，例如，13 世纪的一首拉丁文诗将星占学的象征赋予每一棋子⑨。而且迟至 16 世纪，这株老树仍在发芽，因为在 1571 年富尔克（Fulke）还完成了新作《一种天文器具，星占象棋》（*Uranomachia, seu Astrologorum Ludus*）⑩。

---

①　译文见 de Meynard & Courteille; v.d.Linde (1)；英文译文见 Murray (1)，p.210。
②　着重点为本书作者所加。
③　比较作为兵卒的宿。
④　Murray (1)，p.343。有七个不同颜色的棋子各代表五大行星和日月。
⑤　见 v.d.Linde (2)，p.251；Weil (1)。阿拉伯人称之为 *al-Rūmīya*（拜占庭）和 *al-muddawara*（圆形的）。默里［Murray (1)，p.342］根据残存的手稿对此作了描述。魏尔（Weil）和勒穆瓦纳（Lemoine）则指出了这种圆盘形的棋盘与 *zā'irjat al-'ālam* 即用于占卜的宇宙圆盘［比较曼陀罗（*manḍala*）］之间的关系，后者的每一个扇形部分写着与星和数字相对应的文字；此外还有命运盘，两者之间的关系则凭占卜的手法。
⑥　这位君主，我们在本书第三卷（第二十章）中常提到，在本书后面［第二十七章 (j)］讨论机械钟的历史时还将提及。
⑦　Murray (1)，p.349；v.d.Linde (2)，p.254。
⑧　阿尔丰沙的手稿还描述了一种有四季的四个人玩的棋，这很像是中国的观念（*Acedrex de los quatro tiempos*）。
⑨　v.d.Linde (2)，p.68。
⑩　v.d.Linde (1)，vol.2，p.347；Murray (1)，p.351。

326 　　与这些圆盘形棋盘有关的是星占骰子盘，其最著名的例子也许是比安基尼盘（Bianchini Table），这是 1705 年在阿文蒂（Aventine）发现的[①]。据推测，它应为 2 世纪之物。该盘显示了一系列的同心圆，自中心向外有象征黄道十二宫的动物、（依固定的和移动的黄道）两次重复的十二宫、三十六个旬星神，最后是以七级顺序重复的七个行星神的三十六个面。

（iii）投 掷 占 卜

　　本节我们要转而谈谈前面未曾提及的占卜者用的一种方法，也就是把物体投掷在盘上，即抛掷它们在盘上或盘外的方法。天文学象棋或真正的象棋如同其他的盘上游戏一样，两方或多方棋子的走动就相当于战术和战略。但在或许更为原始的形式中，棋子实际上是被投掷到棋盘上，由它们停下来时的位置引出结论。因此这种棋子近似于骰子，其玩法本质上并不具有战斗的成分。使人感兴趣的是，中国的文献中有许多关于"灵棋"的记载。在《道藏》中有两部名为《灵棋经》的书，一部[②]据传为东方朔所著，年代可能在后汉或三国时代；另一部[③]则为前者之发展，系宋代颜幼明撰著。值得注意的是，在这些著作中棋盘都称作"式"。它们的序言都是书目提要性质的，并且正文的大部分都是对各种组合（例如"一上，四中，三下"）的解释，因为棋子有四颗写着"上"，四颗写着"中"，四颗写着"下"。枣木制的棋盘为圆形，似天盘。宋代的百科全书编纂者高承的书中还有更多的记载[④]：

　　《异苑》[⑤]说："用十二颗棋子的占卜方法（"棊卜"）始于张良（卒于公元前 187 年）。他是从黄石公（陕西庙台子的圣人）那里得来的。"

　　现今（宋代）的方法是把十二颗"棋子"即占卜用的棋子分为上中下三个等级，然后把它们投掷（到棋盘上），由所得的结果来决定好运或厄运。

　　唐事远在《棊经》的序言中说："我们不知道灵棊是什么时候发明的——有些人说是汉武帝时代的东方朔发明的，他用来占卜总是应验；另一些人说是张良从黄石公那里学来的；还有些人说是淮南王从一位客人那里学来的，但他此后对此保守秘密。"

　　〈《异苑》曰："十二棊卜，出自张文成，受法于黄石公。"盖今灵棋也。法以十二子分上中下掷之，据所得按法验之，以考吉凶。唐事远《棊经》序曰："灵经不知其所起。或云东方朔，汉武帝使之占兆无不中，朔之术盖如此。又云张子房所师黄石公，以之授良。又云客以术于淮南王，王秘其事，亦此书也。"〉

　　换言之，此法如此古老以致无人知道其起源。

327 　　另一种可能出自"式"的游戏或占卜术是"弹棊"[⑥]。也有关于它的说明，即《弹

---

① 记述见 Boll, Bezold & Gundel (1b), p.60, pl.xviii; Gundel (2), pl.16; Boll (1), p.303; 以及 Eisler (1), pp.82, 112, 267, pl.vi b。

② *TT* 285。

③ *TT* 1029。

④ 《事物纪原》卷三十九，第三十九页；由作者译成英文。

⑤ 刘敬叔著，年代可能为 5 世纪。

⑥ 关于弹棊的许多记述见《古今图书集成》，艺术典，卷八○一（弹棋部），汇考二，艺文一，第一页以下。

某经》。不论弹棋为何物，看来它起源于汉代，因为东汉和三国时代的人如蔡邕、曹丕（三国时代的魏文帝）、丁廙和将军夏侯淳等关于弹棋的文章仍传世。夏侯淳说，后头棋子像天上的星星一样以各种形式集聚。3世纪时，邯郸淳在其有关技艺的著作（《艺经》）[①]中，对弹棋作了简短的描述。由此以及后来的其他描述，人们得到这样一种印象，即它的玩法是先将棋子投掷到棋盘上，然后从这一偶然的位置开始走棋。红黑两色的十二颗棋子看来代表了黄道十二宫的十二种动物[②]，每一方以六颗棋子开始。有意义的是，北周的象棋专家王褒也写过一篇关于这种棋的文章。到了唐代，棋子数目增加到二十四颗（据《酉阳杂俎》），从卢谕的文章可以知道，"局之为状也，下方广以法地，上圆高以象天"[③]，棋子"则有飞迅一击，纷纭俱散"。有时双方代表社会的两个阶层，平民和官员（"贱"和"贵"），或者预示此或彼两方之一的社会命运，如唐代柳宗元和韦应物的文章中所述的那样。有些记载把这种游戏与道家联系起来，有些则重复东方朔为劝止汉武帝玩他所喜爱的激烈的蹴鞠而发明了弹棋的故事。

还有一种与天文学有密切联系而不应被忘记的游戏或占卜术是"六博"。如前所述[④]，这是用十二颗"棊子"在几乎与汉代日晷的盘面一样的棋盘上玩。图349所示为正在玩六博的一组陶俑。如杨联陞［Yang Lien-Shêng（1，2）］所指出的，这种游戏可以毫无困难地追溯到公元前3世纪[⑤]。棋子的走动决定于六根小棍（"箸"）的投掷，棋子分为两方，每颗棋子都标明代表空间四个方位的四种动物中的一种[⑥]。看来棋盘中央还有一条河，如后来的天河，而每当一棋子抵达此河时，即升格为具有更大威力的"主棋"。但是，所有这些体系之间的关系则仍然不清楚。

（iv）游戏的比较生理学

328

中国的百科全书中有如此大量的资料，在此不可能对各种游戏和占卜术的历史进行讨论。显然从最早的时代起，投掷物件本身即被用于游戏以及占卜。最古老的玩法之一是"投壶"，即把箭投入壶中。这种游戏的历史曾由蒙特尔［Montell（1）］和鲁道夫［Rudolph（3）］作过分析[⑦]。关于投壶常被引用的文字是《礼记》中很长的一段，实际上该书有一篇整个谈论它[⑧]。这就证明在汉代初期，可能在周代晚期就有投壶了。而在《左传》[⑨]年代为公元前529年的记事中提到投壶，则更有力地证明在周代已有这种娱乐游戏了。《史记》[⑩]在谈到公元前4世纪的一位哲学家淳于髡[⑪]时提到投壶，《后汉

---

① 保存在《玉函山房辑佚书》，卷七十八，第六十九页。
② 参阅本书第三卷，p.405。
③ 关于这一点，值得回忆的是古代宇宙论者说天"圆如弹丸"（参阅本书第三卷，p.217）。
④ 参阅本书第三卷，p.305。
⑤ 尤其有趣的是某些故事（《史记》卷三，第九页；《韩非子》第十一篇，第六页）说，人间的帝王与神灵玩六博，有时也能获胜。
⑥ 参阅本书第三卷，p.242。
⑦ 应记得这种游戏的名称中有一"投"字，而《论衡》中常被引用的一句，把磁石杓"投掷"到"式"的地盘上，用的也是这个"投"字（见本册 p.262）。
⑧ 《礼记》第四十篇［译文见 Legge（7），vol.2，pp.397ff.］。
⑨ 昭公十二年［Couvreur（1），vol.3，p.195］。
⑩ 《史记》卷一二六，第三页。
⑪ 本书第二卷，pp.234ff.。

图版　一二三

图 349　正在玩六博的一组汉代陶俑［采自 Yang Lien-Shêng (2)］。大英博物馆藏。参阅本书第三
　　　　卷，p.305 及图 130。

图 350　正在玩投壶的汉代学者［采自 Rudolph (3)］。这是在河南省南阳附近的东汉古墓中发掘出
　　　　的 2 世纪时的浮雕。在此我们又看到类似磁石杓的一只小长柄勺，自由地放置在或许是
　　　　"式"之地盘的小桌上。占卜术、赌博游戏与磁罗盘的起源之间的关系，在正文中讨论。

书》①在谈到公元 1 世纪的一位将军祭遵时也提到投壶。晋代有虞潭的专著《投壶变》②，后来还有很多著作，如 11 世纪司马光的《投壶新格》等。投壶用于占卜，可见于《古今图书集成》中的许多引述③。鲁道夫［Rudolph（3）］的论文中有关于这种游戏的几幅图，系采自汉墓浮雕（图 350）。

　　也许有一天某位社会人类学家会写出一个结构完整且互相关联、而在性质上又完全是生物学的进化史话，它能表明所有这些游戏和占卜术在起源方面的联系。只要在箭上加以标志或数字，便得到另一物件，把它压缩就会变成一颗立方骰子，再把它扩大或展开就会一方面生成骨牌，另一方面则生成纸牌。立方骰子（"抟捕"）是古老的东西，实例曾在埃及和印度被发现，从希腊—罗马时代起便已有之。一般认为骰子是从印度传到中国的，对此我们可以暂且同意④。但是，骨牌和纸牌都起源于中国，是由骰子发展而来的，这一点现在已经得到确证⑤。卡特（Carter）说，有迹象表明，从骰子转变到纸牌（叶骰，片骰；"叶子"，"牌"）⑥与由写本卷子转变到印刷书籍，是大约同一时期发生的。最初出现在唐代末期的这些纸牌，必定是雕版印刷的最早事例之一（参阅本书第三十二章）。宋代初期之后，其发展为两个方向，一是我们所知的纸牌，另一是骨牌（"牙牌"或"骨牌"），由此又发展为有名的游戏"麻雀"（"麻将"）⑦。在中国，纸牌的故事可以确实地追溯到早至 969 年，那年辽代的一位皇帝在宫中与群臣为叶格戏⑧，而在欧洲最早的记载是 1377 年在德国⑨。奇怪的是，在阿拉伯文献中并没有关于纸牌的记载，而最明显的传播途径应该通过伊斯兰世界，许多早期的欧洲资料也都说纸牌"来自萨拉森人（Saracens）"。另外，在那些年代，即差不多与马可·波罗同时代，应该很容易通过蒙古商人的接触而直接传播。这整个问题对雕版印刷的起源来说很重要，因为在欧洲人初次接触中国纸牌之时，中国纸牌已经印刷了很长久了，而似乎在 1400 年以后欧洲的若干纸牌才开始印刷。欧洲最早印有年代的宗教印刷物，即 1418 年的圣母和圣婴像，以及 1423 年的圣克利斯托弗（St Christopher）像，在年代上与圣贝尔纳迪诺（St Bernardino）反对斗牌的著名的训诫极为一致。卡特因此得出结论说，在印刷术传入欧洲的过程中，纸牌具有非常重要的地位⑩。

329

---

　　①　《后汉书》卷五十，第十页。

　　②　保存在《玉函山房辑佚书》，卷七十八，第七十二页以下。

　　③　《古今图书集成》，艺术典，卷七四七。

　　④　传播必定很早就开始了。韦利［Waley（8），p.140］认为，《易经》中突出六这个数字，是因为立方骰子有六个面。中国史籍中提到骰子是在 406 年［Goodrich（1），p.92］和 501 年［Carter（1），1st ed.p.139，2nd ed.p.183］。但德效骞［Dubs（2），vol.1，p.292］认为骰子起源于汉代初期（公元前 2 世纪）。

　　⑤　Hummel（15）；Wilkinson（2）；Carter（1），1st ed.p.140，2nd ed.p.184。丘林［Culin（2）］描述过近代中国使用骨牌和骰子的游戏。在发展中自然不能被排除在外的其他影响，是用长短签抽签（参阅本书第二卷，pp.305，347）及纸币的影响。

　　⑥　Carter（1），1 st ed.p.243。

　　⑦　见 Culin（3）。

　　⑧　《辽史》卷七，第五页；《古今图书集成》，艺术典，卷八○七，第八页。施古德［Schlegel（4），p.20］认为，所有纸牌游戏中最早的一种在 9 世纪期间已经充分发展了。

　　⑨　详见 Carter（1），1st ed.p.141，2nd ed.p.185。

　　⑩　金属货币以及骨制或象牙制的骰子，最终都变成为纸质的了，这是多么具有学术文明之特征的事情。

表 53 · 与磁罗盘发展有关的各种游戏和占卜术的生成联系之示意图表
[数字表示 Culin(1) 目录的页次。下方画线者为中国的事例]

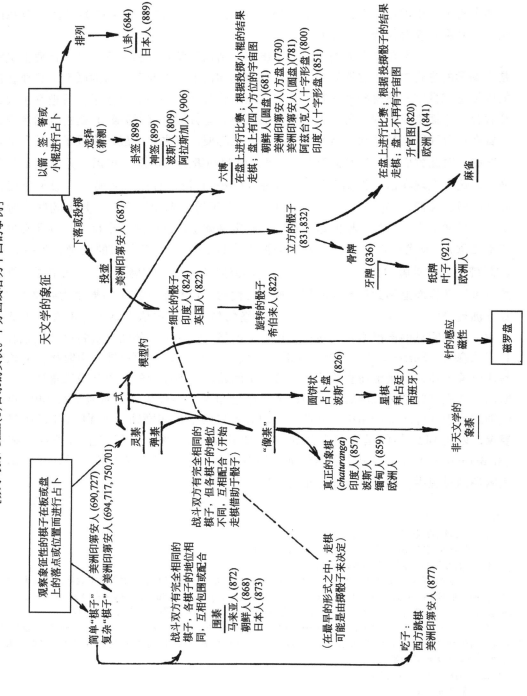

331

　　骨牌的情形也十分类似。西方的百科全书派学者说，这种游戏直到 18 世纪才为欧洲所知，它是在意大利发明的。然而，中国有许多种关于骨牌的记述，它们都指出，在 1120 年宋朝迁都杭州之前，有一副有 32 只牌共 227 点的骨牌呈献给了皇帝。《说郛》收录了好几部有关骨牌的书，其中一部的序言为 1368 年所撰。关于骨牌的重要著作是 1369 年的《牌统孚玉》，恒慕义［Hummel（15）］对此书有叙述。

　　还有一个符合此情况的重要证据。丘林［Culin（1）］曾有一篇出色的论著，述及所有文明中的象棋和纸牌以及与之有关的游戏和占卜术。该论著主要是有关北美印第安部落中广为流行的占卜术和赌博游戏的，至于卜具和赌具则是投到或抛入特制的篮子里[①]。当我初次阅读该著作时，我就注意到这一惊人的事实，即在许多情况下，所用的卜具和博具不像西方跳棋棋子或筹码那样简单，也不像骰子那样记有数目，而是像国际象棋的棋子那样复杂。例如，奇珀瓦印第安人（Chippewa Indians）的一副棋，包括两个人像（统治者）、两个水陆两栖的怪物、一两根交战用的棍棒、一两条鱼、四个普通棋子（"兵卒"）以及三只鸭子[②]。中部爱斯基摩人（Central Eskimo）的棋包括各种动物[③]，而上密苏里的阿西尼博因人（Assiniboin）的棋则包括大大小小的乌鸦爪及各种果核[④]。棋子本身可能标有宇宙的四种方位[⑤]。这种情况将大大有助于我们搞清楚中国的情形，支持我们已经形成的观点，即整套棋子象征天体且占卜只根据棋子落在事先准备好的盘上的位置而进行的。这样就很容易理解将北斗星模型放在"式"上的道理，并且也可了解世界其他地区占卜术的来龙去脉。

330

　　为了概括关于各种游戏和占卜术的发生渊源，且将某些要点列成图表（表 53）。其中的细节应予以极大保留，有待这方面详尽的著作出现，但该图表可望对早期的科学史提供其他有用的启发。

（9）小　　结

　　回顾前面讨论的过程，我们在广泛的全面考察中看到，先是在中国有一持久而缓慢的发展时期，接着在西方突然出现并继之以快速的前进。从年代学的仔细的研究，我们不得不承认某些传播是从东方到达西方的。但是由于在亚历山大·尼卡姆以前的关系重大的两三个世纪中，从诸如阿拉伯、波斯或印度文化区等中间地带一直毫无迹象或线索可寻，所以有可能这种来自中国的传播根本不是经由海路，而是经由陆路，通过那些主要兴趣在于确定当地子午线的天文学家和勘测家之手而到达西方的[⑥]。诚然，佩特吕斯·佩雷格里努斯颇有爱好地描述过两种装有照准仪和嵌入式罗盘的带有刻度盘的方位仪（一为水浮式，另一为在支轴上干式悬置）。在地面上测定子午线，当然不仅对于制图学是重要的，而且对于像适当校准日晷这样的操作也是重要的，而此时欧洲人还没有比这更准确的时辰仪。着实令人惊奇的事实是，迟至17世纪勘测家和天文学家所用在

---

① 类似"式"。参阅 Weltfish（1）。
② Culin（1），p.694。
③ Culin（1），p.717。
④ Culin（1），p.750。
⑤ Culin（1），p.701。
⑥ 因此参阅 Lynn White（5），p.524。

罗盘上的指针全都做成指示南方（与航海家的指北针正相反），正如或许早在此一千年之前中国的所有磁针那样①。如果这种看法得到大家赞同，那么我们就可以设想，"天文学家的罗盘"是经由陆路西传的，然后为西方航海家们所采用，与此并行而相互无关的是中国船长们的早期的应用。但是，在蒙古人入侵之前的两三个世纪，俄罗斯人及其邻近的中亚人或西伯利亚人的文化水平，就我们所知的情况，乍看起来几乎不能令人相信，一项科学发现会有这样的一条传播途径。当然，那些将有关磁针和磁石的技艺传越遥远的中心地带的人们，很可能认为这些技艺是魔术而不是科学方法。从中国经大平原地区的民族和俄罗斯人，不经由伊斯兰、拜占庭及印度文化区，而传播到欧洲的可能性，显然还有进一步深入研究的余地②。同时，许多人或许很愿意认为，事实上航海罗盘就是传播之物，而在阿拉伯及以东地区至今尚未发现的资料，终将使我们知道印度洋的水手们是如何传播的。

在讨论中国物理学史的这一章中，前面一小节所述的内容似乎有些格格不入。阅读这些内容的现代物理学家，会感到自己在初看起来与今日之科学毫无关系的领域中迷失了方向。然而这个问题是一个根本问题，也就是要阐明所有刻度盘读数和指针读数的仪表的祖先，即磁罗盘的最早起源的问题。我们将讨论结果暂且小结如下：

（1）象棋游戏（如我们所知的那样）在其整个发展过程中都与天文学的象征有关联，这在一些久已过时的有关游戏中甚至更为明显。

（2）象棋的战斗成分似乎是由希望明了宇宙中永远斗争着的阴阳力量之平衡的占卜方法发展而来（6世纪在中国，7世纪传至印度，在那里产生了供消遣的游戏）。

（3）"像棋"则来源于一些占卜方法，包括将象征天体的小模型投掷到事先准备好的盘上。介乎单纯投掷与放置后再作战斗走动两种玩法之间，曾有过多种中间形态。所有这些都可以追溯到汉代或汉代以前的中国（公元前3世纪）。类似的技术也保存在其他文化中。

（4）古代广为流行的带有数目的骰子，则处于产生骨牌和纸牌的有关的发展路线上（9世纪在中国）。

（5）古代的盘之中最重要的是"式"（自战国后期开始使用），它是一双层的宇宙图形，方形的地盘之上装有可转动的圆饼状的天盘，两者都刻有卦和一些仅用于占卜的术语，以及天干地支和天文学符号（罗盘方位、宿等）。曾有各种不同的方式使用"棋子"或象征性模型。从"式"的圆形天盘上，我们可以认出所有罗盘盘面的直系祖先。

---

① 泰勒［Taylor（6）］曾指出这一点。

② 在此，哈剌契丹即西辽王国有重要的可能性。我们还记得（参阅本书第三卷，pp.118，457），中国历来的传统认为西辽把科学技术的知识传到了西方。"黑契丹"为辽之后裔，在辽被女真（金）鞑靼灭亡之后，随耶律大石可汗流徙到新疆西部，于1124年建国。西辽历经若干代统治者，最终于1211年被聚集了力量的蒙古人所灭。它以喀什噶尔为中心，版图西至撒马尔罕，东至吐鲁番；以汉语为官方语言，中国文学在其文化中像东方的"拉丁文"那样具有威望。在宗教方面，哈剌契丹是很宽容的，基督教与萨满教、佛教及伊斯兰教一齐盛行［参阅Wittfogel, Fêng Chia-Shêng et al.（1），pp.670ff.］。实际上我们已经谈到过（本书第一卷，p.133），西方关于祭司王约翰（Prester John）的传奇故事就恰恰来源于这个国家的存在。无疑，西辽与俄罗斯的诺夫哥罗德公国、弗拉基米尔公国和基辅公国在商业和文化方面都有接触。事实上，其历史跨越整个12世纪，这正是磁罗盘知识传播到西方的时期。尽管有些纷乱，然而我们在本书第二十九章中还会发现另一种航海发明，即船尾舵，它也是在将近12世纪末时从中国传到欧洲的——而此类事物并非经由海路传播，实在使人更难以置信。

（6）在所用的象征性模型之中，有一模型代表大熊座（北斗七星）——在中国的北极—赤道天文学体系中极为重要，它被刻成构的形状。这样就替代了刻在占卜盘之天盘上的大熊座星图。

（7）模型的构很可能最初用木、石或陶制，但是在 1 世纪（也可能在 2 世纪）时，磁铁矿的独特的性质在中国启发了人们利用这种物质。由于极性的建立是沿磁铁矿棒的主轴，而不论其从岩石中取出时是否以南北方向（即地磁场方向），由此人们发现了"指南构"。当然，确实如一些书中所指出的，有些实例为指北。

（8）在以后的几个世纪中，人们将小块的天然磁石嵌入两头尖的木块中，它能浮在水面上，或平衡于竖立的针尖上，因此避免了磁石构在其底盘上的摩擦阻力。这种方法迟至 13 世纪才使用。

（9）在 1 世纪至 6 世纪之间的某一时期，在中国发现了天然磁石的指向性可被转移到（感应到）磁石所吸引的小铁块上去。采取适当方法，也能使这些小铁块浮在水面上。现存的关于这种水罗盘的最早记载是在 11 世纪初期，这种水罗盘应为后来所有的型式之来源。

（10）在 11 世纪之前的某一时期，在中国发现了铁片的磁化不仅可用在天然磁石上摩擦的方法，而且可将它们以南北方向（地磁场方向）放置，从赤热状态冷却（淬火）通过居里点的方法得到。

（11）可能到 7 世纪或 8 世纪时，磁针取代了磁石及其他形状的铁片。因为在读数方面磁针能得到高得多的精确度。

（12）关于带有磁针的磁罗盘最早可确定年代的清楚准确的记述，虽然较欧洲人的知识仅早一两个世纪（沈括，王伋，谢和卿），但很可能中国人使用罗盘针大概要早三四个世纪。

（13）到晚唐时期（8 世纪或 9 世纪），中国人已发现了磁体的极性以及磁偏角，这比欧洲人知道磁偏角要早六个世纪。在欧洲人知道极性（12 世纪末）之前，中国人已在探讨磁偏角的理论了。

（14）磁偏角先偏东后偏西的连续变化，体现在中国堪舆罗盘的持续至今的同心圆形式的设计之中。 334

（15）毫无疑问，在中国，罗盘用于航海以前，久已用于堪舆。

（16）关于罗盘应用于中国船只航海的最早可确定年代的清楚准确的记述，较欧洲最初知道这种技术早将近一个世纪。但有迹象表明，中国在这方面的应用可能更早一些。

（17）中国的水手们在数百年间一直使用水罗盘。虽然干式支枢的罗盘早在 12 世纪已有记载，但直到 16 世纪它才由荷兰人和葡萄牙人从西方经日本重新介绍到了中国，才在中国船只上逐渐普遍使用。与此有关的是罗盘盘面（附在磁铁上的风玫瑰图），可能是 14 世纪初意大利人的发明。

（18）因此或许可以说，所有刻度盘读数和指针读数的仪表的祖先、发明历史上最伟大的单一因素、电磁科学最古老的仪表，是始于占卜术中所用的原始的"象棋"棋子。

(19) 与欧几里得几何学及托勒密行星天文学不同，磁学是新生的近代科学的重要组成部分，但其祖先并非来源于希腊（参阅本册 pp.60，236）。为皮埃尔·德马里古尔，因而也是为吉尔伯特和开普勒关于磁性的宇宙作用的概念做了全部准备工作的，是中国人。而中国人所持有的引力必定是类似于磁性作用的信念，又转而为牛顿做了重要的准备工作。至于年代更近的场物理学，它牢固地建立在克拉克·麦克斯韦（Clerk Maxwell）的经典方程式之中，并且比希腊的原子论的唯物论更适合于有机的思维方式，亦可追溯至同一根源。这些大都应归功于中古时代中国的忠实而伟大的实验者们。

参 考 文 献

缩略语表
A. 1800 年以前的中文和日文书籍
B. 1800 年以后的中文和日文书籍与论文
C. 西文书籍和论文

说明

1. 参考文献 A, 现以书名的汉语拼音为序排列。

2. 参考文献 B, 现以作者姓名的汉语拼音为序排列。

3. A 和 B 收录的文献, 均附有原著列出的英文译名。其中出现的汉字拼音, 属本书作者所采用的拼音系统。其具体拼写方法, 请参阅本书第一卷第二章 (pp. 23ff.) 和第五卷第一分册书末的拉丁拼音对照表。

4. 参考文献 C, 系按原著排印。

5. 在 B 中, 作者姓名后面的该作者论著序号, 均为斜体阿拉伯数码; 在 C 中, 作者姓名后面的该作者论著序号, 均为正体阿拉伯数码。由于本卷未引用有关作者的全部论著, 因此, 这些序号不一定从 (1) 开始, 也不一定是连续的。

6. 在缩略语表中, 对于用缩略语表示的中文书刊等, 尽可能附列其中文原名, 以供参考。

7. 关于参考文献的详细说明, 见于本书第一卷第二章 (pp. 20ff.)。

缩略语表

又见 **p. xix.**

A	*Archeion*	**ARC**	Agricultural Research Council
AA	*Artibus Asiae*	*ARLC/DO*	*Annual Reports of the Librarian of Congress (Division of Orientalia)*
AAA	*Archaeologia*		
AAN	*American Anthropologist*		
A/AIHS	*Archives Internationales d'Histoire des Sciences (contin. of Archeion)*	*ARSI*	*Annual Reports of the Smithsonian Institution*
AC	*l'Antiquité Classique*	*ARUSNM*	*Annual Reports of the U.S. National Museum*
ACLS	American Council of Learned Societies	*ASAE*	*Annales du Service des Antiquités de l'Égypte*
ACP	*Annales de Chimie et Physique*	*AS/BIE*	*Bulletin of the Institute of Ethnology, Academia Sinica* (台湾)
ACSS	*Annual of the China Society of Singapore*		
AE	*Ancient Egypt*	*AS/BIHP*	《国立中央研究院历史语言研究所集刊》
AEST	*Annales de l'Est (Fac. des Lettres, Univ. Nancy)*		*(Bulletin of the Institute of History and Philo logy, Academia Sinica)*
AFGR	*Atti della Fondazione Georgio Ronchi (Arcetri)*		
AGMNT	See *QSGNM*	*AS/CJA*	《中国考古学报》
AGNL	*Archiv f. d. gesamte Naturlehre*		*(Chinese Journal of Archaeology, Academia Sinica)*
AGNT	See *QSGNM*		
AH	*Asian Horizon*	*ASI*	*Actualités scientifiques et industrielles*
AHAW/PH	*Abhandlungen d. Heidelberger Akademie d. Wissenschaften (Phil.-Hist. Klasse)*	*ASPN*	*Archives des Sciences physiques et naturelles*
AHES/AESC	*Annales; Economies, Sociétés, Civilisations*	*ASSB*	*Annales de la Société scientifique de Bruxelles*
AHMM	*Annalen d. Hydrogr. u. maritimen Meteorologie*	*ASURG*	*Annals of Surgery*
AHOR	*Antiquarian Horology*	*AX*	*Ambix*
AHR	*American Historical Review*		
AIPG	*Annales de l'Inst. de Physique du Globe (Paris)*	*BA*	*Baessler Archiv (Beiträge z. Völkerkunde herausgeg. a. d. Mitteln d. Baessler Instituts, Berlin)*
AJ	*Asiatic Journal and Monthly Register for British and Foreign India, China and Australia*		
AKG	*Archiv f. Kulturgeschichte*	*BBSSMF*	*Bollettino di Bibliografia e di Storia delle Scienze Matematiche e fisiche (Boncompagni's)*
AKML	*Abhandlungen f. d. Kunde des Morgenlandes*	*BCS*	《中国文化研究汇刊》 *(Bulletin of Chinese Studies, 成都)*
AM	*Asia Major*		
AMG	*Annales du Musée Guimet*		
AMM	*American Mathematical Monthly*	*BDPG*	*Berichte d. deutsch. physikal. Gesellschaft*
AMT	*Archives du Musée Teyler (Haarlem)*	*BEFEO*	*Bulletin de l'École française de l'Extrême Orient (Hanoi)*
AMW	*Archiv f. Musikwissenschaft*		
AMY	*Archaeometry (Oxford)*	*BGTI*	*Beitr. z. Gesch. d. Technik u. Industrie (changed to Technik Geschichte BGTI/TG in 1933)*
AN	*Anthropos*		
ANP	*Annalen d. Physik*		
ANS	*Annals of Science*		
ANTJ	*Antiquaries Journal*	*BIHM*	*Bulletin of the (Johns Hopkins) Institute of the History of Medicine*
APPCM	*Archiv f. Physiol., Pathol., Chem. u. Mikroskopie*		
AQ	*Antiquity*	*BJPS*	*British Journal for the Philosophy of Science*
AQC	*Antique Collector*		

BLSOAS	Bulletin of the London School of Oriental and African Studies
BMFEA	Bulletin of the Museum of Far Eastern Antiquities (Stockholm)
BMJ	British Medical Journal
BNI	Bijdragen tot de taal-, land- en volken-kunde v. Nederlandsch-Indië
BNYAM	Bull. New York Acad. of Med.
BQR	Bodleian (Library) Quarterly Record (Oxford)
BRMQ	Brooklyn Museum Quarterly
BSG	Bulletin de la Société de Géographie (contin. as La Géographie)
BSGI	Boll. Soc. Geogr. Ital.
BTG	Blätter f. Technikgeschichte (Vienna)
BUA	Bulletin de l'Université de l'Aurore (上海)
BUM	Burlington Magazine
BUSNM	Bulletin of the U.S. National Museum
CAM	Communications de l'Académie de Marine (Brussels)
CAMR	Cambridge Review
CEN	Centaurus
CHER	Chhing-Hua (University) Engineering Reports (《国立清华大学工程学报》)
CHESJ	Chhing-Hua Engineering Journal (《国立清华大学工程学会会刊》)
CHJ/T	Chhing-Hua (Tsing-Hua) Journal of Chinese Studies (New Series pub. 台湾)
CIB	China Institute Journal
CJ	China Journal of Science and Arts
CM	Cambridge Magazine (1912–1922)
CMAG	China Magazine (New York)
CMIS	Chinese Miscellany
CMJ	China Medical Journal
CNRS	Centre Nationale de la Recherche Scientifique
CPH	Contemporary Physics
CPICT	China Pictorial
CQ	Classical Quarterly
CR	China Review (Hong Kong and Shanghai)
CRAS	Comptes Rendus de l'Académie des Sciences (Paris)
CREC	China Reconstructs
CRR	Chinese Recorder
CZOM	Centralzeitung f. Optik u. Mechanik u. verw. Berufszweige
DI	Der Islam
DNAT	Die Natur (Halle a/d Saale)
EB	Encyclopaedia Britannica
EHR	Economic History Review
END	Endeavour
ENG	Engineering
ES	Encyclopaedia Sinica (ed. Couling)
ETH	Ethnos
FF	Forschungen und Fortschritte
FJHC	《辅仁学志》(Journal of Fu-Jen University, 北京)
FL	Folklore
FLS	Folklore Studies (北平)
FMNHP/AS	Field Museum of Natural History (Chicago) Publications, Anthropological Series
G	《藝文》(Art Journal)
GGM	Geographical Magazine
GLB	Glastechnische Berichte (Zeitschr. f. Glaskunde)
GS	《學藝史林》
GSJ	Galpin Society Journal
GTIG	Geschichtsblätter f. Technik, Industrie u. Gewerbe
GW	Geographische Wochenschrift
HCCC	《皇清经解》
HCUKY	《华中大学国学研究论文专刊》(Huachung Univ. Sinological Research Reports)
HGB	Hansische Geschichtsblätter
HH	《漢學》; Bulletin du Centre d'Études Sinologiques de Pékin
HJAS	Harvard Journal of Asiatic Studies
HKM	《华国月刊》(四川杂志)
HMSO	Her Majesty's Stationery Office (London)
ILN	Illustrated London News
IM	Imago Mundi: Yearbook of Early Cartography
IN	Indian [Amerindian] Notes (Mus. of the Amer. Indian, New York)
IPR	Institute of Pacific Relations
IRAQ	Iraq (British Sch. Archaeol. Iraq)
ISIS	Isis
JA	Journal asiatique
JAOPS	Journal of the American Optical Society
JAOS	Journal of the American Oriental Society
JCE	Journal of Chemical Education
JDZWT	Japanisch-deutsche Zeitschrift f. Wissenschaft u. Technik
JEA	Journal of Egyptian Archaeology
JEB	Journal of Experimental Biology
JEFDS	Journal of the English Folk-Dance and Song Society
JEZ	Journal of Experimental Zoology
JFP	Jahrbuch f. Photographie

JFSUT	*Journal of the Faculty of Science Univ. Tokyo*	*MDGNVO*	*Mitteilungen d. deutsch. Gesellschaft f. Natur- u. Volkskunde Ostasiens*
JHI	*Journal of the History of Ideas*		
JHMAS	*Journal of the History of Medicine and Allied Sciences*	*MGGM*	*Mitteilungen d. Gesellsch. f. Geschichte d. Medizin*
JHS	*Journal of Hellenic Studies*	*MGMNW*	*Mitteilungen z. Geschichte d. Medizin u. Naturwissenschaft*
JIN	*Journal of the Institute of Navigation*	*MGSC*	《地质专报》(*Memoirs of the Chinese Geological Survey*)
JOP	*Journal of Physiology*		
JOSP	*Journal of Oriental Studies* (Poona, India)	*MHJ*	*Middlesex Hospital Journal*
		MMA	*Mineralogical Magazine*
JPH	*Journal de Physique*	*MMI*	*Mariner's Mirror*
JPOS	*Journal of the Peking Oriental Society*	*MO*	*Monist*
		MRASP	*Mémoires de l'Acad. royale des Sciences* (Paris)
JRAS/B	*Journal of the (Royal) Asiatic Society of Bengal*	*MRDTB*	*Memoirs of the Research Department of the Tōyō Bunko* (东京)
JRAS/KB	*Journal (or Transactions) of the Korea Branch of the Royal Asiatic Society*	*MS*	*Monumenta Serica*
		MSLP	*Mémoires de la Société de Linguistique de Paris*
JRAS/M	*Journal of the Malayan Branch of the Royal Asiatic Society*	*MSOS*	*Mitteilungen d. Seminars f. orientalische Sprachen* (Berlin)
JRAS/NCB	*Journal (or Transactions) of the North China Branch of the Royal Asiatic Society*	*MUJ*	*Museum Journal* (Philadelphia)
		MUQ	*Musical Quarterly*
JRSA	*Journal of the Royal Society of Arts*	*MZ*	*Meteorologische Zeitung*
JS	*Journal des Savants*	*N*	*Nature*
JWAS	*Journal of the Washington Academy of Science*	*NAW*	*Nieuw Archief voor Wiskunde*
		NCH	North China Herald Publishing House
JWCBRS	*Journal of the West China Border Research Society*	*NCH*	*North China Herald*
		NCR	*New China Review*
JWCI	*Journal of the Warburg and Courtauld Institutes*	*NKKZ*	《日本科学古典全书》
		NSN	*New Statesman and Nation* (London)
K	《科学》(*Science*)		
KDVS/AKM	*Kgl. Danske Videnskabernes Selskab* (Archaeol.-Kunsthist. Medd.)	*NYSOAYB*	*New York State Optometric Association Year Book*
KHHP	《科学画报》(*Science Illustrated*)	*O*	*Observatory*
		OAZ	*Ostasiatische Zeitung*
KHTP	《科学通报》(*Scientific Correspondent*)	*OC*	*Open Court*
Kk	《国华》(*Art History*)	*OL*	*Old Lore; Miscellany of Orkney, Shetland, Caithness and Sutherland*
KMO/SM	*Scientific Memoirs of the Korean Meteorological Observatory*, Chemulpo		
		OR	*Oriens*
LNC	*La Nouvelle Clio* (Brussels)	*ORA*	*Oriental Art*
LSYC	《历史研究》(北京) (*Journ. Historical Research*)	*ORE*	*Oriens Extremus*
		OSIS	*Osiris*
MAAA	*Memoirs of the American Anthropological Association*	*PA*	*Pacific Affairs*
		PAKJS	*Pakistan Journal of Science*
MAI/LTR	*Mémoires de Litt. tirés des Registres de l'Acad. des Inscr. et Belles-Lettres* (Paris)	*PASP*	*Publications of the Astronomical Society of the Pacific*
		PBA	*Proceedings of the British Academy*
MARSL	*Memorias del Academia Real d. Sciencias de Lisboa*	*PC*	*People's China*
		PEW	*Philosophy East and West* (University of Hawaii)
MAS/B	*Memoirs of the Asiatic Society of Bengal*	*PHR*	*Philosophical Review*
		PHY	*Physis* (Florence)
MCHSAMUC	*Mémoires concernant l'Histoire, les Sciences, les Arts, les Mœurs et les Usages, des Chinois, par les Missionnaires de Pékin*, Paris, 1776-1814	*PHYR*	*Physical Review*
		PINO	*Pubblicazioni dell'Istituto Nazionale di Ottica* (Arcetri)
		PMG	*Philosophical Magazine*

PN	Philosophia Naturalis	SP	Speculum
PNHB	Peking Natural History Bulletin	SPCK	Society for the Promotion of Christian Knowledge
PPHS	Proceedings of the Prehistoric Society	SPMSE	Sitzungsber. d. physik.-med. Soc. Erlangen
PRO	Proteus		
PRS	Proceedings of the Royal Society	SPR	Science Progress
PRSA	Proceedings of the Royal Society (Ser. A)	SS	Science and Society (New York)
		SSA	Scripta Serica, Bulletin bibliographique (Centre franco-chinois d'Études sinologiques, Peking)
PRSB	Proceedings of the Royal Society (Ser. B)		
PRSG	Publicaciones de la Real Sociedad Geográfica (Spain)		
		SSE	《华西大学文史集刊》(Studia Serica; West China Union University Literary and Historical Journal)
PTRS	Philosophical Transactions of the Royal Society		
PTRSA	Philosophical Transactions of the Royal Society (Series A)		
		SSIP/P	Shanghai Science Institute Publications (Physics Series)
QJGS	Quarterly Journal of the Geological Society of London	STMF	Svensk. Tidskr. för Musikforskning
QJRMS	Quarterly Journal of the Royal Meteorological Society	SWAW/PH	Sitzungsber. d. (österreichischen) Akad. Wiss. Wien (Vienna) (Phil.-hist. Klasse)
QSGNM	Quellen u. Studien z. Geschichte d. Naturwiss. u. d. Medizin (contin. of Archiv f. Gesch. d. Math., d. Naturwiss. u. d. Technik (AGMNT), formerly Archiv f. d. Gesch. d. Naturwiss. u. d. Technik (AGNT))		
		TAPS	Transactions of the American Philosophical Society
		TAS/J	Transactions of the Asiatic Society of Japan
		TFTC	《东方杂志》(Eastern Miscellany)
R	Research	TG/K	《東方學報》, 京都 (Kyoto Journal of Oriental Studies)
RA	Revue archéologique		
RAA/AMG	Revue des Arts asiatiques (Annales du Musée Guimet)	TG/T	《東方學報》, 東京 (Tokyo Journal of Oriental Studies)
RBS	Revue Bibliographique de Sinologie	TGAS	Transactions of the Glasgow Archaeological Society
RGI	Rivista Geografica Italiana	TH	《天下 (月刊)》《上海》
RHS	Revue d'Histoire des Sciences	TKP/WS	《大公报 》（文史周刊）(Lit. Supplement)
RSO	Rivista di Studi Orientali		
RSPT	Revue des Sciences Philosophiques et Théologiques	TM	Terrestrial Magnetism and Atmospheric Electricity (continued as Journal of Geophysical Research)
S	Sinologica		
SA	Sinica (originally Chinesische Blätter f. Wissenschaft u. Kunst)	TNS	Transactions of the Newcomen Society
		TOCS	Transactions of the Oriental Ceramic Society
SAM	Scientific American		
SBE	Sacred Books of the East Series	TOPS	Transactions of the Optical Society
SBIMG	Sammelbände d. Internationalen Musik-Gesellschaft	TP	T'oung Pao (《通报》) (Archives concernant l'Histoire, les Langues, la Géographie, l'Ethnographie et les Arts de l'Asie Orientale, Leiden)
SC	Science		
SCI	Scientia		
SCIS	Sciences (Paris)		
SCSR	School Science Review		
SGK	《支那學研究》(Journ. Sinol. Studies)	TRIA	Transactions of the Royal Irish Academy
		TRSE	Transactions of the Royal Society of Edinburgh
SIO	The Student and Intellectual Observer of Science, Literature and Art		
		TS	《東方宗教》(Journal of East Asian Religions)
SKCS	《四库全书》		
SM	Scientific Monthly (formerly Popular Science Monthly)	TSFFA	Technical Studies in the Field of the Fine Arts
SOS	Semitic and Oriental Studies (Berkeley)	TSGT	Transactions of the Society of Glass Technology

TSSC	*Transactions of the Science Society of China*	*YAHS*	《燕京史学年报》(*Yenching Annual of Historical Studies*) or *Yenching Historical Annual*
TTCY	《道藏辑要》		
TYG	《東洋學報》(*Reports of the Oriental Society of Tokyo*)	*YCCC*	《云笈七签》
		YCHP	《燕京学报》　　　(*Yenching University Journal of Chinese Studies*)
UMN	*Unterrichtsblätter f. Math. u. Naturwiss.*		
VA	*Vistas in Astronomy*	*ZAC*	*Zeitschrift f. angewandte Chemie*
VAG	*Vierteljahrsschrift d. astronomischen Gesellschaft*	*ZDMG*	*Zeitschrift d. deutsch. morgenländischen Gesellschaft*
VBGE	*Verhandlungen d. Berliner Gesellschaft f. Ethnologie*	*ZGEB*	*Zeitschrift d. Gesellschaft f. Erdkunde* (Berlin)
VDPG	*Verhandlungen d. deutsch. Physikal. Gesellschaft*	*ZHWK*	*Zeitschrift f. historische Wappenkunde* (contin. as *Zeitschrift f. historische Wappen- und Kostumkunde*)
VS	*Variétés Sinologiques* Series		
WWTK	《文物参考资料》 (*Reference Materials for History and Archaeology*)	*ZMNWU*	*Zeitschrift f. Math. u. Naturwiss. Unterricht*
		ZP	*Zeitschrift f. Physik*

A.1800 年以前的中文和日文书籍

《白虎通德论》

Comprehensive Discussions at the White Tiger Lodge

东汉，约 80 年

班固

译本：Tsêng Chu-Sên (1)

《白石道人诗集歌曲》

Collected Poems and Songs of the White-Stone Taoist

宋，约 1210 年

姜夔

《百川学海》

The Hundred Rivers Sea of Learning [a collection of separate books; the first *tshung-shu*]

宋，12 世纪晚期或 13 世纪早期

左圭辑

《稗海》

The Sea of Wild Weeds [a *tshung-shu* collection of 74 books]

明

商濬辑

《稗史汇编》

Informal History [a collection of classified quotations]

明，约 1590 年

王圻

《抱朴子》

Book of the Preservation-Solidarity Master

晋，4 世纪早期

葛洪

摘译本：Feifel (1, 2)；Wu & Davis (2)；等

道藏 * /1171—1173

《北梦琐言》

Dreams of the North and Trifling Talk

五代，约 930 年

孙光宪

《北齐书》

History of the Northern Chhi Dynasty [550—577]

唐，640 年

李德林及其子李百药

节译本：Pfizmaier (60)

关于译文见 Frankel (1) 的索引

《北史》

History of the Northern Dynasties [Nan Pei Chhao period, 386—581]

唐，约 670 年

李延寿

关于译文见 Frankel (1) 的索引

《北周书》

见《周书》

《本草纲目》

The Great Pharmacopoeia

明，1596 年

李时珍

释义和节译：Read 及其合作者 (1—7)、Read & Pak (1)，附索引

---

* 此处"道藏"原以 *TT* 表示（但未列入本卷缩略语表），斜线以下的数字系戴遂良所编《道藏》目录的编号[见 Wieger (6)]。下同。——译者

《本草拾遗》

Omissions from Previous Pharmacopoeias

唐，约 725 年

陈藏器

《本草图经》

The Illustrated Pharmacopoeia

宋，约 1070 年（1062 年进呈）

苏颂

现仅作为引文存于《图经衍义本草》（道藏/761）及后世本草书中

《本草衍义》

The Meaning of the Pharmacopoeia Elucidated

宋，1116 年

寇宗奭

部分也存于《图经衍义本草》（道藏/761），及作为引文存于后世本草书中

《辨正论》

Discourse on Proper Distinctions

唐，约 630 年

法琳

《博物记》

Notes on the Investigation of Things

东汉，约 190 年

唐蒙

《博物志》

Record of the Investigation of Things （参阅《续博物志》）

晋，约 290 年（约 270 年开始撰作）

张华

《补注黄帝内经素问》

The *Yellow Emperor's Manual of Internal Medicine*; *The Plain Questions* (*and Answers*); with Commentaries

唐，762 年

王冰

宋代重编，约 1050 年

林亿等

《步里客谈》

Discussions with Guests at Pu-li

宋，约 1110 年

陈长方

《参同契》

The Kinship of the Three; or, The Accordance (of the *Book of Changes*) with the Phenomena of Composite Things [alchemy]

东汉，142 年

魏伯阳

注释：阴长生

译本：Wu & Davis（1）

道藏/990

《参同契发挥》

Elucidations of the *Kinship of the Three* [alchemy]

元，1284 年

俞琰

道藏/996

《参同契分章注解》

The *Kinship of the Three* divided into Chapters, with commentary and Analysis

元，约 1330 年

陈致虚（上阳子）

《道藏辑要》第 93 本

《参同契考异》

A Study of the *Kinship of the Three*

宋，1197 年

朱熹（最初使用笔名邹䜣）

道藏/992

《操缦古乐谱》

Melodies for Harmonious Ancient Music

明，1606 年

朱载堉

《册府元龟》

Collection of Material on the Live of Emperors and Ministers. [lit. (lessons of) the

Archives, the (ture) Scapulimancy]

宋，1013 年

王钦若和杨亿编

参见 des Rotours (2), p. 91.

《长春真人西游记》

The Western Journey of the Taoist (Chhiu)
Chhang-Chhun

元，1228 年

李志常

《重修政和经史证类备用本草》

The Official Practical Reclassified Pharma-
copoeia of the Chêng-Ho reign-period
(1116), re-edited

见《证类本草》

《畴人传》

Biographies of Mathematicians and Astronomers

清，1799 年

阮元

有罗士琳、诸可宝、黄钟骏撰著的续编（收
入《皇清经解》卷一〇五九以下）

《初学记》

Entry into Learning [encyclopaedia]

唐，700 年

徐坚

《楚辞》

Elegies of Chhu (State) [or, Songs of the
South]

周，约公元前 300 年（有汉代的增补）

屈原（以及贾谊、严忌、宋玉、淮南小山
等）

摘译本：Waley (23)；译本：Hawkes (1)

《楚辞补注》

Supplementary Annotations to the Elegies of
Chhu

宋，约 1140 年

洪兴祖编

《春秋繁露》

String of Pearls on the Spring and Autumn
Annals

西汉，约公元前 135 年

董仲舒

参见 Wu Khang (1)

摘译本：Wieger (2)；Hughes (1)；d'
Hormon (ed.)

《通检丛刊》之四

《春秋纬考异邮》

Apocryphal Treatise on the Spring and Au-
tumn Annals；Investigation of the Strange
and Extreme Penetration (of the Mutual In-
fluences of Things)

西汉，公元前 1 世纪

撰者不详

注释：宋均

《春渚纪闻》

Record of Things Heard at Spring Island

宋，约 1095 年

何薳

《辍耕录》

[有时称《南村辍耕录》]

Talks (at South Village) while the Plough is
Resting

元，1366 年

陶宗仪

《催官篇》

On Official Promotion [i.e. on how to get it
by geomancy]

宋，约 1150 年

赖文俊

《大观经史证类本草》

Ta - Kuan reign - period Reorganised Pharma-
copoeia

见《证类本草》

《大唐西域记》

Record of (a Pilgrimage to) the Western Coun-
tries in the time of the Thang

唐，646 年

玄奘

辩机编

译本：Julien （1）；Beal （2）

《大元海运记》

Records of Maritime Transportation of the
Yuan Dynasty

（原为《元经世大典》的一部分）

元，1331 年之前

编者不详

［清］胡敬编

《代醉编》

On Substitutes for getting Drunk

明

张鼎思

《丹铅总录》

Red Lead Record

明，1542 年

杨慎

《道德经》

Canon of the Tao and its Virtue

周，早于公元前 300 年

相传李耳（老子）撰

译本：Waley （4）；Chhu Ta-Kao （2）；Lin
Yü-Thang （1）；Wieger （7）；Duyvendak
（18）；以及许多其他

《道藏》

The Taoist Patrology ［containing 1464 Taoist
works］

各个时代编集，但最初在唐代，约 730 年，
之后在约 870 年，1019 年编定。宋代初
刊 （1111—1117 年）。金 （1186—1191
年）、元 （1244 年）和明 （1445 年、1598
年及 1607 年）均曾刊行

撰者多人

索引见 Wieger （6），Pelliot 对此有评论；又
见翁独健编《引得》第 25 号

《地理五诀》

Five Transmitted Teachings in Geomancy

清，1786 年

赵九峰

《地理琢玉斧》

Precious Tools of Geomancy

明，约 1570 年

徐之镆

张九义等留传并于 1716 年重编

《帝王世纪》

Stories of the Ancient Monarchs

三国或晋，约 270 年

皇甫谧

《地纬》

Outlines of Geography

［《函宇通》的一部分，参阅之］

明，1624 年，1638 年和 1648 年刊行

熊人霖

《东京赋》

Ode on the Eastern Capital （Loyang）

东汉，107 年

张衡

《东京梦华录》

Dreams of the Glories of the Estern Capital
（Khaifêng）

南宋，1148 年 （北宋都城 1126 年陷落，
1135 年迁都杭州完成。记述二十年间的
情况），初刊于 1187 年

孟元老

《东西洋考》

Studies on the Oceans East and West

明，1618 年

张燮

《洞天清录 [集]》

Clarifications of strange Things [Taoist]

宋，约 1240 年

赵希鹄

《独醒杂志》

Miscellaneous Records of the Lone Watcher

宋，1176 年

曾敏行

《二十四山向诀》

Oral Instructions on the 24 Mountain Directions

(Compass-Points) [geomantic]

唐，约 880 年

杨筠松

《尔雅》

Literary Expositor [dictionary]

周代的资料，秦或西汉时成书

编者不详

约公元 300 年郭璞注

《引得特刊》第 18 号

《方洲杂言》

Reminiscences of (Chang) Fang-Chou

明，约 1452 年

张宁

《风俗通义》

The Meaning of Popular Traditions and Cus-

toms

东汉，175 年

应劭

《通检丛书》之三

《甘泉赋》

Rhapsodic Ode on the Sweetwater Springs

西汉，约公元前 10 年

杨雄

《感应经》

On Stimulus and Response (the Resonance of

Phenomena in Nature)

唐，约 640 年

李淳风

参见 Ho & Needham (2)

《感应类从志》

Record of the Mutual Resonances of Things

according to their Categories

晋，约 295 年

张华

参见 Ho & Needham (2)

《高丽图经》

见《宣和奉使高丽图经》

《格古要论》

Handbook of Archaeology

明，1387 年，1459 年增补再刊

曹昭

《格物粗谈》

Simple Discourses on the Investigation of

Things

宋，约 980 年

相传苏东坡撰

实为（录）赞宁撰

《格致草》

Scientific Sketches [astronomy and cosmology]

[《函宇通》的一部分，参阅之]

明，1620 年，1648 年刊行

熊明遇

《公孙龙子》

The Book of Master Kungsun Lung

(参阅《守白论》)

周，公元前 4 世纪

公孙龙

译本：Ku Pao-Ku (1); Perleberg (1); Mei

Yi-Pao (3)

《古今律历考》

Investigation of the (Chinese) Calendars, New

and Old

明，约 1600 年
邢云路

《古今乐录》

Records of Acoustic and Musical Matters
陈，约 580 年
智匠

《古今注》

Commentary on Things Old and New
晋，约 300 年
崔豹
参见 des Rotours (1), p. xcviii.

《古泉汇》

见李佐贤（1）

《古微书》

Old Mysterious Books [a collection of the apoc-
ryphal Chhan-Wei treatise]
年代不确，一部分为西汉时撰作
[明] 孙毂编

《关尹子》

[= 《文始真经》]
The Book of Master Kuan Yin
唐，742 年（可能唐代晚期或五代）。汉代
曾有一本同名的著作，但已佚失可能系田
同秀撰

《管氏地理指蒙》

Master Kuan's Geomantic Instructor
据说三国，3 世纪；或许唐，8 世纪
相传管辂撰

《管子》

The Book of Master Kuan
周和西汉。可能主要在稷下书院（公元前 4
世纪晚期）编纂，部分根据较古老的资料
相传管仲撰
摘译本：Haloun (2, 5); Than Po-Fu *et al.*
(1)

《光论》

见张福僖（1）

《广川书跋》

The Kuang-Chhuan Bibliographycal Notes
宋，约 1125 年
董逌

《广雅》

Enlargement of the *Erh Ya*; *Literary Exposi-
tor* [dictionary]
三国（魏），230 年
张揖

《广志》

Extensive Records of Remarkable Things
晋，4 世纪
郭义恭
（《玉函山房辑佚书》卷七十四）

《归田录》

On Returning Home
宋，1067 年
欧阳修

《鬼谷子》

Book of the Devil Valley Master
周，公元前 4 世纪（或许部分在汉以后）
撰者不详；可能苏秦或其他纵横家

《癸辛杂识》

Miscellaneous Information from Kuei - Hsin
Street（in Hangchow）
宋，13 世纪晚期，完成可能不早于 1308 年
周密
参见：des Rotours (1), p. cxii; H. Franke
(14)

《国语》

Discourses on the (ancient feudal) States
周代晚期、秦和西汉，包括古代记录的早期
资料
撰者不详

《海道经》
　　Manual of Sailing Directions
　　元，14 世纪
　　编者不详

《海岛逸志摘略》
　　Brief Selection of Lost Records of the Isles of
　　　the Sea [or, a Desultory Account of the
　　　Malayan Archipelago]
　　清，1783—1790 年之间，序言 1791 年王大
　　海
　　译本：Anon. (37)

《海道针经》
　　Seaways Compass Manual
　　元或明，14 世纪
　　撰者不详

《海内十洲记》
　　Record of the Ten Sea Islands [or, of the Ten
　　　Continents in the World Ocean]
　　据说为汉代；可能 4 或 5 世纪
　　相传东方朔撰

《海角经》
　　见《九天玄女青囊海角经》

《海盐县图经》
　　Illustrated Historical Geography of Sea - Salt
　　　City
　　明，约 1528 年
　　彭宗孟

《韩非子》
　　The Book of Master Han Fei
　　周，公元前 3 世纪早期
　　韩非
　　摘译本：Liao Wên-Kuei (1)

《韩诗外传》
　　Moral Discourses illustrating the Han Text of
　　　the Book of Odes
　　西汉，约公元前 135 年
　　韩婴

《函宇通》
　　General Survey of the Universe
　　[包括《格致草》和《地纬》，参阅之]
　　清，1648 年
　　熊明遇和熊人霖

《汉魏丛书》
　　Collection of Books of the Han and Wei Dynas-
　　　ties [first only 38, later increased to 96]
　　明，1592 年
　　屠隆编

《撼龙经》
　　Manual of the Moving Dragon [geomantic]
　　唐，约 880 年
　　杨筠松

《航海针经》
　　Sailors' Compass Manual
　　元或明，14 世纪
　　撰者不详

《和名類聚抄》
　　General Encyclopaedic Dictionary
　　日本，934 年
　　源顺 (Minamoto no Shitagau)

《后汉书》
　　History of the Later Han Dynasty [25—220]
　　刘宋，450 年
　　范晔
　　司马彪撰志
　　节译本：Chavanners (6, 16)；Pfizmaier
　　　(52, 53)
　　《引得》第 41 号

《后山谈丛》
　　Collected Discussions at Hou-Shan
　　宋，11 世纪
　　陈师道

《后周书》

见《周书》

《华阳国志》

Record of the Country South of Mount Hua [historical geography of Szechuan down to 138]

晋，347 年

常璩

《画墁集》

Painted Walls

宋，约 1110 年

张舜民

《化书》

Book of the Transformations (in Nature)

后唐，约 940 年

相传谭峭撰

道藏/1032

《淮南鸿烈解》

见《淮南子》

《淮南（王）万毕术》

［可能即《枕中鸿宝苑秘术》及各种异本］

The Ten Thousand Infallible Arts of（the Prince of）Huai‐Nan［Taoist alchemical and Technical recipes］

西汉，公元前 2 世纪

不单独成书，但其片断收在《太平御览》卷七三六及别处。

辑本收入孙冯翼的《问经堂丛书》和叶德辉的《观古堂所著书》

相传为刘安撰

参见 Kaltenmark（2），p. 32.

很可能"枕中"、"鸿宝"、"万毕"和"苑秘"最初都是《淮南王书》的篇名，构成"中篇"（或许又称"外书"），而现存的《淮南子》（参阅之）是"内书"

《淮南子》

［＝《淮南鸿烈解》］

The Book of（the Prince of）Huai‐Nan［compendium of natural philosophy］

西汉，约公元前 120 年

由（淮南王）刘安召集一批学者撰著

摘译本：Morgan（1）；Erkes（1）；Hughes（1）；Chatley（1）；Wieger（2）

《通检丛刊》之五

道藏/1170

《皇清经解》

Collection of（more than 180）Monographs on Classical Subjects written during the Chhing Dynasty

见严杰（编）（1）

《皇祐新乐图记》

News Illustrated Record of Musical Matters of the Huang-yu reign-period

宋，约 1050 年

阮逸

《黄帝内经灵枢》

The Yellow Emperor's Manual of Internal Medicine；The Spiritual Pivot（or Gate, or Driving-shaft, or Motive Power）［medical physiology and anatomy］

可能西汉，约公元前 1 世纪

撰者不详

王冰编于 762 年

考证：Huang Wên（1）

译本：Chamfrault & Ung Kang-Sam（1）

《黄帝内经素问》

The Yellow Emperor's Manual of Internal Medicine；The Plain Questions（and Answers）［clinical medicine］

（参阅《补注黄帝内经素问》）

周，秦汉改编，约公元前 2 世纪

撰者不详

摘译本：Hübotter（1），chs. 4，5，10，11，21；Veith（1）；全译本：Chamfranlt & Ung Kang-Sam（1）

参见 Wang & Wu（1），pp. 28ff.；Huang

Wên（1）

《黄帝内经素问集注》

The *Yellow Emperor's Manual of Internal Medicine*; *The Plain Questions (and Answers)*; with Commentaries

清，1679 年

张志聪

（明代马莳的注释收入《古今图书集成·艺术典》第二十一至六十六卷）

《黄帝素问灵枢经》

见《黄帝内经灵枢》

《黄帝素问内经》

见《黄帝内经素问》

《浑天象说（注）》

Discourse on Uranographic Models

三国，约 260 年

王蕃

[收入《全上古三代秦汉三国六朝文》（全三国文），卷七十二，第一叶以下]

《集古录》

Collection of Ancient Inscriptions

宋，约 1050 年

欧阳修

《集古录跋尾》

Postscript to the *Collection of Ancient Inscriptions*

宋，约 1060 年

欧阳修

《急就篇（章）》

Dictionary for Urgent Use

西汉，公元前 48—前 32 年

史游。有 13 世纪王应麟的注

《济生方》

Life-Saving Prescriptions

宋，1267 年

严用和

《纪录汇编》

Classified Records of a Decennium

明，约 1530 年

沈节甫

《嘉祐杂志》

Miscellaneous Records of the Chia-Yu Reign-period

宋，1062 年

江邻几

《甲申杂记》

Miscellany of the Chia-Shan Year

宋，1104 年；1163 年刊行（记述 1023—1104 年间的事件）

[此书为《清虚杂著》三部分的第二部分，参阅之]

王巩

《江西通志》

Provincial Historical Geography of Chiangsi

清，1732 年

谢旻等编

《羯鼓录》

On the History and Use of Drums

唐，848 年

南卓

《金楼子》

Book of the Golden Hall Master

梁，约 550 年

萧绎（梁元帝）

《金师子章》

Essay on the Golden Lion

唐，704 年

法藏

《大正一切经目录》/1880

《晋后略记》

Brief Records set down after the （Western）
Chin （dynasty）

晋，317 年以后

荀绰

《晋书》

History of the Chin Dynasty ［265—419］

唐，635 年

房玄龄

节译本：Pfizmaier （54—57）；《晋书天文
志》英译：Ho Ping-Yu （1）。关于译文见
Frankel （1） 的索引

《镜镜诒痴》

见郑复光 （1）

《九谷考》

A Study of the Nine （Cereal） Grains

清，约 1790 年

程瑶田

（收入《皇清经解》卷五五一）

《九天玄女青囊海角经》

The Nine-Heaven Mysterious Girl Blue-Bag Sea
Angle Manual ［geomantic］

唐

撰者不详

《九章算术》

Nine Chapters on the Mathematical Art

东汉，1 世纪（包括西汉及或许秦以后的许
多资料）

撰者不详

《旧唐书》

Old History of the Thang Dynasty ［618—906］

五代，945 年

刘昫

参见 des Rotours （2），p. 64.

关于译文见 Frankel （1） 的索引

《旧五代史》

Old History of the Five Dynasties ［907—959］

宋，974 年

薛居正

关于译文见 Frankel （1） 的索引

《开元占经》

The Khai-Yuan reign-period Treatise on Astrol-
ogy （and Astronomy）

唐，729 年

［某些部分，如九执历（Navagrāha），早在
718 年已编撰］

瞿昙悉达

《堪舆辟谬传真》

A Brushing Away of Mistakes and Establish-
ment of Right Theory in Geomancy

清，18 世纪末

刘公中

《康熙几暇格物编》

Observations in the Natural Sciences, made in
Our Leisure Hours, by the Khang-Hsi Em-
peror ［ geology, mineralogy, zoology,
botany and agriculture］

清，约 1711 年

爱新觉罗玄晔（清代皇帝）

参阅 BEFEO, 1903, 3, 747.

《康熙字典》

Imperial Dictionary of the Khang-Hsi reign-
period

清，1716 年

张玉书编

《考工记》

The Artificers' Record

［《周礼》的一篇，参阅之］

周和汉，最初可能是齐国的官书，约公元前
140 年编入

编撰者不详

译本：E. Biot （1）

参阅：郭沫若 （1）；Yang Lien-Sheng （7）

《考工记图》

Illustrations for the *Artificers' Record* (of the *Chou Li*) (with a critical archaeological analysis)

清，1746 年

戴震

(收入《皇清经解》卷五六三—五六四；1955 年上海再版)

参见近藤光男（*1*）

《客座赘语》

My Boring Discourses to my Guests [memorabilia of Nanking]

明，约 1628 年

顾起元

《孔子家语》

Table Talk of Confucius

东汉，或者更可能三国，3 世纪初（但根据较早期的资料编成）

王肃编

摘译本：Kramers（1）；A. B. Hutchinson（1）；de Harlez（2）

《揆日纪要》

Essentials of the Sundial [includes data on magnetic declination]

清，约 1680 年

梅文鼎

《揆日器》

Apparatus for Determining the Sun's Position

清，1675 年

梅文鼎

《揆日浅说》

Elementary Account of the Sun's Motion

清，约 1695 年

梅文鼎

《老学庵笔记》

Notes from the Hall of Learned Old Age

宋，约 1190 年

陆游

《雷公炮制》

(Handbook based on the) *Venerable Master Lei's* (*Treatise on*) *the Preparation* (*of Drugs*)

刘宋，约 470 年

雷敩

张光斗（清，1817 年）编

《雷公炮炙论》

The Venerable Master Lei's Treatise on the Decoction and Preparation (of Drugs)

刘宋，约 470 年

雷敩

[现存的仅为在《证类本草》及其他中的引文，以及张骥的辑本（1932 年）；见龙伯坚（*1*），p. 116.]

《雷公炮制药性（赋）解》

(Essays and) Studies on the *Venerable Master Lei's* (*Treatise on*) *the Natures of Drugs and their Preparation*

最初四卷，金，约 1220 年。李杲

最后六卷，清，约 1650 年。李中梓

（包括 5 世纪以后早期的雷公书中的许多引文）

《冷斋夜话》

Night Talks in Cool Library

宋，约 1110 年

惠洪

《离骚》

Elegy on Encountering Sorrow [ode]

周（楚），约公元前 295 年

屈原

译本：Hawkes（1）

《离骚草木疏》

On the Trees and Plants mentioned in the *Elegy on Encountering Sorrow*

宋，1197 年

吴仁杰

《礼记》

[= 《小戴礼记》]

Record of Rites [compiled by Tai the Younger]

（参阅《大戴礼记》）

据说西汉，约公元前 70—前 50 年，但实际
为东汉，公元 80—105 年间，虽然所包括
的最早资料年代可确定为《论语》的时代
（约公元前 465—前 450 年）

相传系戴圣编

实际为曹褒编

译本：Legge （7）；Couvreur （3）；R. Wil-
helm （6）

《引得》第 27 号

《礼记注疏》

Record of Rites, with assembled Commentaries

原文为西汉，各时代均有注释

阮元（1816 年）编

《礼纬斗威仪》

Apocryphal Treatise on the *Record of Rites*;
System of the Majesty of the Ladle [the
Great Bear]

西汉，公元前 1 世纪或以后

撰者不详

《历法新书》

New Treatise on Calendar Science

明，约 1590 年

袁黄

《历书》

Calendrical Opus

明，约 1601 年

朱载堉（明代王子）

《历算书目》

见《勿菴历算书目》

《梁书》

History of the Liang Dynasty ［502—556］

唐，629 年

姚察及其子姚思廉

关于译文见 Frankel （1）的索引

《梁四公记》

Tales of the Four Lords of Liang

唐，约 695 年

张说

《梁溪漫志》

Bridge Pool Essays

宋，1192 年

费衮

《辽史》

History of the Liao （Chhi‐tan） Dynasty
［916—1125］

元，约 1350 年

脱脱、欧阳玄

摘译本：Wittfogel, Fêng Chia-Sheng *et al*.

《引得》第 35 号

《列子》

[= 《冲虚真经》]

The Book of Master Lieh

周和西汉，公元前 5 世纪—前 1 世纪。

该书收录了取自各种来源的古代片断材料并
杂有公元 380 年前后的许多新材料

相传列御寇撰

译本：R. Wilhelm （4）；L. Giles （4）；
Wieger （7）

道藏/663

《灵棋经》

Spirit-Chess Manual

可能晋

相传东方朔撰

道藏/285

《灵棋经》

Spirit-Chess Manual

宋

颜幼明

道藏/1029

《灵枢经》
见《黄帝内经灵枢》

《灵宪》
The Spiritual Constitution (or Mysterious Organisation) of the Universe [cosmological and astromomical]
东汉，118 年
张衡
（收入《玉函山房辑佚书》卷七十六）

《刘子》
The Book of Master Liu
南齐，约 550 年
可能刘昼
道藏/1018

《留青日札》
Diary on Bamboo Tablets
明，1579 年
田艺衡

《琉球国志略》
Account of the Liu-Chhiu Islands
清，1757 年
周煌

《龙虎还丹诀》
Explanation of the Dragon-and-Tiger Cyclically Transformed Elixir
可能宋代
金陵子
道藏/902

《路史》
The Peripatetic History
[以朝代史的形式汇集了寓言和传说的史事，但是包含了关于技术的许多奇妙的资料]
宋
罗泌

《吕氏春秋》
Master Lu's Spring and Autumn Annals [compendium of natural philosophy]
周（秦），公元前 239 年
由吕不韦召集一批学者撰著
译本：R. Wilhelm（3）
《通检丛刊》之二

《律历融通》
The Pitch-Pipes and their Calendrical Concordances
[包括在《历书》之中的一部分]
明，1581 年
朱载堉（明代王子）

《律历渊源》
Ocean of Calendrical and Acoustic Calculations (compiled by Imperial Order)
[包括《历象考成》、《数理精蕴》、《律吕正义》，参阅之]
清，1723 年；刊行可能不早于 1730 年
梅毂成和何国宗编
参阅 Hummel（2），p. 285；Wylie（1），pp. 96ff.

《律历志》
Memoir on the Calendar
东汉，178 年
刘洪和蔡邕
（收入《后汉书》卷十三）

《律吕精义》
The Essential Meaning of the Standard Pitch-Pipes
[《律书》的第一部分，参阅之]
明，1596 年
朱载堉（明代王子）

《律吕论》
A Discourse on the Pitch-Pipes
明，约 1520 年
王廷相

《律吕新论》

New Discourse on Acoustics and Music

清，约 1740 年

江永

《律吕新书》

New Treatise on Acoustics and Music

宋，约 1180 年

蔡元定

《律吕正义》

Collected Basic Principles of Music

[《律历渊源》的一部分，参阅之]

清，1713（1723）年

梅毂成和何国宗编

参阅 Hummel (2), p. 285.

《律书》

The Pitch-Pipe Opus

[两部分，第一部分是《律吕精义》，参阅
之]

明，1596 年

朱载堉（明代王子）

《律学新说》

A New Account of the Science of the Pitch-
Pipes

明，1584 年

朱载堉（明代王子）

《论语》

Conversations and Discourses（of Confucius）
[perhaps Discussed Sayings, Normative Say-
ings, or Selected Sayings]; Analects

周(鲁)，约公元前 465—前 450 年

孔子的弟子门人编撰（第十六、十七、十
八和二十篇为后加）

译本：Leges（2）；Lyall（2）；Waley（5）；
Ku Hung-Ming（1）

《引得特刊》第 16 号

《论衡》

Discourses Weighed in the Balance

东汉，公元 82 或 83 年

王充

译本：Forke（4）；cf. Leslie（3）

《通检丛刊》之一

《论天》

Discourse on the Heavens

三国或晋，约 274 年

刘智

[收入《全上古三代秦汉三国六朝文》（全晋
文），卷三十九，第五叶以下]

《罗浮山志》

History and Topography of the Lo-Fou Moun-
tain（north of Canton）

清，1716 年（但据较古老的史书）

陶敬益

《罗经顶门针》

Portal of Highest Knowledge on the Magnetic
Compass

明，约 1580 年

徐之镆

《罗经简易图解》

Illustrated Easy Explanation of the Magnetic
Compass

明，约 1580 年

徐之镆

《罗经解》

Analysis of the Magnetic Compass

明

吴望岗

《罗经解定》

Definitive Analysis of the Magnetic Compass

清，1660—1720 年间

胡慎庵

《罗经精一解》

Analysis of the Essential Features of the Mag-
netic Compass

清，1736—1795 年间
范宜宾

《罗经秘窍》

Confidential Intelligence about the Magnetic
Compass
明
甘时望

《罗经指南拨雾集》

A South-Pointer to Disperse the Fog about the
Geomantic Compass
明
吴天洪

《梅子新论》

New Discourse of Master Mei
晋
梅氏

《梦粱录》

The Past seems a Dream [description of capi-
tal, Hangchow]
宋，1275 年
吴自牧

《梦溪笔谈》

Dream Pool Essays
宋，1086 年；最后增补的年代为 1091 年
沈括
校注：胡道静（*1*）
参阅 Holzman（1）

《孟子》

The Book of Master Meng（Mencius）
周，约公元前 290 年
孟轲
译本：Legge（3）；Lyall（1）
《引得特刊》第 17 号

《妙解录》

见《雁门公妙解》

《明史》

History of the Ming Dynasty [1368—1643]
清，1646 年开始编纂，1736 年完成，1739
年初刊
张廷玉等

《名医别录》

Informal Records of Famous Physicians
梁，约 510 年
陶宏景
（单独成书的该著作已佚失，但它常在本草
著作中被引用。黄钰的辑本，收入《陈修
园医书》）

《墨经》

见《墨子》

《墨庄漫录》

Recollections from the Literary Cottage
宋，约 1131 年
张邦基

《墨子》

The Book of Master Mo
周，公元前 4 世纪
墨翟（及弟子们）
译本：Mei Yi-Pao（1）；Forke（3）
《引得特刊》第 21 号
道藏/1162

《穆天子传》

Account of the Travels of the Emperor Mu
周，公元前 245 年以前 [公元 218 年在魏王
子安釐王（公元前 276—前 245 年在位）
墓中发现]
撰者不详
译本：Eitel（1）；Chêng Tê-Khun（2）

《南村辍耕录》

见《辍耕录》

《南濠诗话》

Essays of the Retired Scholar dwelling by the

Southern Moat [literary criticism]

明，1513 年

都穆

《南齐书》

History of the Southern Chhi Dynasty [479—
501]

梁，520 年

萧子显

关于译文见 Frankel（1）的索引

《南史》

History of the Southern Dynasties [Nan Pei
Chhao period, 420—589]

唐，约 670 年

李延寿

关于译文见 Frankel（1）的索引

《南州异物志》

Strange Things of the South

晋，3 或 4 世纪

万震

《内传天皇鳌极镇世书》

Atlas-Tortoise Geomantic Treatise

唐，约 730 年

邱延翰

《内经》

见《黄帝内经素问》

《能改斋漫录》

Miscellaneous Records of the Nêng-Kai Studio

宋，12 世纪中期

吴曾

《佩文韵府》

Encyclopaedia of Phases and Allusions arranged
according to Rhyme

清，1711 年

张玉书等编

《琵琶赋》

Rhapsodic Ode on the Phi-Pha Lute

三国或晋，约 265 年

傅玄

《坤雅》

A Heap of Elegances

宋，1096 年

陆佃

《萍州可谈》

Pingchow Table-Talk

宋，1119（记述 1086 年以后的事）

朱彧

《七修类稿》

Seven Compilations of Classified Manuscripts

明，约 1530 年

郎瑛

《齐东野语》

Rustic Talks in Eastern Chhi

宋，约 1290 年

周密

《齐民要术》

Important Arts for the People's Welfare [lit.
Equality]

北魏（及东魏或西魏），533 年和 544 年之
间

贾思勰

参见 des Rotours（1），p. c；Shih Shêng-
Han（1）

《棋经》

Chess Manual

宋

张拟

《棋经》

Chess Manual

宋

晏天章

《前汉书》

History of the Former Han Dynasty [- 206 -
+ 24]

东汉 (编纂约自公元 65 年开始), 约 100 年

班固和 (公元 92 年班固去世后) 他的妹妹
班昭

摘 译 本: Dubs (2); Pfizmaier (32—34,
37—51); Wylie (2, 3, 10); Swann
(1)

《引得》第 36 号

《钦定古今图书集成》

见《图书集成》

《钦定续文献通考》

Imperially Commissioned Continuation of the
Comprehensive Study of (*the History of*)
Civilisation

(参见《文献通考》和《续文献通考》)

清, 1747 年奉敕编撰, 1772 (1784) 年刊
行

齐召南、嵇璜等编

与此类似但不能替代的有王圻的《续文献通
考》

《青囊奥旨》

Mysterious Principles of the Blue Bag (i. e.
the Universe) [geomantic]

唐, 约 880 年

相传杨筠松撰

《青乌绪言》

Instructions to the *Blue Raven Manual* [geo-
mancy and the use of the mariner's compass]

明, 约 1570 年

李豫亨

《清虚杂著》

The "Pure Emptiness" Miscellaneous Record
[包括《闻见近录》、《甲申杂记》和《随手
杂录》, 参见之]

宋, 撰著者去世后的 1163 年集成

王巩

《清虚杂著补阙》

Additions to the "*Pure Emptiness*" Miscella-
neous Record

宋, 约 1163 年

王从谨

《清异录》

Records of the Unwordly and the Strange

五代, 约 950 年

陶毂

《祛疑说纂》

Discussions on the Dispersal of Doubts

宋, 约 1230 年

储泳

《曲洧旧闻》

Talks about Bygone Things beside the Winding
Wei (River in Honan)

宋, 约 1130 年

朱弁

《仁斋直指方 (论)》

(Yang) Jen-Chai's Basic Priciples of (Paedi-
atric) Prescribing

宋, 1264 年

杨士瀛

《日华 (诸家) 本草》

Master Jih-Hua's Pharmacopoeia (of All the
Schools)

宋, 约 970 年

大明 (日华子)

《日晷备考》

A Study on the Construction of Sundials

清, 约 1690 年

梅文鼎

《日知录》

Daily Additions to Knowledge

清, 1673 年

顾炎武

《榕城诗话》

Plantain City (Fuchow) Essays [literary criticism]

清，1732 年

杭世骏

《入唐求法巡礼记》

Record of a Pilgrimage to China in search of the (Buddhist) Law

唐，838—847 年

圆仁

《三宝太监下西洋记通俗演义》

Popular Instructive Story of the Voyages and Traffics of the Three-Jewel Eunuch (Admiral, Chêng Ho), in the Western Oceans [novel]

明，1597 年

罗懋登

《三才图会》

Universal Encyclopaedia

明，1609 年

王圻

《三辅皇图》

Illustrated Description of the Three Cities of the Metropolitan Area (Chhang-an, Fêng-I and Fu-fêng)

晋，3 世纪晚期，或可能东汉

相传苗昌言撰

《三辅旧事》

Stories of the Three Cities of the Metropolitan Area (Chhang-an, Fêng-i and Fu Fêng)

晋代与唐代之间

撰者不详

《三国志》

History of the Three Kingdoms [220—280]

晋，约 290 年

陈寿

《引得》第 33 号

关于译文见 Frankel (1) 的索引

《三柳轩杂识》

Three Willows Miscellany

宋，约 1280 年

程棨

《三秦记》

Record of the Three Princedoms of Chhin [into which that State was divided after the Chhin and before the Han]

晋

撰者不详

《山海经》

Classic of the Mountains and Rivers

周和西汉

撰者不详

摘译本：de Rosny (1)

《通检丛刊》之九

《山居新话》

Conversations on Recent Events in the Mountain Retreat

元，1360 年

杨瑀

译本：H. Frankel (2)

《山堂肆考》

Books seen in the Mountain Hall Library

明，1595 年

彭大翼

《山西通志》

Provincial Historical Geography of Shansi

清，1733 年

罗石麟等编

《上林赋》

Rhapsodic Ode on the Imperial Hunting Park

西汉，约公元前 130 年

司马相如

《尚书纬考灵曜》

Apocryphal Treatise on the *Shang Shu* Section of the *Historical Classic*；Investigation of the Mysterious Brightnesses

西汉，公元前 1 世纪

撰者不详

（现收在《古微书》卷一—二）

《神农本草经》

Pharmacopoeia of the Heavenly Husbandman

东汉，约公元 2 世纪

撰者不详

[原书佚失，但它是所有后来的本草著作的基础，在这些著作中经常被引用。有许多学者重编并注释；见龙伯坚（1），pp. 2ff., 12ff. 最好的辑本为森立之（Mori Tateyuki）所辑，1845 年]

《神仙传》

Lives of the Divine Hsien

（参阅《列仙传》和《续神仙传》）

晋，4 世纪早期

相传葛洪撰

《慎子》

The Book of Master Shen

年代不详，可能在 2—8 世纪之间

相传慎到（周代哲学家）撰

《圣惠选方》

Selected Imperial Solicitude Prescriptions

宋，1046 年

何希影

（原书佚失，而其内容选自《太平圣惠方》，参阅之）

《圣寿万年历》

The Imperial Longevity Permanent Calendar

（《历书》所收之一书，参阅之）

明，1595 年

朱载堉（明代王子）

《诗经》

Book of Odes [ancient folksongs]

周，公元前 9—前 5 世纪

编著者不详

译本：Legge（8）；Waley（1）；Karlgren（14）

《诗纬氾历枢》

Apocryphal Treatise on the [*Book of*] *Odes*；the Pivot of the Infinite Calendar

西汉或东汉

撰者不详

《师友谈记》

Records of Discussions with my Teachers and Friends

宋，11 世纪末

李廌

《尸子》

The Book of Master Shih

据说周代，公元前 4 世纪；可能公元 3 或 4 世纪

相传尸佼撰

《拾遗记》

Memoirs on Neglected Matters

晋，约 370 年

王嘉

参阅 Eichhorn（5）

《史记》

Historical Records [or perhaps better：Memoirs of the Historiographer (‑Royal)；down to—99]

西汉，约公元前 90 年 [初刊约 1000 年]

司马迁及其父司马谈

摘译本：Chavannes（1）；Pfizmaier（13—36）；Hirth（2）；Wu Khang（1）；Swann（1）；etc.

《引得》第 40 号

《事林广记》

Guide through the Forest of Affairs [encyclopaedia]

宋，1100—1250 年间，初刊 1325 年

陈元靓

（剑桥大学图书馆藏有明代 1478 年的版本）

《事物绀珠》

Valuable Observations on Political Affairs, etc.

明

黄一正

《事物纪原》

Records of the Origins of Affairs and Things

宋，约 1085 年

高承

《世说新语》

New Discourses on the Talk of the Times [notes of minor incidents from Han to Chin]

（参阅《续世说》）

刘宋，5 世纪

刘义庆

注释：刘峻（梁）

《释名》

Explanation of Names [dictionary]

东汉，约 100 年

刘熙

《守白论》

A Treatise in Defence of (the Doctrine of) Whiteness (and Hardness)

又名《公孙龙子》（参阅之）

《书经》

Historical Classic [or, Book of Documents]

29 篇"今文"主要是周代（几篇可能是商代）撰作；21 篇"古文"为公元 320 年左右梅赜利用古文片断的伪作。关于前者，认为 13 篇可追溯到公元前 10 世纪；10 篇为公元前 8 世纪；6 篇不早于公元前 5 世纪。一些学者认为仅 16 或 17 篇为孔

子时代以前撰作。

撰者不详

参见 Wu Shih-Chhang (1)；Creel (4)

译本：Medhurst (1)；Legge (1, 10)；Karlgren (12)

《书叙指南》

The Literary South-Pointer [guide to style in letter-writing, and to technical terms]

宋，1126 年

任广

《叔苴子》

Book of the Hemp-seed Master

明，15 或 16 世纪

庄元臣

《蜀本草》

Szechuan Pharmacopoeia

五代（蜀），925—950 年

韩保昇 编

《数术记遗》

Memoir on some Traditions of Mathematical Art

东汉，190 年（?）

徐岳

《水经》

The Waterways Classic [geographical account of rivers and canals]

据说西汉，可能三国

相传桑钦撰

《水经注》

Commentary on the *Waterways Classic* [geographical account greatly extended]

北魏，5 世纪晚期或 6 世纪早期

郦道元

《顺风相送》

Fair Winds for Escort [pilot's handbook]

明，约 1430 年

作者不详

（MS., Bodleian Liberary, laud Or. no. 145）

《说郛》

Florilegium of (Unofficial) Literature

元，约 1368 年

陶宗仪

参见 Ching Phei-Yuan (1)

《说文》

见《说文解字》

《说文解字》

Analytical Dictionary of Characters

东汉，121 年

许慎

《说苑》

Garden of Discourses

汉，约公元前 20 年

刘向

《宋高僧传》

Sung Compilation of Biographies of Eminent (Buddhist) Monks

（参阅《高僧传》和《续高僧传》）

宋，988 年

赞宁

《大正一切经目录》/2061

《宋史》

History of the Sung Dynasty [960—1279]

元，约 1345 年

脱脱和欧阳玄

《引得》第 34 号

《宋书》

History of the (Liu) Sung Dynasty [420—478]

南齐，500 年

沈约

节译本：Pfizmaier (58)

关于译文见 Frankel (1) 的索引

《宋四子抄释》

Selections from the Wrtings of the Four Sung (Neo‐Confucian) Philosophers [excl. Chu Hsi]

宋（明代 1536 年编）

吕柟编

《素书》

Book of Pure Counsels

据说秦或西汉

相传黄石公撰

（关于该书的真伪，顾颉刚的观点见其著作，重庆，1945 年）

《算学新说》

A New Account of the Science of Calculation (in Acoustics and Music)

明，1603 年

朱载堉（明代王子）

《隋书》

History of the Sui Dynasty [581—617]

唐，636 年（本纪和列传）；656 年（志和经籍志）

魏徵等

摘译本：Pfizmaier (61—65)；Balazs (7, 8)；Ware (1)

关于译文见 Frankel (1) 的索引

《随手杂录》

Random Reminiscences

宋，约 1067 年，1163 年刊行（记述五代及宋代的要事，至 1067 年）

[此书为《清虚杂录》三部分的第三部分，参阅之]

王巩

《孙子兵法》

Master Sun's Art of War

周（齐），约公元前 345 年

相传孙武撰，更可能是孙膑撰

《所南文集》

Collected Writings of (Chêng) So-Nan (Cheng Ssu-Hsiao)

元，约 1340 年

郑思肖

《（台湾）淡水厅志》

见陈培桂（1）

《太极真人杂丹药方》

Tractate of the Supreme-Pole Adept on Miscellaneous Elixir Recipes (with illustrations of alchemical apparatus)

年代不详，但因撰著者笔名的哲学意义，可能为宋代

撰者不详

道藏/939

《太平广记》

Miscellaneous Records collected in the Thai-Phing reign-period

宋，981 年

李昉编

《太平圣惠方》

Prescriptions Collected by Imperial Solicitude in the Thai-Phing reign-period

宋，992 年

王怀隐编

《太平御览》

Thai-Phing reign-period Imperial Encyclopaedia [lit. the Emperor's Daily Readings]

宋，983 年

李昉编

节译本：Pfizmaier (84—106)

《引得》第 23 号

《太清石壁记》

The Records in the Rock Chamber; a Thai-

Chhing Scripture

梁，6 世纪早期，但包括早至 3 世纪晚期的早先的著作，相传苏元明撰

楚泽先生编

苏元明原撰

道藏/874

《弹棋经》

Manual of Crossbow-Bullet Chess

晋，约 400 年

徐广

《唐本草》

Pharmacopoeia of the Thang Dynasty

[= 《新修本草》，参阅之]

《唐会要》

History of the Administrative Statutes of the Thang Dynasty

宋，961 年

王溥

参见 des Rotours (2), p. 92.

《唐六典》

Institutes of the Thang Dynasty [lit. Administrative Regulation of the Six Ministries of the Thang]

唐，738 或 739 年

李林甫编

参见 des Rotours (2), p. 99.

《唐阙史》

Forgotten Stories of the Thang Dynasty

五代，10 世纪

高彦休

《唐语林》

Miscellanea of the Thang Dynasty

宋，约 1107 年编集

王谠

参见 des Rotours (2), p. 109.

《棠阴比事》

Parallel Cases from under the Pear-Tree [comparable legal cases solved by eminent judges]

宋, 1211 年, 1222 年、1234 年刊行

桂万荣

译本: von Gulik (6)

《天工开物》

The Exploitation of the Works of Nature

明, 1637 年

宋应星

《天机素书》

Pure Book of Celestial Mechanics [geomancy]

唐, 约 730 年

邱延翰

《天香楼偶得》

Occasional Discoveries at the Heavenly Fragrance Pavilion

清, 1740 年之前

虞兆漋

《铁围山丛谈》

Collected Conversations at Iron-Fence Mountain

宋, 约 1115 年

蔡絛

《通鉴前编》

History of Ancient China (down to the point at which the *Comprehensive Mirror of History* begins)

金, 约 1275 年

金履祥

《通天晓》

Book of General Information [including techniques, etc.]

清, 18 世纪末, 1816、1837 和 1856 年刊行于广东

王缠堂

《通志》

Historical Collections

宋, 约 1150 年

郑樵

参见 des Rotours (2), p. 85.

《通志略》

Compendium of Information

[《通志》的一部分, 参阅之]

《同话录》

Mutual Discussions

宋, 约 1189 年

曾三昇

《投壶变》

Changes and Chances of the Pitchpot Game

晋, 4 世纪

虞潭

《投壶新格》

New Exmination of the Pitchpot Game

宋, 11 世纪

司马光

《图经本草》

见《本草图经》

该书名原是唐代 (约 658 年) 一部著作的名称, 其至 11 世纪已佚失。以苏颂的《本草图经》取而代之。《图经本草》的名称常用于苏颂的书, 但是错误的。

《图经衍义本草》

The Illustrated and Elucidated Pharmacopoeia

很可能是《本草衍义》和《本草图经》合并而成, 但有许多附加的引文。

宋, 约 1120 年

寇宗奭

道藏/761

《图书集成》

Imperial Encyclopaedia

清, 1726 年

陈梦雷等编

索引：L. Giles (2)

《推蓬寤语》

Talks on Awaking at Sea

明，约 1570 年

李豫亨

《万毕书》

见《淮南万毕术》

《王忠文公集》

Collected Writings of Wang I

明，约 1375 年

王祎

《魏略》

Memorable Things of the Wei Kingdom (San Kuo)

三国（魏）或晋，约 264 年

鱼豢

《魏书》

History of the (Northern) Wei Dynasty [386—550, including the Eastern Wei successor State]

北齐，554 年，572 年修订

魏收

参见 Ware (3)

节译本：Ware (1, 4)

关于译文见 Frankel (1) 的索引

《文始真经》

True Classic of the Original Word (of Lao Chün, third person of the Taoist Trinity)

[=《关尹子》，参阅之]

《文献通考》

Comprehensive Study of (the History of) Civilisation

宋，约 1254 年开始编纂，约 1280 年完成，但直到 1319 年才刊行

马端临

参见 des Rotours (2), p. 87.

节译本：Julien (2)；St Denys (1)

《文心雕龙》

On the Carving of the Dragon of Literature; or, The Anatomy of the Literary Mind [the Earliest book on literary criticism]

梁，6 世纪

刘勰

《文选》

General Anthology of Prose and Verse

梁，530 年

萧统（梁太子）编

译本：von Zach (6)

《闻见近录》

New Records of Things Heard and Seen

宋，1085—1104 年撰著，1163 年刊行（记述 954—1085 年间的事件）

[此书为《清虚杂著》三部分的第一部分，参阅之]

王巩

《吴都赋》

Rhapsodic Ode on the Capital of Wu (Kingdom)

三国，约 260 年

左思

《吴录》

Record of the Kingdom of Wu

三国，3 世纪

张勃

《吴录地理志》

[=《吴录》，参阅之]

《武经总要》

Collection of the most important Military Techniques (compiled by Imperial Order)

宋，1040 (1044) 年

曾公亮编

《武林旧事》

　　Institutions and Customs of the Old Capital (Hangchow)

　　宋，约 1270 年（但记述约 1165 年以后的事件）

　　周密

《五杂俎》

　　Five Assorted Offering - Trays ［miscellaneous memorabilia in five sections］

　　明，约 1600 年

　　谢在杭

《悟真篇》

　　Poetical Essay on the Understanding of the Truth ［alchemy, both spiritual and practical］

　　宋，1075 年

　　张伯端

　　译本：Davis & Chao Yun-Tshung （7）

　　道藏/138

《悟真篇直指祥说三乘秘要》

　　Precise Explanation of the Difficult Essentials of the *Poetical Essay on the Understanding of the Truth* according to the Three Scriptures

　　宋

　　相传翁葆光撰

　　道藏/140

《勿菴历算书目》

　　Bibliography of Mei Wên-Ting's （Wu-An's） Mathematical and Astronomical Writings

　　清，1702 年

　　梅文鼎

《物类相感志》

　　On the Mutual Responses of Things according to their Categories

　　宋，约 980 年

　　相传苏东坡撰

　　实为（录）赞宁撰

《物理小识》

　　Small Encyclopaedia of the Principles of Things

　　清，1664 年

　　方以智

　　参阅侯外庐（3，4）

《西京杂记》

　　Miscellaneous Records of the Western Capital

　　梁或陈，6 世纪中叶

　　相传为刘歆（西汉）和葛洪（晋）所撰，但可能是吴均撰

《西溪丛话》

　　（《四库全书》作《西溪丛语》）

　　Western Pool Collected Remarks

　　宋，约 1140 年

　　姚宽

《西洋朝贡典录》

　　Record of the Tributary Countries of the Western Oceans ［relative to the voyages of Chêng Ho］

　　明，1520 年

　　黄省曾

　　孙允伽和赵开美编

　　译本：Mayers （3）

《西洋记》

　　见《三宝太监下西洋记通俗演义》

《西游记》

　　见《长春真人西游记》

《暇日记》

　　Records of Leisure Hours

　　宋，约 1100 年

　　刘跂

《湘山野录》

　　Rustic Notes from Hsiang-shan

　　宋，约 1060 年

　　文莹

《湘烟录》

The Smoke of Hunan Hearths [Hunanese matters]

明

闵元京

《孝经》

Filial Piety Classic

秦和西汉

相传曾参（孔子的弟子）撰

译本：de Rosny (2)；Legge (1)

《孝纬援神契》

Apocryphal Treatise on the *Filial Piety Classic*；Cantraps for Salvation by the Spirits

西汉，公元前 1 世纪

撰者不详

《心经》

Canon of the Core (of the Earth) [geomantic]

宋，约 1060 年

王伋

《新唐书》

New History of the Thang Dynasty [618—906]

宋，1061 年

欧阳修、宋祁

参见 des Rotours (2)

摘译本：des Rotours (1，2)；Pfizmaier (66—74)。

关于译文见 Frankel (1) 的索引

《引得》第 16 号

《新修本草》

Newly Reorganised Pharmacopoeia

唐，659 年

苏敬编，并有 21 人协助，起初由长孙无忌、而后由李勣督修

该本草著作后来时常不确切地被称为《唐本草》。该书在中国佚失，仅存的五卷是由一位日本僧人在 731 年抄录，因而得以在日本保存下来

《星槎胜览》

Triumphant Visions of the Starry Raft [accounts of the voyages of Chêng Ho, whose ship, as carrying an ambassador, is thus styled]

明，1436 年

费信

《性理大全（书）》

Collected Workes of (120) Philosophers of the Hsing-Li (Neo-Confucian) School

明，1415 年

胡广等编

《续博物志》

Supplement to the *Record of the Investigation of Things*

（参阅《博物志》）

宋，12 世纪中叶

李石

《续汉书》

Addenda to the Han History

三国，3 世纪

谢承

《续事始》

Supplement to the *Beginnings of All Affairs*

（参阅《事始》）

后蜀，约 960 年

马鉴

《续文献通考》

Continuation of the *Comprehensive Study of (the History of) Civilisation*

（参阅《文献通考》和《钦定续文献通考》）

明，1586 年完成，1603 年刊行

王圻编

该书包括辽、金、元和明各朝，及 1224 年以后南宋末年的一些新资料

《宣和奉使高丽图经》

Illustrated Record of an Embassy to Korea in
the Hsüan-Ho reign-period

宋，1124（1167）年

徐兢

《玄怪录》

见《幽怪录》

《玄解录》

见《悬解录》

《悬解录》

A Record of Explanations［alchemical］

唐，855 年无名氏撰序

撰者不详

道藏/921，《云笈七籤》卷六十四

《学古编》

On our Knowledge of Ancient Objects［seal in-
scriptions］

元，1307 年

吾邱衍

《荀子》

The Book of Master Hsün

周，约公元前 240 年

荀卿

译本：Dubs (7)

《燕京岁时记》

见敦礼臣 (1)

《颜氏家训》

Mr Yen's Advice to his Family

隋，约 590 年

颜之推

《盐铁论》

Discourse on Salt and Iron［record of the debate
of—81 on State control of commerce and
industry］

西汉，约公元前 80 年

桓宽

摘译本：Gale (1)；Gale, Boddberg & Lin

《演繁露》

Extension of the *String of Pearls on the
Spring and Autumn Annals*［on the mean-
ing of many Thang and Sung expressions］

宋，1180 年

程大昌

参见 des Rotours (1), p. cix.

《弇州四部》

Talks at Yenchow on the Four Branches of Li-
terature

明

王世贞

《鴈门公妙解录》

The Venerable Yen Mên's Explanations of the
Mysteries［alchemy and elixir poisoning］

唐，可能 855 年前后，因本文记事与这个年
代的《悬解录》（参阅之）实际相同

鴈门

道藏/937

《羊城古钞》

见仇池石 (1)

《野客丛书》

Collected Notes of the Rustic Guest

宋，1201 年

王楙

《邺中记》

Record of Affairs at the Capital of the Later
Chao Dynasty

晋

陆翙

《一切经音义》

Dictionary of Sounds and Meanings of Words in
the *Vinaya*［part of the Buddhist Tripiṭaka］

唐，约 649 年，约 730 年增补

玄应
慧琳增补
《大明三藏圣教目录》/1605；《大正一切经
目录》/2178

《猗觉寮杂记》
Miscellaneous Records From the I-Chao Cottage
宋，约 1200 年
朱翌

《仪礼》
The Personal Conduct Ritual
["三礼"（《礼记》、《周礼》、《仪礼》）之一]
秦和汉，根据周代的资料，有些资料可能早
至孔子时代
西汉高堂生编
译本：Steele（1）

《意林》
Forest of Ideas [philosophical encyclopaedia]
唐
马总
道藏/1244

《易经》
The Classic of Changes [or, Book of Changes]
周，西汉增补
编者不详
参见：李镜池（1,2）；Wu Shih-Chhang(1)
译本：R. Wilhelm（2）；Legge（9）；de
Harlez（1）
《引得特刊》第 10 号

《易图明辨》
Clarification of the Diagrams in the (Book of)
Changes [historical analysis]
清，1706 年
胡渭

《异苑》
Garden of Strange Things
刘宋，约 460 年
刘敬叔

《阴阳二宅全书》
Complete Treatise on Siting in relation to the
Two Geodic Currents [geomancy]
清，1744 年
姚瞻旂

《幽怪录》
Record of Things Dark and Strange [or Mys-
teries and Monsters]
唐，8 世纪末
牛僧孺或王恽

《游宦纪闻》
Things Seen and Heard on my Official Travels
宋，约 1230 年
张世南

《酉阳杂俎》
Miscellany of the Yu-yang Mountain (Cave)
[in S. E. Szechuan]
唐，863 年
段成式
参见 des Rotours（1），p. civ.

《余冬序录》
Late Winter Talks
明
何孟春

《羽猎赋》
The Imperial Hunt [ode]
东汉，124 年
张衡

《郁离子》
The Book of Master Yu Li
元，约 1360 年
刘基

《御制律吕正义》
见《律吕正义》

《渊鉴类函》

The Deep Mirror of Classified Knowledge [literary encyclopaedia; a conflation of Thang Encyclopaedia]

清，1710 年

张英等编

《元海运志》

A Sketch of Maritime Transportation during the Yuan Period

元或明，14 世纪晚期

危素

《元和郡县图志》

Yuan-Ho reign-period General Geography

唐，814 年

李吉甫

参见 des Rotours (2), p. 102.

《元史》

History of the Yuan (Mongol) Dynasty [1206—1367]

明，约 1370 年

宋濂等

《引得》第 35 号

《远镜说》

The Far-Seeing Optick Glass [account of the telescope]

明，1626 年

汤若望 (J. A. Schall von Bell)

《月令》

Monthly Ordinances (of the Chou Dynasty)

周，公元前 7—前 3 世纪之间

撰者不详

编入《小戴礼记》和《吕氏春秋》中，参阅之

译本：Legge (7)；R. Wilhelm (3)

《月令章句》

Commentary on the *Monthly Ordinances*

东汉，约 175 年

蔡邕

《乐府杂录》

Miscellaneous Notes on the Bureau of Music

唐或五代，10 世纪

段安节

《乐记》

Record of Ritual Music and Dance

周代晚期

撰者不详

（编入《礼记》卷十八—十九，及《史记》卷二十四。又收入《玉函山房辑佚书》卷三十）

《乐记》

Music Record

汉，公元前 1 世纪

刘向

（《玉函山房辑佚书》卷三十）

《乐经》

Music Classic

周

撰者不详

（仅存的部分收入《玉函山房辑佚书》卷三十）

《乐律全书》

Collected Works on Music and Pitch-Pipes [包括《历书》、《律学新说》、《律历融通》、《律吕精义》、《律书》、《圣寿万年历》、《算学新说》和《操缦古乐谱》，参阅之]

明，约 1620 年

朱载堉（明代王子）

《乐律义》

The Basic Idea of the Acoustic Pipes

北周，约 570 年

沈重

（收入《玉函山房辑佚书》卷三十一）

《乐书》

　　Book of Acoustics and Music

　　北魏，约 525 年；或东魏，约 540 年

　　信都芳

　　（收入《玉函山房辑佚书》卷三十一，第十
　　九叶表以下）

《乐书》

　　Treatise on Acoustics and Music

　　宋，1101 年

　　陈旸

《乐书要录》

　　Record of the Essentials in the Books on Music
　　（and Acoustics）

　　唐，约 670 年

　　武皇后（后称武则天），可能撰于唐高宗年
　　间

　　不全，由于 716—735 年间吉备真备（Kibi
　　no Makibi）的抄本才得以留存

《乐书注图法》

　　Commentary and Illustrations for the *Book of
　　Acoustics and Music*

　　北魏，约 525 年；或东魏，约 540 年

　　信都芳

　　（部分保存在《乐书要录》卷六，第十八叶
　　表以下）

《乐学轨范》

　　Standard Patterns in Musicology（encyclopae-
　　dia）

　　高丽（朝鲜），1493 年；后于 1610 年和
　　1655 年重校刻行

　　成伣等根据朴堧等的著作编纂

《云笈七籤》

　　The Seven Bamboo Tablets of the Cloudy
　　Satchel

　　[一部重要的道教文献集，由《道藏》（1019
　　年）最初编定者编集，包括了现今《道
　　藏》已失传的许多材料]

　　宋，约 1025 年

　　张君房

　　道藏/1020

《云林石谱》

　　Cloud Forest Lapidary

　　宋，1133 年

　　杜绾

《韵集》

　　Rhyme Dictionary

　　晋，4 世纪

　　吕静

《战国策》

　　Records of the Warring States

　　秦

　　撰者不详

《张燕公集》

　　Collected Writings of Chang Yüeh

　　唐，约 730 年

　　张说

《张子全书》

　　Complete Works of Master Chang（Tsai）（d.
　　1077）with commentary by Chu Hsi

　　宋（清代编纂），初刊 1719 年

　　张载

　　朱轼和段志熙编

《真腊风土记》

　　Description of Cambodia

　　元，1297 年

　　周达观

《正蒙》

　　Right Teaching for Youth [or, Intellectual
　　Discipline for Beginners]

　　宋，约 1060 年

　　张载

《证类本草》

　　[《重修政和经史证类备用本草》]

Reorganised Pharmacopoeia

北宋，1108 年；1116 年增补；金 1204 年改

编；元 1249 年重修再版；之后又多次重

刊，如明 1468 年

唐慎微编撰

参阅；Hummel（13）；龙伯坚（*1*）

《志林新书》

New Book of Miscellaneous Records

晋，4 世纪

虞喜

《中华古今注》

Commentary on Things Old and New in China

五代（后唐），923—936 年

马缟

参见 des Rotours（1），p. xcix.

《中庸》

Doctrine of the Mean

周（秦和汉增补），公元前 4 世纪，有公元前

3 世纪的增补

相传系孔伋（孔子思）撰

译本：Legge（2）；Lyall & Ching Chien-

Chün（1）；Hughes（2）

《钟律纬》

Apocryphal Treatise on Bells and Pipes

梁，约 540 年

萧衍（梁武帝）

（《玉函山房辑佚书》卷三十一）

《周髀算经》

The Arithmetical Classic of the Gnomon and

the Circular Paths（of Heaven）

周，秦或汉。约公元前 1 世纪撰著，但包括

应为战国时代晚期（约公元前 4 世纪）以

及一些甚至孔子之前（公元前 6 世纪）的

部分资料

撰者不详

《周礼》

Record of the Institutions（lit. Rites）of

（the）Chou（Dynasty）［descriptions of all

government offical posts and their duties］

西汉，可能包括周代晚期以后的一些资料

编者不详

译本：E. Biot（1）

《周礼疑义举要》

Discussion of the Most Important Doubtful

Matters in the *Record of the Institutions*

（*lit. Rites*）*of*（*the*）*Chou*（*Dynasty*）

清，1791 年

江永

《周礼正义》

Amended Text of the *Record of the Institutions*

（*lit. Rites*）*of*（*the*）*Chou*（*Dynasty*）

with Discussions

（包括东汉郑玄的评注）

西汉，可能包括周代晚期以后的一些资料

编者不详

孙诒让编（1899 年）

《周书》

History of the（Northern）Chou Dynasty

［557—581］

唐，625 年

令狐德棻

关于译文见 Frankel（1）的索引

《诸蕃志》

Records of Foreign Peoples

宋，约 1225 年（这是 Pelliot 确定的年代；

Hirth 和 Rockhill 认为在 1242 年和 1258 年

之间）

赵汝适

译本：Hirth & Rockhill（1）

《朱子全书》

Collected Works of Master Chu（Hsi）

宋（明代编纂），初刊 1713 年

朱熹

（清代）李光地编

摘译本：Bruce（1）；le Gall（1）

《庄子》

[=《南华真经》]

The Book of Master Chuang

周，约公元前 290 年

庄周

译本：Legge（5）；Fêng Yu-Lan（5）；Lin
　　Yu-Thang（1）

《引得特刊》第 20 号

《庄子补正》

The Text of Chuang Tzu, Annotated and Cor-
　　rected

见刘文典（1）

《左传》

Master Tsochhiu's Enlargement of the *Chhun
　　Chhiu*（*Spring and Autumn Annals*）
　　[dealing with the period - 722— - 453]

周代晚期，公元前 430—前 250 年间编撰，
　　但为秦汉儒家学者、特别是刘歆增加和改

编。《左传》是解释《春秋》的三传中最
详者，另外还有《公羊传》和《穀梁传》，
但与它们有异，可能最初它本身就是独立
的史书

相传左丘明撰

参见：Karlgren（8）；Maspero（1）；Chhi
　　Ssu-Ho（1）；Wu Khang（1）；Wu Shih-
　　Chhang（1）；Eberhard, Müller & Hensel-
　　ing.

译本：Couvreur（1）；Legge（11）；Pfiz-
　　maier（1—12）

索引：Fraser & Lockhart（1）

《エレキテル譯説》

A Translated Discourse on Electricity

日本，18 世纪晚期

橋本曡齋（Hashimoto Donsai）

收入《日本科學古典全書》，第六卷

参阅橋本曡齋（1）

B. 1800 年以后的中文和日文书籍与论文

《柴謙太郎》（Shiba Kentarō）（1）

重迦羅の位置に就いて吾人の見解

Our View about the Location of Chung-chia-lo
(in the East Indies) [contains also discus-
sion of the medieval Chinese compass-points]

《東洋學報》，1914，**4**，99.

常书鸿（编）（1）

《敦煌莫高窟》

(The Cave-Temples at) Mo-kao-khu [Chhien-
fo-tung] near Tunhuang

甘肃人民，兰州，1957 年

陈培桂等（1）

《（台湾）淡水厅志》

Local Gazetteer of Tan-shui Thing in Formosa

1817 年

陈维祺、叶耀元、孙斌翼等（1）

《中西算学大成》

Compendium of Chinese and Western Mathe-
matics [and Physics]

1889 年

陈文涛（1）

《先秦自然科学概论》

History of Science in China during the Chou
and Chhin periods

商务，上海，1934 年

程溯洛（1）

中国古代指南针的发明及其与航海的关系

The Discovery of the Magnetic Compass in An-
cient China and its Relation to Navigation

文章收入李光璧和钱君晔的书（q. v.），第
21 页

北京，1955 年

程瑶田（2）

考工创物小记

Brief Notes on the Specifications (for the Man-
ufacture of Objects) in the *Artificers'
Record* (of the *Chou Li*)

北京，约 1805 年

收入《皇清经解》卷五三六—五三九

程瑶田（3）

九谷考

A Study of the Nine Grains (monograph on the
history of cereal agriculture)

北京，约 1805 年

收入《皇清经解》卷五四八

大橋訥菴（Ōhashi Totsuan）（1）

闢邪小言

False Science Exposed (lit. Insignificant
Words Exposing Error)

约 1854 年

收入《明治文化全集》第十五卷

東京，1929 年

渡邊直經（Watanabe Naotsune）（1）

地磁氣年代學

Geomagneto-chronology; Dating by the Direc-
tion of Magnetism of Baked Earth

(Thermo-remanent Magnetism in Japanese
Pottery, Kiln Walls and Lava Flows)

《科學》，1958，**28**（no. 1），24.

敦礼臣（1）

《燕京岁时记》

Annual Customs and Festivals of Peking

北京，1900 年

译本：Bodde（12）

冯云鹏、冯云鹓

　　《金石索》

　　Collection of Carvings, Reliefs and Inscriptions

　　（该书是关于汉代画像石最早的近代著作）

　　1821 年

富冈谦藏（Tomioka Kenzō）（1）

　　《古鏡の研究》

　　Researches on Ancient Mirrors

　　東京，1918 年

關野貞（Sekino Tadashi）、谷井濟一（Yatsui Sai-ichi）、栗山俊一（Kuriyama Shun-ichi）、小場恒吉（Oha Tsunekichi）、小川敬吉（Ogawa Keikichi）、野守健（Nomori Takeshi）（1）

　　樂浪郡時代の遺蹟

　　Archaeological Researches on the Ancient Lo-lang District (Korea); 1 vol. text, 1 vol. plates

　　朝鮮古蹟調査特別報告，1925 年，第 4 册；1927 年，第 8 册

黑田源次（Kuroda Genji）（1）

　　氣

　　On *Chhi* (*pneuma*) [psychological and medi-cobiological conceptions]

　　《東方宗教》，1953（no. 4—5），1；1955（no. 7），16.

侯外庐（3）

　　方以智——中国的百科全书派大哲学家

　　Fang I-Chih——China's Great Encyclopaedist Philosopher

　　《历史研究》，1957（no. 6），1；1957（no. 7），1.

侯外庐（4）

　　十六世纪中国的进步的哲学思潮概述

　　Progressive Philosophical Thinking in 16th-century China

　　《历史研究》，1959（no. 10），39.

侯外庐、赵纪彬、杜国庠、邱汉生（1）

　　《中国思想通史》

　　General History of Chinese Thought

　　5 卷

　　人民，北京，1957 年

胡道静（1）

　　《〈梦溪笔谈〉校证》

　　Complete Annotated and Collated Edition of the *Dream Pool Essays* (of Shen Kua, 1086)

　　2 卷

　　上海出版公司，上海，1956 年

　　书评：Nguyen Tran-Huan, *RHS*, 1957, **10**, 182.

今井溱（1）

　　中國磁針史略

　　Materials on the History of the Lodestone and Magnet-Needle in China

　　上海自然科学研究所出版物，物理学科，1942，**12**，147.

近藤光男（Kondō Mitsuo）（1）

　　戴震の考工記圖について

　　On Tai Chen and his *Khao Kung Chi Thu*

　　《東方学報》（東京），1955，**11**，1；摘要：*RBS*, 1955, **1**, no. 452.

李纯一（1）

　　《中国古代音乐史稿》

　　Sketch of a History of Ancient Chinese Music

　　音乐，北京，1958 年

李纯一（2）

　　关于殷钟的研究

　　A Study of Shang-Yin Bells

　　《中国考古学报》，1957（no. 3），41.

李卉（1）

　　台湾及东亚各地土著民族的口琴之比较研究

　　A Comparative Study of the "Jew's Harp"

among the Aborigines of Formosa and East Asia

AS/BIE 1956, **1**, 85.

李书华（*1*）

《指南针的起源》

The Origins of the Magnetic Compass

大陆杂志社，台北，台湾，1954 年

李俨（*21*）

《中算史论丛》

Collected Essays on the History of Chinese Mathematics——

vol. 1, 1954; vol. 2, 1954; vol. 3, 1955; vol. 4, 1955; vol. 5, 1955.

科学，北京

李佐贤（*1*）

《古泉汇》

Treatise on (Chinese) Numismatics

1859 年

鎌田柳泓（Kamata Ryuko）（*1*）

《理學秘訣》

Elements (lit. Mysteries) of Physics

日本，1815 年

收入《日本科學古典全書》第六卷

林謙三（Hayashi Kenzo）（*1*）

隋唐燕樂調研究

Researches on the Music of the Sui and Thang Periods [and the Foreign Influences thereon]

郭沫若译

商务，上海，1936 年；第 2 版，1955 年

刘复（*2*）

从五音六律说到三百六十律

The Development of the Chinese Musical Scale From the 5 Sounds and the 6 Tones to 360 Tones

《辅仁学志》，1930, **2**, 1.

刘复（*3*）

十二等律的发明者朱载堉

Chu Tsai-Yü, Inventor of the Chromatic Scale of Equal Temperament

收入《庆祝蔡元培先生六十五岁论文集》2 卷

中央研究院，北平，1933, 1935, p. 279.

摘要：*CIB*, 1940, **4**, 78.

刘铭恕（*2*）

郑和航海事迹之再探

Further Investgations on the Sea Voyages of Chêng Ho

《中国文化研究汇刊》，1943, **3**, 131.

书评：A. Rygalov, 《汉学》，1949, **2**, 425.

刘文典（*1*）

《庄子补正》

Emended Text of *Chuang Yzu*

商务，上海，1947 年

刘仙洲（*1*）

中国机械工程史料

Materials for the History of Engineering in China

《国立清华大学工程学会会刊》，1935, **3**；**4** (no. 2), 27.

清华大学出版社重印，北平，1935 年，有增补

《国立清华大学工程学报》，1948, **3**, 135.

龙伯坚（*1*）

《现存本草书录》

Bibliographical Study of Extant Pharmacopoeias (form all periods)

人民卫生，北京，1957 年

栾调甫（*1*）

《墨子研究论文集》

Collected Essays on Mohist Researches

人民，北京，1957 年

罗振玉（2）

《古镜图录》

Illustrated Discussion of Ancient Mirrors

1916 年

马国翰（编）（1）

《玉函山房辑佚书》

The Jade-Box Mountain Studio

　　Collection of (Reconstituted) Lost Books

1853 年

马衡（1）

隋书律历志十五等尺

The Fifteen different Classes of Measures as
given in the Memoir on Acoustics and Calen-
dar (by Li Shun-Fêng) in the *History of
the Sui Dynasty*

印于北平，1932 年，有 J. C. Ferguson 的
译本 [见 Ma Hêng, (1)]

梅原末治（Umehara Sueji）、小場恒吉（Oba
Tsunekichi）、榧本龟次郎（Kayamoto Kame-
jiro）（1）

樂浪王光墓

The Tomb of Wang Kuang at Lolang (Korea)

朝鮮古蹟研究會

古蹟調查報告，第 2 卷

漢城，1935 年，2 卷

潘絜兹（1）

《敦煌莫高窟艺术》

The Art of the Cave-Temples at Mo-kao-khu
[Chhien-fo-tung] near Tunhuang

人民，上海，1957 年

平岡禎吉（Hiraoka Teikichi）（1）

氣の思想成立について

On the Development of the Concept of *chhi*
(*pneuma*)

《支那學研究》，1955，**13**，34.

齐思和（1）

黄帝之制器故事

Stories of the Inventions of Huang Ti [and his
Minsters]

《燕京史学年报》，1934，**2**（no. 1），21.

钱君匋（1）

《中国音乐史参考图片》

Album of Photographs to illustrate the History
of Chinese Music and Musical Instruments

中央音乐学院民族音乐研究所辑

新音乐出版社，上海，1954 年

钱临照（1）

释墨经中光学力学诸条

Expositions of the Optics and Mechanics in the
Mohist Canons

收入 《李石曾先生六十岁纪念论文集》

国立北平研究院，昆明，1940 年

钱临照（2）

阳燧

On Burning-Mirrors (description of three Sung
specimens)

《文物参考资料》，1958（no. 7），28.

钱文选（1）

钱氏所藏堪舆书提要

Descriptive Catalogue of the Geomantic Books
collected by Mr Chhien

北京

引证：王振铎（5），p. 121.

橋本曇齋（Hashimoto Donsai）（1）

《エレキテル究理原》

A Study of the Basic Principles of Electricity

参阅 《エレキテル譯説》

日本，1811 年

收入 《日本科學古典全書》第六卷

橋本增吉（Hashimoto Masukichi）（3）

指南車考

An Investigation of the South-Pointing Carriage

《東洋學報》，1918，**8**，249，325；1924，
14，412；1925，**15**，219.

青地林宗（Aoji Rinsō）（*1*）
《氣海觀瀾》
A Survery of the Ocean of Pneuma〔astronomy
and meteorological physics〕
日本，1825 年；1851 年增补
收入《日本科學古典全書》第六卷

容庚（*1*）
汉武梁祠画像考释
Investgations on the Carved Reliefs of the Wu
Liang Tomb‑shrines of the〔Later〕Han
Dynasty
2 卷
燕京大学考古学会，北京，1936 年

桑木或雄（Kuwaki Ayao）（*1*）
磁石及琥珀に關すゐ東洋科學雜史
Magnet and Amber in Oriental Science
SS，1935，169.

单庆麟（*1*）
通州新出土佛顶尊胜陀罗尼幢之研究
A Study of a Stone Stele（of the 11th century）
depicting the Victorious Dhārani-Buddha
recently recovered at Thungchow
《中国考古学报》，1957（no. 4），107.

单士元（*1*）
宫灯
On Ornamental Lanterns
《文物参考资料》，1959（no. 2），22.

石璋如（*2*）
河南安阳后冈的殷墓
Burials of the Yin（Shang）Dynasty at Hou-
kang, Anyang
《国立中央研究院历史语言研究所集》刊，
1948，**13**，21.

藪内清（Yabuuchi Kiyoshi）（*18*）
十二律管について
On the Twelve Standard Pitch-Pipes
《東方學報》（京都），1939，**10**，280.

谭戒甫（*1*）
《墨经易解》
Analysis of the Mohist Canon
商务（武汉大学丛书），上海，1935 年

唐擘黄（*1*）
阳燧取火与方诸取水
On the Statement that "The Burning Mirror
attracts Fire and the Dew Mirror attracts
Water"
《国立中央研究院历史语言研究所集刊》，
1935，**5**（no. 2），271.

唐兰（编）（*1*）
《五省出土重要文物展览图录》
Album of the Exhibtion of Important Archaeo-
logical Objects excavated in Five Provinces
（Shensi, Chiangsu, Jehol, Anhui and Shan-
si）
文物，北京，1958 年

王光祈（*1*）
《中国音乐史》
History of Chinese Music
2 卷
中华，上海，1934 年
再版：音乐，北京，1957 年

王锦光（*1*）
祖国古代在光学上的成就
Ancient Chinese Achievements in Physical
Optics
《科学画报》，1955（no. 5），178.

王先谦（编）（*1*）
《皇清经解续编》
Continuation of the *Collection of Monographs
on Classical Subjects written during the*

Chhing Dynasty
1888 年
见严杰（*1*）

王先谦（*2*）
《庄子集解》
Collected Commentaries on the *Chuang Tzu* book
1909 年

王振铎（*2*）
司南指南针与罗经盘（上）
Discovery and Application of Magnetic Phenomena in China, Ⅰ（The Lodestone Spoon of the Han）
《中国考古学报》，1948，**3**，119.

王振铎（*4*）
司南指南针与罗经盘（中）
Discovery and Application of Magnetic Phenomena in China, Ⅱ（The "Fish" Compass, the Needle Compass, and Early Work on Declination）
《中国考古学报》，1950，**4**，185.

王振铎（*5*）
司南指南针与罗经盘（下）
Discovery and Application of Magnetic Phenomena in China, Ⅲ（Origin and Development of the Chinese Compass Dial）
《中国考古学报》，1951，**5**（n. s. 1），101.

卫聚贤（*1*）
《中国考古学史》
History of Archaeology in China
商务，上海，1937 年

吴承洛（*2*）
《中国度量衡史》
History of Chinese Metrology [weights and measures]

商务，上海，1937 年；再版，上海，1957 年

吴南薰（*1*）
《中国物理学史》
A History of Physics in China（preliminary draft, based on courses of lectures）
武汉大学物理系印，武汉，1954 年

吴敬仁、辛安潮（*1*）
《中国陶瓷史》
History of Chinese Pottery and Porcelain
商务，上海，1936 年

吴毓江（编）（*1*）
《墨子校注》
The Collected Commentaries on the *Mo Tzu* book（including the Mohist Canon）
独立，重庆，1944 年

向达（*2*）
说式
On the Diviner's Board（ancestor of the magnetic compass）
《大公报》（文史周刊），1947 年，no. 30.

小泉顯夫（Koizumi Akio）（*1*）
樂浪彩篋冢
The Tomb of the Painted Basket, [and two other tombs] of Lo-lang
古蹟調查報告，第 1 卷
朝鮮古蹟研究會，漢城，1934 年
（附英文摘要）

徐家珍（*1*）
风筝小记
A Note on Aeolian Whistles（attached to kites）
《文物参考资料》，1959（no. 2），27.

徐中舒（*6*）
井田制度探源
A Study of the Origin of the "Well-Field"（Land）System

《中国文化研究汇刊》，1944，**4**（no. 1），121.
译本：Sun Zen E-Tu & de Francis（1），p. 3.

严敦杰（*14*）
中国古代数学的成就
Contributions of Ancient and Medieval Chinese Mathematics
中华（全国科学技术普及协会），北京，1956 年

严敦杰（*15*）
跋六壬式盘
A Note on the Liu-jen Diviner's Board
《文物参考资料》，1958（no. 7），20.

严杰（编）（*1*）
《皇清经解》
Collection of ［more than 180］ Monographs on Classical Subjects written during the Chhing Dynasty
1829 年；第 2 版，庚申补刊，1860 年
参阅：王先谦（1）

严可均（编）（*1*）
《全上古三代秦汉三国六朝文》
Complete Collection of Prose Literature（including Fragments）from Remote Antiquity through the Chhin and Han Dynasties, the Three Kingdoms and the Six Dynasties
1836 年完成；1887—1893 年刊行

杨宽（*3*）
《战国史》
History of the Warring States Period
人民，上海，1955、1956 年

杨宽（*4*）
《中国历代尺度考》
A Study of the Chinese Foot-Measure through the Ages
商务，上海，1938 年；修订再版，1955 年

杨荫浏（*1*）
平均律算解目录
The History of the Search for Equal Temperament（in Chinese Acoustics and Music）
《燕京学报》，1937，**21**，1.

杨荫浏、阴法鲁（*1*）
《宋姜白石创作歌曲研究》
Studies on the Songs and Tunes of Chiang Khuei of the Sung Period
北京，1957 年

杨宗荣（*1*）
《战国绘画资料》
Materials for the Study of the Graphic Art of the Warring States Period
古曲艺术，北京，1957 年

叶耀元（*1*）
重学
Mechanics and Dynamics
收入《中西算学大成》
Complete Textbook of Chinese and Western Mathematics（and Physics）
同文，上海，1889 年

阴法鲁（*1*）
《先汉东律初探》
A Preliminary Investigation of Han and pre-Han Music and Acoustics
大理，1944 年

阴法鲁（*2*）
唐宋大曲之来源及其组织
Origin and Structure of the "Extended Melody" ［orchestral compositions］ of the Thang and Sung periods
《华中大学国学研究论文专刊》，1945，**1**（no. 4），104.

原田淑人（Harada Yoshito）、田澤金吾（Tazawa Kingo）（*1*）
樂浪五官掾王旴の墳墓

Lo-lang; a Report on the Excavation of Wang Hsü's Tomb in Lo-lang Province (an ancient Chinese Colony in Korea)

東京大學, 東京, 1930 年

曾昭燏、蒋宝庚、黎忠义 (*1*)

沂南古画像石墓发掘报告

Report on the Excavation of an Ancient [Han] Tomb with Sculptured Reliefs at I-nan [in Shantung] (*c*. 193)

南京博物院、山东省文物管理处合编, 文化部文物管理局出版, 上海, 1956 年

詹剑峰 (*1*)

《墨家的形式逻辑》

The Formal Logic of the Mohists

湖北人民, 武汉, 1956、1957 年

张福僖 (*1*)

《光论》

Discourse on Optics

约 1840 年

张礼千 (*1*)

《东西洋考》中之针路

The Compass-Bearings in *Studies on the Oceans, East and West*

《东方杂志》, 1945, **41** (no. 1), 49.

张其昀 (编)(*1*)

《徐霞客先生逝世三百周年纪念刊》

Essays in Commemoration of the 300th Anniversary of the Death of Hsü Hsia-Kho (1586—1641) [11 contributors]

国立浙江大学文科研究所史地学部丛刊第四号, 遵义, 1942 年

张荫麟 (*2*)

中国历史上之"奇器"及其作者

Scientific Inventions and Inventors in Chinese Histroy

《燕京学报》, 1928, **1** (no. 3), 359.

章鸿钊 (*1*)

《石雅》

Lapidarium Sinicum; a Study of the Rocks, Fossils and Minerals as known in Chinese Literature

中央地质调查所, 北平: 初版 1921 年; 第 2 版 1927 年

《地质专报》(乙种), no. 2 (附英文提要)

评论: P. Demiéville, *BEFEO*, 1924, **24**, 276.

章太炎 (*1*)

指南针考

A Study of the South-Pointing Needle

《华国月刊》, **1** (no. 5).

郑复光 (*1*)

《镜镜诒痴》

Treatise on Optics by an Untalented Scholar

附"火轮船图说"[On Steam Paddle-boat Machinery, with Illustrations]

约 1846 年

1846 年序, 1847 年刊行

Anon. * (*7*)

山东沂南汉画像石墓

On the [recently excavated] Han Tomb with Sculptured Reliefs at I-nan in Shantung

《文物参考资料》, 1954, no. 8 (no. 48), 35.

Anon. (*10*)

《敦煌壁画集》

Album of Coloured Reproductions of the fresco-paintings at the Tunhuang cave-temples

北京, 1957 年

Anon. (*11*)

《长沙发掘报告》

Report on the Excavations (of Tombs of the Chhu State, of the Warring States period, and of the Han Dynasties) at Chhangsha

中国科学院考古研究所, 科学, 北京, 1957 年

Anon.（*17*）

《寿县蔡侯墓出土遗物》

Objects Excavated from the Tomb of the Duke

of Tshai at Shou-hsien

中国科学院考古研究所，北京，1956 年

C. 西文书籍和论文

VAN AALST, J. A. (1). *Chinese Music*. Chinese Imp. Maritime Customs Reports, II, Special Series no. 6. Shanghai, 1884. (Repr. Vetch, Peiping, 1933.)

ADAM, N. K. (1). *Physics and Chemistry of Surfaces*. Oxford, 1930.

AITKEN, M. J. (1). 'Magnetic Dating' (remanent magnetism in Chinese porcelain). *AMY*, 1958, 1 (no. 1), 16; also 1960, 3, 41.

ALLEN, M. R. (1). 'Early Chinese Lamps.' *ORA*, 1950, 2, 133.

AMIOT, J. J.-M. (1). 'Mémoire sur la Musique des Chinois tant anciens que modernes.' *MCHSAMUC*, 1780 (written in 1776), 6, 1.

AMIOT, J. J.-M. (5). Observations of Magnetic Declination. *MCHSAMUC*, 1783, 9, 2 (8); 1784, 10, 142.

ANDERSON, E. W. (1). 'The Development of the Organ.' *TNS*, 1928, 8, 1.

ANDRADE, E. N. DA C. (1). 'Robert Hooke' (Wilkins Lecture). *PRSA*, 1950, 201, 439. (The quotation concerning fossils is taken from the advance notice, December 1949.) Also *N*, 1953, 171, 365.

ANDRADE, E. N. DA C. (2). 'The Early History of the Permanent Magnet.' *END*, 1958, 17, 22.

ANNANDALE, N., MEERWARTH, G. H. & GRAVES, H. G. (1). 'Weighing Apparatus from the Southern Shan States' (with appendices on the bismar in Russia and on the elementary mechanics of balances and steelyards). *MAS/B*, 1917, 5, 195.

ANON. (12). 'Without Mirrors' (scientific 'levitation'; magnetic suspension of metal objects in air and the melting of them in that position by high-frequency currents). *SAM*, 1952, 187 (no. 1), 37.

ANON. (37) (tr.). 'The Chinaman Abroad; or, a Desultory Account of the Malayan Archipelago, particularly of Java, by Ong-Tae-Hae' [Wang Ta-Hai's *Hai Tao I Chih Chai Lüeh* of +1791]. *CMIS*, 1849 (no. 2), 1.

D'ANVILLE, J. B. B. (1). *Mémoire sur la Chine*. Chez l'auteur, Paris, 1776.

D'ANVILLE, J. B. B. (2). 'Mémoire sur le *li*, Mésure itinéraire des Chinois.' *MAI/LTR*, 1761, 28, 487.

APEL, W. (ed.) (1). *The Harvard Dictionary of Music*. Harvard Univ. Press, Cambridge, Mass., 1946.

ARAGO, D. F. (1). Presentation of a Chinese 'Magic Mirror' to the Académie des Sciences. *CRAS*, 1844, 19, 234.

ARBERRY, A. J. (2) (tr.). *The Ring of the Dove* [the *Ṭauq al-Ḥamāma* of Abū Muḥammad 'Ali ibn Ḥazm al-Andalusī]. Luzac, London, 1953.

ARCHIBALD, R. C. (2). 'Mathematics and Music'. *AMM*, 1924, 31, 1.

ARDSHEAL (1). 'Weighing the Elephant.' *EAM*, 1903, 2, 357; also *Actes du 14ème Congrès International des Orientalistes*, 1903, 357.

ATKINSON, R. W. (1). 'Japanese Magic Mirrors.' *N*, 1877, 16, 62.

AUSTIN, R. G. (1). 'Greek Board-Games.' *AQ*, 1940, 14, 257.

AYRTON, W. E. (1). 'The Mirror of Japan and its Magic Quality.' 1879, 25. (Unidentifiable reprint.)

AYRTON, W. E. & PERRY, J. (1). 'The Magic Mirror of Japan, I.' *PRS*, 1878, 28, 127. Fr. tr. (with illustrations), *ACP*, 1880 (5e sér.), 20, 110.

AYRTON, W. E. & PERRY, J. (2). 'On the Expansion produced by Amalgamation.' *PMG*, 1886 (5th ser.), 22, 327.

BAILEY, K. C. (1). *The Elder Pliny's Chapters on Chemical Subjects*. 2 vols. Arnold, London, 1929 and 1932.

BAKER, I. (1). 'The Story of Amber.' *AQC*, 1951, 22 (no. 1), 25.

BALMER, H. (1). *Beiträge zur Geschichte der Erkenntnis des Erdmagnetismus*. Aarau, 1956.

BARLOWE, WM. (1). *The Navigator's supply, conteining many things of principall importance belonging to Navigation, with the description and use of diverse Instruments framed chiefly for that purpose; but serving also for sundry other of Cosmography in generall*. Bishop, Newbery & Barker, London, 1597.

BARRINGTON, D. (1). 'An Historical Disquisition on the Game of Chess.' *AAA*, 1789, 9, 16.

BAXTER, W. (1) (tr.). 'Pleasure not Attainable according to Epicurus.' In *The Works of Plutarch*. Ed. Morgan. London, 1694.

BAYON, H. P. (1). 'William Harvey, Physician and Biologist; his Precursors, Opponents and Successors.' *ANS*, 1938, 3, 59, 83, 435; 1939, 4, 65, 329.

BECK, H. C. & SELIGMAN, C. G. (1). 'Barium in Ancient Glass.' *N*, 1934, **133**, 982. (*Proc. 1st Internat. Congr. Prehist. and Protohist. Sci.* London, 1932.)

BECKMANN, J. (1). *A History of Inventions, Discoveries and Origins.* 1st German ed., 5 vols. 1786 to 1805. 4th ed., 2 vols. tr. by W. Johnston, Bohn, London, 1846. Enlarged ed., 2 vols. Bell & Daldy, London, 1872. Bibl. in John Ferguson (2).

BEER, A., HO PING-YÜ, LU GWEI-DJEN, NEEDHAM, JOSEPH, PULLEYBLANK, E. G. & THOMPSON, G. I. (1). 'An 8th-century Meridian Line; I-Hsing's Chain of Gnomons and the Pre-History of the Metric System.' *VA*, 1961, **4**, 3.

BELAIEV, N. T. (5). 'The Bismar in Ancient India.' *AE*, 1933, 76.

VAN BEMMELEN, W. (1). *De Isogonen in de XVIde en XVIIde Eeuw.* Inaug. Diss. Leiden. Utrecht, 1893. The charts of magnetic variation (+1540 to +1700) were republished in S. Günther (2).

VAN BEMMELEN, W. (2). 'Die Abweichung der Magnetnadel; Beobachtungen, Säcular-variation, Wert- und Isogonen-systeme bis zur Mitte des XVIIIten Jahrhundert.' *Observations Magn. & Meteorol. Batavia Observatory* Suppl. 1899, **21**, 109.

BENTON, W. A. (1). On Roman, Scandinavian and Chinese Steelyards (contribution to discussion of Chatley, 2). *TNS*, 1942, **22**, 135.

BERNARD-MAÎTRE, H. (1). *Matteo Ricci's Scientific Contribution to China*, tr. by E. T. C. Werner. Vetch, Peiping, 1935. Orig. pub. as *L'Apport Scientifique du Père Matthieu Ricci à la Chine*, Hsienhsien, Tientsin, 1935 (rev. Chang Yü-Chê, *TH*, 1936, **3**, 538).

BERNARD-MAÎTRE, H. (15). 'Les Sources Mongoles et Chinoises de l'Atlas Martini, (1655).' *MS*, 1947, **12**, 127.

BERRIMAN, A. W. (1). *Historical Metrology.* Dent, London, 1953 (rev. A. W. Richeson, *ISIS*, 1954, **45**, 111).

BERRY, A. (1). *A Short History of Astronomy.* Murray, London, 1898.

BERSON, G. H. (1). 'On the Japanese Magic Mirror.' *GS*, 1880, **7**, 276.

BERTELLI, T. (1). 'Sopra Pietro Peregrino di Maricourt e la sua Epistola *De Magnete*.' *BBSSMF*, 1868, **1**, 1, 65, 319; *RGI*, 1891, **1**, 335; 1902, **9**, 281, 353, 409; 1903, **10**, 1, 105, 314; 1904, **11**, 433; *BSGI*, 1903, **3**, 178. Crit. Hazard, D. L. *TM*, 1903, **8**, 179.

BERTELLI, T. (2). 'The Discovery of Magnetic Declination made by Christopher Columbus.' *Proc. Internat. Meteorol. Congr. Chicago*, 1893. Weather Bureau Bull. no. 11. Wash. D.C. 1894–6, 486. *La Declinazione Magnetica e la sua Variazione nello Spazio scoperte da Christoforo Colombo.* Rome, 1892.

BERTIN, A. (1). 'Étude sur les Miroirs Magiques.' *ACP*, 1881 (5e sér.), **22**, 472.

BERTIN, A. & DUBOSCQ, J. (1). 'Production Artificielle des Miroirs Magiques.' *ACP*, 1880 (5e sér.), **20**, 143.

BIOT, E. (1) (tr.). *Le Tcheou-Li ou Rites des Tcheou [Chou].* 3 vols. Imp. Nat., Paris, 1851. (Photographically reproduced Wêntienko, Peiping, 1930.)

BIOT, E. (14). 'Sur la Direction de l'Aiguille Aimantée en Chine, et sur les Aurores Boréales observées dans ce même Pays.' *CRAS*, 1844, **19**.

BLACKER, C. (1). 'Ōhashi Totsuan.' *TAS/J*, 1959 (3rd ser.), **7**, 147.

BLOCHMANN, H. F. (1) (tr.). *The 'Ā'īn-i Akbarī' (Administration of the Mogul Emperor Akbar) of Abū'l Fazl 'Allāmī.* Rouse, Calcutta, 1873. (Bibliotheca Indica, *NS*, nos. 149, 158, 163, 194, **227**, 247 and 287.)

BOCK, E. (1). *Die Brille und ihrer Geschichte.* Safar, Vienna, 1903. Eng. summary by C. Barck, 'The History of Spectacles', *OC*, 1907, 1.

BODDE, D. (1). *China's First Unifier, a study of the Ch'in Dynasty as seen in the life of Li Ssu* (−280 to −208). Brill, Leiden, 1938. (Sinica Leidensia, no. 3.)

BODDE, D. (12). *Annual Customs and Festivals in Peking, as recorded in the 'Yenching Sui Shih Chi'* [by Tun Li-Chhen]. Vetch, Peiping, 1936. (Revs. J. J. L. Duyvendak, *TP*, 1937, **33**, 102; A. Waley, *FL*, 1936, **47**, 402.)

BODDE, D. (15). *Statesman, General and Patriot in Ancient China.* Amer. Oriental Soc. New Haven, Conn. 1940.

BODDE, D. (17). 'The Chinese Cosmic Magic known as "Watching for the Ethers".' Art. in *Studia Serica Bernhard Karlgren Dedicata*, p. 14. Ed. E. Glahn. Copenhagen, 1959.

BODDE, D. (18). 'Evidence for "Laws of Nature" in Chinese Thought.' *HJAS*, 1957, **20**, 709.

BOERSCHMANN, E. (3a). *China; Architecture and Landscape—a Journey through Twelve Provinces.* Studio, London, n.d. (1928–29). English edition of Boerschmann (3).

BOLL, F. (1). *Sphaera.* Teubner, Leipzig, 1904.

BOLL, F., BEZOLD, C. & GUNDEL, W. (1). (a) *Sternglaube, Sternreligion und Sternorakel.* Teubner, Leipzig, 1923. (b) *Sternglaube und Sterndeutung; die Gesch. ü. d. Wesen d. Astrologie.* Teubner, Leipzig, 1926.

BOSMANS, H. (3). 'l'Œuvre Scientifique d'Antoine Thomas de Namur, S.J. (+1644 to +1709).' *ASSB*, 1924, **44** (2e partie, Mémoires), 169; 1926, **46**, 154.

BOXER, C. R. (1) (ed.). *South China in the Sixteenth Century; being the Narratives of Galeote Pereira, Fr. Gaspar da Cruz, O.P., and Fr. Martin de Rada, O.E.S.A. (1550–1575)*. Hakluyt Society, London. 1953. (Hakluyt Society Pubs. 2nd series, no. 106).

BOYER, C. B. (4). 'Aristotle's Physics.' *SAM*, 1950, **182** (no. 5), 48.

BOYLE, ROBERT (3). *The Aerial Noctiluca; or some New Phaenomena, and a Process of a Factitious Self-Shining Substance, in a Letter to a Friend, living in the Country.* Snowden, London, 1680.

BRAGG, SIR WM. (1). On Chinese 'Magic Mirrors'. *ILN*, 1932, **181**, 706.

BRETSCHNEIDER, E. (1). *Botanicon Sinicum; Notes on Chinese Botany from Native and Western Sources.* 3 vols. Trübner, London, 1882 (printed in Japan). (Repr. from *JRAS/NCB*, 1881, **16**.)

BREUSING, A. (1). *Die nautischen Instrumente bis zur Erfindung des Spiegelsextanten.* Bremen, 1890.

BREWSTER, D. (1). 'Account of a curious Chinese Mirror which reflects from its polished Face the Figures Embossed upon its Back.' *PMG*, 1832, **1**, 438.

BRINKLEY, F. (1). *Japan, its History, Arts and Literature.* 12 vols. Black, London 1903–4; Harvard Univ. Press, New York, 1904. Biography, *TP*, 1912, **13**, 660.

BROMEHEAD, C. E. N. (3). 'A Geological Museum of the Early Seventeenth Century.' *QJGS*, 1947, **103**, 65.

B[ROMEHEAD], C. [E.] N. (4). 'Alexander Neckam on the Compass Needle.' *GJ*, 1944, **104**, 63; *TM*, 1945, **50**, 139.

BROMEHEAD, C. E. N. (5). 'Ships' Loadstones.' *MMA*, 1948, **28**, 429.

BROWN, G. B. (1). 'Jets Musically Inclined.' *SPR*, 1938, **33**, 29.

BROWN, LLOYD A. (1). *The Story of Maps.* Little Brown, Boston, 1949.

BRUCE, J. P. (1) (tr.). *The Philosophy of Human Nature, translated from the Chinese, with notes.* Probsthain, London, 1922. (Chs. 42–48, inclusive, of *Chu Tzu Chhüan Shu.*)

BRUHL, ODETTE & LÉVI, S. (1). *Indian Temples.* Bombay, 1937; Calcutta, 1939.

BUCKLEY, H. (1). *A Short History of Physics.* Methuen, London, 1927.

BUKOFZER, M. (1). 'Präzisionsmessungen an primitiven Musikinstrumenten.' *ZP*, 1936, **99**, 643.

BULLING, A. (8). *The Decoration of Mirrors of the Han Period; a Chronology.* Artibus Asiae, Ascona, 1960 (Artibus Asiae Supplement ser. no. 20).

BURD, A. C. & LEE, A. J. (1). 'The Sonic Scattering Layer in the Sea.' *N*, 1951, **167**, 624.

BURKILL, I. H. (1). *A Dictionary of the Economic Products of the Malay Peninsula* (with contributions by W. Birtwhistle, F. W. Foxworthy, J. B. Scrivenor and J. G. Watson). 2 vols. Crown Agents for the Colonies, London, 1935.

BURNET, J. (1). *Early Greek Philosophy.* Black, London, 1908.

BURTON, E. H. (1) (tr.). 'Euclid's *Optics*.' *JAOPS*, 1945, **35**, 357.

BUSHELL, S. W. (2). *Chinese Art.* 2 vols. For Victoria and Albert Museum, HMSO, London, 1909. 2nd ed. 1914.

BYCHAWSKI, T. (1). 'The Measurements of a Degree Executed by the Arabs in the +9th Century.' Communication to the IXth International Congress of the History of Science, Barcelona, 1959. Abstract in *Guiones de las Comunicaciones*, p. 15.

CAJORI, F. (5). *A History of Physics, in its elementary branches, including the evolution of Physical Laboratories.* Macmillan, New York, 1899.

CANTON, JOHN (1). 'An easy Method of making a Phosphorus that will imbibe and emit Light like the Bononian Stone: with experiments and observations.' *PTRS*, 1768, **58**, 337.

CARPENTER, W. B. (1). 'On the Zoetrope and its Antecedents, e.g. the Anorthoscope.' *SIO*, 1868, **1**, 427; 1869, **2**, 24, 110.

CARTER, T. F. (1). *The Invention of Printing in China and its Spread Westward.* Columbia Univ. Press, New York, 1925, revised ed. 1931. 2nd ed. revised by L. Carrington Goodrich. Ronald, New York, 1955.

CARY, G. (1). *The Medieval Alexander.* Ed. D. J. A. Ross. Cambridge, 1956. (A study of the origins and versions of the Alexander-Romance; important for medieval ideas on flying-machine and diving bell or bathyscaphe.)

DE CASTRO, JOÃO (1). *Roteiro de Lisboã a Goa.* Annotated by João de Andrade Corro. Lisbon, 1882.

DE CASTRO, JOÃO (2). *Primo Roteiro da Costa da India desde Goa até Dio; narrando a viagem que fez o Vice-Rei D. Garcia de Noronha en socorro deste ultima Cidade, 1538–1539.* Köpke, Porto, 1843.

DE CASTRO, JOÃO (3). *Roteiro em que se contem a viagem que fixeran os Portuguezes no anno de 1541 partindo da nobre Cidade de Goa atee Soez que he no fim e stremidade do Mar Roxo ....* Paris, 1833.

CAVE, C. J. P. (1). 'The Orientation of Churches.' *ANTJ*, 1950, **30**, 47.

CHALMERS, J. (2). 'China and the Magnetic Compass.' *CR*, 1891, **19**, 52.

CHAMBERLAIN, B. H. (1). *Things Japanese.* Murray, London. 2nd ed. 1891; 3rd ed. 1898.

CHAMFRAULT, A. & UNG KANG-SAM (1). *Traité de Médecine Chinoise; d'après les Textes Chinois Anciens et Modernes.* Coquemard, Angoulême, 1954 and 1957.

Vol. 1. Traité, Acupuncture, Moxas, Massages, Saignées.

Vol. 2 (tr.). Les Livres Sacrés de Médecine Chinoise (*Nei Ching, Su Wên* and *Nei Ching, Ling Shu*).

CHAO YUAN-JEN (2). '[Chinese] Music.' Art. in *Symposium on Chinese Culture*. Ed. Sophia H. Chen Zen, p. 82. IPR, Shanghai, 1931.

CHAO YUAN-JEN (3). 'A Note on Chinese Scales and Music.' *OR*, 1957, **10**, 140.

CHAPIN, H. B. (1). 'Kyongju, ancient Capital of Silla' and 'Korea in Pictures.' *AH*, 1948, **1** (no. 4), 36.

CHAPMAN, S. (1). 'Edmond Halley and Geomagnetism.' *N*, 1943, **152**, 231; *TM*, 1943, **48**, 131.

CHAPMAN, S. & BARTELS, J. (1). *Geomagnetism*. Oxford, 1940.

CHAPMAN, S. & HARRADON, H. D. (1). 'Archaeologica Geomagnetica; Some Early Contributions to the History of Geomagnetism: I, The Letter of Petrus Peregrinus de Maricourt to Sygerus de Foucaucourt, Soldier, concerning the Magnet (+1269).' *TM*, 1943, **48**, 1, 3.

CHAPMAN, S. & HARRADON, H. D. (2). 'Archaeologica Geomagnetica; Some Early Contributions to the History of Geomagnetism: II and III, The "Treatise on the Sphere and the Art of Navigation" by Francisco Falero (+1535) and, The "Brief Compendium on the Sphere and Art of Navigating" by Martin Cortes (+1551).' *TM*, 1943, **48**, 77, 79. (Early observations on magnetic declination.)

CHATLEY, H. (1). MS. translation of the astronomical chapter (ch. 3, Thien Wên) of *Huai Nan Tzu*. Unpublished. (Cf. note in *O*, 1952, **72**, 84.)

CHATLEY, H. (3). 'Science in Old China.' *JRAS/NCB*, 1923, **54**, 65.

CHATLEY, H. (7). 'Fêng-Shui.' In *ES*, p. 175.

CHATLEY, H. (26). 'Chinese Mystical Philosophy in Modern Terms.' *CJ*, 1923, **1**, 112 and 212.

CHAVANNES, E. (1). *Les Mémoires Historiques de Se-Ma Ts'ien* [Ssuma Chhien]. 5 vols. Leroux, Paris, 1895–1905. (Photographically reproduced, in China, without imprint and undated.)

  1895 vol. 1 tr. *Shih Chi*, chs. 1, 2, 3, 4.

  1897 vol. 2 tr. *Shi Chih*, chs. 5, 6, 7, 8, 9, 10, 11, 12.

  1898 vol. 3 (i) tr. *Shih Chi*, chs. 13, 14, 15, 16, 17, 18, 19, 20, 21, 22.

                vol. 3 (ii) tr. *Shih Chi*, chs. 23, 24, 25, 26, 27, 28, 29, 30.

  1901 vol. 4 tr. *Shih Chi*, chs. 31, 32, 33, 34, 35, 36, 37, 38, 39, 40, 41, 42.

  1905 vol. 5 tr. *Shih Chi*, chs. 43. 44, 45, 46, 47.

CHAVANNES, E. (4) (tr.). *Voyages des Pèlerins Bouddhistes; Les Religieux Éminents qui allèrent chercher la Loi dans les Pays d'Occident; mémoire composé à l'époque de la grande dynastie T'ang par I-Tsing*. Leroux, Paris, 1894.

CHAVANNES, E. (9). *Mission Archéologique dans la Chine Septentrionale*. 2 vols. and portfolios of plates. Leroux, Paris, 1909–15. (Publ. de l'École France, d'Extr. Orient, no. 13.)

CHAVANNES, E. (11). *La Sculpture sur Pierre en Chine aux Temps des deux dynasties Han*. Leroux, Paris, 1893.

CHÊNG TÊ-KHUN (2) (tr.). 'Travels of the Emperor Mu.' *JRAS/NCB*, 1933, **64**, 124; 1934, **65**, 128.

CHESHIRE, H. F. (1). *Goh or Wei Chi; a Handbook of the Game and full Instructions; with introduction and critical notes by T. Komatsubara*. 1911.

CHHIEN LIN-CHAO (1). 'The Optics of the *Mo Ching*.' *Actes du VIIIe Congrès International de l'Histoire des Sciences*, p. 293. Florence, 1956.

CHHIU KHAI-MING (2). 'The Introduction of Spectacles into China.' *HJAS*, 1936, **1**, 186.

CHHU TA-KAO (2) (tr.). '*Tao Tê Ching*', a new translation. Buddhist Lodge, London, 1937.

CHIANG SHAO-YUAN (1). *Le Voyage dans la Chine Ancienne, considéré principalement sous son Aspect Magique et Religieux*. Commission Mixte des Œuvres Franco-Chinoises (Office de Publications), Shanghai, 1937. Transl. from Chinese by Fan Jen.

CHING PHEI-YUAN (1). 'Étude Comparative des diverses éditions du *Chouo Fou* [Shuo Fu].' *SSA*, 1946, no. 1.

CHOU I-CHHING [CHOW YI-CHING] (1). *La Philosophie Morale dans le Néo-Confucianisme (Tcheou Touen-Yi)* (Preface by P. Demiéville). PUF, Paris, 1959.

[CIBOT, P. M.] (1). 'Essai sur le Passage de l'Ecriture Hiéroglyphique à l'Ecriture Alphabétique; ou sur la manière dont la première a pu conduire à la seconde.' *MCHSAMUC*, 1782, **8**, 112.

[CIBOT, P. M.] (7). 'Observations de Physique et d'Histoire Naturelle faites par l'empereur Khang-Hsi.' (A paraphrase abridged translation of the *Khang-Hsi Chi Chia Ko Wu Pien*.) *MHSAMUC*, 1779, **4**, 452.

CLAGETT, M. (1). 'Some General Aspects of Physics in the Middle Ages.' *ISIS*, 1948, **39**, 29.

CLAGETT, M. (2). *The Science of Mechanics in the Middle Ages*. Univ. of Wisconsin Press, Madison, Wis., 1959; Oxford Univ. Press, London, 1959.

CLARK, R. E. D. (1). 'Will-o'-the-Wisp.' *SCSR*, 1942 (no. 90), 138.

CLARKE, J. & GEIKIE, A. (1). *Physical Science in the Time of Nero, being a Translation of the 'Quaestiones Naturales' of Seneca, with notes by Sir Archibald Geikie*. Macmillan, London, 1910.

CLOSSON, ERNEST (1). *History of the Piano*, tr. D. Ames. London, 1947.

COEDÈS, G. (1) (tr.). *Textes d'auteurs grecs et latins relatifs à l'Extrême Orient depuis le 4ème siècle avant J.C. jusqu'au 14ème siècle après J.C.* Leroux, Paris, 1910.

COOK, R. M. & BELSHÉ, J. C. (1). 'Archaeomagnetism; a preliminary report on Britain.' *AQ*, 1958, **32**, 167.

COOMARASWAMY, A. K. (1). 'Symplegades.' In Sarton Presentation Volume *Studies and Essays in the History of Science and Learning*, p. 465. Schuman, New York, 1944.

COOPER, D. & COOPER, R. (1). 'On the Luminosity of the Human Subject after Death.' *PMG*, 1838 (3rd ser.), **12**, 420.

CORNFORD, F. M. (2). *The Laws of Motion in Ancient Thought*. Inaug. Lect. Cambridge, 1931.

CORNFORD, F. M. (3) (tr.). *The 'Republic' of Plato*. Oxford, 1944.

CORNFORD, F. M. (7). 'Anaxagoras' Theory of Matter.' *CQ*, 1930, **24**, 14, 83.

COURANT, M. (2). 'Essai Historique sur la Musique classique des Chinois; avec un appendice relatif à la musique Coréenne.' In *Encyclopédie de la Musique et Dictionnaire du Conservatoire*. Ed. Lavignac & la Laurencie, pt. 1, vol. 1. Paris, 1912.

COUVREUR, F. S. (1) (tr.). '*Tch'ouen Ts'iou*' [*Chhun Chhiu*] *et* '*Tso Tchouan*' [*Tso Chuan*]; *Texte Chinois avec Traduction Française*. 3 vols. Mission Press, Hochienfu, 1914.

COUVREUR, F. S. (3) (tr.). '*Liki*' [*Li Chi*], *ou Mémoires sur les Bienséances et les Cérémonies*. 2 vols. Hochienfu, 1913.

COXETER, H. S. M. (1). *Regular Polytopes*. Methuen, London, 1948.

COXETER, H. S. M., LONGUET-HIGGINS, M. S. & MILLER, J. C. P. (1). 'Uniform Polyhedra.' *PTRSA*, 1954, **246**, 401.

CRONIN, V. (1). *The Wise Man from the West* (biography of Matteo Ricci). Hart-Davis, London, 1955.

CROSBY, H. L. (1) (ed. and tr.). *Thomas Bradwardine's 'Tractatus de Proportionibus'; its Significance for the Development of Mathematical Physics*. Madison, Wis., 1955.

CROSSLEY-HOLLAND, P. C. (1). 'Chinese Music.' In *Grove's Dictionary of Music and Musicians*. Ed. E. Blom, vol. 2, pp. 219–48. London, 1954.

CULIN, S. (1). 'Chess and Playing-Cards; Catalogue of Games and Implements for Divination exhibited by the U.S. National Museum in connection with the Dept. of Archaeology and Palaeontology of the University of Pennsylvania at the Cotton States and International Exposition, Atlanta, Georgia, 1895.' *ARUSNM*, 1896, 671 (1898).

CULIN, S. (2). 'Chinese Games with Dice and Dominoes.' *ARUSNM*, 1893, 491.

CULIN, S. (3). 'The Game of Ma-Jong.' *BRMQ*, 1924, Oct.

DALLABELLA, J. A. (1). 'Sobre a Força Magnetica.' *MARSL*, 1797, **1**, 85.

DAMPIER-WHETHAM, W. C. D. (1). *A History of Science, and its Relations with Philosophy and Religion*. Cambridge, 1929.

DARBISHIRE, R. D. (1). Letter on Magic Mirrors. *N*, 1877, **16**, 142.

DAREMBERG, C. & SAGLIO, E. (1). *Dictionnaire des Antiquités Grecques et Romains*. Hachette, Paris, 1875.

DAUJAT, J. (1). *Origines et Formation de la Théorie des Phénomènes Électriques et Magnétiques*. Hermann, Paris, 1945. 3 vols. (*ASI*, nos. 989, 990, 991.)

DAVIS, J. F. (1). *The Chinese; a general description of China and its Inhabitants*. 3 vols. Knight, London, 1844. 1st ed. 1836.

DAVIS, TENNEY L. (1). 'Count Michael Maier's Use of the Symbolism of Alchemy.' *JCE*, 1938, **15**, 403.

DAVISON, C. ST C. (2). 'Origin of the Foot-Measure.' *ENG*, 1957, **184**, 418.

DECHEVRENS, A. (1). 'Étude sur le Système Musical Chinois.' *SBIMG*, 1901, **2**, 484.

DEMBER, H. (1). 'Ostasiatische Zauberspiegel.' *OAZ*, 1933, **9** (19), 203.

DEMIÉVILLE, P. (1). 'Le Miroir Spirituel.' *S*, 1947, **1**, 112.

DEMIÉVILLE, P. (2). Review of Chang Hung-Chao (1), *Lapidarium Sinicum*. *BEFEO*, 1924, **24**, 276.

DICKINSON, H. W. (4). *A Short History of the Steam-Engine*. Cambridge, 1939.

DIELS–FREEMAN; FREEMAN, K. (1). *Ancilla to the Pre-Socratic Philosophers; a complete translation of the Fragments in Diels' 'Fragmente der Vorsokratiker'*. Blackwell, Oxford, 1948.

DIJKSTERHUIS, E. J. (1). *Simon Stevin*. 's-Gravenhage, 1943.

DIRCKS, H. (1). *The Life, Times, and Scientific Labours of the Second Marquis of Worcester, to which is added a Reprint of his 'Century of Inventions' (+1663), with a Commentary thereon*. Quaritch, London, 1865.

DREWS, R. A. (1). Letter on the Physics of the Boiling of Liquids. *SAM*, 1954, **191** (no. 5), 5.

DUBS, H. H. (2) (tr., with the assistance of Phan Lo-Chi and Jen Thai). *History of the Former Han Dynasty, by Pan Ku; a Critical Translation with Annotations*. 3 vols. Waverly, Baltimore, 1938–.

DUBS, H. H. (5). 'The Beginnings of Alchemy.' *ISIS*, 1947, **38**, 62.

DUBS, H. H. (7). *Hsün Tzu; the Moulder of Ancient Confucianism*. Probsthain, London, 1927.

DUCROS, H. (1). 'Études sur les Balances Égyptiennes.' *ASAE*, 1908, **9**, 32.

DUGAS, R. (1). *Histoire de la Mécanique*. Griffon (La Baconnière), Neufchâtel, 1950. Crit. rev. P. Costabel, *A/AIHS*, 1951, **4**, 783.

DUGAS, R. (2). *La Mécanique au XVIIème Siècle; des Antécédents Scholastiques à la Pensée Classique.* Griffon, Neuchâtel, 1954. Crit. rev. C. Truesdell, *ISIS*, 1956, **47**, 449.

DUHAMEL, J. P. F. (1). 'Exemples de quelques Circonstances qui peuvent produire des Embrasemens Spontanés.' *MRASP*, 1757, p. 150. (See also the *Histoire* section for the same year, p. 2, and the *Histoire* section for 1725, p. 4.)

DUHEM, J. (1). *Histoire des Idées Aéronautiques avant Montgolfier.* Inaug. Diss. Sorlot, Paris, 1943.

DUHEM, P. (2). *Les Origines de la Statique.* Hermann, Paris, 1905.

DUNCAN, G. S. (1). *A Bibliography of Glass.* Dawson, London, 1954.

DUYVENDAK, J. J. L. (1). 'Sailing Directions of Chinese Voyages' (a Bodleian Library MS.). *TP*, 1938, **34**, 230.

DUYVENDAK, J. J. L. (8). *China's Discovery of Africa.* Probsthain, London, 1949. (Lectures given at London University, Jan. 1947; rev. P. Paris, *TP*, 1951, **40**, 366.)

DUYVENDAK, J. J. L. (13). 'Early Chinese Studies in Holland.' *TP*, 1936, **32**, 293.

DUYVENDAK, J. J. L. (14). 'Simon Stevin's "Sailing-Chariot"' (and its Chinese antecedents). *TP*, 1942, **36**, 401.

DUYVENDAK, J. J. L. (18) (tr.). *'Tao Tê Ching', the Book of the Way and its Virtue.* Murray, London, 1954 (Wisdom of the East series). Crit. revs. P. Demiéville, *TP*, 1954, **43**, 95; D. Bodde, *JAOS*, 1954, **74**, 211.

DUYVENDAK, J. J. L. (19). 'Desultory Notes on the *Hsi Yang Chi* [Lo Mou-Têng's novel of +1597 based on the Voyages of Chêng Ho]' (concerns spectacles and bombards). *TP*, 1953, **42**, 1.

EASTLAKE, F. W. (2). 'The *sho* [*shêng*] or Chinese Reed Organ.' *CR*, 1882, **11**, 33.

EBERHARD, W. (6). 'Beiträge zur kosmologischen Spekulation Chinas in der Han-Zeit.' *BA*, 1933, **16**, 1–100.

ECKARDT, H. (1). 'Chinesische Musik, II. Vom Ende der Han-zeit bis zum Ende der Sui-zeit (+220 bis +618); der Einbruch westlicher Musik.' In *Die Musik in Geschichte und Gegenwart.* Ed. F. Blume, vol. 2, cols. 1205–7. Kassel and Basel, 1952. Cf. Robinson (3).

ECKARDT, H. (2). 'Chinesische Musik, III. Die Thang-zeit (+618 bis +907); die Rolle der westländischen (Hu-) Musik; die Zehn Orchester; die Musik der Zwei Abteilungen; Akademien und Konservatorien.' In *Die Musik in Geschichte und Gegenwart.* Ed. F. Blume, vol. 2, cols. 1207–16. Kassel and Basel, 1952.

EDER, M. (1). 'Lanterns and Lantern-Festivals in Peking.' *FLS*, 1947, **6** (no. 1).

EDKINS, J. (11). 'Ancient Physics.' *CR*, 1888, **16**, 73 and 370.

EDKINS, J. (12). 'Chinese Names for Boats and Boat Gear; with Remarks on the Chinese Use of the Mariner's Compass.' *JRAS/NCB*, 1877, **11**, 123. (Rev. *CR*, 1877, **6**, 128.)

EDKINS, J. (13). Note on the Magnetic Compass in China. *CR*, 1889, **18**, 197. (Abstracted anonymously, with Edkins (12), from an article in *NCH*, of about this date, in 'Is the Mariner's Compass a Chinese Invention?' *N*, 1891, **44**, 308.)

EDMUNDS, C. K. (1). 'Science among the Chinese.' *NCH*, 1911.

VAN EECKE, P. (1) (tr.). *Archimedes 'De Aequiponderantibus'.* Desclée de Brouwer, Paris and Antwerp, 1938.

EICHHORN, W. (5). 'Wang Chia's *Shih I Chi*.' *ZDMG*, 1952, **102** (N.F. **27**), 130.

EISLER, ROBERT (1). *The Royal Art of Astrology.* Joseph, London, 1946. (Crit. H. Chatley, *O*, 1947.)

EITEL, E. J. (2). *Fêng-Shui: Principles of the Natural Science of the Chinese.* Trübner, Hongkong and London, 1873. French tr. by L. de Milloué, *AMG*, 1880, **1**, 203.

EITNER, R. (1). *Biographisch-Bibliographisches Quellen-Lexikon d. Musiker und Musikgelehrten d. christlichen Zeitrechnung bis zur Mitte des 19. Jahrhunderts.* 10 vols. Breitkopf & Haertel, Leipzig, 1903.

D'ELIA, PASQUALE (2) (ed.). *Fonti Ricciane; Storia dell'Introduzione del Cristianesimo in Cina.* 3 vols. Libreria dello Stato, Rome, 1942–9. Cf. Trigault (1); Ricci (1).

ELLIS, A. J. (1). 'On the History of Musical Pitch.' *JRSA*, 1880, 294.

ERKES, E. (1) (tr.). 'Das Weltbild d. *Huai Nan Tzu*' (transl. of ch. 4). *OAZ*, 1918, **5**, 27.

ESCARRA, J. & GERMAIN, R. (1) (tr.). *La Conception de la Loi et des Théories des Légistes à la Veille des Ts'in [Chhin]* (tr. of chs. 7, 13, 14, 15 and 16 of Liang Chhi-Chhao (5), preface by G. Padoux). China Booksellers, Peking, 1926.

ESTERER, M. (1). *Chinas natürliche Ordnung und die Maschine.* Cotta, Stuttgart and Berlin, 1929. (Wege d. Technik series.)

FABER, E. (1). 'The Chinese Theory of Music.' *CR*, 1873, **1**, 324.

FALCONET, M. (1). 'Dissertation historique et critique sur ce que les Anciens ont cru de l'Aimant. *MAI/LTR*, 1723, **4**, 613, (read 1717).

FARMER, H. G. (1). *A History of Arabian Music to the 13th century.* London, 1929.

FARMER, H. G. (2). 'Reciprocal Influences in Music 'twixt Far and Middle East.' *JRAS*, 1934, **327.**

FARMER, H. G. (3) 'The Origin of the Arabian Lute and Rebec.' *JRAS*, 1930, 777.

FARRINGTON, G. H. (1). *Fundamentals of Automatic Control.* Chapman & Hall, London, 1951. (Crit. J. Greig, *N*, 1953, **172**, 91.)

FEIFEL, E. (1) (tr.). *Pao Phu Tzu (Nei Phien), chs. 1–3. MS*, 1941, **6**, 113.

FEIFEL, E. (2) (tr.). *Pao Phu Tzu (Nei Phien), ch. 4. MS*, 1944, **9**, 1.

FEIFEL, E. (3) (tr.). *Pao Phu Tzu (Nei Phien), ch. 11. MS*, 1946, **11**, 1.

FELDHAUS, F. M. (1). *Die Technik der Vorzeit, der Geschichtlichen Zeit, und der Naturvölker* (encyclopaedia). Engelmann, Leipzig and Berlin, 1914.

FELDHAUS, F. M. (2). *Die Technik d. Antike u. d. Mittelalter.* Athenaion, Potsdam, 1931. (Crit. H. T. Horwitz, *ZHWK*, 1933, **13** (N·F. **4**), 170.)

FELDHAUS, F. M. (16). *Studien z. Geschichte d. Glocken.* Berlin, 1911.

FELDHAUS, F. M. (17). 'Über d. Kennzeichen an Glocken der ältesten Periode.' *GTIG*, 1916, **3**, 100.

FELDHAUS, F. M. (20). *Die Maschine im Leben der Völker.* Birkhäuser, Basel, 1954.

FÊNG YU-LAN (1). *A History of Chinese Philosophy.* Vol. 1, *The Period of the Philosophers (from the beginnings to c. −100),* tr. D. Bodde; Vetch, Peiping, 1937; Allen & Unwin, London, 1937. Vol. 2, *The Period of Classical Learning (from the −2nd century to the +20th century),* tr. D. Bodde; Princeton Univ. Press, Princeton, N.J., 1953. At the same time, vol. 1 was reissued in uniform style by this publisher. Translations of parts of vol. 2 had appeared earlier in *HJAS;* see under Bodde. See also Fêng Yu-Lan (*1*). Crit. Chhen Jung-Chieh (Chan Wing-Tsit), *PEW*, 1954, **4**, 73; J. Needham, *SS*, 1955, **19**, 268.

FERGUSON, JOHN (2). Bibliographical Notes on Histories of Inventions and Books of Secrets, 2 vols. Glasgow, 1898; repr. Holland Press, London, 1959. (Papers collected from *TGAS*.)

FERNALD, H. E. (1). 'Ancient Chinese Musical Instruments.' *MUJ* (Philadelphia), 1936. (Repr. in Hsiao Chhien (1), pp. 395–440.)

FERRAND, G. (1). *Relations de Voyages et Textes Géographiques Arabes, Persans et Turcs relatifs à l'Extrême Orient, du 8ᵉ au 18ᵉ siècles, traduits, revus et annotés etc.* 2 vols. Leroux, Paris, 1913.

FERRAND, G. (3). 'Le K'ouen-Louen [Khun-Lun] et les Anciennes Navigations Interocéaniques dans les Mers du Sud.' *JA*, 1919 (11ᵉ sér.), **13**, 239, 431; **14**, 5, 201.

FILLIOZAT, J. (1). *La Doctrine Classique de la Médecine Indienne.* Imp. Nat., CNRS and Geuthner, Paris, 1949.

FLEET, J. F. (1). 'The *Yōjana* and the *Li*.' *JRAS*, 1906, **38**, 1011; 1912, 229, 462.

FLEET, J. F. (2). 'Some Hindu Values of the Dimensions of the Earth.' *JRAS*, 1912, 463.

FOKKER, A. D. (1). *Rekenkundige Bespiegeling der Muziek.* Gorinchem, 1945.

FOKKER, A. D. (2). *Just Intonation and the Combination of Harmonic Diatonic Melodic Groups.* Nijhoff, The Hague, 1949.

FOKKER, A. D. (3). *Les Mathématiques et la Musique; Trois Conférences.* Nijhoff, The Hague, 1947. See also *AMT*, 1953 (3ᵉ sér.), **10**, 1, 147, 161, 172.

FOKKER, A. D. (4) (with J. van Dyk & B. J. A. Pels). *Recherches Musicales, théoriques et pratiques.* Nijhoff, The Hague, 1951. See also *AMT*, 1953 (3ᵉ sér.), **10**, 1, 133, 147, 161, 172, 173.

FORBES, R. J. (2). *Man the Maker; a History of Technology and Engineering.* Schuman, New York, 1950. (Crit. rev. H. W. Dickinson & B. Gille, *A/AIHS*, 1951, **4**, 551.)

FORBES, R. J. (14). *Studies in Ancient Technology.* Vol. 5, *Leather in Antiquity; Sugar and its Substitutes in Antiquity; Glass.* Brill, Leiden, 1957.

FORBES, R. J. (15). *Studies in Ancient Technology.* Vol. 6, *Heat and Heating; Refrigeration, the art of cooling and producing cold; Lights and Lamps.* Brill, Leiden, 1958.

FORKE, A. (3) (tr.). *Me Ti [Mo Ti] des Sozialethikers und seiner Schüler philosophische Werke.* Berlin, 1922. (*MSOS*, Beibände, **23–25**.)

FORKE, A. (4) (tr.). *'Lun-Hêng', Philosophical Essays of Wang Chhung.* Vol. 1, 1907. Kelly & Walsh, Shanghai; Luzac, London; Harrassowitz, Leipzig. Vol. 2, 1911 (with the addition of Reimer, Berlin). Photolitho reprint, Paragon, New York, 1962. (*MSOS*, Beibände, **10** and **14**.) (Crit. P. Pelliot, *JA*, 1912 (10ᵉ sér.), **20**, 156.)

FORKE, A. (9). *Geschichte d. neueren chinesischen Philosophie* (i.e. from the beginning of the Sung to modern times). de Gruyter, Hamburg, 1938. (Hansische Univ. Abhdl. a. d. Geb. d. Auslandskunde, no. 46 (ser. B, no. 25).)

FORKE, A. (12). *Geschichte d. mittelälterlichen chinesischen Philosophie* (i.e. from the beginning of the Former Han to the end of the Wu Tai). de Gruyter, Hamburg, 1934. (Hamburg. Univ. Abhdl. a. d. Geb. d. Auslandskunde, no. 41 (ser. B, no. 21).)

FORKE, A. (13). *Geschichte d. alten chinesischen Philosophie* (i.e. from antiquity to the beginning of the Former Han). de Gruyter, Hamburg, 1927. (Hamburg. Univ. Abhdl. a. d. Geb. d. Auslandskunde, no. 25 (ser. B, no 14).)

FORKE, A. (15). 'On Some Implements mentioned by Wang Chhung' (1. Fans, 2. Chopsticks, 3. Burning Glasses and Moon Mirrors). Appendix III to Forke (4).

FORKE, A. (17). 'Der Festungskrieg im alten China.' *OAZ*, 1919, **8**, 103. (Repr. from Forke (3), pp. 99 ff.)

FORSTER, L. (1). 'Translation: an Introduction.' In *Aspects of Translation*, ed. A. H. Smith, p. 1. Secker & Warburg, London, 1958. (University College, London, Communication Research Centre; Studies in Communication, no. 2.)

FORTUNE, R. (1). *Two visits to the Tea Countries of China, and the British Tea Plantations in the Himalayas, with a Narrative of Adventures, and a Full Description of the Culture of the Tea Plant, the Agriculture, Horticulture and Botany of China.* 2 vols. Murray, London, 1853.

FOURNIER, G. (1). *Hydrographie.* Paris, 1643; repub. 1667.

FOX, H. M. (1). 'Lunar Periodicity in Reproduction.' *PRSB*, 1924, **95**, 523.

FRANKE, W. (2). 'Die Han-zeitlichen Felsengräber bei Chiating (West Szechuan).' *SSE*, 1948, **7**, 19.

FRANKEL, H. H. (1). *Catalogue of Translations from the Chinese Dynastic Histories for the Period +220 to +960.* Univ. Calif. Press, Berkeley and Los Angeles, 1957. (Inst. Internat. Studies, Univ. of California, East Asia Studies, Chinese Dynastic Histories Translations, Suppl. no. 1.)

FRASER, E. D. H. & LOCKHART, J. H. S. (1). *Index to the 'Tso Chuan'.* Oxford, 1930.

FRAZER, SIR J. G. (1). *The Golden Bough*, 3-vol. ed. Macmillan, London, 1900; superseded by 12-vol. ed. (here used), Macmillan, London, 1913–20. Abridged 1-vol. ed. Macmillan, London, 1923.

FREEMAN, K. (1). See Diels–Freeman.

FREEMAN, K. (2). *The Pre-Socratic Philosophers, a Companion to Diels, 'Fragmente der Vorsokratiker'.* Blackwell, Oxford, 1946.

FRÉMONT, C. (1). *Études Expérimentales de Technologie Industrielle, No. 10: Évolution des Méthodes et des Appareils employés pour l'Essai des Matériaux de Construction, d'après les Documents du Temps* (Renaissance onwards). (Internat. Congr. Strength of Materials, Paris, 1900.) Dunod, Paris, 1900.

FULKE, W. (1). *Uranomachia, seu Astrologorum Ludus.* Jones, London, 1571.

GALAMBOS, R. & GRIFFIN, D. R. (1). 'Avoidance of Obstacles by Bats.' *JEZ*, 1941, **86**, 481; 1942, **89**, 475.

GALE, E. M. (1) (tr.). *Discourses on Salt and Iron ('Yen Thieh Lun'), a Debate on State Control of Commerce and Industry in Ancient China, chapters 1–19.* Brill, Leiden, 1931. (Sinica Leidensia, no. 2.) (Crit. P. Pelliot, *TP*, 1932, 127.)

GALE, E. M., BOODBERG, P. A. & LIN, T. C. (1) (tr.). 'Discourses on Salt and Iron (*Yen Thieh Lun*), Chapters 20–28.' *JRAS/NCB*, 1934, **65**, 73.

LE GALL, S. (1). *Le Philosophe Tchou Hi, Sa Doctrine, son Influence.* T'ou-se-wei, Shanghai, 1894 (*VS*, no. 6). (Incl. tr. of part of ch. 49 of *Chu Tzu Chhüan Shu*.)

GALLAGHER, L. J. (1) (tr.). *China in the 16th Century; the Journals of Matthew Ricci, 1583–1610.* Random House, New York, 1953. (A complete translation, preceded by inadequate bibliographical details, of Nicholas Trigault's *De Christiana Expeditione apud Sinas* (1615). Based on an earlier publication: *The China that Was; China as discovered by the Jesuits at the close of the 16th Century: from the Latin of Nicholas Trigault.* Milwaukee, 1942.) Identifications of Chinese names in Yang Lien-Shêng (4). Crit. J. R. Ware, *ISIS*, 1954, **45**, 395.

GALPIN, F. W. (1). *The Music of the Sumerians.* Cambridge, 1937.

GALPIN, F. W. (2). *A Textbook of European Musical Instruments; their Origin, History and Character.* London, 1946.

GANDZ, S. (5). 'The Division of the Hour in Hebrew Literature.' *OSIS*, 1952, **10**, 10.

GARNER, H. M. (1). 'The Earliest Evidence of Chess in Western Literature: the Einsiedeln Verses' (c. +1070). *SP*, 1954, **29**, 734.

GARRISON, F. H. (2). 'History of Heating, Ventilation and Lighting.' *BNYAM*, 1927, **3**, 57.

GASSENDI, P. (1). *The Mirrour of True Nobility and Gentry, being the Life of N. C. Fabricius, Lord of Peiresk.* Tr. W. Rand. London, 1657.

GAUBIL, A. (1). Numerous contributions to *Observations Mathématiques, Astronomiques, Géographiques, Chronologiques et Physiques tirées des Anciens Livres Chinois ou faites nouvellement aux Indes et à la Chine par les Pères de la Compagnie de Jésus*, ed. E. Souciet. Rollin, Paris, 1729, vol. 1.

(a) Remarques sur l'Astronomie des Anciens Chinois en général, p. 1.

(b) Eclipses ⊙ Sexdecim in Historia aliisque veteribus Sinarum libris notatae et a Patre Ant. Gaubil e Soc. Jesu computate, p. 18. (The first is the *Shu Ching* eclipse attributed to −2155; then follows the *Shih Ching* eclipse attributed to −776; then five *Tso Chuan* eclipses (−720 to −495), then one of −382 and finally three Han ones.)

(c) Observations des Taches du Soleil, p. 33.

(d) Observation de l'Eclipse de ☾ du 22 Déc. 1722 à Canton, p. 44.

(e) Observatio Eclipsis Lunae totalis Pekini 22 Oct. 1725, p. 47.

(f) Occultations ou Eclipses des Etoiles Fixes par la lune, observées à Péking en 1725 & 1726, p. 59.

(g) Observations de Saturne, p. 69.

(h) Observations de Jupiter, p. 71.

(i) Observations de ♃ et de ses Satellites; Conjonctions ou Approximations de ♃ à des Étoiles Fixes, tirées des anciens livres d'Astronomie Chinoise (+73 to +1367), p. 72.

(j) Observations des Satellites de ♃, faites à Péking en 1724, p. 80.

(*k*)　Observations de Mars, p. 95.
(*l*)　Observations de Vénus, p. 98.
(*m*)　Observations de Mercure, p. 101.
(*n*)　Observations de la Comète de 1723 faites à Péking d'abord par des Chinois et ensuite par les PP. Gaubil & Jacques, p. 105.
(*o*)　Observations géographiques (à) l'Ile de Poulo-Condor, p. 107.
(*p*)　Plan de Canton, sa longitude et sa latitude, p. 123.
(*q*)　Extrait du Journal du Voyage du P. Gaubil et du P. Jacques de Canton à Péking, p. 127.
(*r*)　Plan (& Description) de Péking, p. 136.
(*s*)　Situation de Poutala, demeure du grand Lama, des Sources du Gange et des pays circonvoisins, le tout tiré des Cartes Chinoises et Tartares, p. 138.
(*t*)　Mémoire Géographique sur les Sources de l'Irtis et de l'Oby, sur le pays des Eleuthes et sur les Contrées qui sont au Nord et à l'Est de la Mer Caspienne, p. 141.
(*u*)　Relation Chinoise contenant un itinéraire de Péking à Tobol, et de Tobol au Pays des Tourgouts, p. 148.
(*v*)　Remarques sur le Commencement de l'Année Chinoise, p. 182.
(*w*)　Abrégé Chronologique de l'Histoire des Cinq Premiers Empereurs Mogols, p. 185.
(*x*)　Observations Physiques (Lézard Volant à Poulo-Condor, Melon de Hami), p. 204.
(*y*)　Observations sur la Variation de l'Aiman, p. 210.
(*z*)　Observations Diverses, p. 223.

GAUBIL, A. (2). *Histoire Abrégée de l'Astronomie Chinoise.* (With Appendices 1, Des Cycles des Chinois; 2, Dissertation sur l'Éclipse Solaire rapportée dans le *Chou-King* [*Shu Ching*]; 3, Dissertation sur l'Éclipse du Soleil rapportée dans le *Chi-King* [*Shih Ching*]; 4, Dissertation sur la première Éclipse du Soleil rapportée dans le *Tchun-Tsieou* [*Chhun Chhiu*]; 5, Dissertation sur l'Éclipse du Soleil, observée en Chine l'an trente-et-unième de Jésus-Christ; 6, Pour l'Intelligence de la Table du *Yue-Ling* [*Yüeh Ling*]; 7, Sur les Koua; 8, Sur le Lo-Chou (recognition of Lo Shu as magic square).) In *Observations Mathématiques, Astronomiques, Géographiques, Chronologiques et Physiques, tirées des anciens Livres Chinois ou faites nouvellement aux Indes, à la Chine, et ailleurs, par les Pères de la Compagnie de Jésus,* ed. E. Souciet. Rollin, Paris, 1732, vol. 2.

GAUBIL, A. (11). *Description de la Ville de Pékin.* Ed. de l'Isle & Pingré, Paris, 1763, 1765. Russ. tr. by Stritter; Germ. tr. by Pallas; Eng. tr. (abridged), *PTRS*, 1758, **50**, 704.

GEIRINGER, K. (1). *Musical Instruments from the Stone Age to the Present Day.* Tr. B. Miall; ed. W. F. H. Blandford. London, 1945.

GERLAND, E. (1). *Geschichte d. Physik (erste Abt.); Von den ältesten Zeiten bis zum Ausgange des 18ten Jahrhunderts.* Oldenbourg, München and Berlin, 1913. (Geschichte d. Wissenschaften in Deutschland, vol. 24.)

GERLAND, E. (2). 'Zur Gesch. d. Kompasses.' *VDPG*, 1908, **10** (no. 10), 377 (*BDPG*, 1908, 6).

GERLAND, E. & TRAUMÜLLER, F. (1). *Geschichte d. physikalischen Experimentierkunst.* Engelmann, Leipzig, 1899.

GHETALDI, MARINI (1). *Promotus Archimedis, seu, De Variis Corporum Generibus Gravitate et Magnitudine Comparatis.* Rome, 1603.

GIBSON, H. E. (1). 'Music and Musical Instruments of the Shang Dynasty.' *JRAS/NCB*, 1937, **68**, 8.

GILBERT, WILLIAM (1). *Tractatus sive Physiologia Nova de Magnete* .... Short, London, 1600, and several later editions. Eng. tr. Sylvanus P. Thompson *et al.* Chiswick Press, London, 1900; facsimile ed. Ed. Derek J. de S. Price. Basic Books, New York, 1958.

GILES, H. A. (1). *A Chinese Biographical Dictionary.* 2 vols. Kelly & Walsh, Shanghai, 1898; Quaritch, London, 1898. Supplementary Index by J. V. Gillis & Yü Ping-Yüeh, Peiping, 1936. Account must be taken of the numerous emendations published by von Zach (4) and Pelliot (34), but many mistakes remain. Cf. Pelliot (35).

GILES, H. A. (5). *Adversaria Sinica:*
1st series, no. 1, pp. 1–25. Kelly & Walsh, Shanghai, 1905.
　　　　no. 2, pp. 27–54. Kelly & Walsh, Shanghai, 1906.
　　　　no. 3, pp. 55–86. Kelly & Walsh, Shanghai, 1906.
　　　　no. 4, pp. 87–118. Kelly & Walsh, Shanghai, 1906.
　　　　no. 5, pp. 119–44. Kelly & Walsh, Shanghai, 1906.
　　　　no. 6, pp. 145–88. Kelly & Walsh, Shanghai, 1908.
　　　　no. 7, pp. 189–228. Kelly & Walsh, Shanghai, 1909.
　　　　no. 8, pp. 229–76. Kelly & Walsh, Shanghai, 1910.
　　　　no. 9, pp. 277–324. Kelly & Walsh, Shanghai, 1911.
　　　　no. 10, pp. 326–96. Kelly & Walsh, Shanghai, 1913.
　　　　no. 11, pp. 397–438 (with index). Kelly & Walsh, Shanghai, 1914.
2nd series no. 1, pp. 1–60. Kelly & Walsh, Shanghai, 1915.

GILES, H. A. (6). 'Wei-Ch'i, or the Chinese Game of War.' In *Historic China and Other Sketches*, p. 330. London, 1882.

GILES, H. A. (11). *A History of Chinese Literature*. Heinemann, London, 1901.

GILES, H. A. (13). (tr.) *Strange Stories from a Chinese Studio* (transl. of Phu Sung-Ling's *Liao Chai Chih I*, +1679). 2nd ed. Kelly & Walsh, Shanghai, 1908.

GILES, L. (4) (tr.). *Taoist Teachings from the Book of Lieh Tzu*. Murray, London, 1912; 2nd ed. 1947.

GILES, L. (11) (tr.). *Sun Tzu on the Art of War* ['*Sun Tzu Ping Fa*']; *the oldest military Treatise in the World*. Luzac, London, 1910 (with original Chinese text). Repr. without notes, Nanfang, Chungking, 1945; also repr. in *Roots of Strategy*, ed. Phillips, T.R. (*q.v.*).

GIOVIO, PAOLO (1). *Historiarum Sui Temporis*. Florence, 1550–2; Strasbourg, 1556. Abridgement by V. Cartari, Venice, 1562.

GLANVILLE, S. R. K. (1). *Weights and Balances in Ancient Egypt*. Royal Institution, London, Nov. 1935.

VON GLASENAPP, H. (1). *La Philosophie Indienne, Initiation à son Histoire et à ses Doctrines*. Payot, Paris, 1951 (no index).

GODE, P. K. (2). 'Notes on the History of Glass Vessels and Glass Bangles in India, South Arabia and Central Asia.' *JOSP*, 1949, **1** (no. 1), 9.

GOODRICH, L. CARRINGTON (1). *Short History of the Chinese People*. Harper, New York, 1943.

GOODRICH, L. CARRINGTON (12). 'The Chinese *shêng* and Western Musical Instruments.' *CMAG*, 1941, **17**, 10, 11, 14.

GOODRICH, L. CARRINGTON & CHHÜ THUNG-TSU (1). 'Foreign Music at the Court of Sui Wên Ti.' *JAOS*, 1949, **69**, 148.

GOVI, M. (1). 'Les Miroirs Magiques des Chinois.' *ACP*, 1880 (5e sér.), **20**, 99. 'Nouvelles Expériences sur les Miroirs Chinois.' *ACP*, 1880 (5e sér.), **20**, 106.

GOWER, L. C. B. (1). *Looking at Chinese Justice*. Mimeographed report privately circulated after the visit of a delegation of jurists to China, April 1956.

GRAHAM, D. C. & DYE, D. S. (1). 'Ancient Chinese Glass; Beads from Koh Tombs in Western Szechuan.' *JWCBRS*, 1944 (ser. A), **15**, 34.

GRANET, M. (1). *Danses et Légendes de la Chine Ancienne*. 2 vols. Alcan, Paris, 1926.

GRANET, M. (2). *Fêtes et Chansons Anciennes de la Chine*. Alcan, Paris, 1926; 2nd ed. Leroux, Paris, 1929.

GRANET, M. (5). *La Pensée Chinoise*. Albin Michel, Paris, 1934. (Évol. de l'Hum. series, no. 25 *bis*.)

GRANTHAM, A. E. (1). *The Ming Tombs* (Shih San Ling). Wu Lai-Hsi, Peiping, 1926.

GREEFF, R. (1). *Die historische Entwicklung d. Brille*. Bergmann, Wiesbaden, 1913.

GREEFF, R. (2). *Die Erfindung der Augengläser*. Berlin, 1921.

GREGORY, J. C. (1). *A Short History of Atomism*. Black, London, 1931.

GRIFFIN, D. R. (1). *Listening in the Dark; the Acoustic Orientation of Bats and Men*. Yale Univ. Press, New Haven, 1958.

GRIFFIN, D. R. (2). 'The Navigation of Bats.' *SAM*, 1950, **183** (no. 2), 52. 'More about Bat "Radar".' *SAM*, 1958, **199** (no. 1), 40.

GRIFFIN, D. R. (3). 'Bird Sonar.' *SAM*, 1954, **190** (no. 3), 78.

DE GROOT, J. J. M. (2). *The Religious System of China*. Brill, Leiden, 1892.
  Vol. 1, Funeral rites and ideas of resurrection.
  Vols. 2, 3, Graves, tombs, and *fêng-shui*.
  Vol. 4, The soul, and nature-spirits.
  Vol. 5, Demonology and sorcery.
  Vol. 6, The animistic priesthood (*wu*).

GROVE, G. (1). *Dictionary of Music and Musicians*. 5 vols. Macmillan, London, 1950.

GRUBER, K. (1). *Das chinesische Schachspiel; Einführung mit Aufgaben und Parteien*. Siebenberg, Peking, 1937.

VAN GULIK, R. H. (1). *The Lore of the Chinese Lute*. Sophia University, Tokyo, 1940. (Monumenta Nipponica Monographs, no. 3.)

VAN GULIK, R. H. (6) (ed. and tr.). '*Thang Yin Pi Shih*', *Parallel Cases from under the Pear-Tree; a 13th-century Manual of Jurisprudence and Detection*. Brill, Leiden, 1956. (Sinica Leidensia, no. 10.)

GUNDEL, W. (2). *Dekane und Dekansternbilder*. Augustin, Glückstadt and Hamburg, 1936. (Stud. d. Bibl. Warburg, no. 19.)

GUNTHER, R. T. (1). *Early Science in Oxford*. 14 vols. Oxford, 1923–45. (The first pub. Oxford Historical Soc.; the rest privately printed for subscribers.)
  Vol. 1 1923 Chemistry, Mathematics, Physics and Surveying.
  Vol. 2 1923 Astronomy.
  Vol. 3 1925 Biological Sciences and Biological Collections.
  Vol. 4 1925 The [Oxford] Philosophical Society.

Vol. 5　1929　Chaucer and Messahalla on the Astrolabe.
Vol. 6　1930　Life and Work of Robert Hooke.
Vol. 7　1930　Life and Work of Robert Hooke (contd.).
Vol. 8　1931　Cutler Lectures of Robert Hooke (facsimile).
Vol. 9　1932　The *De Corde* of Richard Lower (facsimile), with introd. and tr. by K. J. Franklin.
Vol. 10　1935　Life and Work of Robert Hooke (contd.).
Vol. 11　1937　Oxford Colleges and their men of science.
Vol. 12　1939　Dr Plot and the Correspondence of the [Oxford] Philosophical Society.
Vol. 13　1938　Robert Hooke's *Micrographia* (facsimile).
Vol. 14　1945　Life and Letters of Edward Lhwyd.
GÜNTHER, S. (2). *Handbuch der Geophysik.* Enke, Stuttgart, 1897.
GUTKIND, E. A. (1). *Revolution of Environment.* Kegan Paul, London, 1946.

DE HAAN, BIERENS, D. (1). '*Van de Spiegeling der Singkonst*' et '*Van de Molens*'; *deux Traités inédits* (of Simon Stevin). Amsterdam, 1884.
HACKIN, J. & HACKIN, J. R. (1). *Recherches archéologiques à Begram, 1937.* Mémoires de la Délégation archéologique française en Afghanistan, vol. 9. Paris, 1939.
HACKIN, J., HACKIN, J. R., CARL, J. & HAMELIN, P. (with the collaboration of J. Auboyer, V. Elisséeff, O. Kurz & P. Stern) (1). *Nouvelles Recherches archéologiques à Begram (ancienne Kāpiśi), 1939-40.* Mémoires de la Délégation archéologique française en Afghanistan, vol. 11. Paris, 1954. Crit. rev. P. S. Rawson, *JRAS*, 1957, 139.
HADDAD, SAMI I. & KHAIRALLAH, AMIN A. (1). 'A Forgotten Chapter in the History of the Circulation of the Blood.' *ASURG*, 1936, **104**, 1.
HAKLUYT, RICHARD (1). *The Principall Navigations, Voyages and Discoveries of the English Nation....* London, 1589; 2nd ed. much enlarged, 1598-1600; many times afterwards reprinted.
DU HALDE, J. B. (1). *Description Géographique, Historique, Chronologique, Politique et Physique de l'Empire de la Chine et de la Tartarie Chinoise.* 4 vols. Paris, 1735; The Hague, 1736. Eng. tr. R. Brookes, London, 1736, 1741.
HALL, A. R. (1). *Ballistics in the Seventeenth Century; a study in the Relations of Science and War, with reference principally to England.* Cambridge, 1951. Crit. T. S. Kuhn, *ISIS*, 1953, **44**, 284.
HALL, A. RIPLEY (1). 'The Early Significance of Chinese Mirrors.' *JAOS*, 1935, **55**, 182.
HALOUN, G. (2). Translations of *Kuan Tzu* and other ancient texts made with the present writer, unpub.
HALOUN, G. (6). 'Die Rekonstruktion der chinesischen Urgeschichte durch die Chinesen.' *JDZWT*, 1925, **3**, 243.
HALOUN, G. (7). 'Seit wann kannten die Chinesen die Tocharer oder Indogermanen überhaupt?' *AM*, 1924, **1**, 156.
HAMADA, KOSAKU & UMEHARA, SUEJI (1). *A Royal Tomb, 'Kinkan-Tsuka' or 'Gold-Crown' Tomb, at Keishu (Korea) and its Treasures.* 2 vols. text, 1 vol. plates. Sp. Rep. Serv. Antiq. Govt. Gen. Chosen, 1924, no. 3.
HARADA, YOSHITO & TAZAWA, KINGO (1). *Lo-Lang; a Report on the Excavation of Wang Hsü's Tomb in the Lo-Lang Province, an ancient Chinese Colony in Korea.* Tokyo University, Tokyo, 1930.
HARDEN, D. B. (1). 'Ancient Glass.' *AQ*, 1933, **7**, 419.
HARDING, R. E. M. (1). *A History of the Pianoforte.* Cambridge, 1940.
HARICH-SCHNEIDER, E. (1). 'The Present Condition of Japanese Court Music.' *MUQ*, 1953, **39**, 49.
HARLAND, W. A. (1). 'The Manufacture of Magnetic Needles and Vermilion [in China].' *JRAS/NCB*, 1850, **1** (no. 2), 163. (Extracts from the *Thung Thien Hsiao.*)
DE HARLEZ, C. (5) (tr.). *Kuo Yü* (partial). *JA*, 1893 (9ᵉ sér.), **2**, 37, 373; 1894 (9ᵉ sér.), **3**, 5. Later parts published separately, Louvain, 1895.
HARRADON, H. D. (1). 'Some Early Contributions to the History of Geomagnetism; IV, The Letter of Georg Hartmann to Duke Albrecht of Prussia (+1544).' *TM*, 1943, **48**, 127. (Discovery of inclination.) See Chapman & Harradon (1, 2).
HARRADON, H. D. (2). 'Some Early Contributions to the History of Geomagnetism; VI, The Letter of Gerhard Mercator of Rupelmonde to Antonius Perrenotus, most venerable Bishop of Arras (+1546).' *TM*, 1943, **48**, 200. (First statement of the magnetic pole.)
HARRADON, H. D. & FERRAZ, J. DE SAMPAIO (1). 'Some Early Contributions to the History of Geomagnetism; V, The Shadow Instrument of Pedro Nunes (+1537).' *TM*, 1943, **48**, 197. (A magnetic compass combined with a vertical gnomon for ascertaining astronomical north for comparison with magnetic north.)
HARRADON, H. D. & FERRAZ, J. DE SAMPAIO (2). 'Some Early Contributions to the History of Geomagnetism; VII, Extracts on Magnetic Observations from the Log-Books of João de Castro (+1538, +1539 and +1541).' *TM*, 1944, **49**, 185. (Earliest observations of local variation.) See de Castro (1, 2, 3) and for a biography, Sanceau (2).
HARTNER, W. (7). 'Some Notes on Chinese Musical Art.' *ISIS*, 1938, **29**, 72.
HARTRIDGE, H. (1). 'Acoustic Control in the Flight of Bats.' *JOP*, 1920, **54**, 54; *N*, 1945, **156**, 490.

HARVEY, E. NEWTON (1). *A History of Luminescence from the Earliest Times until 1900*. American Philosophical Society, Philadelphia, 1957. (Amer. Philos. Soc. Memoirs, no. 44.)

HARVEY, E. NEWTON (2). *Bioluminescence*. New York, 1952.

HASHIMOTO, M. (1). 'On the Origin of the [Magnetic] Compass.' *MRDTB*, 1926, 1, 69; originally partly in *TYG*, see Hashimoto (3). Crit. P. Pelliot, *TP*, 1929, 26, 263; Anon. *ISIS*, 1930, 14, 525; H. Maspero, *JA*, 1928, 212, 159.

HAWKES, D. (1) (tr.). '*Chhu Tzhu*'; *the Songs of the South—an Ancient Chinese Anthology*. Oxford, 1959. (rev. J. Needham, *NSN*, 1959.)

HAZARD, B. H., HOYT, J., KIM HA-TAI, SMITH, W. W. & MARCUS, R. (1). *Korean Studies Guide*. Univ. of Calif. Press, Berkeley and Los Angeles, 1954.

HEATH, SIR THOMAS (6). *A History of Greek Mathematics*. 2 vols. Oxford, 1921.

VON HEINE-GELDERN, R. (1). 'Prehistoric Research in the Netherlands East Indies' (cultural connections between Indonesia and S.E. Europe). In *Science and Scientists in the Netherlands Indies*. Ed. P. Honig & F. Verdoorn. Board for the Netherlands Indies, Surinam and Curaçao; New York, 1945. (*Natuurwetenschappelijk Tijdschrift voor Nederlandsch Indie*, suppl. to 102.)

HELLER, A. (1). *Geschichte d. Physik*. 2 vols. Enke, Stuttgart, 1882.

HELLER, J. F. (1). *Leuchten gefaulter Hölzer*. Deutsche Naturforscher-Versammlung, Berlin, 1843. 'Über das Leuchten in Pflanzen- und Tier-reiche.' *APPCM*, 1853, 6, 44, 81, 121, 161, 201, 241.

HELLMANN, G. (5). 'Die Anfänge der magnetischen Beobachtungen.' *ZGEB*, 1897, 32, 112.

VON HELMHOLTZ, HERMANN L. F. (1). *On the Sensations of Tone, as a Physiological Basis for the Theory of Music*. Tr. A. J. Ellis, orig. Germ. ed. 1877. Longmans Green, London, 1912.

HENNIG, R. (3). 'Ein Zusammenhang zwischen d. Magnetbergfabel und des Kenntnis d. Kompasses.' *AKG*, 1930, 20, 350.

HENNIG, R. (4). *Terrae Incognitae; eine Zusammenstellung und kritische Bewertung der wichtigsten vorcolumbischen Entdeckungsreisen an Hand der darüber vorliegenden Originalberichte*. 2nd ed. 4 vols. Brill, Leiden, 1944.

HENNIG, R. (5). 'Die Frühkenntnis der magnetischen Nordweisung'. *BGTI*, 1932, 21, 25.

HENNIG, R. (6). 'Die Magnetbergsage und ihr naturwissenschaftlicher Hintergrund.' *GW*, 1935, 3, 583.

HENNIG, R. (7). *Rätselhafte Lände*. Berlin, 1950.

HERMANN, H. (1). 'Chinesische Physik.' *UMN*, 1935, 41, 21.

HERRMANN, A. (1). *Historical and Commercial Atlas of China*. Harvard-Yenching Institute, Cambridge, Mass., 1935.

HESSE, MARY B. (1). 'Action at a Distance in Classical Physics.' *ISIS*, 1955, 46, 337.

HESSE, MARY B. (2). 'Models in Physics.' *BJPS*, 1953, 4, 198.

HETHERINGTON, A. L. (1). *Chinese Ceramic Glazes*. Cambridge, 1937. Revised ed. Perkins, South Pasadena, Calif., 1948.

HETT, G. V. (1). 'Some [Confucian] Ceremonies at Seoul.' *GGM*, 1936, 3, 179.

HIGHLEY, S. (1). Letter on Magic Mirrors. *N*, 1877, 16, 132.

HIMLY, K. (2). 'Der Schachspiel d. Chinesen.' *ZDMG*, 1870, 24, 172.

HIMLY, K. (3). 'Streifzüge in das Gebiet d. Gesch. d. Schachspiels.' *ZDMG*, 1872, 26, 121; 1873, 27, 121.

HIMLY, K. (4). 'Anmerkungen in Beziehung auf das Schach und andere Brettspiele.' *ZDMG*, 1887, 41, 461.

HIMLY, K. (5). 'Morgenländisch oder Abendländisch?; Forschungen nach gewissen Spielausdrücken.' *ZDMG*, 1889, 43, 415; 1890, 44.

HIMLY, K. (6). 'Das japanische Schachspiel.' *ZDMG*, 1879, 33, 672.

HIMLY, K. (7). 'The Chinese Game of Chess, as compared with that practised among Western Nations' (*hsiang chhi*). *JRAS/NCB*, 1870, 6, 105.

HIMLY, K. (9). 'Die Abteilung der Spiele im "Spiegel der Mandschu-Sprache"' *TP*, 1985, 6, 258, 345; 1896, 7, 135; 1897, 8, 155; 1898, 9, 299; 1899, 10, 369; 1901 (N.S.), 2, 1.

HIRSCHBERG, J. (1). 'Geschichte d. Augenheilkunde.' In *Handbuch d. ges. Augenheilkunde*, vols. 12-15, ed. A. Graefe & T. Saemisch,

Pt. I   vol. 12   Ancient Egypt, Greece, India, China, 1898.
Pt. II   vol. 13   The Arabs, Mediaeval Europe, Sixteenth and Seventeenth Centuries, 1905-1908.
Pt. III vol. 14   Eighteenth and early Nineteenth Centuries, 4 vols., 1911-1915.
Pt. IV   vol. 15   Modern, 3 vols., 1916-1918.

HIRTH, F. (1). *China and the Roman Orient*. Kelly & Walsh, Shanghai; G. Hirth, Leipzig and Munich, 1885. (Photographically reproduced in China with no imprint, 1939.)

HIRTH, F. (3). *Ancient History of China; to the end of the Chou Dynasty*. New York, 1908; 2nd ed. 1923.

HIRTH, F. (5). 'Chinese Metallic Mirrors.' In Boas Memorial Volume *Anthropological Papers written in honour of Franz Boas*, p. 208. Stechert, New York, 1906.

HIRTH, F. (6). 'Zur Geschichte d. Glases in China.' In *Chinesische Studien*, p. 62, Hirth (7).

HIRTH, F. (7). *Chinesische Studien*. Hirth, München and Leipzig, 1890.

HIRTH, F. (8). 'Origin of the Mariner's Compass in China.' *MO*, 1906, **16**, 321. (Approximately equivalent to the study of the same subject in Hirth, 3.)

HIRTH, F. & ROCKHILL, W. W. (1) (tr.). *Chau Ju-Kua; His work on the Chinese and Arab Trade in the 12th and 13th centuries, entitled 'Chu-Fan-Chi'.* Imp. Acad. Sci., St Petersburg, 1911. (Crit. G. Vacca, *RSO*, 1913, **6**, 209; P. Pelliot, *TP*, 1912, **13**, 446; E. Schaer, *AGNT*, 1913, **6**, 329; O. Franke, *OAZ*, 1913, **2**, 98; A. Vissière, *JA* 1914 (11ᵉ sér.), **3**, 196.)

HITCHINS, H. L. & MAY, W. E. (1). *From Lodestone to Gyro-Compass.* Philos. Lib., New York, 1953. (rev. D. H. D. Roller, *ISIS*, 1953, **44**, 303.)

HITTI, P. K. (1). *History of the Arabs.* 4th ed. Macmillan, London, 1949. 6th ed., 1956.

HO PING-YÜ (1). *The Astronomical Chapters of the 'Chin Shu'.* Inaug. Diss., Singapore, 1957.

HO PING-YÜ & NEEDHAM, JOSEPH (2). 'Theories of Categories in Early Mediaeval Chinese Alchemy' (with transl. of the *Tshan Thung Chhi Wu Hsiang Lei Pi Yao, c. +7th cent.). *JWCI*, 1959, **22**, 173.

HO PING-YÜ & NEEDHAM, JOSEPH (3). 'The Laboratory Equipment of the Early Mediaeval Chinese Alchemists.' *AX*, 1959, **7**, 57.

HODGSON, W. C. (1). 'Echo-Sounding and the Pelagic Fisheries.' Min. of Agric. & Fisheries. *Fishery Investigation Series* (II), **17**, no. 4. HMSO, London, 1951.

HODGSON, W. C. & RICHARDSON, I. D. (1). 'The Cornish Pilchard Experiment [on the use of echo-sounding in fishing].' Min. of Agric. & Fisheries. *Fishery Investigation Series*, no. 2. HMSO, London, 1950.

HOGBEN, L. (1). *Mathematics for the Million.* Allen & Unwin, London, 1936; 2nd ed. 1937.

HOLLINGWORTH, H. G. (1). 'A short sketch of the Chinese game of chess called k'he [*chhi*] also seang k'he [*hsiang chhi*] to distinguish it from wei k'he [*wei chhi*], another game played by the Chinese.' *JRAS/NCB*, 1866, **3**, 107.

HOLT, H. F. W. (1). 'Notes on the Chinese Game of Chess.' *JRAS*, 1885, **17**, 352.

HOLTZ, V. (1). 'Japanisches Schachspiel.' *MDGNVO*, **1**, no. 5.

HOLZMAN, D. (1). 'Shen Kua and his *Mêng Chhi Pi Than*.' *TP*, 1958, **46**, 260.

HOMMEL, F. (1). 'Über d. Ursprung und d. Alter d. arabischen Sternnamen und insbesondere d. Mondstationen.' *ZDMG*, 1891, **45**, 616.

HOMMEL, R. P. (1). *China at Work; an illustrated Record of the Primitive Industries of China's Masses, whose Life is Toil, and thus an Account of Chinese Civilisation.* Bucks County Historical Society, Doylestown, Pa. 1937; John Day, New York, 1937.

HONEY, W. B. (1). *Glass; a Handbook and Guide to the Museum Collection.* Victoria and Albert Museum, London, 1946. 'Early Chinese Glass.' *BUM*, 1937, **71**, 211; *TOCS*, 1939, **17**, 35.

HOPPE, E. (1). 'Geschichte d. Physik.' In *Handbuch d. Physik*, I. Ed. H. Geiger & K. Scheel. Springer, Berlin and Leipzig, 1926.

HOPPE, E. (2). 'Magnetismus u. Elektrizität im klassischen Altertum.' *AGNT*, 1917, **8**, 92.

D'HORMON, A. (1) (ed.). *Lectures Chinoises.* École Franco-Chinoise, Peiping, 1945.

VON HORNBOSTEL, E. M. (1). On the cycle of blown fifths (Notes by P. G. Schmidt). *AN*, 1919, **14**, 569. 'Eine Tafel zur logarithmischen Darstellung von Zahlenverhältnissen.' *ZP*, 1921, **6**, 29, with corrigendum on p. 164.

VON HORNBOSTEL, E. M. (2). '*Chhao Thien Tzu* [Visiting the Son of Heaven]: eine chinesische Notation und ihre Ausführungen.' *AMW*, 1919, **1**, 477.

HORWITZ, H. T. (7). 'Beiträge z. Geschichte d. aussereuropäischen Technik.' *BGTI*, 1926, **16**, 290.

HOUGH, W. (1). 'Fire as an Agent in Human Culture.' *BUSNM*, 1926, no. 139.

HOUGH, W. (2). 'Collection of Heating and Lighting Utensils in the United States National Museum.' *BUSNM*, 1928, no. 141.

HSIA NAI (1). 'New Archaeological Discoveries.' *CREC*, 1952, **1** (no. 4), 13.

HSIANG TA & HUGHES, E. R. (1). 'Chinese Books in the Bodleian Library.' *BQR*, 1936, **8**, 227.

HSIAO CHHIEN (1). *A Harp with a Thousand Strings.* London, 1944.

HUANG MAN (WONG MAN) (1). 'The *Nei Ching*, the Chinese Canon of Medicine.' *CMJ*, 1950, **68**, 1 (originally Inaug. Diss. Cambridge.)

HUARD, P. & DURAND, M. (1). *Connaissance du Viêt-Nam.* École Française d'Extr. Orient, Hanoi, 1954; Imprimerie Nationale, Paris, 1954.

HUARD, P. & HUANG KUANG-MING (M. WONG) (1). 'La Notion de Cercle et la Science Chinoise.' *A/AIHS*, 1956, **9**, 111. (Mainly physiological and medical.)

HÜBOTTER, F. (1). *Die chinesische Medizin zu Beginn des XX. Jahrhunderts, und ihr historischer Entwicklungsgang.* Schindler, Leipzig, 1929. (China-Bibliothek d. Asia Major, no. 1.)

HUGHES, E. R. (1). *Chinese Philosophy in Classical Times.* Dent, London, 1942. (Everyman Library, no. 973.)

HUGHES, E. R. (2) (tr.). *The Great Learning and the Mean-in-Action.* Dent, London, 1942.

VON HUMBOLDT, A. (1). *Cosmos; a Sketch of a Physical Description of the Universe.* 5 vols., tr. E. Cotté, B. H. Paul & W. S. Dallas. Bohn, London, 1849–58.

VON HUMBOLDT, A. (2). *Asie Centrale, Recherches sur les Chaînes de Montagnes et la Climatologie comparée.* 3 vols. Gide, Paris, 1843.

VON HUMBOLDT, A. (3). *Examen critique de l'Histoire de la Géographie du Nouveau Continent et des Progrès de l'Astronomie Nautique au 15e et 16e Siècles.* 5 vols. Gide, Paris, 1836–39.

HUMMEL, A. W. (2) (ed.). *Eminent Chinese of the Ch'ing Period.* 2 vols. Library of Congress, Washington, 1944.

HUMMEL, A. W. (6). 'Astronomy and Geography in the Seventeenth Century [in China].' (On Hsiung Ming-Yü's work.) *ARLC/DO*, 1938, 226.

HUMMEL, A. W. (15). 'Dominoes in the Ming Period.' *ARLC/DO*, 1939, 265.

IBEL, T. (1). *Die Wage im Altertum und Mittelalter.* Inaug. Diss. Erlangen, 1908.

IRWIN, E. (1). 'An Account of the Game of Chess, as played by the Chinese.' *TRIA*, 1793, **5** (Antiq. Sect.), 53.

JACOB, G. & JENSEN, H. (1). *Das chinesische Schattentheater.* Stuttgart, 1933. (Das Orientalische Schattentheater, no. 3.)

JAKOB, M. (1). *Heat Transfer.* Wiley, New York, 1949.

JAL, A. (1). *Archéologie Navale.* 2 vols. Arthus Bertrand, Paris, 1840. (Crit. R. C. Anderson, *MMI*, 1920, **6**, 18; 1945, **31**, 160; A. B. Wood, 1919, **5**, 81.)

ABD AL-JALIL, J. M. (1). *Brève Histoire de la Littérature Arabe.* Maisonneuve, Paris, 1943; 2nd ed. 1947.

JEANS, J. H. (SIR JAMES) (2). *Science and Music.* Cambridge, 1937.

JENKINS, C. (1). 'Saint Augustine and Magic.' In *Science, Medicine and History.* 2 vols. Charles Singer Presentation Volume. Ed. E. A. Underwood, vol. 1, p. 132. Oxford, 1954.

JOHNSTON, R. F. (1). *Confucianism and Modern China.* Gollancz, London, 1934.

JONES, A. M. (1). *African Music in Northern Rhodesia and some other Places.* Rhodes-Livingstone Museum, Rhodesia, 1949. (Occasional Papers of the Museum, no. 4.)

JOVIUS, PAULUS. See Giovio, Paolo.

JULIEN, STANISLAS (3). 'Notice sur les Miroirs Magiques des Chinois et leur Fabrication; suivie de Documents Neufs sur l'invention de l'art d'imprimer à l'aide de planches en bois, de planches en pierre, et de types mobiles, huit, cinq, et quatre siècles, avant que l'Europe en fît usage.' *CRAS*, 1847, **24**, 999.

KALTENMARK, M. (2) (tr.). *Le 'Lie Sien Tchouan' [Lieh Hsien Chuan]; Biographies Légendaires des Immortels Taoïstes de l'Antiquité.* Centre d'Études Sinologiques Franco-Chinois (Univ. Paris), Peking, 1953. Crit. P. Demiéville, *TP*, 1954, **43**, 104.

KAMMERER, ALBERT (1). 'La Découverte de la Chine par les Portugais au XVIème siècle et la Cartographie des Portulans.' *TP*, 1944, **39** (Suppl.), 122.

KARLGREN, B. (1). *Grammata Serica; Script and Phonetics in Chinese and Sino-Japanese. BMFEA*, 1940, **12**, 1. (Photographically reproduced as separate volume, Peiping, 1941.) Revised edition, *Grammata Serica Recensa*, Stockholm, 1957.

KARLGREN, B. (12) (tr.). 'The Book of Documents' (*Shu Ching*). *BMFEA*, 1950, **22**, 1.

KARLGREN, B. (14) (tr.). *The Book of Odes; Chinese Text, Transcription and Translation.* Museum of Far Eastern Antiquities, Stockholm, 1950. (A reprint of the text and translation only from his papers in *BMFEA*, **16** and **17**; the glosses will be found in **14**, **16** and **18**.)

KARRER, P. (1). *Organic Chemistry.* Elsevier, Amsterdam and New York, 1938. Tr. from the German by A. J. Mee.

KELLNER, L. (1). 'Alexander von Humboldt and the Organisation of International Collaboration in Geophysical Research.' *CPH*, 1959, **1**, 35. Also *SCI*, 1960, **95**, 252.

KIRCHNER, G. (1). 'Amber Inclusions.' *END*, 1950, **9**, 70.

KISA, A. (1). *Das Glas im Altertümer.* 3 vols. Hiersemann, Leipzig, 1908.

KLAPROTH, J. (1). '*Lettre à M. le Baron A. de Humboldt, sur l'Invention de la Boussole.* Dondey-Dupré, Paris, 1834. Germ. tr. A. Wittstein, Leipzig, 1884; résumés P. de Larenaudière, *BSG*, 1834, Oct.; Anon., *AJ*, 1834 (2nd ser.), **15**, 105.

KLEBS, L. (3). 'Die Reliefs und Malereien des neuen Reiches (18.–20. Dynastie, *c.* 1580–1100 v. Chr.): Material zur ägyptischen Kulturgeschichte.' Pt. I. 'Szenen aus dem Leben des Volkes.' *AHAW/PH*, 1934, no. 9.

KNIPPING, E. (1). 'Lokal-Attraction beobachtet auf dem Gipfel des Futarasan (Nantaisan) [in Japan].' *MDGNVO*, 1879, **2**, 35.

KOIZUMI, AKIO & HAMADA, KOSAKU (1). *The Tomb of the Painted Basket, and Two Other Tombs of Lo-Lang.* Archaeol. Res. Rep. no. 1. Soc. Stud. Korean Antiq. Seoul, 1934.

KOOP, A. J. (1). *Early Chinese Bronzes.* Benn, London, 1924.

KOYRÉ, A. (3). 'Galileo and the Scientific Revolution of the Seventeenth Century.' *PHR*, 1943, **52**, 333.

KRAMER, J. B. (1). 'The Early History of Magnetism.' *TNS*, 1934, **14**, 183.

KRAMERS, R. P. (1) (tr.). '*Khung Tzu Chia Yu*': *the School Sayings of Confucius* (chs. 1–10). Brill, Leiden, 1950. (Sinica Leidensia, no. 7.)

KU PAO-KU (1) (tr.). *Deux Sophistes Chinois; Houei Che [Hui Shih] et Kong-souen Long [Kungsun Lung]*. Presses Univ. de France (Imp. Nat.), Paris, 1953. (Biblioth. de l'Instit. des Hautes Études Chinoises, no. 8.) (Crit. P. Demiéville, *TP*, 1954, **43**, 108.) 'Notes Complémentaires sur "Deux Sophistes Chinois"', in *Mélanges pub. par l'Inst. des Htes. Études Chinoises*, 1957, vol. 1 (Biblioth. de l'Instit. des Htes. Études Chinoises, no. 11).

KUNST, J. (1). *Musicologica*. Indisch Instituut, Amsterdam, 1950.

KUNST, J. (2). *Around von Hornbostel's Theory of the Cycle of Blown Fifths*. Indisch Instituut, Amsterdam, 1948. (Koninklijke Vereeniging Indisch Instituut, Mededeelingen no. 76; Afd. Volkenkunde, no. 27.)

KUNST, J. (3). 'A Hypothesis about the Origin of the Gong.' *ETH*, 1947, **12** (no. 1/2), 79; amplified in 1947, **12** (no. 4), 147; 1949, **14** (no. 2/4), 160.

KUTTNER, F. A. (1). 'The Musical Significance of Archaic Chinese Jades of the *pi* disc type.' *AA*, 1953, **16**, 25.

KUTTNER, F. A. (2). 'Acoustical Skills and Techniques in Early Chinese History.' Unpub. MS.

KUTTNER, F. A. (3). 'A "Pythagorean" Tone System in China, antedating the early Greek Achievements.' Unpub. MS.

KUWABARA, JITSUZO (1). "On Phu Shou-Kêng, a man of the Western Regions, who was the Superintendent of the Trading Ships' Office in Chhüan-Chou towards the end of the Sung Dynasty, together with a general sketch of the Trade of the Arabs in China during the Thang and Sung eras.' *MRDTB*, 1928, **2**, 1; 1935, **7**, 1 (rev. P. Pelliot, *TP*, 1929, **26**, 364; S.E[lisséev], *HJAS*, 1936, **1**, 265). Chinese translation by Chhen Yü-Ching, Chung-hua, Peking, 1954.

KUWAKI, AYAO (1). 'The Physical Sciences in Japan, from the time of the first contact with the Occident until the time of the Meiji Restoration.' In *Scientific Japan, Past and Present*. Ed. Shinjo Shinzo, p. 243. IIIrd Pan-Pacific Science Congress, Tokyo, 1926.

DE LACOUPERIE, TERRIEN (3). 'On the Ancient History of Glass and Coal, and the Legend of Nu Kua's Coloured Stones in China.' *TP*, 1891, **2**, 234.

DE LACOUPERIE, T. (5). *The Calendar Plant of China, the Cosmic Tree, and the Date Palm of Babylonia*. Nutt & Luzac, London, 1890.

LALOY, L. (1). *Aristoxène de Tarente*. Paris, 1904.

LALOY, L. (2). *La Musique Chinoise*. Paris, 1910.

LANGE, H. (1). 'Die Kenntnis d. Missweisung oder magnetische Deklination bei dem Londoner Geoffrey Chaucer [+1380]." *FF*, 1935, **11**, 156.

LANGHORNE, J. & W. (1) (tr.). *Plutarch's 'Lives'*. London, 1770, 1823.

LANSER, O. (1). 'Zur Geschichte d. hydrometrischen Messwesens.' *BTG*, 1953, **15**, 25.

VON D. LASA, T. (1). *Zur Geschichte u. Literatur des Schachspiels*. Leipzig, 1897.

LASSWITZ, K. (1). *Geschichte d. Atomistik in Mittelalter bis Newton*. Leipzig, 1890; 2nd ed. 1926.

LAUFER, B. (1). *Sino-Iranica; Chinese Contributions to the History of Civilisation in Ancient Iran*. *FMNHP/AS*, 1919, **15**, no. 3 (Pub. no. 201) (rev. and crit. Chang Hung-Chao, *MGSC*, 1925 (ser. B), no. 5).

LAUFER, B. (3). *Chinese Pottery of the Han Dynasty*. (Pub. of the East Asiatic Cttee. of the Amer. Mus. Nat. Hist.). Brill, Leiden, 1909. (Reprinted Tientsin, 1940.)

LAUFER, B. (8). *Jade; a Study in Chinese Archaeology and Religion*. *FMNHP/AS*, 1912. Repub. in book form, Perkins, Westwood & Hawley, South Pasadena, 1946 (rev. P. Pelliot, *TP*, 1912, **13**, 434.)

LAUFER, B. (10). 'The Beginnings of Porcelain in China.' *FMNHP/AS*, 1917, **15**, no. 2 (Pub. no. 192) (includes description of +2nd-century cast-iron funerary cooking-stove).

LAUFER, B. (12). 'The Diamond; a study in Chinese and Hellenistic Folk-Lore.' *FMNHP/AS*, 1915, **15**, no. 1 (Pub. no. 184).

LAUFER, B. (14). 'Optical Lenses' (in China and India). *TP*, 1915, **16**, 169 and 562.

LAUFER, B. (16). 'Zur Geschichte d. Brille.' *MGGM*, 1907, **6**, 379.

LAUFER, B. (17). 'Historical Jottings on Amber in Asia.' *MAAA*, 1906, **1**, 211.

LAUFER, B. (18). 'The Prehistory of Television' (legends about mirrors showing events at long distance and future time). *SM*, 1928, **27**, 455.

LAUFER, B. (26). 'Chinese Pigeon Whistles.' *SAM*, 1908, 394.

LAYARD, A. H. (1). *Discoveries among the Ruins of Nineveh and Babylon*. London, 1845.

LECOMTE, LOUIS (1). *Nouveaux Mémoires sur l'État présent de la Chine*. Anisson, Paris, 1696. (Eng. tr. *Memoirs and Observations Topographical, Physical, Mathematical, Mechanical, Natural, Civil and Ecclesiastical, made in a late journey through the Empire of China, and published in several letters, particularly upon the Chinese Pottery and Varnishing, the Silk and other Manufactures, the Pearl Fishing, the History of Plants and Animals, etc. translated from the Paris edition, etc.* 2nd ed. London, 1698. Germ. tr. Frankfurt, 1699–1700.)

LEGGE, J. (1) (tr.). *The Texts of Confucianism, translated*: Pt. I. *The 'Shu king', the religious portions of the 'Shih Ching', the 'Hsiao Ching'.* Oxford, 1879. (*SBE*, no. 3; reprinted in various eds. Com. Press, Shanghai.) For the full version of the *Shu Ching* see Legge (10).

LEGGE, J. (2) (tr.). *The Chinese Classics, etc.*: Vol. 1. *Confucian Analects, The Great Learning, and the Doctrine of the Mean.* Legge, Hongkong, 1861; Trübner, London, 1861.

LEGGE, J. (3) (tr.). *The Chinese Classics, etc.*: Vol. 2. *The Works of Mencius.* Legge, Hongkong, 1861; Trübner, London, 1861.

LEGGE, J. (5) (tr.). *The Texts of Taoism.* (Contains (*a*) *Tao Tê Ching*, (*b*) *Chuang Tzu*, (*c*) *Thai Shang Kan Ying Phien*, (*d*) *Chhing Ching Ching*, (*e*) *Yin Fu Ching*, (*f*) *Jih Yung Ching*.) 2 vols. Oxford, 1891; photolitho reprint, 1927. (*SBE*, nos. 39 and 40.)

LEGGE, J. (7) (tr.). *The Texts of Confucianism*: Pt. III. *The 'Li Chi'.* 2 vols. Oxford, 1885; reprint, 1926. (*SBE*, nos. 27 and 28.)

LEGGE, J. (8) (tr.). *The Chinese Classics, etc.*: Vol. 4, Pts. 1 and 2. *'Shih Ching'; The Book of Poetry.* 1. The First Part of the *Shih Ching*; or, the Lessons from the States; and the Prolegomena. 2. The Second, Third and Fourth Parts of the *Shih Ching*; or the Minor Odes of the Kingdom, the Greater Odes of the Kingdom, the Sacrificial Odes and Praise-Songs; and the Indexes. Lane Crawford, Hongkong, 1871; Trübner, London, 1871. Repr., without notes, Com. Press, Shanghai, n.d.

LEGGE, J. (9) (tr.). *The Texts of Confucianism*: Pt. II. *The 'Yi King'* [*I Ching*]. Oxford, 1882, 1899. (*SBE*, no. 16.)

LEGGE, J. (10) (tr.). *The Chinese Classics, etc.*: Vol. 3, Pts. 1 and 2. *The 'Shoo King'* (*Shu Ching*). Legge, Hongkong, 1865; Trübner, London, 1865.

LEGGE, J. (11). *The Chinese Classics, etc.*: Vol. 5, Pts. 1 and 2. *The 'Ch'un Ts'ew' with the 'Tso Chuen'* (*Chhun Chhiu* and *Tso Chuan*). Lane Crawford, Hongkong, 1872; Trübner, London, 1872.

LEJEUNE, A. (1). 'Les Lois de la Réflexion dans l'Optique de Ptolémée.' *AC*, 1947, **15**, 241.

LEJEUNE, A. (2). 'Les Tables de Réfraction de Ptolémée.' *ASSB*, 1946, **60**, 93.

LEVIS, J. H. (1). *Foundations of Chinese Musical Art.* Vetch, Peiping, 1936.

LI HUI (1). 'A comparative study of the "Jew's Harp" among the Aborigines of Formosa and East Asia.' *AS/BIE*, 1956, **1**, 137.

LI SHU-HUA (2). 'Origine de la Boussole, II; Aimant et Boussole.' *ISIS*, 1954, **45**, 175. Engl. tr. with the addition of Chinese characters, *CHJ/T*, 1956, 1 (no. 1), 81. Separate publication (in Chinese and English), I-Wen Pub. Co., Thaipei, 1959.

LI SHU-HUA (3). 'Première Mention de l'Application de la Boussole à la Navigation.' *ORE*, 1954, **1**, 6.

LIAO WÊN-KUEI (1) (tr.). *The Complete Works of Han Fei Tzu; a Classic of Chinese Legalism.* 2 vols. Probsthain, London, 1939.

LIBES, A. (1). *Histoire philosophique des Progrès de la Physique.* 4 vols. Courcier, Paris, 1810–13.

LIBRI-CARRUCCI, G. B. I. T. (1). *Histoire des Sciences Mathématiques en Italie depuis la Renaissance des Lettres jusqu'à la Fin du 17ème Siècle.* 4 vols. Renouard, Paris, 1838–40.

LIESEGANG, F. P. (1). 'Der Missionar und China-geograph Martin Martini als erster Lichtbildredner.' *PRO*, 1937, **2**, 112.

LILLEY, S. (2). 'Attitudes to the Nature of Heat about the Beginning of the Nineteenth Century.' *A/AIHS*, 1948, **1**, 630.

LIN YÜ-THANG (1) (tr.). *The Wisdom of Lao Tzu* [*and Chuang Tzu*], *translated, edited, and with an introduction and notes.* Random House, New York, 1948.

VAN DER LINDE, A. (1). *Geschichte u. Litteratur d. Schachspiels.* Springer, Berlin, 1874.

VAN DER LINDE, A. (2). *Quellenstudien z. Gesch. d. Schachspiels.* Springer, Berlin, 1881.

VON LIPPMANN, E. O. (1). *Entstehung und Ausbreitung der Alchemie ... Ein Beitrag zur Kulturgeschichte.* Springer, Berlin, 1919.

VON LIPPMANN, E. O. (2). 'Geschichte d. Magnet-Nadel bis zur Erfindung des Kompasses (gegen +1300).' *QSGNM*, 1933, **3**, 1. Also separately published, Springer, Berlin, 1932.

VON LIPPMANN, E. O. (3). *Abhandlungen und Vorträge zur Geschichte d. Naturwissenschaft.* Veit, Leipzig, 1913. Has (*a*) 'Chemisches bei Marco Polo', p. 258; (*b*) 'Die spezifische Gewichtsbestimmung bei Archimedes', p. 168; (*c*) 'Zur Gesch. d. Saccharometers u. d. Senkspindel', pp. 171, 177, 183, etc.

LISSMANN, H. W. (1). 'Continuous Electrical Signals from the tail of a Fish *Gymnarchus niloticus*.' *N*, 1951, **167**, 201.

LISSMANN, H. W. (2). 'On the Function and Evolution of Electric Organs in Fish.' *JEB*, 1953, **35**, 156.

LISSMANN, H. W. & MACHIN, K. E. (1). 'The Mechanism of Object Location in *Gymnarchus niloticus* and similar Fish.' *JEB*, 1958, **35**, 451.

VAN DER LITH, P. A. & DEVIC, L. M. (1) (tr.). *Le Livre des Merveilles de l'Inde* (the '*Aj'āib al-Hind* by Buzurj ibn Shahriyār al-Rāmhurmuzī, +953). Brill, Leiden, 1883.

LU GWEI-DJEN, SALAMAN, R. A. & NEEDHAM, JOSEPH (1). 'The Wheelwright's Art in Ancient China; I, The Invention of "Dishing".' *PHY*, 1959, **1**, 103.

MCADAMS, W. H. (1). *Heat Transmission*. McGraw-Hill, New York, 1942.

MCGOWAN, D. J. (5). Note on 'the art of making luminous paint in the Celestial Empire' (i.e. on artificial phosphors in medieval China). *SC*, 1883, **2**, 698. (Abstract of a communication to *NCH*.)

MCPHEE, C. (1). 'The Five-Tone Gamelan Music of Bali.' *MUQ*, 1949, **35**, 250.

MCPHEE, C. (2). *A House in Bali*. New York, 1944.

MA HÊNG (1). *The Fifteen Different Classes of Measures as given in the 'Lü Li Chih' of the 'Sui Shu'*, tr. J. C. Ferguson. Privately printed, Peiping, 1932. (Ref. W. Eberhard, *OAZ*, 1933, **9** (**19**), 189.)

MACHABEY, A. (1). *Mémoire sur l'Histoire de la Balance et de la Balancerie*. Impr. Nat. Paris, 1949.

MAHDIHASSAN, S. (10). 'The Chinese Origin of the Indian Terms for Climate and of the Arabic word for Magnet.' *PAKJS*, 1956, **8**, 127.

MAHILLON, V. C. (1). *Catalogue descriptif et analytique du Musée instrumental du Conservatoire royal de Musique de Bruxelles* (Chinese Section). 4 vols. Hoste, Gand, 1886, 1893, 1912.

MAIER, A. (1). *Die Impetustheorie der Scholastik*. Vienna, 1940.

MAIER, A. (2). 'Der Funktionsbegriff in der Physik des 14. Jahrhunderts.' *DI*, 1946, **24**, 147. Repr. in (3).

MAIER, A. (3). *Die Vorläufer Galileis im 14. Jahrhundert; Studien zur Naturphilosophie d. Spätscholastik*. Ed. di Storia e Lett., Rome, 1949. Crit. rev. A. Koyré, *A/AIHS*, 1951, **4**, 769.

MAIER, A. (4). *An der Grenze der Scholastik und Naturwissenschaft*. Essen, 1943 (rev. E. J. Dijksterhuis, *ISIS*, 1949, **40**).

MAIER, A. (5). 'La Doctrine de Nicolas d'Oresme sur les *Configurationes Intensionum*.' *RSPT*, 1948, **32**, 52.

MAIER, A. (6). 'Die Anfänge des physikalischen Denkens im 14 Jahrhundert.' *PN*, 1950, **1**.

MAIER, A. (7). *Zwischen Philosophie und Mechanik*. Ed. di Storia e Lett., Rome, 1958. (Studien zur Naturphilosophie der Spätscholastik, no. 5.)

MAILLARD, M. (1). 'Note sur la Fabrication des Miroirs Magiques Chinois.' *CRAS*, 1853, **37**, 178.

MARCUS, G. J. (1). 'The Navigation of the Norsemen.' *MMI*, 1953, **39**, 112.

MARTIN, T. HENRI (1). *La Foudre, l'Électricité et le Magnétisme chez les Anciens*. Didier, Paris, 1866.

MARTIN, W. A. P. (3). *Hanlin Papers*. 2 vols. Vol. 1, Trübner, London, 1880, Harper, New York, 1880; vol. 2, Kelly & Walsh, Shanghai, 1894.

MARTIN, W. A. P. (5). 'Isis and Osiris; or, Oriental Dualism.' *CRR*, 1867. Repr. in Martin (3), vol. 1, p. 203.

MARTIN, W. A. P. (6). 'The Cartesian Philosophy before Descartes' (centrifugal cosmogony, luminiferous aether, etc., in Neo-Confucianism). *JPOS*, 1888, **2**, 121. Repr. in Martin (3), vol. 2, p. 207.

MASON, G. H. (1). 'The Costume of China.' Miller, London, 1800.

MASON, O. T. (1). 'Primitive Travel and Transportation.' *ARUSNM*, 1894, 237.

MASPERO, H. (17). 'La Vie Privée en Chine à l'Époque des Han.' *RAA/AMG*, 1931, 185.

MASTERS, D. (1). *The Wonders of Salvage*. Lane, London, 1924.

MAY, W. E. (1). 'Historical Notes on the Deviation of the Compass.' *TM*, 1947, 217.

MAY, W. E. (2). 'The History of the Magnetic Compass.' *MMI*, 1952, **38**, 210.

MAY, W. E. (3). 'Hugues de Berze and the Mariner's Compass.' *MMI*, 1953, **39**, 103.

MAY, W. E. (4). 'The Birth of the Compass.' *JIN*, 1949, **2**, 259.

MAY, W. E. (5). 'Alexander Neckham (c. +1187) and the Pivoted Compass Needle.' *JIN*, 1955, **8**, 283.

MAYERS, W. F. (1). *Chinese Reader's Manual*. Presbyterian Press, Shanghai, 1874; reprinted, 1924.

MAZAHERI, A. (3). 'L'Origine Chinoise de la Balance "Romaine".' *AHES/AESC*, 1960, **15** (no. 5), 833.

MAZZARINI, S. (1). *Aspetti Sociali del Quarto Secolo*. Rome, 1952.

MEDHURST, W. H. (1) (tr.). *The 'Shoo King' [Shu Ching], or Historical Classic* (Ch. and Eng.). Mission Press, Shanghai, 1846.

MEIBOM, MARCUS (ed.) (1). *Antiquae Musicae Auctores Septem*. Elzevir, Amsterdam, 1652. (including Aristides Quintilianus' *De Musica*, +1st cent., Nicomachus of Gerasa, *Encheiridion Harmonices*, +2nd cent., etc.)

DE MÉLY, F. (1). *Les Lapidaires Chinois*. Vol. 1 of *Les Lapidaires de l'Antiquité et du Moyen Âge*. Leroux, Paris, 1896. (Contains facsimile reproduction of the mineralogical section of *Wakan Sanzai Zue* chs. 59 and 60.) Crit. rev. M. Berthelot, *JS*, 1896, 573.

DE MENDOZA, JUAN GONZALES (1). *Historia de las Cosas mas notables, Ritos y Costumbres del Gran Reyno de la China, sabidas assi por los libros de los mesmos Chinas, como por relacion de religiosos y oltras personas que an estado en el dicho Reyno.* Rome, 1585 (in Spanish). Eng. tr. Robert Parke, 1588 (1589), *The Historie of the Great & Mightie Kingdome of China and the Situation thereof; Togither with the Great Riches, Huge Citties, Politike Gouvernement and Rare Inventions in the same* [undertaken 'at the earnest request and encouragement of my worshipfull friend Master Richard Hakluyt, late of Oxforde ']. Reprinted in Spanish, Medina del Campo, 1595; Antwerp, 1596 and 1655; Ital. tr. Venice (3 editions), 1586; Fr. tr. Paris, 1588 and 1589; Germ. and Latin tr. Frankfurt, 1589. Ed. G. T. Staunton, Hakluyt Soc. Pub. 1853.

MERSENNE, MARIN (1). *Harmonie Universelle.* Paris, 1636.

MEYER, E. (1). 'Zur Geschichte d. Anwendungen der Festigkeitslehre im Maschinenbau....' *BGTI,* 1909, 1, 108.

MEYERHOF, M. (1). 'Ibn al-Nafīs und seine Theorie d. Lungenkreislaufs.' *QSGNM,* 1935, 4, 37.

MEYERHOF, M. (2). 'Ibn al-Nafīs (+13th century) and his Theory of the Lesser Circulation.' *ISIS,* 1935, 23, 100.

DE MEYNARD, C. BARBIER & DE COURTEILLE, P. (1) (tr.). *Les Prairies d'Or* (the *Murūj al-Dhabab* of al-Mas'ūdī, +947). 9 vols. Paris, 1861–77.

MICHAELIS, G. A. (1). *Über das Leuchten der Ostsee nach eigener Beobachtungen.* Hamburg, 1830.

MICHEL, H. (6). 'Notes sur l'Histoire de la Boussole.' *CAM,* 1950, 5, 1.

MIELI, ALDO (1). *La Science Arabe, et son Rôle dans l'Évolution Scientifique Mondiale.* Brill, Leiden, 1938.

MIKAMI, Y. (13). 'On Mayeno [Ryōtaku's] Description of the Parallelogram of Forces [in the MS. *Hon-yaku Undō-hō* (c. +1780)]. *NAW,* 1913, 11, 76.

MILLER, K. (3). *Die Erdmessung im Altertum und ihr Schicksal.* Strecker & Schröder, Stuttgart, 1919.

MILLS, J. V. (1). 'Malaya in the *Wu Pei Chih* Charts.' *JRAS/M,* 1937, 15 (no. 3), 1.

MILLS, J. V. (4). MS. Translation of ch. 9 of the *Tung Hsi Yang Khao* (Studies on the Oceans East and West.) Unpub.

MILLS, J. V. (5). MS. Translation of *Shun Fêng Hsiang Sung* (Fair Winds for Escort). Bodleian Library, Laud Orient. MS. no. 145. Unpub.

MINAKATA, K. (2). 'Chinese Theories of the Origin of Amber.' *N,* 1895, 51, 294.

MITCHELL, A. CRICHTON (1). 'Chapters in the History of Terrestrial Magnetism [I. The Discovery of Directivity].' *TM,* 1932, 37, 105.

MITCHELL, A. CRICHTON (2). 'Chapters in the History of Terrestrial Magnetism [II. The Discovery of Declination].' *TM,* 1937, 42, 241.

MITCHELL, A. CRICHTON (3). 'Chapters in the History of Terrestrial Magnetism [III. The Discovery of Dip].' *TM,* 1939, 44, 77.

MITCHELL, A. CRICHTON (4). 'Chapters in the History of Terrestrial Magnetism [IV. The Development of Magnetic Science in Classical Antiquity].' *TM,* 1946, 51, 323.

DE MOIDREY, J. & LOU [LU], F. (1). *Saecular Variations of Magnetic Elements in the Far East.* Étude no. 39 de l'Observatoire de Magnétisme Terrestre à Zi-ka-wei et Lu-kia-pong, Shanghai, 1932. (See also *Proc. Vth Pacific Science Congress,* Canada, 1933, vol. 3, p. 1853.)

VON MÖLLENDORFF, O. F. (1). 'Schachspiel d. Chinesen.' *MDGNVO,* 1876, 2, 11.

MONTANDON, G. (1). *L'Ologénèse Culturelle; Traité d'Ethnologie Cyclo-Culturelle et d'Ergologie Systématique.* Payot, Paris, 1934.

MONTELL, G. (1). 'Thou-Hu: the Ancient Chinese Pitch-Pot Game.' *ETH,* 1940, 5 (no. 1–2), 70.

MOODY, E. A. (1). 'Galileo and Avempace [Ibn Bājjah]; the Dynamics of the Leaning Tower Experiment.' *JHI,* 1951, 12, 163, 375.

MOODY, E. A. & CLAGETT, MARSHALL (1) (ed. and tr.). *The Mediaeval Science of Weights ('Scientia de Ponderibus'); Treatises ascribed to Euclid, Archimedes, Thābit ibn Qurra, Jordanus de Nemore, and Blasius of Parma.* Univ. of Wisconsin Press, Madison, Wis., 1952. (Revs. E. J. Dijksterhuis, *A/AIHS,* 1953, 6, 504; O. Neugebauer, *SP,* 1953, 28, 596.)

DE MORANT, GEORGES SOULIÉ (1). *La Musique en Chine.* Paris, 1911.

MORGAN, E. (1) (tr.). *Tao the Great Luminant; Essays from 'Huai Nan Tzu',* with introductory articles, notes and analyses. Kelly & Walsh, Shanghai, n.d. (1933?).

MOTZO, B. R. (1). *'Il Compasso da Navigare'; opera Italiana della metà del Secolo XIII* [+1253]. Univ. Cagliari, 1947. (Annali d. Fac. di Lett. e Filosofia, Univ. di Cagliari, no. 8.)

MOULE, A. C. (5). 'The Wonder of the Capital' (the Sung books *Tu Chhêng Chi Shêng* and *Mêng Liang Lu* about Hangchow). *NCR,* 1921, 3, 12, 356.

MOULE, A. C. (7). 'The Chinese South-Pointing Carriage.' *TP,* 1924, 23, 83. Chinese tr. by Chang Yin-Lin (5).

MOULE, A. C. (10). 'A List of the Musical and other Sound-producing Instruments of the Chinese.' *JRAS/NCB,* 1908, 39, 1–162.

MOULE, A. C. (15). *Quinsai, with other Notes on Marco Polo.* Cambridge, 1957.

MOULE, A. C. & GALPIN, F. W. (1). 'A Western Organ in Mediaeval China.' *JRAS*, 1926, 193; 1928, 899.
MOULE, A. C. & YETTS, W. P. (1). *The Rulers of China, −221 to +1949; Chronological Tables compiled by A. C. Moule, with an Introductory Section on the Earlier Rulers, ca. −2100 to −249 by W. P. Yetts.* Routledge & Kegan Paul, London, 1957.
MOULE, G. E. (2). 'Notes on the Ting-Chi, or Half-Yearly Sacrifice to Confucius.' *JRAS/NCB*, 1900, 33, 37.
MUKERJI, RADHAKAMUD (1). *Indian Shipping; a History of the Sea-Borne Trade and Maritime Activity of the Indians from the Earliest Times.* Longmans Green, Bombay and Calcutta, 1912.
MURAOKA, HANICHI (1). 'Erklärung d. "magischen" Eigenschaften des japanischer Bronzespiegels und seiner Herstellung.' *MDGNVO*, 1884, no. 31.
MURAOKA, HANICHI (2). 'Herstellung der japanischen "magischen" Spiegel und Erklärung der "magischen" Erscheinungen derselben.' *ANP* (Wiedemann's), 1884, 22, 246.
MURAOKA, HANICHI (3). 'Über den japanischen "magischen" Spiegel.' *ANP* (Wiedemann's), 1885, 25, 138.
MURAOKA, HANICHI (4). 'Über die Deformation der Metallplatten durch Schleifen.' *ANP* (Wiedemann's), 1886, 29, 471.
MURRAY, H. J. R. (1). *A History of Chess.* Oxford, 1913.
MURRAY, H. J. R. (2). *A History of Board-Games other than Chess.* Oxford, 1952.

NEEDHAM, JOHN TURBERVILLE (2). 'Part of a letter from Mr Turberville Needham to James Parsons, M.D., F.R.S. of a new Mirror, which burns at 66 ft. distance, invented by Mr de Buffon, F.R.S. and Member of the Royal Academy of Sciences at Paris.' *PTRS*, 1747, 44, 493.
NEEDHAM, JOSEPH (2). *A History of Embryology.* Cambridge, 1934. Revised ed. Cambridge, 1959; Abelard-Schuman, New York, 1959.
NEEDHAM, JOSEPH (31). 'Remarks on the History of Iron and Steel Technology in China' (with French translation: 'Remarques relatives à l'Histoire de la Sidérurgie Chinoise'). In *Actes du Colloque International 'Le Fer à travers les Âges'*, pp. 93, 103. Nancy, Oct. 1955. (*AEST*, 1956, Mémoire no. 16.)
NEEDHAM, JOSEPH (32). *The Development of Iron and Steel Technology in China.* Newcomen Soc. London, 1958. (Second Biennial Dickinson Memorial Lecture, Newcomen Society.)
NEEDHAM, JOSEPH (38). 'The Missing Link in Horological History; a Chinese Contribution.' *PRSA*, 1959, 250, 147. (Wilkins Lecture, Royal Society.)
NEEDHAM, JOSEPH & ROBINSON, K. (1). 'Ondes et Particules dans la Pensée Scientifique Chinoise.' *SCIS*, 1960, 1 (no. 4), 65.
NEEDHAM, JOSEPH, WANG LING & PRICE, DEREK J. DE S. (1). *Heavenly Clockwork; the Great Astronomical Clocks of Medieval China.* Cambridge, 1960. (Antiquarian Horological Society Monographs, no. 1.) Prelim. pub. *AHOR*, 1956, 1, 153.
NEEDHAM, JOSEPH, WANG LING & PRICE, DEREK J. DE S. (2). 'Chinese Astronomical Clockwork.' *N*, 1956, 177, 600. Chinese tr. by Hsi Tsê-Tsung, *KHTP*, 1956 (no. 6), 100.
NEEDHAM, JOSEPH, WANG LING & PRICE, DEREK J. DE S. (3). 'Chinese Astronomical Clockwork.' *Actes du VIIIᵉ Congrès International d'Histoire des Sciences*, p. 325. Florence, 1956.
NEUBERG, F. (1). *Glass in Antiquity.* Art Trade Press, London, 1949.
NEUBURGER, A. (1). *The Technical Arts and Sciences of the Ancients.* Methuen, London, 1930. Tr. H. L. Brose from *Die Technik d. Altertums.* Voigtländer, Leipzig, 1919. (The English version inexcusably omits all the references to the literature.)
NEUGEBAUER, O. (4). 'The Study of Wretched Subjects' (a defence of the study of ancient and medieval pseudo-sciences for the unravelling of the threads of the growth of true science, and for the understanding of the mental climate of the early discoverers). *ISIS*, 1951, 42, 111. Cf. Pagel (5).
NEUMANN, B. & KOTYGA, G. (1) (with the assistance of M. Rupprecht & H. Hoffman). 'Antike Gläser.' *ZAC*, 1925, 38, 776, 857; 1927, 40, 963; 1928, 41, 203; 1929, 42, 835.
NIEMANN, W. (1). 'J. F. Kammerer, der Erfinder der Phosphor-Zundhölzer.' *AGNT*, 1918, 8, 206.
NORLIND, T. (1). 'History of Chinese Musical Instruments.' *STMF*, 1933, 48.

O'DEA, W. T. (1). *Darkness into Daylight.* London, 1948.
O'DEA, W. T. (2). *The Social History of Lighting.* Routledge & Kegan Paul, London, 1958.
OGDEN, C. K. & WOOD, JAMES (1). 'Sound and Colour', and 'Colour-Harmony.' *CM*, 1921, 11 (no. 1), 9, 20 (decennial number).
OLIVER, G. H. (1). 'The History of the Invention and Discovery of Spectacles.' *BMJ*, 1913, 1049.
OLIVER, G. H. (2). *History of the Invention and Discovery of Spectacles.* London, 1913.
O'MALLEY, C. D. (1). 'A Latin Translation (+1547) of Ibn al-Nafīs, related to the Problem of the circulation of the Blood.' *JHMAS*, 1957, 12, 248. Abstract in *Actes du VIIIᵉ Congrès International d'Histoire des Sciences*, p. 716. Florence, 1956.

ORE, OYSTEIN (1). *Cardano, the Gambling Scholar*. Princeton Univ. Press, Princeton, N.J., 1953.
OSANN, G. W. (1). 'Über einige neue Lichtsauger von vorzüglicher Stärke.' *AGNL*, 1825, **5**, 88.

PAGEL, W. (4). 'William Harvey; Some Neglected Aspects of Medical History.' *JWCI*, 1944, **7**, 144.
PAGEL, W. (5). 'The Vindication of "Rubbish".' *MHJ*, 1945. Cf. Neugebauer (4).
PAGET, SIR RICHARD (2). *Human Speech*. Kegan Paul, London, 1930.
PAPANASTASIOU, C. E. (1). *Les Théories sur la Nature de la Lumière de Descartes à nos Jours*. Paris, 1935.
DE PAREJA, BARTHOLOMÉ RAMOS (1). *De Musica Tractatus, explicit Musica Practica*. Bologna, 1482.
PARKER, E. H. (1). 'Glass in China.' *CR*, 1886, **15**, 372; 1887, **16**, 48 & 129; 1888, **17**, 114; 1889, **18**, 196, 197.
PARKER, E. H. (2). 'The Early Laos and China.' *CR*, 1890, **19**, 67.
PARKER, E. H. (3). 'The Old Thai or Shan Empire of Western Yunnan.' *CR*, 1891, **20**, 337.
PARNELL, J. (1). Letter on Magic Mirrors. *N*, 1877, **16**, 227.
PARTINGTON, J. R. (2). 'The Origins of the Atomic Theory.' *ANS*, 1939, **4**, 245.
PAUSCHMANN, G. (1). 'Zur Geschichte d. linsenlosen Abbildung.' *AGNT*, 1919, **9**, 86.
PECK, A. L. (3). 'Anaxagoras and the Parts.' *CQ*, 1926, **20**, 57.
PECK, A. L. (4). 'Anaxagoras; Predication as a Problem in Physics.' *CQ*, 1931, **25**, 27, 112.
DE PEIRESC, C. N. FABRI. See Gassendi.
PELLIOT, P. (2a). 'Les Grands Voyages Maritimes Chinois au Début du 15e Siecle' (review of Duyvendak, 10). *TP*, 1933, **30**, 237.
PELLIOT, P. (2b). 'Notes additionelles sur Tcheng Houo [Chêng Ho] et sur ses Voyages.' *TP*, 1934, **31**, 274.
PELLIOT, P. (2c). 'Encore à Propos des Voyages de Tcheng Houo [Chêng Ho].' *TP*, 1936, **32**, 210.
PELLIOT, P. (9). 'Mémoire sur les Coutumes de Cambodge' (a translation of Chou Ta-Kuan's *Chen-La Fêng Thu Chi*). *BEFEO*, 1902, **2**, 123. Revised version; Paris, 1951, see Pelliot (33).
PELLIOT, P. (17). 'Deux Itinéraires de Chine à l'Inde à la Fin du 8e Siècle.' *BEFEO*, 1904, **4**, 131.
PELLIOT, P. (23). Review of Lo Chen-Yü (2) and Tomioka (1), on bronze mirrors. *TP*, 1921, **20**, 142.
PELLIOT, P. (30). Note on Han relations with South-East Asian countries, with tr. of a passage from *CHS*, ch. 28B, in review of Hirth & Rockhill. *TP*, 1912, **13**, 446 (457).
PELLIOT, P. (33) (tr.). *Mémoire sur les Coutumes de Cambodge de Tcheou Ta-Kouan [Chou Ta-Kuan]; Version Nouvelle, suivie d'un Commentaire inachevé*. Maisonneuve, Paris, 1951. (Œuvres Posthumes, no. 3.)
PELLIOT, P. (43). Criticism of Laufer (8) on Jade, with note on glass technology in China. *TP*, 1912, **13**, 434.
PELLIOT, P. (44). 'Un Fragment du *Suvarṇaprabhāsa Sūtra* en Iranien Oriental.' *MSLP*, 1913, **18**, 89.
PELLIOT, P. (45). 'Les Franciscains en Chine au 16e et au 17e Siècles.' *TP*, 1938, **34**, 191.
PERSON, M. (1). 'Observations faites sur des Miroirs Chinois dits Magiques.' *CRAS*, 1847, **24**, 1111.
PESCHEL, O. (1). *Abhandlungen zur Erd- und Völker-kunde*. 2 vols., ed. J. Löwenberg. Leipzig, 1877, 1878.
PESCHEL, O. (2). *Geschichte der Erdkunde bis auf Alexander von Humboldt und Carl Ritter*, 2nd ed., ed. S. Ruge, 1877, reprinted without change 1961.
PEYRARD, F. (1) (tr.). *Traité de l'Équilibre des Plans ou de leurs Centres de Gravité* (Part of the Œuvres d'Archimède). Paris, 1807.
PFISTER, L. (1). *Notices Biographiques et Bibliographiques sur les Jésuites de l'Ancienne Mission de Chine* (+1552 to +1773). 2 vols. Mission Press, Shanghai, 1932 (*VS* no. 59).
PFIZMAIER, A. (58) (tr.). 'Ungewöhnliche Erscheinungen und Zufälle in China um die Zeiten der Südlichen Sung.' *SWAW/PH*, 1875, **79**, 362. (Tr. chs. 30–4 (*Wu Hsing Chih*) of (*Liu*) *Sung Shu*.)
PFIZMAIER, A. (98) (tr.). 'Die Anwendung und d. Zufälligkeiten des Feuers in d. alten China.' *SWAW/PH*, 1870, **65**, 767, 777, 786, 799. (Tr. chs. 868, 869 (fire and fire-wells), 870 (lamps, candles and torches), 871 (coal), of *Thai-Phing Yü Lan*.)
PHELPS, D. L. (1). 'The Place of Music in the Platonic and Confucian Systems of Moral Education.' *JRAS/NCB*, 1928, **59**, 128.
PICKEN, L. E. R. (1) 'The Music of Far Eastern Asia, I. China.' In *New Oxford History of Music*, vol. 1, pp. 83, 190. Oxford, 1957.
PICKEN, L. E. R. (2). 'The Music of Far Eastern Asia, II. Countries other than China' (Mongolia, Sinkiang, Tibet, Korea, the Miao peoples, the Lo-lo and Min-chia peoples, the Nagas, Annam, Cambodia, Siam, Burma, Java, Sumatra and Nias, Bali and other islands of the Indonesian archipelago). In *New Oxford History of Music*, vol. 1, pp. 135, 190. Oxford, 1957.
PICKEN, L. E. R. (3). 'Chinese Music.' Lecture delivered before the Britain–China Friendship Association (Cambridge Branch), 3rd June 1954.
PICKEN, L. E. R. (4). 'Twelve Ritual Melodies of the Thang Dynasty.' In *Studia Memoriae Bela Bartók Sacra*, p. 147. National Academy, Budapest, 1956.
PICKEN, L. E. R. (5). 'Chiang Khuei's *Nine Songs for Yüeh* [+1202].' *MUQ*, 1957, **43**, 201.

PICKEN, L. E. R. (6). 'The Origin of the Short Lute.' *GSJ*, 1955, **8**, 1.

PINES, S. (1). *Beiträge z. islamischen Atomlehre.* Berlin, 1936.

PINES, S. (2). 'Les Précurseurs Mussulmans de la Théorie de l'Impétus.' *A*, 1938.

PINOT, V. (1). *La Chine et la Formation de l'Esprit Philosophique en France* (+1640 to +1740). Geuthner, Paris, 1932.

PLEDGE, H. T. (1). *Science since +1500.* HMSO, London, 1939.

POGGENDORFF, J. C. (1). *Geschichte d. Physik.* Barth, Leipzig, 1879.

DELLA PORTA, J. B. (GIAMBATTISTA) (1). *Magia Naturalis.* Naples, 1558, 1589; Antwerp, 1561. Eng. tr. by R. Gaywood, Young & Speed, London, 1658; Wright, London, 1669. Fascimile edition of the 1658 edition, ed. D. J. de S. Price, Basic Books, New York, 1957. Bibliography in John Ferguson (2).

PRENER, J. S. & SULLENGER, D. B. 'Phosphors.' *SAM*, 1954, **191** (no. 4), 62.

PRIESTLEY, JOSEPH (1). *History and Present State of Discoveries relating to Vision, Light and Colours.* Johnson, London, 1772.

PRINSEP, J. (1). On a Chinese 'Magic Mirror'. *JRAS/B*, 1832, **1**, 242.

PRZYŁUSKI, J. (3). 'La Divination par l'Aiguille Flottante et par l'Araignée dans la Chine Méridionale.' *TP*, 1914, **15**, 214.

DA RADA, MARTÍN (1). 'Narrative of his Mission to Fukien (June–Oct. 1575).' 'Relation of the things of China, which is properly called Taybin [Ta Ming].' Tr. and ed. Boxer (1).

RAKUSEN, C. P. (1). 'History of Chinese Spectacles.' *CMJ*, 1938, **53**, 379. 'Optics in China' (only on opticians' practice in the treaty ports). *NYSOAYB*, 1930, 361.

RAMES, BARTOLO. See de Pareja.

RAMOS, BARTOLO. See de Pareja.

RASMUSSEN, O. D. (1). *Old Chinese Spectacles.* North China Press, Tientsin, 1915. 2nd ed., enlarged. *Chinese Eyesight and Spectacles.* Pr. pr. Tonbridge, 1949.

RASMUSSEN, S. E. (1). *Towns and Buildings.* Univ. Press, Liverpool, 1951 (translated from the Danish of 1949 by Eve Wendt). Original edition different in many ways.

READ, BERNARD E. (1) (with LIU JU-CHHIANG). *Chinese Medicinal Plants from the 'Pên Ts'ao Kang Mu' A.D. 1596... a Botanical, Chemical and Pharmacological Reference List.* (Publication of the Peking Nat. Hist. Bull.). French Bookstore, Peiping, 1936 (chs. 12–37 of *Pên Tshao Kang Mu*) (rev. W. T. Swingle, *ARLC/DO*, 1937, 191).

READ, BERNARD E. (2) (with LI YÜ-THIEN). *Chinese Materia Medica; Animal Drugs.*

		Serial nos.	Corresp. with chaps. of *Pên Tshao Kang Mu*
Pt. I	Domestic Animals	322–349	50
II	Wild Animals	350–387	51 *A* and *B*
III	Rodentia	388–399	51 *B*
IV	Monkeys and Supernatural Beings	400–407	51 *B*
V	Man as a Medicine	408–444	52

PNHB, 1931, **5** (no. 4), 37–80; **6** (no. 1), 1–102. (Sep. issued, French Bookstore, Peiping, 1931.)

READ, BERNARD, E. (3) (with LI YÜ-THIEN). *Chinese Materia Medica; Avian Drugs.*

Pt. VI	Birds	245–321	47, 48, 49

PNHB, 1932, **6** (no. 4), 1–101. (Sep. issued, French Bookstore, Peiping, 1932.)

READ, BERNARD E. (4) (with LI YÜ-THIEN). *Chinese Materia Medica; Dragon and Snake Drugs.*

Pt. VII	Reptiles	102–127	43

PNHB, 1934, **8** (no. 4), 297–357. (Sep. issued, French Bookstore, Peiping, 1934.)

READ, BERNARD E. (5) (with YU CHING-MEI). *Chinese Materia Medica; Turtle and Shellfish Drugs.*

Pt. VIII	Reptiles and Invertebrates	199–244	45, 46

PNHB (Suppl.), 1939, 1–136. (Sep. issued, French Bookstore, Peiping, 1937.)

READ, BERNARD E. (6) (with YU CHING-MEI). *Chinese Materia Medica; Fish Drugs.*

Pt. IX	Fishes (incl. some amphibia, octopoda and crustacea)	128–198	44

	Serial nos.	Corresp. with chaps. of *Pên Tshao Kang Mu*

PNHB (Suppl.), 1939. (Sep. issued, French Bookstore, Peiping, n.d. prob. 1939.)

READ, BERNARD E. (7) (with YU CHING-MEI). *Chinese Materia Medica; Insect Drugs.*
Pt. X   Insects (incl. arachnidae, etc.)   1–101   39, 40, 41, 42
PNHB (Suppl.), 1941. (Sep. issued, Lynn, Peiping, 1941.)

READ, BERNARD E. (8). *Famine Foods listed in the 'Chiu Huang Pên Tshao'.* Lester Institute, Shanghai, 1946.

READ, BERNARD E. & PAK, C. (PAK KYEBYŎNG) (1). *A Compendium of Minerals and Stones used in Chinese Medicine, from the 'Pên Ts'ao Kang Mu'* by Li Shih-Chen (+1597). PNHB, 1928, 3 (no. 2), i–vii, 1–120. (Revised and enlarged, issued separately, French Bookstore, Peiping, 1936 (2nd ed.).) Serial nos. 1–135, corresp. with chs. of *Pên Tshao Kang Mu*, 8, 9, 10, 11.

REIN, J. J. (1). *Industries of Japan; together with an Account of its Agriculture, Forestry, Arts and Commerce.* Hodder & Stoughton, London, 1889.

REISCHAUER, E. O. (2) (tr.). *Ennin's Diary; the Record of a Pilgrimage to China in Search of the Law* (the *Nittō Guhō Junrei Gyōki*). Ronald Press, New York, 1955.

REISCHAUER, E. O. (3). *Ennin's Travels in Thang China.* Ronald Press, New York, 1955.

RENOU, L. & FILLIOZAT, J. (1). *L'Inde Classique; Manuel des Études Indiennes.*
Vol. 1, with the collaboration of P. Meile, A. M. Esnoul & L. Silburn. Payot, Paris, 1947.
Vol. 2, with the collaboration of P. Demiéville, O. Lacombe, & P. Meile. École Française d'Extrême Orient, Hanoi, 1953; Impr. Nationale, Paris, 1953.

DE RHODES, ALEXANDRE (1). *Dictionarum Annnamiticum Lusitanum et Latinum ope sacrae congregationis de propaganda fide in lucem editum....* Typ. Sacr. Congreg. Rome, 1651, 1667.

RICCIOLI, J. B. (1). *Geographia et Hydrographia Reformata.* Bologna, 1661.

RICHARDSON, J. C. (1). 'On the ignition of petroleum by the heat of quicklime in contact with water; one of the proposed explanations of Greek fire—an experimental demonstration. *N*, 1927, 120, 165.

RIDGEWAY, SIR WM. (1). 'The Game of Polis and Plato's Republic.' *JHS*, 1896, 16, 288.

RIDLEY, MARKE (1). *A Short Treatise of Magneticall Bodies and Motions.* Okes, London, 1613.

RITCHIE, P. D. (1). 'Spectrographic Studies on Ancient Glass; Chinese Glass from the pre-Han to Thang times.' *TSFFA*, 1937, 5, 209; 6, 155.

ROBINS, F. W. (3). *The Story of the Lamp.* Oxford, 1939.

ROBINSON, K. (1). *A Critical Study of Ju Dzai-Yü's [Chu Tsai-Yü's] Account of the System of the Lü-Lü or Twelve Musical Tubes in Ancient China.* Inaug. Diss. Oxford, 1948.

ROBINSON, K. (2). 'A Possible Use of Music for Divination.' Unpub. paper.

ROBINSON, K. (3). 'Chinesische Musik, I. Geschichtliche Entwicklung von der Frühzeit (Shang-dynastie) bis zum Ende der Han-Zeit (−1523 bis +206).' Germ. tr. by H. Eckardt. In *Die Musik in Geschichte und Gegenwart*. Ed. F. Blume, vol. 2, cols. 1195–1205. Kassel and Basel, 1952. Cf. Eckardt (1).

ROBINSON, K. (4). 'Ichthy-Acoustics.' *ACSS*, 1953, 67.

ROBINSON, K. (5). 'New Thoughts on Ancient Chinese Music.' *ACSS*, 1954, 30.

ROCKHILL, W. W. (1). 'Notes on the Relations and Trade of China with the Eastern Archipelago and the Coast of the Indian Ocean during the 15th Century.' *TP*, 1914, 15, 419; 1915, 16, 61.

ROCKHILL, W. W. (2). 'Notes on the Ethnology of Tibet.' *ARUSNM*, 1893, 669.

VON ROHR, M. (2). 'Contributions to the History of the Spectacle Trade from the earliest times to Thomas Young.' *TOPS*, 1923, 25, 41.

RONCHI, V. (1). *Storia della Luce.* Zanichelli, Bologna, 1939. French tr. *Histoire de la Lumière*, by J. Taton. Sevpen, Paris, 1956. (Pub. Bibl. Gén. de l'École Prat. des Htes. Études, VIe Section.)

RONCHI, V. (2). 'Sul Contributo di Ibn al-Haitham alle Teorie della Visione e della Luce.' *Proceedings of the VIIth International Congress of the History of Science*, p. 516. Jerusalem, 1953.

RONCHI, V. (3). '"Ciò che si vede" coincide con "Ciò che c'e"?' *AFGR*, 1957, 12, 350. (PINO, ser. 2, no. 772.)

ROSEN, E. (2). 'The Invention of Eyeglasses [Spectacles].' *JHMAS*, 1956, 11, 13, 183.

ROSEN, E. (3). 'Carlo Dati on the Invention of Eyeglasses [Spectacles].' *ISIS*, 1953, 44, 4.

DES ROTOURS, R. (1) (tr.). *Traité des Fonctionnaires et Traité de l'Armée, traduits de la Nouvelle Histoire des T'ang* (chs. 46–50). 2 vols. Brill, Leiden, 1948. (Bibl. de l'Inst. des Hautes Études Chinoises, no. 6.) (rev. P. Demiéville, *JA*, 1950, 238, 395).

DES ROTOURS, R. (2) (tr.). *Traité des Examens* (translation of chs. 44 and 45 of the *Hsin Thang Shu*). Leroux, Paris, 1932. (Bibl. de l'Inst. des Hautes Études Chinoises, no. 2.)

ROUSSIER, P. J. (1). *Mémoire sur la Musique des Anciens, où l'on expose le Principe des Proportions authentiques, dites de Pythagore, et de divers Systèmes de Musique chez les Grecs, les Chinois et les Égyptiens; avec un Parallèle entre le Système des Égyptiens et celui des Modernes.* Paris, 1770.

RUDOLPH, R. C. (3). 'The Antiquity of Thou-Hu.' *AQ*, 1950, **24**, 175.

RUDOLPH, R. C. & WÊN YU (1). *Han Tomb Art of West China; a Collection of First and Second Century Reliefs.* Univ. of Calif. Press, Berkeley and Los Angeles, 1957 (rev. W. P. Yetts, *JRAS*, 1953, 72).

RUFUS, W. C. (2). 'Astronomy in Korea.' *JRAS/KB*, 1936, **26**, 1. Sep. pub as *Korean Astronomy*. Literary Department, Chosen Christian College, Seoul (Eng. Pub. no. 3), 1936.

RUNCORN, S. K. (1). 'The Permanent Magnetisation of Rocks.' *END*, 1955, **14**, 152.

RUPP, H. (1). *Die Leuchtmassen und ihre Verwendung.* Berlin, 1937.

SACHS, C. (1). *The Rise of Music in the Ancient World; East and West.* New York, 1943.

SACHS, C. (2). *A History of Musical Instruments.* New York, 1940.

SAMBURSKY, S. (1). *The Physical World of the Greeks.* Tr. from the Hebrew edition by M. Dagut. Routledge & Kegan Paul, London, 1956.

SAMBURSKY, S. (2). *The Physics of the Stoics.* Routledge & Kegan Paul, London, 1959.

SANCTORIUS, S. (1). *Medicina Statica: being the Aphorisms of Sanctorius, translated into English with large Explanations, wherein is given a Mechanical Account of the Animal Oeconomy, and of the Efficacy of the Non-Naturals, either in bringing about or removing its Disorders; also with an Introduction concerning Mechanical Knowledge, and the Grounds of Certainty in Physick, by John Quincy.* Newton, London, 1712.

DE SANDE, ÉDOUART, S.J. (1). Letters from China, in *Sommaire des Lettres du Japon et de la Chine de l'an MDLXXXIX et MDXC.* Paris, 1592.

VAN DER SANDE, G. A. J. (1). *Nova Guinea.* 3 vols. Leiden, 1907.

SANDERS, L. (1). 'Evolution of the Pivot, with special reference to Weighing Instruments.' *TNS*, 1944, **24**, 81.

SARTON, GEORGE (1). *Introduction to the History of Science.* Vol. 1, 1927; Vol. 2, 1931 (2 parts); Vol. 3, 1947 (2 parts). Williams & Wilkins, Baltimore. (Carnegie Institution Pub. no. 376.)

SARTON, GEORGE (2). 'Simon Stevin of Bruges; the first explanation of Decimal Fractions and Measures (+1585); together with a history of the decimal idea, and a facsimile of Stevin's *Disme*.' *ISIS*, 1934, **21**, 241; 1935, **23**, 153.

SARTON, GEORGE. (7). 'Chinese Glass at the Beginning of the Confucian Age.' *ISIS*, 1936, **25**, 73.

SARTON, G. & WARE, J. R. (1). 'Were the Ancient Chinese Weights and Measures related to Musical Instruments?' *ISIS*, 1947, **37**, 73.

DE SAUSSURE, L. (11). 'Les Origines de l'Astronomie Chinoise; La Règle des *cho-ti* [*shê-thi*].' *TP*, 1911, **12**, 347. Repr. as [F] in (1).

DE SAUSSURE, L. (16 *a, b, c, d*). 'Le Système Astronomique des Chinois.' *ASPN*, 1919 (5e sér. **1**), **124**, 186; 561; 1920 (5e sér. **2**), **125**, 214, 325. (*a*) Introduction; (i) Description du Système, (ii) Preuves de l'Antiquité du Système; (*b*) (iii) Rôle Fondamental de l'Étoile Polaire, (iv) La Théorie des Cinq Éléments, (v) Changements Dynastiques et Réformes de la Doctrine; (*c*) (vi) Le Symbolisme Zoaire, (vii) Les Anciens Mois Turcs; (*d*) (viii) Le Calendrier, (ix) Le Cycle Sexagésimal et la Chronologie, (x) Les Erreurs de la Critique. Conclusion.

DE SAUSSURE, L. (35). 'L'Origine de la Rose des Vents et l'Invention de la Boussole.' *ASPN*, 1923 (5e sér.), **5** (nos. 3 and 4). Sep. pub. Luzac, London, 1923 and reprinted in Ferrand (6), vol. 3, pp. 31 ff. Emendations by P. Pelliot, *TP*, 1924, 52.

DE SAVIGNAC, J. (1). 'La Rosée Solaire de l'Ancienne Égypte.' *LNC*, 1954, **6**, 345. (Mélanges Roger Goossens.)

SCHAEFFNER, A. (1). *Origine des Instruments de Musique.* Payot, Paris, 1936.

SCHAFER, E. H. (5). 'Notes on Mica in Medieval China.' *TP*, 1955, **43**, 265.

SCHINDLER, B. (4). 'Preliminary Account of the Work of Henri Maspero concerning the Chinese Documents on Wood and Paper discovered by Sir Aurel Stein on his third expedition in Central Asia'. *AM*, 1950, **1**, 216.

SCHLEGEL, G. (4). *Chinesische Bräuche u. Spiele in Europa.* Breslau, 1869.

SCHLEGEL, G. (5). *Uranographie Chinoise, etc.* 2 vols. with star-maps in separate folder. Brill, Leiden, 1875. (Crit. J. Bertrand, *JS*, 1875, 557; S. Günther, *VAG*, 1877, **12**, 28. Reply by G. Schlegel, *BNI*, 1880 (4e volg.), **4**, 350.)

SCHLEGEL, G. (7). *Problèmes Géographiques; les Peuples Étrangers chez les Historiens Chinois.*
(*a*) Fu-Sang Kuo (ident. Sakhalin and the Ainu). *TP*, 1892, **3**, 101.
(*b*) Wên-Shen Kuo (ident. Kuriles). *Ibid.* p. 490.
(*c*) Nü Kuo (ident. Kuriles). *Ibid.* p. 495.

(*d*) Hsiao-Jen Kuo (ident. Kuriles and the Ainu). *TP*, 1893, **4**, 323.
(*e*) Ta-Han Kuo (ident. Kamchatka and the Chukchi) and Liu-Kuei Kuo. *Ibid.* p. 334.
(*f*) Ta-Jen Kuo (ident. islands between Korea and Japan) and Chhang-Jen Kuo. *Ibid.* p. 343.
(*g*) Chün-Tzu Kuo (ident. Korea, Silla). *Ibid.* p. 348.
(*h*) Pai-Min Kuo (ident. Korean Ainu). *Ibid.* p. 355.
(*i*) Chhing-Chhiu Kuo (ident. Korea). *Ibid.* p. 402.
(*j*) Hei-Chih Kuo (ident. Amur Tungus). *Ibid.* p. 405.
(*k*) Hsüan-Ku Kuo (ident. Siberian Giliak). *Ibid.* p. 410.
(*l*) Lo-Min Kuo and Chiao-Min Kuo (ident. Okhotsk coast peoples). *Ibid.* p. 413.
(*m*) Ni-Li Kuo (ident. Kamchatka and the Chukchi). *TP*, 1894, **5**, 179.
(*n*) Pei-Ming Kuo (ident. Behring Straits islands). *Ibid.* p. 201.
(*o*) Yu-I Kuo (ident. Kamchatka tribes). *Ibid.* p. 213.
(*p*) Han-Ming Kuo (ident. Kuriles). *Ibid.* p. 218.
(*q*) Wu-Ming Kuo (ident. Okhotsk coast peoples). *Ibid.* p. 224.
(*r*) San Hsien Shan (the magical islands in the Eastern Sea, perhaps partly Japan). *TP*, 1895, **6**, 1.
(*s*) Liu-Chu Kuo (the Liu-Chhiu islands, partly confused with Thaiwan, Formosa). *Ibid.* p. 165.
(*t*) Nü-Jen Kuo (legendary, also in Japanese fable). *Ibid.* p. 247.
    A volume of these reprints, collected, but lacking the original pagination, is in the Library of the
    Royal Geographical Society. Chinese transl. under name Hsi Lo-Ko. (rev. F. de Mély, *JS*,
    1904.)
SCHLEGEL, G. (8). Note on the Ancient History of Glass and Coal. *TP*, 1891, **2**, 178.
SCHLESINGER, K. (1). *The Greek 'Aulos'*. London, 1939.
SCHLESINGER, K. (2). Articles on 'Accordion', '*Chêng*' (i.e. *Shêng*), 'Free Reed Vibrator', 'Har-
    monium', 'Organ', and 'Reed Instruments'. *EB*, 1910 ed.
SCHOLES, P. A. (1) (ed.). *The Oxford Companion to Music.* 7th ed. Oxford, 1947; 8th ed. 1950.
SCHÜCK, [K. W.] A. (1). *Der Kompass.* 2 vols. Pr. pr. Hamburg, 1911–1915. (The second volume,
    *Sagen von der Erfindung des Kompasses; Magnet, Calamita, Bussole, Kompass; Die Vorgänger des
    Kompasses*, contains a good deal on the Chinese material, in so far as it could be evaluated at the
    time, mainly a long account of 18th- and 19th-century European views about it. This had seen
    preliminary publication in *DNAT*, 1891, **40** (nos. 51 and 52).)
SCHÜCK, K. W. A. (2). 'Gedanken über die Zeit d. ersten Benutzung des Kompasses in nördl. Europa.'
    AGNT, 1910, **3**, 127.
SCHÜCK, K. W. A. (3). 'Zur Einführung des Kompasses in die nordwest-europäischer Nautik.' *AGNT*,
    1913, **4**, 40.
SCHÜCK, K. W. A. (4). 'Zur Entwicklung der Einteilungen der Chinesischen Schiffs- und der Gaukler-
    Bussole.' *MGMNW*, 1917, **16**, 7.
SCHÜCK, [K.W.] A. (5). 'Erwähnung eines Vorgängers des Kompasses in Deutschland um die Mitte
    des 13. Jahrhunderts.' *MGMNW*, 1914, **13**, 333.
SCHÜCK, [K. W.] A. (6). 'Die Vorgänger des Kompasses.' *CZOM*, 1911, **32**, 1.
SCOTT, J. (1). 'On the Burning-Mirrors of Archimedes, with some Propositions relating to the Concen-
    tration of Light produced by Reflectors of different Forms.' *TRSE*, 1868, **25**, 123.
SEEGER, R. J. (1). 'The Beginnings of Physics.' *JWAS*, 1934, **24**, 501; 1935, **25**, 341.
SÉGUIER, M. (1). Note on St Julien (3). *CRAS*, 1847, **24**, 1001.
SELIGMAN, C. G. (5). 'Early Chinese Glass.' *TOCS*, 1942, **18**, 19.
SELIGMAN, C. G. & BECK, H. C. (1). 'Far Eastern Glass; some Western Origins.' *BMFEA*, 1938, **10**, 1.
SELIGMAN, C. G., RITCHIE, P. D. & BECK, H. C. (1). 'Chinese Glass.' *N*, 1936, **138**, 721.
SHIH SHÊNG-HAN (1). *A Preliminary Survey of the book 'Chhi Min Yao Shu'; an Agricultural Encyclo-
    paedia of the +6th Century.* Science Press, Peking, 1958.
SHRYOCK, J. K. (1). *Origin and Development of the State Cult of Confucius.* Appleton-Century, New
    York, 1932.
SINGER, C. (9). 'Steps leading to the Invention of the First Optical Apparatus.' In *Studies in the
    History and Method of Science*, vol. 2, p. 385. Oxford, 1921. Reissued, 1955.
SINGER, C., HOLMYARD, E. J., HALL, A. R. & WILLIAMS, T. I. (1) (ed.). *A History of Technology.*
    5 vols. Oxford, 1954–58. (revs. M. I. Finley, *EHR*, 1959, **12**, 120; J. Needham, *CAMR*, 1957, 299;
    1959, 227.
SINGER, D. W. (1). *Giordano Bruno; His Life and Thought, with an annotated Translation of his Work
    'On the Infinite Universe and Worlds'*. Schuman, New York, 1950.
SKINNER, F. G. (1). 'Measures and Weights [in Ancient Civilisations].' In *A History of Technology.* Ed.
    C. Singer, E. J. Holmyard & A. R. Hall, vol. 1, p. 774. Oxford, 1954.
SLOBODCHIKOV, L. A. (1). 'Le Jeu d'Échecs des Chinois.' *BUA*, 1945 (3e sér.), **6**, 1.
SMITH, A. H. (1) (ed.). *A Guide to the Exhibition illustrating Greek and Roman Life.* British Museum
    Trustees, London, 1920.

SMITH, C. S. (3). 'A Sixteenth-Century Decimal System of Weights.' *ISIS*, 1955, **46**, 354.

SMITH, D. E. (1). *History of Mathematics*. Vol. 1. *General Survey of the History of Elementary Mathematics*, 1923. Vol. 2. *Special Topics of Elementary Mathematics*, 1925. Ginn, New York.

SÖKELAND, H. (1). 'Ancient Desemers or Steelyards.' *ARSI*, 1900, 551. (From *VBGE*, 1900.)

SØLVER, C. V. (1). 'Leidarsteinn: the Compass of the Vikings.' *OL*, 1946, **10**, 293.

SOOTHILL, W. E. (5) (posthumous). *The Hall of Light; a Study of Early Chinese Kingship*. Lutterworth, London, 1951. (On the Ming Thang, and contains discussion of the *Pu Thien Ko*.)

SOULIÉ DE MORANT, G. (1). *La Musique en Chine*. Leroux, Paris, 1911.

SPINDEN, H. J. (1). *Ancient Civilisations of Mexico and Central America*. Amer. Mus. Nat. Hist., New York, 1946.

STAUNTON, SIR GEORGE LEONARD (1). *An Authentic Account of an Embassy from the King of Great Britain to the Emperor of China ... taken chiefly from the Papers of H.E. the Earl of Macartney, K.B. etc. ...*' 2 vols. Bulmer & Nicol, London, 1797; repr. 1798. Abridged ed. 1 vol. Stockdale, London, 1797.

STAUNTON, SIR GEORGE THOMAS (2). *Notes on Proceedings and Occurrences during the British Embassy to Peking in 1816 [Lord Amherst's]*. London, 1824.

STEELE, J. (1) (tr.). *The 'I Li', or Book of Etiquette and Ceremonial*. 2 vols. London, 1917.

STEVIN, SIMON (1). *Beghinselen der Weeghkonst*. Leiden, 1585.

STEVIN, SIMON (2). *Hypomnemata Mathematica*. Leiden, 1608.

STONE, J. F. S. & THOMAS, L. C. (1). 'The Use and Distribution of Faience in the Ancient East and Prehistoric Europe.' *PPHS*, 1956, **22**, 37.

STONER, E. C. (1). *Magnetism and Matter*. Methuen, London, 1934.

STRANGE, H. O. H. (1) (tr.). 'Die Monographie über Wang Mang' (ch. 99 of the *Chhien Han Shu*). *AKML*, 1938, **22** (no. 3). (Crit. J. J. L. Duyvendak, *TP*, 1939, **35**, 407.)

STRAUB, H. (1). *Die Geschichte d. Bauingenieurkunst; ein Überblick von der Antike bis in die Neuzeit*. Birkhäuser, Basel, 1949. Eng. tr. by E. Rockwell. *A History of Civil Engineering*. Leonard Hill, London, 1952.

SUN ZEN E-TU & DE FRANCIS, J. (1). *Chinese Social History; Translations of Selected Studies*. Amer. Council of Learned Societies, Washington, D.C., 1956. (ACLS Studies in Chinese and Related Civilisations, no. 7.)

SWALLOW, R. W. *Ancient Chinese Bronze Mirrors*. Vetch, Peiping, 1937.

TASCH, P. (1). 'Quantitative Measurements and the Greek Atomists.' *ISIS*, 1948, **38**, 185.

TAYLOR, E. G. R. (6). 'The South-Pointing Needle.' *IM*, 1951, **8**, 1.

TAYLOR, E. G. R. (8). *The Haven-Finding Art; a History of Navigation from Odysseus to Captain Cook*. Hollis & Carter, London, 1956.

TAYLOR, E. G. R. (9). 'The Oldest Mediterranean Pilot.' *JIN*, 1951, **4**, 81.

TAYLOR, F. SHERWOOD (1). 'The Origin of the Thermometer.' *ANS*, 1942, **5**, 129.

TAYLOR, F. SHERWOOD (4). *A History of Industrial Chemistry*. Heinemann, London, 1957.

TAYLOR, L. W. (1). *Physics, the Pioneer Science*. Houghton Mifflin, Boston, 1941.

TEMKIN, O. (2). 'Was Servetus influenced by Ibn al-Nafîs?' *BIHM*, 1940, **8**, 731.

TESTUT, C. (1). *Mémento du Pesage; Les Instruments de Pesage (et) leur histoire à travers les Âges*. Hermann, Paris, 1946.

THELLIER, E. (1). 'Sur l'aimantation des Terres Cuites et ses Applications géophysiques.' Inaug. Diss. Paris, 1938 and *AIPG*, 1938, **16**, 157.

THELLIER, E. (2). 'Sur l'Intensité du Champ magnétique terrestre en France à l'Époque Gallo-Romaine.' *CRAS*, 1946, **222**, 905; *JPH*, 1951, **12**, 205.

THELLIER, E. & THELLIER, D. (1). 'Sur la Direction du Champ magnétique terrestre retrouvée sur des Parois de Fours des Époques Punique et Romaine à Carthage.' *CRAS*, 1951, **233**, 1476.

THOMPSON, SYLVANUS P. (1). 'The Rose of the Winds; the Origin and Development of the Compass-Card.' *PBA*, 1913, **6**, 1.

THOMPSON, SYLVANUS P. (2) (tr.). *William Gilbert of Colchester, Physician of London, 'On the Magnet, Magnetick Bodies also, and on the great Magnet the Earth; a new Physiology, demonstrated by many arguments and experiments'*. Chiswick Press, London, 1900. Facsimile reproduction, ed. Derek J. de S. Price. Basic Books, New York, 1958.

THOMPSON, SYLVANUS P. (3). Letter on Magic Mirrors. *N*, 1877, **16**, 163.

THOMPSON, SYLVANUS P. (4). *Peregrinus and his 'Epistola'*. London, 1907.

THORNDIKE, L. (1). *A History of Magic and Experimental Science*. 8 vols. Columbia Univ. Press, New York: vols. 1 and 2, 1923; 3 and 4, 1934; 5 and 6, 1941; 7 and 8, 1958 (rev. W. Pagel, *BIHM*, 1959, **33**, 84).

THUROT, C. (1). 'Recherches Historiques sur le Principe d'Archimède.' *RA*, 1868 (2e sér.), **18**, 389; 1869 (2e sér.), **19**, 42, 111, 284, 345; **20**, 14.

TIMOSHENKO, S. P. (1). *History of Strength of Materials; with a brief account of the History of Theory of Elasticity and Theory of Structures.* McGraw Hill, New York and London, 1953.

TOLANSKY, S. (1). 'Multiple-Beam Interferometry.' *END*, 1950, 9, 196. *Multiple-Beam Interferometry of Surfaces and Films.* Oxford, 1948.

TREFZGER, H. (1). 'Das Musikleben der Thang-zeit.' *SA*, 1938, 13.

TRIEWALD, MÅRTEN (1). *A Short Description of the Fire and Air Machine at the Dannemora Mines.* Tr. by Are Waerland from the Swedish edition, Schneider, Stockholm, 1734; Heffer, Cambridge, 1928. (Extra Publications of the Newcomen Society, no. 1.)

TRIGAULT, NICHOLAS (1). *De Christiana Expeditione apud Sinas.* Vienna, 1615; Augsburg, 1615. Fr. tr.: *Histoire de l'Expédition Chrétienne au Royaume de la Chine, entreprise par les PP. de la Compagnie de Jésus, comprise en cinq livres ... tirée des Commentaires du P. Matthieu Riccius, etc.* Lyon, 1616; Lille, 1617; Paris, 1618. Eng. tr. (partial): *A Discourse of the Kingdome of China, taken out of Ricius and Trigautius.* In *Purchas his Pilgrimes.* London, 1625, vol. 3, p. 380. Eng. tr. (full); see Gallagher (1). Trigault's book was based on Ricci's *I Commentarj della Cina* which it follows very closely, even verbally, by chapter and paragraph, introducing some changes and amplifications, however. Ricci's book remained unprinted until 1911, when it was edited by Venturi (1) with Ricci's letters; it has since been more elaborately and sumptuously edited alone by d'Elia (2).

TROMBE, F. (1). 'The Utilisation of Solar Energy.' *R*, 1948, 1, 393.

TSENG CHU-SÊN (TJAN TJOE-SOM) (1). '*Po Hu T'ung*'; *The Comprehensive Discussions in the White Tiger Hall; a Contribution to the History of Classical Studies in the Han Period.* 2 vols. Brill, Leiden, 1949, 1952. (Sinica Leidensia, vol. 6.)

TSIEN LING-CHAO. See Chhien Lin-Chao.

TU CHING-MING (1). 'Hsiang Chhi: Chinese Chess.' *CREC*, 1954, 3 (no. 5), 43.

TURNER, W. E. S. (1). 'Studies in ancient Glasses and Glass-making Processes; III. The Chronology of Glass-making Constituents.' *TSGT*, 1956, 40, 39.

TURNER, W. E. S. (2). 'Studies in ancient Glasses and Glass-making Processes; IV, The Chemical Composition of Ancient Glasses.' *TSGT*, 1956, 40, 162.

TURNER, W. E. S. (3). 'Studies in ancient Glasses and Glass-making Processes; V, Raw Materials and Melting Processes.' *TSGT*, 1956, 40, 277.

TURNER, W. E. S. (4). (*a*) 'Studies in ancient Glasses and Glass-making Processes; II, The Composition, Weathering Characteristics and Historical Significance of some Assyrian Glasses of the −8th to −6th centuries from Nimrud.' *TSGT*, 1954, 38, 445. (*b*) 'Glass Fragments from Nimrud of the −8th to the −6th Century.' *IRAQ*, 1955, 17, 57.

TURNER, W. E. S. (5). 'Ancient Sealing-wax-red Glasses.' *JEA*, 1957, 43, 110.

TURNER, W. E. S. (6). 'Die Leistungen der alten Glasmacher und ihre Grenzen.' *GLB*, 1957, 30, 257.

TURNER, W. E. S. (7). 'Glas bei unseren Vorfahren.' *GLB*, 1955, 28, 255.

TWITCHETT, D. C. & CHRISTIE, A. H. (1). 'A Mediaeval Burmese Orchestra' (presented to the Thang Court in +802). *AM*, 1959, 7, 176.

UCCELLI, A. (1) (ed.) (with the collaboration of G. SOMIGLI, G. STROBINO, E. CLAUSETTI, G. ALBENGA, I. GISMONDI, G. CANESTRINI, E. GIANNI, & R. GIACOMELLI). *Storia della Tecnica dal Medio Evo ai nostri Giorni.* Hoeppli, Milan, 1945.

UMEHARA, SUEJI (1). 'A study of the bronze *chhun* [upward-facing bell with suspended clapper].' *MS*, 1956, 15, 142.

USHER, A. P. (1). *A History of Mechanical Inventions.* McGraw-Hill, New York, 1929; 2nd ed. revised Harvard Univ. Press, Cambridge, Mass., 1954 (rev. Lynn White, *ISIS*, 1955, 46, 290).

DE VAUX, CARRA (4) (tr.). *Le Livre de l'Avertissement et de la Revision* (a translation of al-Mas'ūdī's *Kitāb al-Tanbīh wa'l-Ishrāf*). Paris, 1896. (Collection d'Ouvrages publiée par la Soc. Asiat.)

VÁVRA, J. R. (1). *Five Thousand Years of Glass-making; the History of Glass.* Orig. ed. Artia, Prague, 1954 (in Czech). Eng. tr. by I. R. Gottheiner. Heffer, Cambridge, 1954.

VEITH, I. (1) (tr.). '*Huang Ti Nei Ching Su Wên*'; *the Yellow Emperor's Classic of Internal Medicine*, chs. 1–34 translated from the Chinese, with an Introductory Study. Williams & Wilkins, Baltimore, 1949 (revs. J. R. H[ightower], *HJAS*, 1951, 14, 306; J. R. Ware, *BIHM*, 1950, 24, 487; author's reply, *BIHM*, 1951, 25, 86; see also W. Hartner, *ISIS*, 1951, 42, 265.) Circumspection must be exercised in the use of this translation. Cf. Chamfrault & Ung Kang-Sam (1).

VERNET, J. (1). 'Influencias Musulmanas en el Origen de la Cartografía Náutica.' *PRSG*, 1953, ser. B, no. 289.

VIRDUNG, SEBASTIAN (1). *Musica getutscht.* Basel, 1511. (Repr. in Publ. d. ält. prakt. u. theoret. Musikwerke (Berlin), no. 13.)

DE VISSER, M. W. (1). 'Fire and Ignes Fatui in China and Japan.' *MSOS*, 1914, 17, 97.

VOLPICELLI, Z. (1). 'Chinese Chess' (*Wei Chhi*). *JRAS/NCB*, 1894, 26, 80.

VOLPICELLI, Z. (2). 'Chinese Chess' (*Hsiang Chhi*). *JRAS/NCB*, 1888, **23**, 248.

VOST, W. (1). 'The Lineal Measures of Fa-Hsien and Hsüan-Chuang.' *JRAS*, 1903, 65.

WAGENER, G. (1). 'Bemerkungen ü. d. Theorie d. chinesischen Musik und ihren Zusammenhang mit d. Philosophie.' *MDGNVO*, 1879, **2**, 42.

WAGENER, G. & NINAGAWA, N. (1). 'Geschichtliches ü. Maas- und Gewichts-Systeme in China und Japan.' *MDGNVO*, 1879, **2**, 41, 61.

WALEY, A. (1) (tr.). *The Book of Songs*. Allen & Unwin, London, 1937.

WALEY, A. (4) (tr.). *The Way and its Power; a study of the 'Tao Tê Ching' and its Place in Chinese Thought.* Allen & Unwin, London, 1934. (Crit. Wu Ching-Hsiung, *TH*, 1935, **1**, 225.)

WALEY, A. (5) (tr.). *The Analects of Confucius*. Allen & Unwin, London, 1938.

WALEY, A. (6). *Three Ways of Thought in Ancient China*. Allen & Unwin, London, 1939.

WALEY, A. (8). 'The Book of Changes.' *BMFEA*, 1934, **5**, 121.

WALEY, A. (10). *The Travels of an Alchemist* (Chhiu Chhang-Chhun's journey to the court of Chingiz Khan). Routledge, London, 1931. (Broadway Travellers series.)

WALEY, A. (11). *The Temple, and other Poems*. Allen & Unwin, London, 1923.

WALEY, A. (14). 'Notes on Chinese Alchemy.' *BLSOAS*, 1930, **6**, 1.

WANG CHI-MIN & WU LIEN-TÊ (1). *History of Chinese Medicine*. Nat. Quarantine Service, Shanghai, 1936 (1st ed. 1932).

WANG KUANG-CHI (1). 'Musikalische Beziehungen zwischen China und dem Westen im Laufe d. Jahrtausende.' In Paul Kahle Festschrift, *Studien z. Gesch. u. Kultur des nahen und fernen Ostens*. Ed. W. Heffening & W. Kirfel, p. 217. Brill, Leiden, 1935.

WANG YÜ-CHHÜAN (2). 'Relics of the State of Chhu.' *CPICT*, 1953 (August) (ref. Yuan Thung-Li, communication to the 23rd International Congress of Orientalists, Cambridge, 1954).

WARREN, SIR CHARLES (1). *The Ancient Cubit*. London, 1903.

WATANABE, N. (1). 'Saecular Variation in the Direction of Geomagnetism as the Standard Scale for Geomagneto-chronology in Japan.' *N*, 1958, **182**, 383.

WATANABE, N. (2). 'The Direction of Remanent Magnetism of Baked Earth and its Application to Chronology for Anthropology and Archaeology in Japan; an Introduction to Geomagneto-chronology.' *JFSUT*, 1959 (Sect. V), **2**, 1–188.

WATERS, D. W. (7). 'The Lubber's Point.' *MMI*, 1952, **38**, 224.

WATSON, E. C. (1). 'A Sixteenth-Century Spectacle Shop.' *PASP*, 1946, **58**, 297.

WEIL, GOTTHOLD (1). *Der Königslöse* (choosing kings by lot). Berlin, 1929.

WELLER, F. (1). '*Yōjana* und *Li* bei Fa-Hsien.' *ZDMG*, 1920, **74**, 225.

WELTFISH, G. (1). 'Coiled Gambling Baskets of the Pawnee and other Plains Tribes.' *IN*, 1930, **7**, 277.

WERNER, E. T. C. (2). *Descriptive Sociology* [Herbert Spencer's]; *Chinese*. Williams & Norgate, London, 1910.

WERNER, E. T. C. (3). *Chinese Weapons*. Royal Asiatic Society (North China Branch), Shanghai, 1932.

WERNER, O. (1). *Zur Physik Leonardo da Vincis*. Inaug. Diss. Berlin, 1910. (Abstr. *GTIG*, 1916, **3**, 239.)

WESTWATER, J. W. (1). 'The Boiling of Liquids.' *SAM*, 1954, **190** (no. 6), 64.

WHEWELL, WILLIAM (1). *History of the Inductive Sciences*. Parker, London, 1847. 3 vols. (Crit. G. Sarton, *A/AIHS*, 1950, **3**, 11.)

WHITE, LYNN (1). 'Technology and Invention in the Middle Ages.' *SP*, 1940, **15**, 141.

WHITEHEAD, A. N. (2). *Adventures of Ideas*. Cambridge, 1933. Repr. 1938.

WHITTAKER, SIR EDMUND T. (1). *A History of the Theories of Aether and Electricity*. 1st ed. 1910. New ed. 2 vols. Nelson, London, 1951.

WIEDEMANN, E. (3). 'Zu ibn al-Haitham's Optik. *AGNT*, 1911, **3**, 1.

WIEDEMANN, E. (4). 'Über die Camera Obscura bei ibn al-Haitham.' *SPMSE*, 1914, **46**, 155; *VDPG*, 1910, **12**, 177; *JFP*, 1910, **24**, 12.

WIEDEMANN, E. (5). 'Zur Kenntnis d. Phosphoreszenz bei den Muslimen.' *AGNT*, 1909, **1**, 156.

WIEDEMANN, E. (8). 'Zur Gesch. des Kompasses bei den Arabern.' *VDPG*, 1907, **9** (no. 24), 764 [*BDPG*, 1907, **5**]; 1909, **11** (nos. 10–11), 262 [*BDPG*, 1909, **7**].

WIEDEMANN, E. (11). 'Beiträge z. Gesch. d. Naturwiss., XV; Über die Bestimmung der Zusammensetzung von Legierungen.' *SPMSE*, 1908, **40**, 105.

WIEDEMANN, E. (12). 'Beiträge z. Gesch. d. Naturwiss., XVI; Über die Lehre von Schwimmen, die Hebelgesetze und die Konstruktion des Qaraṣṭūn.' *SPMSE*, 1908, **40**, 133.

WIEDEMANN, E. (16). 'Über Fluorescenz und Phosphorescenz.' *ANP*, 1888, **34**, 446.

WIEDEMANN, E. (17). 'Beiträge z. Gesch. d. Naturwiss., XLII; Zwei naturwissenschaftliche Stellen aus dem Werk von Ibn Ḥazm über die Liebe, über das Sehen und den Magneten.' *SPMSE*, 1915, **47**, 93.

WIEDEMANN, E. (18). 'Beiträge z. Gesch. d. Naturwiss., XLIV; Kleine Mitteilungen.' *SPMSE*, 1915, **47**, 121.

WIEDEMANN, E. & HAUSER, F. (3). 'Byzantinische und arabische akustische Instrumente.' *AGNT*, 1918, **8**, 140.

WIEGER, L. (1). *Textes Historiques*. 2 vols. (Ch. and Fr.). Mission Press, Hsienhsien, 1929.

WIEGER, L. (2). *Textes Philosophiques*. (Ch. and Fr.). Mission Press, Hsienhsien, 1930.

WIEGER, L. (3). *La Chine à travers les Ages; Précis, Index Biographique et Index Bibliographique*. Mission Press, Hsienhsien, 1924. (Eng. tr. E. T. C. Werner.)

WIEGER, L. (6). *Taoisme*. Vol. 1. *Bibliographie Générale:* (1) Le Canon (Patrologie); (2) Les Index Officiels et Privés. Mission Press, Hsienhsien, 1911. (Crit. by P. Pelliot, *JA*, 1912 (10ᵉ sér.) **20**, 141.)

WIEGER, L. (7). *Taoisme*. Vol. 2. *Les Pères du Système Taoiste* (tr. selections of Lao Tzu, Chuang Tzu, Lieh Tzu). Mission Press, Hsienhsien, 1913.

WILHELM, RICHARD (2) (tr.). '*I Ging*' [*I Ching*]; *Das Buch der Wandlungen*. 2 vols. (3 books, pagination of 1 and 2 continuous in first volume). Diederichs, Jena, 1924. (Eng. tr. C. F. Baynes (2 vols.). Bollingen-Pantheon, New York, 1950.) See Vol. 2, p. 308.

WILHELM, RICHARD (3) (tr.). *Frühling u. Herbst d. Lü Bu-We* (the *Lü Shih Chhun Chhiu*). Diederichs, Jena, 1928.

WILHELM, RICHARD (4) (tr.). '*Liä Dsi*' [*Lieh Tzu*]; *Das Wahre Buch vom Quellenden Urgrund*, '*Tschung Hü Dschen Ging*': *Die Lehren der Philosophen Liä Yü-Kou und Yang Dschu*. Diederichs, Jena, 1921.

WILHELM, RICHARD (6) (tr.). '*Li Gi*', *das Buch der Sitte des* '*älteren und jüngeren Dai*' (i.e. both *Li Chi* and *Ta Tai Li Chi*). Diederichs, Jena, 1930.

WILKINSON, J. G. (1). *A Popular Account of the Ancient Egyptians*. 2 vols. Murray, London, 1854.

WILKINSON, W. H. (1). *A Manual of Chinese Chess*. NCH, Shanghai, 1893. (Repr. from *NCH*.)

WILKINSON, W. H. (2). 'The Chinese Origin of Playing-Cards.' *AAN*, 1895, **8**, 61.

WILLIAMS, S. WELLS (1). *The Middle Kingdom; A survey of the Geography, Government, Education, Social Life, Arts, Religion, etc. of the Chinese Empire and its Inhabitants*. 2 vols. Wiley, New York, 1848; later eds. 1861, 1900; London, 1883.

WINTER, H. (1). 'Der Stand der Kompassforschung mit Bezug auf Europa.' *FF*, 1936, **12**, 287.

WINTER, H. (2). 'Die Nautik der Wikinger und ihre Bedeutung f. d. Entwicklung d. europäischen Seefahrt.' *HGB*, 1937, **62**, 173.

WINTER, H. (3). 'Who Invented the [Mariner's] Compass?' *MMI*, 1937, **23**, 95.

WINTER, H. (4). 'Petrus Peregrinus von Maricourt und die magnetische Missweisung' (Declination; not known to him). *FF*, 1935, **11**, 304; *AHMM*, 1935, **63**, 352.

WINTER, H. (5). 'Die Erkenntnis der magnetischen Missweisung und ihr Einfluss über die Kartographie'. *Comptes Rendus du Congrès International de Géographie*, Amsterdam, 1938.

WINTER, H. J. J. (3). 'The Arabic Achievement in Physics.' *END*, 1950, **9**, 76.

WINTER, H. J. J. (4). 'The Optical Researches of Ibn al-Haitham.' *CEN*, 1954, **3**, 190.

WINTER, H. J. J. & ARAFAT, W. (2). 'Ibn al-Haitham on the Paraboloid Focussing Mirror.' *JRAS/B*, 1949, **15**, 25.

WINTER, H. J. J. & ARAFAT, W. (3). 'A Discourse on the Concave Spherical Mirror by Ibn al-Haitham.' *JRAS/B*, 1950, **16**, 1.

WITTFOGEL, K. A., FÊNG CHIA-SHÊNG et al. (1). *History of Chinese Society (Liao), +907 to +1125*. *TAPS*, 1948, **36**, 1–650. (revs. P. Demiéville, *TP*, 1950, **39**, 347; E. Balazs, *PA*, 1950, **23**, 318.)

WOEPCKE, F. (4). Abū'l-Wafā's tessellations. *JA*, 1855 (5ᵉ sér.), 5, 309. (Part of Woepcke, 2.)

WOLF, A. (1) (with the co-operation of F. Dannemann & A. Armitage). *A History of Science, Technology and Philosophy in the 16th and 17th Centuries*. Allen & Unwin, London, 1935. 2nd ed., revised by D. McKie, London, 1950.

WOLF, A. (2). *A History of Science, Technology and Philosophy in the 18th century*. Allen & Unwin, London, 1938. 2nd ed., revised by D. McKie, London, 1952.

WOLF, R. (3). *Handbuch d. Mathematik, Physik, Geodäsie und Astronomie*. 2 vols. Schulthess, Zürich, 1869 to 1872.

WOOLLEY, L. (3). *The Royal Cemetery [at Ur]; a Report on the Predynastic and Sargonid Graves....* London, 1934. (Ur Excavations, no. 2. Publ. of the Joint Exped. of the Brit. Mus. and of the Mus. of the Univ. of Pennsylvania to Mesopotamia.)

WOOTTON, A. C. (1). *Chronicles of Pharmacy*. 2 vols. Macmillan, London, 1910.

WORCESTER, MARQUIS OF (EDWARD SOMERSET). See DIRCKS (1). Bibliography in John Ferguson (2).

WRIGHT, T. (2) (ed.). *Alexander Neckam* '*De Naturis Rerum*'. Rolls Series. HMSO, London, 1863.

WU LU-CHHIANG & DAVIS, T. L. (1) (tr.). 'An Ancient Chinese Treatise on Alchemy entitled *Tshan Thung Chhi*.' *ISIS*, 1932, **18**, 210.

WU SHIH-CHHANG (1). *A Short History of Chinese Prose Literature* (in the press).

WÜRSCHMIDT, J. (1). 'Zur Theorie d. Camera Obscura bei Ibn al-Haitham.' *SPMSE*, 1914, **46**, 151. 'Zur Gesch. d. Theorie u. Praxis d. Camera Obscura.' *ZMNWU*, 1915, **46**, 466.

WYLIE, A. (1). *Notes on Chinese Literature*. 1st ed. Shanghai, 1867. Ed. here used Vetch, Peiping, 1939 (photographed from the Shanghai 1922 ed.).

WYLIE, A. (5). *Chinese Researches*. Shanghai, 1897. (Photographically reproduced, Wêntienko, Peiping, 1936.)

WYLIE, A. (11). 'The Magnetic Compass in China.' *NCH*, 1859, 15 March. Repr. in Wylie (5), Sci. Sect.

YABUUCHI, KIYOSHI (1). 'Indian and Arabian Astronomy in China.' In Silver Jubilee Volume of the Zinbun Kagaku Kenkyusyo, p. 585. Kyoto University, Kyoto, 1954.

YAMAZAKI, Y. (1). 'The Origin of the Chinese Abacus.' *MRDTB*, 1959, **18**, 91.

YANG LIEN-SHÊNG (2). 'An Additional Note on the Ancient Game *Liu-Po*'. *HJAS*, 1952, **15**, 124.

YANG LIEN-SHÊNG (5). 'Notes on the Economic History of the Chin Dynasty.' *HJAS*, 1945, **9**, 107 (with tr. of *Chin Shu*, ch. 26).

YANG YIN-LIU (1). 'Recovering Ancient Chinese Music.' *PC*, 1956 (no. 1), 26.

YETTS, W. P. (5). *The Cull Chinese Bronzes*. Courtauld Institute, London, 1939.

YOUNG, S. & GARNER, SIR HARRY M. (1). 'An Analysis of Chinese Blue-and-White [Porcelain]' with 'The Use of Imported and Native Cobalt in Chinese Blue-and-White [Porcelain].' *ORA*, 1956 (n.s.), **2** (no. 2).

YULE, H. & BURNELL, A. C. (1). *Hobson-Jobson: being a Glossary of Anglo-Indian Colloquial Words and Phrases . . . .*' Murray, London, 1886.

VON ZACH, E. (6). *Die Chinesische Anthologie; Übersetzungen aus dem 'Wên Hsüan'*. 2 vols. Ed. I. M. Fang. Harvard Univ. Press, Cambridge, Mass., 1958. (Harvard-Yenching Studies, no. 18.)

ZELLER, E. (1). *Stoics, Epicureans and Sceptics*. Longmans Green, London, 1870.

补 遗

AITKEN, M. J. (2). *Physics and Archaeology*. Interscience, London, 1961.

VON ARNIM, J. (1). *Stoicorum Veterum Fragmenta*. Leipzig, 1903.

BARROW, J. (1). *Travels in China*. London, 1804. German tr. 1804; French tr. 1805; Dutch tr. 1809.

BAUER, L. A. (1). 'On the Saecular Variation of a Free Magnetic Needle.' *PHYR*, 1899, **3**, 34.

VAN BERGEIJK, W. A., PIERCE, J. R. & DAVID, E. E. (1). *Waves and the Ear*. Heinemann, London, 1961.

BITTER, F. (1). *Magnets; the Education of a Physicist*. Heinemann, London, 1960.

BOAS, M. & HALL, A. R. (1). 'Newton's "Mechanical Principles".' *JHI*, 1959, **20**, 167.

BUTTERFIELD, H. (1). *The Origins of Modern Science, +1300 to 1800*. Bell, London, 1949.

CHARLESTON, R. J. (1). 'Lead in Glass.' *AMY*, 1960, **3**, 1.

CHHEN SHIH-HSIANG (1). 'In Search of the Beginnings of Chinese Literary Criticism.' *SOS*, 1951, **11**, 45.

DANIÉLOU, A. (1). *Traité de Musicologie Comparée*. Hermann, Paris, 1959. (Actualités Scientifiques et Industrielles, no. 1265.)

DAUMAS, M. (2) (ed.). *Histoire de la Science; des Origines au XXe Siècle*. Gallimard, Paris, 1957. (Encyclopédie de la Pléiade series.)

DAWSON, H. CHRISTOPHER (1). *Progress and Religion; an Historical Enquiry*. Sheed & Ward, London, 1929.

DRACHMANN, A. G. (7). 'Ancient Oil Mills and Presses.' *KDVS/AKM*, 1932, **1**, no. 1.

FORBES, R. J. (19). 'Power [in the Mediterranean Civilisations and the Middle Ages].' Art. in *A History of Technology*, ed. C. Singer *et al.* Oxford, 1956, vol. 2, p. 589.

FRACASTORIUS, HIERONYMUS (1). *De Sympathia et Antipathia Rerum*, with *De Contagione et contagiosis Morbis et Curatione*. Venice, 1546, and a number of later editions, e.g. Lyons, 1554.

FRANKE, H. (2). *Beiträge z. Kulturgeschichte Chinas unter der Mongolenherrschaft*. (Complete translation and annotation of the *Shan Chü Hsin Hua* by Yang Yü, +1360.) *AKML*, 1956, **32**, 1–160.

FRANKE, H. (14). 'Some Aspects of Chinese Private Historiography in the +13th and +14th Centuries.' Art. in 'Historians of China and Japan', ed. W. G. Beazley & E. G. Pulleyblank. London, 1961, p. 115.

GERINI, G. E. (1). 'Researches on Ptolemy's Geography of Eastern Asia (Further India and Indo-Malay Peninsula).' Royal Asiatic Society and Royal Geographic Society, 1909. (Asiatic Society Monographs, no. 1.)

GIBBON, EDW. (1). *The History of the Decline and Fall of the Roman Empire*. Strahan, London, 1790. 12 vols.

GRIFFIN, D. R. (4). *Echoes of Bats and Men.* Heinemann, London, 1960.

DE GUIGNES, [C. L. J.] (1). 'Idée générale du Commerce et des Liaisons que les Chinois ont eus avec les Nations Occidentales.' *MAI/LTR,* 1784 (1793), **46,** 534.

HALL, M. BOAS & HALL, A. R. (1). 'Newton's Electric Spirit; Four Oddities.' *ISIS,* 1959, **50,** 473.

HARTNER, W. (11). 'Remarques sur l'Historiographie et l'Histoire de la Science du Moyen Âge, en particulier au 14e et au 15e Siècle.' Lecture at the IXth International Congress of the History of Science, Barcelona, 1959. *Textos de las Ponencias,* p. 43; *Actes,* p. 69.

HASKINS, C. H. (1). *Studies in the History of Mediaeval Science.* Harvard Univ. Press, Cambridge, Mass., 1927.

HAUSER, F. (1). *Über d.* Kitāb fī al-Ḥiyal (*das Werk ü. d. sinnreichen Anordnungen*) *d. Banū Mūsa* [+803 to +873]. Mencke, Erlangen, 1922. Abhdl. z. Gesch. d. Naturwiss. u. Med. no. 1.)

HESSE, MARY B. (3). *Forces and Fields; the Concept of Action at a Distance in the History of Physics.* Nelson, London, 1961.

KLEMM, F. (1). *Technik; eine Geschichte ihrer Probleme.* Alber, Freiburg and München, 1954. Eng. tr. by Dorothea W. Singer, *A History of Western Technology.* Allen & Unwin, London, 1959.

MALLIK, D. N. (1). *Optical Theories.* Cambridge, 1917; 2nd ed. 1921.

MARCUS, G. J. (4). 'The Early Norse Traffic to Iceland.' *MMI,* 1960, **46,** 179.

NEEDHAM, JOSEPH (8). 'Geographical Distribution of English Ceremonial Folk-Dances.' *JEFDS,* 1936, **3,** 1.

NEEDHAM, JOSEPH (34). 'The Translation of Old Chinese Scientific and Technical Texts.' Art. in *Aspects of Translation,* ed. A. H. Smith. Secker & Warburg, London, 1958, p. 65. (Studies in Communication, no. 2.) (And *BABEL,* 1958, **4** (no. 1), 8.)

NEEDHAM, JOSEPH (39). 'The Chinese Contributions to the Development of the Mariner's Compass.' In *Resumo das Comunicações do Congresso Internacional de História dos Descobrimentos.* Lisbon, 1960, p. 273. And *SCI,* 1961.

PFIZMAIER, A. (94) (tr.). 'Beiträge z. Geschichte d. Perlen.' *SWAW/PH,* 1867, **57,** 617, 629. (Tr. chs. 802 (in part), 803, *Thai Phing Yü Lan.*)

PI, H. T. (1). 'The History of Spectacles in China.' *CMJ,* 1928, **42,** 742.

POHL, H. A. (1). 'Non-uniform Electric Fields.' *SAM,* 1960, **203** (no. 6), 106.

PURCELL, V. (3). *The Chinese in Malaya.* Oxford, 1948.

SANCEAU, E. (2). *Knight of the Renaissance; Dom João de Castro, soldier, sailor, scientist, and Viceroy of India,* +1500 to +1548. Hutchinson, London, n.d. (1949).

STEIN, R. A. (1). 'Le Lin-Yi; sa localisation, sa contribution à la formation du Champa, et ses Liens avec la Chine.' *HH,* 1947, **2** (nos. 1-3), 1-335.

THOMSON, T. (1). *History of Chemistry.* Colburn & Bentley, London, 1830.

WADA, T. (1). 'Schmuck und Edelsteine bei den Chinesen.' *MDGNVO,* 1904, **10,** 1.

WADA, Y. (1). 'A Korean Rain-Gauge of the +15th Century.' *QJRMS,* 1911, **37,** 83 [translation of Wada (1)] *KMO/SM,* 1910, **1;** *MZ,* 1911, 232 (figure reproduced in Feldhaus, p. 865).

WRIGHT, A. F. (5). On Teleological Assumptions in the History of Science. *AHR,* 1957, **62,** 918.

索　引

A

鳌鱼（佛教徒礼仪用的鼓） 149*

奥布里，约翰（Aubrey, John） xxxi

奥尔维耶托（Orvieto） 21

奥菲，穆罕默德（al-'Awfī, Muhammad）
247，254，275

奥雷姆，尼古拉（d'Oresme, Nicolas, 卒于1382
年） xxvii，1，58

奥桑（Osann, 1825 年） 77

奥特利乌斯（Ortelius）的中国地图 228

澳门 226

B

八度音 213—214，219—220

八卦算 259—260

八音 142

巴比伦（以及巴比伦对中国的影响） 100，
101，135，160，173，177ff.，181，191

巴尔巴罗，达尼埃莱（Barbaro, Daniele, 1568
年） 123*

巴尔卡被围攻 210

巴赫，约翰·塞巴斯蒂安（Bach, John Sebastian）
215—216

巴克利碗 104

巴克特里亚 108*，178*

巴罗，约翰爵士（Barrow, Sir John, 1764—
1848） 254，290

巴洛，威廉（Barlowe, William, 1597 年） 313

巴努·穆萨（Banū Mūsā） 35

巴萨纳里乌斯（Bathanarius） 317

巴士里，伊本·瓦卜（al-Basrī, Ibn Wahb, 约
870 年） 258

巴思里克（Bathrik, 安条克的景教大主教）
106

巴特，约翰（Bate, John, 1634 年） 125*

巴特洛迈俄斯·安格利库斯（Bartholomaeus An-
glicus, 活跃于 1220—1250 年） 4

巴西 182

拔火罐 38

拔山四郎（Shiro, Nukiyama） 69

白炽 71

《白虎通德论》 10—11

白马县 49

白铜（合金） xxxi

《百川学海》 274

柏树 250

拜占庭文化 325

《稗海》 307*

《稗史汇编》 25

班固（公元 32—92 年，历史学家） 105，319，
322

半音 164

半影 51，81

瓣鳃纲软体动物 31，90

蚌蛤 31

宝坻 54

《抱朴子》 108，261，271，281

鲍尔（Bauer, L. A.） 311

北斗、北斗星 见"大熊座"

北极高度 51

北极光 72

北极星 246—248，270

北京 124，226，310，312

北美洲印第安部落 329

《北梦琐言》 122，260

北欧海盗 249

北齐（朝代） 71

《北泉图书馆丛书》 274

《北史》 108—109

北魏太武帝（公元 424—452 年在位） 108

北温泉公园 35

北周武帝（公元 561—578 年在位） 320ff.

贝尔坦和迪博克（Bertin & Duboscq） （1），
97

贝格，阿尔班（Berg, Alban） 171*

贝克和塞利格曼（Beck & Seligman） （1），
101ff.

贝拉克亚·哈-纳克丹（Berakya ha-Naqdan, 约
1195 年，犹太人矿物学家） 246*

悖论、佯谬

　　惠施的悖论 92—93

　　名家的佯谬 81

　　墨家和名家 55*，59

C

D

E

F

G

H

J

L

M

N

S

W

X

Y

Z

译　后　记

　　将李约瑟《中国科学技术史》第四卷第一分册"物理学"译成中文的工作在 20 世纪 60 年代后期就已经开始。当时，中国科学院物理研究所的一些先生，以及自然科学史研究所的梅荣照等参加了翻译工作，并完成了一部初稿。由于种种原因，这部初稿未能及时加工出版。1986 年底"李约瑟《中国科学技术史》翻译出版委员会"成立后，这部译稿被移交到翻译出版委员会办公室，但已散佚不齐。翻译出版委员会办公室曾委托何成钧、马大猷、曾泽培、李国栋先生对译稿分别进行了校订。

　　1998 年翻译出版委员会办公室又委托王冰根据 1990 年修订的《译审条例》对译稿进行再次校订和补译，包括解决原稿中遗留的问题和难点，补译正文和注释中的遗缺，补齐原文所引中国古籍的语体文译文，以及编译原书附录的参考文献和索引等。

　　在本册的翻译过程中，王晓峰、王焕生、杨灏成等先生提供了许多帮助。英国剑桥李约瑟研究所的莫菲特（John Moffett）先生也协助解决了翻译中的一些难点。

　　我们曾多方查找本书的初译者，遗憾的是，因时间太久和人事更迭以致难觅往迹而未能如愿。我们谨此对曾参与本书译事而未能署名的先生表示深深的歉意和真诚的感谢。聊可欣慰的是，这些先生的心血和工作成果将随着本书的问世而传之久远。

李约瑟《中国科学技术史》

翻译出版委员会办公室

2002 年 7 月 9 日